高职高专电子信息类专业“十二五”规划系列教材

# AutoCAD 2012
# 中文版室内设计项目教程

主　编　鲁　娟　杨玉香
副主编　曾莹莹　余　刚
　　　　杨　洁　赵　云

华中科技大学出版社
中国·武汉

## 内 容 简 介

本书采用项目驱动、任务引导模式，全面介绍使用 AutoCAD 2012 绘制室内装潢设计图的各种方法和技巧。全书共有 7 个项目，项目一介绍室内设计行业知识；项目二介绍 AutoCAD 基础操作技能；项目三介绍室内设计常用符号图例绘制；项目四介绍住宅空间室内设计；项目五介绍商业空间室内设计；项目六介绍办公空间室内设计；项目七介绍室内设计后期图纸打印与文件输出。

全书内容翔实、图文并茂，7 个项目紧密联系，循序渐进，知识连贯、逻辑性强，任务明确、目的性强，步骤清晰、实践性强。

本书既可作为高职院校或其他大专院校计算机专业和其他非计算机专业 AutoCAD 的学习教材，又可作为室内设计技术人员的参考书，还可作为各类计算机职业培训的教材。

**图书在版编目(CIP)数据**

AutoCAD 2012 中文版室内设计项目教程/鲁娟，杨玉香主编. —武汉：华中科技大学出版社，2013.3(2022.1 重印)
ISBN 978-7-5609-8516-9

Ⅰ.①F… Ⅱ.①鲁… ②杨… Ⅲ.①室内装饰设计-计算机辅助设计-AutoCAD 软件-高等职业教育-教材 Ⅳ.①TU238-39

中国版本图书馆 CIP 数据核字(2012)第 276188 号

**AutoCAD 2012 中文版室内设计项目教程** 鲁 娟 杨玉香 主编

策划编辑：谢燕群 朱建丽
责任编辑：江 津
封面设计：范翠璇
责任校对：祝 菲
责任监印：周治超
出版发行：华中科技大学出版社(中国·武汉) 电话：(027)81321913
武汉市东湖新技术开发区华工科技园 邮编：430223
录 排：华中科技大学惠友文印中心
印 刷：武汉科源印刷设计有限公司
开 本：710mm×1000mm 1/16
印 张：26.25
字 数：542 千字
版 次：2022 年 1 月第 1 版第 6 次印刷
定 价：55.00 元

高职高专电子信息类专业“十二五”规划系列教材

# 编　委　会

# 前　言

由美国 Autodesk 公司出品的 AutoCAD 作为 CAD 设计软件中最出色的软件之一，不仅具有强大的二维平面绘图能力，而且具有出色的、灵活可靠的三维建模功能。AutoCAD 是进行室内装饰图形设计绘制最有力的工具之一，对于一个室内设计师或技术人员而言，熟练掌握和运用 AutoCAD 设计和绘制装潢设计图是非常必要的。

本书以最新简体中文版 AutoCAD 2012 作为工具对象，结合各种建筑装饰工程特点，在详细介绍室内设计常用符号、门窗和楼梯、家具、洁具、电器等各种装饰配景图形绘制方法外，还精心挑选了常见并有代表性的建筑室内空间，如住宅空间、商业空间和办公空间等多种室内形式。在阐述不同类型空间的室内设计行业知识和技巧的基础上，讲述如何使用 AutoCAD 2012 绘制各种建筑室内空间的平面、地面、顶棚和立面等相关装饰图的方法和技巧。

本书以项目驱动、任务引导模式进行编写，针对室内设计人员的职业岗位和职业素养能力提出工作任务，采用实例演示教学、综合技能训练完成任务的方式。项目四到项目六在内容的编写中，采用了设计知识——案例绘制——项目设计三部曲的方式，首先介绍相关空间设计知识；然后模拟工作环境，通过真实案例，给出参考步骤指导案例的绘制，熟悉制图流程；最后进行综合项目训练，设计真实情景，提出任务要求和评价标准。

本书在编写过程中，始终注重培养室内设计岗位所需的创意思维能力和职业素养能力。整个项目内容层层深入、环环相扣，知识全面而结构层次清晰，使读者一目了然，同时紧密结合工程实际，具有很强的可操作性和实用性。本书既可作为高职院校或其他大专院校计算机专业和其他非计算机专业 AutoCAD 软件的学习教材，又可作为室内设计技术人员的参考书，还可作为各类计算机职业培训的教材。

本书由鲁娟、杨玉香担任主编，夏文秀、曾莹莹、余刚、杨洁、赵云担任副主编，参与本书编写的还有汪晓青、许莉、叶蕾、余恒芳、江俊、夏敏、程永恒、付辉等。对于在本书编写过程中提供支持和帮助的所有人员，在此表示衷心的感谢。

由于时间、水平有限，书中不足之处在所难免，敬请广大读者、专家批评指正。

编　者

2013 年 1 月

# 目　　录

项目一　室内设计行业知识 …… 1
- 任务一　室内设计基本知识 …… 1
- 任务二　室内设计制图的基本知识 …… 11
- 任务三　室内设计风格鉴赏 …… 19

项目二　AutoCAD 基础操作技能 …… 29
- 任务一　二维图形命令 …… 29
- 任务二　基本绘图工具和面板 …… 41
- 任务三　二维编辑命令 …… 71
- 任务四　文本 …… 87
- 任务五　表格 …… 92
- 任务六　尺寸标注 …… 97
- 任务七　图块、外部参照与图像 …… 126

项目三　室内设计常用符号图例绘制 …… 141
- 任务一　绘制符号类图块 …… 141
- 任务二　绘制门窗和楼梯图块 …… 159
- 任务三　绘制家具类图块 …… 170
- 任务四　绘制厨房图块 …… 183
- 任务五　绘制卫生间图块 …… 190
- 任务六　绘制电器图块 …… 197
- 任务七　绘制装饰图块 …… 201

项目四　住宅空间室内设计 …… 207
- 任务一　住宅空间室内设计知识 …… 207
- 任务二　住宅空间案例——普通户型室内设计图绘制 …… 222

➢ 任务三 综合项目实训——小户型住宅室内设计 ……277
➢ 任务四 综合项目实训——异型住宅室内设计 ……280

**项目五 商业空间室内设计** ……284
➢ 任务一 商业空间室内设计知识 ……284
➢ 任务二 商业空间案例——酒店套房室内设计图绘制 ……288
➢ 任务三 综合项目实训——酒店客房单人间室内设计 ……336
➢ 任务四 综合项目实训——KTV 包房室内设计 ……341

**项目六 办公空间室内设计** ……345
➢ 任务一 办公空间室内设计知识 ……345
➢ 任务二 办公空间案例——公司办公室室内设计图绘制 ……353
➢ 任务三 综合项目实训——公司前台接待处室内设计 ……384
➢ 任务四 综合项目实训——公司会议室室内设计 ……386

**项目七 室内设计后期图纸打印与文件输出** ……389
➢ 任务一 图纸打印 ……389
➢ 任务二 文件输出 ……402

**参考文献** ……411

# 项目一 室内设计行业知识

为了使读者了解室内设计行业领域、明确岗位定位、扩充设计知识，本项目主要介绍室内设计和室内设计制图的行业知识。

## ➢ 任务一 室内设计基本知识

- 任务概述 主要介绍室内设计相关行业知识。
- 知识目标 使学生了解室内设计的风格与流派、内容及流程。
- 能力目标 掌握室内设计行业知识，为以后设计奠定基础。
- 素质目标 培养学生的艺术修养，增强其相关文化底蕴。

### 1. 室内设计的概念

室内设计作为一门综合性、边缘性的学科，它要求设计者对美学、建筑学、材料学，以及各种施工工艺都有深入的了解，并且能够熟练地使用这些基础知识和技能，创造出符合使用功能、富有艺术个性和艺术审美情趣的室内空间。

室内设计的发展与建筑设计的发展同时产生，室内装饰的风格流派，实际上是建筑风格流派的延续。室内设计在相当长的时期内一直是建筑设计的一个组成部分。一座建筑的最后完成，实际上就是内部的全部设施都已经准备就绪，可供使用了。所以，研究室内设计就要先了解中外建筑史。

1) 中国建筑简史

按梁思成《中国建筑史》的观点，中国建筑大致可分为上古或原始时期，两汉，魏、晋、南北朝，隋、唐，五代、宋、辽、金，元、明、清等六个时期，也可划分为原始社会，奴隶社会(夏、商、周)，封建社会前期(战国、秦汉、魏晋、南北朝)，封建社会中期(隋唐、五代、宋、辽、金、西夏)，封建社会后期(元、明、清)等五个时期。

2) 世界建筑简史

世界建筑大致可分为史前建筑，古代建筑(古埃及建筑、古希腊建筑、古罗马建筑)，中世纪建筑(拜占庭式建筑、罗曼建筑、伊斯兰建筑、罗马建筑、哥特式建筑)，文艺复兴建筑(巴洛克风格、古典主义、洛可可式建筑)，工业革命建筑(即现代主义建筑)等。

室内设计是指为满足一定的建造目的(包括人们对它的使用功能的要求、对它的视觉感受的要求)而进行的对现有建筑物内部空间进行深加工的增值准备工作。建筑物内部环境的再创造，泛指能够实际在室内建立的任何相关物件，包括墙、窗户、窗帘、门、材料、灯光设备、空调、水电设备、环境控制系统、视听设备、家具与装饰品等的规划。

**2. 室内设计的分类**

根据建筑物的使用功能，室内设计作了如下分类。

1) 居住建筑室内设计

居住建筑室内设计主要涉及住宅、公寓和宿舍的室内设计，具体包括前室、起居室、餐厅、书房、工作室、卧室、厨房和浴厕设计。

2) 公共建筑室内设计

公共建筑室内设计主要包括以下几类。

- 文教建筑室内设计　主要涉及幼儿园、学校、图书馆、科研楼的室内设计，具体包括门厅、过厅、中庭、教室、活动室、阅览室、实验室、机房等的室内设计。
- 医疗建筑室内设计　主要涉及医院、社区诊所、疗养院的室内设计，具体包括门诊室、检查室、手术室和病房等的室内设计。
- 办公建筑室内设计　主要涉及行政办公楼和商业办公楼内部的办公室、会议室，以及报告厅等的室内设计。
- 商业建筑室内设计　主要涉及商场、便利店、餐饮建筑的室内设计，具体包括营业厅、专卖店、酒吧、茶室、餐厅等的室内设计。
- 展览建筑室内设计　主要涉及各种美术馆、展览馆和博物馆的室内设计，具体包括展厅和展廊等的室内设计。
- 娱乐建筑室内设计　主要涉及各种舞厅、歌厅、游艺厅的室内设计。
- 体育建筑室内设计　主要涉及各种类型的体育馆、游泳馆的室内设计，具体包括用于不同体育项目的比赛和训练及配套的辅助用房的设计。
- 交通建筑室内设计　主要涉及公路、铁路、水路、民航的车站、候机楼、码头建筑，具体包括候机厅、候车室、候船厅、售票厅等的室内设计。

3) 工业建筑室内设计

工业建筑室内设计主要涉及各类厂房的车间和生活间及辅助用房的室内设计。

4) 农业建筑室内设计

农业建筑室内设计主要涉及各类农业生产用房，如种植暖房、饲养房的室内设计。

随着社会的发展，行业的进一步完善，室内设计出现了以下几种发展趋势。

● 室内设计需回归自然化 随着环境保护意识的增强，人们向往自然，使用自然材料，渴望住在天然和绿色的环境中。一味强调高度现代化虽然提高了生活质量，但却失去了传统、失去了过去。因此，现代室内设计的发展趋势就是既讲求现代化，又讲求传统。

● 室内设计需整体艺术化 随着社会物质财富的丰富，人们要求从“屋的堆积”中解放出来，追求各种物件之间存在统一整体之美。室内设计师要学会使室内设计达到最佳声、光、色、形的匹配效果，创造出富有艺术感的空间环境。

● 室内设计需追求高技术、高情感化 国际上工业先进国家的室内设计正向着高技术、高情感化的方向发展。随着新型建筑材料和室内装饰材料的快速发展，未来的家居将变得妙不可言。室内设计师既要重视科技，又要强调人情味，这样才能达到高技术与高情感相结合的最佳状态。

● 室内设计需讲求个性化 大工业化生产给社会留下了千篇一律的同一化问题。为了打破同一化，人们开始追求个性化。室内设计师在设计过程中要更强调“人”这个主体，以让消费者满意、方便为目的。

### 3. 室内设计的风格与流派

当前社会正从工业社会逐渐向后工业社会或信息社会过渡，人们除了要求自身周围环境能满足使用要求、物质功能之外，还要注重对环境氛围、文化内涵、艺术质量等精神功能的需求。室内设计不同艺术风格和流派的产生、发展和变换，既是建筑艺术历史文脉的延续和发展，具有深刻的社会发展历史和文化的内涵，同时也必将极大地丰富人们活动于室内空间时的精神生活。

1) 室内设计流派

室内设计流派主要是指现代主义室内设计的艺术派别。现代主义室内设计从所表现的艺术特点来分析，可分为以下流派。

(1) 高技派。高技派又称“重技派”，高技派反对传统的审美观念，强调以设计作为信息的媒介和设计的交流功能，以突出当代工业技术的成就，并在建筑形体与室内环境中加以炫耀，追求技术的精美，崇尚“机械美”。如室内暴露的梁板、网架等结构构件及风管、缆线等各种设备和管道，强调工艺技术与现代感。典型的实例是法国蓬皮杜国家艺术与文化中心、香港汇丰银行大楼等。

⑵ 光亮派。光亮派是晚期现代主义中极少主义派的演变，也称“银色派”。室内设计师们擅长抽象形体的构成，夸耀新型材料及现代加工工艺的精密细致及光亮效果，在室内往往大量采用镜面及平(曲)面玻璃、不锈钢、磨光的花岗石和大理石等作为装饰面料。在室内照明上，又采用投射、折射等各类新型光源和灯具，在金属和镜面材料的烘托下，形成光彩照人、绚丽夺目的效果。在简洁明快的空间中展示了现代材料和现代加工技术的高精度，传递着时代精神。

⑶ 白色派。白色派的室内设计大量运用白色来构成这些流派的基调，朴实、简洁却富有变化，又有深沉的思想内涵。白色派是在后现代主义的早期阶段流行起来的。白色能给人纯洁、文雅的感受，又能增加室内的亮度，使人增加快乐感，并让人产生美的联想。使用时还能与其他色调调和、烘托或对比，起到特有的装饰作用，因而深受人们的喜爱。意大利彩色注塑家具的成功与白色派室内风格的盛行是分不开的。

⑷ 新洛可可派。洛可可原为 18 世纪盛行于欧洲宫廷的一种建筑装饰风格，以精细轻巧和繁复的雕饰为特征。新洛可可派仰承了洛可可繁复的装饰特点，但装饰造型的“载体”和加工技术却运用现代新型装饰材料和现代工艺手段，从而具有华丽而略显浪漫、传统中又不失有时代气息的装饰风格。

⑸ 风格派。风格派起始于 20 世纪 20 年代的荷兰，以画家 P.蒙德里安等为代表的艺术流派，强调“纯造型的表现”，“要从传统及个性崇拜的约束下解放艺术”。风格派认为“把生活环境抽象化，这对人们的生活就是一种真实”。室内的装饰和家具风格派经常采用几何形体及红、黄、青三原色，或以黑、灰、白等色彩相配置。在色彩及造型方面，风格派的室内都具有极为鲜明的特征与个性。建筑与室内常以几何方块为基础，对建筑室内外空间采用内部空间与外部空间穿插统一构成为一体的手法，并以屋顶、墙面的凹凸和强烈的色彩对块体进行强调。

⑹ 超现实派。超现实派风格即在室内追求超现实的纯主义，通过采用异常的空间组织、曲面或具有流动弧形的线型界面，以浓重的色彩、变幻莫测的光影、造型奇特的家具与设备，以及现代绘画或雕塑来烘托超现实主义的室内环境气氛，力求在建筑限定的“有限空间”内，运用不同的设计方法扩大空间的感觉，来创造“世界上不存在的世界”，展示超现实派的设计师们在世界充满矛盾与冲突的今天，逃避现实的心理寄托。

⑺ 解构主义派。解构主义是 20 世纪 60 年代，以法国哲学家 J.德里达为代表所提出的哲学观念，是对 20 世纪前期欧美盛行的结构主义和理论思想传统的质疑和批判。建筑和室内设计中的解构主义派对传统古典、构图规律等均采取否定的态度，强调不受历史文化和传统理性的约束，是一种貌似结构构成解体、突破

传统形式构图、用材粗放的流派。

(8) 装饰艺术派。装饰艺术派(或称艺术装饰派)起源于 20 世纪 20 年代在法国巴黎召开的一次装饰艺术与现代工业国际博览会，后传至美国等地，美国早期兴建的一些摩天大楼即采用这一流派的手法。装饰艺术派善于运用多层次的几何线型及图案，重点装饰于建筑内外门窗线脚、檐口及建筑腰线、顶角线等部位。

上海早年建造的老锦江宾馆及和平饭店等建筑的内外装饰，均为装饰艺术派的手法。近年来一些宾馆和大型商场的室内，出于兼具时代气息和建筑文化的内涵考虑，常在现代风格的基础上，在建筑细部饰以装饰艺术派的图案和纹样。

2) 室内设计风格

室内设计风格的形成，是不同的时代思潮和地域特点，通过创作构思和表现，逐渐发展成为具有代表性的室内设计形式。一种典型风格的形成，既与当地的人文因素和自然条件密切相关，又需有创作中的构思和造型的特点。风格虽然表现于形式，但风格具有艺术、文化、社会发展等深刻的内涵，从这一深层含义来说，风格又不停留或不等同于形式。

室内设计的风格主要可分为传统风格、现代风格、后现代风格、自然风格及混合型风格等。

(1) 传统风格。室内设计的传统风格，一般相对现代风格而言，是指具有历史文化特色的室内设计风格。在室内布置、线型、色调以及家具、陈设的造型等方面，吸取传统装饰“形”、“神”的特征，强调历史文化的传承、人文特色的延续。

传统风格即一般常说的中式风格、欧式风格、伊斯兰风格、地中海风格等。同一种传统风格在不同的时期、不同的地区，其特点也不完全相同。例如，欧式风格可以分为哥特风格、巴洛克风格、古典主义风格、法国巴洛克风格、英国巴洛克风格等。中式风格也可分为明清风格、隋唐风格、徽派风格、川西风格等。传统风格常给人以历史延续和地域文脉的感受，它使室内环境突出民族文化渊源的形象特征。

(2) 现代风格。现代风格即现代主义风格。它起源于 1919 年成立的包豪斯(Bauhaus)学派，强调突破旧传统、创造新建筑，重视功能和空间组织，注意发挥结构构成本身的形式美；造型简洁，反对多余装饰，崇尚合理的构成工艺；尊重材料的性能，讲究材料自身的质地和色彩的配置效果；发展非传统的以功能布局为依据的不对称的构图手法；重视实际的工艺制作操作，强调设计与工业生产的联系。广义的现代风格也可泛指造型简洁、新颖，具有当今时代感的建筑形象和室内环境。

(3) 后现代风格。后现代主义一词最早出现在西班牙作家德·奥尼斯 1934 年的《西班牙与西班牙语类诗选》一书中，用来描述现代主义内部发生的逆动，特别有一种现代主义纯理性的逆反心理。20 世纪 50 年代，美国在所谓现代主义衰落的情况下，也逐渐形成后现代主义的文化思潮。受 20 世纪 60 年代兴起的大众艺术的影响，后现代风格是对现代风格中纯理性主义倾向的批判。

后现代风格强调建筑及室内装潢应具有历史的延续性，但又不拘泥于传统的逻辑思维方式，探索创新造型手法、讲求人情味，常在室内设置夸张、变形的柱式和断裂的拱券，或把古典构件的抽象形式以新的手法组合在一起，即采用非传统的混合、叠加、错位、裂变等手法和象征、隐喻等手段，以创造出一种溶感性与理性、集传统与现代、揉大众与行家于一体的建筑形象与室内环境。对后现代风格，不能仅仅以所看到的视觉形象来评价，还需要我们透过形象从设计思想来分析。后现代风格的代表人物有 P.约翰逊、R.文丘里、M.格雷夫斯等。

⑷ 自然风格。自然风格倡导“回归自然”，只有在美学上推崇自然、结合自然，才能在当今高科技、高节奏的社会生活中，使人们能取得生理和心理的平衡。因此，室内多用木料、织物、石材等天然材料，显示材料的纹理，清新淡雅。此外，由于其宗旨和手法的类同，也可把田园风格归入自然风格一类。田园风格在室内环境中力求表现悠闲、舒畅、自然的田园生活情趣，也常运用天然木、石、藤、竹等材质质朴的纹理。巧于设置室内绿化，创造自然、简朴、高雅的氛围。

⑸ 混合型风格。混合型风格也称为混搭风格，既可以是传统与现代风格的组合搭配，也可以是不同传统风格的组合。例如中西一体，传统的屏风、摆设和茶几，配以现代风格的墙面及门窗装修、新型的沙发；欧式古典的琉璃灯具和壁面装饰，配以东方传统的家具和埃及的陈设、小品，等等。混合型风格虽然在设计中不拘一格，运用多种体例，但设计中仍需匠心独具，深入推敲形体、色彩、材质等方面的总体构图和视觉效果。

### 4. 室内设计的内容与流程

1) 室内设计的具体内容

现代家庭室内设计必须满足人在视觉、听觉、体感、触觉、嗅觉等多方面的要求，营造出满足人们生理和心理双向需要的室内环境。从家具造型到陈设挂件、从采光到照明、从室内到室外来重视整体布置，创造一个共享空间，满足不同经济条件和文化层次的人们生活与精神的需要。

因此在室内设计过程中，必须考虑与室内有关的基本要素，这些基本因素主要表现在空间与界面、家具与陈设、采光与照明、室内织物、室内色彩、室内绿化等方面。

⑴ 空间与界面。室内建筑主要包括室内空间组织和建筑界面处理，它是确定室内环境基本形体和线形的设计，设计时以物质功能和精神功能为依据，考虑

相关的客观环境因素和主观的身心感受。

室内空间组织包括平面布置，首先需要对原有建筑设计的意图有充分的理解，对建筑物的总体布局、功能分析、人流动向及结构体系等有深入的了解，在室内设计时对室内空间和平面布置予以完善、调整或再创造。

建筑界面处理是指对室内空间的各个围合，包括地面、墙面、隔断、平顶等的使用功能和特点，界面的形状、图形线脚、肌理构成的设计，以及界面和结构的连接构造，界面和风、水、电等管线设施的协调配合等方面的设计。界面设计应从物质和人的精神审美方面来综合考虑。

(2) 家具与陈设。在室内设计中，家具有着举足轻重的作用，是现代室内设计的有机组成部分。家具的功能具有双重特性，它既是物质产物又是精神产物，是以满足人们生活需要的功能为基础，在家庭室内设计中尤为重要。因为空间的划分是以家具的合理布置来达到功能分区明确、使用方便、感觉舒适的目的。

根据人体工程学原理生产的家具，能科学地满足人类生活各种行为的需要，用较少的时间、较少的消耗来完成各种动作，从而组成高度适用且紧凑的空间，使人感到亲切。陈设系统是指除固定于室内墙、地、顶及建筑构体、设备外一切适用的，或供观赏的陈设物品。

家具是室内陈设的主要部分，它还包括家用电器、日用品和工艺品等。

家用电器主要包括电视机、音响、电冰箱、洗衣机等在内的各种家用电器用品。日用品的品种多而杂，陈设中主要有陶瓷器皿、玻璃器皿、文具等。

工艺品包括书画、雕塑、盆景、插花、剪纸、刺绣、漆器等，能美化空间、供人欣赏。作为陈设艺术，有着广泛的社会基础，人们可根据自己的知识、经历、爱好、身份，以及经济条件等安排生活，选择各类陈设品。综合家具、装饰品和各类日常生活用品的造型、比例、尺度、色彩、材质等方面的因素，使室内空间得到合理的分配和运用，给人们带来舒适和方便，同时又得到美的熏陶和享受。

(3) 采光与照明。在室内空间中光也是很重要的，其光源有自然光和人工照明两种。室内空间可通过光来展现，光能改变空间的个性。除了能满足正常的工作、生活环境的采光、照明要求外，光照和光影效果还能有效地起到烘托室内环境气氛的作用。没有光也就没有空间、没有色彩、没有造型，光可以使室内的环境得以显现和突出。

自然光可以向人们提供室内环境中时空变化的信息气氛，可以消除人们在六面体内的窒息感，它随着季节、昼夜的不断变化，使室内生机勃勃；人工照明可以恒定地描述室内环境和随心所欲地变换光色明暗，光影给室内带来了生命，加强了空间的容量和感觉。同时，光影的质和量也对空间环境和人的心理产生影响。

人工照明在室内设计中主要有“光源组织空间、塑造光影效果、利用光突出重点、光源演绎色彩”等作用。其照明方式主要有整体(普通)照明、局部(重点)照明、装饰照明、综合(混合)照明，按安装方式可分为台灯、落地灯、吊灯、吸顶灯、壁灯、嵌入式灯、投射灯等。

⑷ 室内织物。织物已渗透到当代室内设计的各个方面，其种类主要有地毯、窗帘、家具的蒙面织物、陈设覆盖织物、靠垫、壁挂等。由于织物的覆盖面积较大，所以对烘托室内的气氛、格调、意境等氛围起着很大的作用，主要体现在实用性、分隔性、装饰性三方面。

⑸ 室内色彩。色彩是室内设计中最生动、最活跃的因素，室内色彩往往能给人留下室内环境的第一印象。色彩最具表现力，通过人们的视觉感受产生的生理、心理和类似物理的效应，形成丰富的联想、深刻的寓意和象征。色彩对人们的视知觉生理特性的作用是第一位的，不同的色彩、色相会使人心理产生不同的联想。不同的色彩在人的心理上会产生不同的物理效应，如冷热、远近、轻重、大小等；感情刺激，如兴奋、消沉、热情、抑郁、镇静等；象征意义，如庄严、轻快、刚柔、富丽、简朴等。

室内色彩不仅局限于地面、墙面和天棚，而且还包括房间里的一切装修、家具、设备、陈设等。所以，在进行室内设计时必须在色彩上进行全面认真的推敲，科学地运用色彩，使室内空间里的墙纸、窗帘、地毯、沙发罩、家具、陈设等色彩相互协调，才能取得令人满意的室内效果，获得美的感受。

⑹ 室内绿化。绿化已成为改善室内环境的重要手段，在室内设计中具有不可替代的特殊作用。室内绿化可调节温度、湿度，净化室内环境，组织空间构成，使室内空间更有活力，以自然美增强内部环境的表现力。更为重要的是，室内绿化能使室内环境生机勃勃，带来自然气息，在高节奏的现代生活中起到柔化室内人工环境，协调人们心理平衡的作用。

运用室内绿化，首先应考虑室内空间的主题、气氛等要求，通过室内绿化的布置，充分发挥其艺术感染力，加强和深化室内空间所要表达的主要思想。其次，还要充分考虑使用者的生活习惯和审美情趣。

2) 室内设计的流程

室内设计的流程可分为三个阶段，即策划阶段、方案阶段和施工图阶段，具体内容如下。

### 5. 室内设计的原则与方法

1) 室内设计的原则

室内设计的原则概括起来就是：在一定条件下，完美地综合解决各项功能要求，并且使设计符合美学原则和具有独特的创意。

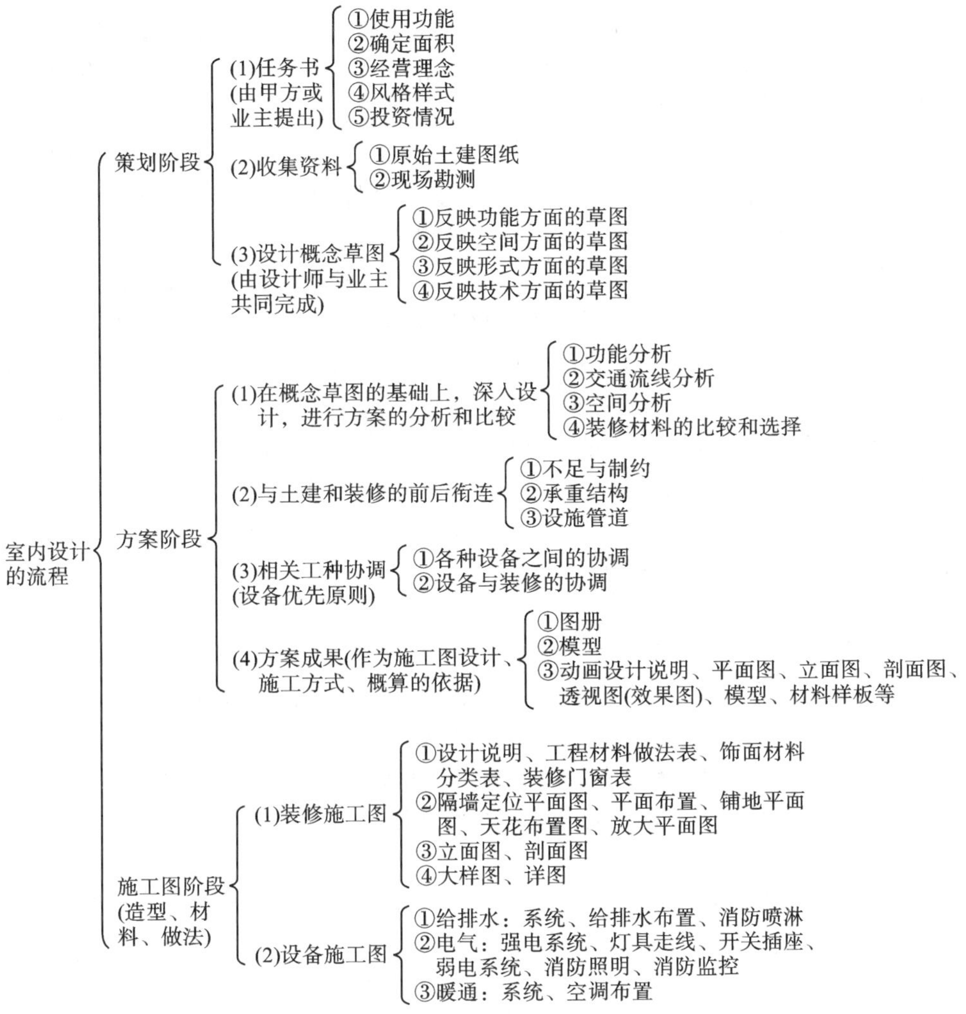


(1) 功能性设计原则。这一原则的要求是使室内空间、装饰装修、物理环境、陈设、绿化最大限度地满足功能所需，并使其与功能和谐、统一。功能的合理性不仅要求室内空间本身具有合理的空间形式，而且要求各空间之间保持合理的联系。

(2) 经济性设计原则。经济性设计原则包括生产性和有效性两方面。广义来说，就是以最小的消耗达到所需的目的。一项设计要为大多数消费者所接受，必须在 “代价”和“效用”之间谋求一个均衡点，但无论如何降低成本都不能以损害施工效果为代价。

(3) 美观性设计原则。美是一种随时间、空间、环境而变化性、适应性极强的概念。所以，在设计中美的标准和目的也会大不相同。既不能因强调设计在文化和社会方面的使命及责任而不顾及使用者需求的特点，也不能把美庸俗化。

(4) 个性化原则。设计要具有独特的风格，缺少个性的设计是没有生命力与艺术感染力的。无论是在设计构思阶段，还是在设计深入过程中，只有加入新奇的构想和巧妙的构思，才会赋予设计以勃勃生机。现代的室内设计，是以增强室内环境的精神与心理需求的设计为最高目的，在保持现有的物质条件和满足使用功能的同时，来实现并创造出巨大的精神价值。

(5) 舒适性原则。各个国家对舒适性的定义有所差异，但从整体上来说，舒适的室内设计离不开充足的阳光、无污染的清新空气、安静的生活氛围、丰富的绿地和宽阔的室外活动空间、标志性的景观，等等。

(6) 安全性原则。室内空间是人们活动的主要聚集地。因此，在室内空间环境中，无论是公共活动区，还是私有活动区，都会担心自己的安全是否有保证，在设计时，要充分考虑安全性，如必要的应急通道、消防通道、监控设置等。

(7) 可行性原则。室内设计一定要具有可行性，力求施工方便，易于操作，要能通过施工把设计变成现实。

2) 室内设计的方法

室内设计从实用的角度可归纳为以下一些有效方法。

(1) 体验生活。把体验生活放在第一位，任何艺术都讲求源于生活，还原生活，室内设计也不例外。

(2) 角色互换。角色互换是指站在顾客的角度，处处为顾客着想。

(3) 追求平衡。平衡的原则直接左右着整体布局，决定着每一件家具和饰品的摆放。

(4) 寻求对比。对比法主要有虚实对比，即虚的空间与实的墙体或者家具的对比；色彩对比，即互补色的对比；质感对比，即玻璃与砖块、金属与木材、麻布与皮革的对比；形体对比，即方形与圆形、直线与曲线的对比。

(5) 留白。设计时，在满足功能的前提下，尽量不要做得太满，要留有余地和空白。该省略的地方就要大胆地省略，该简化的地方就要勇敢地简化，将一个清新洁净的空间还给使用者。

(6) 点缀。点缀的目的不外乎起到画龙点睛的作用。

(7) 色彩。在进行室内设计时，大胆采用个人喜欢的国外优秀作品中的色彩选择、应用、搭配和组合，可以起到事半功倍的效果。

(8) 风格。室内设计除了要突出表现自身风格外，还要注意简洁干净，不要拖泥带水，该省则省，该添则添。

(9) 照明。室内设计中的照明不要做过多的人工照明，或为了照明而照明(指毫无功能意义的人工照明)。

(10) 室内景观。室内景观在国内属于较易被忽略的室内设计元素。室内景观是指室内绿化与室内家具及艺术品(包括绘画、摄影、雕塑以及工艺品)的搭配。室内绿化设计包括室内空间与阳台的绿化处理。学会转换阳台的角色，将阳台设计成一个多功能的过渡空间，使室内外空间连成一体。室内绿化不是简单地放几盆花和植物，而是填补和点缀空白的设计元素；同时，花草的色彩应与室内色彩互相协调，植物的形状及花盆的选择都应与室内设计互相一致。室内景观设计需要更高的艺术修养，它是提升室内设计水平的有效工具。

纵观以上十种设计方法，可以发现室内设计师应注重思维方式的改变，学会独立思考，不要墨守成规，更不要人云亦云。

## ➢ 任务二 室内设计制图的基本知识

➡ 任务概述 主要介绍室内设计制图相关知识。

➡ 知识目标 使学生掌握室内设计制图的内容、流程、规范、测量方法等知识。

➡ 能力目标 规范学生室内设计制图操作，掌握室内空间、家具的测量方法。

➡ 素质目标 培养学生的空间想象能力和实际动手能力。

### 1. 室内设计制图的内容

室内装饰施工图主要表示室内空间的布局，各构、配件的形状大小及相互位置关系，各界面(墙面、地面、天花)的表面装饰、家具的布置、固定设施的安放及细部构造做法和施工要求等。

室内设计施工图主要包括室内平面图、室内顶棚平面图、室内立面图和室内构造详图。

1) 室内平面图

室内平面图是以平行于地面的切面在距离地面 1.5 mm 左右的位置将上部切去而形成的正投影面。平面图应表达的内容有以下几方面。

(1) 反映楼面铺装构造、所用材料名称及规格、施工工艺要求等。

(2) 门窗位置及水平方向尺寸。

(3) 各房间的分布及形状大小。

(4) 反映家具及其他设施的平面布置。

(5) 标注各种必要的尺寸，如开间尺寸、装修构造的定位尺寸、细部尺寸及标高尺寸等。

(6) 为表示室内立面图的对应位置，在平面图上用内视符号注明视点位置、方向及立面编号。

室内平面图表达方法及要求如下所述。

(1) 平面图应采用正投影法按比例绘制。

(2) 平面图中的定位轴线编号应与建筑平面图的轴线编号一致。

(3) 注明地面铺装材料的名称、规格和颜色等。

(4) 平面图中的陈设品及用品(卫生洁具、家具、家用电器、绿化等)应用图例(或轮廓简图)表示。图例宜采用通用图例，图例大小与所用比例大致相符。

(5) 用于指导施工的室内平面图、非固定家具、设施、绿化等可不必画出。固定设施以图例或简图表示。

(6) 要详细表达的部位应画出详图。

(7) 图线宽的选用与建筑平面图相同。

(8) 详图应画出相应的索引符号。

室内平面图的画图步骤如下所述。

(1) 选定图幅，确定比例。

(2) 画出墙体中心线(定位轴线)及墙体厚度。

(3) 定出门窗位置。

(4) 画出家具及其他室内设施图例。

(5) 标注尺寸及有关文字说明。

(6) 检查无误后，按线宽标准要求加深图线。

2) 室内顶棚平面图

室内顶棚平面图(天花图)是根据顶棚在其下方假想的水平镜面上的正投影绘制而成的镜像投影图。顶棚平面图中应表达的内容有以下几方面。

(1) 反映室内顶棚的形状大小及结构。

(2) 反映顶棚的装修造型、材料名称及规格、施工工艺要求等。

(3) 反映顶棚上的灯具、窗帘等安装位置及形状。

(4) 标注各种必要的尺寸及标高等。

室内顶棚平面图的表达方法及要求如下所述。

(1) 室内顶棚平面图一般采用与室内平面图相同的比例绘制，以便对照看图。

(2) 室内顶棚平面图的定位轴线位置及编号应与室内平面图相同。

(3) 室内顶棚平面图不同层次的标高，一般标注该层次距本层楼面的高度。

(4) 室内顶棚平面图线宽的选用与建筑平面图的相同。

(5) 室内顶棚平面图一般只画出墙厚，不画门窗图例及位置。

(6) 室内顶棚平面图中的附加物品(如各种灯具)应采用通用图例或投影轮廓简图表示。

(7) 需要详细表达的部位，应画出详图。

3) 室内立面图

室内立面图是以平行于室内墙面的切面将前面部分切去后，剩余部分的正投影。按正投影法绘制，主要表达室内各立面的装饰结构、形状及装饰物品的布置等。立面图表达的内容有以下几方面。

(1) 反映投影方向可见的室内立面轮廓、装修造型及墙面装饰的工艺要求等。

(2) 墙面装饰材料名称、规格、颜色及工艺做法等。

(3) 反映门窗及构、配件的位置及造型。

(4) 反映靠墙的固定家具、灯具及需要表达的靠墙非固定家具、灯具的形状及位置关系。

(5) 反映室内需要表达的装饰构件(如悬挂物、艺术品等)的形状及位置关系。

(6) 标注各种必要的尺寸和标高。

室内立面图的表达方法及要求如下所述。

(1) 按比例绘制。

(2) 立面图的顶棚轮廓线，可根据具体情况只表达吊平顶或同时表达吊平顶及结构顶棚。

(3) 平面形状曲折的建筑物可绘制展开室内立面图；圆形或多边形平面的建筑物，可分段展开绘制室内立面图，但均应在图名后加注“展开”二字。

(4) 室内立面图的名称，应根据平面图中内视符号的编号或字母确定。

(5) 在室内立面图上应用文字说明各部位所用面材名称、规格、颜色及工艺做法。

(6) 室内立面图标注定位轴线位置及编号应与室内平面图相对应。

(7) 室内立面图应画出门窗投影形状，并注明其大小及位置尺寸。

(8) 室内立面图应画出立面造型及需要表达的家具等物品的投影形状。

(9) 对需要详细表达的部位，应画出详图。

(10) 室内立面图中的附加物品应用图例或投影轮廓简图表示。

(11) 室内立面图线宽的选用与建筑立面图相同。

4) 室内构造详图

将室内平面图或室内立面图需要详细表达的某一局部，采用适当方式(如投影图、剖视图、断面图等)，用较大比例单独画出，这种图样称为详图，也叫局部放大图或构造详图。以剖视图或断面图表达的详图又称节点图或节点详图。

室内详图用于详细表达局部的结构形状、连接方式、制作要求等。表达的内容有以下几方面。

(1) 反映各面本身的详细结构、所用材料及构件间的连接关系。

(2) 反映各面间的相互衔接方式。

(3) 反映需表达部位的详细构造、材料名称、规格及工艺要求。

⑷ 反映室内配件设施的位置、安装及固定方式等。

室内详图的表达方法及要求如下所述。

⑴ 按合适比例绘制(以能清楚表达为准)。

⑵ 画出构件间的连接方式，应注全相应尺寸，并应用文字说明制作工艺要求。

⑶ 室内详图应标明详图符号、比例，并在相应的室内平面图、室内立面图中标明索引符号。

⑷ 室内详图的线型、线宽选用与建筑详图相同。当绘制较简单详图时，可采用 b 和 0.25b 两种线宽的组合。

⑸ 室内详图的画法和步骤与室内平面图的画法基本相同。

### 2. 室内设计制图的流程

室内设计制图一般由方案设计、基本图设计、深化设计等三个阶段来完成。

1) 方案设计阶段

方案设计阶段包括建筑空间规划和概念设计，着重于功能布局和整个设计理念的构思。它包括对设计依据的分析，原始资料的收集整理，建筑空间功能区域的布局，交通流动路线的组织，设计文化的定位等。

这个阶段的主要工作图和工作文件一般有建筑现况图、平面配置图、天花平面图、特殊部位做法示意图、透视效果图、色彩计划和产品配套计划，以及设计说明、主要经济技术指标和设计估算造价等。

这个阶段的主要任务是设计师向对象表述其对整个建筑空间设计的构想，以及这个构想实现的符合性、合理性和经济性。这个阶段的设计师要广泛听取业主及各方的意见并择善调整和修改，只有当设计方案完善好了，设计才有可能进入下一阶段的工作。

2) 基本图设计阶段

基本图设计阶段是在设计方案通过后对建筑室内空间的界面、装修构件、装修配套产品和相关专业进行的工作图设计。这个阶段要求把空间位置、尺寸、工艺、材料、技术要求等内容完整地、准确地、有条理地进行表述并形成设计文件，满足工程管理和工程施工的要求并作为相关专业的工作依据。

这个阶段的工作图一般有平面配置图、天花平面图、装修平面图、单元大样图、立面展开图、构造大样图、剖面图、节点详图、标准图集、产品配套图表(包括家具、灯饰、织物、五金件、装饰陈设品等)、建材样品板、色彩计划，以及设计说明等。

这个阶段的主要任务是把握空间设计尺度；确定构件的位置、明确材料的使用和施工工艺的要求。同时，还要与相关专业配合，最大限度地满足技术条件的要求。

这是室内设计非常重要的一个阶段，设计者应该熟悉相关的技术标准，掌握和了解相关的施工技术、材料特性和施工工艺要求，按照制图规范完成工作图的设计。

3) 深化设计阶段

室内设计是在特定的客观条件下进行的多系统综合作业的过程。由于在工作过程受到现场情况、专业协调、物资供应、技术差异等因素的影响，所以不可避免地存在一些局部的、隐性的、不可预见的问题。这就需要在设计过程中给予解决，这就是图纸深化设计。

此阶段提交的工作文件一般有深化补充图、修改图、深化说明等。

这个阶段的主要任务是在保持原设计不变的基础上，对过程中出现的问题予以解决。此阶段要注意经调整后是否有效地解决了施工的要求，与原设计是否一致，价格是否产生了影响等。

### 3. 室内设计制图规范

为了保证技术交流的规范性、标准性和准确性，所有工程制图必须严格执行国家、行业及所在国或所在地区的有关规定。针对室内设计，目前我国还未出台相关的标准，因此，基本上还是沿用国家的《房屋建筑制图统一标准》(GB/T 50001—2001，本节简称《标准》)和参照一些其他相关专业(如家具、机械、电子等)的标准。

在实际工作中，装饰行业经过自身发展的不断探索和总结，室内设计工程制图形成了一些约定俗成的方法。其规范要求如下。

1) 图幅

图幅即画面的大小。国家规范规定，按图面的长和宽的大小确定图幅的等级。室内设计常用的图幅有 A0、A1、A2、A3、A4 等。

图纸内容一般占图幅的 70%；必要情况下 0～3 号图幅允许长边加长，加长部分的尺寸应为长边的 1/8 及其倍数；一张专业所用的图纸，不宜多于两种幅面。

2) 图标

图标是每张图的标注栏，图标包括标题栏、会签栏、记录栏。《标准》对图标有相应规定，在实际工作中，室内设计企业为突出企业形象，会对图标进行设计。若对图标进行设计，则必须使栏目的内容、位置和使用达到要求。

标题栏：应能反映出项目的标识、项目的责任者、查找的编码等，它包括企业名称、项目名称、签字区、图名区、图号区等内容。

会签栏：图纸会审后责任者会签栏。

记录栏：对图纸作出修改的记录。

3) 图线

图线是构成图纸的基本元素，《标准》规定图线的线型有实线、虚线、点画线、双点画线、折断线、波浪线等，其中一些线型还分为粗线、中线、细线三种；图线的宽度分为六个系列(*b* 分别为 0.35、0.5、0.7、1.0、1.4、2.0)，中线和细线分别为 *b*/2 和 *b*/3，它们分别代表不同的表述内容。

4) 字体

《标准》要求文字表述应该笔画清晰、字体端正、排列整齐、标点符号清楚正确。文字采用简体长仿宋字书写，字高系列为 2.5 mm、3.5 mm、5 mm、7 mm、10 mm、14 mm、20 mm，其中图样的标题字高为 *h*=5～7 mm；图纸文字说明及尺寸标注字高为 *h*=3.5～5 mm；字间间隔为 *h*/4～*h*/8；行间间隔为 *h*/3。

5) 比例

图样的比例是指图形与实物相对应的线性尺寸之比。例如，1∶50，就是说实物尺寸是图形尺寸的 50 倍，图形比实物缩小了；又如 5∶1，就是说实物尺寸是图形尺寸的 1/5，图形比实物放大了。《标准》对比例的选用作了规定，其中平面图为 1∶50、1∶100、1∶200 等；立面图为 1∶30、1∶50 等；详图为 1∶1、1∶2、1∶4、1∶5、1∶10、1∶20、1∶25、1∶50 等。

6) 标注符号

标注符号是为了对特定部位的指向、特定的标注和便于图纸内容的检索而制定的。由于室内设计的特点，室内设计图纸的标注符号内容比较多。它主要包括轴线符号、指向符号、剖面符号、构件符号、索引符号等。

7) 尺寸标注

设计图除了绘出建筑物(包括其他物体，以下相同)的形状之外，还必须准确地、详尽地、清晰地标注尺寸。根据设计阶段的不同，图纸表达的内容不同，尺寸标注的深度也有所不同。一般来说，设计阶段越深入，尺寸标注越详尽。尺寸的标注一般包括外形尺寸、结构尺寸、定位尺寸、细部尺寸等。

外形尺寸：建筑物的长、宽、高尺寸，也叫总体尺寸。它主要反映建筑物的总体规模或物体的大小。

结构尺寸：标示不同构造物之间的关系尺寸，如间隔空间在总的建筑空间内的尺寸关系和间隔空间之间的尺寸关系。

定位尺寸：标示装修构件的安装位置关系，如天花造型的定位、地面铺贴的定位、灯具，以及其他与装修相关的设备末端的定位等。

细部尺寸：详细标示细部的尺寸。

为使尺寸标注清晰、明确，一般要求尺寸线与所注轮廓线的距离为 15～20 mm；尺寸线之间的距离为 5～10 mm。

### 4. 室内设计的测量方法

在室内设计中，不可避免地要对设计空间及制作家具进行测量，所以，掌握测量方法是必不可少的。

1) 测量的两种方法

(1) 普通方法：利用刻度尺直接测量物体的长度，如用卷尺测柜体的长或宽。

(2) 辅助工具法：利用卷尺配合三角板测墙的角度等。

测量时，进入房间后先整体查看户型结构，然后站在入户门从左至右以单线的形式画出户型图，画好后一边测量一边记录测量数据和测量内容。

2) 测量内容

(1) 定量测量：测量室内长和宽，计算出每种用途不同的房间面积。

(2) 定位测量：主要标明门、窗、暖气罩的位置(在平面图上标示)。

(3) 高度测量：主量各房的高度(计算面积)。

具体测量内容主要包括以下几方面。

(1) 客厅：层高、长、宽、暖气片位置、配电箱位置、空调孔洞位置。

(2) 餐厅：层高、长、宽、暖气片位置。

(3) 卧室：层高、长、宽、暖气片位置、空调孔洞位置。

(4) 阳台：层高、长、宽、窗离地面高度。

(5) 厨房：上、下水管道位置(可准确放水池)，烟道位置，天然气表井(放置煤气罩与其距离不能低于 40 cm，一般距离是 80 cm，最好是 1 m，越远越好)，热水器管道位置。

(6) 卫生间：管道最低点(方便吊顶取最低点)，坐便管道位置(马桶中心到后侧位置，圆心距大于 40 cm 或 40 cm 的孔心距，用 40 cm，小于 30 cm 用 30 cm，30～40 cm 之间，两种都可以)、地漏、热水器管道位置。

(7) 洗手间：脸盆上下水管道、洗衣机上下水管道、地漏。

(8) 门、窗、哑口(宽、高、厚)、梁(宽、高)的尺寸。

### 5. 综合技能训练——室内设计测量

#### 训练内容

测量卧室衣柜尺寸。

#### 知识提示

要定制衣柜，必须先进行定位测量。测量的第一步是仔细勘查客户的卧房，熟悉内部环境，包括柱子、门、窗、石膏线、地脚线等。只有准确地测量，了解客户想法，并把你的想法结合专业的协助，才会设计出合理、美观的衣柜。

## 参考步骤

1) 准备阶段

(1) 准备工具：梯子、卷尺、三角尺、笔、纸、橡皮擦、靠板。

(2) 与客户沟通：了解客户的想法，了解衣柜的安装位置、装修的风格、喜爱的颜色、房间类型。

2) 实施阶段

(1) 首先绘出卧室的平面及各立面的草图。

(2) 沿墙面的四个转角等各点处测量房间各段尺寸，以毫米为单位标示。需要进行多点测量，如在水平方向 3 个不同高度(100～150 mm，800～900 mm，1600～1700 mm)分别各测量 1 次，确定最后数值，如图 1-1 所示。

(3) 测量天花板、梁柱及窗户的尺寸并在图上标示准确尺寸。每个墙角须以墙角为基点向外量取一个整数(如 300 mm、600 mm 等，两面墙要量相同的长度)，再量出已在两面墙上选定点的对角线长度作为计算角度的依据，如图 1-2 所示。

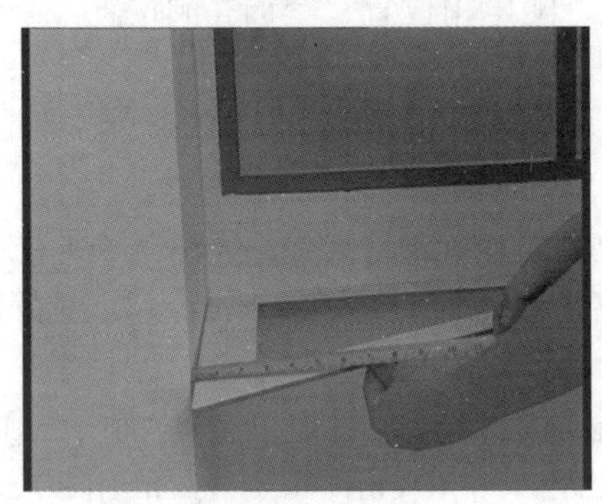

图 1-1　测量转角

图 1-2　测量尺寸

(4) 测量开关、插座等离墙左面或右面距离，离地面高度，以及凸出墙面距离。主要指腰线、柱子等对柜体安装有影响的尺寸，特别是尺寸较大的物件要测量出外围尺寸包括管道的尺寸、最高点离地高、最低点离地高。

(5) 用数码相机把各面墙的情况以图片形式记录下来。

(6) 测量各电器及五金配件的尺寸。

(7) 把客户的资料和信息记录在图纸上，如地址、电话、量尺日期、附近的标志性建筑、乘坐公交的路线及方法。

(8) 完稿，绘制完整准确的平面图，并整理装订好。

## 知识总结

总结测量流程如下：

观察、沟通—画测量平、立面图—测量长、宽、高—测量障碍物—复尺。

## ➢ 任务三 室内设计风格鉴赏

任务概述 主要欣赏不同风格的室内设计效果。

知识目标 使学生对不同室内设计风格有直观的视觉认识。

能力目标 培养学生掌握不同风格建筑特点及室内构成元素。

素质目标 培养学生室内设计欣赏水平，并使其掌握空间的分割与联系，重视材料的质感和本色使空间更富有韵律。

### 1. 古埃及风格(约公元前 3200 年—公元前 30 年)

古埃及风格(见图 1-3、图 1-4)简约、雄浑，以石材为主，柱式是其风格之标志，上部的柱头如绽开的纸草花，柱身挺拔、巍峨，中间有线式凹槽、象形文字、浮雕等，下部有柱础盘，古老而凝重。光滑的花岗岩是铺地惯用的材料，家具大都镶嵌金银和象牙装饰，家具的构造采用木条、木筋的连接方法，家具的腿部多用兽爪造型。

图 1-3 古埃及风格建筑代表——帝王谷建筑群

图 1-4 古埃及风格室内设计

### 2. 古希腊风格(公元前 11 世纪—公元前 1 世纪)

古希腊风格起源于埃及和伟大的东方艺术，是一种单纯、典雅、和谐的神庙建筑风格。古希腊崇尚简朴，内饰简约，讲究对称，主要以蓝色、白色为基调。家具的用材主要以木材为主，兼用青铜、皮革、亚麻布、大理石等材料，同时还采用象牙、金属、龟甲等装饰材料。室内装饰除了山形墙、柱头(多立克柱式、爱奥尼克柱式及科林斯柱式，如图 1-5 所示) 等建筑的细部以外，还以涡卷、莨茹叶饰、竖琴古瓶、桂冠和花环等古典装饰为主，充分展现出优雅而华贵的效果。

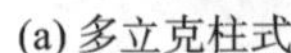

(a) 多立克柱式　(b) 爱奥尼克柱式　(c) 科林斯柱式

图 1-5　古希腊三柱式

多立克柱式如图 1-5(a)所示，它粗犷、刚劲、宏伟，是一种没有柱础的圆柱，直接置于阶座上，基座有三层石阶，柱身由一段段石鼓构成，呈底宽上窄渐收式，柱头由方块和圆盘构成，无饰纹。圆柱身表面从上到下都刻有连续的沟槽，沟槽数目的变化范围为 16～24 条，多立克柱又称为男性柱。

爱奥尼克柱式如图 1-5(b)所示，爱奥尼克柱式秀美、华丽、轻快，柱头是精巧柔和的涡卷，柱棱上有一段小圆面，并带有复杂而富有弹性感的柱础，具有女性体态轻盈、秀美的特征。它给人一种轻松活泼、自由秀丽的女人气质，因此，爱奥尼克柱又称为女性柱。

科林斯柱式如图 1-5(c)所示，科林斯柱式比爱奥尼克柱式更为纤细，柱头是用茛茹叶作装饰，形似盛满花草的花篮，规范而细腻，充满生气，其柱高、柱径比例、凹槽都同于爱奥尼克柱式。相对于爱奥尼克柱式，科林斯柱式四个侧面都有涡卷形装饰纹样，并围有两排叶饰，特别追求精细匀称，显得华丽、纤巧，装饰性更强，但是在古希腊的应用并不广泛。

上述三种柱式的代表如图 1-6 至图 1-8 所示，古希腊风格室内设计则如图 1-9 所示。

#### 3. 古罗马风格(公元前 8 世纪—公元 4 世纪)

古罗马风格室内华丽，讲究雕饰，檐角及墙上檐需用古典主义雕花。建筑基调必须稳重粗大，继承了希腊的柱式艺术，并把它和拱券结构结合，创造了拱券式。古罗马的建筑物在艺术风格上显得更为华丽奢侈。古罗马创造了属于它的古罗马柱(见图 1-10)，其建筑代表如图 1-11 至图 1-13 所示，古罗马风格室内设计则如图 1-14 所示。

图 1-6　多立克柱式代表——帕特农神庙

图 1-7　爱奥尼克柱式代表——雅典胜利女神庙

图 1-8　科林斯柱式代表——雅典宙斯神庙

图 1-9　古希腊风格室内设计

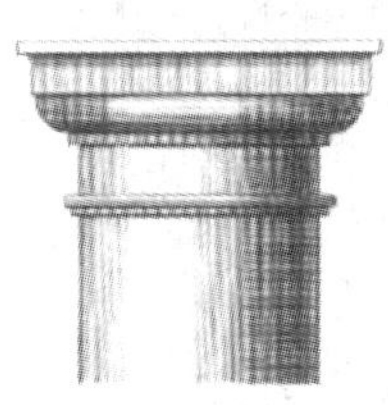

(a) 塔斯干

(b) 混合

图 1-10　古罗马柱

图 1-11　古罗马风格建筑代表
——君士坦丁凯旋门

图 1-12　古罗马风格建筑代表
——罗马万神庙

图 1-13　古罗马风格建筑代表
——罗马万神庙内部

图 1-14　古罗马风格室内设计

### 4. 拜占庭风格(公元 5 世纪—10 世纪)

拜占庭风格(见图 1-15、图 1-16)最大的特点就是穹顶运用了四周回廊中心对称的方基圆顶的结构和几何形的马赛克镶嵌装饰。室内装饰一般是在墙面贴上彩色大理石板，拱券和穹顶表面使用马赛克或粉画。由于使用了大面积的马赛克和粉画，拜占庭风格建筑内部色彩富丽。

图 1-15　拜占庭风格建筑代表——圣索菲亚大教堂

图 1-16　拜占庭风格家具

### 5. 哥特式风格(公元 12 世纪—14 世纪)

哥特式风格(见图 1-17 至图 1-19)最基本的元素是直升的线形，体量急速升腾的动势，奇突的空间推移。喜欢高耸尖塔、尖形拱门大窗户，且装饰喜用彩色玻璃镶嵌，色彩以蓝、深红、紫色为主，达到 12 色综合应用，斑斓、富丽、精巧、迷幻。内屋顶墙角打磨圆滑，内部采光良好。

图 1-17　哥特式风格建筑代表——科隆大教堂

图 1-18 哥特式风格屋顶设计

图 1-19 哥特式风格室内设计

6. 文艺复兴风格(公元 15 世纪—19 世纪)

文艺复兴风格(见图 1-20、图 1-21)是指公元 15 世纪初期，以意大利为中心所展开的对古希腊、古罗马文化的复兴运动。意大利文艺复兴时期的家具多不露结构部件，而强调表面雕饰，多运用细密描绘的手法，具有丰裕、华丽的效果。英国的文艺复兴样式上可见哥特式风格的特征，但随着住宅建筑的快速发展，室内工艺逐渐占据主导。

图 1-20 文艺复兴风格建筑代表——卢浮宫

图 1-21 文艺复兴风格室内设计

7. 巴洛克风格(公元 17 世纪—18 世纪)

巴洛克风格(见图 1-22 至图 1-24)是 17—18 世纪在意大利文艺复兴建筑基础上发展起来的一种建筑和装饰风格。其特点是外形自由，追求动态，喜好富丽的装饰和雕刻、强烈的色彩，常用穿插的曲面和椭圆形空间。

巴洛克风格的室内设计将绘画、雕塑、工艺等用于装饰和陈设艺术上。墙面装饰多采用精美的壁画和壁毯，以及镶有大型镜面或大理石，线脚重叠的贵重木材镶边板装饰墙面等。色彩华丽、用色协调，以直线与曲线协调处理的猫脚家具和各种装饰工艺手段的使用，构成室内庄重、豪华的氛围。内部装饰追求豪华，起伏与动势的形态，具有华美厚重的效果。

图 1-22　巴洛克风格建筑代表
——圣彼得堡大教堂

图 1-23　巴洛克风格建筑代表
——圣彼得堡广场

图 1-24　巴洛克风格室内设计

### 8. 洛可可风格

洛可可风格(见图 1-25 至图 1-28)是继巴洛克风格之后在欧洲发展起来的样式，相比于巴洛克风格的厚重特点，它以其不均衡的轻快、纤细曲线著称。

图 1-25　洛可可风格建筑代表
——凡尔赛宫殿

图 1-26　洛可可风格建筑代表
——凡尔赛宫顶部

图 1-27　洛可可风格大厅

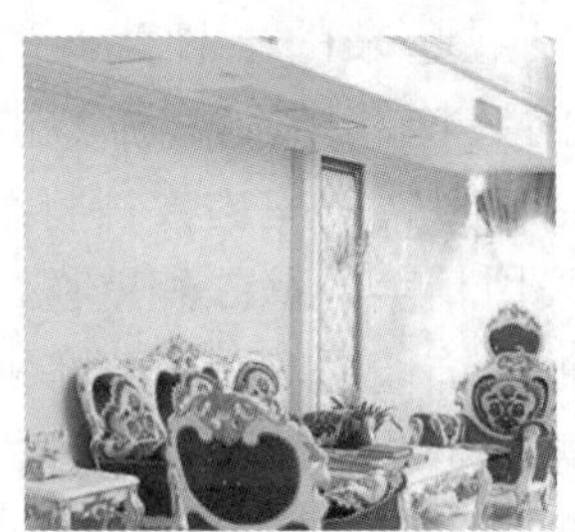

图 1-28　洛可可风格室内设计

其风格细腻、柔媚，常常采用不对称手法，喜欢用弧线和 S 形线，尤其爱用贝壳、旋涡、山石作为装饰题材，内饰艳丽，讲求华贵。室内设计时，应以墙纸及门框的装饰为主，不讲究结构的复杂。墙纸必须采用洛可可风格，室内采光要好，同时，可大量使用玻璃饰品和雕塑。

### 9. 伊斯兰风格

伊斯兰风格(见图 1-29、图 1-30)普遍采用拱券结构，它具有两大特点：一是券和穹顶的多种花式；二是大面积表面图案装饰。室内用石膏制作大面积浮雕，涂绘装饰，以深蓝和浅蓝两色为主。内饰冷艳，讲求几何效果，对称要求不高但室内结构要有层次。地面材料选用大理石，装饰重在墙面用几何花卉形式，不可用动物、人物雕像及西方宗教器物。

图 1-29 伊斯兰风格建筑代表——泰姬陵

图 1-30 伊斯兰风格室内设计

中亚及伊朗高原自然景色较荒芜，人们喜欢浓烈的颜色，室内多用华丽的壁毯和地毯。图案多以花卉为主，曲线均整，结合几何图案，其内或缀以《古兰经》的经文、装饰图案，以其形、色的纤丽为特征。

### 10. 地中海风格

地中海风格(见图 1-31 和图 1-32)原特指沿欧洲地中海北岸一线，特别是西班牙、葡萄牙、法国、意大利、希腊这些国家南部的沿海地区的居民住宅，很淳朴，红瓦白墙，干打垒的厚墙以遮蔽夏天的炎热和直接的日照，众多的回廊、穿堂、过道，一方面可以增加海景欣赏点的长度；另一方面是利用风道的原理增加对流，形成穿堂风，以达到被动式的降温效果。铸铁的把手和窗栏、厚木的窗门、简朴的方形吸潮陶地砖，都有四水归堂的天井院子，里面大多有个较小的阿拉伯风格的水池，用彩色瓷砖装饰。建筑设计不对称、不规整，高高低低，其住宅往往都对着海，能坐在阳台上看落日，很是惬意。

图 1-31　地中海风格代表建筑

图 1-32　地中海风格室内设计

### 11. 中式古典风格

中式古典风格(见图 1-33)以中国明、清传统的家具及中式园林式建筑、色彩等设计造型为代表。其特点是简朴、对称、文化性强，格调高雅，具有较高审美情趣和社会地位象征。其造型讲求对称，色彩讲求对比，装饰材料以木材为主，图案多龙、凤、龟、狮等，精雕细琢、瑰丽奇巧。

图 1-33　中式古典风格室内设计

图 1-34　新古典主义风格室内设计

### 12. 新古典主义风格

新古典主义风格(见图 1-34) 由始于 18 世纪中叶的新古典主义运动产生，作为对洛可可风格反构造装饰的反动，以及后期巴洛克风格中一些仿古典特征的副产物。其纯粹的形式，主要源自于古希腊建筑和意大利的帕拉第奥式建筑。

在室内设计中，新古典主义风格以尊重自然、追求真实、复兴古代的艺术形式为宗旨，特别是古希腊、古罗马文明鼎盛期的作品，或庄严肃穆，或典雅优美，但不照抄古典主义并以摒弃抽象、绝对的审美概念和贫乏的艺术形象而区别于16、17 世纪传统的古典主义。新古典主义风格还将家具、石雕等带进了室内陈设和装饰中，拉毛粉饰、大理石的运用，使室内装饰更讲究材质的变化和空间的整体性。家具的线形变直，不再是圆曲的洛可可样式，装饰以青铜饰面采用扇形、叶板、玫瑰花饰、人面狮身像等为主。

### 13. 美式乡村风格

美式乡村风格(见图 1-35)倡导回归自然，在美学上推崇自然、结合自然，在室内环境中力求表现悠闲、舒畅、自然的田园生活情趣，也常运用天然木、石、藤、竹等材质质朴的纹理，并巧于设置室内绿化，创造自然、简朴、高雅的氛围。

图 1-35　美式乡村风格室内设计

图 1-36　和式风格室内设计

### 14. 和式风格

和式风格(见图 1-36)采用木质结构，不尚装饰，简约简洁。其空间意识极强，形成“小、精、巧”的模式，利用檐、龛空间，创造特定的幽柔润泽的光影。明晰的线条，纯净的壁画，卷轴字画，极富文化内涵，格调简朴高雅。和式风格的另一特点是屋、院通透，人与自然统一，注重利用回廊、挑檐，使得回廊空间敞亮、自由。

### 15. 现代简约风格

现代简约风格(见图 1-37)简洁明快，实用大方。此风格的特色是将设计的元素、色彩、照明、柔材料简化到最少的程度，空间的架构由精准的比例及细部来显现。虽然色彩及材料都很单一，但注重材料的质感。因此，简约的空间通常非常含蓄，但质感很高。

图 1-37　现代简约风格室内设计

### 16. 现代前卫风格

现代前卫风格(见图 1-38 和图 1-39)依靠新材料、新技术加上光与影的变化，追求无常规的空间解构，运用大胆鲜明、对比强烈的色彩布置，以及刚柔并举的选材搭配。除了夸张、怪异、另类的视觉效果外，还注意材料类别和质地。

图 1-38　现代前卫风格室内设计一

图 1-39　现代前卫风格室内设计二

# 项目二

# AutoCAD 基础操作技能

本项目主要介绍 AutoCAD 2012 的基础操作技能，包括直线类、圆类、平面类二维图形的绘制方法和技巧；软件系统基本操作、图层设置及快速绘图工具的使用方法；复制、旋转、偏移等基本图形的编辑与修改方法；文本、表格、尺寸标注的基本概念和操作技能；图块、外部参照与图像的基本概念及其基本操作。

## ➢ 任务一 二维图形命令

- 任务概述　主要介绍绘制二维基本图形的各种方法。
- 知识目标　使学生了解常用的绘图工具和命令。
- 能力目标　使学生具备基本的绘图能力。
- 素质目标　能够正确分析图形，并选择有效的方法进行绘制。

AutoCAD 2012 提供许多种绘制图形的命令，用户可以在命令行中输入绘制图形命令，也可以通过“绘图”菜单调用这些命令，还可以在“绘图”工具栏中选择命令按钮。用户在绘制图形的过程中，也可以利用右键快捷菜单调用绘制图形的命令。

### 1. 直线类命令

线是最常见的基本图形对象，是构成平面图形最基本的元素。AutoCAD 提供了直线、构造线、射线和多线等直线类命令。

1) 绘制直线

绘制直线的命令是“LINE”(缩写为“L”)。执行该命令时，既可以绘制一条直线段，也可以绘制一系列首尾相连的直线段。

**执行方式**

命令行：LINE(或 L)

菜单："绘图" | "直线"

工具栏：绘图|直线

**操作步骤**

以在命令行输入 LINE 或 L 命令为例，说明直线的绘制方法，如图 2-1 所示。

```
命令: LINE                          //输入绘制直线命令
指定第一点:                          //指定直线起点或输入起点坐标
指定下一点或 [放弃(U)]:              //指定直线终点或输入终点坐标
指定下一点或 [放弃(U)]:              //回车
```

**选项说明**

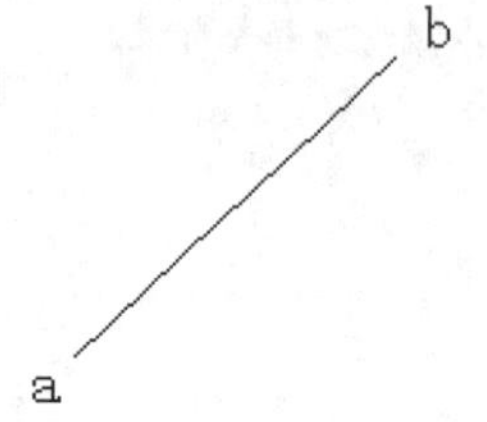


图 2-1　绘制直线

● 放弃(U)：删除直线序列中最近绘制的线段。连续执行"放弃"选项，则按绘制顺序从最后一段直线逐个由后向前删除线段。

● 闭合(C)：以第一条线段的起始点作为最后一条线段的端点，形成一个闭合的线段环。在绘制了一系列线段(两条或两条以上)之后，可以使用"闭合"选项。

2) 绘制构造线

绘制构造线的命令是"XLINE"(缩写为"XL")。执行该命令时，可以创建无限长的线，它没有起点和终点，是双向无限延长的直线。在绘图过程中多用于绘制各种辅助线，作为创建其他对象的参照，在绘图输出时可不输出。

**执行方式**

命令行：XLINE(或 XL)

菜单："绘图" | "构造线"

工具栏：绘图|构造线

**操作步骤**

以在命令行输入 XLINE 或 XL 为例，说明构造线的绘制方法，如图 2-2 所示。

```
命令: XLINE                                    //输入绘制构造线命令
XLINE 指定点或 [水平(H)/垂直(V)
  /角度(A)/二等分(B)/偏移(O)]:                 //指定构造直线起点 a 位置
指定通过点:                                    //指定构造直线通过点位置 b
指定通过点:                                    //指定下一条构造直线通过点位置 c
```

```
指定通过点：                    //指定下一条构造直线通过点位置 d
指定通过点：                    //回车
```

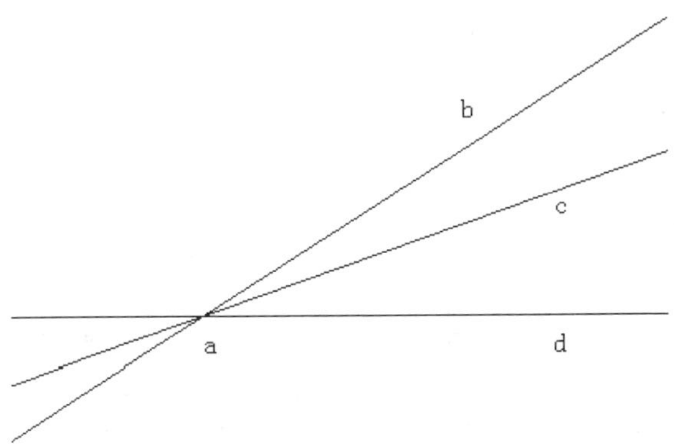


图 2-2 绘制构造线

### 选项说明

- 水平(H)：创建一条通过选定点的水平构造线。
- 垂直(V)：创建一条通过选定点的垂直构造线。
- 角度(A)：以指定的角度创建一条构造线。
- 二等分(B)：创建一条构造线，它经过选定的角顶点，并且将选定的两条线之间的夹角平分。
- 偏移(O)：对已有构造线设置距离进行复制移动。

3) 绘制射线

绘制射线的命令是“RAY”。执行该命令，可以绘制一条起始于指定点并且无限延伸的直线，起点和通过点定义了射线延伸的方向。与在两个方向上延伸的构造线不同，射线仅在一个方向上延伸，此命令为辅助制图时使用。

### 执行方式

命令行：RAY

菜单：“绘图”|“射线”

### 操作步骤

以在命令行输入 RAY 为例，说明射线的绘制方法，如图 2-3 所示。

```
命令：RAY          //输入绘制射线命令
指定起点：         //确定射线的起点位置 a
指定通过点：       //确定射线通过的任一点 b
指定通过点：       //确定射线通过的任一点 c
指定通过点：       //回车
```

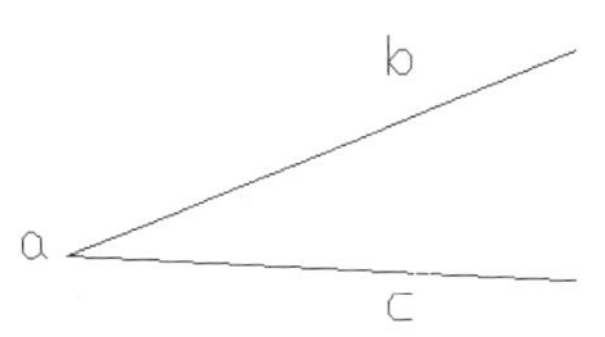


图 2-3 绘制射线

4) 绘制多线

多线又叫多条平行线，绘制多线的命令是“MLINE”(缩写为“ML”)。执行该命令，可以得到由多条平行线组成的多线。

### 执行方式

命令行：MLINE(或 ML)

菜单：“绘图”|“多线”

### 操作步骤

以在命令行输入 MLINE 或 ML 为例，说明多线的绘制方法，如图 2-4 所示。

```
命令: MLINE                                    //输入绘制多线命令
当前设置: 对正 = 上, 比例 = 20.00, 样式 = STANDARD
指定起点或 [对正(J)/比例(S)/样式(ST)]:          //指定多段线起点位置
指定下一点:                                    //指定多段线下一点位置
指定下一点或 [放弃(U)]:                         //指定多段线下一点位置
指定下一点或 [闭合(C)/放弃(U)]:                 //指定多段线下一点位置
指定下一点或 [闭合(C)/放弃(U)]:                 //指定多段线下一点位置
指定下一点或 [闭合(C)/放弃(U)]:                 //回车完成
```

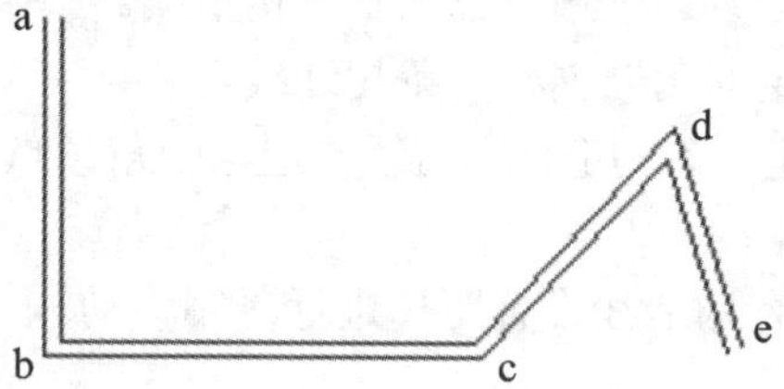

a
d
e
b
c

图 2-4　绘制多线

### 选项说明

- 对正：有“上(T)、无(Z)、下(B)”三种对正类型。
- 比例：设置多选的宽度。

### 注意

直线段是由起点和终点来确定的，输入起点和终点有三种方法：其一是在命令行中使用键盘输入坐标值；其二是用鼠标在屏幕上直接点取；其三是打开动态输入功能，在工具栏提示中输入坐标值。

### 说明

取消命令方法为按“ESC”键或右击。如想让三点或三点以上的第一点和最后一点闭合并结束直线的绘制，可在命令栏中输入“C”键，回车。

## 2. 圆类图形命令

1）绘制圆

圆是组成复杂图形的基本元素，它在绘图过程中使用的频率相当高。绘制圆的命令是“CIRCLE”(缩写为“C”)。

### 执行方式

命令行：CIRCLE(或 C)

菜单：“绘图”|“圆”

工具栏：绘图|圆

### 操作步骤

以在命令行输入 CIRCLE 或 C 为例，采用指定圆心和半径方式说明圆的绘制方法，如图 2-5 所示。

```
命令：CIRCLE                                  //输入绘制圆命令
CIRCLE 指定圆的圆心或 [三点(3P)/两点(2P)/相切、相切、半径(T)]:
                                              //在绘图区单击指定圆心或输入相关参数，来
                                                确定圆心 O
指定圆的半径或 [直径(D)]:                      //输入半径大小
```

### 选项说明

- 三点(3P)：基于圆周上的三点绘制圆。
- 两点(2P)：基于圆直径上的两个端点绘制圆。
- 相切、相切、半径(T)：基于指定半径和两个相切对象绘制圆。

### 练一练

巧妙利用创建圆的不同方法，绘制如图 2-6 所示效果图。

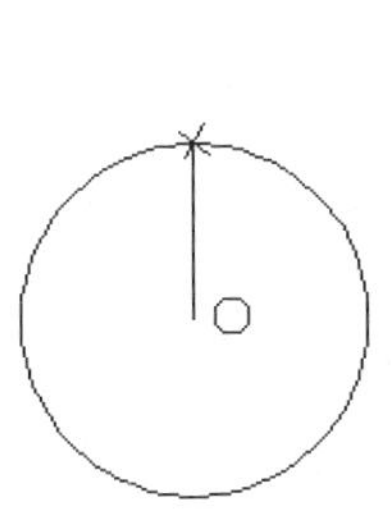


图 2-5　绘制圆

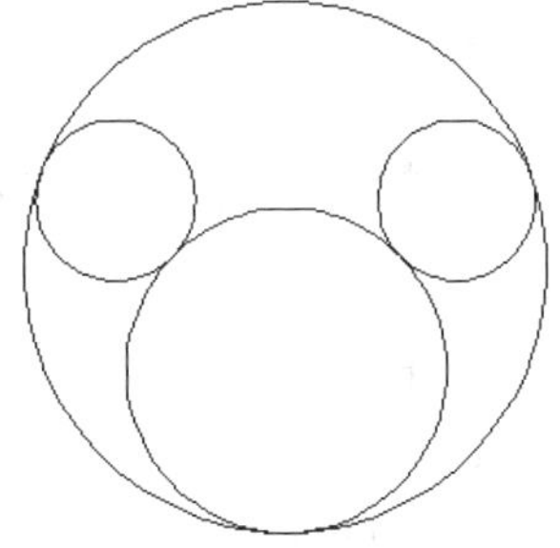

图 2-6　绘制圆练习

2）绘制弧线

绘制弧线的命令是“ARC”(缩写为“A”)。

**执行方式**

命令行：ARC(或 A)

菜单："绘图"|"圆弧"

工具栏：绘图|圆弧

**操作步骤**

以在命令行输入 ARC 或 C 为例，以起点、第二点、端点三点法画弧线，如图 2-7 所示。

```
命令: ARC                                        //输入绘制圆弧命令
ARC 指定圆弧的起点或 [圆心(C)]:                   //指定圆弧的起点 A
指定圆弧的第二个点或 [圆心(C)/端点(E)]:           //指定圆弧的圆心 B
指定圆弧的端点:                                   //指定圆弧的端点 C
```

**选项说明**

- 用命令行方式绘制圆弧时，可以根据系统提示选择不同的选项。具体选项与用"绘图"|"圆弧"菜单提供的 11 种方式类似。
- "继续"方式：绘制的圆弧与上一线段或圆弧相切。

**练一练**

利用上述命令，绘制如图 2-8 所示圆头平键效果图。

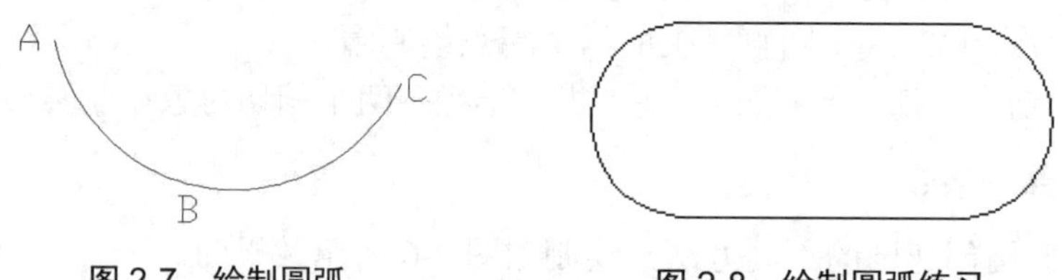


图 2-7　绘制圆弧　　　图 2-8　绘制圆弧练习

3) 绘制椭圆

椭圆是由定义其长度和宽度的两条轴决定。较长的轴称为长轴，较短的轴称为短轴。绘制椭圆的命令是"ELLIPSE"(缩略为"EL")。

**执行方式**

命令行：ELLIPSE(或 EL)

菜单："绘图"|"椭圆"

工具栏：绘图|椭圆

**操作步骤**

以在命令行输入 ELLIPSE 或 EL 为例，采用通过中心点绘制来说明椭圆的绘制方法，如图 2-9 所示。

```
命令: ELLIPSE                                     //输入绘制椭圆命令
指定椭圆的轴端点或 [圆弧(A)/中心点(C)]:           //指定一个椭圆轴线端点 A
指定轴的另一个端点:                               //指定该椭圆轴线上另外一个端点 B
指定另一条半轴长度或 [旋转(R)]:                   //指定与椭圆另外一个轴线长度距离
```

#### 选项说明

● 指定椭圆的轴端点：根据两个端点来定义椭圆的第一条轴。

● 中心点(C)：通过指定中心点创建椭圆。

● 旋转(R)：通过绕第一条轴旋转圆来创建椭圆。

● 圆弧(A)：用于创建一段椭圆弧，也可以用绘图工具栏的椭圆弧绘制。

图 2-9 绘制椭圆

4) 绘制椭圆弧

椭圆弧为椭圆上某一角度到另一角度的一段，在绘制椭圆弧前必须先绘制一个椭圆。绘制椭圆弧的命令和椭圆一样都是“ELLIPSE”(缩略为“EL”)。

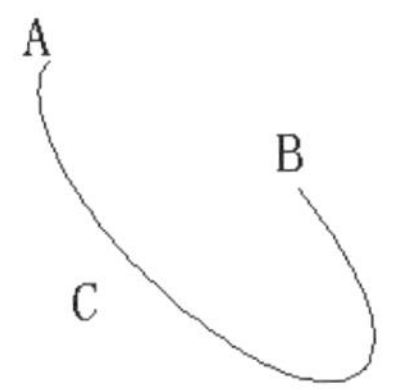


图 2-10 绘制椭圆弧

#### 执行方式

命令行：ELLIPSE(或 EL)

菜单：“绘图”|“椭圆”|“圆弧”

工具栏：绘图|椭圆弧

#### 操作步骤

以在命令行输入 ELLIPSE 或 EL 为例，说明椭圆弧的绘制方法，如图 2-10 所示。

```
命令: ELLIPSE                                     //输入绘制椭圆弧命令
指定椭圆的轴端点或 [圆弧(A)/中心点(C)]: _a
指定椭圆弧的轴端点或 [中心点(C)]:                 //指定 A 为轴端点
指定轴的另一个端点:                               //指定 B 为另一个端点
指定另一条半轴长度或 [旋转(R)]:                   //指定 C 点来确定轴长
指定起始角度或 [参数(P)]: 0                       //输入椭圆弧的起始角度
指定终止角度或 [参数(P)/包含角度(I)]: 240         //输入椭圆弧的终止角度
```

#### 选项说明

● 圆弧(A)：创建一段椭圆弧。第一条轴的角度确定了椭圆弧的角度。第一条轴既可定义椭圆弧长轴，也可以定义椭圆弧短轴。

● 中心点(C)：用指定的中心点创建椭圆弧。

● 旋转(R)：通过绕第一条轴旋转定义椭圆的长轴、短轴比例。该值越大，短轴对长轴的比例就越大，输入 0 则定义一个圆。

● 参数(P)：需要同样的输入作为“起始角度”，但可以通过矢量参数方程式创建椭圆弧：p(u)=c+a*cos(u)+b*sin(u)。其中 c 是椭圆的中心点，a 和 b 分别是椭圆的长轴和短轴。

● 包含角度(I)：定义从起始角度开始的夹角。

5) 绘制圆环

绘制圆环的命令是“DONUT”，启动“绘制圆环”命令。

**执行方式**

命令行：DONUT(或 DO)

菜单：“绘图”|“圆环”

**操作步骤**

执行 DONUT 命令后，在命令行有如下提示。

```
命令: DONUT                          //输入绘制圆环命令
指定圆环的内径 <0.5000>:              //指定圆环的内径
指定圆环的外径 <1.0000>:              //指定圆环的外径
指定圆环的中心点或 <退出>:            //指定圆环的中心点
指定圆环的中心点或 <退出>:            //回车，结束命令
```

**选项说明**

● 若指定内径为零，则画出的是实心填充圆，如图 2-11(a)所示。

● 用命令 FILL 可以控制圆环是否填充，关闭填充，命令行提示如下。

命令： FILL(输入填充命令)。

输入模式 [开(ON)/关(OFF)] <开>：选择“ON”表示填充，选择“OFF”表示不填充，如图 2-11(b)、(c)所示。

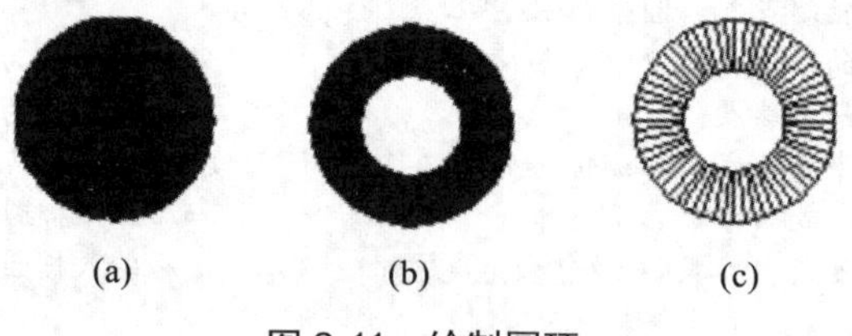


图 2-11 绘制圆环

### 3. 平面图形命令

1) 绘制矩形

矩形是组成复杂图形的基本元素之一。在 AutoCAD 中，利用“矩形”菜单命令可以绘制直角矩形、圆角矩形和倒角矩形，也可以根据矩形的面积和一边的长度绘制矩形，并可以绘制带有倾斜角度的矩形。

**执行方式**

命令行：RECTANG(或 REC)

菜单："绘图" | "矩形"

工具栏：绘图|矩形

图 2-12 绘制矩形

**操作步骤**

执行 RECTANG 命令后，设置矩形线宽绘制矩形，如图 2-12 所示。命令行提示如下。

```
命令: RECTANG                                          //输入绘制矩形命令
指定第一个角点或 [倒角(C)/标高(E)/圆角(F)/厚度(T)/宽度(W)]: w
                                                       //设置矩形线宽
指定矩形的线宽 <0.000>:100                              //输入线宽
指定第一个角点或 [倒角(C)/标高(E)/圆角(F)/厚度(T)/宽度(W)]:
                                                       //指定第一个角点
指定另一个角点或 [面积(A)/尺寸(D)/旋转(R)]:              //指定第二个角点
```

**选项说明**

- 倒角(C)：指定矩形的倒角距离。其中一个倒角距离是指角点逆时针方向倒角距离，第二个倒角距离是指角点顺时针方向倒角距离。
- 标高(E)：指定矩形的标高(Z 坐标)，即把矩形画在标高为 Z 和 XOY 坐标面平行的平面上，并将其作为后续矩形的标高值。
- 圆角(F)：指定矩形的圆角半径。
- 厚度(T)：指定矩形的厚度。
- 宽度(W)：指定矩形多段线的宽度。
- 面积(A)：指定使用面积与长度或宽度创建矩形。
- 尺寸(D)：指定长和宽创建矩形。
- 旋转(R)：按指定的旋转角度创建矩形。

2) 绘制正多边形

正多边形即闭合的等边多段线，边数可选择的范围为 3~1 024 之间的整数。绘制正多边形的命令是"POLYGON"(缩写为"POL")。

**执行方式**

命令行：POLYGON(或 POL)

菜单："绘图" | "正多边形"

工具栏：绘图|正多边形

**操作步骤**

执行 POLYGON 命令绘制正五边形，如图 2-13 所示。命令行提示如下。

```
命令: POLYGON                                          //输入正多边形命令
POLYGON 输入边的数目 <4>:                               //指定正多边形的边数，如输入 5
指定正多边形的中心点或 [边(E)]:                         //指定正多边形的中心点
输入选项 [内接于圆(I)/外切于圆(C)] <I>:                //选择“内接于圆”或“外接于圆”
指定圆的半径:                                          //输入圆的半径
```

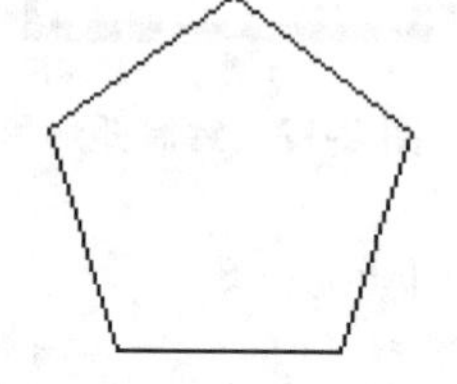

图 2-13　绘制正多边形

**选项说明**

- 边(E)：指定第一条边的端点来定义多边形。
- 内接于圆(I)：指定外接圆的半径，正多边形的所有顶点都在此圆周上。
- 外切于圆(C)：指定从正多边形中心点到各边中点的距离。

### 4. 点

AutoCAD 绘图过程中，点可以像直线、圆等一样作为实体进行绘制。绘制点的命令是“POINT”(缩写为“PO”)。

**执行方式**

命令行：POINT(或 PO)

菜单：“绘图”|“点”

工具栏：绘图|点

**操作步骤**

```
命令: POINT                              //输入绘制点命令
当前点模式: PDMODE=0  PDSIZE=0.0000
指定点:                                   //指定点的位置
```

**选项说明**

- 单点(S)：一次只能画一个点。
- 多点(P)：一次可画多个点，左击加点，ESC 停止。
- 定数等分(D)：选择对象后，设置数目。
- 定距等分(M)：选择对象后，指定线段长度。

点的样式有 20 种，设置点样式可以选择“格式”|“点样式”菜单命令，在弹出的“点样式”对话框中设置点的样式和大小。如图 2-14 所示，“相对于屏幕设置大小(R)”，指当滚动滚轴时，点大小随屏幕分辨率大小的改变而改变；“按绝对单位设置大小(A)”，点大小则不会改变。

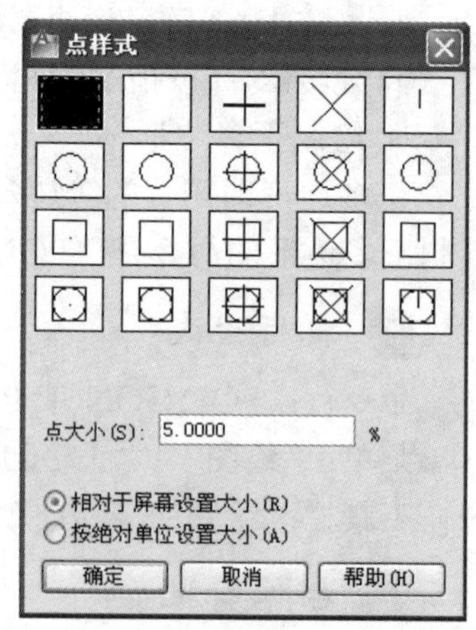


图 2-14　“点样式”对话框

### 5. 综合技能训练——二维图形综合实例

**训练内容**

根据本章所学知识，利用绘制图形命令，完成如图 2-15 所示的小汽车效果图。

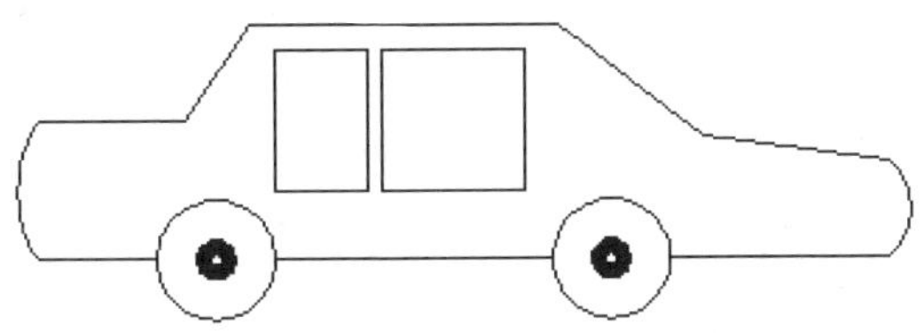

图 2-15　绘制小汽车

**知识提示**

本实例主要练习直线、圆、圆弧、多段线、圆环、矩形和正多边形等命令的运用。

**参考步骤**

1) 绘制车轮

(1) 在命令行中输入 CIRCLE，绘制车轮外轮廓，命令行提示如下。

```
命令: CIRCLE
指定圆的圆心或 [三点(3P)/两点(2P)/切点、切点、半径(T)]:600,200
指定圆的半径或 [直径(D)]: 150
```

利用同样的方法，绘制圆心坐标(1600，200)，半径为 150 的一个圆。

(2) 选择“绘图”下拉菜单中的“圆环”命令，绘制车轮内部，如图 2-16 所示。命令行提示如下。

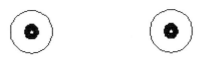

图 2-16　绘制车轮

```
命令: _donut。
指定圆环的内径 <1.0000>: 30          //输入内径值 30
指定圆环的外径 <30.0000>: 100        //输入外径值 100
指定圆环的中心点或 <退出>:            //单击左侧圆的圆心
指定圆环的中心点或 <退出>:            //单击右侧圆的圆心
                                      //回车完成
```

2) 绘制车底板

单击“绘图”工具栏中的“直线”按钮，绘制车底部直线。命令行提示如下。

```
命令: _line
指定第一点: 150,200                    //输入直线起点坐标
指定下一点或 [放弃(U)]: 450,200        //输入直线端点坐标
                                       //回车完成
```

利用同样的方法指定另外两条直线段，端点坐标{(750，200)、(1450，200)}和{(1750，200)、(2300，200)}，效果如图 2-17 所示。

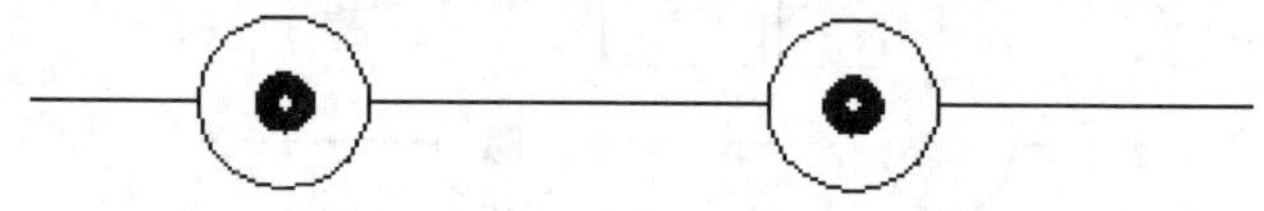

图 2-17　绘制车底板

3) 绘制车外轮廓线

(1) 单击“绘图”工具栏中的“多段线”按钮，绘制车外轮廓线，命令行提示如下。

```
命令: _pline
指定起点: 150,200                          //输入起点坐标
当前线宽为 0.0000
指定下一个点或 [圆弧(A)/半宽(H)/长度(L)/放弃(U)/宽度(W)]: a //输入 a
指定圆弧的端点或[角度(A)/圆心(CE)/方向(D)/半宽(H)/直线(L)/半径(R)/第二个点(S)/放弃(U)/宽度(W)]: S           //输入 S
指定圆弧的第二个点: 100,380                //输入第二个点坐标
指定圆弧的端点: 150,550                    //输入端点坐标
指定圆弧的端点或[角度(A)/圆心(CE)/闭合(CL)/方向(D)/半宽(H)/直线(L)/半径(R)/第二个点(S)/放弃(U)/宽度(W)]: L //输入 L，绘制直线
指定下一点或 [圆弧(A)/闭合(C)/半宽(H)/长度(L)/放弃(U)/宽度(W)]: @375,0
指定下一点或 [圆弧(A)/闭合(C)/半宽(H)/长度(L)/放弃(U)/宽度(W)]: @160,240
指定下一点或 [圆弧(A)/闭合(C)/半宽(H)/长度(L)/放弃(U)/宽度(W)]: @780,0
指定下一点或 [圆弧(A)/闭合(C)/半宽(H)/长度(L)/放弃(U)/宽度(W)]: @365,-285
指定下一点或 [圆弧(A)/闭合(C)/半宽(H)/长度(L)/放弃(U)/宽度(W)]: @470,-60                          //回车完成
```

(2) 单击“绘图”工具栏中的“圆弧”按钮，命令行提示如下。

```
命令: _arc。
指定圆弧的起点或 [圆心(C)]: 2300,200                    //输入圆弧起点坐标
指定圆弧的第二个点或 [圆心(C)/端点(E)]: 2356,322        //输入圆弧第二个点坐标
指定圆弧的端点: 2300,445                                //输入圆弧端点坐标
```

结果如图 2-18 所示。

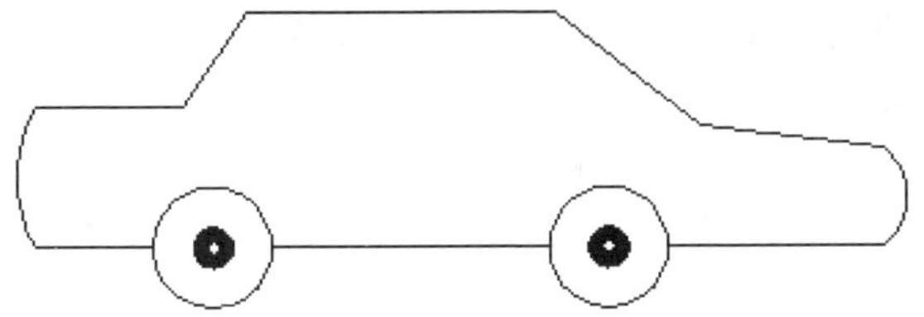

图 2-18 绘制车外轮廓线

4) 绘制车窗户

单击“绘图”工具栏中的“矩形”按钮▭，绘制车窗户。命令行提示如下。

```
命令: _rectang
指定第一个角点或 [倒角(C)/标高(E)/圆角(F)/厚度(T)/宽度(W)]: 750,730
指定另一个角点或 [面积(A)/尺寸(D)/旋转(R)]: 980,370
命令: _rectang
指定第一个角点或 [倒角(C)/标高(E)/圆角(F)/厚度(T)/宽度(W)]: 1020,730
指定另一个角点或 [面积(A)/尺寸(D)/旋转(R)]: 1280,370
```

最终效果如图 2-15 所示。

## ➤ 任务二 基本绘图工具和面板

任务概述 主要介绍 AutoCAD 相关的一些基本概念和基本操作，如新建图形文件、打开已有图形文件、保存图形以及图层设置等。

知识目标 了解图层、精确定位工具及设计中心的使用方法。

能力目标 能够正确使用命令、图层、精确定位等工具绘制图形。

素质目标 能够利用基本绘图工具和面板规范绘制图形。

### 1. 基本操作

1) 操作界面

AutoCAD 的操作界面是显示、编辑图形的区域。启动 AutoCAD 2012 后，默认界面如图 2-19 所示。这个界面是 AutoCAD 2009 以后出现的新界面风格。为了便于学习和使用过 AutoCAD 2008 及之前版本的用户学习本书，后面都采用 AutoCAD 经典风格界面进行介绍。

转换操作界面风格的方法为：单击界面左上角的“初始设置工作空间”下拉箭头，如图 2-20 所示，选择“AutoCAD 经典”选项，系统将会转换到 AutoCAD 经典界面。

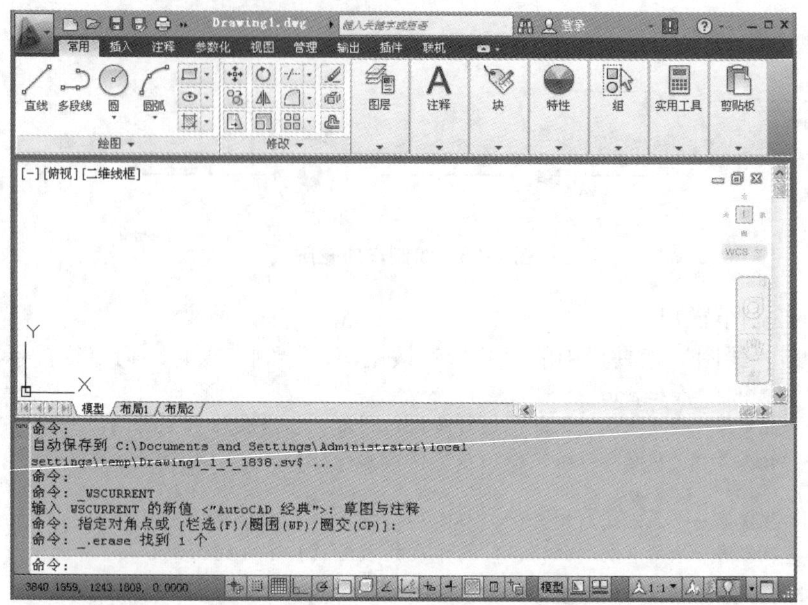


图 2-19 AutoCAD 2012 默认界面

一个完整的 AutoCAD 工作界面中主要包括标题栏、菜单栏、功能区、绘图窗口、十字光标、命令行、状态栏、工具栏、坐标系图标、布局标签和滚动条等。

(1) 标题栏。

AutoCAD 窗口与 Windows 应用程序的一样，都有标题栏，它可以显示当前正在运行的程序名及文件名。把光标移到标题栏上，右击鼠标或按“Alt+Space”组合键，将弹出窗口控制菜单，如图 2-21 所示，可以通过该菜单进行窗口的最大化、还原、最小化、移动、关闭等操作。

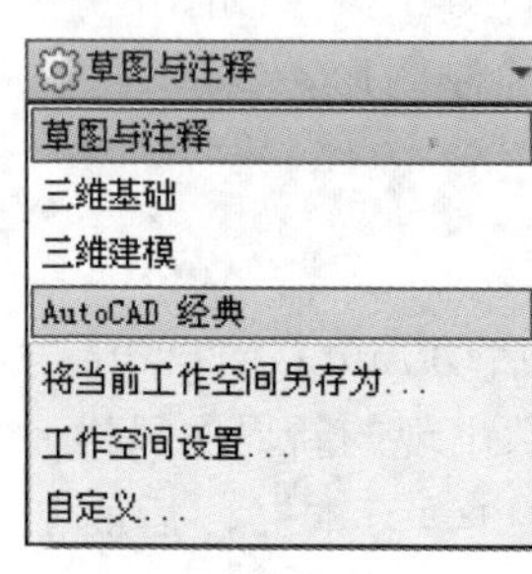


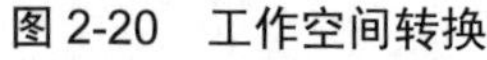
图 2-20 工作空间转换

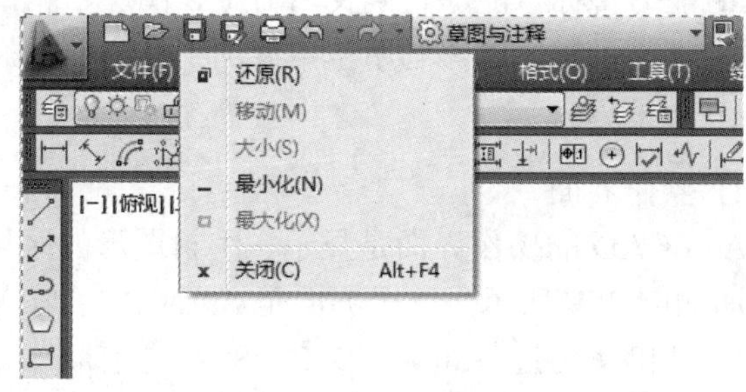


图 2-21 窗口控制菜单

(2) 菜单栏。

菜单栏包括文件、编辑、视图、插入、格式、工具、绘图、标注、修改、参数、窗口和帮助等 12 个菜单项，如图 2-22 所示。菜单栏包含了 AutoCAD 运行、

文件(F) 编辑(E) 视图(V) 插入(I) 格式(O) 工具(T) 绘图(D) 标注(N) 修改(M) 参数(P) 窗口(W) 帮助(H)

图 2-22 菜单栏

绘图、编辑、标注、图层、约束等各方面的命令，几乎所有的操作均可通过菜单栏中的命令来实现。

(3) 功能区。

在 AutoCAD 的草图与注释、三维基础和三维建模界面中，功能区提供了一个与当前工作空间操作相关的命令按钮区域，无须显示多个工具栏，使得应用程序窗口简洁有序，如图 2-23 所示。利用功能区中这些面板上的按钮可以完成绘图过程中的大部分工作，工作效率能提高很多。

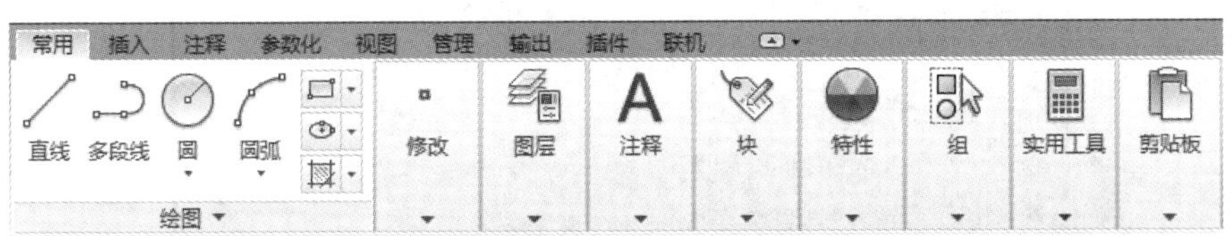


图 2-23 默认界面功能区

在 AutoCAD 的功能区单击标签，在相应选项卡中将显示命令按钮。有的按钮带有一个“三角”符号，表示该工具带有附加工具。有时候为了画图方便，可以将功能区隐藏起来，单击标签栏右边的按钮，可以设置不同的最小化选项。

(4) 绘图窗口。

绘图窗口是绘图的工作区域，该区域是没有边界的。在绘图区域内，用户可以进行图形的绘制、编辑和显示等操作。在 AutoCAD 中，用户可以同时打开多个图形。

 **提示**

绘图区域也称视图，用户可以使用鼠标中键放大、缩小和平移视图，以便仔细查看图形中的细节，或者将视图移动至图形的其他部分。

(5) 命令行。

命令行位于绘图窗口的下部，它是 AutoCAD 输入与显示命令、显示提示信息和出错信息的窗口，如图 2-24 所示。用户可以用鼠标拖动其边框来改变显示的行数，也可以用鼠标拖动命令行窗口来移动其位置。

按“F2”键，可以弹出命令行的文本窗口，如图 2-25 所示，显示当前进程中命令的输入和执行过程。

```
指定第一个角点或 [倒角(C)/标高(E)/圆角(F)/厚度(T)/宽度(W)]:
指定矩形的线宽 <20.0000>: 100
指定第一个角点或 [倒角(C)/标高(E)/圆角(F)/厚度(T)/宽度(W)]:
指定另一个角点或 [面积(A)/尺寸(D)/旋转(R)]:
命令:
自动保存到 C:\Documents and Settings\Administrator\local settings\temp\工具选项板结果图_1_1_0311.sv$ ...
命令:

命令:
```

图 2-24　命令行

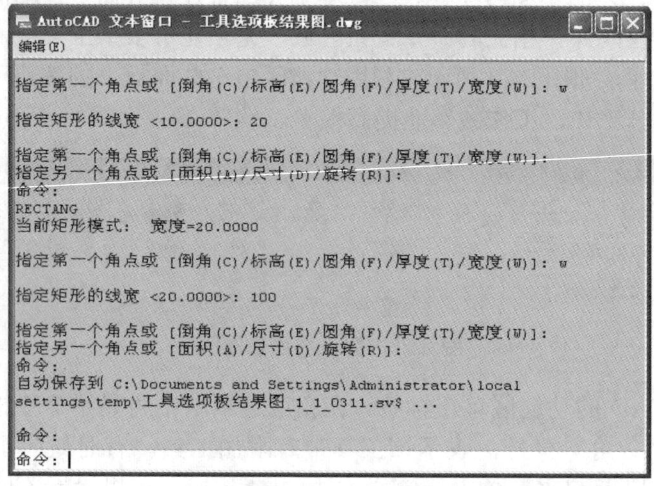


图 2-25　文本窗口

(6) 工具栏。

AutoCAD 2012 提供了 40 余种已命名的工具栏，在默认的“草图与注释”工作空间中，工具栏处于隐藏状态。

在“AutoCAD 经典”工作空间中，已经显示了一些工具栏，用户想要显示某个隐藏的工具栏，可以直接在某个工具栏上右击，弹出快捷菜单后，可以再次选择想要显示的工具栏，还可以通过“自定义用户界面”对话框来进行管理。

(7) 布局标签。

AutoCAD 2012 系统默认设定一个模型空间标签和“布局 1”、“布局 2”两个图纸空间布局标签。

布局：布局是系统为绘图设计的一种环境，包括图纸大小、尺寸单位、角度设定、数值精确度等。在系统预设的三个标签中，这些环境变量都为默认设置。用户可以根据实际需求来改变这些变量的值。

模型：AutoCAD 的空间分模型空间和图纸空间。模型空间是我们通常绘图的环境；而在图纸空间中，用户可以创建叫做“浮动视口”的区域，以不同视图来显示所绘图形。

(8) 状态栏。

状态栏位于 AutoCAD 主窗口的底部，它显示了各种 AutoCAD 模式的状态，如图 2-26、图 2-27 所示。在绘图窗口中移动光标时，状态栏的“坐标”区将动态地显示当前坐标值。坐标显示取决于所选择的模式和程序中运行的命令，共有“相对”、“绝对”和“无”三种模式。

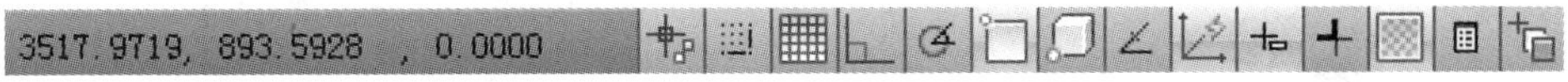

3517.9719, 893.5928 , 0.0000

图 2-26 状态栏

状态栏上包含多个功能按钮：捕捉、栅格、正交、极轴、对象捕捉、对象追踪等，单击一次这些功能按钮，将切换一次状态。

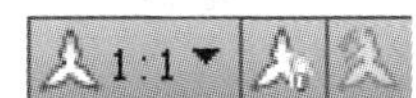


图 2-27 注释比例状态栏

(9) 十字光标。

十字光标为 AutoCAD 在绘图区域中显示的绘图光标，它用于绘制图形时指定点的位置和选取对象。光标中十字线的交点是光标当前所在的位置，该位置的坐标值实时地显示在状态栏上的坐标区中。光标中的小方框为拾取框，用于选择对象。

2) 文件管理

(1) 创建新图形文件。

**执行方式**

命令行：NEW

菜单：“文件”|“新建”

快捷键：“Ctrl+N”组合键

工具栏：单击标准工具栏上的“新建”按钮

**操作步骤**

Step 1 选择“文件”|“新建”菜单命令，弹出“选择样板”对话框，如图 2-28 所示。

Step 2 选择样板列表框中的某一样板文件，这时在对话框右侧的预览框中将显示出该样板的预览图像。

Step 3 单击打开(O)按钮，可以以选中的样板文件为样板，创建新图形。

**选项说明**

样板文件中通常包含有与绘图相关的一些通用设置，如图层、线型、文字样式、尺寸标注样式等设置。利用样板创建新的图形，可以避免每次绘制新图形时要进行的有关绘图设置、绘制相同图形对象这样的重复操作，不仅提高了绘图效率，而且保证了图形的一致性。

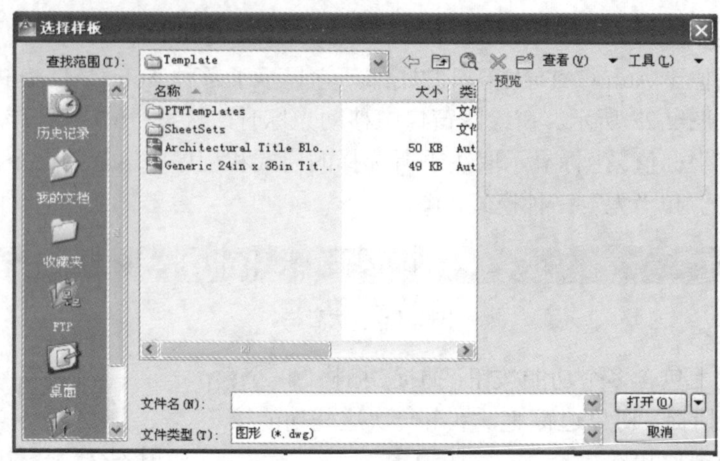


图 2-28 “选择样板”对话框

(2) 打开已有图形。

### 执行方式

命令行：OPEN

菜单：“文件”|“打开”

快捷键：“Ctrl+O”组合键

工具栏：单击标准工具栏上的“打开”按钮

### 操作步骤

Step 1 选择“文件”|“打开”菜单命令，弹出“选择文件”对话框，如图 2-29 所示。

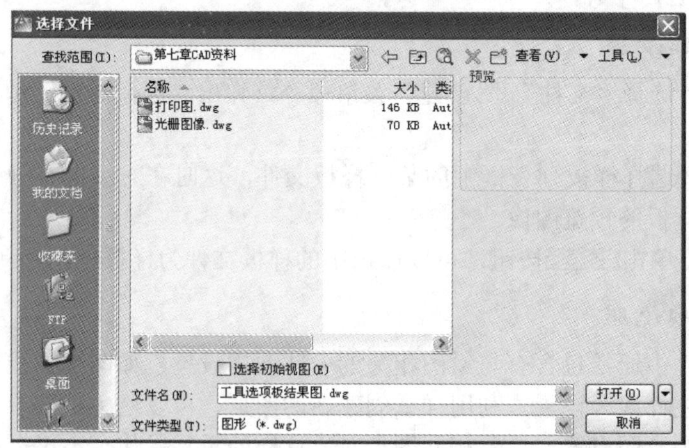


图 2-29 “选择文件”对话框

Step 2 在“选择文件”对话框的文件列表框中，选择需要打开的图形文件，在右侧的预览框中将显示出该图形的预览图像。默认情况下，打开的图形文件的格式为.dwg 格式。

#### 选项说明

用户可以用以下 4 种方式打开图形文件。单击打开(O)按钮右下角的▾按钮，弹出“选择方式”下拉列表，如图 2-30 所示。

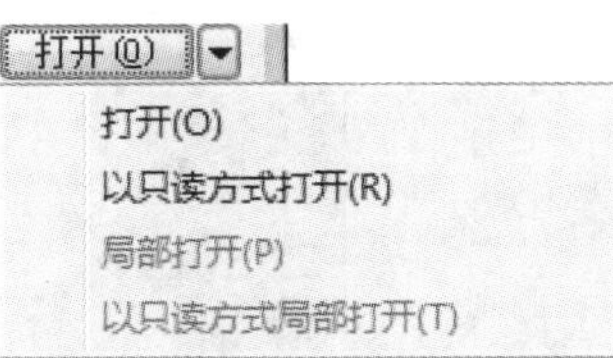


图 2-30 样板打开方式

- 打开：以正常方式打开、运行图形文件，并可编辑修改图形文件。
- 以只读方式打开：打开的图形文件只能查看，不能编辑和修改。
- 局部打开：通过设置要加载几何图形的视图、图层来打开图形文件。
- 以只读方式局部打开：局部打开指定的图形文件，且不能进行编辑修改。

(3) 保存图形。

#### 执行方式

命令行：SAVE

菜单：选择“文件”|“保存”命令

快捷键：“Ctrl+S”组合键

工具栏：单击标准工具栏上的“保存”按钮

#### 操作步骤

选择“文件”|“保存”菜单命令，以当前使用的文件名保存图形。

#### 选项说明

用户在第一次保存创建的图形时，系统将打开“图形另存为”对话框，如图 2-31 所示。默认情况下，文件以“*.dwg”格式保存，用户也可以在文件类型下拉列表中选择其他格式。

(4) 加密保护绘图数据。

#### 执行方式

选择“工具”|“选项”菜单命令，弹出“选项”对话框，进行安全设置。

选择“文件”|“保存”或“文件另存为”菜单命令，弹出“图形另存为”对话框，进行安全设置。

#### 操作步骤

Step 1 选择“工具”|“选项”菜单命令，弹出“选项”对话框，选择打开和保存

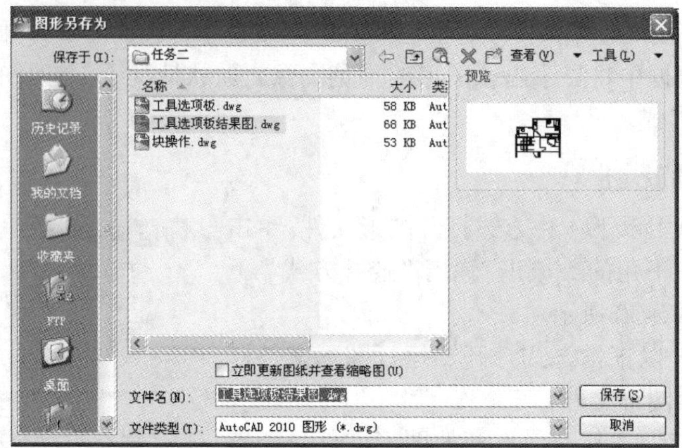


图 2-31 “图形另存为”对话框

按钮。点击左下角的 安全选项(O)... 按钮；或者执行保存图形命令，在弹出的“图形另存为”对话框中选择对话框右上方“工具”下拉菜单中的“安全选项”，AutoCAD 都会弹出“安全选项”对话框，如图 2-32 所示。

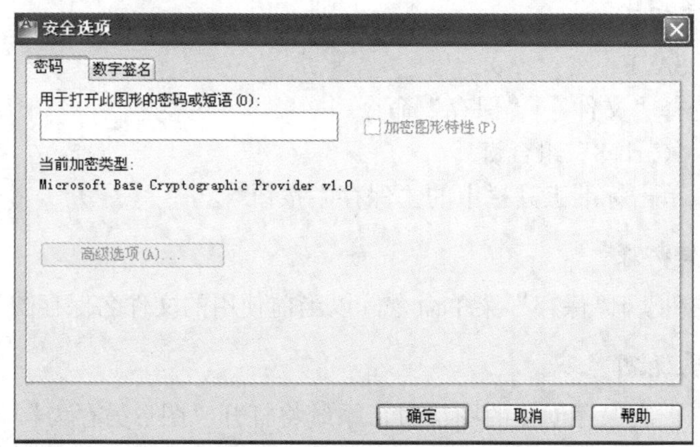


图 2-32 “安全选项”对话框

Step 2 单击“密码”选项卡，然后在“用于打开此图形的密码或短语”文本框中输入密码。此外，利用“数字签名”选项卡还可以设置数字签名。

### 选项说明

为文件设置密码后，用户在打开文件时系统将打开“口令”对话框，要求用户输入正确的密码，否则无法打开文件。

进行加密设置时，用户可以选择 40 位、128 位等多种加密长度。可以在“密码”选项卡中单击“高级选项”按钮，在打开的“高级选项”对话框中进行设置。

(5) 关闭图形文件。

**执行方式**

命令行：CLOSE

菜单：选择“文件”|“关闭”命令

快捷键：“Ctrl+W”组合键

工具栏：单击绘图窗口中的“关闭”按钮

**操作步骤**

选择“文件”|“关闭”菜单命令，关闭当前图形文件。

**选项说明**

执行“关闭”命令后，对没有保存的文件，系统将弹出提示对话框，询问是否保存文件，如图 2-33 所示。在该对话框中单击“是(Y)”按钮或按“Y”键，表示将当前的图形文件存盘后再关闭它；单击“否(N)”按钮或按“N”键，表示关闭图形但不存盘；单击“取消”按钮，表示取消当前图形文件的操作，既不保存也不关闭当前图形。

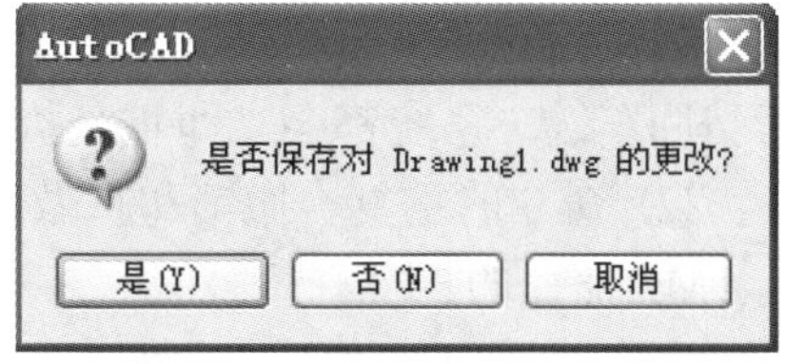


图 2-33 “关闭文件”信息提示对话框

3) 基本输入操作

在 AutoCAD 中，有一些基本的输入操作方法，这些基本方法是学习 AutoCAD 的基础。

(1) 命令输入方式。

① 在命令窗口输入命令名。

命令字符可不区分大小写。例如，命令: LINE 。执行命令时，在命令行提示中经常会出现命令选项。例如，绘制直线命令，在命令行输入“LINE”后，命令行提示如下。

```
命令: LINE
指定第一点:(在屏幕上指定一点或输入一个点的坐标)
指定下一点或 [放弃(U)]:
```

选项中不带括号的提示为默认选项，因此可以直接输入直线段的起点坐标或在屏幕上指定一点，如果要选择其他选项，则应该首先输入该选项的标志字符，例如，“放弃”选项的标志字符为“U”，然后按系统提示输入数据即可。在命令选项的后面有时还会带有尖括号，尖括号里的数值指默认数值，如果不改变数值，则保持默认数值，直接回车即可。

② 在命令窗口输入命令缩写字。

这些缩写字如L(Line)、C(Circle)、A(Arc)、Z(Zoom)、R(Redraw)、M(More)、CO(Copy)、PL(Pline)、E(Erase)等。

③ 选取绘图菜单直线选项。

选取该选项后，在状态栏中可以看到对应的命令说明及命令名。

④ 选取工具栏中的对应图标。

选取该选项后，在状态栏中也可以看到对应的命令说明及命令名。

⑤ 在命令行打开右键快捷菜单。

如果前面刚使用过要输入的命令，可以在命令行打开右键快捷菜单，在“近期使用的命令”子菜单中选择需要的命令。该子菜单存储了最近使用的6个命令。

⑥ 在绘图区右击鼠标。

如果用户要重复使用上次使用的命令，可以直接在绘图区单击鼠标右键，或者按回车键，系统都会立即重复执行上次使用的命令。

(2) 命令的重复、撤销和重做。

① 命令的重复。

在命令窗口按“Enter”键可以重复调用上一个命令，不管上一个命令是否完成。

② 命令的撤销。

在命令执行的任何时刻都可以取消和终止命令的执行。

**执行方式**

命令行：UNDO

菜单：“编辑”|“放弃”

快捷键：“Esc”键

按钮：“标准”工具条按钮

③ 命令的重做。

已经被撤销的命令还可以恢复重做，要恢复撤销的最后一个命令，其执行方式如下。

**执行方式**

命令行：REDO

菜单：“编辑”|“重做”

快捷键：“Ctrl+Y”组合键

工具栏：标准|重做

(3) 透明命令。

透明命令是指在执行AutoCAD的其他命令过程中可以插入执行的某些命令。

当在绘图过程中需要透明执行某一命令时，可直接选择对应的菜单命令或单击工具栏上的对应按钮，然后根据提示执行相应的操作。透明命令执行完毕后，AutoCAD 会返回执行透明命令之前的提示，继续执行对应的操作。例如，“缩放”命令和“平移”命令就是透明命令。

(4) 按键定义。

在 AutoCAD 中，除了可以通过在命令窗口输入命令、单击工具栏图标或单击菜单命令来完成外，还可以通过使用键盘上的一组功能键或快捷键来快速实现指定功能。如按“F1”键，系统会自动调用 AutoCAD 软件的“帮助”对话框。

系统可以使用 AutoCAD 传统标准(Windows 之前)或 Microsoft Windows 标准解释快捷键。有些功能键或快捷键在 AutoCAD 的菜单中已经指出，如“粘贴”的快捷键为“Ctrl+V”，这些只要用户在使用过程中多加留意就能熟练掌握。

(5) 坐标系与坐标。

AutoCAD 中的坐标系包括世界坐标系(WCS)和用户坐标系(UCS)。在绘图过程中，如果要精确定位某个对象的位置，则应以某个坐标系作为参照。掌握各种坐标系对精确绘图十分重要。

① 世界坐标系。

当开始绘制一幅新图时，AutoCAD 会自动地将当前坐标系设置为世界坐标系。它包括 X 轴和 Y 轴，如果在 3D 空间工作则还有一个 Z 轴。WCS 坐标轴的交汇处显示一个“口”形标记，其原点位于图形窗口的左下角，所有的位移都是相对于该原点计算的，并且沿 X 轴向右及沿 Y 轴向上的位移被规定为正向。AutoCAD 2012 工作界面内的图标就是世界坐标系的图标，如图 2-34 所示。

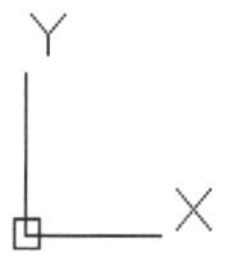

Y

X

图 2-34 世界坐标系

② 用户坐标系。

在 AutoCAD 中，为了能够更好地辅助绘图，用户经常需要修改坐标系的原点和方向，这时世界坐标系将变为用户坐标系(user coordinate system，UCS)。

UCS 的 X、Y、Z 轴以及原点方向都可以移动或旋转，甚至可以依赖于图形中某个特定的对象。尽管用户坐标系中 3 个轴之间仍然互相垂直，但是在方向及位置上都有更大的灵活性。另外，UCS 没有“口”形标记。

### 执行方式

命令行：UCS

菜单：“工具”|“新建 UCS”|“世界”

工具栏：UCS|UCS

### 操作步骤

Step 1 选择“工具”|“新建 UCS”|“世界”菜单命令，命令行提示如下。

```
命令: _ucs
当前 UCS 名称: *世界*
指定 UCS 的原点或 [面(F)/命名(NA)/对象(OB)/上一个(P)/视图(V)/世界(W)/X/Y/Z/Z 轴(ZA)] <世界>: _w  //指定 UCS 的原点或输入相关参数
```

Step 2 输入相关参数并按“Enter”键确定。

### 选项说明

- 面(F)：将 UCS 与三维实体的选定面对齐。
- 命名(NA)：按名称保存并恢复通常使用的 UCS 方向。
- 对象(OB)：根据选定三维对象定义新的坐标系。新建 UCS 的拉伸方向(Z 轴正方向)与选定对象的拉伸方向相同。
- 上一个(P)：恢复上一个 UCS。
- 视图(V)：以垂直于观察方向(平行于屏幕)的平面为 XY 平面，建立新的坐标系。UCS 原点保持不变。
- 世界(W)：将当前的用户坐标系设置为世界坐标系。WCS 是所有用户坐标系的基准，不能被重新定义。
- X/Y/Z：绕指定轴旋转当前 UCS。
- Z 轴(ZA)：用指定的 Z 轴正半轴定义 UCS。

(6) 点的坐标。

在 AutoCAD 中，点的坐标可以用直角坐标、极坐标、球面坐标和柱面坐标表示。每一个坐标又分别具有两种坐标输入方式：绝对坐标和相对坐标。其中，直角坐标和极坐标是最常用的。

① 直角坐标。直角坐标用点的 X、Y、Z 坐标值表示该点，且各坐标值之间要用逗号隔开。

② 极坐标。极坐标用于表示二维点，其表示方法为：距离<角度 。

③ 球坐标。球坐标用于确定三维空间的点，它用三个参数表示一个点，即点与坐标系原点的距离 $L$；坐标系原点与空间点的连线在 XY 面上的投影与 X 轴正方向的夹角(简称在 XY 面内与 X 轴的夹角) $\alpha$；坐标系原点与空间点的连线同 XY 面的夹角 (简称与 XY 面的夹角)$\beta$，各参数之间用符号“<”隔开，即“$L<\alpha<\beta$”。例如，150<45<35 表示一个点的球坐标，各参数的含义如图 2-35 所示。

④ 柱坐标。柱坐标也是通过三个参数描述一点，即该点在 XY 面上的投影与当前坐标系原点的距离$\rho$，坐标系原点与该点的连线在 XY 面上的投影同 X 轴正方向的夹角$\alpha$，以及该点的 Z 坐标值。距离与角度之间要用符号“<”隔开，而角度

与 Z 坐标值之间要用逗号隔开，即“$\rho<\alpha$，$z$”。例如，100<45，85 表示一个点的柱坐标，各参数的含义如图 2-36 所示。

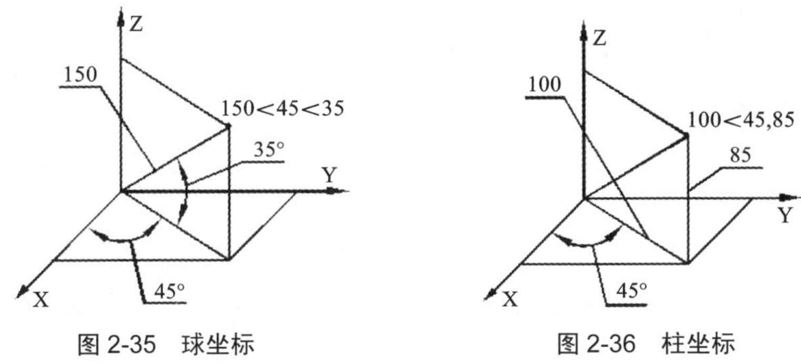


图 2-35　球坐标　　　　图 2-36　柱坐标

相对坐标是指相对于前一坐标点的坐标。相对坐标也有直接坐标、极坐标、球坐标和柱坐标四种形式，其输入格式与绝对坐标相同，但要在输入的坐标前加前缀“@”。

图 2-37(a)、(c)分别为直角坐标的绝对坐标和相对坐标。图 2-37(b)、(d)分别为极坐标的绝对坐标和相对坐标。

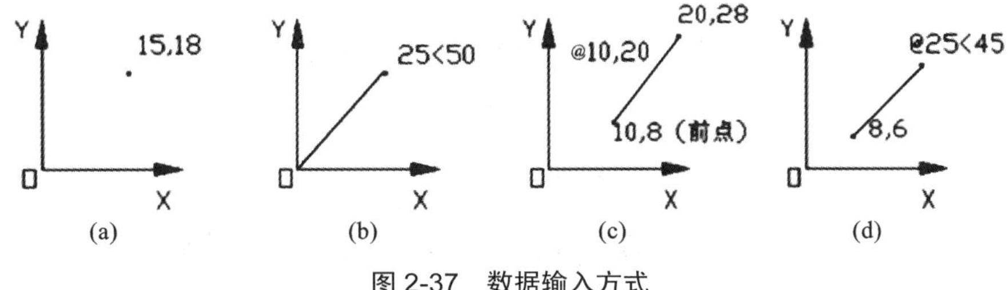


图 2-37　数据输入方式

## 2. 图层设置

图层是 AutoCAD 提供的一种管理图形对象的工具，用户可以根据图层对图形几何对象、文字、标注等进行归类处理，使用图层来管理它们，不仅能使图形的各种信息清晰、有序，便于观察，而且也会给图形的编辑、修改和输出带来很大的方便。

1) 图层设置

(1) 创建新图层。

在利用 AutoCAD 制图之前，可根据工作需要创建新的图层，而每个图层可以控制相同属性的对象。AutoCAD 提供了“图层特性管理器”对话框，以方便创建和编辑图层。

## 执行方式

命令行：LAYER(或 LA)

菜单："格式"|"图层"

工具栏：图层|图层特性管理器

## 操作步骤

Step 1 选择"格式"|"图层"菜单命令，弹出"图层特性管理器"对话框，如图 2-38 所示。

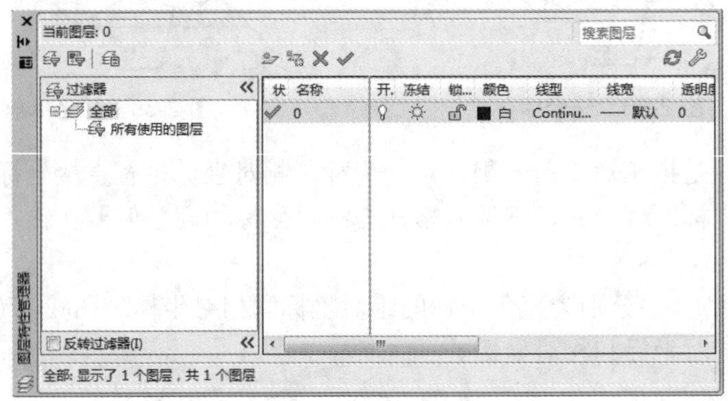

图 2-38 "图层特性管理器"对话框

Step 2 单击按钮创建新图层，如图 2-39 所示。

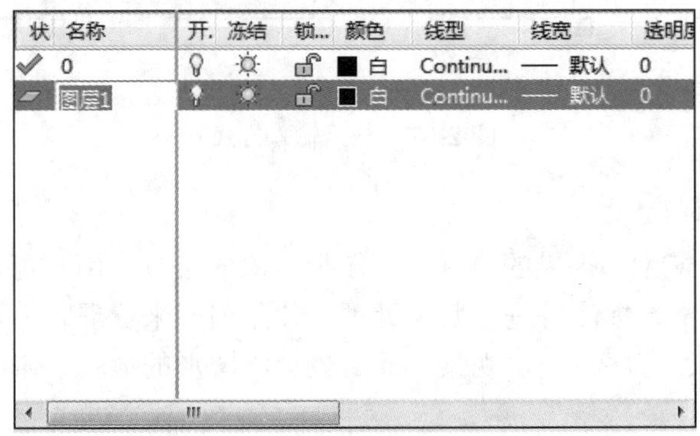

图 2-39 创建的新图层

## 选项说明

● 新特性过滤器：显示"图层过滤器特性"对话框，从中可以根据图层的一个或多个特性创建图层过滤器。

● 新组过滤器：创建图层过滤器，其中包含选择并添加到该过滤器的图层。

● 图层状态管理器：显示“图层状态管理器”对话框，从中可以将图层的当前特性设置保存到一个命名图层状态中，以后可以再恢复这些设置。

● 新建图层：创建新图层。

● 在所有视口中都被冻结的新图层视口：创建新图层，然后在所有现有布局视口中将其冻结。

● 删除图层✕：将选定图层标记为要删除的图层。单击✕时，将删除这些图层。

● 置为当前✓：将选定图层设置为当前图层。

(2) 设置图层颜色。

为了能清晰地区分不同的图形对象，可以设定不同的图层为不同的颜色。既可以通过图层指定对象的颜色，也可以不依赖图层而明确地指定颜色。通过图层指定颜色可以在图形中轻易识别每个图层，明确地指定颜色会在同一图层的对象之间产生其他的差别。颜色也可以用做一种为与颜色相关的打印指示线宽的方式。

### 执行方式

命令行：LAYER(或 LA)

菜单：“格式”|“图层”

工具栏：图层|图层特性管理器

### 操作步骤

Step 1 选择“格式”|“图层”菜单命令，弹出“图层特性管理器”对话框。

Step 2 单击图层对应的颜色小方块■白，弹出“选择颜色”对话框，如图 2-40 所示。

Step 3 选择需要的颜色并单击“确定”按钮完成操作，结果如图 2-41 所示。

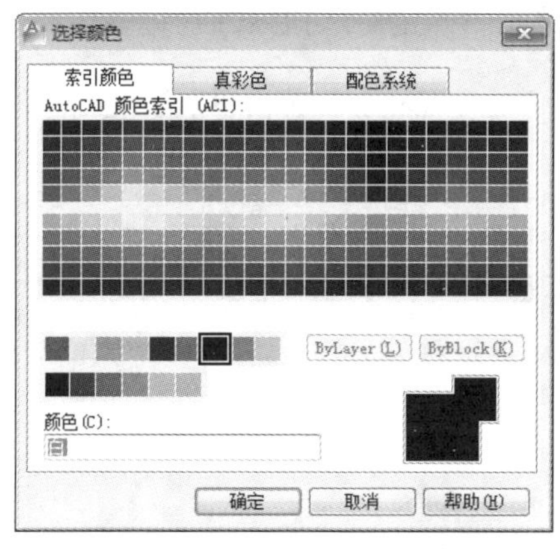


图 2-40 “选择颜色”对话框

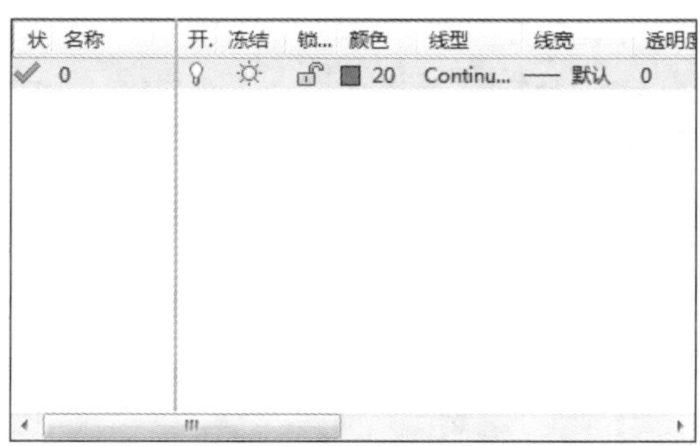


图 2-41 改变后的图层颜色

(3) 设置图层线型。

在工程制图中，线型是区分不同图形对象的标准之一。例如，中轴线一般用虚线表示，而墙体一般用实线表示。

### 执行方式

命令行：LAYER(或 LA)

菜单：“格式”|“图层”

工具栏：图层|图层特性管理器

### 操作步骤

Step 1 选择“格式”|“图层”菜单命令，弹出“图层特性管理器”对话框。

Step 2 单击图层对应的线型Continuous，弹出“选择线型”对话框，如图 2-42 所示。

Step 3 单击“加载”按钮弹出“加载或重载线型”对话框，结果如图 2-43 所示。

图 2-42 “选择线型”对话框

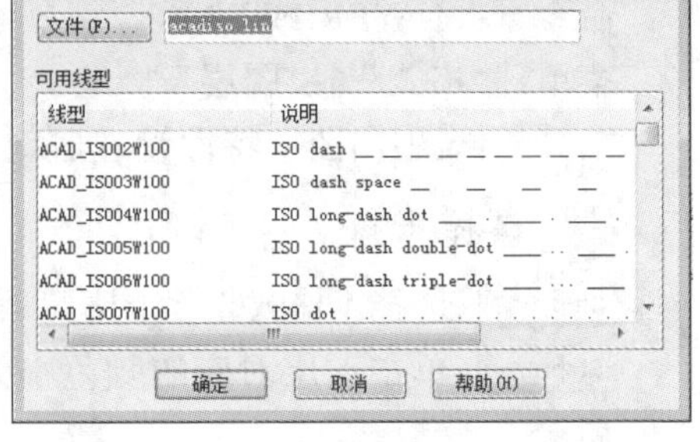


图 2-43 “加载或重载线型”对话框

Step 4 选择“ACAD_ISOO7W100”并单击“确定”按钮返回“选择线型”对话框，如图 2-44 所示。

Step 4 选择新添加的线型并单击“确定”按钮完成操作，结果如图 2-45 所示。

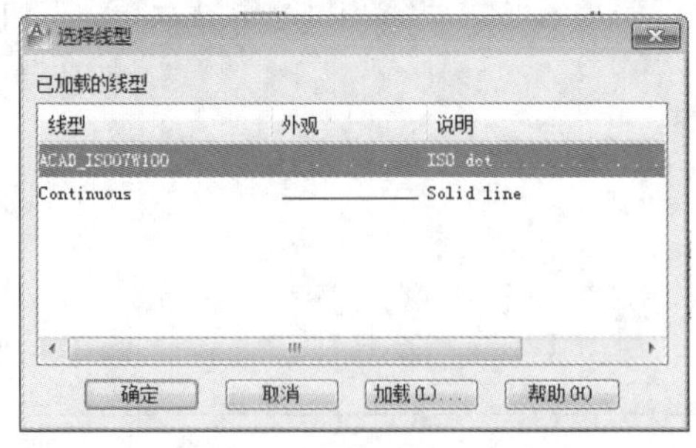


图 2-44 “选择线型”对话框

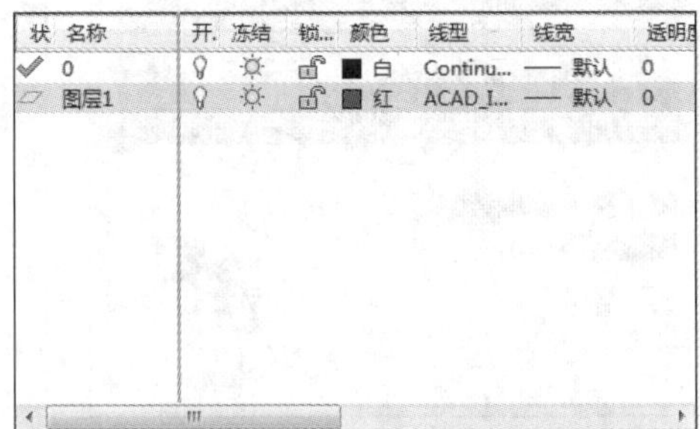


图 2-45 改变后的线型

## 说明

设置图层线型后，若不能显示出来，可在命令行输入“LTSCALE”命令，然后更改其显示比例即可。

(4) 设置图层线宽。

线宽是指定给图形对象和某些类型的文字的宽度值。设置图层线宽是制作标准图纸的基本步骤之一。

### 执行方式

命令行：LAYER(或 LA)

菜单：“格式”|“图层”

工具栏：图层|图层特性管理器

### 操作步骤

Step 1 选择“格式”|“图层”菜单命令，弹出“图层特性管理器”对话框。

Step 2 单击图层对应的线宽—— 默认，弹出“线宽”对话框，如图 2-46 所示。

Step 3 从中选择需要的线宽并单击“确定”按钮完成操作，结果如图 2-47 所示。

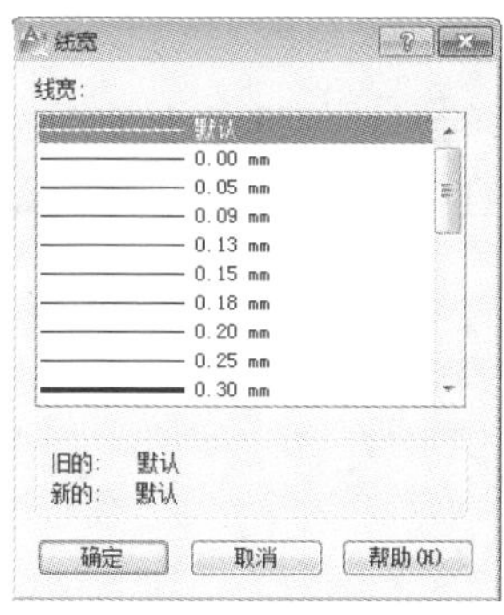


图 2-46 “线宽”对话框

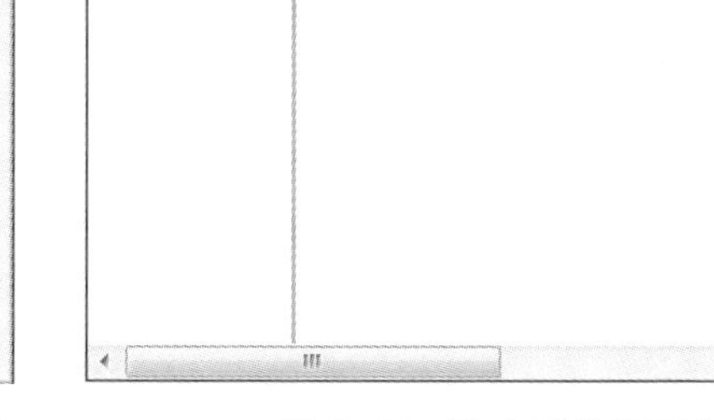


图 2-47 改变后的图层线宽

## 说明

TrueType 字体、光栅图像、点和实体填充(二维实体)无法显示线宽。宽多段线仅在平面视图外部显示时才显示线宽。可以将图形输出到其他应用程序，或者将对象剪切到剪贴板上并保留线宽信息。

(5) 设置图层状态。

在 AutoCAD 中，在“图层特性管理器”对话框或“图层”工具栏的“图层控制”下拉列表中，单击列表中的特征图标可控制图层的状态，如打开 | 关闭、

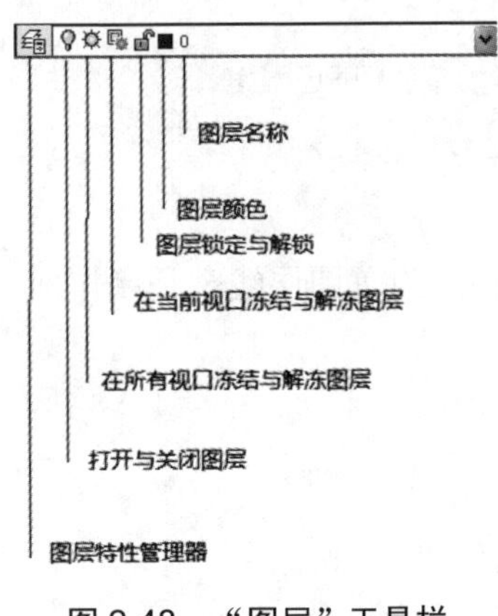


图 2-48 “图层”工具栏

加锁丨解锁和冻结丨解冻等，如图 2-48 所示。

设置图层状态时要注意以下几点。

① 打开丨关闭图层：打开图层时，可显示和编辑图层上的内容；关闭图层时，图层上的内容被全部隐藏，且不可被编辑或打印。切换图层的打开丨关闭状态时不会重新生成图形。

② 冻结丨解冻图层：冻结图层时，图层上的内容全部隐藏，且不可被编辑或打印，从而可减少复杂图形的重生成时间。已冻结图层上的对象不可见，并且不会遮盖其他对象。解冻一个或多个图层会导致重新生成图形。冻结和解冻图层比打开和关闭图层需要的时间更多。

③ 锁定丨解锁：锁定图层时，图层上的内容仍然可见，并且能够捕捉或添加新对象，但不能被编辑和修改。

2) 管理图层

使用“图层特性管理器”对话框可以对图层进行更多的设置与管理，如图层的切换、重命名和删除等操作。

(1) 切换当前图层。

用户只能在当前图层中绘制图形，且所绘制实体的属性将继承当前图层的属性。当前图层的层名和属性状态都会显示在“图层”工具栏中。使用“CLAYER”命令可以切换当前图层。

**执行方式**

命令行：CLAYER

工具栏：图层|应用的过滤器

**操作步骤**

```
命令: CLAYER
输入 CLAYER 的新值 <"layer1">: layer2 (输入要切换的图层名称)
```

切换后，“图层”工具栏如图 2-49 所示。

图 2-49 切换后的图层

(2) 删除图层。

选中图层后，单击“图层特性管理器”对话框中的删除按钮✖(或按“Delete”键)可以删除该图层。在 AutoCAD 中，有以下几种形式的图层不能被删除。

① 当前图层。
② 含有图形对象的图层。
③ 图层 0。
④ Defpoint 图层。
⑤ 依赖于外部参照的图层。

### 3. 精确定位工具

在 AutoCAD 中，有的图形对尺寸要求比较严格，必须按给定的尺寸精确绘图。这时可以通过常用的指定点的坐标系来绘制图形，还可以使用系统提供的“捕捉和栅格”、“对象捕捉”、“极轴追踪”等功能，在不输入坐标的情况下快速精确地绘制图形。

1) 捕捉和栅格

在绘制图形时，用户往往难以使用光标准确定位，这时可以使用系统提供的“捕捉和栅格”功能来辅助定位。

#### 执行方式

命令行：DSETTINGS(DS)
菜单：“工具”|“绘图设置”
快捷菜单：右击状态栏上的□或▦，然后单击“设置”

#### 操作步骤

Step 1 选择“工具”|“绘图设置”菜单命令，弹出“草图设置”对话框并选择捕捉和栅格选项卡，如图 2-50 所示。

Step 2 设置相关参数并单击“确定”按钮完成操作。

#### 选项说明

- 启用捕捉(F9)：启用或关闭捕捉模式，也可以按“F9”键或单击状态栏上的“捕捉”来启用或关闭捕捉模式。
- 启用栅格(F7)：启用或关闭栅格，也可以按“F7”键或单击状态栏上的“栅格”来打开或关闭栅格模式。
- 捕捉间距区：控制捕捉位置处的不可见矩形栅格，以限制光标仅在指定的 X 和 Y 间隔内移动。
- 栅格间距区：控制栅格的显示，有助于形象化显示距离。
- 极轴间距区：控制极轴捕捉的增量距离。
- 捕捉类型区：设置捕捉样式和捕捉类型。

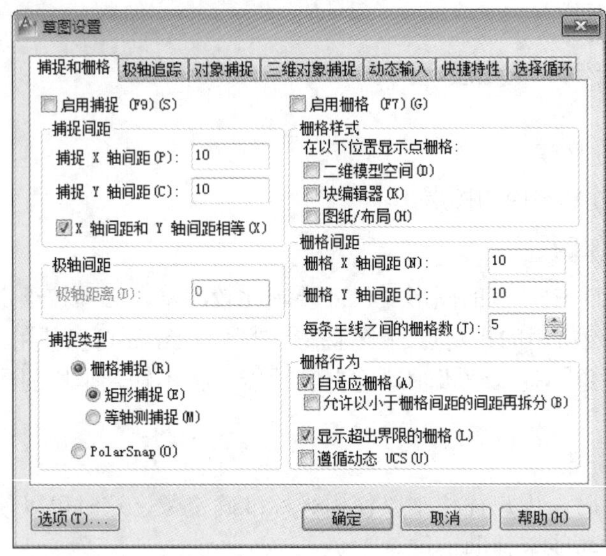


图 2-50 “草图设置”对话框“捕捉和栅格”选项卡

2) 极轴追踪

在 AutoCAD 中，用相对图形中的其他点来定位点的方法称为追踪。在“草图设置”对话框的“极轴追踪”选项卡下提供有极轴追踪和对象捕捉追踪的相关设置。

### 执行方式

命令行：DSETTINGS(DS)

菜单：“工具”|“绘图设置”

快捷菜单：右击状态栏上的，然后单击“设置”

### 操作步骤

Step 1 选择“工具”|“绘图设置”菜单命令，弹出“草图设置”对话框并选择极轴追踪选项卡，如图 2-51 所示。

Step 2 设置极轴追踪下的相关参数并单击“确定”按钮完成操作。

### 选项说明

- 启用极轴追踪(F10)：启用或关闭极轴追踪，也可以按“F10”键来启用或关闭极轴追踪。
- 极轴角设置区：设置极轴追踪的对齐角度。
- 对象捕捉追踪设置区：设置对象捕捉追踪选项。
- 极轴角测量区：设置测量极轴追踪对齐角度的基准。

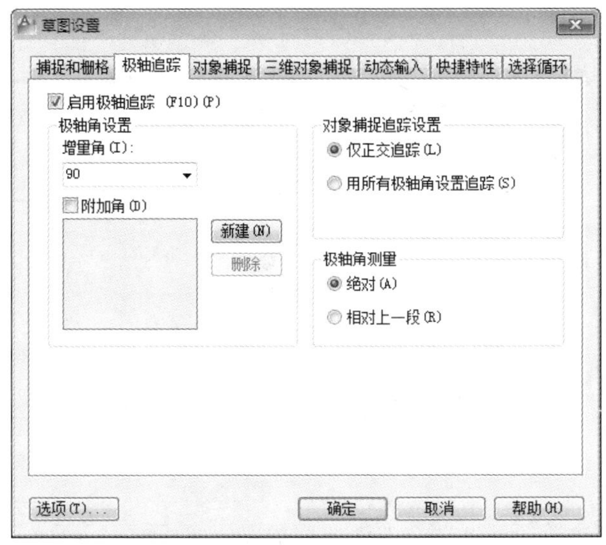


图 2-51　“草图设置”对话框“极轴追踪”选项卡

3) 对象捕捉

AutoCAD 的对象捕捉功能是在绘图过程中使用最广泛的辅助绘图工具。在制图过程中，若需要精确地确定某一个图形上的点而不知道该点坐标，则可使用系统提供的对象捕捉功能。

### 执行方式

命令行：DSETTINGS(DS)

菜单：“工具”|“绘图设置”

快捷菜单：右击状态栏上的捕捉和栅格，然后单击“设置”

### 操作步骤

Step 1 选择“工具”|“绘图设置”菜单命令，弹出“草图设置”对话框并选择对象捕捉选项卡，如图 2-52 所示。

Step 2 设置对象捕捉模式并单击“确定”按钮完成操作。

### 选项说明

- 启用对象捕捉(F3)：启用或关闭对象捕捉。当对象捕捉启用时，在“对象捕捉模式”下选定的对象捕捉处于活动状态。
- 启用对象捕捉追踪(F11)：启用或关闭对象捕捉追踪。使用对象捕捉追踪，在命令中指定点时，光标可以沿基于其他对象捕捉点的对齐路径进行追踪。
- 端点(E)：捕捉到圆弧、椭圆弧、直线、多线、多段线线段、样条曲线、面域或射线最近的端点。

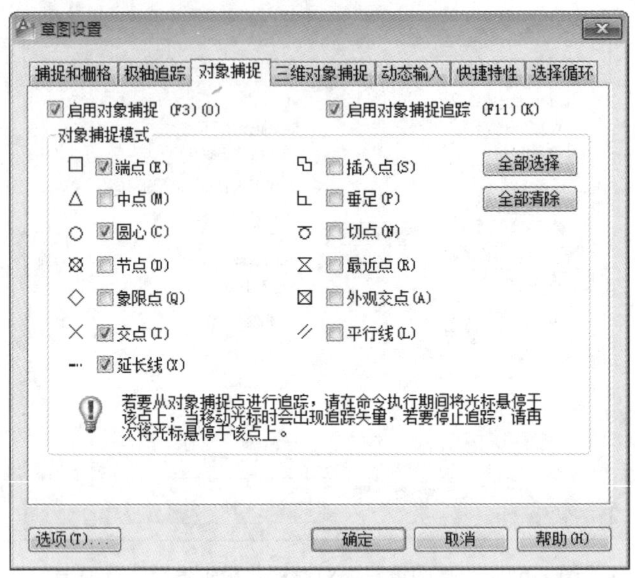


图 2-52 “草图设置”对话框“对象捕捉”选项卡

- 中点(M)：捕捉到圆弧、椭圆、椭圆弧、直线、多线、多段线线段、面域、实体、样条曲线或参照线的中点。
- 圆心(C)：捕捉到圆弧、圆、椭圆或椭圆弧的圆点。
- 节点(D)：捕捉到点对象、标注定义点或标注文字起点。
- 象限点(Q)：捕捉到圆弧、圆、椭圆或椭圆弧的象限点。
- 交点(I)：捕捉到圆弧、圆、椭圆、椭圆弧、直线、多线、多段线、射线、面域、样条曲线或参照线的交点。
- 延长线(X)：当光标经过对象的端点时，显示临时延长线或圆弧，以便用户在延长线或圆弧上指定点。
- 插入点(S)：捕捉到属性、块、形或文字的插入点。
- 垂足(P)：捕捉到圆弧、圆、椭圆、椭圆弧、直线、多线、多段线、面域、实体、样条曲线或参照线的垂足。
- 切点(N)：捕捉到圆弧、圆、椭圆、椭圆弧或样条曲线的切点。
- 最近点(R)：捕捉到圆弧、圆、椭圆、椭圆弧、直线、多线、点、多段线、射线、样条曲线或参照线的最近点。
- 外观交点(A)：捕捉到不在同一平面但是可能看起来在当前视图中相交的两个对象的外观交点。
- 平行线(L)：将直线段、多段线线段、射线或构造线限制为与其他线性对象平行。

● 全部选择：选择所有对象捕捉模式。

● 全部清除：关闭所有对象捕捉模式。

4）动态输入

“动态输入”是在光标附近提供了一个命令界面，以帮助用户专注于绘图区域。启用“动态输入”时，工具栏提示将在光标附近显示信息，该信息会随着光标移动而动态更新。

### 执行方式

命令行：DSETTINGS(DS)

菜单：“工具”|“绘图设置”

快捷菜单：右击状态栏上的，然后单击“设置”

### 操作步骤

Step 1 选择“工具”|“绘图设置”菜单命令，弹出“草图设置”对话框并选择动态输入选项卡，如图 2-53 所示。

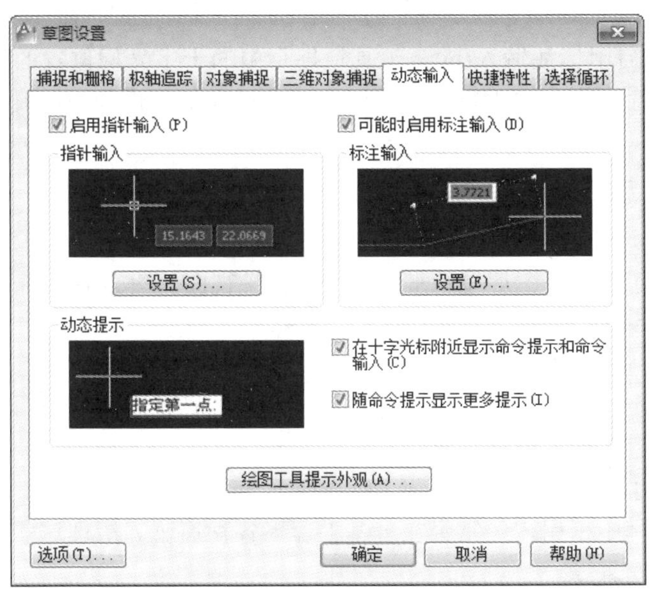


图 2-53　“草图设置”对话框“动态输入”选项卡

Step 2 设置动态输入下的相关参数并单击“确定”按钮完成操作。

### 选项说明

● 启用指针输入(P)：启用指针输入。如果同时启用指针输入和标注输入，则标注输入在可用时将取代指针输入。

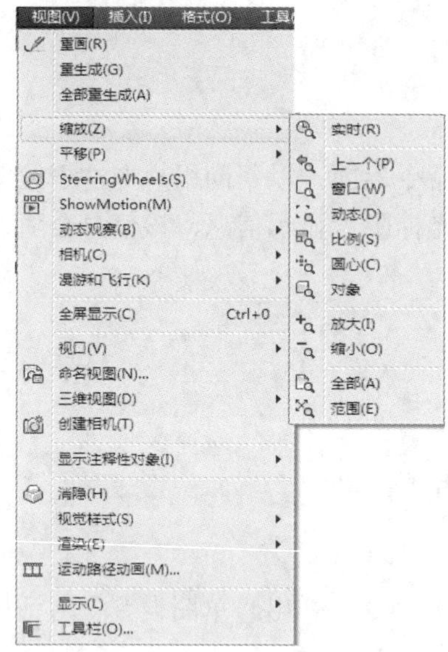


图 2-54 “视图”|“缩放”菜单

图 2-55 “缩放”工具栏

● 可能时启用标注输入(D)：工具栏提示中的十字光标位置的坐标值将显示在光标旁边。命令提示输入点时，可以在工具栏提示中输入坐标值，而不用在命令行上输入。

4. 图形显示工具

AutoCAD 用户绘图时，有时需要随时调整图形的显示，即调整视图，它主要包括图形显示效果、图形显示平移和使用各种视图。图 2-54、图 2-55 所示分别为“视图”|“缩放”菜单和“缩放”工具栏。

1) 图形的显示与缩放

图形的显示、缩放与移动是进行图形绘制时的必备功能，用户可以通过这些功能灵活地观察图形的整体效果或局部细节。

(1) 图形的显示。

在绘图过程中，用户经常会在屏幕上留下各种痕迹。清理这些痕迹，可减少资源占用的空间。

选择“视图”|“重画”菜单命令，可以更新系统屏幕。

选择“视图”|“全部重生成”菜单命令，可以同时更新多个窗口。

(2) 图形的缩放。

在绘制图形的局部细节时，需要使用缩放工具放大或缩小该绘图区域，当绘制完成后，再使用缩放工具缩小该绘图区域来观察图形的整体效果。常用的缩放命令介绍如下。

● 实时缩放视图

选择“视图”|“缩放”|“实时”菜单命令，或选择标准工具栏上的“实时缩放”按钮。选择该命令，光标指针变成形状。按住鼠标左键向上拖动为放大图形，反向拖动为缩小图形，释放鼠标后停止缩放。

当使用“实时”缩放工具时，如果图形放大至最大，光标显示为时，表示图形不能再放大；反之，如果缩小至最小，光标显示为时，表示图形不能再缩小。

● 窗口缩放视图

选择“视图”|“缩放”|“窗口”菜单命令时，系统会将矩形范围内的图形放大至整个屏幕。

命令行提示如下。

```
命令: '_zoom
指定窗口的角点，输入比例因子 (nX 或 nXP)，或者
[全部(A)/中心(C)/动态(D)/范围(E)/上一个(P)/比例(S)/窗口(W)/对象(O)] <实时>: _w
指定第一个角点: 指定对角点:(在绘图窗口中指定两个点作为对角点，即确定一个矩形)
```

● 动态缩放视图

选择“视图”|“缩放”|“动态”菜单命令，可以动态缩放视图。当进入动态缩放模式时，绘图窗口中会显示一个带有 X 的矩形方框，单击此时窗口中心的 X 就会消失，将显示一个向右的箭头，拖动鼠标可改变选择窗口的大小，以确定选择区域大小，最后按“Enter”键缩放图形。

2) 图形显示平移

使用平移视图命令，用户可以重新定位图形，以便看清图形的其他部分。此时不会改变图形中对象的位置或比例，只改变视图显示。

(1) 平移菜单。

使用平移命令平移视图时，视图的显示比例不变，用户可以左右上下平移视图，还可以使用实时和定点命令平移视图，如图 2-56 所示。

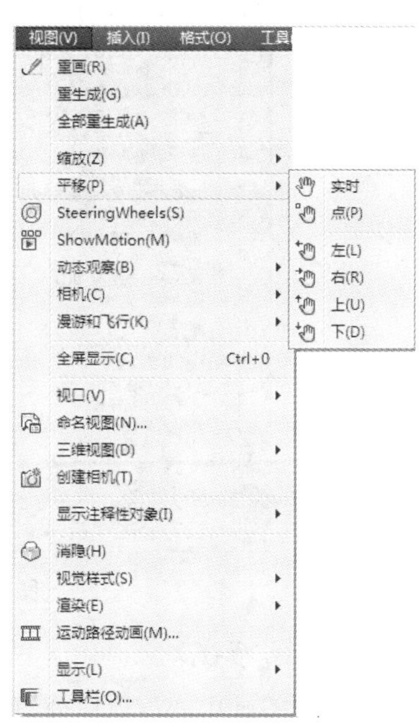


图 2-56 “平移”菜单

### 执行方式

命令行：PAN

菜单：“视图”|“平移”

工具栏：标准|实时平移按钮

(2) 实时平移。

选择“视图”|“平移实时”菜单命令，可以实时平移视图。此时光标指针变成一只小手 。按下鼠标左键拖动，窗口内的图形就可以按光标移动的方向移动。释放鼠标，可以回到平移等待状态。按“Esc”键或“Enter”键，可以退出实时平移模式。

(3) 定点平移。

选择“视图”|“平移定点”菜单命令，可以通过指定基点和位移值来平移视图。

### 5. 设计中心与工具选项板

1) AutoCAD 设计中心

使用设计中心时，几乎全在“设计中心”窗口中进行。所以，要使用设计中心，就必须首先了解“设计中心”窗口中各部分的功能和使用的方法。

#### 执行方式

命令行：ADCENTER

菜单：“工具”|“选项板”|“设计中心”

快捷键：“Ctrl+2”组合键

工具栏：选择标准|设计中心按钮

执行该命令后会弹出“设计中心”窗口，如图 2-57 所示。

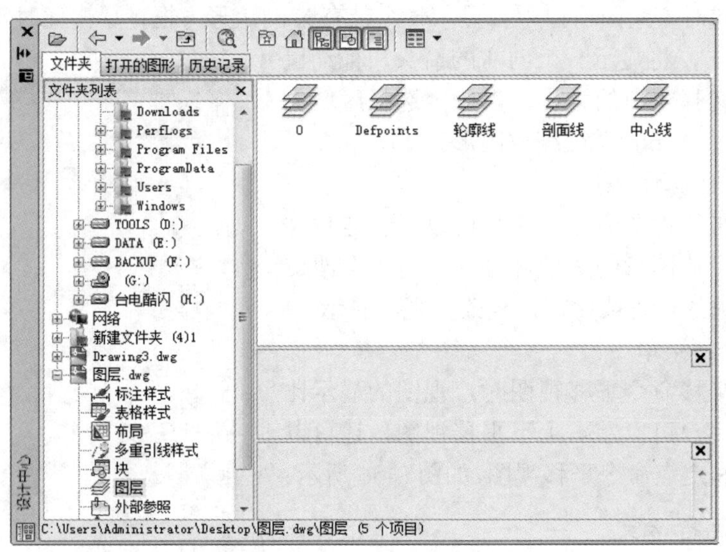


图 2-57 “设计中心”窗口

#### 选项说明

● “设计中心”窗口分为两部分，左边为树状图，右边为内容区。可以在树状图中浏览内容的源，在内容区显示内容，也可以在内容区中将项目添加到图形或工具选项板中。

● 用户可以控制设计中心的大小、位置和外观。要调整设计中心的大小，可以拖曳内容区和树状图之间的滚动条，或者像拖曳其他的窗口那样拖曳它的一边。要固定设计中心，可以将其拖至 AutoCAD 的窗口右侧或左侧的固定区域上，直至捕捉到固定位置，也可以通过双击“设计中心”窗口标题栏将其固定。

● 要浮动设计中心，可以拖曳工具栏上方的区域，使设计中心远离固定区域。拖曳时按住“Ctrl”键可以防止窗口固定。

● 要更改设计中心的自动滚动行为，可以单击设计中心标题栏上的“自动隐藏”按钮。如果打开“设计中心”的滚动选项，那么当鼠标指针移出“设计中心”窗口时，设计中心的树状图和内容区将消失，只留下标题栏。将鼠标指针移动到标题栏上时，“设计中心”窗口将恢复。

● 在“设计中心”窗口中包含一组工具按钮和选项卡，利用它们可以选择和观察设计中心的图形。

▲“文件夹”选项卡：用于显示计算机或网络驱动器(包括“我的电脑”和“网上邻居”)中的文件和文件夹的层次结构。也可以使用输入“ADCNAVIGATE”命令在设计中心的树状图中找到指定的文件名、目录位置或网络路径。

▲“打开的图形”选项卡：用于显示在当前 AutoCAD 环境中打开的所有图形，其中包括最小化的图形。此时单击某个文件图标就可以看到该图形的相关设置，如图层、线型、文字样式、块及尺寸样式等，如图 2-58 所示。

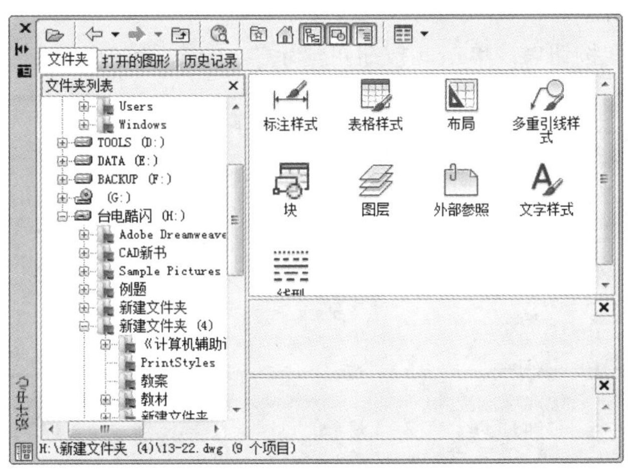


图 2-58 “打开的图形”选项卡

▲ “历史记录”选项卡：用于显示最近在设计中心打开的文件的列表。显示历史记录后，在一个文件上右击可以显示此文件信息或从“历史记录”列表中删除此文件，如图 2-59 所示。

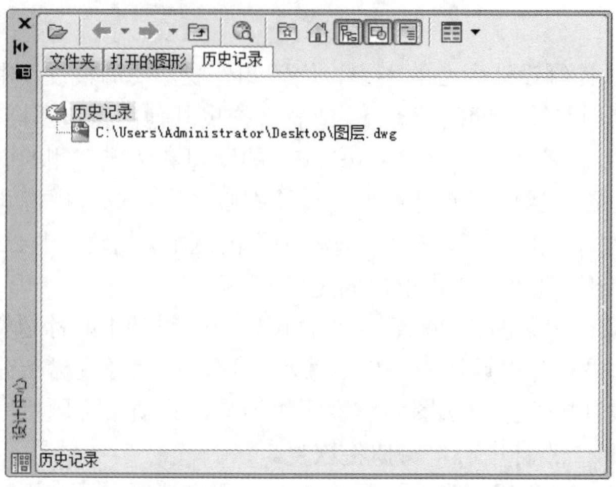


图 2-59 “历史记录”选项卡

▲ “树状视图切换”按钮：用于显示和隐藏树状视图。如果在绘图区域中需要更多的空间，则可隐藏树状视图。可以使用控制板控制定位容器并加载内容，如果正在使用“历史”模式，“树状视图切换”按钮则不可用。

▲ “收藏夹”按钮：单击该按钮，可以在“文件夹列表”中显示 Favorites | Autodesk 文件夹(在此称为收藏夹)中的内容，同时在树状视图中反向显示该文件夹。用户可以通过收藏夹来标记本地硬盘、网络驱动器或 Internet 上常用的文件，如图 2-60 所示。

▲ “加载”按钮：单击此按钮可显示“加载设计中心控制板”对话框。使

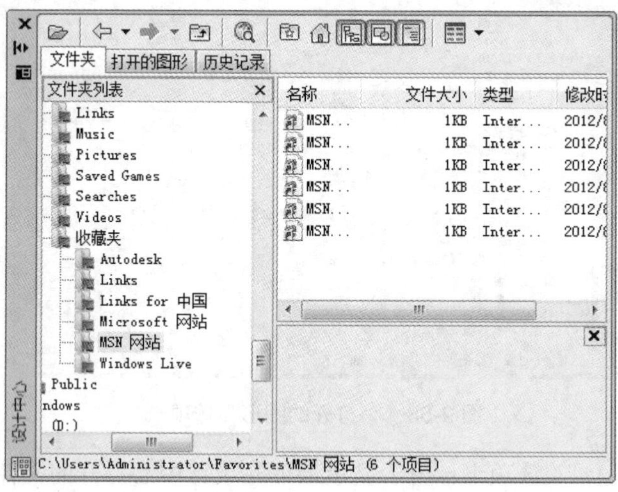


图 2-60 AutoCAD“设计中心”窗口的收藏夹

用该对话框可以加载控制板，同时显示来自 Windows 桌面、Autodesk Favorites 文件夹和 Internet 上的内容。

▲ “搜索”按钮：单击该按钮将打开“搜索”对话框。使用该对话框可以指定搜索条件，定位图形、块及图形中的非图形对象，并可以自定义保存在桌面上的内容。

▲ “预览”按钮：预览显示控制板底部选定项目的预览图像。打开预览窗格后，单击控制板中的图形文件，如果该图形文件包含预览图形，则在预览窗格中显示该图形；如果选定项目没有保存预览图像，“预览”区域则是空的。

▲ “说明”按钮：用于显示控制板底部选定项目的文字说明。打开说明窗格后，打开控制板中的图形文件，如果该图形文件包含文字描述信息，则文字说明将位于预览图像的下面。

▲ “视图”按钮：用于为加载到内容区域中的内容提供不同的显示格式。可以从“视图”列表中选择一种视图，或者重复单击“视图”按钮，在各种显示格式之间循环切换。默认视图根据内容区域中当前加载的内容类型不同而有所不同。

大图标：指以大图标格式显示加载内容的名称。

小图标：指以小图标格式显示加载内容的名称。

列表图：指以列表的形式显示加载内容的名称。

详细信息：用于显示加载内容的详细信息。根据内容区域中加载的内容类型，可以将项目按名称、大小、类型或其他的特性进行排序。

2) 工具选项板

在 AutoCAD 系统中，可以将常用的块和图案填充放置在工具选项板上，当需要向图形中添加块或图案填充时，只需将其从工具选项板拖至图形中即可。

位于工具选项板的块和图案填充称为工具，可以为每个工具单独设置若干个工具特性，其中包括比例、旋转和图层等。

### 执行方式

命令行：TOOLPALETTES

菜单：“工具”|“选项板”|“工具选项板”

工具栏：标准 |工具选项板

执行该命令后，系统将打开如图 2-61 所示

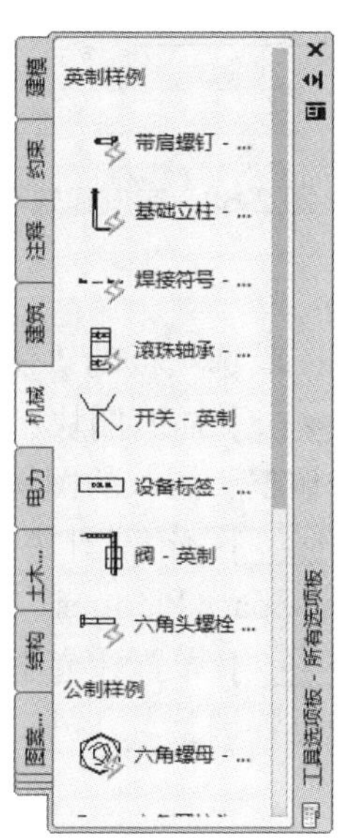


图 2-61 “工具选项板”窗口

的“工具选项板”窗口，在窗口中有多个选项卡，分别放置不同类型的工具。

### 6. 综合技能训练——设计中心与工具选项板实例

#### 训练内容

利用 AutoCAD 设计中心和工具选项板布置如图 2-62 所示的住宅空间。

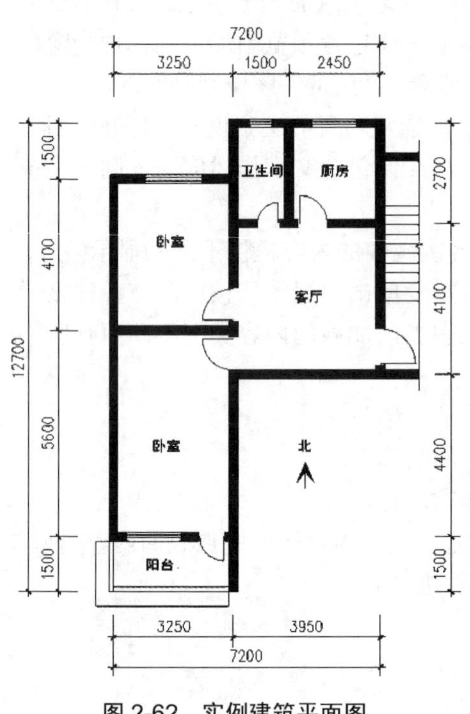


图 2-62 实例建筑平面图

#### 技能要求

选择对应的家具、洁具和电器图块添加到如图 2-62 所示的房型中。插入的图块尺寸正确，放置位置合理，能有效利用空间进行科学布局。

#### 参考步骤

Step 1 打开 CAD 资料中的“实例建筑平面图.dwg”文件。

Step 2 新建工具选项板。执行“工具”|“选项板”|“工具选项板”菜单命令，打开工具选项板。在工具选项板菜单中选择“新建工具选项板”命令，新建工具选项板选项卡，命名为“住宅”。

Step 3 向工具选项板插入设计中心图块。执行“工具”|“选项板”|“设计中心”菜单命令，打开设计中心，将设计中心的“Kitchens”、“House Designer”、“Home-Space Planner”图块拖动到工具选项板的“住宅”选项卡中。

Step 4 插入图块。将“住宅”工具选择卡中的图块拖到建筑图中，利用缩放命令调整所插入的图块与当前图形的相对大小。

Step 5 分解图块。利用分解命令将“Kitchens”、“House Designer”、“Home-Space Planner”图块分解成单独的小图块。

Step 6 布置住宅空间。选择合适的图块放置到图形中，利用旋转、移动命令进行位置调整。

# ➢ 任务三 二维编辑命令

- 任务概述 主要介绍编辑二维图形的基本方法和命令。
- 知识目标 掌握二维图形编辑命令。
- 能力目标 能够灵活利用绘图命令和编辑命令来绘制二维图形。
- 素质目标 能够灵活选择二维编辑方法处理图形。

## 1. 选择对象

AutoCAD 提供两种方式来编辑图形：先执行编辑命令，然后选择要编辑的对象；先选择要编辑的对象，然后执行编辑命令。

两种方式的执行结果是一样的，但选择对象是进行编辑的前提。AutoCAD 2012 提供了多种对象选择的方法，如点取方法、用选择窗口选择对象、用选择线选择对象、用对话框选择对象等，还可以把选择的多个对象组成整体，如选择集和对象组，然后进行整体编辑和修改。

1) 选择对象方式

利用 AutoCAD 编辑对象时，当执行命令后，命令行会提示“选择对象”，或者直接输入“SELECT”命令后回车，这时在命令行输入“？”并按“Enter”键确定。命令行提示如下。

```
*无效选择*
需要点或窗口(W)/上一个(L)/窗交(C)/框(BOX)/全部(ALL)/栏选(F)/圈围(WP)/
圈交(CP)/编组(G)/添加(A)/删除(R)/多个(M)/前一个(P)/放弃(U)/自动(AU)/单
个(SI)/子对象/对象
选择对象:
```

根据命令行的提示，输入相关命令可执行其操作。

**选项说明**

- 窗口(W)：选择矩形(由两点定义)中的所有对象。从左到右指定角点创建窗口选择。
- 上一个(L)：选择最近一次创建的可见对象。对象必须在当前空间(模型空间或图纸空间)中，并且一定不要将对象的图层设置为冻结或关闭状态。
- 窗交(C)：选择区域(由两点确定)内部或与之相交的所有对象。
- 框(BOX)：选择矩形(由两点确定)内部或与之相交的所有对象。
- 全部(ALL)：选择解冻的图层上的所有对象。
- 栏选(F)：选择与选择栏相交的所有对象。栏选方法与圈交方法相似，只是栏选不闭合，并且栏选可以与自己相交。

- 圈围(WP)：选择多边形(通过待选对象周围的点定义)中的所有对象。该多边形可以为任意形状，但不能与自身相交或相切。
- 圈交(CP)：选择多边形(通过待选对象周围的指定点来定义)内部或与之相交的所有对象。该多边形可以为任意形状，但不能与自身相交或相切。
- 编组(G)：选择指定组中的全部对象。
- 添加(A)：切换到添加模式，可以使用任何对象选择方法将选定对象添加到选择集。
- 删除(R)：切换到删除模式，可以使用任何对象选择方法从当前选择集中删除对象。
- 多个(M)：指定多次选择而不高亮显示对象，从而加快对复杂对象的选择过程。
- 前一个(P)：选择最近创建的选择集。
- 放弃(U)：放弃选择最近加到选择集中的对象。
- 自动(AU)：切换到自动选择，指向一个对象即可选择该对象。指向对象内部或外部的空白区，将形成框选方法定义的选择框的第一个角点。
- 单个(SI)：切换到单选模式，选择指定的第一个或第一组对象而不继续提示进一步选择。
- 子对象：使用户可以逐个选择原始形状，这些形状是复合实体的一部分或三维实体上的顶点、边和面。
- 对象：结束选择子对象的功能，使用户可以使用对象选择方法。

2) 快速选择对象

在 AutoCAD 中，当用户需要选择具有某些共性的对象时，可利用“快速选择”对话框根据对象的图层、线型、颜色和图案填充等特性创建选择集。

### 执行方式

命令行：QSELECT

菜单：“工具”｜“快速选择”

### 操作步骤

Step 1 选择“工具”｜“快速选择”菜单命令，弹出“快速选择”对话框，如图 2-63 所示。

Step 2 选择相关特性以快速选择对象。

### 选项说明

- 应用到(Y)：将过滤条件应用到整个图形或当前选择集。

● 对象类型(B)：指定要包含在过滤条件中的对象类型。

● 特性(P)：指定过滤器的对象特性。此列表包括选定对象类型的所有可搜索特性。

● 运算符(O)：控制过滤的范围。

● 值(V)：指定过滤器的特性值。

● 如何应用：指定是将符合给定过滤条件的对象包括在新选择集内或是排除在新选择集之外。

● 附加到当前选择集(A)：指定是由“QSELECT”命令创建的选择集替换还是附加到当前选择集。

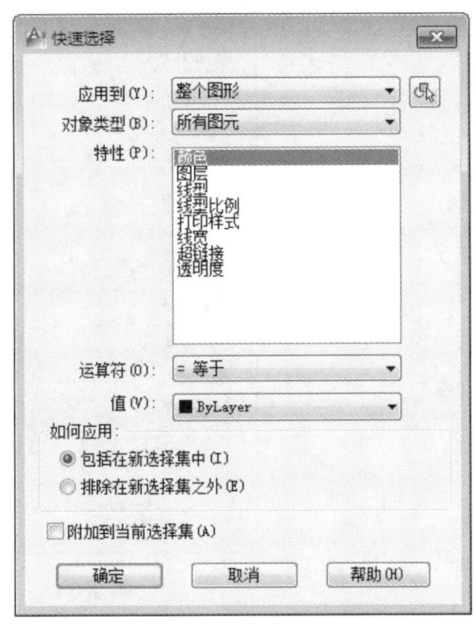


图 2-63　“快速选择”对话框

3) 密集或重叠对象的选择

要在重叠的对象之间循环选择，可以将鼠标置于最前面的对象上，然后按住“Shift”键并反复按“Space”键。要在三维实体上的重叠子对象(面、边和顶点)之间循环，可以将鼠标置于最前面的子对象之上，然后按住“Ctrl”键并反复按“Space”键。

4) 对象编组

编组是已命名的对象选择集，它随图形一起保存。在 AutoCAD 中，一个对象可以作为多个编组的成员，可以使用“对象编组”对话框来创建编组。

### 执行方式

命令行：GROUP(或 G)

### 操作步骤

Step 1 在命令行输入“GROUP”并按“Enter”键确定，弹出如图 2-64 所示的“对象编组”对话框。

Step 2 输入编组名称和说明。

Step 3 单击“新建”按钮返回绘图区选择对象并按“Enter”键确定。

Step 4 返回“对象编组”对话框并单击“确定”按钮完成操作。

### 选项说明

● 编组名(P)：显示现有编组的名称。

● 编组名(G)：指定编组名。编组名最多可以包含 31 个字符。

图 2-64 “对象编组”对话框

- 说明(D)：显示选定编组的说明(如果有)。
- 新建(N)：通过选定对象，使用“编组名”和“说明”下的名称和说明创建新编组。

### 2. 删除、取消及恢复命令

1) 删除命令

在绘图过程中，使用删除命令可以删除错误的或不需要的图形对象。

**执行方式**

命令行：ERASE

菜单：“修改” | “删除”

工具栏：修改 | 删除

2) 取消操作

取消操作，即放弃上一次的命令操作并显示已放弃的命令名。该命令可以重复使用，依次取消已完成的命令操作。

**执行方式**

命令行：UNDO

菜单：“编辑” | “放弃”

工具栏：修改 | 放弃

3) 重新恢复

在 UNDO 命令操作之后立即执行该命令，可以恢复已用 UNDO 取消的操作。

### 执行方式

命令行：REDO

菜单："编辑" | "恢复"

工具栏：修改 | 恢复

## 3. 复制类命令

在进行工程制图时，如果图形中存在多个相同结构或对称结构，用户就可利用 AutoCAD 提供的图形复制功能进行绘制，包括复制对象、镜像对象、阵列对象和偏移对象等。

1) 复制对象

"复制"命令可以将指定对象复制到指定位置，并可连续复制多个相同的副本。

### 执行方式

命令行：COPY(或 CO)

菜单："修改" | "复制"

工具栏：修改 | 复制

### 操作步骤

下面以图 2-65 所示例子说明执行复制命令的具体步骤。

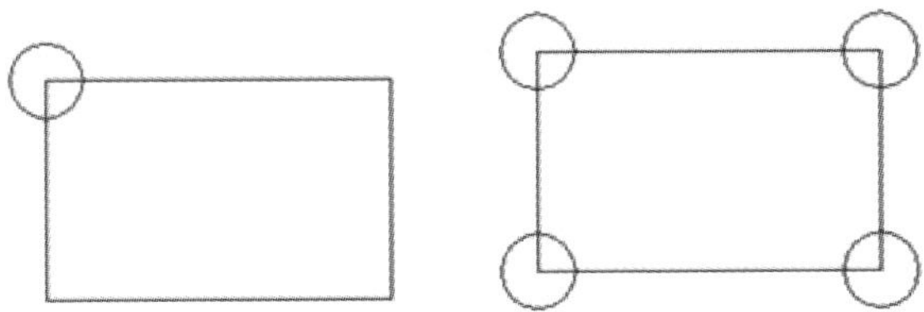

图 2-65 复制对象

```
命令:COPY
选择对象:                                   //光标选定圆
选择对象:回车
指定基点或 [位移(D)/模式(O)] <位移>: O              //输入 O
输入复制模式选项 [单个(S)/多个(M)] <多个>: M         //输入 M
指定基点或 [位移(D)/模式(O)] <位移>:               //指定圆心作为基点
指定第二个点或 [退出(E)/放弃(U)] <退出>:            //指定复制圆放置的位置
指定第二个点或 [退出(E)/放弃(U)] <退出>:            //指定复制圆放置的位置
指定第二个点或 [退出(E)/放弃(U)] <退出>:            //指定复制圆放置的位置
                                                   //回车完成
```

### 选项说明

- 位移(D)：使用坐标指定相对距离和方向。
- 模式(O)：控制是否自动重复该命令。
- 单个(S)：替代“多个”模式设置。在命令执行期间，将 COPY 命令设置为单一模式。
- 多个(M)：替代“单个”模式设置。在命令执行期间，将 COPY 命令设置为自动重复。
- 退出(E)：退出命令。
- 放弃(U)：删除复制序列中最近复制的线段。连续执行放弃命令，则按复制顺序从最后的对象逐个由后向前删除对象。

2) 镜像对象

“镜像”命令可以方便地绘制对称结构，从而减少大量的工作量，提高工作效率。

### 执行方式

命令行：MIRROR(或 MI)

菜单：“修改” | “镜像”

工具栏：修改 | 镜像

### 操作步骤

下面以图 2-66 所示例子说明执行修改命令的具体步骤。

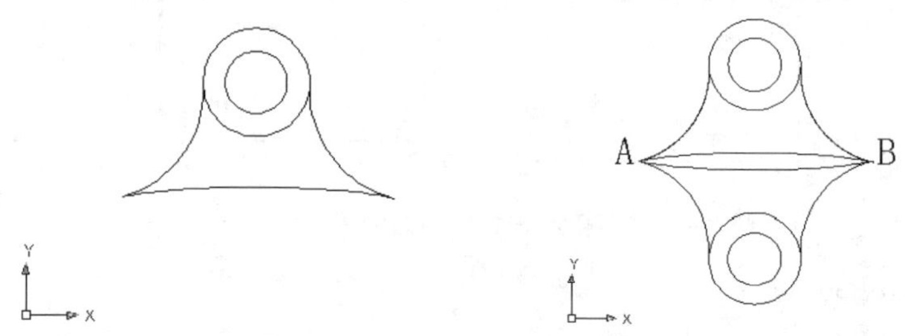


图 2-66　镜像对象

```
命令: _mirror
选择对象: 指定对角点: 找到 7 个            //提示选择对象的数量
选择对象: 指定镜像线的第一点:              //指定镜像线的第一点，即 A 点
指定镜像线的第二点:                        //指定镜像线的第二点，即 B 点
要删除源对象吗? [是(Y)/否(N)] <N>:        //按“Enter”键确定不删除源对象，若需
                                            要删除源对象，则输入“Y”并按“Enter”
                                            键确定
```

3) 阵列对象

阵列是指多重复性选择对象并把这些副本按照矩形或环形排列。把副本按矩形排列称为建立矩形阵列；把副本按环形排列称为建立环形阵列，又叫极阵列。

建立矩形阵列时，应该控制行和列的数量以及对象副本之间的距离。建立环形阵列时，应该控制复制对象的次数和对象是否被旋转。

### 执行方式

命令行：ARRAY(或 AR)

菜单："修改" | "阵列" | "矩形阵列"或"路径阵列"或"环形阵列"

工具栏：阵列 | 矩形阵列，阵列 | 路径阵列，阵列 | 环形阵列

### 操作步骤

```
命令: ARRAY
选择对象: 找到 1 个                                    //选择阵列对象
选择对象:
输入阵列类型 [矩形(R)/路径(PA)/极轴(PO)] <矩形>: R
                                                       //输入阵列类型，以矩形阵列为例
类型 = 矩形  关联 = 是
为项目数指定对角点或 [基点(B)/角度(A)/计数(C)] <计数>: C
                                                       //输入 C，设置行数和列数
输入行数或 [表达式(E)] <4>:                            //输入行数
输入列数或 [表达式(E)] <4>:                            //输入列数
指定对角点以间隔项目或 [间距(S)] <间距>: S             //输入 S，设置行间距和列间距
指定行之间的距离或 [表达式(E)] <996.236>:              //输入行间距
指定列之间的距离或 [表达式(E)] <996.236>:              //输入列间距
按 Enter 键接受或 [关联(AS)/基点(B)/行(R)/列(C)/层(L)/退出(X)] <退出>:
                                                       //回车完成
```

### 选项说明

- 方向(O)：控制选定对象是否将相对于路径的起始方向重定向(旋转)，再移动到路径的起点。
- 表达式(E)：使用数学公式或方程式获取值。
- 基点(B)：指定阵列的基点。
- 关键点(K)：对关联阵列，在源对象上指定有效的约束点(或关键点)以用做基点，阵列的基点保持与编辑生成的阵列的源对象的关键点重合。
- 定数等分(D)：沿整个路径长度平均定数等分项目。
- 全部(T)：指定第一个和最后一个项目之间的总距离。
- 关联(AS)：指定在阵列中是否创建项目作为关联阵列对象，或者作为独立对象。
- 项目(I)：编辑阵列的项目数。

- 行(R)：指定阵列中的行数和行间距，以及它们之间的增量标高。
- 层(L)：指定阵列中的层数和层间距。
- 对齐项目(A)：指定是否对齐每个项目以与路径的方向相切。对齐相对于第一个项目的方向(方向选项)。
- Z 方向(Z)：控制是否保持项目的原始 Z 方向或沿三维路径自然倾斜项目。
- 退出(X)：退出命令。
- 阵列可以通过“阵列编辑”工具栏中的“编辑阵列”按钮进行修改。

4) 偏移对象

“偏移”命令可以按照一定的距离复制对象。如果偏移对象是直线或样条曲线，则偏移的结果是与该对象相同的平行线或样条曲线。如果偏移的对象是圆或圆弧，则偏移的结果是同心圆或同心圆弧。如果偏移对象是矩形、多边形，则偏移的结果是该对象的相仿图形。

**执行方式**

命令行：OFFSET(或 O)

菜单：“修改” | “偏移”

工具栏：修改 | 偏移

**操作步骤**

下面以图 2-67 所示例子说明执行偏移命令的具体步骤。

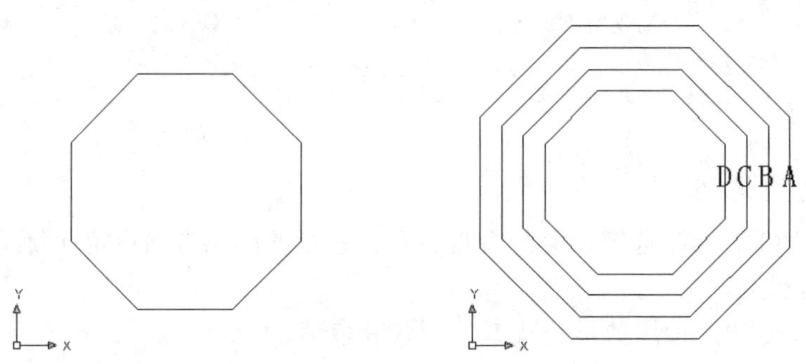


图 2-67　偏移多边形

```
命令: _offset
当前设置: 删除源=否  图层=源  OFFSETGAPTYPE=0   //显示当前设置
指定偏移距离或 [通过(T)/删除(E)/图层(L)] <100.0000>: //输入偏移距离
选择要偏移的对象，或 [退出(E)/放弃(U)] <退出>:
                         //选择要偏移的对象，即外面的多边形 A
指定要偏移的那一侧上的点，或 [退出(E)/多个(M)/放弃(U)] <退出>:
                         //单击指定偏移点，本例是在内侧单击，偏移出多边形 B
选择要偏移的对象，或[退出(E)/放弃(U)]<退出>://选择要偏移的对象，即多边形 B
```

```
指定要偏移的那一侧上的点，或 [退出(E)/多个(M)/放弃(U)] <退出>:
                          //单击指定偏移点，本例是在内侧单击，偏移出多边形 C
选择要偏移的对象，或 [退出(E)/放弃(U)]<退出>://选择要偏移的对象，即多边形 C
指定要偏移的那一侧上的点，或 [退出(E)/多个(M)/放弃(U)] <退出>:
                          //单击指定偏移点，本例是在内侧单击，偏移出多边形 D
                          //回车完成
```

### 选项说明

- 通过(T)：创建通过指定点的对象。
- 删除(E)：偏移源对象后将其删除。
- 图层(L)：确定是将偏移对象创建在当前图层上还是源对象所在的图层上。
- 多个(M)：输入“多个”偏移模式，这将使用当前偏移距离重复进行偏移操作。
- 退出(E)：退出偏移命令。
- 放弃(U)：恢复前一个偏移。

#### 4. 改变位置类命令

在进行工程制图时，需要经常对一些图形对象进行位置或角度方向上的改变，AutoCAD 提供有移动命令和旋转命令来改变图形对象的位置和方向。

1) 移动对象

移动命令可以将图形从一个位置移动到另一个位置，两个位置之间的距离称为位移，位移的第一个位置称为基点，位移的第二个位置称为第 2 点。

### 执行方式

命令行：MOVE(或 M)

菜单：“修改” | “移动”

工具栏：修改 | 移动

### 操作步骤

下面以图 2-68 所示例子说明执行移动命令的具体步骤。

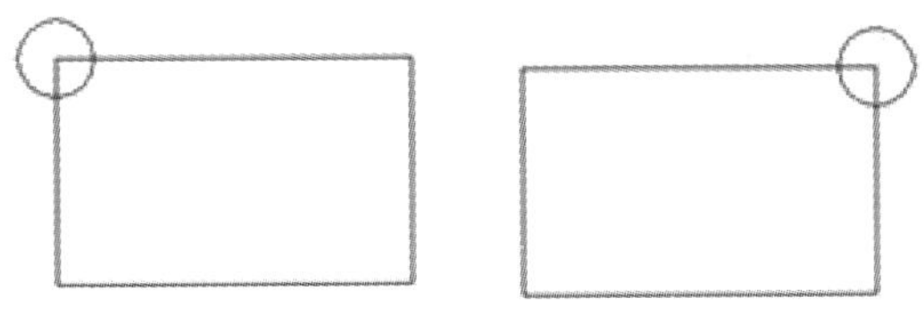

图 2-68 移动对象

```
命令：MOVE
选择对象：                               //光标选定圆
```

```
选择对象:                                  //回车
指定基点或 [位移(D)] <位移>:                //指定圆心作为基点
指定第二个点或 <使用第一个点作为位移>:       //指定圆移动后的位置
```

2) 旋转对象

当在 AutoCAD 中绘制具有一定角度的图形对象时，可以先用正交工具在水平或垂直方向上绘制，然后利用旋转命令对其进行旋转。

**执行方式**

命令行：ROTATE(或 RO)

菜单："修改" | "旋转"

工具栏：修改 | 旋转

**操作步骤**

下面以图 2-69 所示图形为例，介绍执行旋转命令的具体步骤。

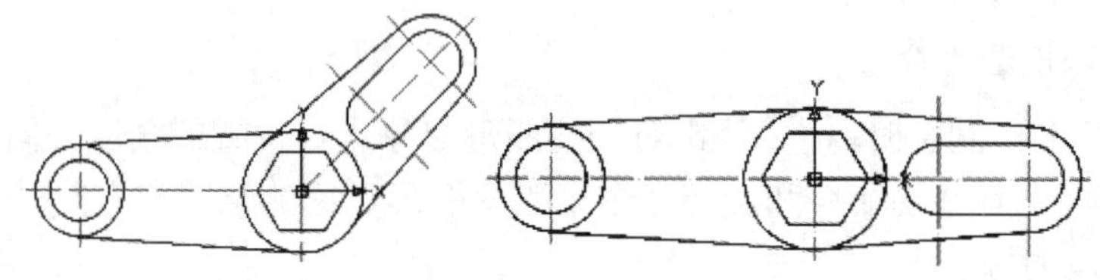

图 2-69　旋转对象

```
命令: ROTATE
UCS 当前的正角方向: ANGDIR=逆时针  ANGBASE=0
选择对象:                                    //选中要旋转的对象
选择对象:                                    //回车
指定基点:                                    //选中旋转的基点
指定旋转角度，或 [复制(C)/参照(R)] <0>:       //输入旋转角度，回车完成
```

**选项说明**

- 复制(C)：创建要旋转的选定对象的副本。
- 参照(R)：将对象从指定的角度旋转到新的绝对角度。

### 5. 改变几何特性类命令

在图形对象的绘制过程中，有时需要将一个实体调整到合适的大小，以便于观察和应用。AutoCAD 为用户提供有缩放、拉伸及延伸等命令。

1) 缩放对象

缩放对象是将指定对象按照指定的比例相对于基点进行放大或缩小操作。

**执行方式**

命令行：SCALE(或 SC)

菜单："修改" | "缩放"

工具栏：修改 | 缩放

### 操作步骤

下面以图 2-70 为例，介绍执行缩放命令的具体步骤。

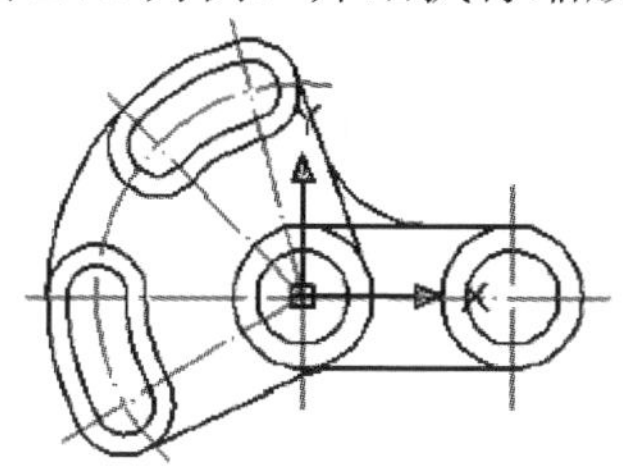
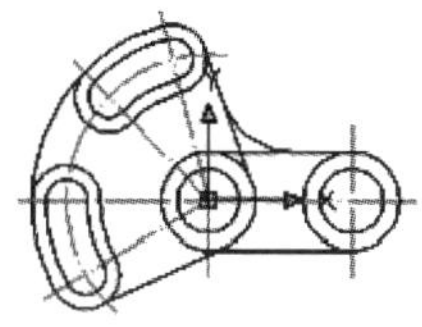

图 2-70 缩放对象

```
命令: SCALE
选择对象:                                      //选中要缩放的对象
选择对象:                                      //回车
指定基点:                                      //选中要缩放的基点
指定比例因子或 [复制(C)/参照(R)] <1.0000>:     //指定缩放的比例
                                               //回车完成
```

### 选项说明

- 复制(C)：创建要缩放的选定对象的副本。
- 参照(R)：按参照长度和指定的新长度缩放所选对象。
- 比例因子：设置缩放的值。大于 1 为放大，反之则为缩小。

2) 拉伸对象

通过拉伸命令可改变对象的形状，在 AutoCAD 中，拉伸命令主要用于非等比缩放。

### 执行方式

命令行：STRETCH(或 S)

菜单："修改" | "拉伸"

工具栏：修改 | 拉伸

### 操作步骤

下面以图 2-71 为例，介绍执行拉伸命令的具体步骤。

```
命令: _stretch
以交叉窗口或交叉多边形选择要拉伸的对象...  //系统提示
选择对象: 指定对角点: 找到 3 个           //选择对象如图 2-71(a)右侧三条直线
选择对象:                                 //按回车键确定
指定基点或 [位移(D)] <位移>:              //在绘图区单击指定基点
```

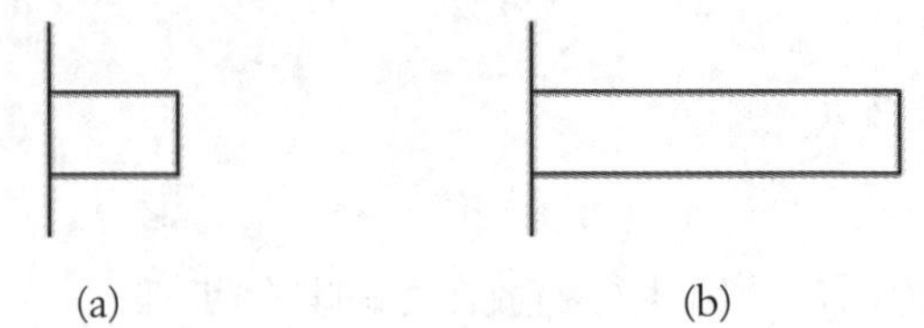

(a) (b)

```
指定第二个点或 <使用第一个点作为位移>： //向右拖动鼠标至如图 2-71(b)所示位
                                        置并按“Enter”键确定
```

图 2-71 拉伸对象

3) 修剪对象

**执行方式**

命令行：TRIM

菜单：“修改” | “修剪”

工具栏：修改 | 修剪

**操作步骤**

```
命令：_trim
当前设置:投影=UCS，边=无
选择剪切边...
选择对象或 <全部选择>:                              //选择剪切边
选择对象:                                           //回车完成剪切边的选择
选择要修剪的对象，或按住 Shift 键选择要延伸的对象，或
[栏选(F)/窗交(C)/投影(P)/边(E)/删除(R)/放弃(U)]: //选择要修剪的对象
选择要修剪的对象，或按住 Shift 键选择要延伸的对象，或
[栏选(F)/窗交(C)/投影(P)/边(E)/删除(R)/放弃(U)]: //回车完成
```

4) 延伸对象

在使用 AutoCAD 绘制工程图时，可利用延伸命令把一个对象延长并使该对象与其他对象定义的边界相连接。

**执行方式**

命令行：EXTEND(或 EX)

菜单：“修改” | “延伸”

工具栏：修改 | 延伸

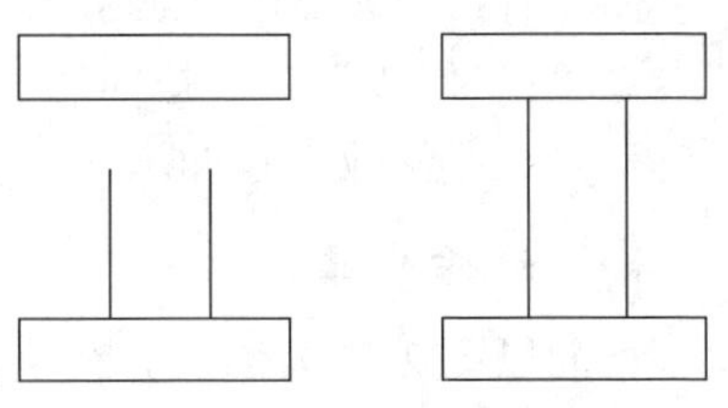

图 2-72 延伸对象

**操作步骤**

下面以图 2-72 为例，介绍执行延伸命令的具体步骤。

```
命令: _extend
当前设置:投影=UCS, 边=无            //系统提示
选择边界的边...
选择对象或 <全部选择>:              //选择延伸边界，图 2-72 所示为上部矩形
选择对象:                          //回车完成边界的选择
选择要延伸的对象，或按住 Shift 键选择要修剪的对象，或[栏选(F)/窗交(C)/投影
(P)/边(E)/放弃(U)]:               //单击指定要延伸的第一条垂直线
选择要延伸的对象，或按住 Shift 键选择要修剪的对象，或[栏选(F)/窗交(C)/投影
(P)/边(E)/放弃(U)]:               //单击指定要延伸的第二条垂直线
指定对角点:(指定对角点)选择要延伸的对象，或按住 Shift 键选择要修剪的对象，或
[栏选(F)/窗交(C)/投影(P)/边(E)/放弃(U)]://回车完成
```

**选项说明**

- 栏选(F)：选择与选择栏相交的所有对象。选择栏是一系列临时线段，它们是用两个或多个栏选点指定的。选择栏不构成闭合环。
- 窗交(C)：选择矩形区域(由两点确定)内部或与之相交的对象。
- 投影(P)：指定延伸对象时使用的投影方法。
- 边(E)：将对象延伸到另一个对象的隐含边，或仅延伸到三维空间中与其实际相交的对象。
- 放弃(U)：放弃最近由 EXTEND 所做的更改。

6. 对象特性修改命令

1) 倒角

使用倒角命令可以连接两个对象，使它们以平角或倒角相连。

**执行方式**

命令行：CHAMFER(或 CHA)

菜单："修改" | "倒角"

工具栏：修改 | 倒角

**操作步骤**

下面以图 2-73 为例，介绍执行倒角命令的具体步骤。

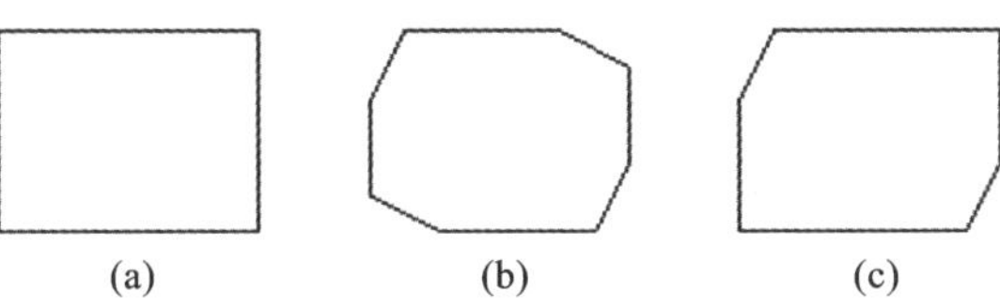

图 2-73 倒角对象

```
命令: _chamfer
("修剪" 模式) 当前倒角距离 1 = 0.0000, 距离 2 = 0.0000//系统提示
```

```
选择第一条直线或 [放弃(U)/多段线(P)/距离(D)/角度(A)/修剪(T)/方式(E)/多
个(M)]:D                              //输入 D，设置倒角距离
指定第一个倒角距离 <0.0000>: 10    //输入第一个倒角距离
指定第二个倒角距离 <10.0000>: 20   //输入第二个倒角距离
选择第一条直线或 [放弃(U)/多段线(P)/距离(D)/角度(A)/修剪(T)/方式(E)/多
个(M)]:P                //输入 P，下一步可以选择多段线
选择二维多段线：          //选择二维多段线，如图 2-73(a)所示选择矩形
4 条直线已被倒角          //效果如图 2-73(b)所示
```

以上是同时对矩形的 4 个角进行倒角。如果想部分倒角，先要对矩形进行分解，再进行倒角。步骤如下。

```
命令: _explode
选择对象：找到 1 个       //选择分解对象，如图 7-73(a)所示选择矩形
选择对象：               //回车完成
命令: _chamfer
("修剪"模式) 当前倒角距离 1 = 0.0000，距离 2 = 0.0000
选择第一条直线或 [放弃(U)/多段线(P)/距离(D)/角度(A)/修剪(T)/方式(E)/多
个(M)]:D                              //输入 D，设置倒角距离
指定第一个倒角距离 <0.0000>: 10    //输入第一个倒角距离
指定第二个倒角距离 <10.0000>: 20   //输入第二个倒角距离
选择第一条直线或 [放弃(U)/多段线(P)/距离(D)/角度(A)/修剪(T)/方式(E)/多
个(M)]: M                             //输入 M，可以进行多次倒角
选择第一条直线或 [放弃(U)/多段线(P)/距离(D)/角度(A)/修剪(T)/方式(E)/多
个(M)]:                               //选择倒角的第一条直线
选择第二条直线，或按住 Shift 键选择要应用角点的直线：//选择倒角的第二条直线
选择第一条直线或 [放弃(U)/多段线(P)/距离(D)/角度(A)/修剪(T)/方式(E)/多
个(M)]:                               //选择倒角的第一条直线
选择第二条直线，或按住 Shift 键选择要应用角点的直线：//选择倒角的第二条直线
选择第一条直线或 [放弃(U)/多段线(P)/距离(D)/角度(A)/修剪(T)/方式(E)/多
个(M)]:                               //回车完成，效果如图 2-73(c)所示
```

### 选项说明

- 放弃(U)：恢复在命令中执行的上一个操作。
- 多段线(P)：对整个二维多段线倒角。例如，使用矩形和多段线绘制的图形。
- 距离(D)：设置倒角至选定边端点的距离。
- 角度(A)：用第一条线的倒角距离和第二条线的角度设置倒角距离。
- 修剪(T)：控制"CHAMFER"是否将选定的边修剪到倒角直线的端点。
- 方式(E)：控制"CHAMFER"是使用两个距离还是一个距离和一个角度来创建倒角。
- 多个(M)：为多组对象的边倒角。

2) 圆角

圆角使用与对象相切并且具有指定半径的圆弧连接两个对象。

### 执行方式

命令行：FILLET(或 F)

菜单："修改" | "圆角"

工具栏：修改 | 圆角

### 操作步骤

下面以图 2-74 为例，介绍执行圆角命令的具体步骤。

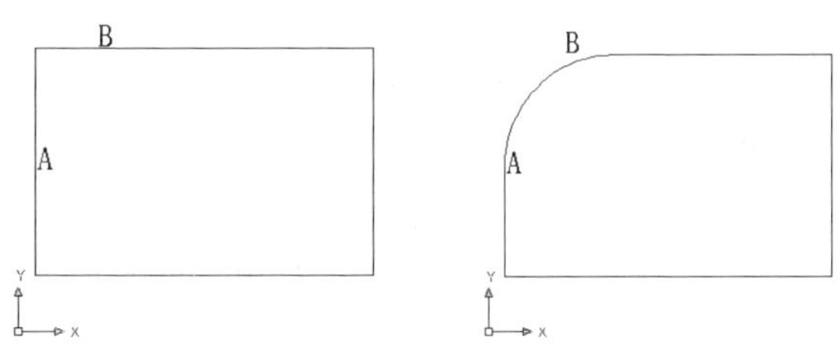


图 2-74 圆角对象

```
命令: _fillet
当前设置: 模式 = 修剪, 半径 = 0.0000      //显示当前设置
选择第一个对象或 [放弃(U)/多段线(P)/半径(R)/修剪(T)/多个(M)]: r
                                          //输入"r"
指定圆角半径 <0.0000>:                    //输入圆角半径
选择第一个对象或 [放弃(U)/多段线(P)/半径(R)/修剪(T)/多个(M)]:
                                          //单击选择第一个对象，即直线 A
选择第二个对象，或按住 Shift 键选择要应用角点的对象:
                                          //单击选择第一个对象，即直线 B
```

### 选项说明

- 放弃(U)：恢复在命令中执行的上一个操作。
- 多段线(P)：在二维多段线两条线段相交的每个顶点处插入圆角弧。
- 半径(R)：定义圆角弧的半径。
- 修剪(T)：控制"FILLET"命令是否将选定的边修剪到圆角弧的端点。
- 多个(M)：给多个对象集加圆角。

## 7. 综合技能训练——编辑命令实例

### 训练内容

运用二维绘图命令和修改命令绘制如图 2-75 所示的棘轮图形。

### 知识提示

本例主要利用"直线"按钮、"圆"按钮、"阵列"按钮、"偏移"按钮

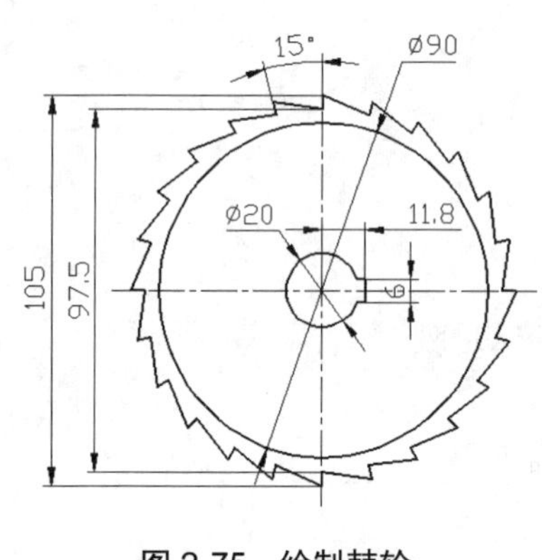

图 2-75　绘制棘轮

、“修剪”按钮、“删除”按钮等进行绘制。

## 参考步骤

Step 1 选择“文件”｜“新建”菜单命令，弹出“选择样板”对话框，单击“打开”按钮，创建一个新的图形文件。

Step 2 选择“格式”｜“图层”菜单命令，弹出“图层特性管理器”对话框，在该对话框中依次创建“轮廓线”、“细点画线”2 个图层，并设置“轮廓线”的线宽为 0.5 mm，设置“细点画线”的线型为“CENTER2”。

Step 3 将“细点画线”图层置为当前图层，选择“直线”工具绘制两条长度约为 120 mm 的相交中心线，图形效果如图 2-76 所示。

Step 4 将“轮廓线”图层置为当前图层，选择“圆”工具绘制半径分别为 10、45、48.75、52.5 的四个圆，图形效果如图 2-77 所示。

Step 5 选择“直线”工具，捕捉两个交点绘制一条竖短直线，图形效果如图 2-78 所示。

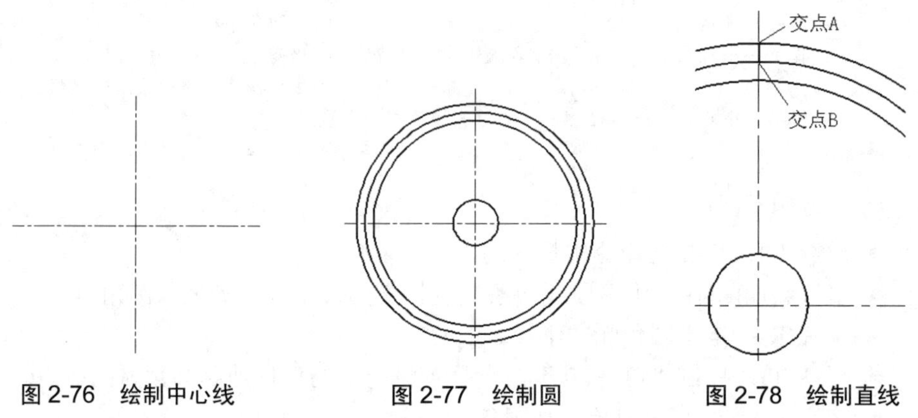

图 2-76　绘制中心线　　图 2-77　绘制圆　　图 2-78　绘制直线

Step 6 选择“阵列”工具，将 Step 5 绘制的竖短直线作为阵列对象，以圆心作为阵列中心，并定义阵列数目为 24 个，填充角度为 360°，进行环形阵列，图形效果如图 2-79 所示。

Step 7 选择“删除”工具删除最外边的两个圆，图形效果如图 2-80 所示。

Step 8 选择“直线”工具，捕捉两个端点绘制一条斜直线，图形效果如图 2-81 所示。

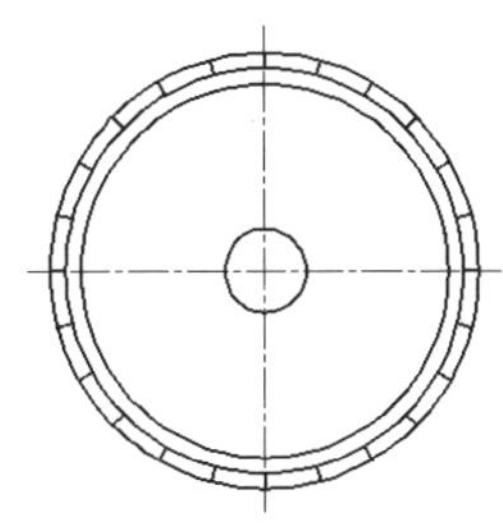

图 2-79　竖直短直线环形阵列

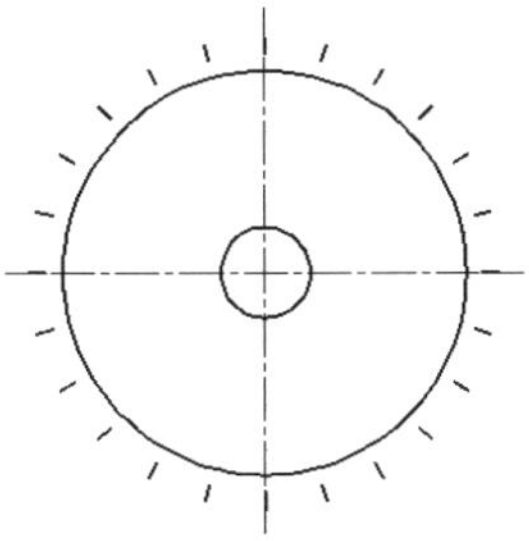

图 2-80　删除圆

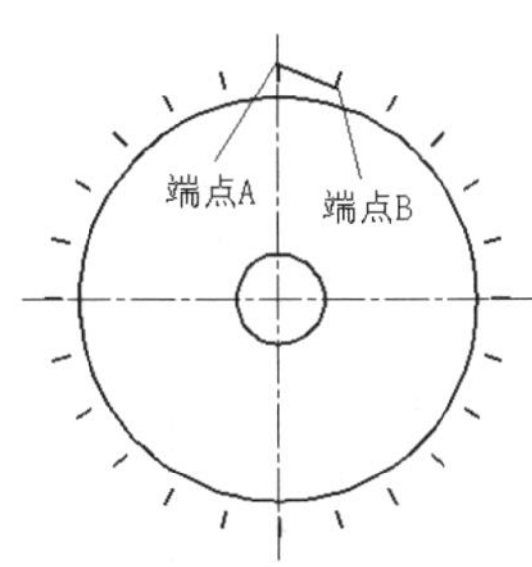


图 2-81　绘制斜线

Step 9 再次选择“阵列”工具，将 Step 8 绘制的斜直线作为阵列对象，同样以圆心作为阵列中心，并定义阵列数目为 24 个，填充角度为 360°，进行环形阵列，图形效果如图 2-82 所示。

Step 10 选择“偏移”工具，将水平中心线向两边分别偏移 3，将竖直中心线向右偏移 11.8，产生三条偏移直线，图形效果如图 2-83 所示。

Step 11 将 Step 10 产生的三条偏移直线转换到“轮廓线”图层，选择“修剪”工具修剪多余的线条，完成键槽的绘制，同时完成整个棘轮的绘制，完成后的图形效果如图 2-84 所示。

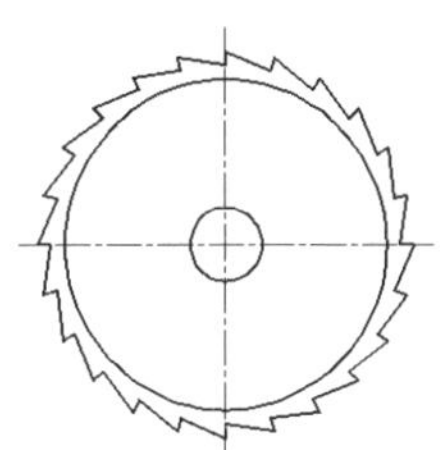

图 2-82　斜线环形阵列

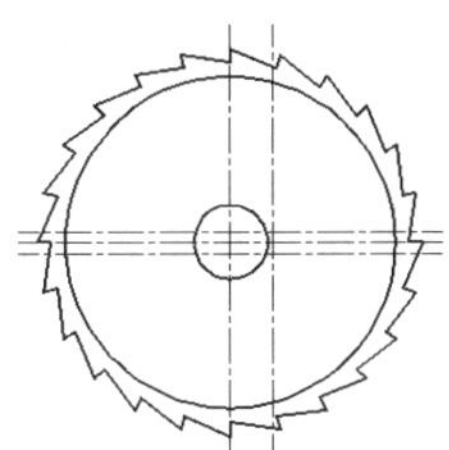

图 2-83　偏移中心线

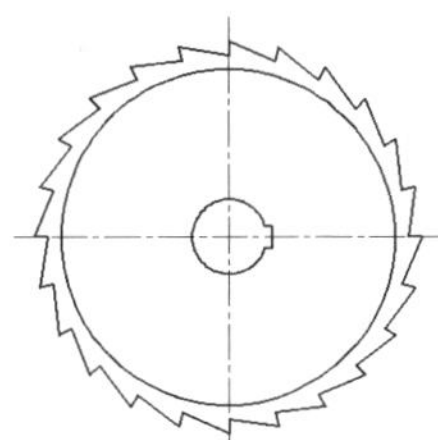

图 2-84　完成图

## ➢ 任务四　文本

任务概述　本部分主要介绍文本样式、文本标注和文本编辑的基本概念和操作方法。

知识目标　掌握文本的概念，熟悉操作方法。

能力目标　具备基本的文本操作能力。

素质目标　在绘图中能合理规范地运行文本。

### 1. 文本样式

文字样式可用来创建、修改或设置符合标准规范或用户要求的文字样式，包括图形中所使用的字体、高度和宽度系数等。

#### 执行方式

命令行：STYLE(或 ST，DDSTYLE)

菜单：“格式” | “文字样式”

工具栏：格式 | 文字样式

执行上述命令，会弹出样式属性栏，如图 2-85 所示。

图 2-85 “工具栏样式”命令

#### 操作步骤

Step 1 选择“格式” | “文字样式”菜单命令，弹出“文字样式”对话框，如图 2-86 所示。

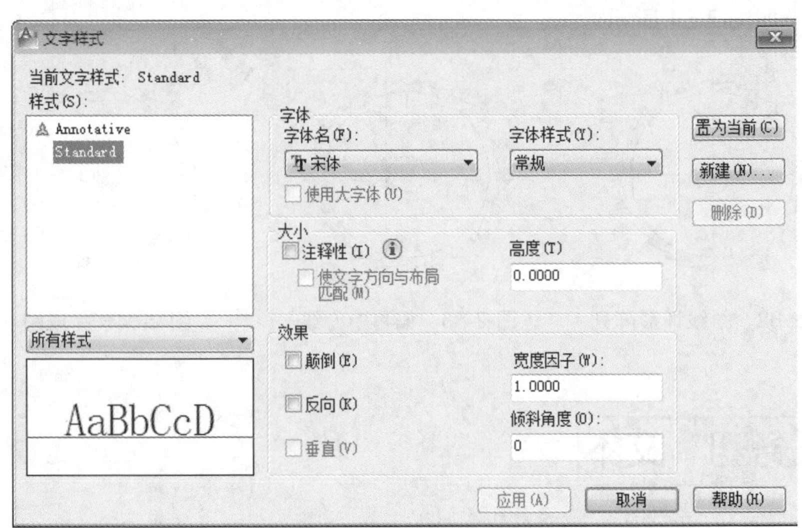


图 2-86 “文字样式”对话框

Step 2 默认情况下，文字样式为“Standard”，字体为“txt.shx”，高度为“0.0000”，宽度因子为“1.0000”。

Step 3 如果需要新建文字样式，则需在该对话框中单击新建(N)...按钮，打开“新建文字样式”对话框，在“样式名”编辑框中输入文字样式名称，如图 2-87 所示。单击确定按钮，将回到“文字样式”对话框。可以在“字体”等设置中设置字体名、字体样式和高度。

样式名: 样式 1　确定　取消

图 2-87　“新建文字样式”对话框

**选项说明**

- 当前文字样式：显示当前的文字样式。用户只能以当前的文字样式进行标注。
- 样式(S)：在列表框中，显示当前图形中所有已定义的文字样式名称，并默认显示当前文字样式。
- 样式列表过滤器：在样式列表框的下方，用于控制在样式列表框中显示所有样式或仅显示使用中的样式。
- 预览：显示在“文字样式”对话框中所进行的各项设置的效果。
- 字体(X)：用于设置文字样式所用的字体。

字体名：该列表列出了所有的 Windows 标准的 TrueType 字体，以及由 AutoCAD 专用文件定义的扩展名为“.shx”的向量字体。按国家标准规定，工程设计图形中的字体应为仿宋字体。由于仿宋体不能标注特殊符号，所以可选用 gbeitc.shx(斜体)和 gbenor.shx 字体，它们既能够标注符合国家标准的字体，又能够标注特殊符号。

使用大字体(U)：大字体是 AutoCAD 专为亚洲国家用户使用而设计的字体。

- 大小：用于更改文字的大小。

注释性(I)：选择该复选框，可使用设置的样式标注注释性文字。

使文字方向与布局匹配：选择该复选框，可使图纸空间视口中的文字方向与布局方向匹配。

高度(T)：设置文字高度或要在图纸空间中显示的文字高度。

- 效果：用于修改字体的特性。

颠倒(E)、反向(K)、垂直(V)：显示字体上下颠倒、左右颠倒和垂直排列。

- 宽度因子(W)：设置字符的间距。该值小于 1.0 时，字符将变窄；该值大于 1.0 时，字符将变宽。仿宋体字通常设置为 0.7。
- 倾斜角度(O)：设置文字的倾斜角。用户可以输入−85～85 之间的值使文字倾斜，正值使字符向右倾斜，负值则向左倾斜。

### 2. 文本标注

1) 创建单行文字

**执行方式**

命令行：TEXT(或 DTEXT)

菜单：“绘图” | “文字” | “单行文字”

工具栏：绘图 | 多行文字 A

**操作步骤**

```
命令: text
当前文字样式: "Standard"  文字高度: 2.5000  注释性: 否
指定文字的起点或 [对正(J)/样式(S)]:      //指定文字起点
指定高度 <2.5000>:                       //指定字符高度
指定文字的旋转角度 <0>:                  //指定文本行的倾斜角度
输入文字:                                //输入文本
输入文字:                                //输入文本或回车完成
```

2) 设置单行文字的对齐方式

当创建单行文字时，系统将提示用户指定文字的起点，选择“对正(J)”或“样式(S)”选项。其中，“对正(J)”选项可以设置文字的对齐方式；“样式(S)”选项可以设置文字使用的样式。设置文字对齐方式时需注意以下几点。

- 对齐(A)：选择该选项后，系统将提示用户确定文字串的起点和终点。输入结束后，系统将自动调整各行的文字高度以使文字适于放在两点之间。
- 调整(F)：确定文字串的起点和终点。在不改变高度的情况下，系统将调整宽度系数以使文字适于放在两点之间。
- 中心(C)：确定文字串基线的水平中点。
- 中间(M)：确定文字串基线的水平和竖直中点。
- 右(R)：确定文字串基线的右端点。
- 左上(TL)：文字对齐在第一个字条文字单元的左上角。
- 中上(TC)：文字对齐在文字单元串的顶部，文字串向中间对齐。
- 右上(TR)：文字对齐在文字串最后一个文字单元的右上角。
- 左中(ML)：文字对齐在第一个文字单元左侧的垂直中点。
- 正中(MC)：文字对齐在文字串的垂直中点和水平中点。
- 右中(MR)：文字对齐在文字单元的垂直中点。
- 左下(BL)：文字对齐在第一个文字单元的左角点。
- 中下(BC)：文字对齐在基线中点。
- 右下(BR)：文字对齐在基线的最右侧。

3) 创建多行文字

多行文字又称段落文字，是一种易于管理的文字对象，它由任意数目的文字行或段落组成，并布满指定矩形的宽度。每行文字都是作为一个整体来处理的。

**执行方式**

命令行：MTEXT(或 MT)

菜单：“绘图” | “文字” | “多行文字”

工具栏：绘图 | 多行文字 A

### 操作步骤

命令：mtext

当前文字样式："Standard" 文字高度：2.5 注释性：否

指定第一角点：(指定矩形框的第一个角点)

指定对角点或 [高度(H)/对正(J)/行距(L)/旋转(R)/样式(S)/宽度(W)/栏(C)]：

### 选项说明

● 指定对角点：指定对角点后，系统打开如图 2-88 所示的“文字格式”编辑器，可以利用此对话框与编辑器输入多行文本并对其格式进行设置。该对话框与 Word 软件界面类似。

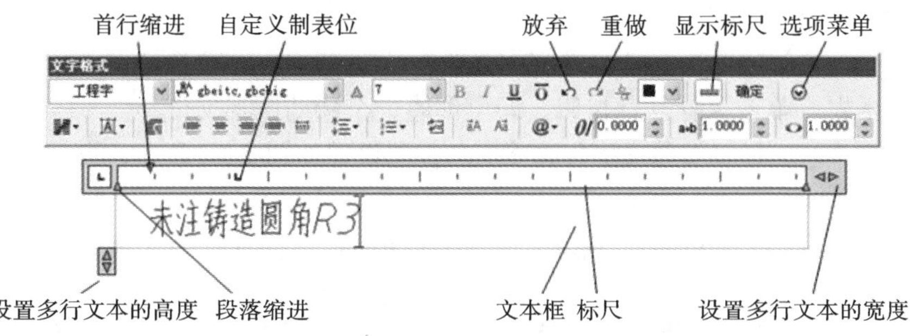


图 2-88 “文字格式”编辑器

● 对正(J)：确定所标注文本的对齐方式。

● 行距(L)：确定多行文本的行间距，这里的行间距是指相邻两文本的基线之间的垂直距离。

● 旋转(R)：确定文本行的倾斜角度。

● 样式(S)：确定当前的文本样式。

● 宽度(W)：指定多行文本的宽度。

#### 3. 文本编辑

### 执行方式

命令行：DDEDIT

菜单：“修改” | “对象” | “编辑”

工具栏：文字 | 编辑文字

### 操作步骤

命令：DDEDIT

选择注释对象或 [放弃(U)]：

要求选择想要修改的文本，同时光标变为拾取框。用拾取框单击对象，如果选取的文本是用 TEXT 命令创建的单行文本，则可对其直接进行修改；如果选取的文本是用 MTEXT 命令创建的多行文本，选取后则打开多行文字编辑器，根据前面介绍的知识对各项设置或内容进行修改。

4. 综合技能训练——文本实例

**训练内容**

运用文字工具，完成如图 2-89 所示的文本内容。

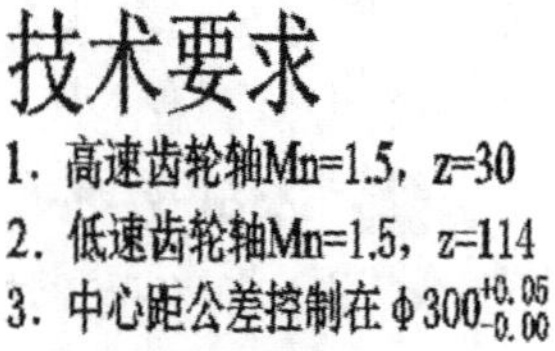

技术要求
1. 高速齿轮轴Mn=1.5，z=30
2. 低速齿轮轴Mn=1.5，z=114
3. 中心距公差控制在φ300+0.05 -0.00

图 2-89　文本实例

**知识提示**

主要使用“多行文字”按钮 A。

**参考步骤**

Step 1 创建图形文件。选择“文件”|“新建”菜单命令，弹出“选择样板”对话框，单击“打开”按钮，即可创建一个新的图形文件。

Step 2 选择“多行文字”命令 A，各项设置如图 2-90 所示，并输入标题文字“技术要求”。

文字格式
Standard
宋体
24
ByLayer
确定
0.0000
1.0000
0.7000
技术要求

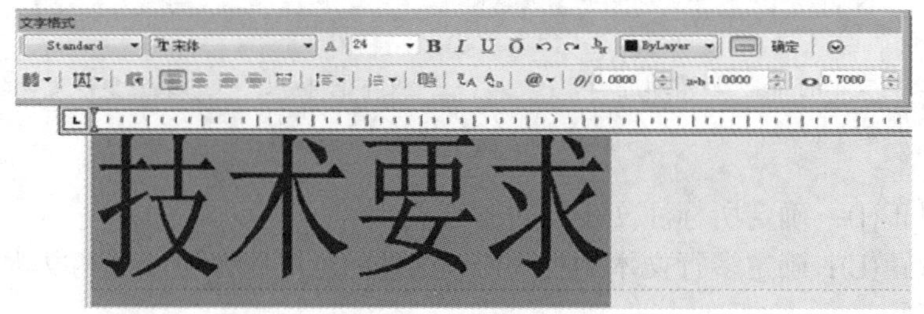

图 2-90　输入标题文字

Step 3 设置如图 2-91 所示“文字格式”对话框中的各项，并输入余下的文字，如图 2-92 所示。

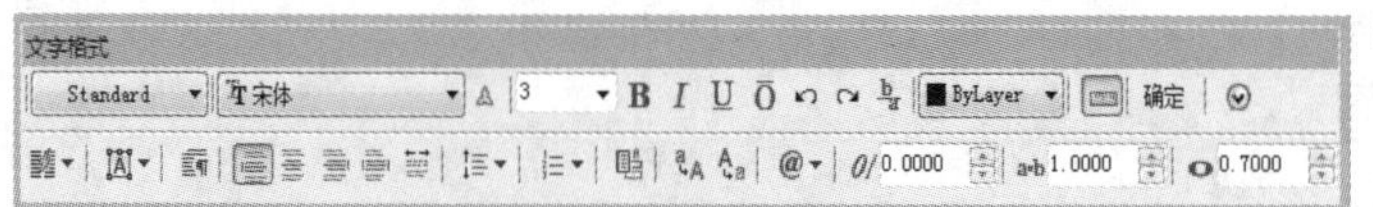

文字格式
Standard
宋体
3
ByLayer
确定
0.0000
1.0000
0.7000

图 2-91　设置正文文字格式

技术要求
1、高速齿轮轴Mn=1.5，z=30
2、低速齿轮轴Mn=1.5，z=114
3、中心距公差控制在φ300+0.05 -0.00

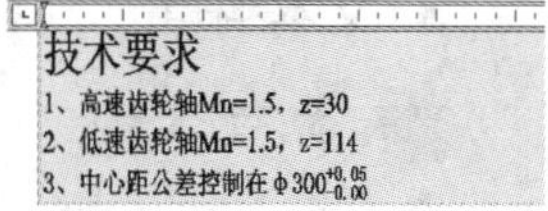

图 2-92　输入正文内容

## ➢ 任务五　表格

任务概述　本部分主要介绍表格样式的设置，以及插入表格和编辑表格的各种方法。

➡ 知识目标　了解表格样式的用途，熟悉插入表格和编辑表格的命令和操作。

➡ 能力目标　能够对表格样式进行设置，运用多种方法插入表格和对表格进行编辑。

➡ 素质目标　能够在绘图过程中合理地利用表格。

### 1. 表格样式

表格样式是用来控制表格基本形状和间距的一组设置。用户可以根据需要创建新的表格样式。表格的外观如图 2-93 所示，其中第 1 行是标题行，第 2 行是列标题行，其他行是数据行。

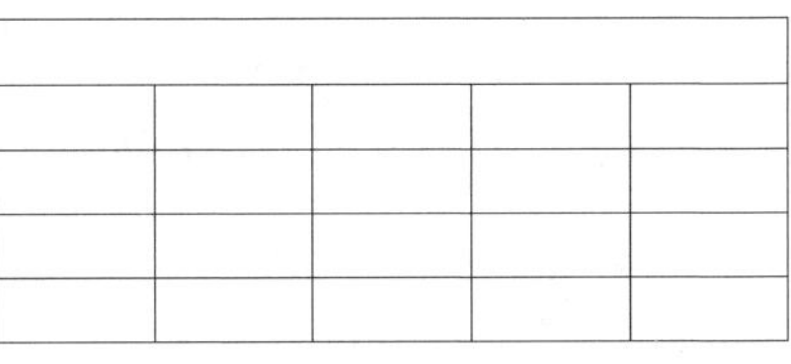

图 2-93　表格的外观

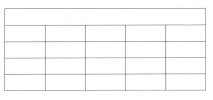

在表格样式中，用户可以设定标题文字和数据文字的文字样式、字高、对齐方式及表格单元的填充颜色，还可以设定单元边框的线宽和颜色以及控制是否将边框显示出来等。

#### 执行方式

命令行：TABLESTYLE

菜单：“格式”|“表格样式”

工具栏：样式|表格样式管理器

#### 操作步骤

Step 1 执行上述命令，弹出“表格样式”对话框，如图 2-94 所示。

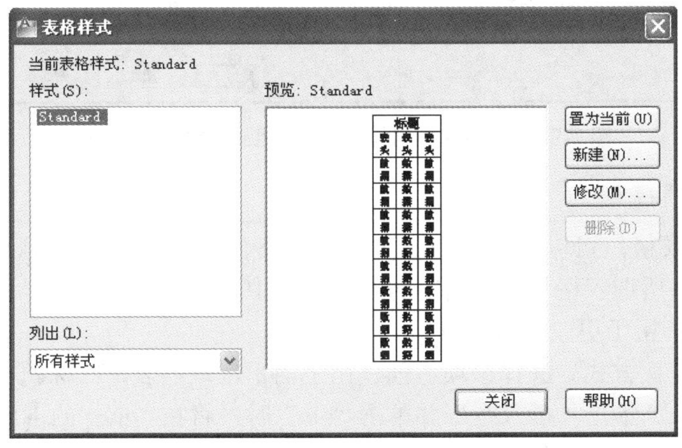


图 2-94　“表格样式”对话框

Step 2 用户可以使用默认表格样式"Standard"；或者单击 新建(N)... 按钮弹出"创建新的表格样式"对话框，如图 2-95 所示。

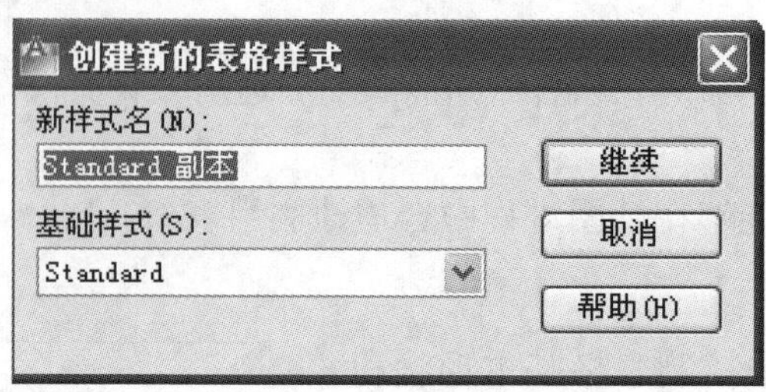


图 2-95 "创建新的表格样式"对话框

Step 3 输入"新样式名"，选择"基础样式"后单击 继续 按钮，弹出"新建表格样式：Standard 副本"对话框，即可继续设置表格样式，如图 2-96 所示。

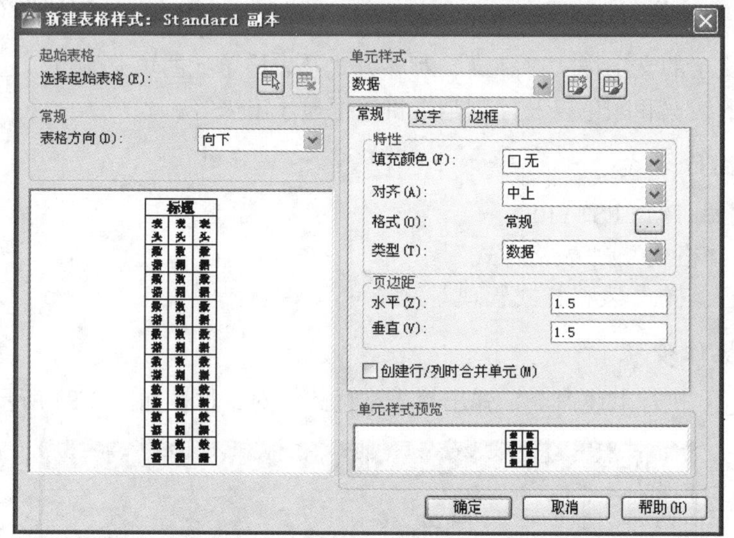


图 2-96 "新建表格样式：Standard 副本"对话框

## 选项说明

- 起始表格：可以在图形中选定一个表格作为样例来设置新表格样式的格式，也可以将所选表格从当前指定的表格样式中删除。
- 常规：用于更改表格的方向。

向下：默认方式。选择该项将创建由上而下读取的表，即标题行和列标题行位于表的顶部。单击"插入行"并单击"下"时，将在当前行的下面插入新行。

向上：选择该项将创建由下而上读取的表，即标题行和列标题行位于表的底部。单击"插入行"并单击"上"时，将在当前行的上面插入新行。

● 单元样式：用于设置表中各种数据单元所用的文字外观。数据、标题、表头三个选项分别用于设置表格的数据、标题、表头对应的格式。

● 单元样式预览：用于显示当前表格样式设置后的效果图例。

### 2. 创建表格

#### 执行方式

命令行：TABLE

菜单：“绘图”|“表格”

工具栏：绘图|表格

#### 操作步骤

执行上述命令，AutoCAD 会弹出“插入表格”对话框，如图 2-97 所示。

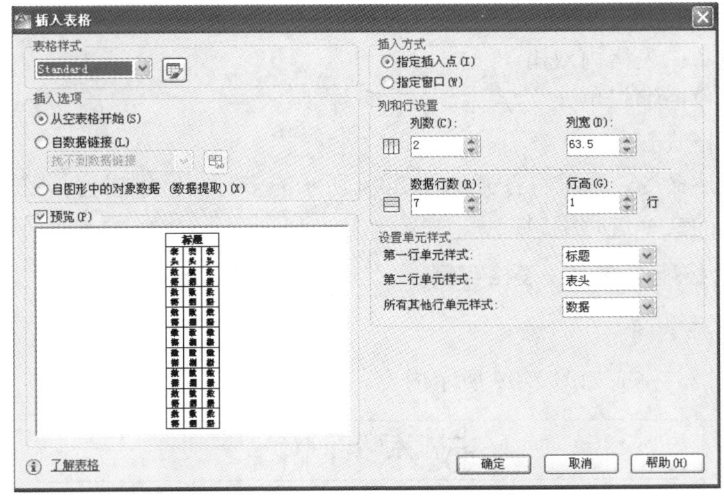


图 2-97　“插入表格”对话框

#### 选项说明

● 表格样式：用于选择所使用的表格样式。

● 插入选项：用于确定如何为表格填写数据。预览框用于预览表格的样式。

● 插入方式：用于设置将表格插入图形时的插入方式。

● 列和行设置：用于设置表格中的行数、列数，以及行高和列宽。

● 设置单元样式：分别设置第一行、第二行和其他行的单元样式。

通过“插入表格”对话框确定表格数据后，单击“确定”按钮，然后根据提示确定表格的位置，即可将表格插入图形，插入后 AutoCAD 会弹出“文字格式”工具栏，并将表格中的第一个单元格醒目显示，此时就可以向表格输入文字，如

图 2-98 所示。

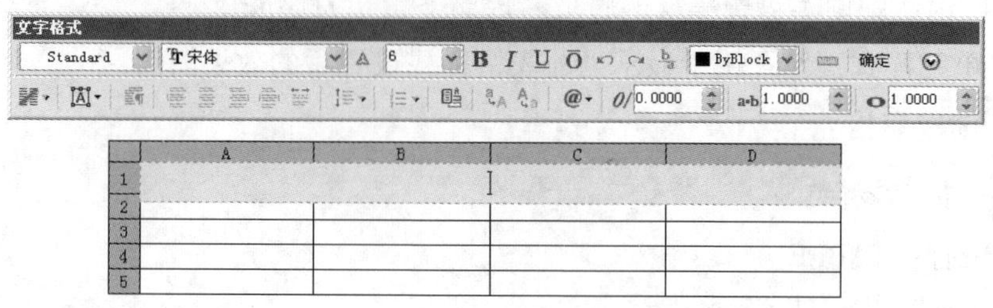


图 2-98　多行文字编辑器

### 3. 表格编辑

#### 执行方式

命令行：TABLEDIT

定点设备：表格内双击

快捷菜单：编辑单元文字

【操作格式】

执行上述命令，系统将打开如图 2-99 所示的多行文字编辑器，用户可以对指定表格单元的文字进行编辑。

### 4. 综合技能训练——表格实例

#### 训练内容

使用表格，完成如图 2-99 所示内容。

| 技术特性 | | | | | | |
|---|---|---|---|---|---|---|
| 功率（kw） | 转速（r/min） | 效率 | 传动比 | Mn | Z1 | Z2 |
| 5.5800 | 1450 | 0.8800 | 5 | 2 | 30 | 150 |

图 2-99　表格实例

#### 知识提示

本例运用了表格命令和文字命令。

#### 参考步骤

Step 1 创建图形文件。选择“文件”|“新建”菜单命令，创建一个新的图形文件。

Step 2 选择“表格”命令，出现一个 7 列、1 数据行的表格，单击绘图区域确定表格，并拖动右下角三角调整表格到合适大小，如图 2-100 所示。

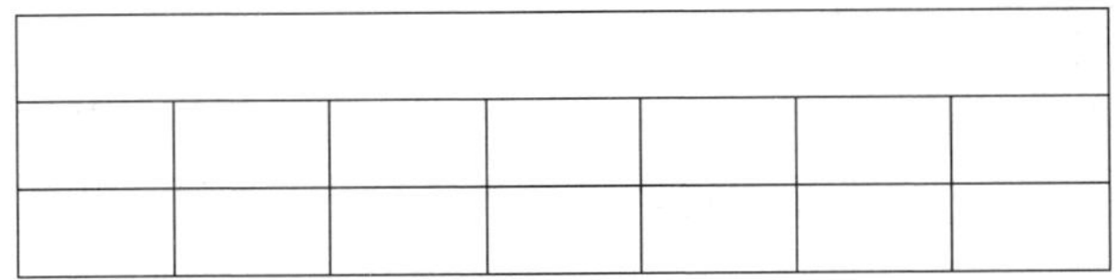

图 2-100 创建表格

Step 3 双击表格第一行，在弹出的输入文本框中输入文字“技术特性”，文字格式如图 2-101 所示。

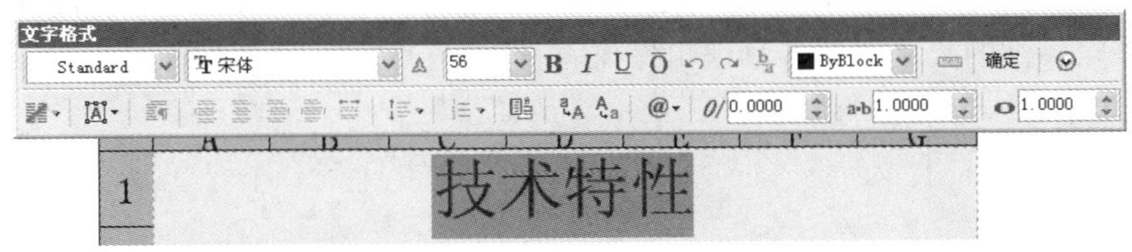


图 2-101 输入第一行文字

Step 4 双击表格后两行，输入其他相关文字，文字格式如图 2-102 所示。

文字格式

Standard　宋体　24　ByBlock　确定　0.0000　1.0000　1.0000

| | | | | | | | |
|---|---|---|---|---|---|---|---|
| 2 | 功率 (kw) | 转速 (r/min) | 效率 | 传动比 | Mn | Z1 | Z2 |
| 3 | 5.5800 | 1450 | 0.8800 | 5 | 2 | 30 | 150 |

图 2-102 输入后两行文字

最终完成表格，效果如图 2-99 所示。

## ➤ 任务六 尺寸标注

任务概述　主要介绍尺寸标注的规则及组成，尺寸标注的各种方法，以及如何编辑尺寸标注。

知识目标　掌握尺寸标注的基本概念，熟悉各种尺寸标注的方法。

能力目标　掌握如何进行尺寸标注，以及如何对尺寸标注进行编辑。

素质目标　能够对图纸进行规范的尺寸标注。

## 1. 标注规则与尺寸组成

AutoCAD 提供了十余种具有强大功能的标注工具用以标注图形对象，可以利用“标注”工具栏和“标注”菜单进行图形尺寸标注，如图 2-103 和图 2-104 所示。

ISO-25

图 2-103　“标注”工具栏

如图 2-105 所示，AutoCAD 的标注工具可以标注线性尺寸，也可以标注直径、半径、角度等尺寸，并可以进行引线标注、快速标注和公差标注等。完成标注后，还可以对标注的尺寸进行各种编辑操作。

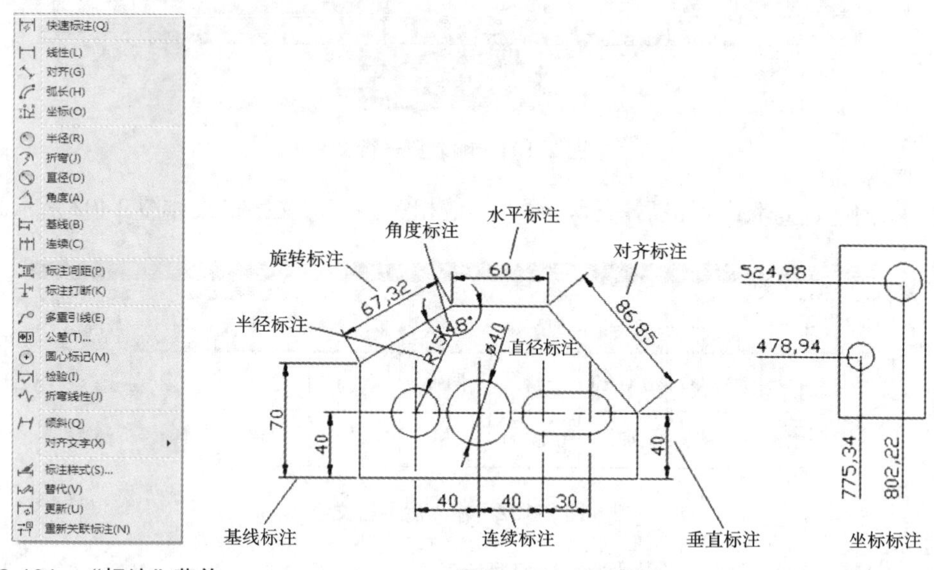


图 2-104　“标注”菜单　　图 2-105　尺寸标注

### 1) 尺寸标注的规则

在 AutoCAD 中，对绘制的图形进行尺寸标注时应遵循以下规则。

(1) 对象的真实大小应以图样上所标注的尺寸数值为依据，与图形的大小及绘图的准确度无关。AutoCAD 通常是以真实尺寸绘图的，因此绘制对象的真实大小与图形的大小及图样上标注的尺寸数据是一致的，但是图形输出时通常不是以 1∶1 的比例进行，并且存在打印误差，所以，对象的真实大小仍以图样上标注的尺寸数值为依据。

(2) 图形中的尺寸以 mm(毫米)为单位时，不需要标明计量单位的代号或名称。如果采用其他单位，则必须注明相应计量单位的代号或名称，如 30° (度)、

30 cm(厘米)或 20 m(米)等。

(3) 图形中所标注的尺寸应为该图形所表示的对象的最后完工尺寸，否则应另加说明。

(4) 绘制对象的每个尺寸，一般只标注一次，并应标注在最后反映结构最清晰的图形上。

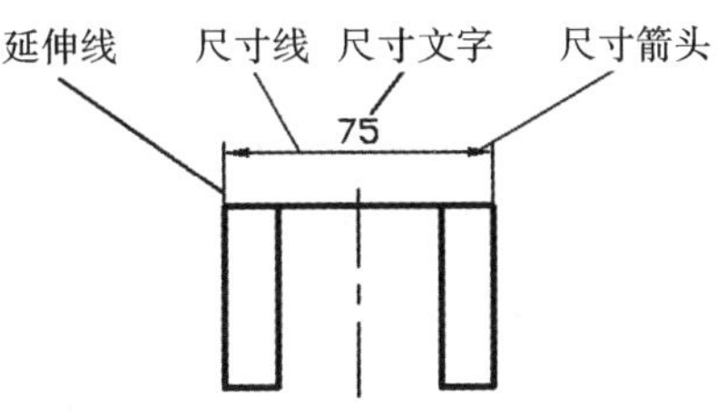


图 2-106 尺寸标注的组成

2) 尺寸标注的组成

AutoCAD 中，一个完整的尺寸一般由尺寸线、延伸线(即尺寸界线) 、尺寸文字(即尺寸数字)和尺寸箭头等四部分组成，如图 2-106 所示。

(1) 尺寸线。

尺寸线用来表示尺寸标注的范围，它一般是一条带有双箭头的单线段或带有单箭头的双线段。关于角度的标注，尺寸线为弧线。

(2) 尺寸线。

为了标注清晰，通常用尺寸线将标注的尺寸引出被标注对象之外。有时也用对象的轮廓线或中心线代替尺寸界线。

(3) 尺寸箭头。

尺寸箭头位于尺寸线的两端，用于标记标注的起始和终止位置。“箭头”是一个广义的概念，AutoCAD 提供各种箭头供用户选择，也可以用短画线、点或其他标记代替尺寸箭头。

(4) 尺寸文字。

尺寸文字用来标记尺寸的具体值。尺寸文字可以只反映基本尺寸，可以带尺寸公差，还可以按极限尺寸形式标注。如果尺寸线内放不下尺寸文字，AutoCAD 会自动将其放到外部。

### 2. 尺寸样式

使用标注样式可以控制尺寸标注的格式和外观，建立和强制执行图形的绘图标准，这样做有利于对标注格式及用途进行修改。在 AutoCAD 中，系统总是使用当前的标注样式创建标注，如果以公制为样板创建新的图形，则默认的当前样式是国际标准化组织的 ISO-25 样式，用户也可以创建其他样式并将其设置为当前样式。

用户可以选择“格式” | “标注样式”菜单命令，在“标注样式管理器”对话框中创建和设置标注样式。

1）新建标注样式

**执行方式**

命令行：DIMSTYLE(或 D、DDIM、DIMSTY 等)

菜单：“格式” | “标注样式”或“标注” | “标注样式”

工具栏：样式 | 标注样式

**操作步骤**

执行上述命令，会打开“标注样式管理器”对话框，如图 2-107 所示。

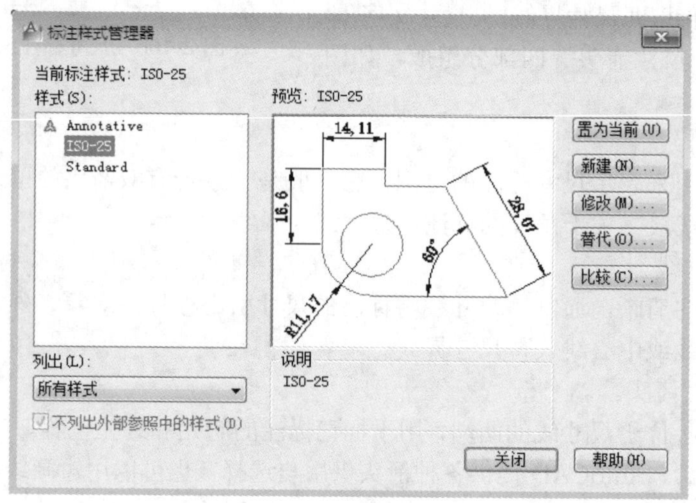


图 2-107 “标注样式管理器”对话框

**选项说明**

- 置为当前(U)：将“样式”列表框中选中的样式设置为当前样式。
- 新建(N)：定义一个新的尺寸标注样式。

单击“标注样式管理器”对话框的 新建(N)... 按钮，会弹出“创建新标注样式”对话框，利用该对话框即可新建标注样式，如图 2-108 所示。其中各项的功能说明如下。

新样式名(N)：用于输入新标注样式的名称。

基础样式(S)：用于选择一种基础样式，新样式将在该基础样式上进行修改。如果没有创建过新样式，则系统将使用 ISO-25 作为基础样式。基础样式和新样式之间没有联系。

注释性(A)：通常用于对图形加以注释的对象的特性。该特性可以使用户自动完成注释缩放过程。

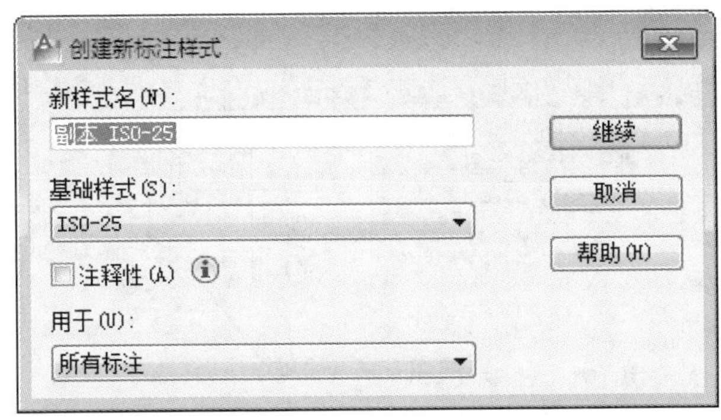


图 2-108 “创建新标注样式”对话框

用于(U)：用于指定新建标注样式的适用范围，可适用的范围有“所有标注”、“线性标注”、“角度标注”、“半径标注”、“直径标注”、“坐标标注”及“引线和公差”等。

修改(M)：修改一个已经存在的尺寸标注类型。单击此按钮，会弹出“修改标注样式”对话框，该对话框中的各选项与“创建新标注样式”对话框完全一致，可以对已有的标注样式进行修改。

替代(O)：设置临时覆盖尺寸标注样式。用户可以改变选项的设置来覆盖最初的设置，但这种修改只对指定的尺寸标注起作用，而不影响当前尺寸变量的设置。

比较(C)：比较两个尺寸标注样式在参数上的区别或浏览一个尺寸标注样式的参数设置。

2) 设置标注样式

设置新标注样式的名称、基础样式和适用范围后，单击对话框中 继续 按钮将打开“新建标注样式”对话框，如图 2-109 所示。利用该对话框，用户可以对新建的标注样式进行具体的设置。创建标注样式包括以下内容。

“线”选项卡：用于设置尺寸线、尺寸界线的格式与位置。

“符号和箭头”选项卡：用于设置箭头的样式和圆心标记的格式与位置。

“文字”选项卡：用于设置标注文字的外观、位置和对齐方式。

“调整”选项卡：用于设置文字与尺寸线的管理规则及标注特征比例。

“主单位”选项卡：用于设置主单位的格式与精度。

“换算单位”选项卡：用于设置换算单位的格式和精度。

“公差”选项卡：用于设置公差值的格式和精度。

(1) 设置“线”选项。

在“线”选项区域中，可以设置尺寸标注的尺寸线、尺寸界线。

- “尺寸线”选项组：用于设置尺寸线的特性。其中各选项的含义如下。

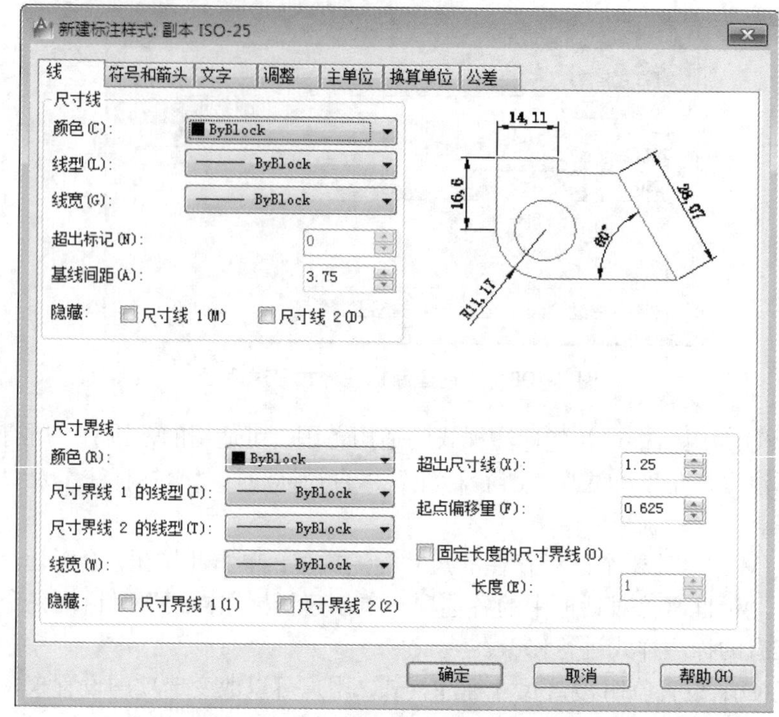


图 2-109 “新建标注样式”对话框

“颜色”下拉列表框：用于设置尺寸线的颜色，默认情况下尺寸线的颜色为“ByBlock”，即随块，也可以使用变量 DIMCLRD 进行尺寸线颜色的设置。

“线型”下拉列表框：用于设置尺寸线的线型，该选项没有对应的变量。

“线宽”下拉列表框：用于设置尺寸线的宽度，默认情况下尺寸线的线宽也是随块，也可以使用变量 DIMLWD 进行设置。

“超出标记”微调框：当尺寸线的箭头采用“倾斜”、“建筑标记”、“小点”、“积分”或“无标记”等样式时，使用该文本框可以设置尺寸线超出尺寸界线的长度。

“基线间距”微调框：进行基线尺寸标注，也就是设置各尺寸线之间的距离。

“隐藏”复选框组：通过复选“尺寸线 1”项或“尺寸线 2”项，可以隐藏第 1 段或第 2 段尺寸线及其相应的箭头。

- “尺寸界线”选项组：该选项组用于确定尺寸界线的样式，其中各项的含义如下。

“颜色”下拉列表框：用于设置尺寸界线的颜色。

“线宽”下拉列表框：用于设置尺寸界线的宽度。

“超出尺寸线”微调框：确定尺寸界线超出尺寸线的距离。

“起点偏移量”微调框：确定尺寸界线的实际起始点相对于指定的尺寸界线的起始点的偏移量。

“隐藏”复选框组：确定是否隐藏尺寸界线。

“固定长度的尺寸界线”复选框：选中该复选框，系统以固定长度的尺寸界线标注尺寸。可以在后面的“长度”微调框中输入长度值。

● 尺寸样式显示框：该框以样例的形式显示用户设置的尺寸样式。

(2) 设置“符号和箭头”选项。

在“符号和箭头”选项区域中，可以设置“箭头”、“圆心标记”、“弧长符号”和“半径折弯标注”的格式与位置，如图 2-110 所示。

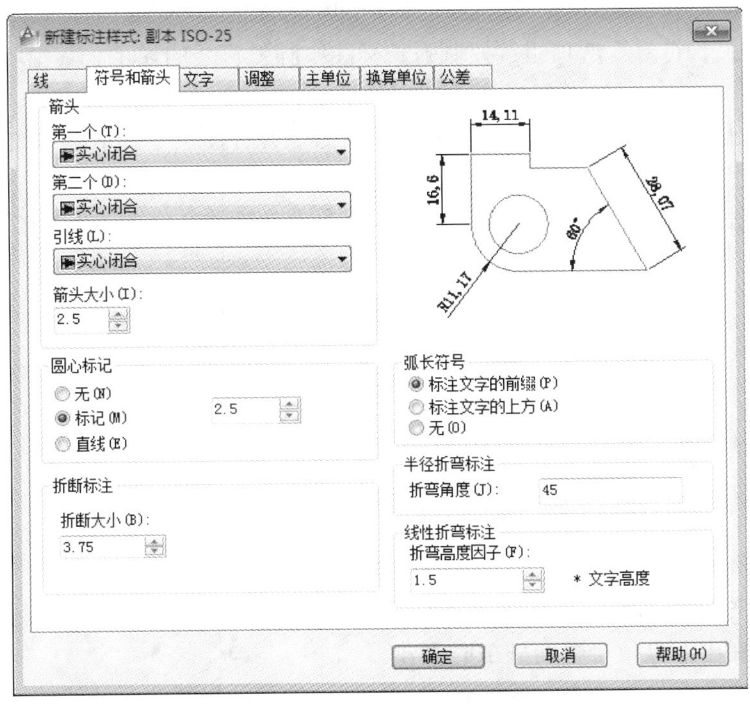


图 2-110 “符号和箭头”选项卡

● “箭头”选项组：用于设置尺寸箭头的形式，AutoCAD 提供了多种箭头形式。另外，用户还可以自定义箭头形状。两个尺寸箭头可以采用相同的形式，也可以采用不同的形式，通常情况下尺寸线的两个箭头应一致。

“第一个”下拉列表框：用于设置第一个尺寸箭头的形式。一旦确定第一个箭头的类型，第二个箭头就自动与其匹配，若要想第二个箭头选取不同的形状，则可以在“第二个”下拉列表框中设定。

“第二个”下拉列表框：用于确定第二个尺寸箭头的形式，可以与第一个箭头不同。

“引线”下拉列表框：用于确定引线箭头的形式，与“第一个”下拉列表框的设置类似。

“箭头大小”微调框：用于设置箭头的大小。

● “圆心标记”选项组：用于设置半径标注、直径标注和中心标注中的中心标注和中心线的形式。其中各项含义如下。

“无”单选框：既不产生中心标记，也不产生中心线。

“标记”单选框：中心标记为一个记号。

“直线”单选框：中心标记采用中心线的形式。

“折断大小”微调框：设置中心标记和中心线的大小及粗细。

● “弧长符号”选项组：控制弧长标注中圆弧符号的显示。其中各项含义如下。

“标注文字的前缀”单选框：将弧长符号放在标注文字的前面，如图 2-111(a)所示。

“标注文字的上方”单选框：将弧长符号放在标注文字的上方，如图 2-111(b)所示。

“无”单选框：不显示弧长符号，如图 2-111(c)所示。

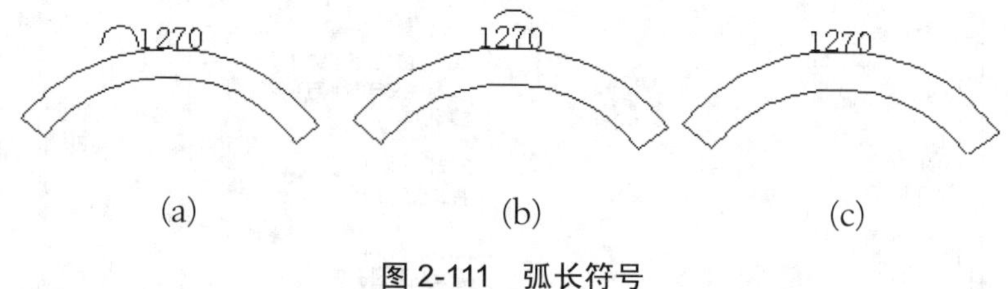


(a) (b) (c)

图 2-111 弧长符号

● “半径折弯标注”选项组：控制折弯(Z 字型)半径标注的显示。半径折弯标注一般在中心点位于页面外部时创建。

“折弯角度”文本框：输入连接半径标注的尺寸界线和尺寸线的横向直线角度，如图 2-112 所示。

● “线性折弯标注”选项组：可设置线性标注折弯的显示。

“折弯高度因子”文本框中，通过形成折弯角度的两个顶点之间的距离来确定折弯高度，如图 2-113 所示。

(3) 设置“文字”选项。

在“文字”选项区域中，用户可以设置标注文字的外观、位置和对齐方式，如图 2-114 所示。

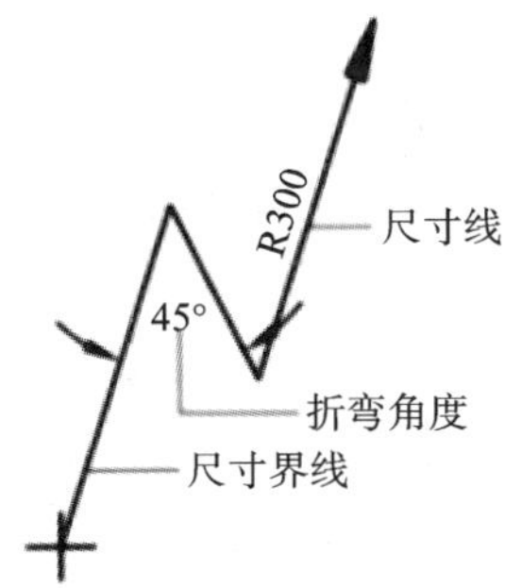


图 2-112 折弯角度

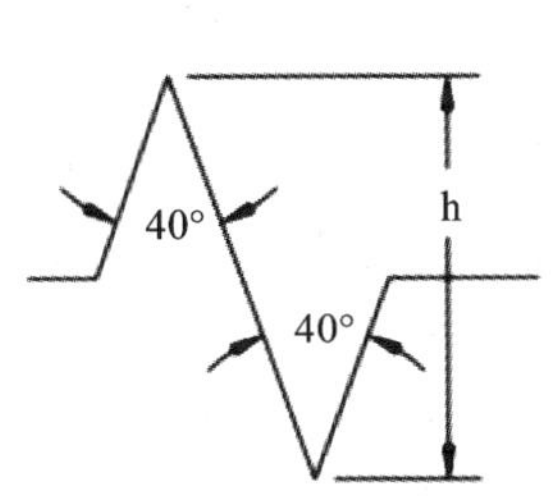


图 2-113 折弯高度因子

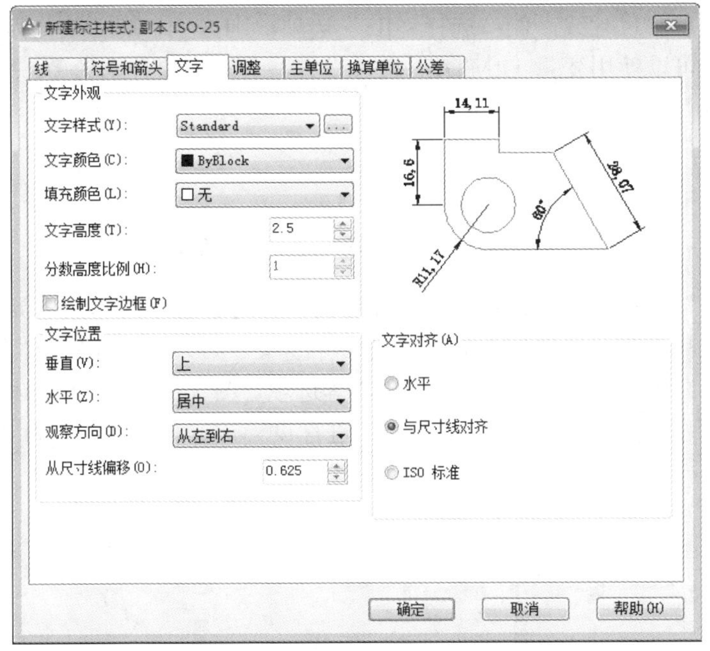


图 2-114 “文字”选项卡

● “文字外观”选项组：在“文字外观”选项区域中，用户可以设置文字的样式、颜色、高度和分数高度比例，以及设置是否绘制文字边框。各选项的功能说明如下。

“文字样式”下拉列表框：用于选择标注的文字样式，也可以单击其后的...按钮打开“文字样式”对话框，选择“文字样式”或“新建文字样式”。此外，还可以利用变量 DIMTXSTY 进行设置。

“文字颜色”下拉列表框：用于设置标注文字的颜色，也可以利用变量 DIMCLRT 进行设置。

“文字高度”文本框：用于设置标注文字的高度，也可以利用变量 DIMTXT

进行设置。

“分数高度比例”文本框：用于设置标注文字中的分数相对于其他标注文字的比例。AutoCAD 会将该比例值与标注文字高度的乘积作为分数的高度。

“绘制文字边框”复选框：用于设置是否给标注文字加边框。

- “文字位置”选项组：在“文字位置”选项区域中，用户可以设置文字的垂直、水平位置，以及距尺寸线的偏移量。各选项的功能说明如下。

“垂直”下拉列表框：用于设置标注文字相对于尺寸线在垂直方向的位置。其中，选择“居中”选项，可以把标注文字放在尺寸线中间；选择“上”选项，可以把标注文字放在尺寸线的上方；选择“外部”选项，可以把标注文字放在远离第一定义点的尺寸线一侧；选择“JIS”选项，则按 JIS 规则放置标注文字。此外，用户也可以使用变量 DIMTAD 进行设置，其对应值分别为 0、1、2、3，如图 2-115 所示。

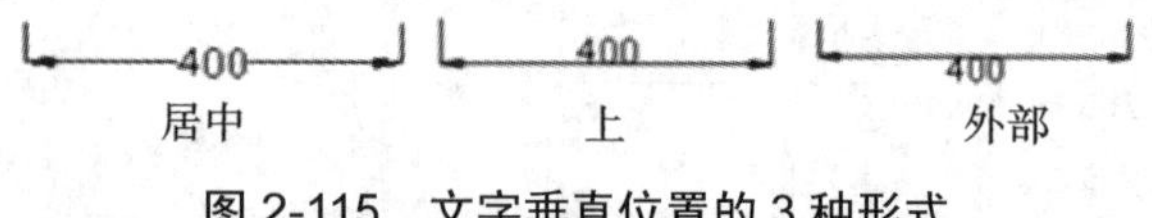


图 2-115 文字垂直位置的 3 种形式

“水平”下拉列表框：用于设置标注文字相对于尺寸线和尺寸界线在水平方向的位置，其中有“居中”、“第一条尺寸界线”、“第二条尺寸界线”、“第一条尺寸界线上方”及“第二条尺寸界线上方”等选项。图 2-116 显示了上述各位置的情况。此外，用户也可利用变量 DIMJUST 进行设置，其对应值分别为 0、1、2、3、4。

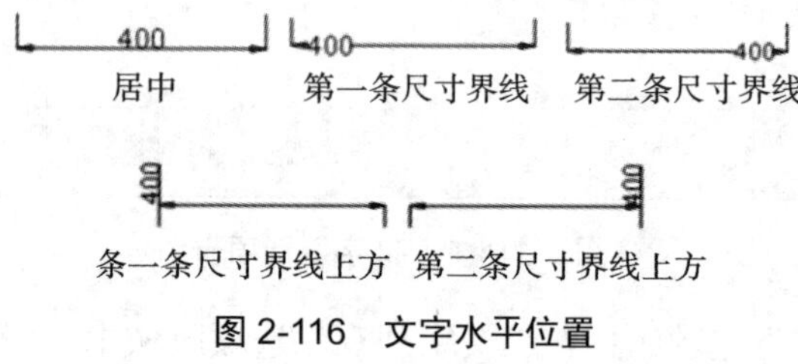


图 2-116 文字水平位置

“从尺寸线偏移”文本框：用于设置标注文字与尺寸线之间的距离。如果标注文字位于尺寸线的中间，则表示尺寸线断开处的端点与尺寸文字的间距；若标注文字带有边框，则可控制文字边框与其中文字的距离。

- “文字对齐”选项组：在“文字对齐”选项区域中，可以设置标注文字是保持水平还是与尺寸线平行。其中 3 个选项的含义如下。

“水平”单选按钮：使标注文字水平放置，如图 2-117 所示。

“与尺寸线对齐”单选按钮：使标注文字方向与尺寸线方向一致，如图 2-118

所示。

“ISO 标准”单选按钮：使标注文字按 ISO 标准放置。当标注文字在尺寸界线之内时它的方向与尺寸线方向一致，而在尺寸界线之外时则水平放置，如图 2-119 所示。

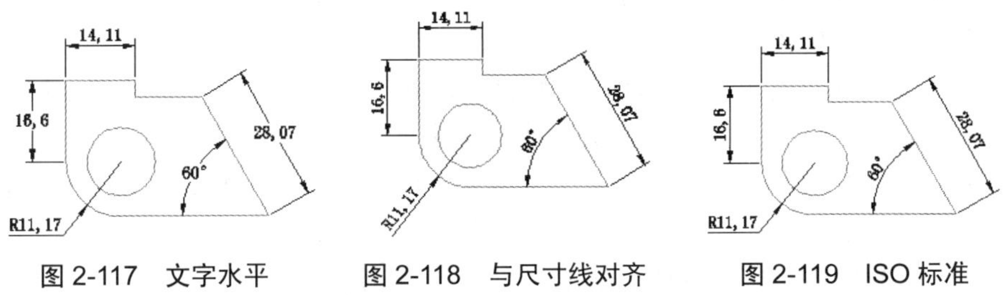


图 2-117 文字水平　　图 2-118 与尺寸线对齐　　图 2-119 ISO 标准

(4) 设置“调整”选项。

在“调整”选项区域中，用户可以设置标注文字、尺寸线和尺寸箭头的位置，如图 2-120 所示。

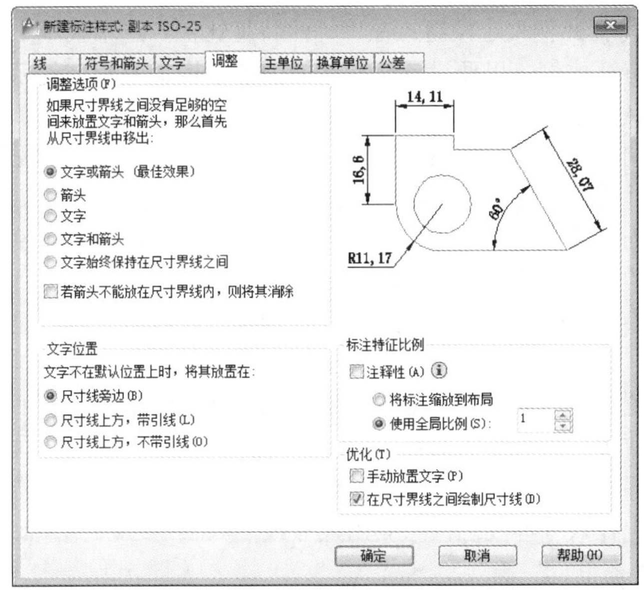


图 2-120 “调整”选项卡

● “调整选项”选项组：在“调整选项”选项区域中，用户可以确定当尺寸界线之间没有足够的空间来同时放置标注文字和箭头时，应首先从尺寸界线之间移出对象。该选项区域中各选项的含义如下。

“文字或箭头(最佳效果)”单选按钮：单选此项，由 AutoCAD 按最佳效果自动移出文字或箭头。

“箭头”单选按钮：单选此项，首先将箭头移出。

“文字”单选按钮：单选此项，首先将文字移出。

“文字和箭头”单选按钮：单选此项，将文字和箭头都移出。

“文字始终保持在尺寸界线之间”单选按钮：单选此项可将文字始终保持在尺寸界线之内，相关的标注变量为 DIMTIX。

“若箭头不能放在尺寸界线内，则将其消除”复选框：复选该项可以抑制箭头显示，也可以使用变量 DIMSOXD 进行设置。

● “文字位置”选项组：在“文字位置”选项区域中，可以设置当文字不在默认位置时的位置。其中各选项的含义如下。

“尺寸线旁边”单选按钮：单选此项可将文字放在尺寸线旁边。

“尺寸线上方，带引线”单选按钮：单选此项可将文字放在尺寸线的上方，并加上引线。

“尺寸线上方，不带引线”单选按钮：单选此项可将文字放在尺寸线的上方，但不加引线。

● “标注特征比例”选项组：在“标注特征比例”选项区域中，用户可以设置标注尺寸的特征比例，以便设置全局比例因子来增加或减少各标注的大小。其中各选项的含义如下。

“使用全局比例”单选按钮：单选此项可对全部尺寸标注设置缩放比例，该比例不改变尺寸的测量值，也可使用变量 DIMSCALE 进行设置。

“将标注缩放到布局”单选按钮：单选此项，可以根据当前模型空间视口与图纸空间之间的缩放关系设置比例。

● “优化”选项组：在“优化”选项区域中，用户可以对标注文字和尺寸线进行细微调整。该选项区域包括以下两个复选框。

“手动放置文字”复选框：复选此项，则忽略标注文字的水平设置，在标注时将标注文字放置在用户指定的位置。

“在尺寸界线之间绘制尺寸线”复选框：复选此项，当尺寸箭头放置在尺寸界线之外时，也在尺寸界线之内绘制出尺寸线。

(5) 设置“主单位”选项。

在“主单位”选项区域中，可以设置主单位的格式与精度等属性，如图 2-121 所示。

● “线性标注”选项组：在“线性标注”选项区域中可以设置线性标注的单位格式与精度。主要选项功能如下。

“单位格式”下拉列表框：设置除角度标注之外的其余各标注类型的尺寸单位，包括“科学”、“小数”、“工程”、“建筑”、“分数”等选项。

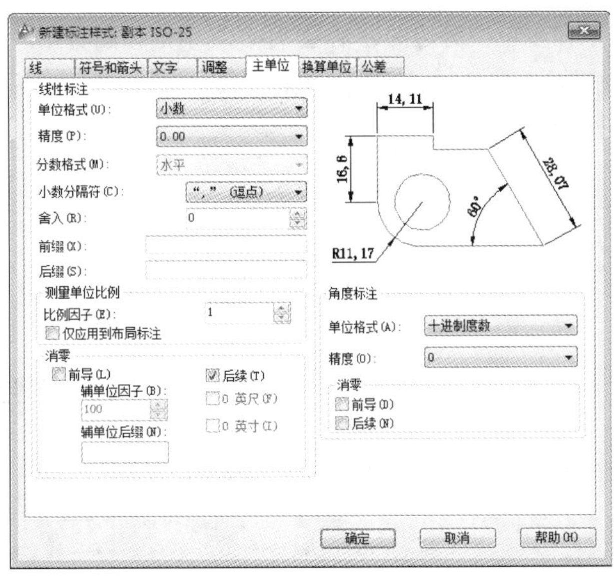


图 2-121 “主单位”选项卡

“精度”下拉列表框：用于设置除角度标注之外的其他标注的尺寸精度。

“分数格式”下拉列表框。当单位格式为分数时，可以设置分数的格式，包括“水平”、“对角”和“非堆叠”等三种方式。

“小数分隔符”下拉列表框：用于设置小数的分隔符，包括“逗点”、“句点”和“空格”等三种方式。

“舍入”文本框：用于设置除角度标注外的尺寸测量值的舍入值。

“前缀”和“后缀”文本框：用于设置标注文字的前缀和后缀，在相应的文本框中输入字符即可。

“测量单位比例”选项区域：使用“比例因子”文本框可以设置测量尺寸的缩放比例，AutoCAD 的实际标注值为测量值与该比例的积；选中“仅应用到布局标注”复选框，可以设置该比例关系是否适用于布局。

“消零”选项区域：设置是否显示尺寸标注中的“前导”零和“后续”零。

● “角度标注”选项组：在“角度标注”选项区域中，用户可以选择“单位格式”下拉列表框中的选项来设置标注角度时的单位。使用“精度”下拉列表框可以设置标注角度的尺寸精度，使用“消零”选项区域可以设置是否消除角度尺寸的“前导”零和“后续”零。

(6) 设置“换算单位”选项。

在“换算单位”选项区域中，可以设置换算单位的格式，如图 2-122 所示。

在 AutoCAD 中，通过换算标注单位可以转换不同测量单位制的标注。通常以显示英制标注的等效公制标注，或公制标注的等效英制标注。在标注文字中，换算标注单位显示在主单位旁边的方括号“[ ]”中，如图 2-123 所示。

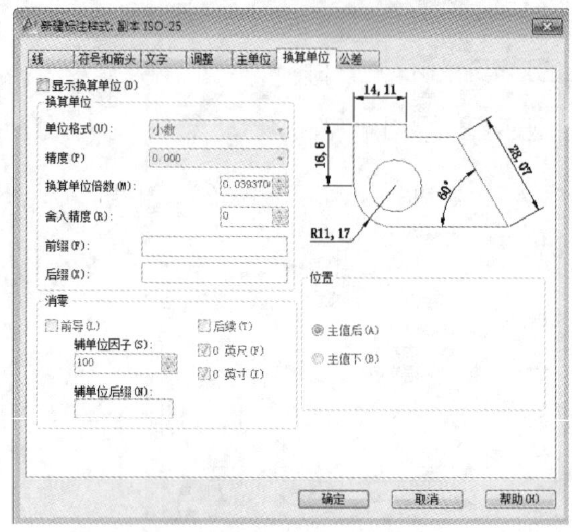


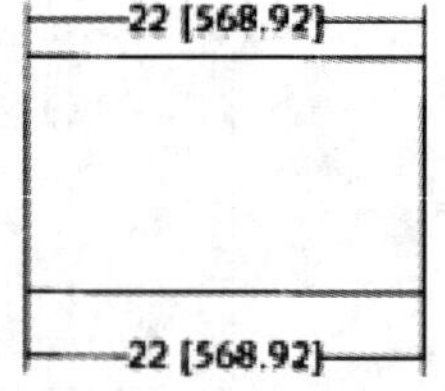


图 2-122　“换算单位”选项卡　　　图 2-123　使用换算单位

“位置”选项组：用于设置换算单位的位置，包括“主值后”和“主值下”两种方式。

(7) 设置“公差”选项。

在“公差”选项区域中，可以设置是否在尺寸标注中标注公差，以及以何种方式进行标注，如图 2-124 所示。

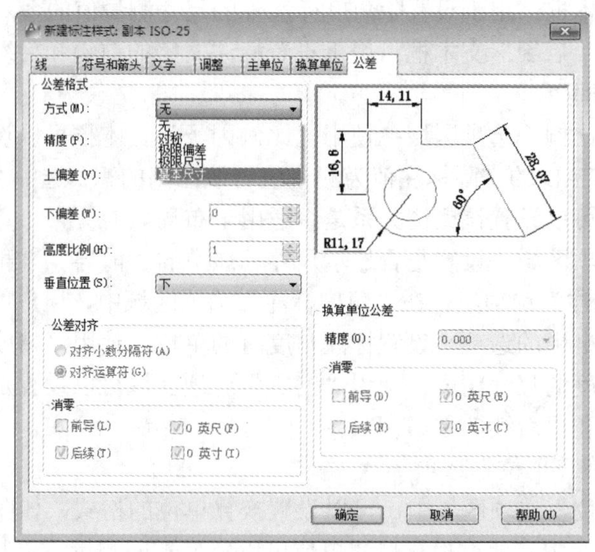


图 2-124　“主单位”选项卡

● “公差格式”选项组：在“公差格式”选项区域中，可以设置公差的标注格式，部分选项功能的含义如下。

“方式”下拉列表框：用于确定以何种方式标注公差，包括“无”、“对称”、“极限偏差”、“极限尺寸”和“基本尺寸”等选项，如图 2-125 所示。

“精度”下拉列表框：用于设置尺寸公差的精度。

“上偏差”、“下偏差”文本框：用于设置尺寸的上偏差和下偏差，相应的系统变量分别为 DIMTP 和 DIMTM。

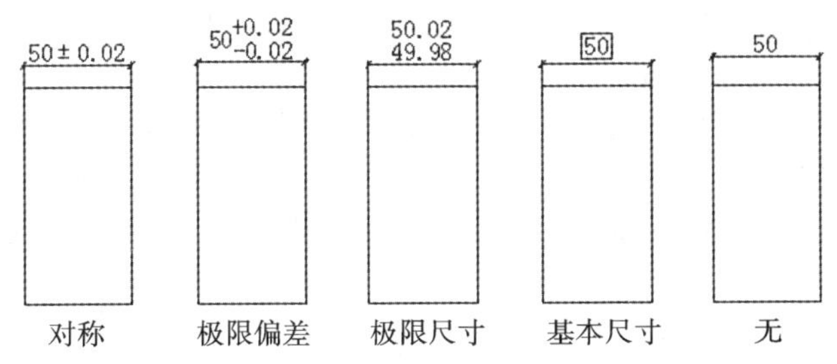


**图 2-125 公差标注的方式**

“高度比例”文本框：用于确定公差文字的高度比例因子，AutoCAD 会将该比例因子与尺寸文字高度之积作为公差文字的高度。AutoCAD 会将高度比例因子储存在系统变量 DIMTFAC 中。

“垂直位置”下拉列表框：用于控制公差文字相对于尺寸文字的位置，包括“下”、“中”和“上”等三种方式。

“消零”选项区域：用于设置是否消除公差值的“前导”零或“后续”零。

“换算单位公差”选项区域：当标注换算单位时，可以设置换算单位的精度和是否消零。

### 3. 尺寸标注

1) 线性标注

线性标注指标注图形对象在水平方向、垂直方向或指定方向的尺寸，其又分为水平标注、垂直标注和旋转标注三种类型。水平标注用于标注对象在水平方向的尺寸，即尺寸线沿水平方向放置；垂直标注用于标注对象在垂直方向的尺寸，即尺寸线沿垂直方向放置；旋转标注则标注对象沿指定方向的尺寸。

**执行方式**

命令行：DIMLINEAR

菜单：“标注” | “线性”

工具栏：标注|线性标注

**操作步骤**

命令: DIMLINEAR
指定第一条尺寸界线原点或 <选择对象>:

在此提示下用户有两种选择，即确定一点作为第一条尺寸界线的起始点或直接按“Enter”键选择对象。

**选项说明**

● 指定第一条尺寸界线原点：如果在“指定第一条尺寸界线原点或 <选择对象>:”提示下指定第一条尺寸界线的起始点，命令行提示如下。

指定第二条尺寸界线原点:　　　　　　//确定另一条尺寸界线的起始点位置
指定尺寸线位置或 [多行文字(M)/文字(T)/角度(A)/水平(H)/垂直(V)/旋转(R)]:

指定尺寸线位置：用于确定尺寸线的位置。通过拖动鼠标的方式确定尺寸线的位置后，单击拾取键，AutoCAD 根据自动测量出的两尺寸界线起始点间的对应距离值标注出尺寸。

多行文字(M)：用于根据文字编辑器输入尺寸文字。

文字(T)：用于输入尺寸文字。

角度(A)：用于确定尺寸文字的旋转角度。

水平(H)：用于标注水平尺寸，即沿水平方向的尺寸。

垂直(V)：用于标注垂直尺寸，即沿垂直方向的尺寸。

旋转(R)：用于旋转标注角度值，即标注沿指定方向的尺寸。

● 选择对象：直接按“Enter”键，即执行“<选择对象>”选项，命令行提示如下。

选择标注对象:
指定尺寸线位置或[多行文字(M)/文字(T)/角度(A)/水平(H)/垂直(V)/旋转(R)]:

对此提示的操作与前面介绍的操作相同，用户响应即可。

2) 对齐标注

对齐标注指标注的尺寸线与所标注的轮廓线平行。标注的是起始点到终点之间的距离尺寸。

**执行方式**

命令行：DIMALIGNED

菜单：“标注”|“对齐”

工具栏：标注|对齐

**操作步骤**

命令: DIMALIGNED
指定第一条尺寸界线原点或 <选择对象>:

在此提示下的操作与标注线性尺寸类似。

3) 角度标注

**执行方式**

命令行：DIMANGULAR
菜单："标注"|"角度"
工具栏：标注|角度标注

**操作步骤**

```
命令: DIMANGULAR
选择圆弧、圆、直线或 <指定顶点>:
```

**选项说明**

如图 2-126 所示，角度标注可以对圆弧、圆、直线夹角，以及标注三点确定的角度进行标注。具体选项如下。

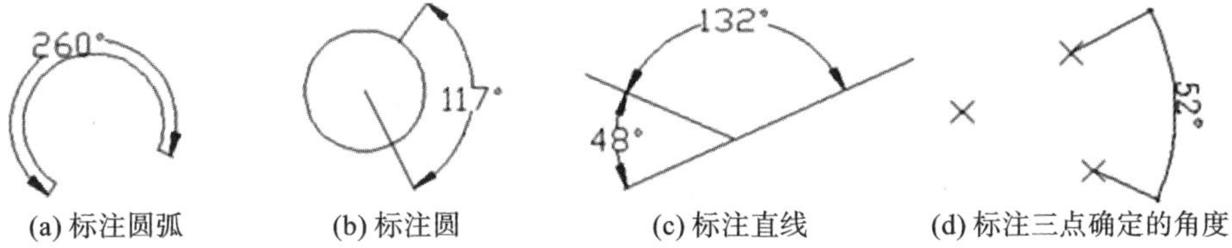


(a) 标注圆弧　(b) 标注圆　(c) 标注直线　(d) 标注三点确定的角度

图 2-126　角度标注

- 选择圆弧：标注圆弧的包含角尺寸，命令行提示如下。

```
指定标注弧线位置或 [ 多行文字 (M) / 文字 (T) / 角度 (A) ]:
                                        //确定尺寸线的位置或选取某一项
```

如果在该提示下直接确定标注弧线的位置，AutoCAD 则会按实际测量值标注出角度。另外，还可以通过"多行文字(M)"、"文字(T)"及"角度(A)"等选项确定尺寸文字及其旋转角度。

- 选择圆：标注圆上某段圆弧的包含角，命令行提示如下。

```
指定角的第二个端点:
            //确定另一点作为角的第二个端点，该点可以在圆上，也可以不在圆上
指定标注弧线位置或 [ 多行文字 (M) / 文字 (T) / 角度 (A) ]:
```

如果在此提示下直接确定标注弧线的位置，AutoCAD 则标注出角度值。以该角度的顶点为圆心，尺寸界线(或延伸线)通过选择圆的拾取点和指定的第二个端点。

- 选择直线：标注两条直线之间的夹角，命令行提示如下。

```
选择第二条直线:                        //选择第二条直线
指定标注弧线位置或 [ 多行文字 (M) / 文字 (T) / 角度 (A) ]:
```

如果在此提示下直接确定标注的位置，AutoCAD 则标注出这两条直线的夹

角。

- 指定顶点：按“Enter”键，根据给定的三点标注出角度，命令行提示如下。

```
指定角的顶点:               //确定角的顶点
指定角的第一个端点:          //确定角的第一个端点
指定角的第二个端点:          //确定角的第二个端点
指定标注弧线位置或 [多行文字(M)/文字(T)/角度(A)]:
```

如果在此提示下直接确定标注弧线的位置，AutoCAD 则根据给定的三个点标注出角度。

4) 直径标注

直径标注用于为圆或圆弧标注直径尺寸。

**执行方式**

命令行：DIMDIAMETER

菜单：“标注” | “直径”

工具栏：标注|直径标注

**操作步骤**

```
命令: DIMDIAMETER
选择圆弧或圆:              //选择要标注直径的圆或圆弧
指定尺寸线位置或 [多行文字(M)/文字(T)/角度(A)]:
```

如果在该提示下直接确定尺寸线的位置，AutoCAD 则按实际测量值标注出圆或圆弧的直径。也可以通过“多行文字(M)”、“文字(T)”及“角度(A)”选项确定尺寸文字和尺寸文本的旋转角度。

5) 半径标注

半径标注用于为圆或圆弧标注半径尺寸。

**执行方式**

命令行：DIMRADIUS

菜单：“标注” | “半径”

工具栏：标注|半径标注

**操作步骤**

```
命令: DIMRADIUS
选择圆弧或圆:              //选择要标注半径的圆弧或圆
指定尺寸线位置或 [多行文字(M)/文字(T)/角度(A)]:
```

如果在该提示下直接确定尺寸线的位置，AutoCAD 则按实际测量值标注出圆或圆弧的直径，也可以通过“多行文字(M)”、“文字(T)”及“角度(A)”选项确定尺寸文字和尺寸文本的旋转角度。

6) 弧长标注

弧长标注用于为圆弧标注长度尺寸。

**执行方式**

命令行：DIMARC

菜单："标注" | "弧长"

工具栏：标注|弧长标注

**操作步骤**

```
命令: DIMARC
选择弧线段或多段线弧线段:      //选择圆弧段
指定弧长标注位置或 [多行文字(M)/文字(T)/角度(A)/部分(P)/引线(L)]:
```

用户根据需要响应即可。

7) 折弯标注

折弯标注用于为圆或圆弧创建折弯标注。

**执行方式**

命令行：DIMJOGGED

菜单："标注" | "折弯"

工具栏：标注|折弯标注

**操作步骤**

```
命令: DIMJOGGED
选择圆弧或圆:         //选择要标注尺寸的圆弧或圆
指定中心位置替代: //指定折弯半径标注的新中心点，以替代圆弧或圆的实际中心点
指定尺寸线位置或 [多行文字(M)/文字(T)/角度(A)]:
                  //确定尺寸线的位置，或进行其他设置
指定折弯位置:         //指定折弯位置
```

8) 连续标注

连续标注指在标注出的尺寸中，相邻两尺寸线共用同一条尺寸界线。

**执行方式**

命令行：DIMCONTINUE

菜单："标注" | "连续"

工具栏：标注|连续标注

**操作步骤**

```
命令: DIMCONTINUE
指定第二条尺寸界线原点或 [放弃(U)/选择(S)]<选择>:
```

### 选项说明

● 指定第二条尺寸界线原点：确定下一个尺寸的第二条尺寸界线的起始点。用户响应后，AutoCAD 按连续标注方式标注出尺寸，即把上一个尺寸的第二条尺寸界线作为新尺寸标注的第一条尺寸界线标注尺寸，而后命令行继续提示如下。

```
指定第二条尺寸界线原点或 [放弃(U)/选择(S)]<选择>:
```

此时可再确定下一个尺寸的第二条尺寸界线的起点位置。当用此方式标注出全部尺寸后，在上述同样的提示下按“Enter”键或“Space”键，结束命令的执行。

● 选择：该选项用于指定连续标注将从哪一个尺寸的尺寸界线引出。执行该选项，命令行提示如下。

```
选择连续标注:
```

在该提示下选择尺寸界线后，AutoCAD 会继续提示：

```
指定第二条尺寸界线原点或 [放弃(U)/选择(S)]<选择>:
```

在该提示下标注出的下一个尺寸会以指定的尺寸界线作为其第一条尺寸界线。执行连续尺寸标注时，有时需要先执行“选择(S)”选项来指定引出连续尺寸的尺寸界线。

9) 基线标注

基线标注指各尺寸线从同一条尺寸界线处引出。

### 执行方式

命令行：DIMBASELINE

菜单：“标注”|“基线”

工具栏：标注|基线标注

### 操作步骤

```
命令: DIMBASELINE
指定第二条尺寸界线原点或 [放弃(U)/选择(S)]<选择>:
```

### 选项说明

● 指定第二条尺寸界线原点：确定下一个尺寸的第二条尺寸界线的起始点。确定后 AutoCAD 按基线标注方式标注出尺寸，而命令行继续提示如下。

```
指定第二条尺寸界线原点或 [放弃(U)/选择(S)]<选择>:
```

此时可再确定下一个尺寸的第二条尺寸界线起点位置。用此方式标注出全部尺寸后，在同样的提示下按“Enter”键或“Space”键，结束命令的执行。

● 选择(S)：用于指定基线标注时作为基线的尺寸界线。执行该选项，命令行提示如下。

```
选择基准标注:
```

在该提示下选择尺寸界线后，AutoCAD 继续提示：

```
指定第二条尺寸界线原点或 [放弃(U)/选择(S)]<选择>:
```

在该提示下标注出的各尺寸均从指定的基线引出。执行基线尺寸标注时，有时需要先执行“选择(S)”选项来指定引出基线尺寸的尺寸界线。

10) 绘圆心标记

绘圆心标记用于为圆或圆弧绘制圆心标记或中心线，如图 2-127 所示。

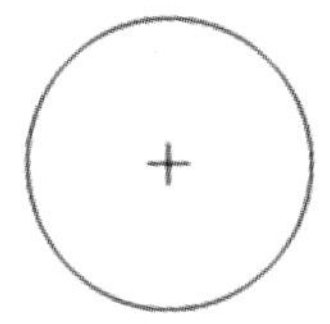

给圆绘制圆心标记

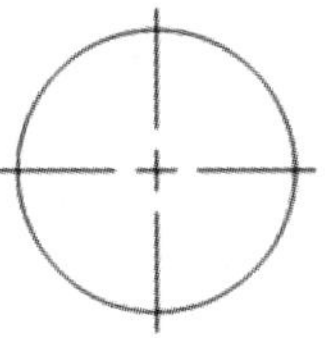

给圆绘制中心线

图 2-127 圆心标记与中心线

**执行方式**

命令行：DIMCENTER

菜单：“标注”|“圆心标记”

工具栏：标注|圆心标记标注

**操作步骤**

```
命令: DIMCENTER
选择圆弧或圆:
```

在该提示下选择圆弧或圆即可。

11) 引线标注

引线标注常用于在图形中添加注释或特殊标记。用该命令可以标注公差、标注零配件图纸中的零部件序号、对某部分添加注释文字、标注斜度和锥度、标注建筑中的定位轴线等。

引线对象通常包含箭头，可选的水平基线、引线或曲线和多行文字对象或块，引线可以是直线段或平滑的样条曲线。

**执行方式**

命令行：QLEADER

菜单：“标注”|“多重引线”

工具栏：标注|多重引线

**操作步骤**

```
命令: QLEADER
指定引线箭头的位置或 [引线基线优先(L)/内容优先(C)/选项(O)] <选项> :
```

用户可通过选择“格式”|“多重引线样式”菜单命令，打开“多重引线样式管理器”对话框，如图 2-128 所示，通过该对话框来设置多重引线的格式、结

构和内容。

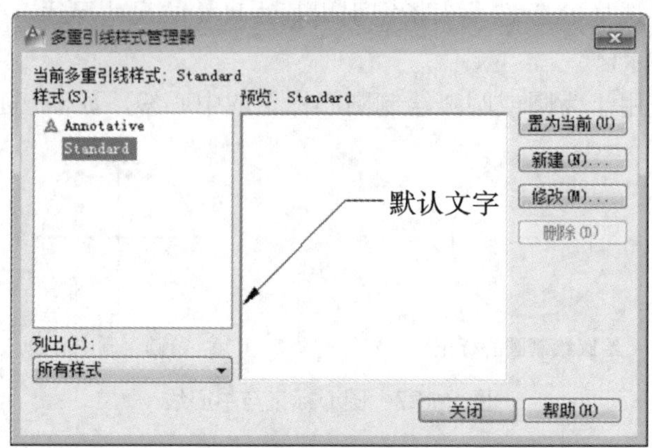


图 2-128 “多重引线样式管理器”对话框

12) 坐标标注

坐标标注用于测量原点(称为基准)到标注特征(例如部件上的一个孔)的垂直距离。这种标注保持特征点与基准点的精确偏移量，从而可避免增大误差。

### 执行方式

命令行：DIMORDINATE

菜单：“标注”｜“坐标”

工具栏：标注|坐标

### 操作步骤

```
命令: DIMORDINATE
指定点坐标:                //确定要标注坐标点
指定引线端点或 [X基准(X)/Y基准(Y)/多行文字(M)/文字(T)/角度(A)]:
```

### 选项说明

- 指定引线端点：默认项用于确定引线的端点位置。如果在此提示下相对于标注点上下移动光标，则标注点的 X 坐标；若相对于标注点左右移动光标，则标注点的 Y 坐标。确定点的位置后，AutoCAD 就会在该点标注出指定点的坐标。
- X 基准(X)、Y 基准(Y)：分别用来标注指定点的 X、Y 坐标。
- 多行文字(M)：通过“多行文字编辑器”对话框输入标注的内容。
- 文字(T)：直接要求用户输入标注的内容。
- 角度(A)：确定标注内容的旋转角度。

13) 快速标注

快速标注可以快速创建成组的基线、连续、阶梯和坐标标注，以及快速标注多个圆、圆弧和编辑现有标注的布局。

**执行方式**

命令行：QDIM

菜单："标注"｜"快速标注"

工具栏：标注|快速标注

**操作步骤**

```
命令：QDIM
选择要标注的几何图形：    //选择要标注尺寸的多个对象后按回车键
指定尺寸线位置或 [连续(C)/并列(S)/基线(B)/坐标(O)/半径(R)/直径(D)/基准点(P)/编辑(E)/设置(T)] <连续>:
```

在该提示下通过选择相应的选项，用户就可以进行"连续"、"并列"、"基线"、"坐标"、"半径"，以及"直径"等一系列标注。

### 4. 尺寸编辑

AutoCAD 可提供多种方法用于编辑尺寸标注，下面介绍这些方法和命令。

1) 编辑标注

**执行方式**

命令行：DIMEDIT

菜单："标注"｜"编辑标注"

工具栏：标注|编辑标注

**操作步骤**

```
命令：DIMEDIT
输入标注编辑类型 [默认(H)/新建(N)/旋转(R)/倾斜(O)] <默认>:
```

**选项说明**

● 默认(H)：按尺寸标注样式中设置的默认位置和方向放置尺寸文字，如图 2-129(a)所示。

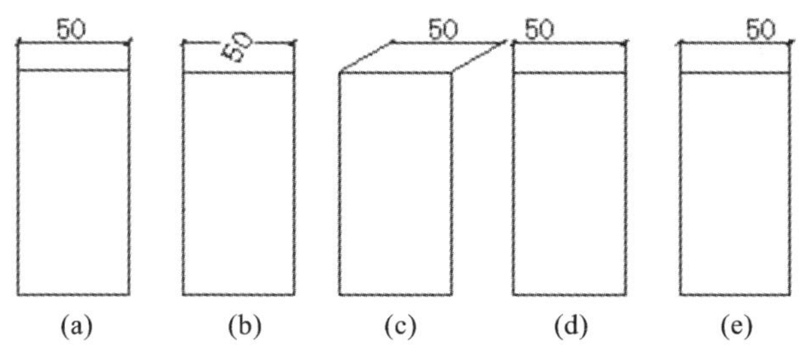


图 2-129 尺寸标注的编辑

● 新建(N)：重新输入尺寸标注文字。执行该选项后，系统会打开“文字格式”对话框和文字输入窗口。在文字输入窗口中输入尺寸标注文字并单击“文字格式”对话框中的“确定”按钮。

● 旋转(R)：改变尺寸标注文字的倾斜角度，如图 2-129(b)所示。

● 倾斜(O)：修改长度型尺寸标注的尺寸界线，使其倾斜一定角度，与尺寸线不垂直，如图 2-129(c)所示。

2) 编辑标注文字

**执行方式**

命令行：DIMTEDIT

菜单：“标注”｜“对齐文字”

工具栏：标注|编辑标注文字

**操作步骤**

```
命令:DIMTEDIT
选择标注:
为标注文字指定新位置或 [左对齐(L)/右对齐(R)/居中(C)/默认(H)/角度(A)]:
```

**选项说明**

默认情况下，可以通过拖动鼠标来确定尺寸文字的新位置。

● 左对齐(L)：对非角度标注来说，选择该选项，可将尺寸文字沿着尺寸线左对齐，如图 2-129(d)所示。

● 右对齐(R)：对非角度标注来说，选择该选项，可将尺寸文字沿着尺寸线右对齐，如图 2-129(e)所示。

● 居中(C)：将尺寸文字放在尺寸线的中间，如图 2-129(a)所示。

● 默认(H)：按默认位置和方向放置尺寸文字。

● 角度(A)：旋转尺寸文字，此时需要指定一个角度值。

3) 替代

**执行方式**

命令行：DIMOVERRIDE

菜单：“标注”｜“替代”

**操作步骤**

```
命令: DIMOVERRIDE
输入要替代的标注变量名或 [清除替代(C)]:
```

**选项说明**

● 输入要替代的标注变量名：输入要替代的标注变量名后，系统将提示输入变量的新值，此时按照需要输入数值即可。

- 清除替代(C)：选择对象后，系统会自动取消对该对象所做的替代操作，并恢复为原来的标注变量。

4) 更新

**执行方式**

命令行：DIMSTYLE

菜单："标注" | "更新"

工具栏：标注 | 更新

**操作步骤**

```
命令：DIMSTYLE
当前标注样式：ISO-25
输入标注样式选项[注释性(AN)/保存(S)/恢复(R)/状态(ST)/变量(V)/应用(A)/?]
<恢复>：_apply
```

**选项说明**

- 保存(S)：用于将当前尺寸系统变量的设置作为一种尺寸标注样式命名保存。
- 恢复(R)：用于将用户已存在的某一尺寸标注样式恢复为当前的样式。
- 状态(ST)：用于查看当前各尺寸系统变量的状态。执行该选项后系统自动切换到文本窗口，并显示各尺寸系统变量及其当前设置。
- 变量(V)：用于列出指定的标注样式、指定对象的全部或部分尺寸系统变量及其设置。
- 应用(A)：根据当前尺寸系统变量的设置对指定的尺寸对象进行更新。
- ？：用于查看已命名的全部或部分尺寸标注样式。

### 5. 综合技能训练——尺寸标注实例

**训练内容**

如图 2-130 所示，对汽车进行尺寸标注。

**知识提示**

完成本例要进行文字样式及标注样式的设置，并参照效果图对不同图形选择正确的尺寸标注命令。

**参考步骤**

Step 1 打开 CAD 资料的"汽车标注.dwg"文件，如图 2-131 所示。

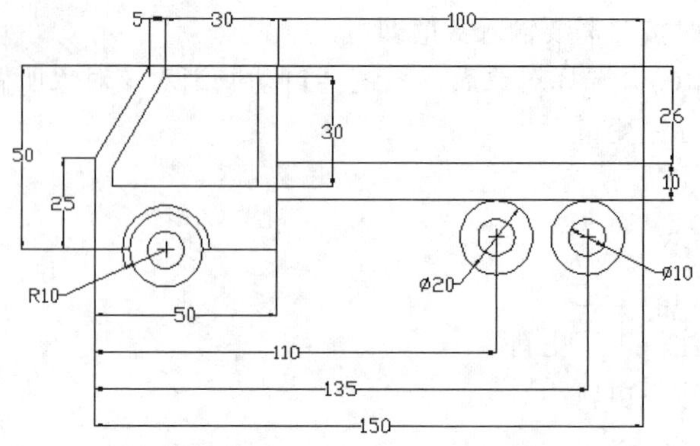


图 2-130　汽车尺寸标注效果

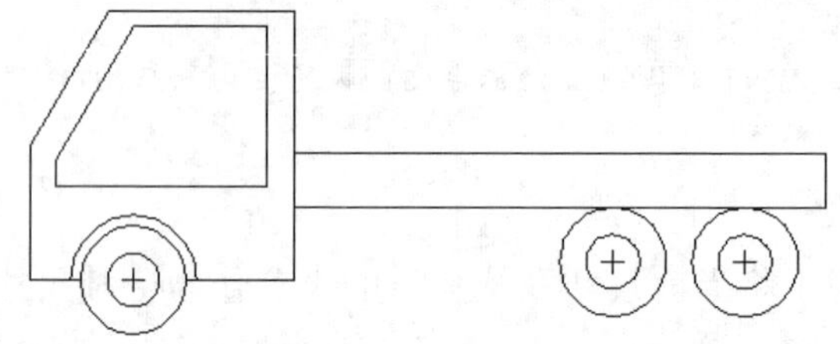

图 2-131　小汽车

Step 2 执行“格式”｜“文字样式”菜单命令，打开“文字样式”对话框，如图 2-132 所示。

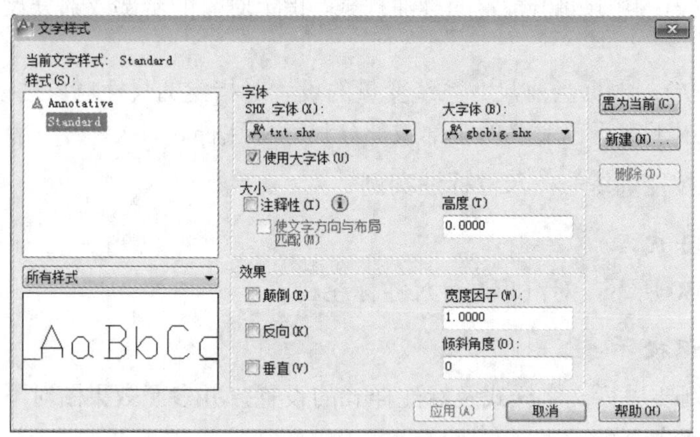


图 2-132　“文字样式”对话框

Step 3 单击“新建”按钮，打开“新建文字样式”对话框，输入样式名为“汽车标注”，单击“确定”按钮，如图 2-133 所示。

图 2-133 新建“汽车标注”文字样式

Step 4 选择“SHX 字体”为“txt.shx”，勾选“使用大字体”复选框，在“大字体”中选择“gbcbig.shx”，设置字的高度为 5.0000，如图 2-134 所示，单击“应用”按钮，再单击“关闭”按钮。

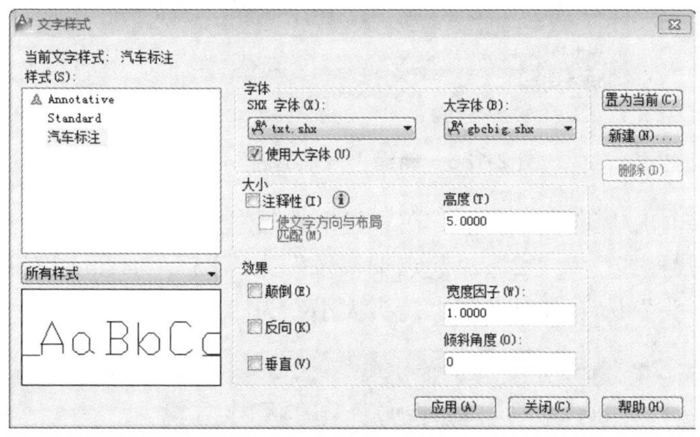


图 2-134 设置文字样式

Step 5 执行“格式” | “标注样式”菜单命令，打开“标注样式管理器”对话框，如图 2-135 所示。

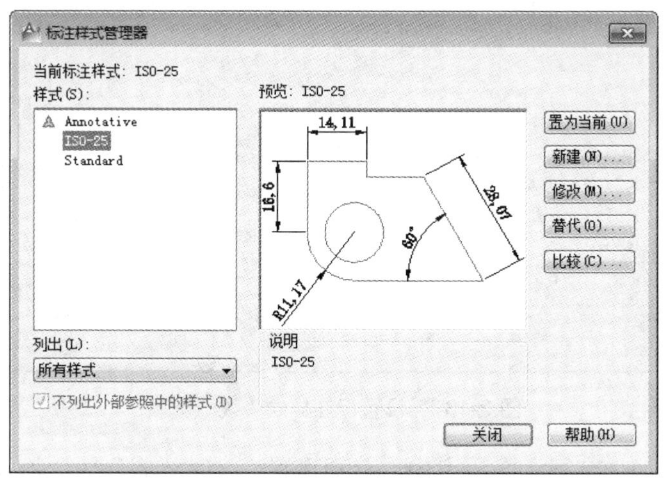


图 2-135 “标注样式管理器”对话框

Step 6 单击“新建”按钮，打开“创建新标注样式”对话框，输入新样式名为“汽车标注”。选择基础样式为“ISO-25”，设置“用于”下拉列表框为“所有标注”，如图 2-136 所示。

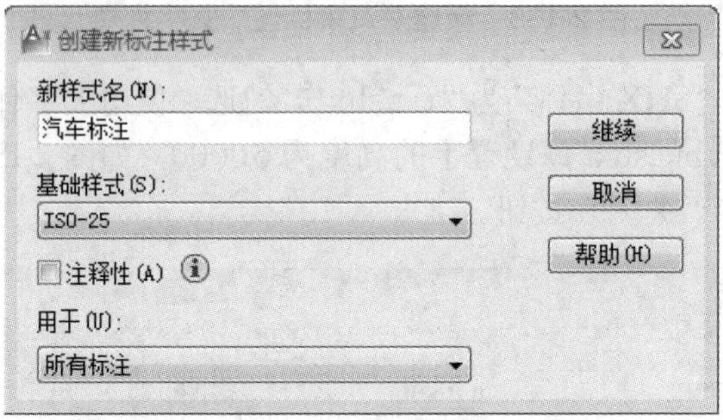

图 2-136　新建“汽车标注” 样式

Step 7 单击“继续”按钮，在“线”选项卡中，分别设置“基线间距”为“9”，“超出尺寸线”为“2”，“起点偏移量”为“1.5”，如图 2-137 所示。同时，在“符号和箭头”选项卡中设置“箭头大小”为“3”。

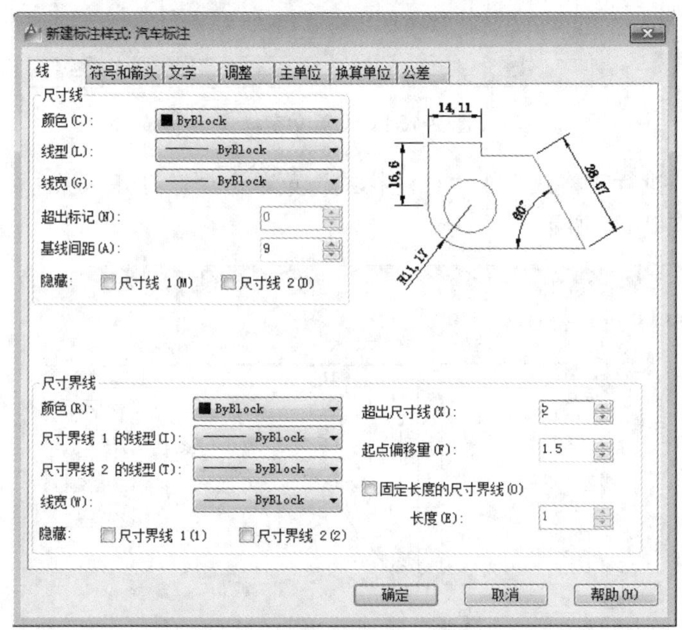

图 2-137　设置标注样式“线”选项

Step 8 在“文字”选项卡中，分别设置“文字样式”为“汽车标注”，“从尺寸线偏移”为“1.5”，“文字对齐”选择“与尺寸线对齐”，如图 2-138 所示，单击“确定”按钮，再单击“关闭”按钮。

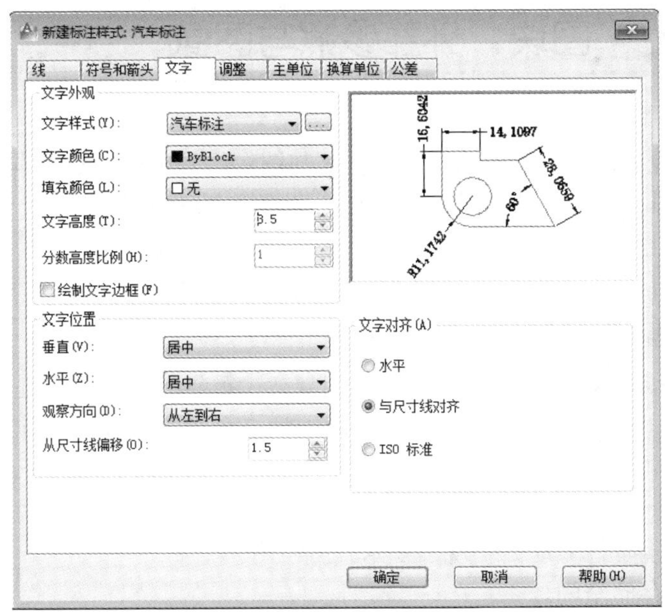


图 2-138 设置标注样式“文字”选项

Step 9 执行“标注”｜“线性”菜单命令，标注小汽车的直线性尺寸。

Step 10 执行“标注”｜“半径”菜单命令和“标注”｜“直径”菜单命令，标注小汽车的半径和直径尺寸。

最终结果如图 2-139 所示。

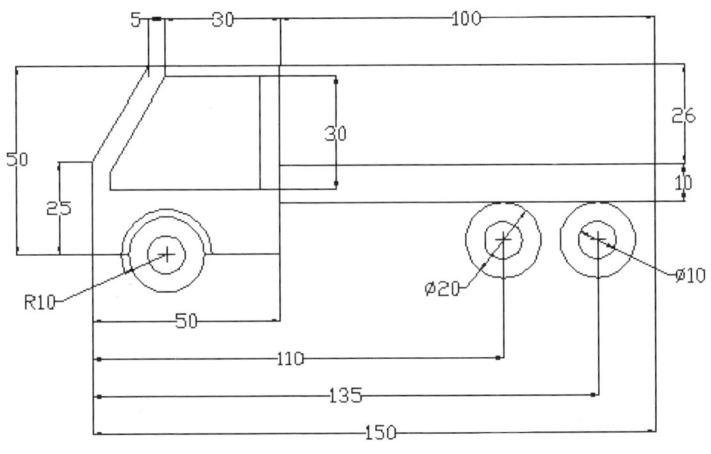


图 2-139 最终效果图

# ➢ 任务七 图块、外部参照与图像

- 任务概述 主要介绍块、外部参照与图像的基本概念及基本操作。
- 知识目标 理解块、外部参照与图像的概念及使用方法。
- 能力目标 能够运用块、外部参照与图像来绘图。
- 素质目标 了解使用块、外部参照与图像来绘图的意义。

## 1. 图块操作

块是图形对象的集合，通常用于绘制复杂、重复的图形。一旦将一组对象组合成块，就可以根据绘图需要将其插入图中的任意指定位置，而且还可以按不同的比例和旋转角度插入。因而作图时常常将它们生成图块，这样会给以后的作图带来不少好处。

(1) 减少重复性劳动并实现“积木式”绘图。

(2) 节省存储空间。

(3) 方便编辑。

1) 定义图块

**执行方式**

命令行：BLOCK

菜单：“绘图” | “块” | “创建”

工具栏：插入 | 插入块 或绘图|插入块

**操作步骤**

执行上述命令后，AutoCAD 会弹出如图 2-140 所示的“块定义”对话框，利用该对话框可定义图块并为之命名。

**选项说明**

● “名称”文本框：在此文本框中输入新建图块的名称，最多可使用 255 个字符。单击文本框右边的按钮，打开下拉列表，该列表显示了当前图形的所有图块。

● “基点”选项组：该选项组用于确定块的插入基点位置，默认值为(0，0，0)。也可以在下面的 X(Y，Z)文本框中输入块的基点坐标值。

“拾取点”：单击按钮，AutoCAD 会切换到绘图窗口，用户可直接在图形中拾取某点作为块的插入基点。

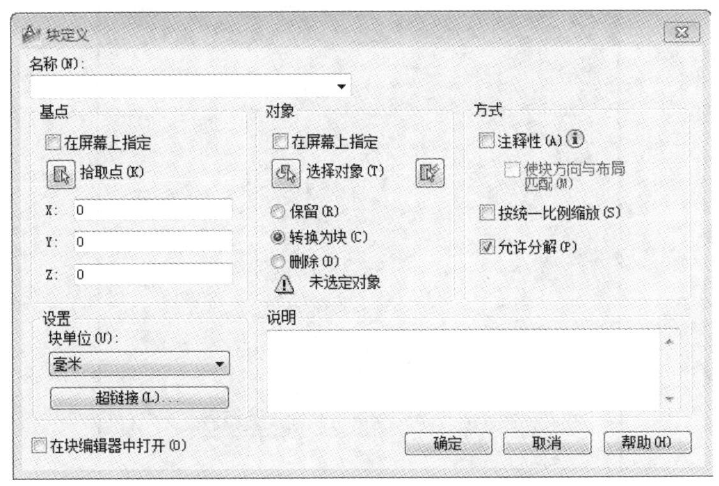


图 2-140 “块定义”对话框

“X”、“Y”、“Z”文本框：在这三个文本框中分别输入插入基点的 X、Y 和 Z 坐标值。

- “对象”选项组：该选项组用于确定组成块的对象，以及对象的相关属性。

“选择对象”：单击此按钮，AutoCAD 会切换到绘图窗口，用户可在绘图区中选择构成图块的图形对象。

“保留”：选择此单选钮，则 AutoCAD 生成图块后还保留构成块的源对象。

“转换为块”：选择此单选钮，则 AutoCAD 生成图块后把构成块的源对象也转化为块。

- “设置”选项组：用于指定从 AutoCAD 设计中心拖动图块时测量图块的单位，以及用于缩放、分解和超链接等设置。

2) 保存外部块

以“BLOCK”命令定义的图块只能插入当前图形。“WBLOCK”命令保存的图块以.dwg 格式保存，即以 AutoCAD 图形文件格式保存。既可以插入当前图形中，也可以插入其他图形中。

**执行方式**

命令行：WBLOCK

**操作步骤**

执行“WBLOCK”命令，AutoCAD 会弹出如图 2-141 所示的“写块”对话框。

3) 插入块

用户可以使用 INSERT 命令在当前图形中插入块或其他图形文件，无论块或

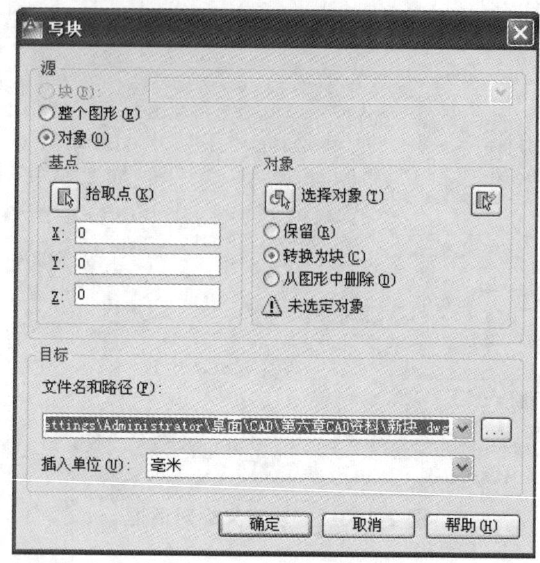


图 2-141 “写块”对话框

被插入的图形有多么复杂，系统都会将它们看成是一个单独的对象。如果用户需要编辑其中的单个图形元素，就必须使用 EXPLODE 命令分解图块或文件块。

### 执行方式

命令行：INSERT

菜单：“插入”|“块”

工具栏：插入|插入块 或绘图|插入块

### 操作步骤

执行上述命令，打开“插入”对话框，如图 2-142 所示，通过该对话框，用户可以将图形文件中的图块插入图形中，也可将另一图形文件插入图形中。

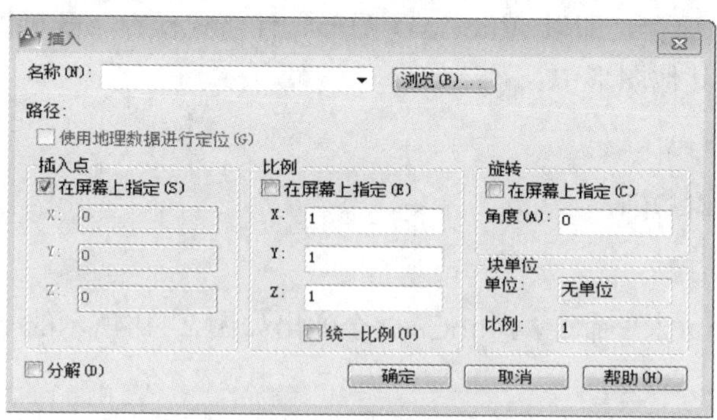


图 2-142 “插入”对话框

**选项说明**

● “名称”文本框：该下拉列表中罗列了图样中的所用图块，可以通过此列表选择要插入的块。如果要将“.dwg”文件插入当前图形中，则可直接单击[浏览(B)...]按钮选择要插入的文件。

● “插入点”选项组：该选项组确定图块的插入点。

“X”、“Y”及“Z”文本框：输入插入点的绝对坐标值。

“在屏幕上指定”复选框：勾选后在屏幕上指定插入点位置。

● “比例”选项组：该选项组确定块的缩放比例。

“X”、“Y”及“Z”文本框：输入沿这三个方向上的缩放比例因子。

“在屏幕上指定”复选框：勾选后在屏幕上指定缩放比例。块的缩放比例因子可正可负，若为负值，则插入的块将做镜像变换。

“统一比例”复选框：使块沿 X 轴、Y 轴、Z 轴方向的缩放比例都相同。

● “旋转”选项组：该选项组用于指定插入块时的旋转角度。

“角度”文本框：直接输入旋转角度值。

“在屏幕上指定”复选框：勾选后在屏幕上指定旋转角度。

● “分解”复选框：若用户勾选该复选框，则系统在插入块的同时分解块对象。

4）编辑块

在块编辑器中打开块定义，可以对其进行修改。

**执行方式**

命令行：BEDIT

菜单：“工具”|“块编辑器”

工具栏：工具|块编辑器

**操作步骤**

执行上述命令，AutoCAD 会弹出如图 2-143 所示的“编辑块定义”对话框。

从对话框左侧的列表中选择要编辑的块，然后单击“确定”按钮，AutoCAD 进入块编辑模式。此时显示出要编辑的块，用户可直接对其进行编辑。编辑块后，单击对应工具栏上的“关闭块编辑器”按钮，AutoCAD 显示如图 2-144 所示的提示窗口，如果选择“将更改保存到 BLOCK1(S)”，则会关闭块编辑器，并确认对块定义的修改。一旦利用块编辑器修改了块，当前图形中插入的对应块就自动进行对应的修改。

### 2. 图块的属性

属性是从属于块的文字信息，是块的组成部分。

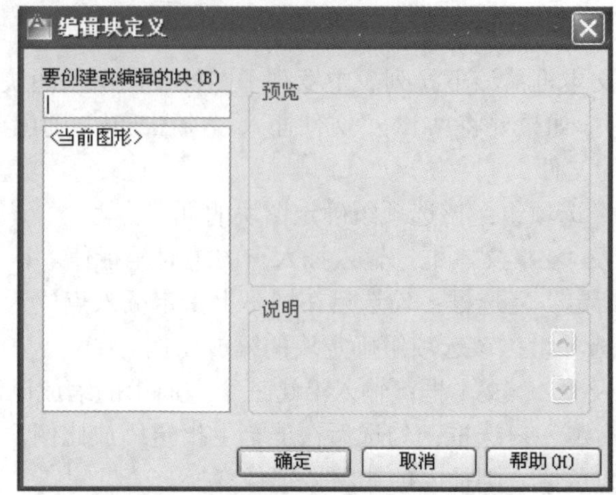


图 2-143 “编辑块定义”对话框

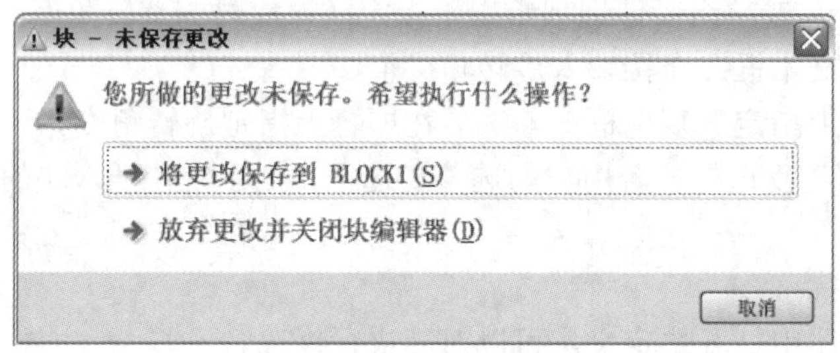


图 2-144 提示窗口

1) 定义属性

### 执行方式

命令行：ATTDEF

菜单：“绘图”|“块”|“定义属性”

### 操作步骤

启动上述命令，AutoCAD 会打开“属性定义”对话框，如图 2-145 所示，可以利用该对话框来创建块属性。

### 选项说明

● “模式”选项组：用于确定属性的模式。

“不可见”复选框：用于控制属性值在图形中的可见性。如果想使图中包含属性信息，但又不想使其在图形中显示出来，就勾选此复选框。有一些文字信息(如零部件的成本、产地和存放仓库等)不必在图样中显示出来，就可勾选“不可见”复选框。

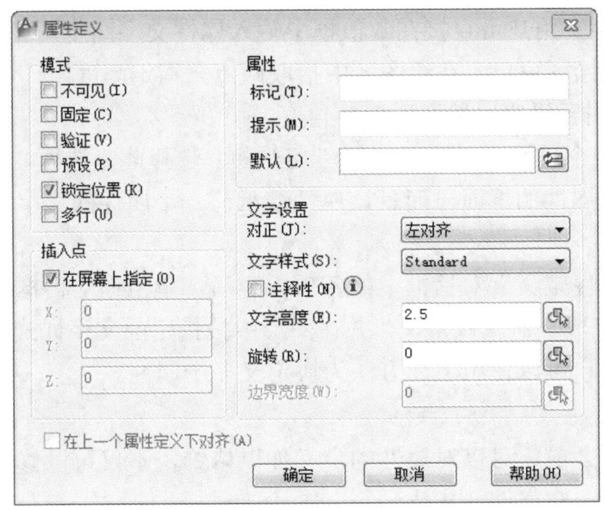


图 2-145 “属性定义”对话框

“固定”复选框：勾选此复选框，属性值将为常量。

“验证”复选框：设置是否对属性值进行校验。若勾选此复选框，则插入块并输入属性值后，AutoCAD 将再次给出提示，让用户校验输出值是否正确。

“预设”复选框：该复选框用于设定是否将实际属性值设置成默认值。若选择此复选框，则插入块时，AutoCAD 将不再提示用户输入新属性值，实际属性值等于“默认”文本框中的值。

● “属性”选项组：用于设置属性值。在每个文本框中，AutoCAD 允许输入不超过 256 个字符。

“标记”文本框：用于输入属性标签。属性标签可由除了空格和感叹号以外的所有字符组成，AutoCAD 会自动把小写字母变为大写字母。

“提示”文本框：用于输入属性提示。属性提示是当插入图块时，AutoCAD 要求输入属性值的提示。如果不在此文本框内输入文本，则以属性标签作为提示。

“默认”文本框：用于设置默认的属性值。可以把使用次数较多的属性值作为默认值，也可以不设置默认值。

● “文字设置”选项组：用于设置属性文本的对齐方式、文字样式、字高和倾斜角度。

“对正”：该下拉列表中包含了 10 多种属性文字的对齐方式，如“调整”、“中心”、“中间”、“左”、“右”等。这些选项的功能与 DTEXT 命令对应选项的功能相同。

“文字样式”：用于从该下拉列表中选择文字样式。

“文字高度”：用户可直接在数值框中输入属性文字高度，或单击文本框右边的按钮切换到绘图窗口，在绘图区中拾取两点来指定高度。

“旋转”：用于设定属性文字旋转角度。

- “在上一个属性定义下对齐(A)”复选框：选择此复选框，表示把属性标签直接放在前一个属性的下面，而且该属性继承前一个属性的文字样式、字高和倾斜角度等特性。

确定了“属性定义”对话框中的各项内容后，单击该对话框中的“确定”按钮，AutoCAD 完成一次属性定义，并在图形中按指定的文字样式、对齐方式显示出属性标记。用户可以使用上述方法为块定义多个属性。

2) 修改属性定义

在定义图块之前，可以对属性的定义加以修饰，不仅可以修改属性标签，还可以修改属性提示和属性默认值。

**执行方式**

命令行：DDEDIT

菜单：“修改”|“对象”|“文字”|“编辑”

**操作步骤**

```
命令: DDEDIT
选择注释对象或 [放弃(U)]:
```

在该提示下选择属性定义标记后，AutoCAD 会弹出如图 2-146 所示的“编辑属性定义”对话框，可通过此对话框修改属性定义的属性标记、提示和默认值等。

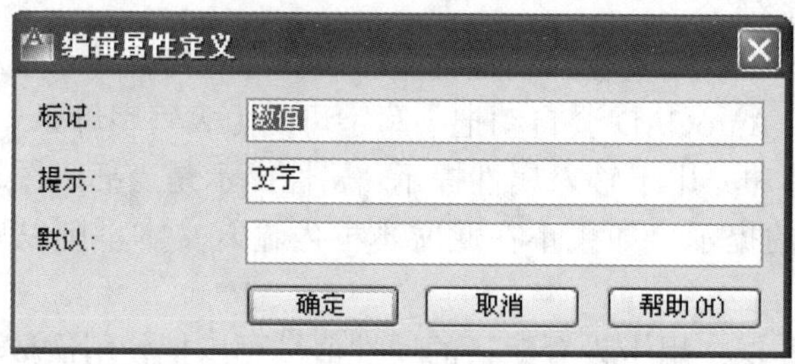


图 2-146 “编辑属性定义”对话框

3) 属性显示控制

**执行方式**

命令行：EATTEDIT

菜单：“视图”|“显示”|“属性显示”

**操作步骤**

执行上述命令，AutoCAD 提示如下。

```
命令: EATTEDIT
选择块: _attdisp>>输入属性的可见性设置 [普通(N)/开(ON)/关(OFF)]<普通>:
```

**选项说明**

- 普通(N)：表示将按定义属性时规定的可见性模式显示各属性值。
- 开(ON)：显示出所有属性值，与定义属性时规定的属性可见性无关。
- 关(OFF)：不显示所有属性值，与定义属性时规定的属性可见性无关。

### 3. 外部参照

当用户将其他图形以块的形式插入当前图样时，被插入的图形就成为当前图样的一部分，但用户并不想如此，而仅仅是想把另一个图形作为当前图形的一个样例，或者想观察正在设计的模型与相关的其他模型是否匹配，此时就可通过外部引用(也称为 Xref)将其他图形文件放置到当前图形中。

Xref 使用户能方便地在自己的图形中以引用的方式看到其他图样，被引用的图并不成为当前图样的一部分，当前图形中仅记录了外部引用文件的位置和名称。尽管如此，用户仍然可以控制被引用图形层的可见性，并能进行对象捕捉。

1) 引用外部图形

**执行方式**

命令行：XREF

菜单："插入"｜"外部参照"

工具栏：参照|外部参照

**操作步骤**

执行上述命令，系统将弹出"外部参照"管理器，如图 2-147 所示。利用该管理器，用户可加载及重新加载外部图形。

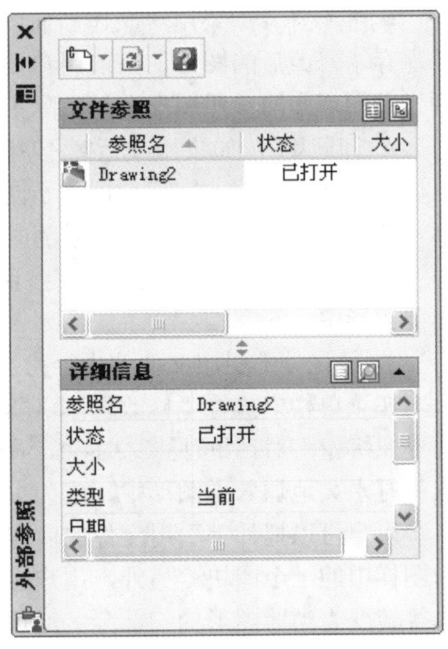


图 2-147 "外部参照"管理器

2) 更新外部引用文件

当被引用的图形做了修改后，AutoCAD 并不自动更新当前图样中的 Xref 图形，用户必须重新加载以更新它。在"外部参照"管理器中可以选择引用的外部参照。单击鼠标右键，弹出快捷菜单，如图 2-148 所示，选择其中的命令，可以随时进行更新，因此用户在设计过程中能及时获得最新的 Xref 文件。

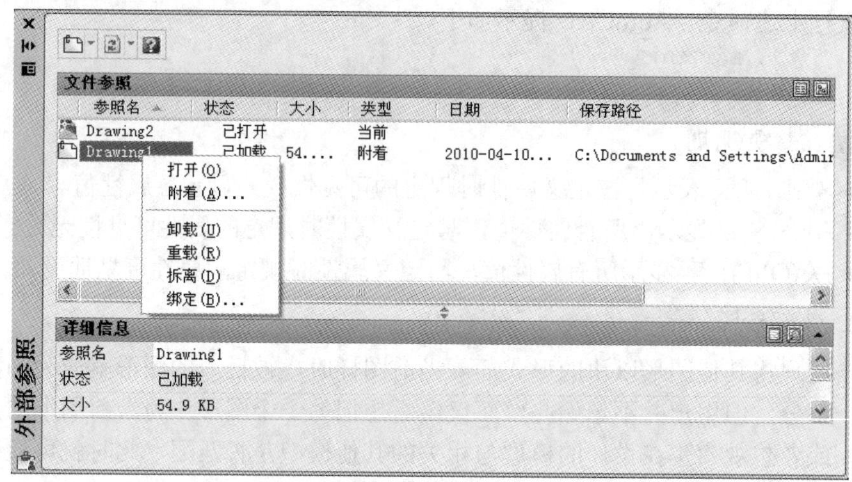


图 2-148 “外部参照”管理器的快捷菜单

下面对图 2-148 中的各选项进行介绍。

- 附着(A)按钮：插入新的外部参照。
- 拆离(D)：拆离的外部参照从当天的图形数据中永久删除，要重新参照，只能再次插入。
- 重载(R)：如果用户操作当前图形时，其他人修改了被参照的其他图形文件，并保存了修改后的图形，当前用户要重新显示新的图形，就要重载外部参照，否则当前图形中的参照图形会与实际不符。
- 卸载(U)：如果用户暂时不需要外部参照，或者想加快图形显示速度，则可以卸载外部参照。卸载与拆离不同，它并不从图形数据中删除参照，只是不再读入和显示外部参照，用户可以随时重载外部参照。
- 绑定(B)：绑定就是将外部参照的图形文件转换为一个块，将其永久地插入当前图形中。

3) 转化外部引用文件的内容为当前图样的一部分

在菜单栏中执行“修改”|“对象”|“外部参照”|“绑定”命令，打开“外部参照绑定”对话框(见图 2-149)，在该对话框中可以从外部参照文件再选出一组依赖符永久地加入主图形中，成为主图形中不可分割的一部分。

用户可以把外部引用文件的内容转化为当前图形的内容，转化后，Xref 就变为图样中的一个图块。另外，用户也能把引用图形的命名项目，如图层、文字样式等转变为当前图形的一部分。通过这种方法可以很容易地使所有图纸的图层、文字样式等命名项目保持一致。

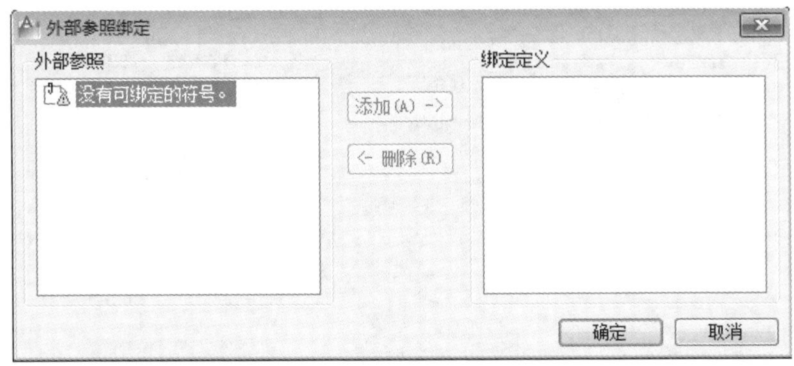


图 2-149 “外部参照绑定”对话框

### 4. 附着光栅图像

光栅图像即为由许多像素组成的图像，在 AutoCAD 可以将光栅图像附着到基于矢量的 AutoCAD 图形中。与外部参照一样，附着的光栅图像不是图形文件的组成部分，而是通过路径名链接到图形文件中的。一旦附着了图像，就可以像块一样将它多次附着。每个插入的图像都有自己的剪裁边界、亮度、对比度、褪色度和透明度等特性。附着光栅图像的过程与附着外部参照的过程基本相同。

在 AutoCAD 中支持多种格式的图像文件，包括.jpeg、.gif、.bmp、.pcx 等。与许多其他 AutoCAD 图形对象一样，光栅图像可以被复制、移动或裁剪。

**执行方式**

命令行：IMAGEATTACH(或别名 IAT)

菜单：“插入”|“光栅图像参照”

工具栏：参照|附着图像

**操作步骤**

执行上述命令，系统会弹出“选择参照文件”对话框，如图 2-150 所示。

在该对话框中选择需要插入的光栅图像后，单击“打开”按钮，弹出“附着图像”对话框，如图 2-151 所示。

在该对话框中可以指定光栅图像的插入点、缩放比例和旋转角度等特性。如果取消选中“在屏幕上指定”复选框，则可以在屏幕上通过鼠标拖动图像的方法来指定。

单击“显示细节”按钮，可以显示图像的详细信息，如图像的分辨率、图像的像素大小和单位大小等。设置完成后，单击“确定”按钮，即可将光栅图像附着到当前图形中。

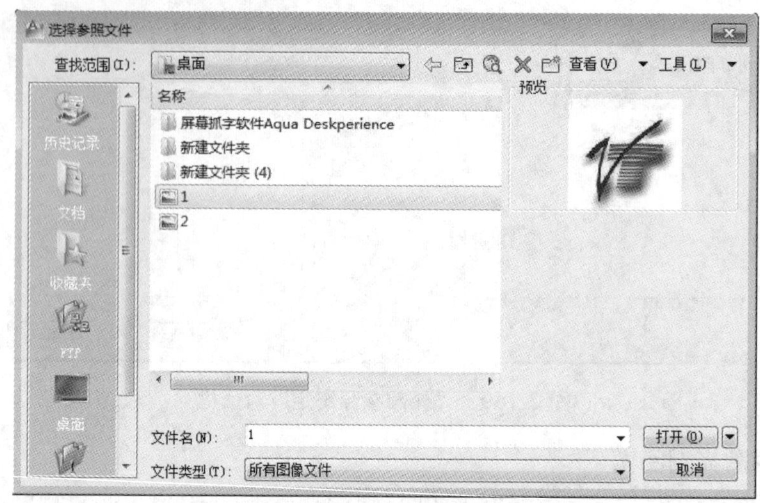


图 2-150 “选择参照文件”对话框

图 2-151 “附着图像”对话框

### 5. 综合技能训练——块及属性实例

#### 训练内容

完成带属性的图块的创建及编辑块的属性。

#### 知识提示

本例运用 ATTDEF 命令调出“属性定义”对话框添加属性，并利用“绘图”工具栏上的“创建块”按钮将属性与图形一起创建为图块。

运用 EATTEDIT 命令打开“增强属性编辑器”对话框，可对块的属性进行编辑。

## 参考步骤

1) 块综合练习

Step 1 打开第 2 章 CAD 资料中的“块练习.dwg”文件。

Step 2 键入 ATTDEF 命令，打开“属性定义”对话框，如图 2-152 所示。在“属性”选项组中输入下列内容。

“标记”：姓名及号码。

“提示”：请输入您的姓名及电话号码。

“默认”：张三　2660732

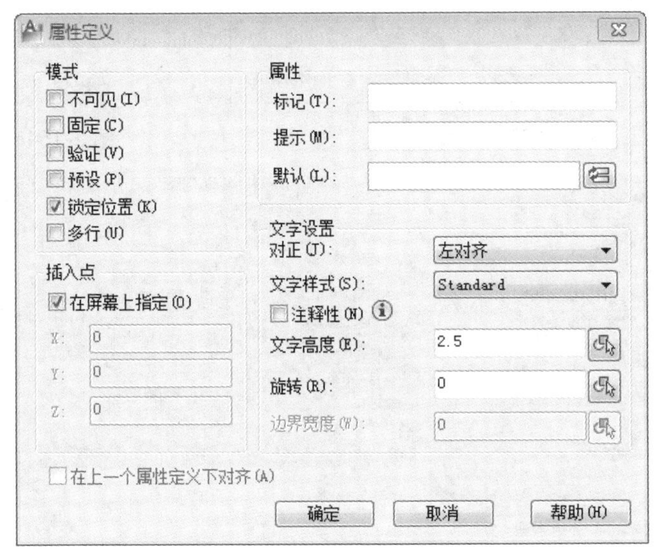


图 2-152　“属性定义”对话框

Step 3 在“文字样式”下拉列表中选择“样式-1”，在“文字高度”文本框中输入数值“3”，设置如图 2-153 所示。单击 确定 按钮，AutoCAD 提示“指定起点”，在电话机的下边拾取一点，属性插入效果如图 2-154 所示。

Step 4 将属性与图形一起创建成图块。单击“绘图”工具栏上的“创建块”按钮，AutoCAD 打开“块定义”对话框，如图 2-155 所示，进行下列设置：在“名称”文本框中输入新建图块的名称“电话机”，在“对象”分组框中选择“保留”单选钮；单击按钮(选择对象)，AutoCAD 返回绘图窗口，并提示“选择对象”，选择“电话机”及其属性；指定块的插入基点，单击按钮(拾取点)，AutoCAD 返回绘图窗口，并提示“指定插入基点”，拾取点作为基点；单击 确定 按钮，AutoCAD 生成图块。

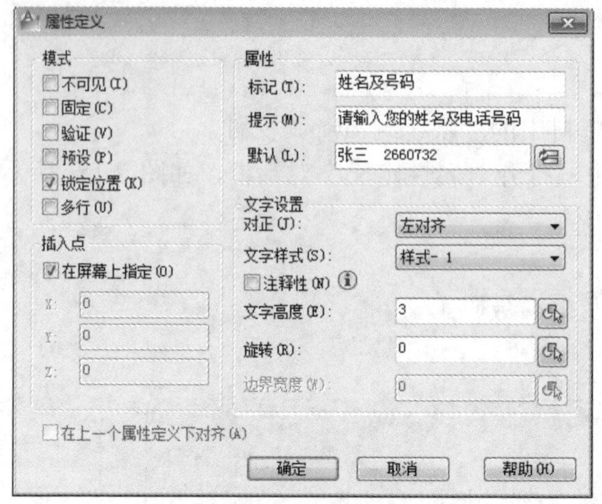


图 2-153 设置选项

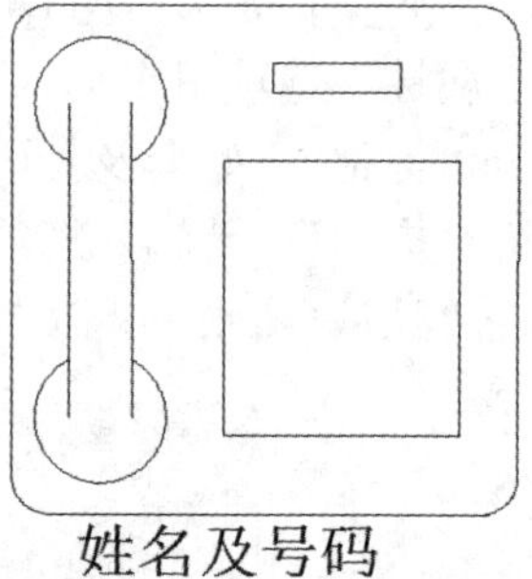


图 2-154 插入属性

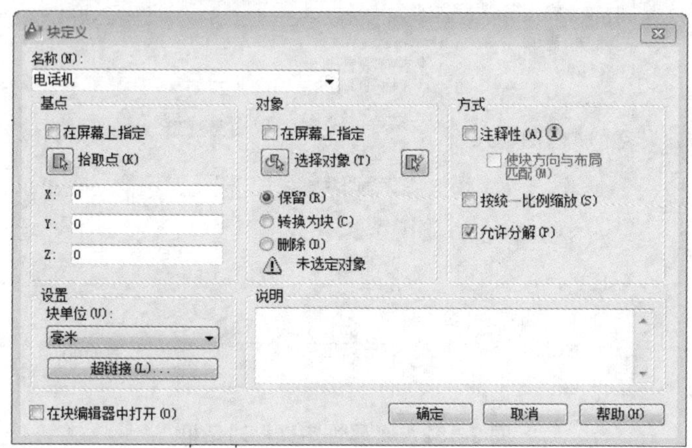


图 2-155 "块定义"对话框

Step 5 插入带属性的块。单击"块"面板上的"插入块"按钮，AutoCAD 打开"插入"对话框，在"名称"下拉列表中选择"电话机"，如图 2-156 所示。

单击 确定 按钮，命令行提示如下。

指定插入点或[基点(B)/比例(S)/X/Y/Z/旋转(R)]: //在屏幕上的适当位置指定插入点输入属性值

请输入您的姓名及电话号码<李燕 2660732>: 李四 123456 //输入属性值

结果如图 2-157 所示。

2) 编辑块的属性

启动 EATTEDIT 命令，AutoCAD 提示"选择块"，用户选择要编辑的图块后，AutoCAD 打开"增强属性编辑器"对话框，如图 2-158 所示，在该对话框中可对块属性进行编辑。

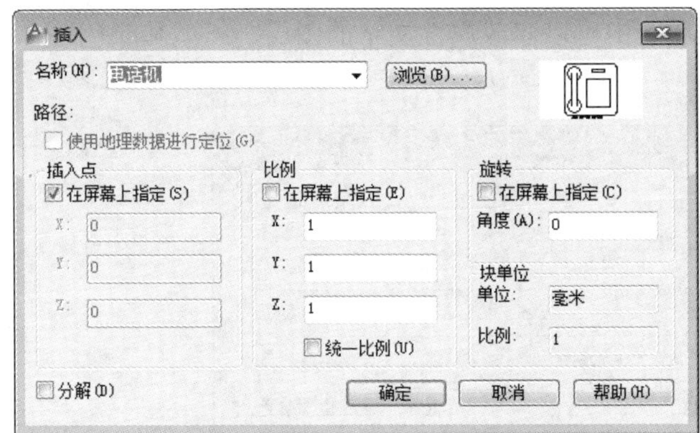

插入
名称(N): 电话机
浏览(B)...
路径:
使用地理数据进行定位(G)
插入点
在屏幕上指定(S)
X: 0
Y: 0
Z: 0
比例
在屏幕上指定(E)
X: 1
Y: 1
Z: 1
统一比例(U)
旋转
在屏幕上指定(C)
角度(A): 0
块单位
单位: 毫米
比例: 1
分解(D)
确定
取消
帮助(H)

图 2-156 “插入”对话框

李四 1234567

图 2-157 插入附带属性的图块

增强属性编辑器
块: 电话机
标记: 姓名及号码
选择块(B)
属性
文字选项
特性
标记
提示
值
姓名及号码
请输入您的姓名...
李四 1234567
值(V): 李四 1234567
应用(A)
确定
取消
帮助(H)

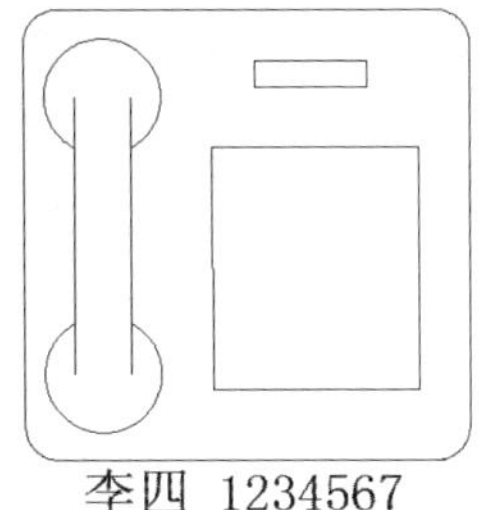

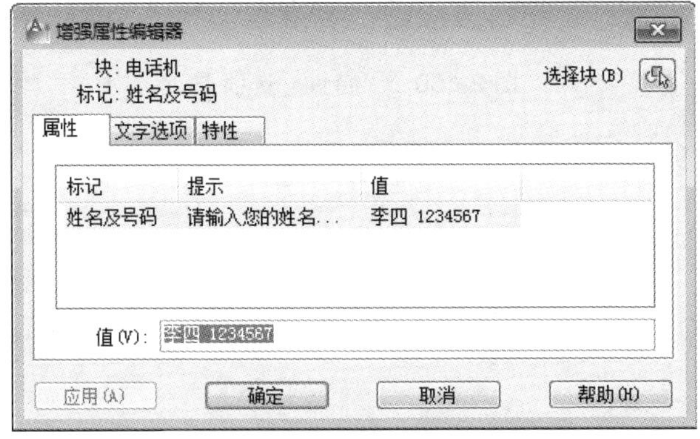

图 2-158 “增强属性编辑器”对话框

“文字选项”选项卡：在该选项卡中可以设置文字样式、对正方式等，如图 2-159 所示。

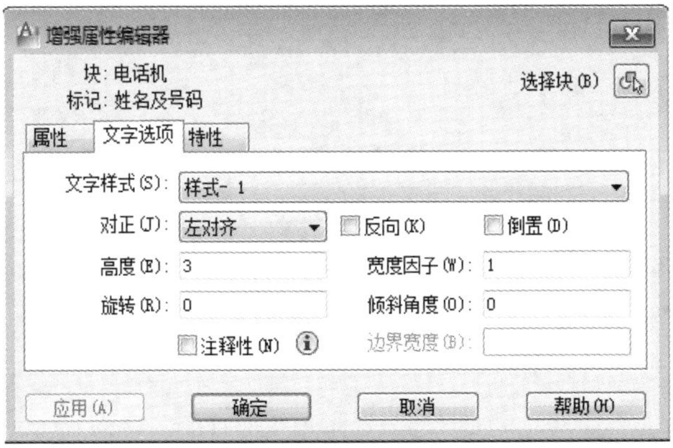

增强属性编辑器
块: 电话机
标记: 姓名及号码
选择块(B)
属性
文字选项
特性
文字样式(S): 样式- 1
对正(J): 左对齐
反向(K)
倒置(D)
高度(E): 3
宽度因子(W): 1
旋转(R): 0
倾斜角度(O): 0
注释性(N)
边界宽度(B):
应用(A)
确定
取消
帮助(H)

图 2-159 “文字选项”选项卡

“特性”选项卡：在该选项卡中可以修改属性文字的图层、线型和颜色等，如图 2-160 所示。

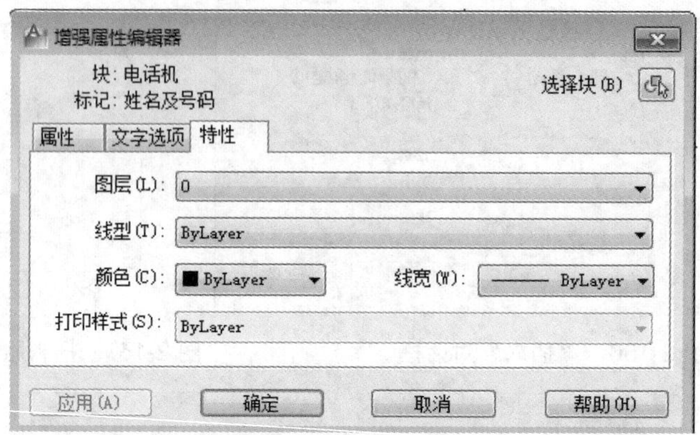


图 2-160 “特性”选项卡

# 项目三

# 室内设计常用符号图例绘制

在室内装潢设计中，常常需要绘制标高符号、详图符号等符号类图块以及家具、洁具和厨具等设施图例。本项目在项目二的基础上学习装饰图设计中的一些常规符号和图例的绘制方法，强化了软件操作技能，也与职业需求紧密相扣。

## ➢ 任务一　绘制符号类图块

**任务概述**　本部分主要介绍室内常用符号类图块的绘制方法。

**知识目标**　掌握施工图中常用符号的标准画法(如标高符号、剖切符号、详图符号、指北针等)，掌握绘制过程中所需命令的各种子命令的使用方法和技巧，并熟练使用各命令的快捷方式。

**能力目标**　熟练掌握 AutoCAD 的基本操作，掌握 AutoCAD 命令的使用方法和技巧，能够利用绘图命令(如“矩形”、“圆”、“直线”、“创建块”等)和修改命令(如“删除”、“移动”、“旋转”、“偏移”等)及各种辅助工具绘制和编辑室内标高图块、剖切符号、详图符号等符号类图块。

**素质目标**　培养学生独立使用 AutoCAD 软件绘制符号类图形的能力，掌握图形分析和修改的相关技巧，达到举一反三的目的。

### 1. 绘制室内标高图块

标高表示建筑物的某一部分相对于基准面(零点标高)的竖向高度，是竖向定位的依据，标高按基准面选取的不同可分为绝对标高和相对标高。其中，绝对标高是以一个国家或地区统一规定的基准面作为零点的标高，我国规定以青岛附近黄海的平均海平面作为标高的零点；相对标高是以建筑物室内的主要地面为零点测出的高度尺寸。

1) 图形分析

建筑室内施工图中标高符号如图 3-1 所示，由图可知标高符号是一个由高度为 3 mm 的等腰直角三角形与一根长度适中的直线(15～25 mm)及标注数据等三部分组成，三角形的尖端要指向标注的部位，长的横线左侧或右侧注写高度的数字，标高数字要用 m 为单位，注写到小数点后的第三位数，在总平面图中，可注写到小数点以后的第二位数，其中零点标高应注写成±0.000，正数标高不注“+”，负数标高应注“-”。在施工图中，往往有多处不同位置需要标注不同的标高，下面具体介绍怎样建立标高符号并标注不同的标高值。

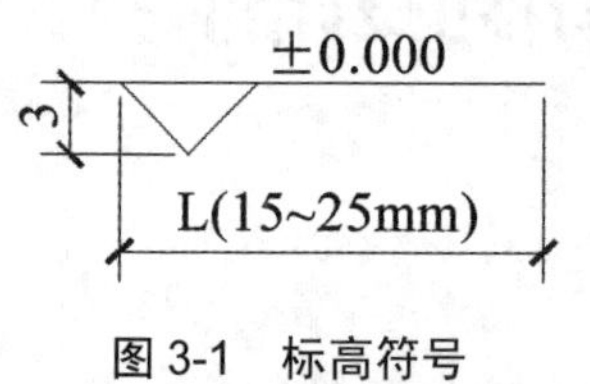

图 3-1　标高符号

2) 操作步骤

(1) 使用“直线”(L)命令，采用相对坐标绘制等腰直角三角形的两条直角边。在命令行中输入命令“LINE”，命令行提示如下。

```
命令: LINE
指定第一点:                                //在屏幕任意位置指定一点
指定下一点或 [放弃(U)]: @3,-3             //输入点坐标
指定下一点或 [放弃(U)]: @3,3              //输入点坐标
```

(2) 重复利用“直线”(L)命令，绘制用于标注标高数字的直线。命令行提示如下。

```
命令: LINE
指定第一点:                                //捕捉 A 点为第一点，如图 3-2 所示
指定下一点或 [放弃(U)]: @16,0             //输入点坐标
指定下一点或 [放弃(U)]:                    //回车结束命令
```

(3) 定义块属性。单击“绘图”|“块”|“定义属性...”命令，打开块“属性定义”对话框，如图 3-3 所示。

(4) 更改对话框内的设置，如图 3-4 所示。

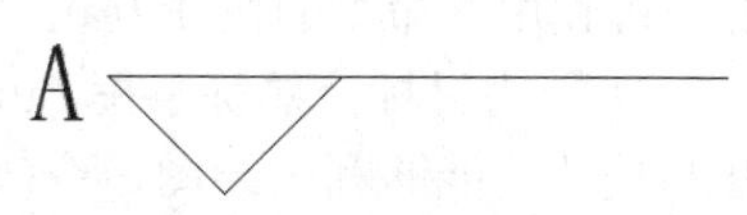

图 3-2　绘制标高符号

**说明**

其中，“标记”、“提示”、“默认”文本框的设置值与实际输入的标高值无关，只起到提示作用；在“文字样式”中选择合适样式，将“文字高度”设置为“3.5”。

(5) 确定设置之后，将属性置于标高符号的合适位置。块属性定义如图 3-5 所示。

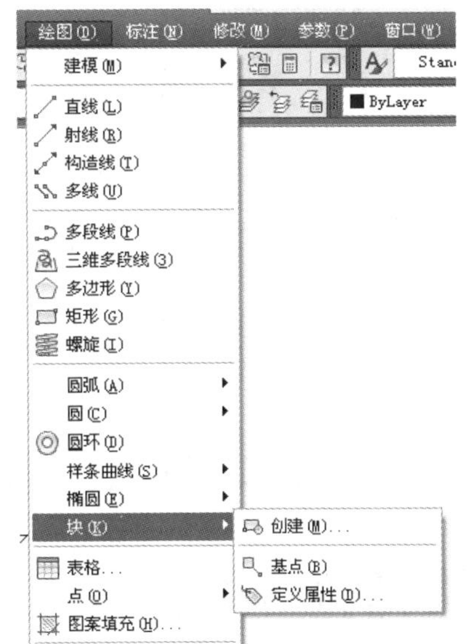


图 3-3　打开块“定义属性...”命令

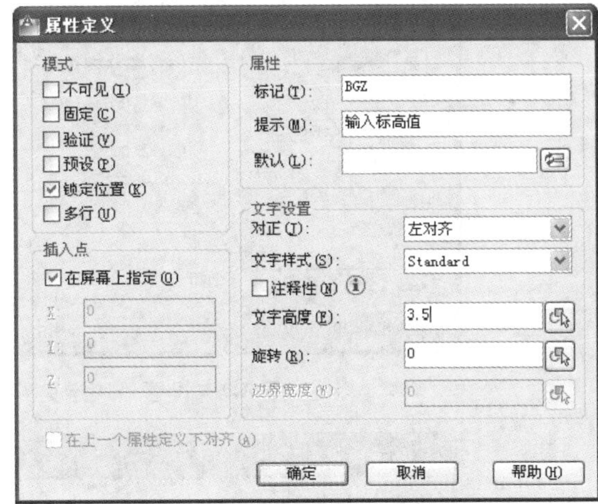


图 3-4　设置块“属性定义”对话框

(6) 单击“绘图”工具栏中的“创建块”按钮，或在命令行输入命令“B”，弹出“块定义”对话框，如图 3-6 所示。

BGZ

图 3-5　块属性定义

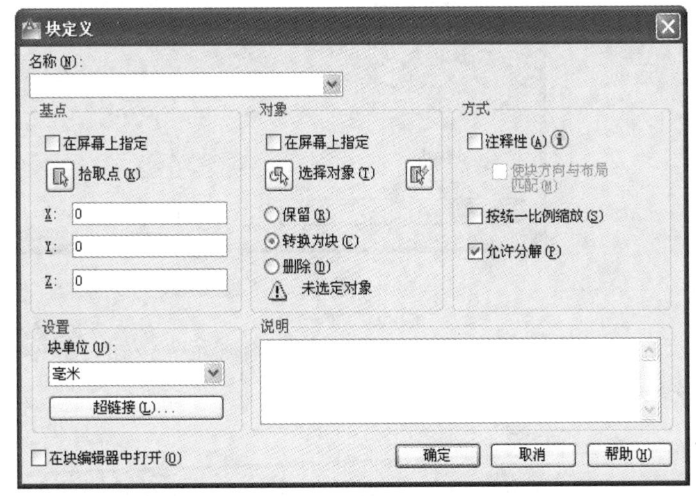


图 3-6　“块定义”对话框

定义块的各项参数，如图 3-7 所示，将图块名称定义为“标高符号”，在屏幕上指定块插入的基点，同时选择标高符号和属性，单击“确定”按钮，会弹出如图 3-8 所示的“编辑属性”对话框。

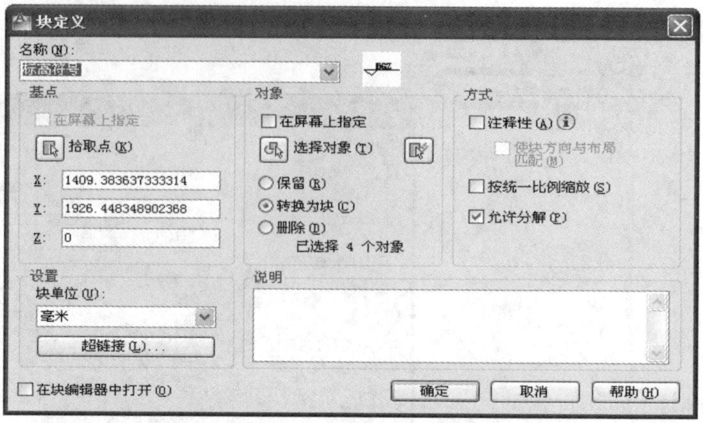

图 3-7　设置“块定义”对话框参数

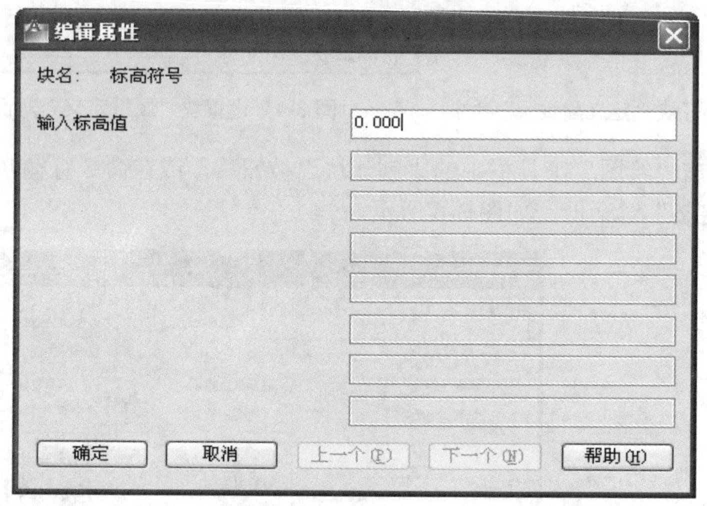


图 3-8　“编辑属性”对话框

临时将标高值定为 0.000，单击“确定”按钮，屏幕上的标高符号将变成如图 3-9 所示。

**注意**

在定义块结束后，屏幕上的标高符号和属性将默认自动转换为图块。也可以在定义块时选择“保留”或“删除”对象，如图 3-10 所示。此选项仅针对绘图区已经画好的图元对象，删除与否都不影响后面的“插入块”命令使用。

(7) 使用“插入块”命令，将标高符号图块插入合适的位置。单击“绘图”工具栏中的“插入块”按钮，或在命令行输入“INSERT”并回车，命令行提示如下。

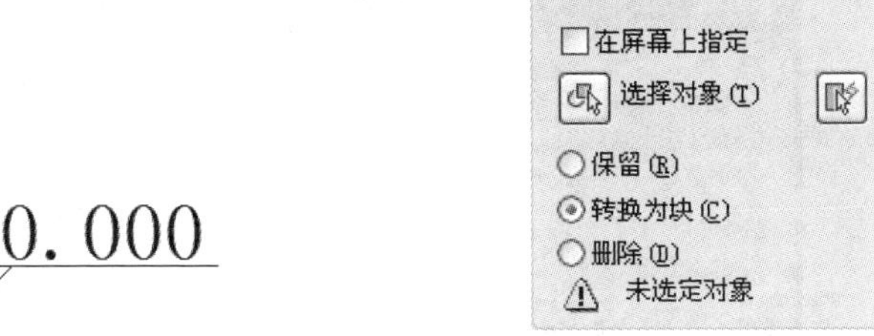


图 3-9　块定义后的标高符号　　　图 3-10　选择定义块后的原对象保留方式

```
命令: INSERT              //弹出“插入”对话框，如图 3-11 所示
指定插入点或 [基点(B)/比例(S)/X/Y/Z/旋转(R)]:
                          //在屏幕上选择插入块的位置
输入属性值
输入标高值:               //输入该标注部位的正确标高值
                          //回车结束命令
```

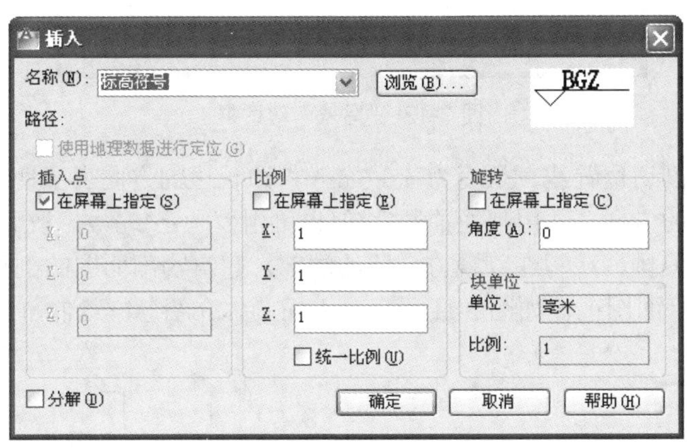


图 3-11　“插入”对话框

 **说明**

如需将创建好的标高符号插入其他的文档中，必须把标高符号创建成一个“外部块”(使用“W”写块命令)，定义好文件名和保存路径，并在插入时指定路径，就可以将块插入任何一个 CAD 文档中，如图 3-12 所示。

### 2. 绘制剖视的剖切符号

1) 图形分析

在室内设计的施工图中，常需要剖切某些复杂或特殊部位，用剖面图清晰地表现这些部位的结构、做法，这时就需要剖切符号来表示剖切的位置。

剖视剖切符号如图 3-13 所示，由图可知剖切符号由剖切位置线与剖视方向线共同构成，剖切符号用粗实线表示，剖视方向线的长度为 6～10 mm；投射方

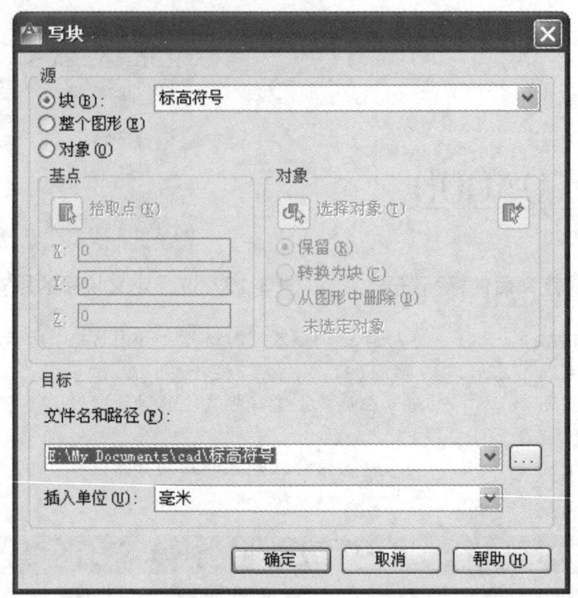

图 3-12 “写块”对话框

向线应垂直于剖切位置线，长度为 4～6 mm，即长边的方向表示切的方向，短边的方向表示看的方向。并用阿拉伯数字(但也可用罗马字)编号，按顺序由左至右、由上至下连续编排，注写在剖视方向线的端部，建筑物剖面图的剖切符号应注在±0.00 标高的平面图上，如图 3-14 所示。下面具体介绍怎样绘制剖切符号。

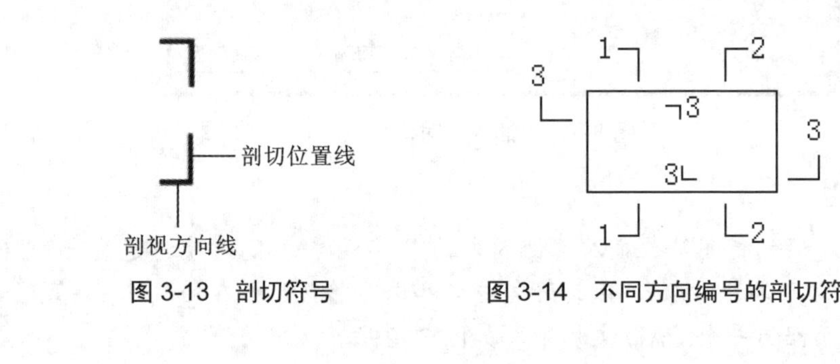


图 3-13 剖切符号 图 3-14 不同方向编号的剖切符号

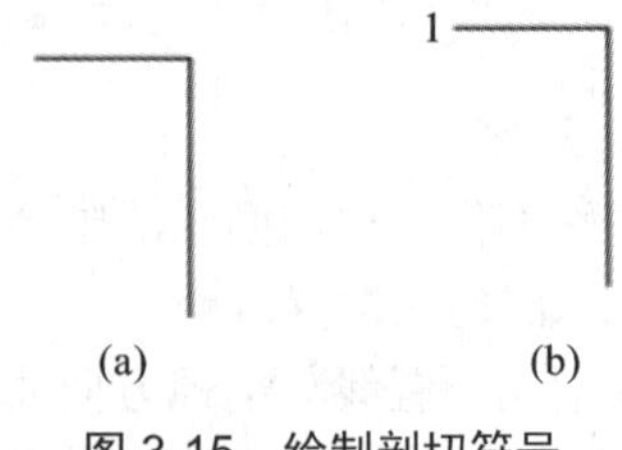

图 3-15 绘制剖切符号

2) 操作步骤

Step 1 绘制剖切符号，如图 3-15(a)所示。

单击“绘图”工具栏中的“直线”按钮，或在命令行输入“LINE”，命令行提示如下。

```
命令:LINE
指定第一点: //在屏幕任意位置指定一点
指定下一点或 [放弃(U)]: 10//输入剖切长边的长度 6~10
```

```
指定下一点或 [放弃(U)]: 6//输入剖切短边的长度4~6
```

 绘制剖切编号，如图3-15(b)所示。

单击“绘图”工具栏中的“多行文字”按钮A，命令行提示如下。

```
命令: _mtext
当前文字样式: "Standard"  文字高度: 3.5  注释性: 否
指定第一个角点: //在剖切符号末端合适位置指定第一点
指定对角点或 [高度(H)/对正(J)/行距(L)/旋转(R)/样式(S)/宽度(W)/栏(C)]:
                    //拉出一个合适大小的矩形框，确定对角点，并在矩形框内输入数字1
                    //在屏幕上单击，结束命令
```

**说明**

剖切符号有多个方向，本例只以一个角度和编号讲解，其他方向和编号按照相同方法绘制。

### 3. 绘制索引符号与详图符号

1) 索引符号

(1) 图形分析。

图样中的某一局部或构件，如需另见详图，应以索引符号索引，如图3-16(a)所示。索引符号由直径为10 mm的圆和水平直径组成(室内立面索引符号的圆圈直径为8～12 mm)，圆及水平直径均应以细实线绘制。索引符号应按下列规定编写。

① 索引出的详图，如与被索引的详图在同一张图纸内，应在索引符号的上半圆中用阿拉伯数字注明该详图的编号，并在下半圆中间画一段水平细实线，如图3-16(b)所示。

② 索引出的详图，如与被索引的详图不在同一张图纸内，应在索引符号的上半圆中用阿拉伯数字注明该详图的编号，并在索引符号的下半圆中用阿拉伯数字注明该详图所在图纸的编号，如图3-16(c)所示。数字较多时，可加文字标注。

③ 索引出的详图，如采用标准图，应在索引符号水平直径的延长线上加注该标准图册的编号，如图3-16(d)所示。

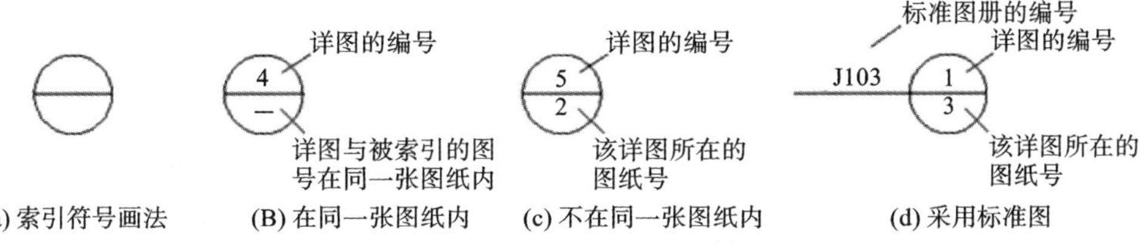


图3-16　索引符号详解

(2) 绘图步骤。

以图 3-16(c)所示索引符号为例，具体步骤如下。

① 绘制索引符号。

单击“绘图”工具栏中的“圆”按钮，或在命令行输入“CIRCLE”，命令行提示如下。

```
命令: CIRCLE
指定圆的圆心或 [三点(3P)/两点(2P)/切点、切点、半径(T)]:
                                   //在屏幕任意位置选一点作为圆心
指定圆的半径或 [直径(D)]: 5
                                   //回车结束命令
```

单击“绘图”工具栏中的“直线”按钮，或在命令行输入“LINE”，命令行提示如下。

```
命令: LINE
指定第一点: <打开对象捕捉>           //设置象限点捕捉模式，选择圆左边的象限点
                                     为直线的第一点
指定下一点或 [放弃(U)]:              //选择圆右边的象限点为直线的第二点
                                   //回车结束命令
```

② 绘制索引编号。

在命令行输入单行文字命令，命令行提示如下。

```
命令:TEXT
当前文字样式: "Standard"  文字高度: 3.5000  注释性: 否
指定文字的起点或 [对正(J)/样式(S)]:
                                   //在圆的上半部分的合适位置选择文字起点
                                     指定高度: 3.5
指定文字的旋转角度 <0>:             //输入角度值 0 或“回车”确定
                                   //在输入框内输入编号 5
指定文字的起点或 [对正(J)/样式(S)]: //在圆的下半部分的合适位置选择文字起点
指定高度 <3.5000>: 3.5              //输入高度值 3.5 或“回车”确定
指定文字的旋转角度 <0>:             //输入角度值 0 或“回车”确定
                                   //在输入框内输入编号 2
```

2) 剖面详图的索引符号

(1) 图形分析。

索引符号如用于索引剖面详图，应在被剖切的部位绘制剖切位置线，并以引出线引出索引符号，引出线所在的一侧应为投射方向，如图 3-17 所示。

(2) 绘图步骤。

以图 3-17(c)为例，具体步骤如下。

① 绘制索引符号，如图 3-18 所示。

单击“绘图”工具栏中的“圆”按钮，或在命令行输入“CIRCLE”，命令行提示如下。

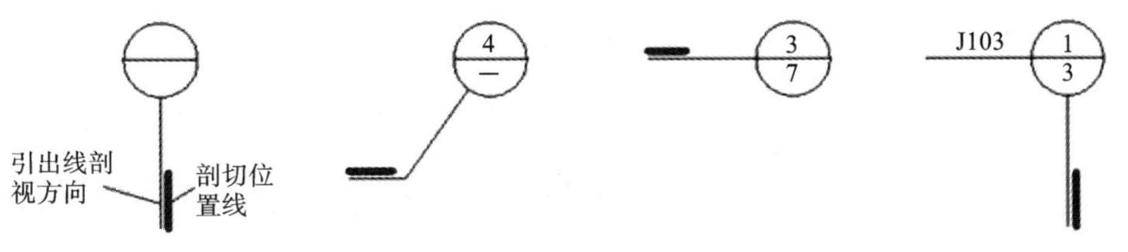


(a) 索引符号画法　　(b) 不在同一张图纸内　　(c) 在同一张图纸内　　(d) 采用标准图

图 3-17　剖面详图的索引符号

```
命令: CIRCLE
指定圆的圆心或 [三点(3P)/两点(2P)/切点、切点、半径(T)]:
                                 //在屏幕任意位置选一点作为圆心
指定圆的半径或 [直径(D)] <5.0000>: 5
                                 //回车结束命令
```

单击“绘图”工具栏中的“直线”按钮，或在命令行输入“LINE”，命令行提示如下。

```
命令: LINE
指定第一点: <打开对象捕捉>
                                 //设置象限点捕捉模式，选择圆左边的象限点
                                   为直线的第一点
指定下一点或 [放弃(U)]:           //选择圆右边的象限点为直线的第二点
                                 //回车结束命令
```

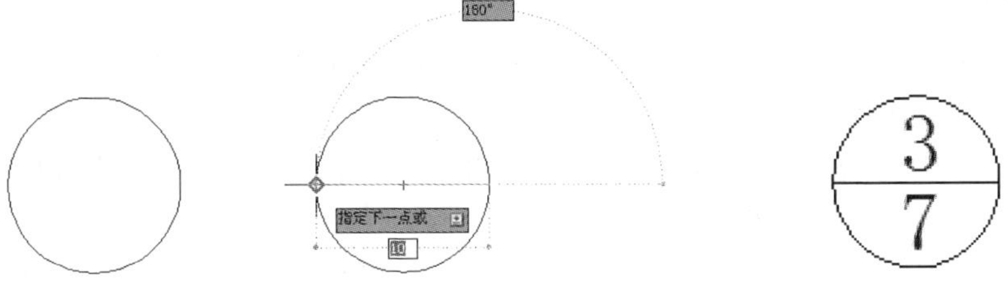


图 3-18　绘制索引符号　　　　图 3-19　绘制索引编号

② 绘制索引编号，如图 3-19 所示。

在命令行输入单行文字命令“TEXT”，命令行提示如下。

```
命令: TEXT
当前文字样式: "Standard"  文字高度: 3.5000  注释性: 否
指定文字的起点或 [对正(J)/样式(S)]: //在圆的上半部分的合适位置选择文字起点
指定高度 <3.5000>: 3.5              //输入高度值 3.5 或“回车”确定
指定文字的旋转角度 <0>:             //输入角度值 0 或“回车”确定
                                    //在输入框内输入编号 3
指定文字的起点或 [对正(J)/样式(S)]: //在圆的下半部分的合适位置选择文字起点
指定高度 <3.5000>: 3.5              //输入高度值 3.5 或“回车”确定
指定文字的旋转角度 <0>:             //输入角度值 0 或“回车”确定
                                    //在输入框内输入编号 7
```

③绘制剖切线与引出线，如图 3-20 所示。

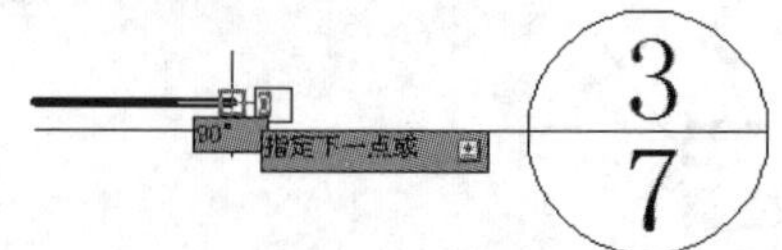


图 3-20　绘制剖切线与引出线

单击“绘图”工具栏中的“直线”按钮，或在命令行输入“LINE”，命令行提示如下。

```
命令: LINE
指定第一点:                    //选择圆的左边象限点作为第一点
指定下一点或 [放弃(U)]:       //向左边拉出合适长度的线，单击左键确定
指定下一点或 [放弃(U)]:       //回车结束命令
```

单击线宽控制窗口，将线宽设为 0.5 mm。在命令行输入 LINE，命令行提示如下。

```
命令: LINE
指定第一点:                    //捕捉引出线的端点向上延伸，确定剖切线的第一点
指定下一点或 [放弃(U)]:       //向右边拉出合适长度的线，单击左键确定
指定下一点或 [放弃(U)]:       //回车结束命令
```

3) 详图符号

(1) 图形分析。

详图的位置和编号，应以详图符号表示。详图符号的圆应以直径为 14 mm 的粗实线绘制。详图应按下列规定编号。

① 详图与被索引的图样在同一张图纸内时，应在详图符号内用阿拉伯数字注明详图的编号，如图 3-21(a)所示。

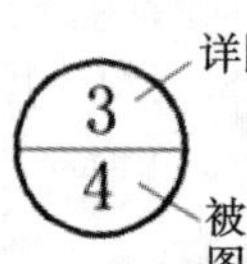


详图编号

被索引的图纸编号

(a) 在同一张图纸内　(b) 不在同一张图纸内

图 3-21　详图符号

② 详图与被索引的图样不在同一张图纸内时，应用细实线在详图符号内画一水平直径，在上半圆中注明详图编号，在下半圆中注明被索引的图纸的编号，如图 3-21(b)所示。

(2) 绘图步骤。

以图 3-21(a)为例，具体步骤如下。

① 单击线宽控制窗口，将线宽设为 0.3 mm。

② 在命令行输入“CIRCLE”，命令行提示如下。

```
命令: CIRCLE
指定圆的圆心或 [三点(3P)/两点(2P)/切点、切点、半径(T)]:
                                  //在屏幕任意位置选择一点作为圆心
指定圆的半径或 [直径(D)]: 7      //输入圆的半径值
```

③ 在命令行输入单行文字命令“TEXT”，命令行提示如下。

```
命令: TEXT
当前文字样式: "Standard"   文字高度: 8.0000  注释性: 否
指定文字的起点或 [对正(J)/样式(S)]: J        //选择对正设置，回车
输入选项 [对齐(A)/布满(F)/居中(C)/中间(M)/右对齐(R)/左上(TL)/中上(TC)/
右上(TR)/左中(ML)/正中(MC)/右中(MR)/左下(BL)/中下(BC)/右下(BR)]: M
                                              //选择中间对正
指定文字的中间点:                              //捕捉圆心作为文字的中间点
指定高度 <3.5.0000>: 8
指定文字的旋转角度 <0>:                        //输入 0 或回车
                                              //在输入框内输入数字 2
```

#### 4. 绘制定位轴线

定位轴线是用来确定建筑物主要承重构件位置的基准线，用细点画线表示，并在线的端点画一直径为 8 mm 的细实线圆，如图 3-22 所示。

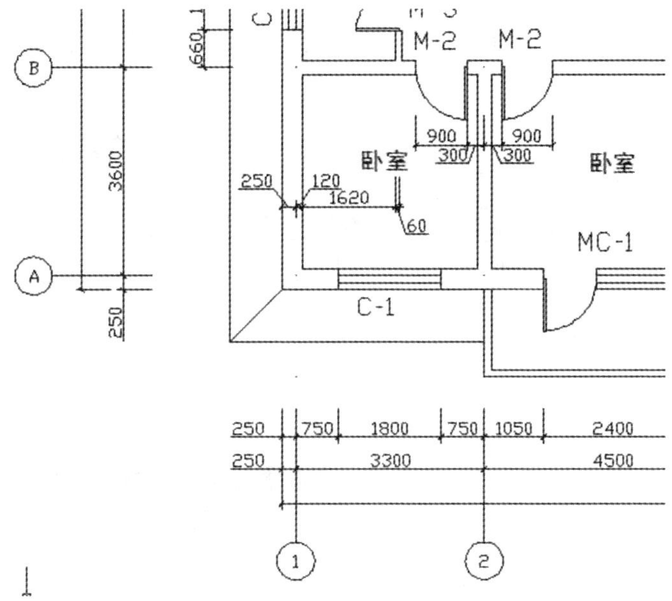


图 3-22 定位轴线

(1) 图形分析。

定位轴线的横向编号使用阿拉伯数字从左至右顺序编写，竖向编号由下向上用大写拉丁字母顺序编写，在字母数量不够用时，可用双字母或单字母下加脚标，如 AA、AB、AC 等。

组合较为复杂的平面图中定位轴线也可采用分区编号，编号的注写形式应为“分区号-该分区编号”。分区号采用阿拉伯数字或大写拉丁字母表示，如 1-1，1-A，

2-1，3-A 等。

对于一些次要构件，常用附加轴线定位，在轴线符号中间添加斜杠来进行标识，编号以分数表示，分母表示前一基本轴线的编号，分子表示附加轴线的编号，编号采用阿拉伯数字，如 1/1，1/0A 等。

一个详图适用于几根轴线时，应同时注明有关轴线的编号。通用详图中的定位轴线，应只画圆，不注写轴线编号。圆形平面图中定位轴线的编号，其径向轴线应用阿拉伯数字表示，从左下角开始，按逆时针顺序编写；其圆周轴线应用大写拉丁字母表示，从外向内顺序编写。

定位轴线一般应编号，编号应注写在轴线端部的圆内。圆应用细实线绘制，直径为 8～10 mm；定位轴线圆的圆心，应在定位轴线的延长线或延长线的折线上。

**注意**

由于拉丁字母 I、O、Z 和阿拉伯数字中的 1、0、2 相似，所以要避免使用。

(2) 绘图步骤。

① 单击“绘图”工具栏中的“圆”按钮，或在命令行输入快捷命令 C，绘制一个直径为 8 mm 的圆。

② 单击“绘图”工具栏中的“直线”按钮，或在命令行输入快捷命令 L，在圆的上部象限点处使用点画线绘制一条向上为 10 mm 的直线，如图 3-23 所示。

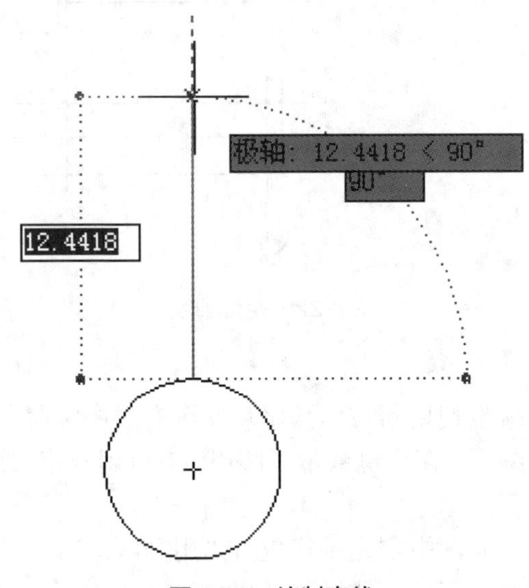


图 3-23 绘制直线

③ 单击“绘图”|“块”|“定义属性...”菜单命令，弹出“属性定义”对话框，设置该对话框的各项内容，如图 3-24 所示，指定文字“对正”方式为中间，捕捉圆心为文字插入点，结果如图 3-25 所示。

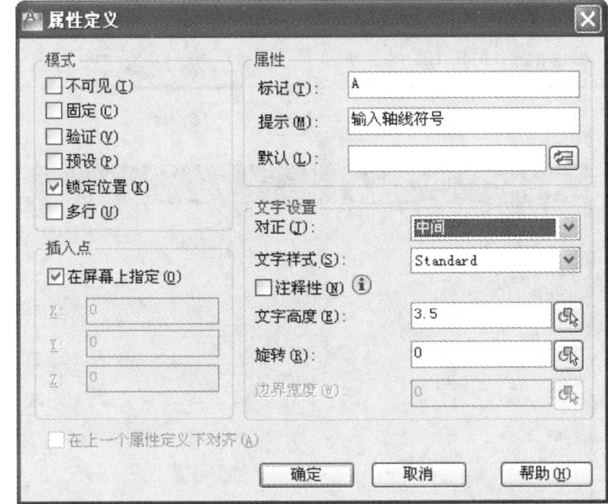


图 3-24 块的定义属性 图 3-25 设置属性定义参数

④ 单击“绘图”工具栏中的“创建块”按钮，或在命令行输入快捷命令 B，弹出“块定义”对话框，定义块名称为“轴线符号”，插入基点为直线端点，并同时选中轴线符号和属性，完成块定义，如图 3-26 所示。

创建完成后，在插入轴线符号图块时输入正确的轴线编号，就可以插入多个不同编号的轴线符号，如图 3-27 所示。

⑤ 单击“确定”按钮，弹出“编辑属性”对话框，如图 3-28 所示。在对话框内修改属性值为轴线编号 1，单击“确定”按钮结束命令。完成后的轴线符号如图 3-29 所示。

⑥ 单击“绘图”工具栏中的“插入块”按钮，或在命令行输入快捷命令 I，插入刚才创建的轴线符号图块，修改属性值为另外的编号，就可以插入不同编号的轴线符号了。

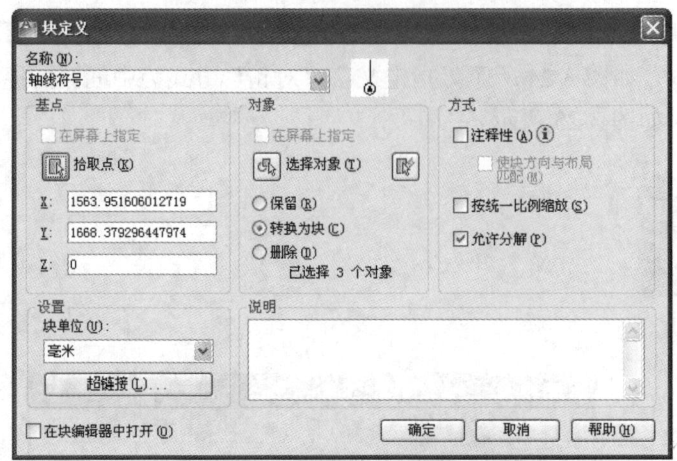


图 3-26 “块定义”对话框

图 3-27 插入符号

图 3-28 “编辑属性”对话框

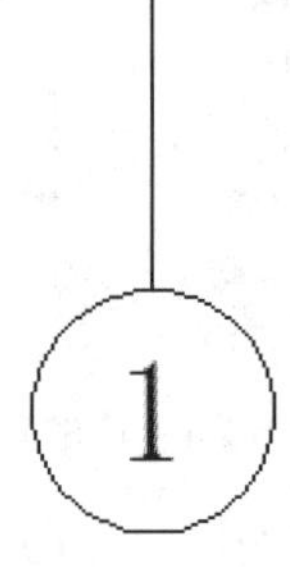


图 3-29 修改编号后的轴线符号

 **说明**

由于轴线符号分为上、下、左、右四个方向，而文字都为垂直放置，所以在工作中可以创建上、下、左、右四个方向的轴线符号图块，在使用时直接插入可以提高绘图的效率。

5. 绘制引出线与指北针

1) 引出线

由图样引出一条或多条线段指向文字说明，该线段就是引出线。引出线对水平方向的夹角一般采用 0°、30°、45°、60° 和 90°。常见的引出线形式如图 3-30 所示，图 3-30(a)～(d)为普通引出线，图 3-30(e)～(h)为多层构造引出线。使用多层构造引出线时，要注意构造的分层顺序与文字说明的分层顺序一致。文字说明可以放在引出线的端头，如图 3-30(a)～(h)所示，也可放在引出线的水平线段之上，如图 3-30(i)所示。

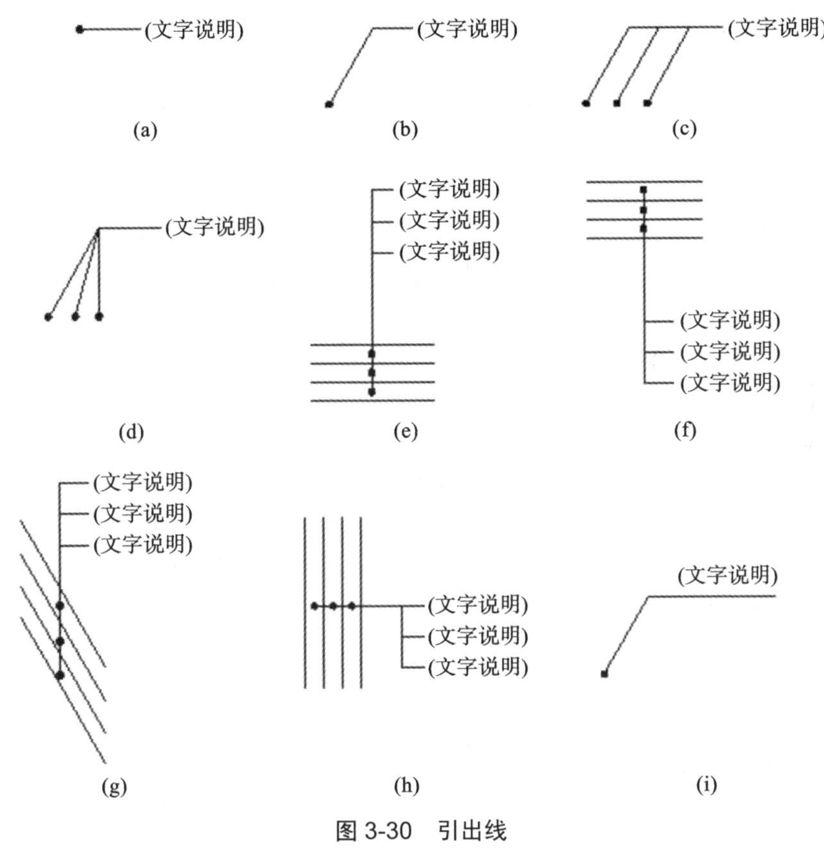


图 3-30　引出线

(1) 图形分析。

引出线应以细实线绘制，宜采用水平方向的直线，与水平方向呈 30°、40°、60°、90° 角度，或经上述角度再折为水平线，箭头圆点直径为 1 mm，圆点尺寸和引出线宽度可根据图幅及图幅图样比例调节。引出线上的文字可以注写在水平线的上方，也可注写在水平线的端部。同时引出几个部分的引出线，可相互平行，也可画成集中于一点的放射线。当图太大无法在一张图中画完时，可用连接符号，也可把图分成几块，再用连接符号将其连接起来。

(文字说明)

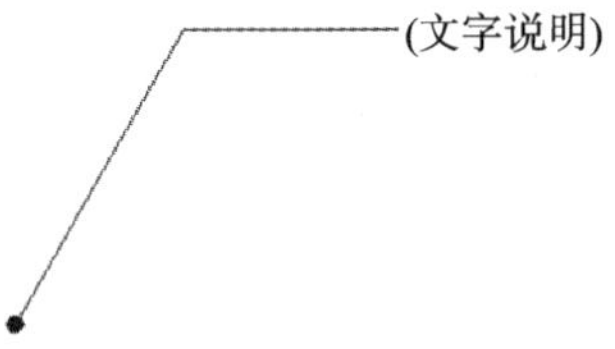

图 3-31　绘制引出线

(2) 绘图步骤。

以图 3-31 为例，具体步骤如下。

在命令行输入引出线命令，命令行提示如下。

```
命令: QLEADER
指定第一个引线点或 [设置(S)] <设置>:      //在屏幕任意位置单击
指定下一点:                              //拉出一段水平、垂直或带角度的直线
指定下一点:                              //指定直线的端点
指定文字宽度 <0>:                        //输入 0 或回车
输入注释文字的第一行 <多行文字(M)> :      //输入该位置的文字说明内容
输入注释文字的下一行:                     //输入第二行文字或回车
                                         //单击"ESC"键结束命令
```

2) 指北针

(1) 图形分析。

指北针符号是由一个直径为 24 mm 的圆和一个端部宽度为 3 mm 的箭头组成，指北针头部应注明“北” 或“N” 字样(涉外工程中使用“N”代表方向)，如图 3-32 所示。绘制时箭头可采用多段线(PLINE)命令，设置起点宽度为“0”，端点宽度为“3”，分别由捕捉圆的上、下两个象限点绘制。如需绘制较大直径的指北针，尾部宽度应为直径的八分之一。

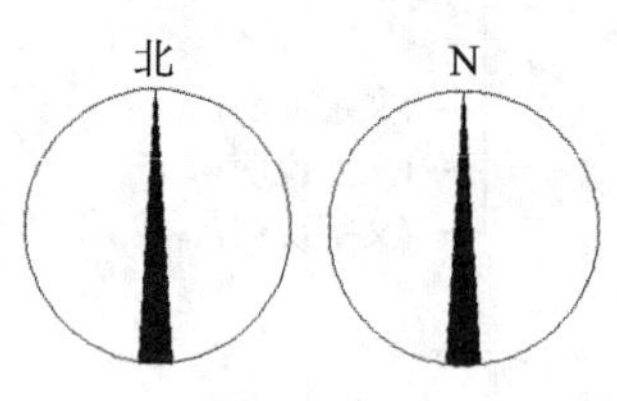


图 3-32 指北针

(2) 绘图步骤。

① 单击“绘图”工具栏中的“圆”按钮，或在命令行输入“CIRCLE”，命令行提示如下。

```
命令: CIRCLE
指定圆的圆心或 [三点(3P)/两点(2P)/切点、切点、半径(T)]:
                                    //在屏幕任意位置选择一点作为圆心
指定圆的半径或 [直径(D)]: 12
```

② 单击“绘图”工具栏中的“多段线”按钮，或在命令行输入“PLINE”，命令行提示如下。

```
命令: PLINE
指定起点:                              //捕捉圆顶端的象限点作为起点
当前线宽为 0.0000
指定下一点或 [圆弧(A)/半宽(H)/长度(L)/放弃(U)/宽度(W)]: W
                                       //选择宽度设置
指定起点宽度 <0.0000>:0                //输入起点宽度
指定端点宽度 <0.0000>:3                //输入端点宽度
                                       //回车结束命令
```

③ 在命令行输入单行文字命令，命令行提示如下：

```
命令:TEXT
当前文字样式: "Standard"  文字高度: 8.0000  注释性: 否
指定文字的起点或 [对正(J)/样式(S)]:  //在指北针顶端附近选择一点作为起点
指定高度 <8.0000>: 3.5
指定文字的旋转角度 <0>:      //输入 0 或回车
                            //在输入框内输入字母 N，单击"ESC"键结束命令
```

### 6. 绘制材料符号

表 3-1 所示为常用材料图例。

表 3-1 常用材料图例

| 序号 | 名称 | 图例 | 填充图案 | 备　　注 |
|---|---|---|---|---|
| 1 | 石材 | | ANSI33 | |
| 2 | 毛石 | | GRAVEL | |
| 3 | 普通砖 | | ANSI31 | 包括实心砖、多孔砖、砌块等砌体。断面较窄不易绘出图例线时，可涂红 |
| 4 | 饰面砖 | | ANSI31<br>角度 45° | 包括铺地砖、马赛克、陶瓷锦砖、人造大理石等 |
| 5 | 混凝土 | | AR-CONC | (1) 本图例指能承重的混凝土及钢筋混凝土；<br>(2) 包括各种强度等级的、骨料、添加剂的混凝土；<br>(3) 在剖面图上画出钢筋时，不画图例线；<br>(4) 断面图形小，不易画出图例线时，可涂黑 |
| 6 | 钢筋混凝土 | | AR-CONC<br>ANSI31 | 包括水泥珍珠岩、沥青珍珠岩、泡沫混凝土、非承重加气混凝土、软木、蛭石制品等 |
| 7 | 多孔材料 | | ANSI37 | 包括矿棉、岩棉、玻璃棉、麻丝、木丝板、纤维板等 |
| 8 | 纤维材料 | | 线型 BATTING<br>可调系数 | |

续表

| 序号 | 名称 | 图例 | 填充图案 | 备　注 |
|---|---|---|---|---|
| 9 | 泡沫塑料材料 | | HONEY | 包括聚苯乙烯、聚乙烯、聚氨酯等多孔聚合物类材料 |
| 10 | 木材 | | 使用“样条曲线”命令绘制 | (1) 上图为横断面，上左图为垫木、木砖或木龙骨；<br>(2) 下图为纵断面 |
| 11 | 胶合板 | | ANSI31<br>填充 2 次 | 应注明为几层胶合板 |
| 12 | 石膏板 | | CROSS | 包括圆孔、方孔石膏板及防水石膏板等 |
| 13 | 玻璃 | | ZIGZAG | 包括平板玻璃、磨砂玻璃、夹丝玻璃、钢化玻璃、中空玻璃、加层玻璃、镀膜玻璃等 |

国家标准只规定常用建筑材料的图例画法，对其尺度比例不作具体规定。使用时，应根据图样大小而定，并应注意下列事项。

(1) 图例线应间隔均匀，疏密适度，做到图例正确，表示清楚。

(2) 不同品种的同类材料使用同一图例时(如某些特定部位的石膏板，必须注明是防水石膏板)，应在图上附加必要的说明。

(3) 两个相同的图例相接时，图例线宜错开或使倾斜方向相反。

(4) 两个相邻的涂黑图例(如混凝土构件、金属件)间，应留有空隙，其宽度不得小于 0.7 mm。

### 注意

下列情况可不加图例，但应加文字说明。

(1) 一张图纸内的图样只用一种图例时。

(2) 图形较小，无法画出建筑材料图例时。

(3) 需画出的建筑材料图例面积过大时，可在断面轮廓线内，沿轮廓线作局部表示。

(4) 当选用国家标准中未包括的建筑材料时，可自编图例，但不得与国家标准所列的图例重复。绘制时，应在适当位置画出该材料图例，并加以说明。

# ➤ 任务二 绘制门窗和楼梯图块

➡ 任务概述　本部分主要介绍室内门窗和楼梯图块的绘制方法。

➡ 知识目标　掌握施工图中常用门窗和楼梯的标准画法，掌握绘制过程中所需命令的各种子命令的使用方法和技巧，并熟练使用各种命令的快捷方式。

➡ 能力目标　熟练掌握 AutoCAD 的基本操作和命令的使用方法与技巧，能够利用绘图命令(如“多段线”、“创建块”、“插入块”等)、修改命令(如“阵列”、“偏移”、“复制”、“镜像”等)及各种辅助工具绘制和编辑室内门窗和楼梯图块。

➡ 素质目标　培养独立使用 AutoCAD 软件绘制各类图形的能力，掌握图形分析和修改的相关技巧，达到举一反三的目的。

## 1. 绘制门

门是住宅内部重要的构件，在绘制室内施工图时，需要掌握各种不同类型和规格的门的画法。门从材质上可分为木质门、金属门、玻璃门、塑料门、铝合金门等；从开启方式上可分为平开门、推拉门、折叠门、旋转门、卷门等(见图 3-33)；从功能上可分为防火门、隔音门、防盗门等。

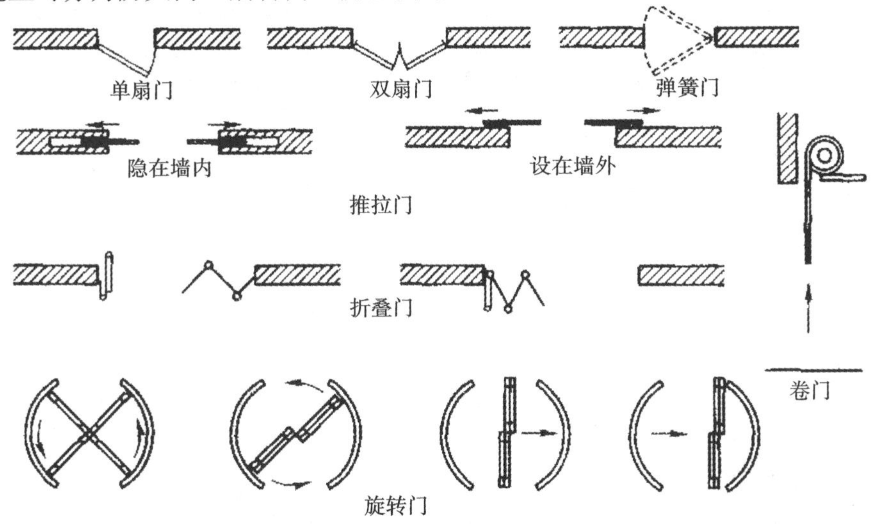


图 3-33　门的种类

室内门洞的常见尺寸如下：基本高度为 2100 mm、2400 mm、2700 mm、3000 mm，基本宽度为 800 mm、1000 mm、1500 mm、1800 mm、2100 mm、

2700 mm、3000 mm、3300 mm、3600 mm。

1) 绘制平开门

(1) 图形分析。

单扇平开门图块，是由一个长为 1000 mm、宽为 50 mm 的矩形和一段圆弧组成，矩形的长度代表门洞的长度，通常在制作图块的时候，为了好计算比例，按照 1000 mm 的长度来绘制，如图 3-34 所示。

(2) 绘图步骤。

① 绘制门板(长 1000 mm，宽 50 mm)。

单击“绘图”工具栏中的“矩形”按钮▭，或在命令行输入“RECTANG”，命令行提示如下。

```
命令: RECTANG
指定第一个角点或 [倒角(C)/标高(E)/圆角(F)/厚度(T)/宽度(W)]:
                                        //在屏幕任意位置单击
指定另一个角点或 [面积(A)/尺寸(D)/旋转(R)]:  @50,1000
                                        //回车结束命令
```

② 绘制圆弧(使用起点、圆心、端点模式)，如图 3-35 所示。

单击“绘图”工具栏中的“圆弧”按钮⌒，或在命令行输入“ARC”，命令行提示如下。

```
命令:ARC
指定圆弧的起点或 [圆心(C)]:              //捕捉 A 点作为圆弧的起点
指定圆弧的第二个点或 [圆心(C)/端点(E)]:     //选择圆心模式 C，空格键确定
指定圆弧的圆心:                           //捕捉 B 点作为圆弧的圆心
指定圆弧的端点或 [角度(A)/弦长(L)]:   //鼠标逆时针向下追踪到 180° 极轴标记
                                      单击
```

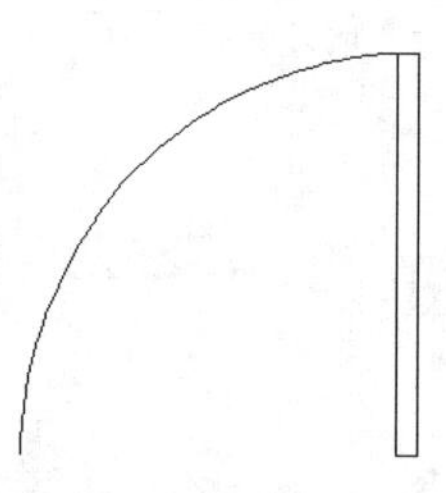

图 3-34　单扇平开门

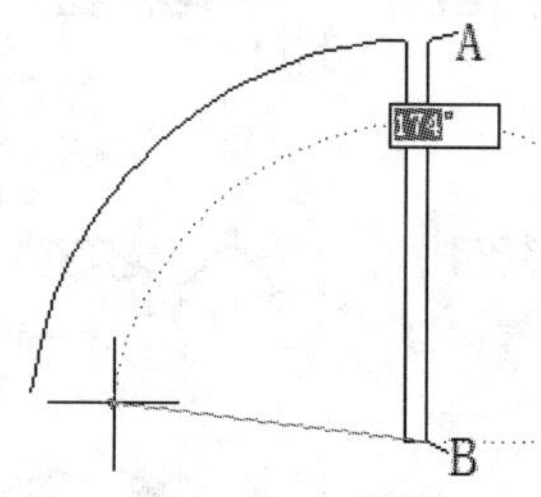


图 3-35　绘制圆弧

**注意**

系统默认圆弧为逆时针生成，在画图前应选择合适的起点。

③ 制作平开门图块，如图 3-36、图 3-37 所示。

单击“绘图”工具栏中的“创建块”按钮，或在命令行输入“BLOCK”，命令行提示如下：

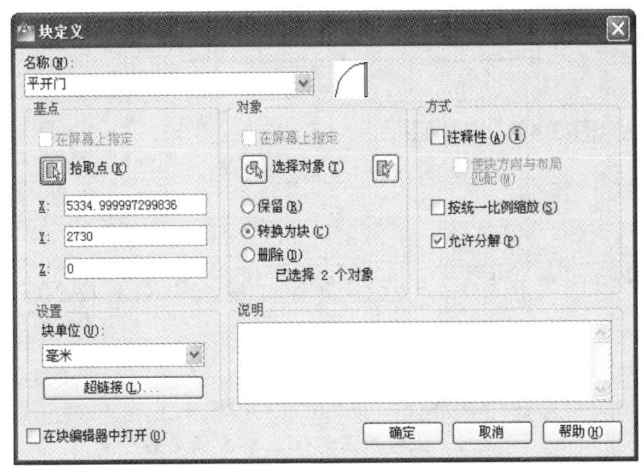


图 3-36　“块定义”对话框

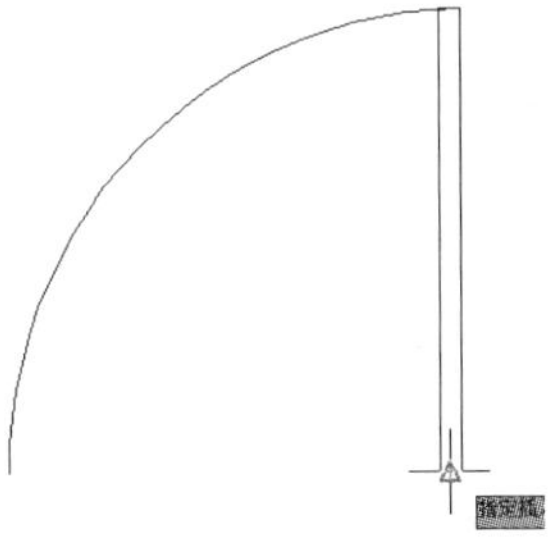

图 3-37　指定插入基点

```
命令: BLOCK
选择对象: 指定对角点: 找到 2 个        //选择矩形和圆弧
选择对象: 指定插入基点:                //选择矩形短边的中点作为插入基点
                                      //单击“确定”按钮结束命令
```

## 注意

在插入平开门图块时，可以勾选“统一比例”和“在屏幕上指定”选项，并根据门洞的长度插入不同尺寸、角度的平开门，如图 3-38 所示。如果需要绘制对开门，可以先插入一半尺寸的平开门，再进行镜像，如图 3-39 所示。

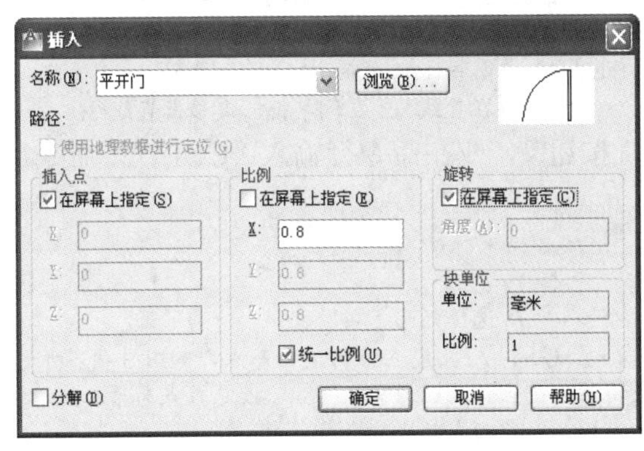


图 3-38　“插入”对话框

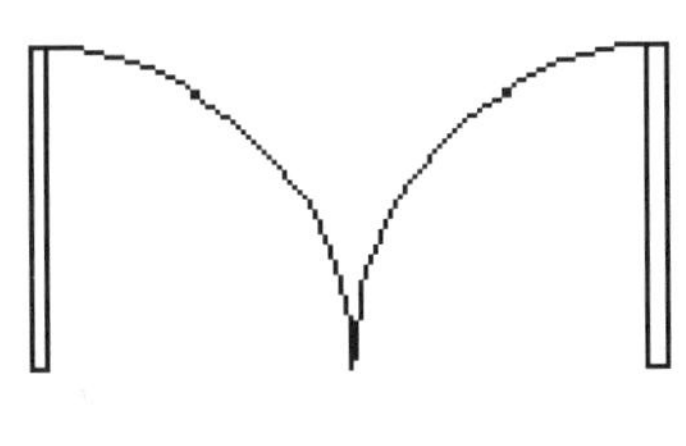

图 3-39　对开门

2) 绘制推拉门

(1) 图形分析。

推拉门是由两扇门叠加组成的，如图 3-40 所示，根据门洞的长度除以 2 再加 100 mm 为单扇门长度，宽度为 60 mm，下面以 1800 mm 的门洞为例，绘制

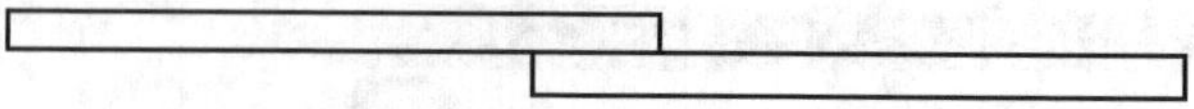

图 3-40　推拉门

推拉门。

(2) 绘图步骤。

单击“绘图”工具栏中的“矩形”按钮，或在命令行输入“RECTANG”，命令行提示如下。

```
命令：RECTANG
指定第一个角点或 [倒角(C)/标高(E)/圆角(F)/厚度(T)/宽度(W)]:
                                    //在屏幕任意位置单击确定第一点
指定另一个角点或 [面积(A)/尺寸(D)/旋转(R)]: @1000,60
```

单击“绘图”工具栏中的“直线”按钮，或在命令行输入“LINE”，命令行提示如下。

```
命令：LINE
指定第一点：                        //捕捉 A 点为第一点
指定下一点或 [放弃(U)]:             //捕捉 B 点为第二点
指定下一点或 [放弃(U)]:             //回车结束命令
```

单击“修改”工具栏中的“偏移”按钮，或在命令行输入“OFFSET”，命令行提示如下。

```
命令：OFFSET
当前设置：删除源=否  图层=源  OFFSETGAPTYPE=0
指定偏移距离或 [通过(T)/删除(E)/图层(L)]: 200 //输入偏移值
选择要偏移的对象，或 [退出(E)/放弃(U)] <退出>://选择直线 AB，如图 3-41 所示
指定要偏移的那一侧上的点，或 [退出(E)/多个(M)/放弃(U)] <退出>:
                                    //在直线 AB 左侧单击，偏移出直线 CD
```

单击“修改”工具栏中的“复制”按钮，或在命令行输入“COPY”，命令行提示如下。

```
命令:COPY
当前设置：复制模式 = 多个
选择对象：指定对角点：找到 1 个      //选择矩形
指定基点或 [位移(D)/模式(O)] <位移>: //指定 E 点为复制基点，如图 3-42 所示
指定第二个点或 [阵列(A)] <使用第一个点作为位移>:      //指定 D 点为第二点
                                    //回车结束命令
```

单击“修改”工具栏中的“删除”按钮，或在命令行输入“ERASE”，命令行提示如下。

```
命令：ERASE
选择对象：找到 1 个                  //选择直线 CD
                                    //回车结束命令
```

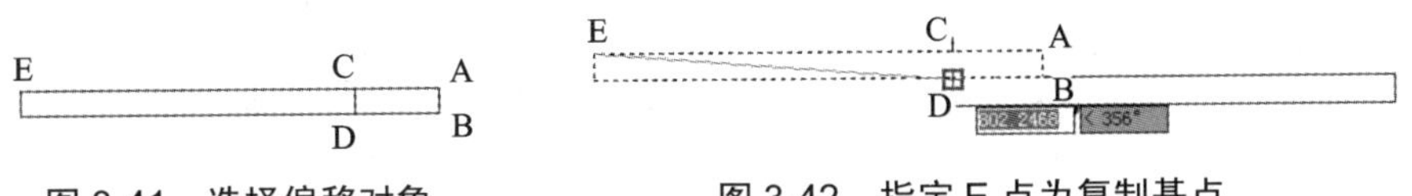

图 3-41 选择偏移对象

图 3-42 指定 E 点为复制基点

### 2. 绘制窗户

窗户的种类很多，图 3-43(a)～(j)所示依次为固定窗、平开窗、上旋窗、中旋窗、下滑旋窗、立转窗、下旋窗、垂直推拉窗、水平推拉窗和下旋平开窗。

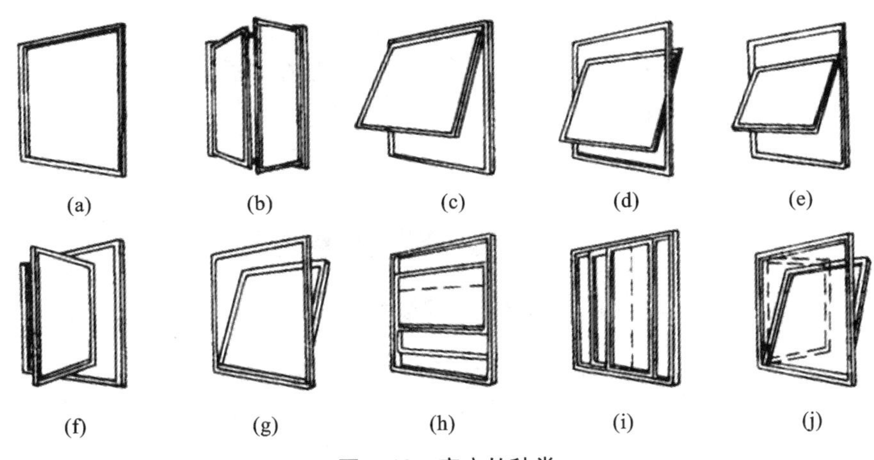

图 3-43 窗户的种类

1) 绘制平面窗图块

(1) 图形分析。

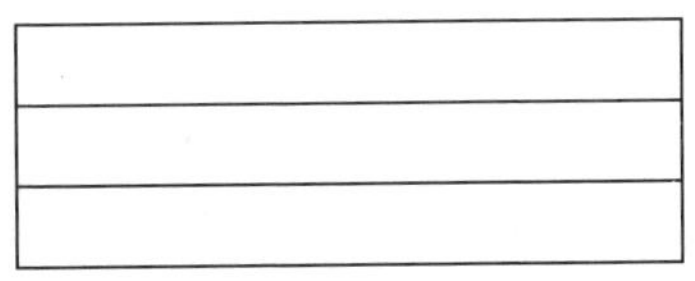
图 3-44 平面窗

平面窗户(见图 3-44)由一个矩形和两条横线组成，可以用“直线”命令或“矩形”命令来绘制，在绘制窗户里面的直线时，确定直线的位置是关键。可以用设置竖直线的等分点，或者用“偏移”命令来完成。由于建筑的墙体厚度有不同的尺寸，安装在外墙上的窗户，宽度可以按照 360 mm 来绘制，安装在内墙上的窗户，可以按照 240 mm 来绘制。下面按照 360 mm 的墙体厚度来绘制窗户，长度按照 1000 mm 来绘制，可以在插入图块时改变 X 轴的比例来完成不同长度窗户的绘制。

(2) 操作步骤。

① 绘制平面窗图形。

单击“绘图”工具栏中的“矩形”按钮，或在命令行输入“RECTANG”，命令行提示如下。

```
命令: RECTANG
指定第一个角点或 [倒角(C)/标高(E)/圆角(F)/厚度(T)/宽度(W)]:
                                    //在屏幕任意位置单击确定第一点
指定另一个角点或 [面积(A)/尺寸(D)/旋转(R)]: @1000,360
                                    //回车结束命令
```

单击“修改”工具栏中的“分解”按钮，或在命令行输入“EXPLODE”，命令行提示如下。

```
命令: EXPLODE
选择对象: 找到 1 个              //选择矩形
                                //回车结束命令，此时矩形已经分解为 4 条直线
```

单击“修改”工具栏中的“偏移”按钮，或在命令行输入“OFFSET”，命令行提示如下(见图 3-45)。

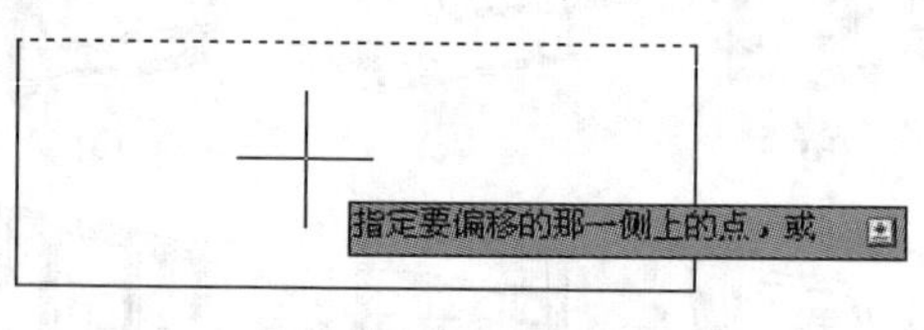


图 3-45 偏移直线

```
命令:OFFSET
当前设置: 删除源=否  图层=源  OFFSETGAPTYPE=0
指定偏移距离或 [通过(T)/删除(E)/图层(L)] <200.0000>: 120  //输入偏移值
选择要偏移的对象，或 [退出(E)/放弃(U)] <退出>: //选择矩形上部的长边直线
指定要偏移的那一侧上的点，或 [退出(E)/多个(M)/放弃(U)] <退出>:
                                    //指定直线下方的任意点
选择要偏移的对象，或 [退出(E)/放弃(U)] <退出>: //选择矩形底部的长边直线
指定要偏移的那一侧上的点，或 [退出(E)/多个(M)/放弃(U)] <退出>:
                                    //指定直线上方的任意点
```

② 创建平面窗图块。

单击“绘图”工具栏中的“创建块”按钮，弹出 “块定义”对话框，选择以矩形短边中点为基点，如图 3-46 所示。框选所有的图形，如图 3-47 所示。最后单击“确定”按钮完成设置。

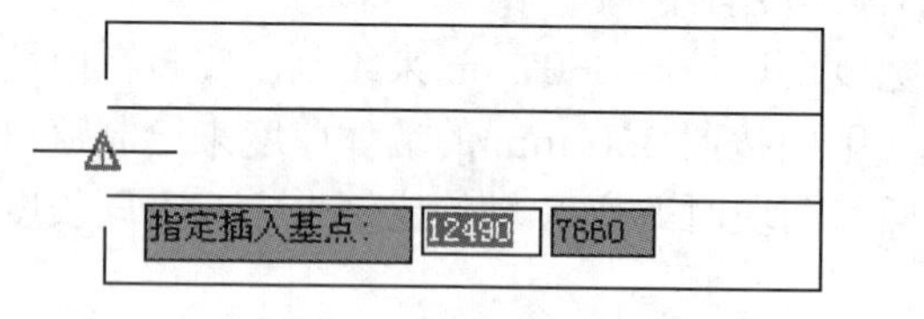


图 3-46 选择中点为基点

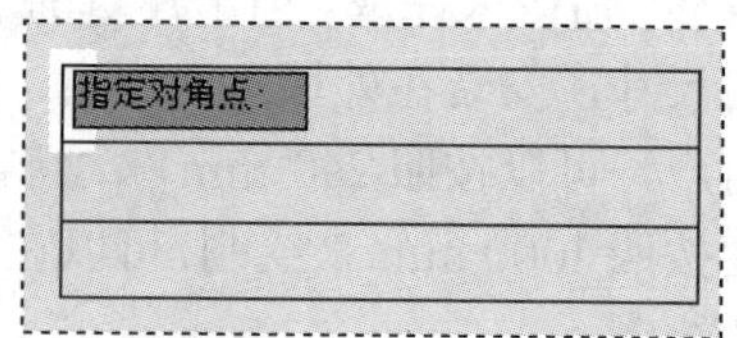


图 3-47 选择对象

③ 插入窗户图块。

单击“绘图”工具栏中的“插入块”按钮，或在命令行输入“INSERT”，命令行提示如下。

```
命令: INSERT
指定插入点或 [基点(B)/比例(S)/X/Y/Z/旋转(R)]: //选择需要插入窗户的墙体中点
指定旋转角度 <0>:                    //鼠标指定角度并单击
```

### 注意

在插入窗户图块时，应不勾选“统一比例”选项，只改变 X 轴的比例，Y 轴和 Z 轴的比例保持不变，可以控制窗户的长度，实现只用一个图块绘制不同长度的窗户，但如果窗户所在的墙体尺寸不同，就要建立不同宽度尺寸的窗户图块了。

2) 绘制凸窗

(1) 图形分析。

凸窗也称飘窗，是指传统的窗户向室外伸出一定的距离，以增大室内空间，如图 3-48 所示，凸窗的宽度多为 700 mm，长度从 1200～2400 mm 不等，凸窗一般采用中空隔音玻璃，厚度为 80 mm，绘制窗线可以使用“多段线”，以便于后面整体偏移。

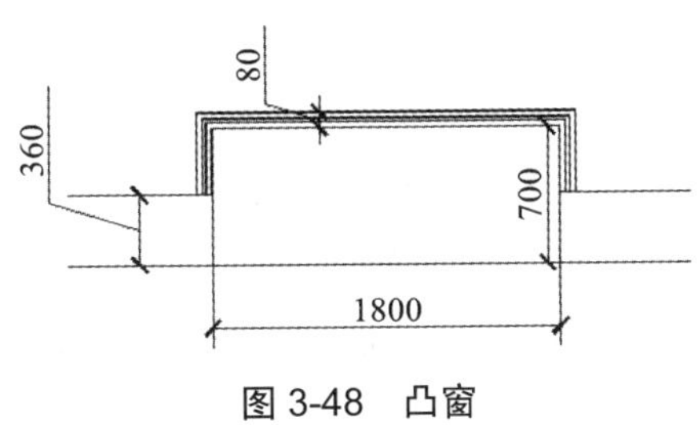


图 3-48　凸窗

(2) 绘图步骤。

单击“绘图”工具栏中的“多段线”按钮，或在命令行输入“PLINE”，命令行提示如下。

```
命令:PLINE
当前线宽为 1.0000
指定起点:                              //指定 A 点为起点，如图 3-49 所示
指定下一个点或 [圆弧(A)/半宽(H)/长度(L)/放弃(U)/宽度(W)]: 340
指定下一点或 [圆弧(A)/闭合(C)/半宽(H)/长度(L)/放弃(U)/宽度(W)]: 1800
指定下一点或 [圆弧(A)/闭合(C)/半宽(H)/长度(L)/放弃(U)/宽度(W)]: 340
```

(回车结束命令，如图 3-50 所示)

单击“修改”工具栏中的“偏移”按钮，或在命令行输入“OFFSET”，命令行提示如下。

```
命令: OFFSET
当前设置: 删除源=否  图层=源  OFFSETGAPTYPE=0
指定偏移距离或 [通过(T)/删除(E)/图层(L)]: 30
选择要偏移的对象，或 [退出(E)/放弃(U)] <退出>:        //选择多段线
```

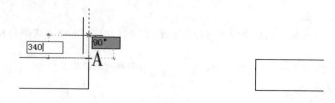

图 3-49　指定 A 点为起点

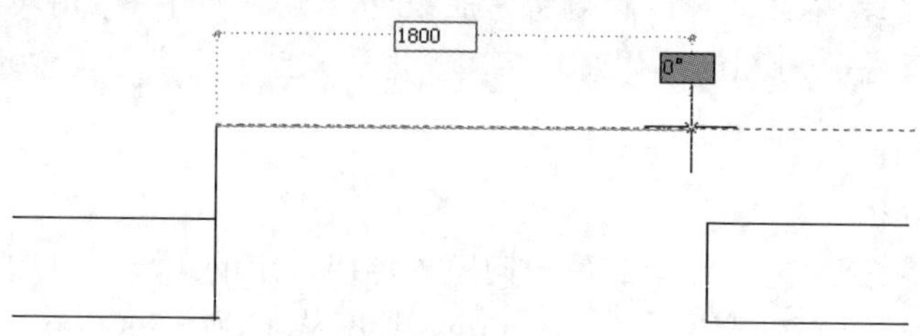


图 3-50　指定下一个点

指定要偏移的那一侧上的点，或 [退出(E)/多个(M)/放弃(U)] <退出>:
//指定多段线外侧的一点

单击“Space”键重复上一次的命令，命令行提示如下。

命令: OFFSET
当前设置: 删除源=否　图层=源　OFFSETGAPTYPE=0
指定偏移距离或 [通过(T)/删除(E)/图层(L)] <30.0000>: 20
选择要偏移的对象，或 [退出(E)/放弃(U)] <退出>: //选择第二条多段线
指定要偏移的那一侧上的点，或 [退出(E)/多个(M)/放弃(U)] <退出>:
//指定多段线外侧的一点

单击“Space”键再次重复上一次的命令，命令行提示如下。

命令: OFFSET
当前设置: 删除源=否　图层=源　OFFSETGAPTYPE=0
指定偏移距离或 [通过(T)/删除(E)/图层(L)] <20.0000>: 30
选择要偏移的对象，或 [退出(E)/放弃(U)] <退出>: //选择第三条多段线
指定要偏移的那一侧上的点，或 [退出(E)/多个(M)/放弃(U)] <退出>:
//指定多段线外侧的一点

 **说明**

系统默认在结束命令后单击“Space”键，将自动开始上一次的命令，我们可以使用这个功能快速执行前一次的命令，不需要再输入快捷键或单击命令按钮，以节省制图时间。

### 3. 绘制楼梯

1) 楼梯的种类

在一般住宅建筑中，楼梯是连接建筑物各楼层之间的交通构件，是建筑施工

图的重要组成部分。楼梯主要由梯段、休息平台和围栏构成，根据空间的大小和高度，可分为双跑楼梯、直梯、弧形梯和旋梯；从材料上可分为木质楼梯、金属楼梯、大理石楼梯和玻璃楼梯几种。

2) 楼梯的设计尺寸

一般建筑内楼梯的扶手高度为 900 mm，平台的扶手高度为 1100 mm。为减轻登高时的劳累和改变行走方向，公共建筑内部楼梯中往往设置平台。如果踏步数超过 18 级，则必须设置平台，楼梯平台净宽不应小于楼梯梯段净宽，平台宽度公共建筑不小于 2000 mm，住宅建筑不小于 1100 mm。一般来说，平台净高不小于 2000 mm，梯段净高不小于 2200 mm。楼梯梯段净宽不应小于 1100 mm。六层及六层以下住宅，一边设有栏杆的梯段净宽不应小于 1000 mm。(注：楼梯梯段净宽系指墙面至扶手中心之间的水平距离。)

楼梯踏步宽度不应小于 260 mm，踏步高度不应大于 175 mm。扶手高度不应小于 900 mm。楼梯水平栏杆长度大于 500 mm 时，其扶手高度不应小于 1050 mm。楼梯栏杆垂直杆件间净空不应大于 110 mm。

楼梯平台净宽不应小于楼梯梯段净宽，且不得小于 1200 mm。楼梯平台的结构下缘至人行通道的垂直高度不应低于 2000 mm。入口处地坪与室外地面应有高差，并不应小于 100 mm。

住宅套内楼梯梯段的最小净宽，两边墙的为 900 mm，一边临空的为 750 mm。住宅室内楼梯踏步宽不应小于 220 mm，踏步高度不应大于 200 mm。

3) 绘制双跑楼梯及台阶

(1) 图形分析。

如图 3-51 所示，该楼梯平台宽度为 1450 mm，楼梯踏步宽度为 300 mm，扶手总宽度为 210 mm，单边扶手宽度为 50 mm，绘制楼梯踏步可使用“阵列”命令或“偏移”命令，绘制箭头可使用“多段线”命令或 “多重引线”命令。

(2) 绘图步骤。

① 使用“直线”(L)命令绘制一条直线 AB，将它向下偏移 1450 mm 得到直线 CD，绘制出平台空间，如图 3-52 所示。

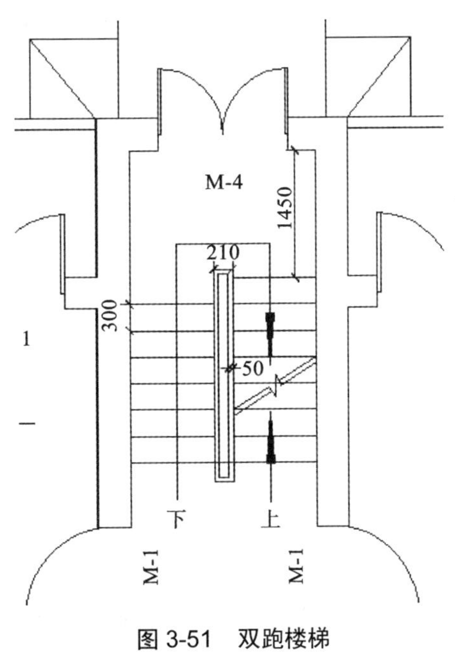


图 3-51　双跑楼梯

② 使用“阵列”(AR)命令将直线 CD 向下阵列 8 列，列间距设为“300”，得到楼梯踏步，如图 3-53 所示。

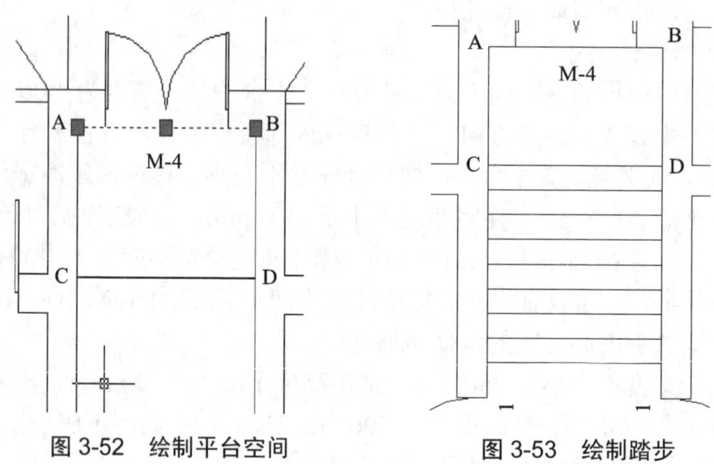


图 3-52 绘制平台空间　　图 3-53 绘制踏步

③ 绘制楼梯扶手，使用“矩形” (REC)命令绘制一个尺寸为 210 mm×2600 mm 的矩形。将矩形从短边中点位置移动到踏步线中点，如图 3-54 所示。

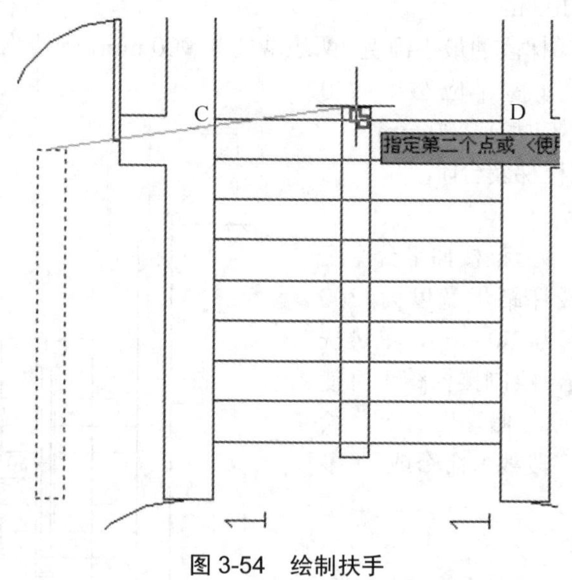


图 3-54 绘制扶手

④ 分解阵列出的楼梯踏步，修剪扶手中间的直线，将矩形向内部偏移 50 mm，如图 3-55 所示。

⑤ 使用“多段线”(PL)命令绘制方向线和箭头，设置箭头起点宽度为“50”，终点宽度为“0”，如图 3-56 所示。并使用相同的方法绘制向上的箭头和方向

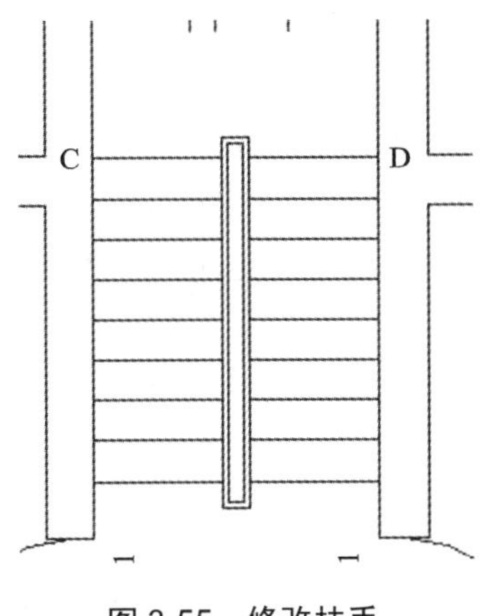


图 3-55　修改扶手

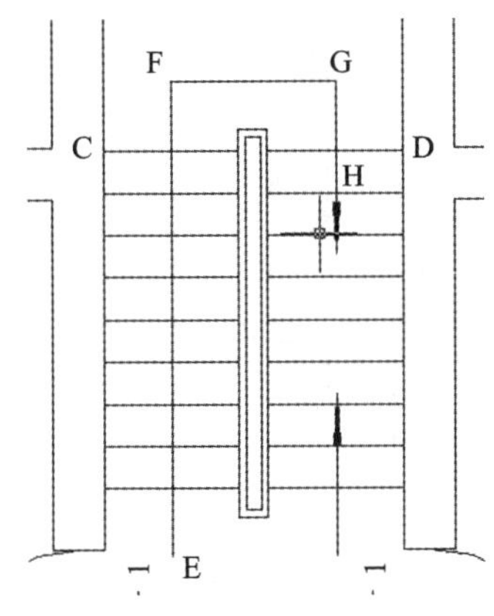


图 3-56　绘制方向箭头

线。

单击“绘图”工具栏中的“多段线”按钮，或在命令行输入“PLINE”，命令行提示如下。

```
命令: PLINE
指定起点:              //选择单侧踏步的中点向下追踪至E点，单击作为起点
当前线宽为 1.0000
指定下一个点或 [圆弧(A)/半宽(H)/长度(L)/放弃(U)/宽度(W)]:
                                //单击E点
指定下一点或 [圆弧(A)/闭合(C)/半宽(H)/长度(L)/放弃(U)/宽度(W)]:
                                //单击F点
指定下一点或 [圆弧(A)/闭合(C)/半宽(H)/长度(L)/放弃(U)/宽度(W)]:
                                //单击G点
指定下一点或 [圆弧(A)/闭合(C)/半宽(H)/长度(L)/放弃(U)/宽度(W)]:
                                //单击H点
指定下一点或 [圆弧(A)/闭合(C)/半宽(H)/长度(L)/放弃(U)/宽度(W)]:W
                                //选择宽度设置
指定起点宽度 <0.0000>: 50        //输入起点宽度值
指定端点宽度 <50.0000>: 0        //输入终点宽度值
```

(回车结束命令)

⑥ 绘制折断符号，使用极轴追踪 30° 角，绘制两条平行的斜线，在直线中间位置画出折断符号，如图 3-57 所示。完成后，修剪掉部分线条，如图 3-58 所示。

⑦ 插入文字，使用“单行文字”(DT)命令在方向线的尾端插入文字，并将左侧上部第一级踏步删除，如图 3-59 所示。

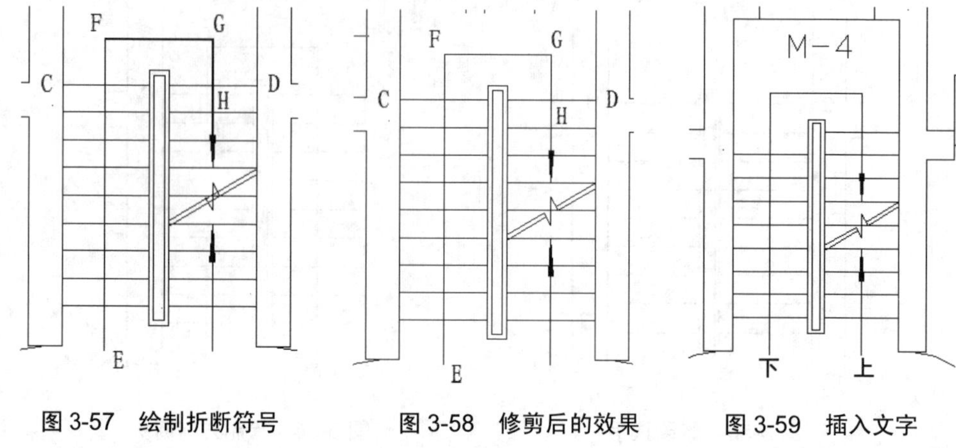


图 3-57　绘制折断符号　　图 3-58　修剪后的效果　　图 3-59　插入文字

## ➢ 任务三　绘制家具类图块

▣ 任务概述　本部分主要介绍室内常用家具图块的绘制方法。

▣ 知识目标　掌握施工图中常用家具类的画法，掌握绘制过程中所需命令的各种子命令的使用方法和技巧，并熟练使用各种命令的快捷方式。

▣ 能力目标　熟练掌握 AutoCAD 的基本操作和命令的使用方法与技巧，能够利用绘图命令(如“样条曲线”、“创建块”、“插入块”等)、修改命令(如“阵列”、“偏移”、“复制”、“镜像”等)及各种辅助工具绘制和编辑室内床、沙发、餐椅、茶几等图块。

▣ 素质目标　培养独立使用 AutoCAD 软件绘制各类图形的能力，掌握图形分析和修改的相关技巧，达到举一反三的目的。

### 1. 绘制床和床头柜

经过千百年的演化，床不仅是供人休息、睡觉的家具，也是家庭的装饰品之一。床的种类有平板床、四柱床、双层床、沙发床等。如果室内空间许可，床越大越好。关于床的位置，很多设计师都认为，床始终应该是面向房间，床的两侧都有床头柜和台灯；床身最好不靠墙，因为很难铺床，且时间长了会在墙上留下痕迹。确定了床的位置、风格和色彩之后，卧室设计的其余部分也就随之展开。

● 床尺寸：

单人床：宽度为 900 mm、1050 mm、1200 mm，长度为 1800 mm、1860 mm、2000 mm、2100 mm。

双人床：宽度为 1350 mm、1500 mm、1800 mm，长度为 1800 mm、1860 mm、

2000 mm、2100 mm。

圆床：直径为 1860 mm、2125 mm、2424 mm(常用)。

1) 图形分析

如图 3-60 所示，本案例绘制的床为 1800 mm×2100 mm 的双人床，枕头尺寸为 700 mm×400 mm，床头柜尺寸为 500 mm×500 mm。

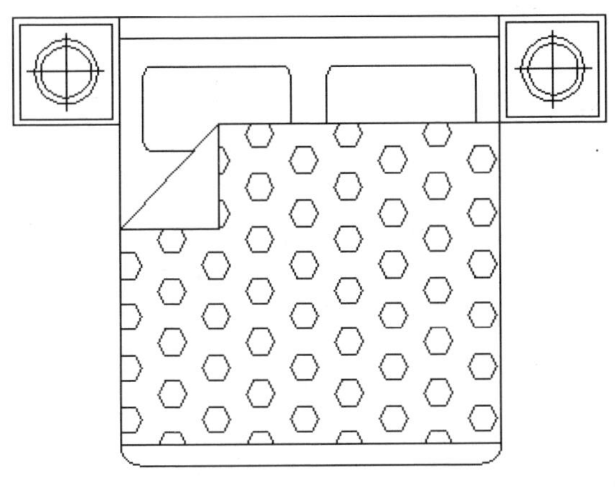

图 3-60　双人床

2) 绘图步骤

(1) 绘制双人床。

① 使用“矩形”(REC)命令绘制一个 1800 mm×2100 mm 的矩形。将矩形分解为四条直线，床头与床尾的直线分别向内偏移 100 mm，如图 3-61 所示。

② 使用“圆角”(F)命令，设置圆角半径为 100 mm，将床尾倒成圆角，如图 3-62 所示。

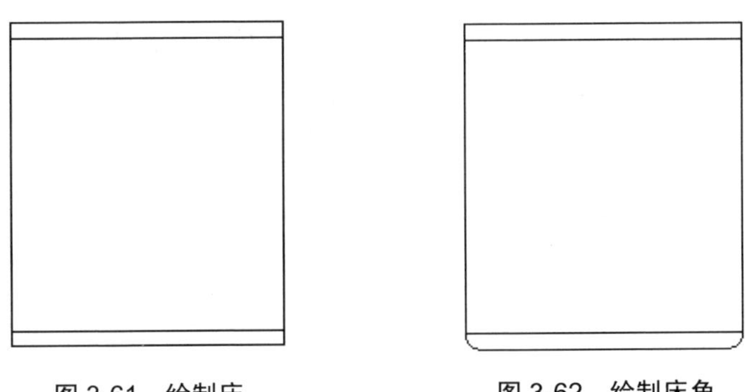

图 3-61　绘制床　　图 3-62　绘制床角

③ 将床头直线向下偏移 500 mm，绘制出被子的位置线，如图 3-63、图 3-64 所示。

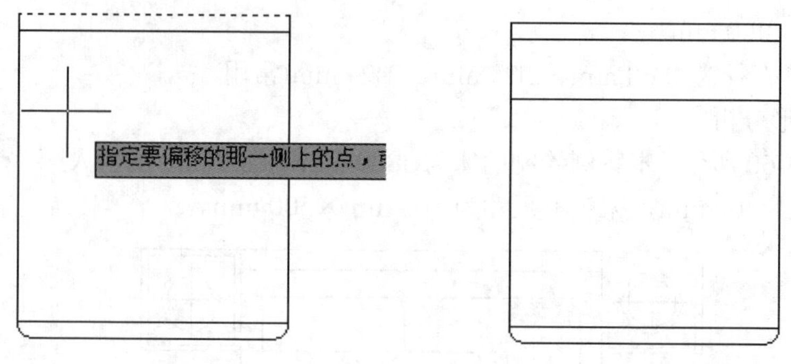


图 3-63　选择偏移对象　　　　图 3-64　偏移后的效果

④ 使用“矩形” (REC) 命令，调用“圆角”模式，设置圆角半径为 50 mm，绘制一个 700 mm×400 mm 的带圆角的矩形作为枕头，如图 3-65 所示。

⑤ 使用“镜像”(MI)命令，捕捉床头和床尾线中点为镜像线的两点，镜像出另一侧的枕头，如图 3-66 所示。

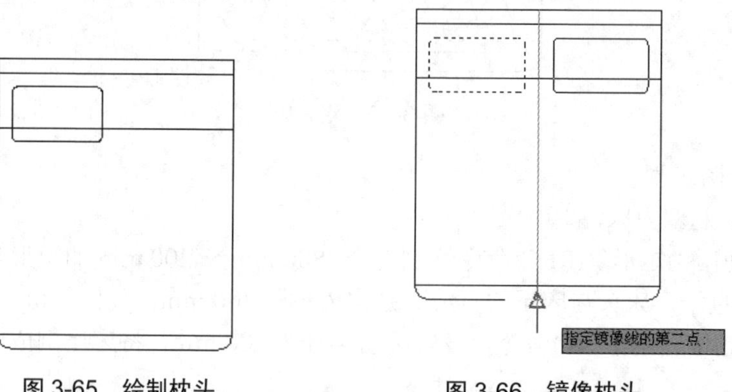


图 3-65　绘制枕头　　　　图 3-66　镜像枕头

⑥ 使用“直线”(L)命令在被子左上角画出三角形的被角，使用“修剪”(TR)命令修剪被被子遮挡到的枕头和多余的线条，如图 3-67、图 3-68 所示。

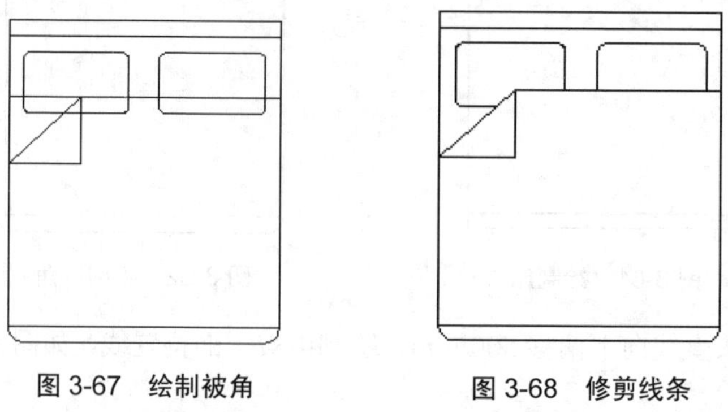

图 3-67　绘制被角　　　　图 3-68　修剪线条

⑦ 使用“图案填充”命令填充被子的图案，完成双人床的绘制，如图 3-69、图 3-70 所示。

图 3-69　填充被子的图案

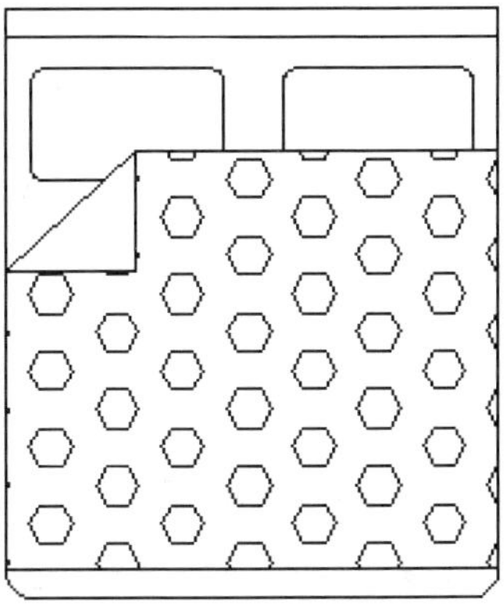

图 3-70　填充后的效果

(2) 绘制床头柜。

① 以双人床的左上角点为起点，使用“矩形”(REC)命令绘制一个 500 mm×500 mm 的矩形(相对坐标@-500，-500)，并向内偏移 30 mm，如图 3-71 所示。

② 捕捉以矩形的中点为圆心，使用“圆”(C)命令绘制一个半径为 150 mm 的圆，并向内偏移 30 mm，绘制好台灯，并从圆心向四周画出 4 条长 180 mm 的线段，如图 3-72 所示。

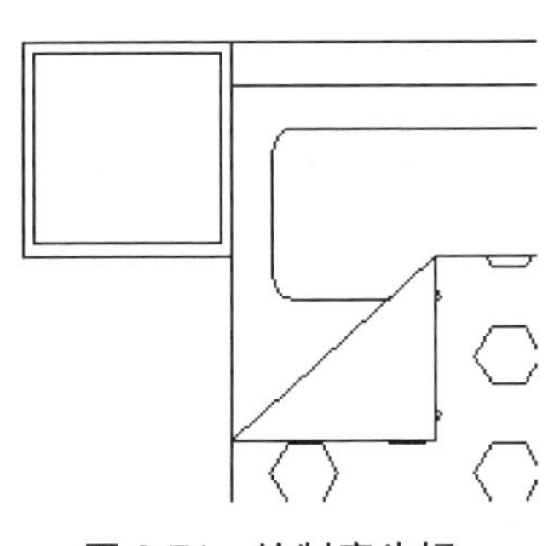

图 3-71　绘制床头柜

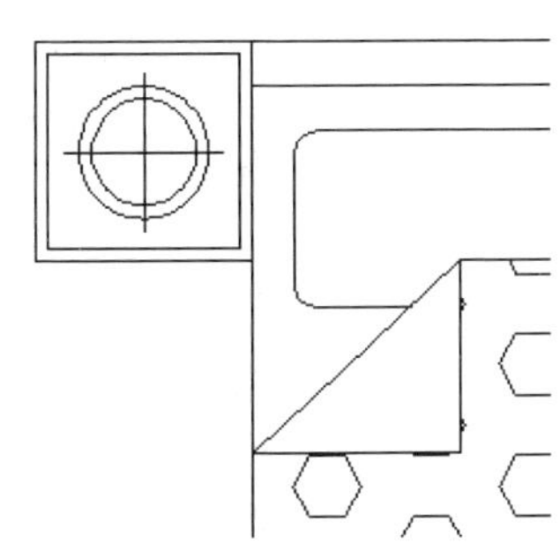

图 3-72　绘制台灯

③使用“镜像”(MI)命令将床头柜镜像到床的右侧，捕捉床头和床尾的中点为镜像线的两点，完成床头柜的绘制，如图 3-73 所示。

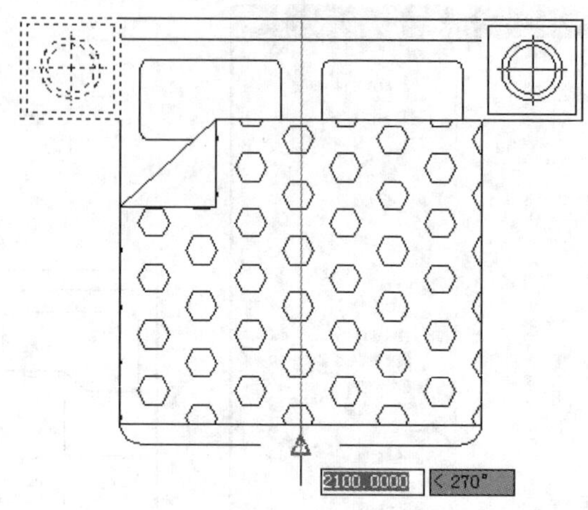


图 3-73 镜像台灯

2. 绘制沙发和茶几

沙发是目前现代家庭中最常用的家具之一，从坐感上可分为硬质沙发和软质沙发，从结构组成上可分为 1+1+3、1+2+3、2+2+1、L 形、弧形等(这里的 1、2、3 分别指一人位、两人位和三人位)。从平面上来看沙发可分为扶手、靠背和坐面三个部分，材质主要有布艺、皮革、木质等。茶几通常放置在沙发中间或边角。形态上可分为方形、圆形(椭圆)、不规则形，材质有木质、金属、玻璃、树脂等。目前市场上在售的沙发和茶几的种类、样式繁多，尺寸多样，在选择沙发和茶几时要考虑客厅空间，在绘制施工图时，沙发和茶几主要用于表现空间布置效果，对样式没有特别的规定，应选择适合空间尺寸的图形。本案例的沙发和茶几如图 3-74 所示。

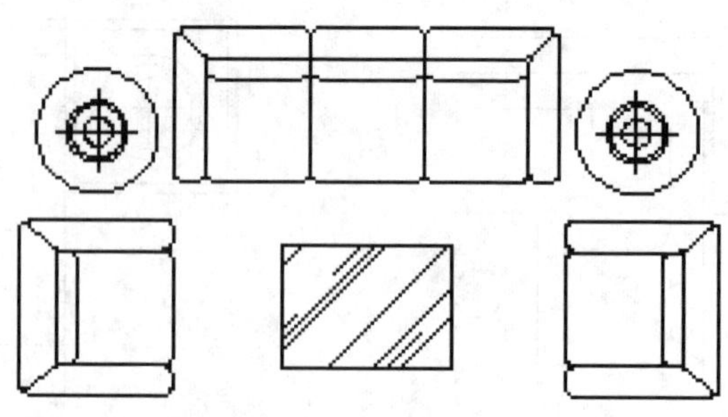

图 3-74 沙发、茶几组合

● 沙发尺寸

单人式：长度为 800～950 mm，深度为 850～900 mm。

双人式：长度为 1260～1500 mm，深度为 800～900 mm。

三人式：长度为 1750～1960 mm，深度为 800～900 mm。

四人式：长度为 2320～2520 mm，深度为 800～900 mm。

长沙发或扶手沙发的靠背高度为 850～900 mm。

单人沙发座前宽度不应小于 480 mm，一般为 520～560 mm，座面的深度应在 480～600 mm 范围内，座面的高度应在 360～420 mm 范围内。

1) 绘制三人位沙发

(1) 图形分析。

三人位沙发的具体尺寸如图 3-75 所示，在绘制时需要多次使用到“偏移”、“倒圆角”、“打断于点”等命令。

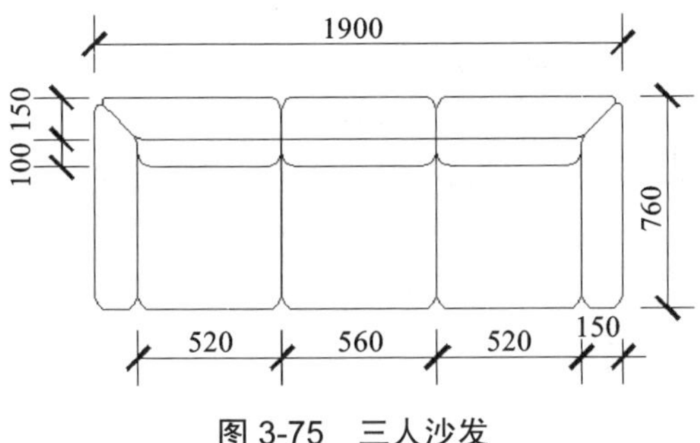


图 3-75　三人沙发

(2) 绘图步骤。

① 绘制一个长为 1900 mm、宽为 760 mm 的矩形，完成后将其分解成直线。将矩形的三条边向内偏移 150 mm，绘制出扶手和靠背。将靠背线再次向内偏移 100 mm，如图 3-76 所示。

② 将两侧扶手线向内偏移 520 mm，得到座位线，如图 3-77 所示。

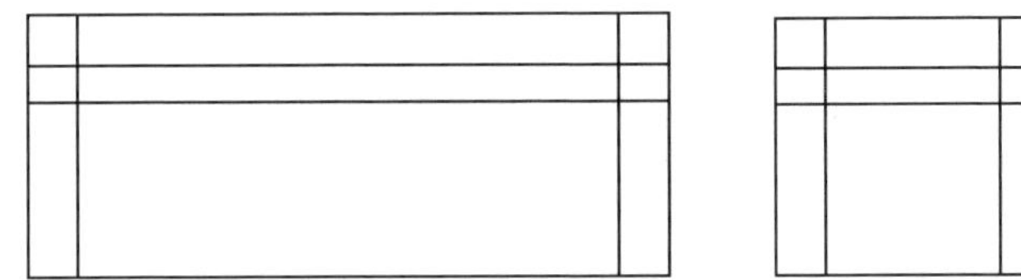

图 3-76　绘制沙发和靠背扶手

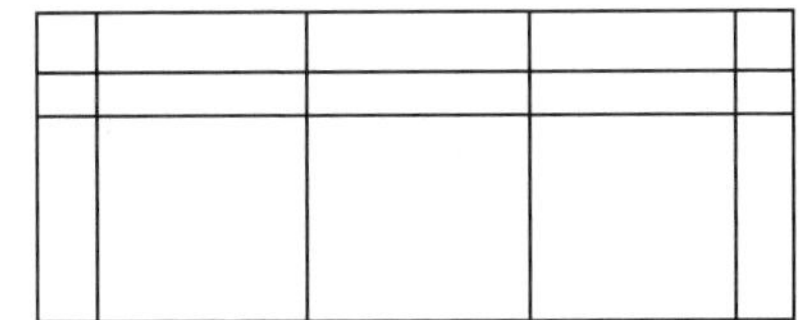

图 3-77　绘制座位线

③ 使用“修剪”命令，将多余的线修剪掉。画出座位和靠背边角的斜线，沙发的大致形状就完成了，如图 3-78 所示。

④ 使用“打断于点”命令，将图中有黑点的直线位置进行打断，如图 3-79 所示。

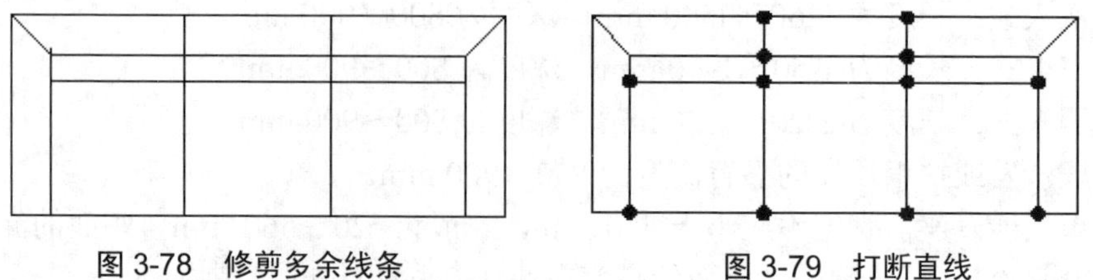

图 3-78　修剪多余线条　　　　图 3-79　打断直线

**注意**

重复使用“打断于点”命令需要重新单击命令按钮，由于“打断于点”和“打断”命令的英文名称完全相同，系统默认“BR”为“打断”命令的快捷键，而“打断于点”命令没有快捷键，需要重新单击命令按钮。

⑤ 使用“倒圆角”(F)命令将上述黑点及边角位置倒出圆弧，将命令设置改为“当前设置：模式=不修剪”，座位和扶手半径值为“50”，靠背外边角半径为“30”，内边角半径为“100”，依次完成所有的倒角，如图 3-80 所示。

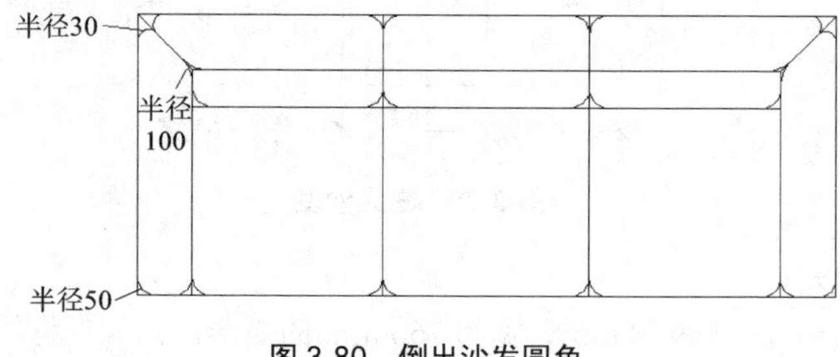


图 3-80　倒出沙发圆角

⑥ 使用“修剪”(TR)命令修剪掉圆弧旁边多余的线条，完成三人沙发的绘制，如图 3-81 所示。

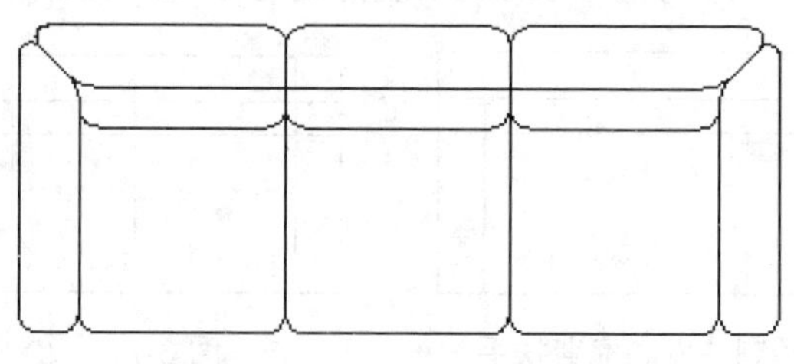

图 3-81　修剪后的效果

2) 绘制单人位沙发

(1) 图形分析。

单人位沙发的尺寸如图 3-82 所示，其靠背、扶手都与三人位沙发基本相同，所用命令与绘制三人位沙发一致。

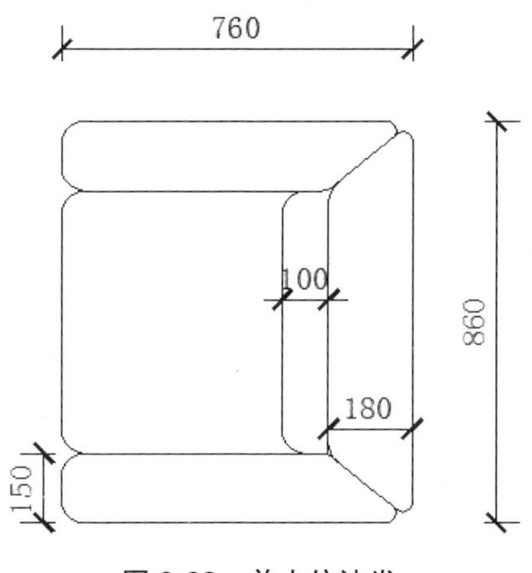


图 3-82　单人位沙发

(2) 绘图步骤。

① 使用“矩形”(REC)命令绘制一个 760 mm×860 mm 的矩形，完成后将其分解成直线。将矩形的上下两条边分别向内偏移 150 mm，绘制出扶手，右边线向内偏移 180 mm，得到靠背线，将靠背线再次向内偏移 100 mm，如图 3-83 所示。

② 使用“修剪”(TR)命令将多余的线修剪掉。画出座位和靠背边角的斜线，单人位沙发的大致形状就完成了，如图 3-84 所示。

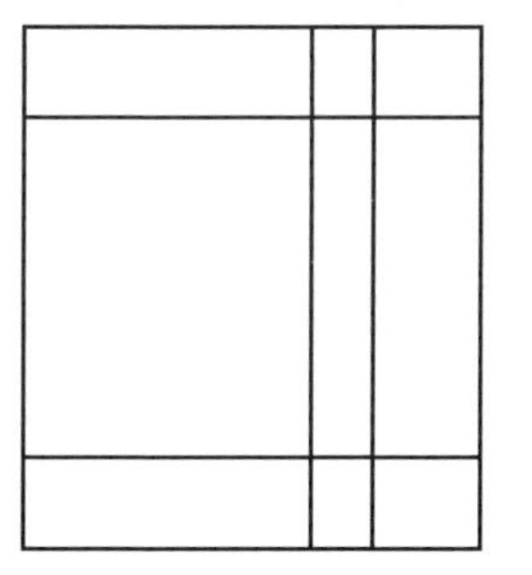

图 3-83　绘制沙发形状

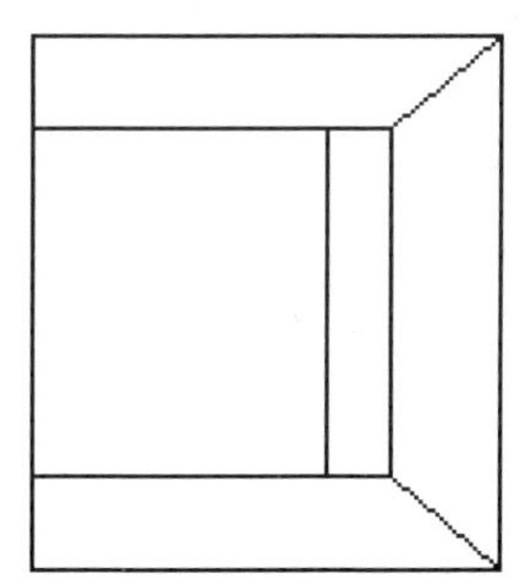

图 3-84　修剪完成的效果

③ 使用“倒圆角”(F)命令将座位、扶手及靠背边角位置倒出圆弧，将命令设置改为“当前设置：模式=不修剪”，座位和扶手半径值分别为“50”，沙发外边角半径值为“30”，内边角半径值为“100”，依次完成所有的圆角，如图 3-85 所示。

④ 使用“修剪”(TR)命令修剪掉圆弧旁边多余的线条，完成单人位沙发的绘

制，如图 3-86 所示。

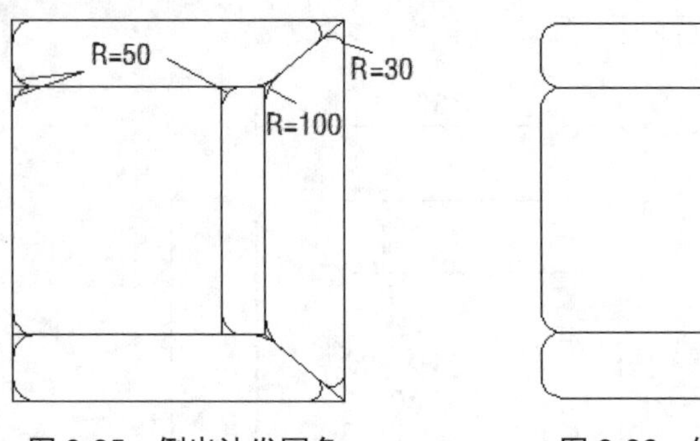


图 3-85　倒出沙发圆角　　　　图 3-86　修剪后的效果

3) 绘制方形茶几

常用的茶几形状有长方形、正方形、圆形等几种。

● 茶几尺寸

小型长方形：长度为 600～750 mm，宽度为 450～600 mm，高度为 380～500 mm(380 mm 最佳)。

中型长方形：长度为 1200～1350 mm，宽度为 380～500 mm 或 600～750 mm。

大型长方形：长度为 1500～1800 mm，宽度为 600～800 mm，高度为 330～420 mm(330 mm 最佳)

圆形：直径为 750 mm、900 mm、1050 mm、1200 mm，高度为 330～420 mm。

正方形：长度为 750～900 mm，高度为 430～500 mm。

三人位沙发搭配茶几的尺寸为 1200 mm×700 mm×450 mm 或 1000 mm×1000 mm×450 mm。沙发和茶几的间距应该在 40～45 cm 之间，沙发与电视机之间应预留 3 m 左右距离。

(1) 图形分析。

茶几的尺寸较多，有各种形状和材质，本案例中所绘方形茶几尺寸如图 3-87 所示，表面材料为玻璃，绘制时需要使用“矩形”命令中的“圆角”模式和“图案填充”命令。

(2) 绘图步骤。

①使用“矩形”(REC)命令绘制一个长 850 mm、宽 600 mm 的圆角矩形，圆角半径为 50 mm，如图 3-88 所示。

单击“绘图”工具栏中的“矩形”按钮□，或在命令行输入“RECTANG”，命令行提示如下。

```
命令:RECTANG
指定第一个角点或 [倒角(C)/标高(E)/圆角(F)/厚度(T)/宽度(W)]: F
                                        //选择圆角设置
```

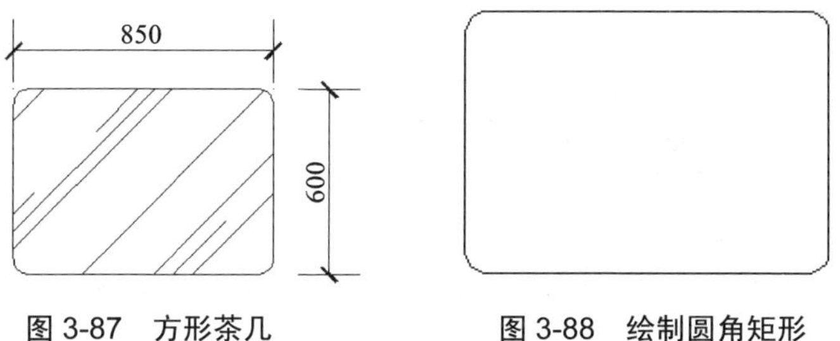


图 3-87　方形茶几　　　　图 3-88　绘制圆角矩形

```
指定矩形的圆角半径 <0.0000>: 50      //输入圆角半径值
指定第一个角点或 [倒角(C)/标高(E)/圆角(F)/厚度(T)/宽度(W)]:
                                    //屏幕任意位置确定一点
指定另一个角点或 [面积(A)/尺寸(D)/旋转(R)]: @850,600
                                    //回车结束命令
```

② 使用“图案填充”命令填充玻璃材质，分别设置图案、比例、角度，如图 3-89 所示。

图 3-89　“图案填充和渐变色”对话框

4) 绘制圆形角几

(1) 图形分析。

角几是放置在沙发边角，用于放置台灯、装饰瓶、电话等用品的家具，本案例圆形角几的尺寸如图 3-90 所示，可使用“圆”、“直线”命令完成。

(2) 绘图步骤。

① 使用“直线”(L)命令绘制一条长 400 mm 的直线，从中点向上、下方向各画出 200 mm 长的垂直线，如图 3-91 所示。

② 以十字中点为圆心，使用“圆”(C)命令绘制 4 个半径分别为 70 mm、130 mm、150 mm、300 mm 的圆，完成圆形角几的绘制，如图 3-92 所示。

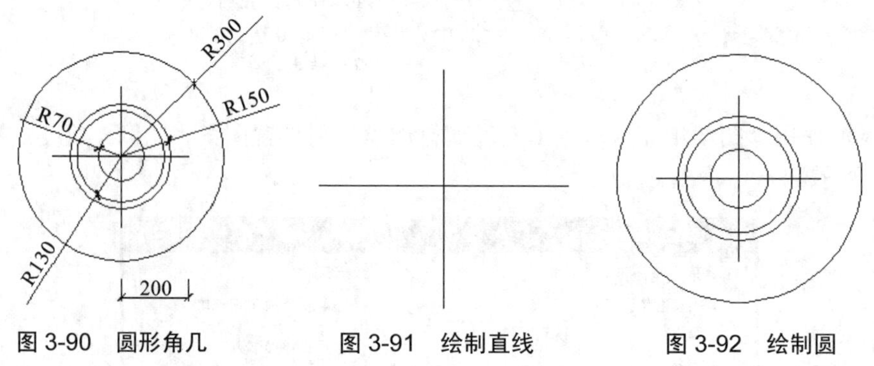


图 3-90　圆形角几　　图 3-91　绘制直线　　图 3-92　绘制圆

### 3. 绘制餐桌和餐椅

餐桌和餐椅是餐厅空间重要的家具，因设计不同、材料款式多样，餐桌形状有圆形、正方形、长方形、椭圆形等，餐椅形状也较多样。

● 餐桌尺寸

餐桌类家具高度的尺寸有 700 mm、720 mm、740 mm、760 mm 四个规格。其中标准高度一般为 720 mm，西式餐桌高度为 680～720 mm。

方餐桌尺寸：两人餐桌为 850 mm×700 mm，四人餐桌为 1350 mm×850 mm，六人餐桌为 1400 mm×700 mm，八人餐桌为 2250 mm×850 mm。

圆桌的直径规格有 900 mm、1200 mm、1350 mm、1500 mm、1800 mm 等。两人圆餐桌直径为 500 mm、800 mm，四人圆餐桌直径为 900 mm，五人圆餐桌直径为 1100 mm，六人圆餐桌直径为 1100～1250 mm，八人圆餐桌直径为 1300 mm，十人圆餐桌直径为 1500 mm，十二人圆餐桌直径为 1800 mm。餐桌转盘直径为 700～800 mm。

● 餐椅尺寸

一般餐椅高为 450～500 mm。餐椅、餐凳的座面高度一般有 400 mm、420 mm、440 mm 三个规格。餐桌、椅配套使用，桌椅高度差应控制在 280～320 mm 范围内。

酒吧台高为 900～1050 mm，宽为 500 mm；酒吧凳高为 600～750 mm。

1）绘制餐桌

(1) 图形分析。

图 3-93 所示为 1800 mm×1000 mm 的带圆角矩形餐桌，圆角半径为 50 mm。材质填充为玻璃。可使用“矩形”、“图案填充”命令完成。

(2) 绘图步骤。

① 使用“矩形”(REC)命令绘制一个长为 1800 mm、宽为 1000 mm 的圆角矩形，圆角半径为 50 mm，如图 3-94 所示。

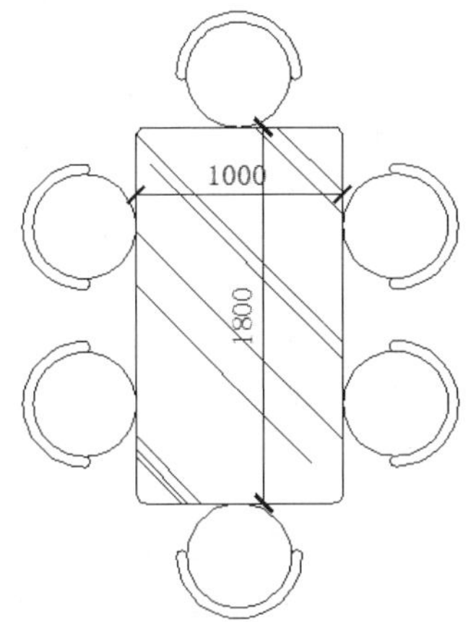

图 3-93　餐桌、椅组合

图 3-94　绘制圆角矩形

单击“绘图”工具栏中的“矩形”按钮，或在命令行输入“RECTANG”，命令行提示如下。

```
命令: RECTANG
指定第一个角点或 [倒角(C)/标高(E)/圆角(F)/厚度(T)/宽度(W)]: F
                                    //选择圆角设置
指定矩形的圆角半径 <0.0000>: 50     //输入圆角半径值
指定第一个角点或 [倒角(C)/标高(E)/圆角(F)/厚度(T)/宽度(W)]:
                                    //屏幕任意位置确定一点
指定另一个角点或 [面积(A)/尺寸(D)/旋转(R)]: @1000,1800
                                    //回车结束命令
```

② 使用“图案填充”(H)命令填充玻璃材质，选择图案为“AR-RROOF”，比例设置为“30”，角度设置为“135”，如图 3-95 所示，完成餐桌的绘制。完成后的效果如图 3-96 所示。

2）绘制餐椅

(1) 图形分析。

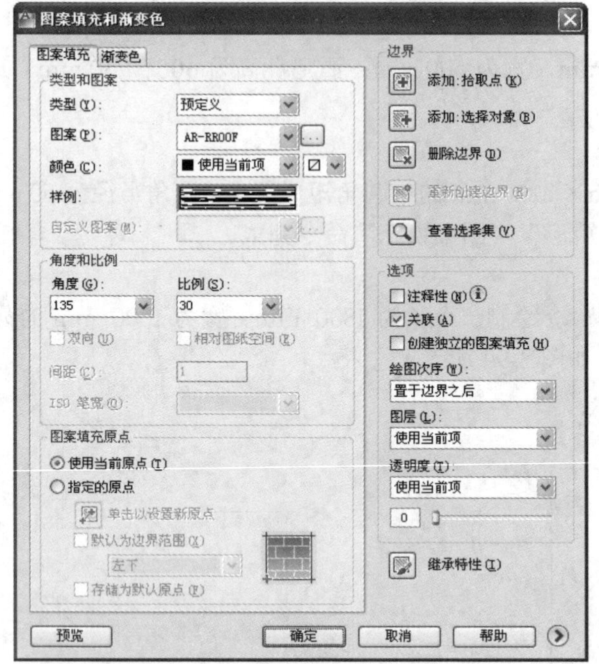


图 3-95　使用“图案填充”命令设置餐桌参数

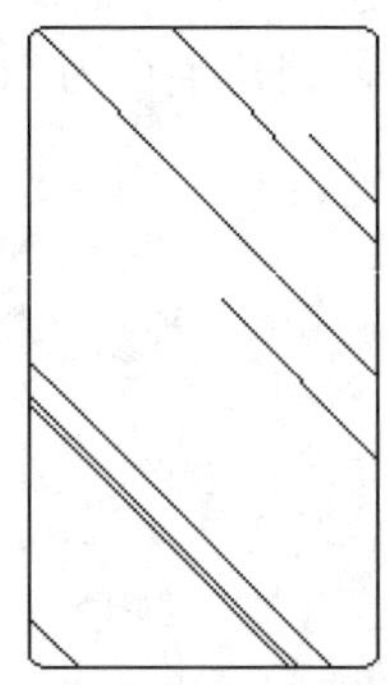

图 3-96　完成后的餐桌效果

餐椅由一个直径为 500 mm 的圆形座面和一个厚度为 50 mm 的弧形靠背组成，如图 3-97 所示。可以使用“圆”、“偏移”、“修剪”等命令完成绘制。

(2) 绘图步骤。

① 使用“圆”(C)命令绘制一个半径为 250 mm 的圆，将圆向外偏移 50 mm，如图 3-98 所示。

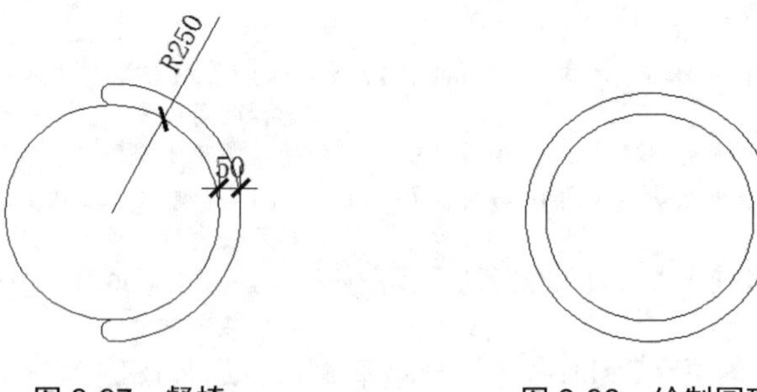

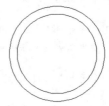

图 3-97　餐椅　　　　图 3-98　绘制圆环

② 在圆的上、下两个象限点之间画一条垂线，使用“圆”(C)命令绘制出扶手顶部的圆弧，如图 3-99 所示。

③ 使用“修剪”(TR)命令修剪掉多余的线，完成餐椅的绘制，如图 3-100

所示。

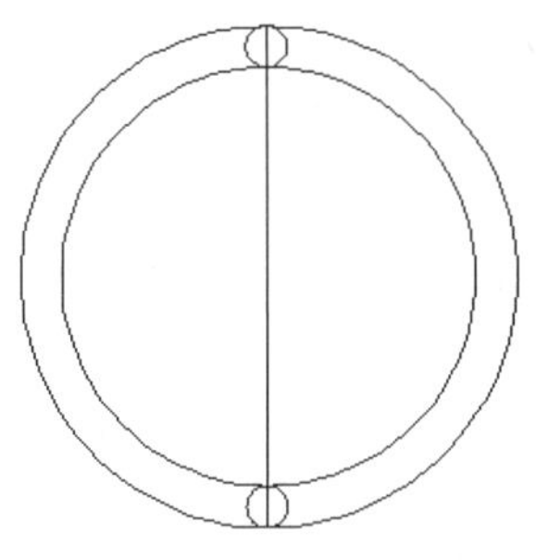

图 3-99 绘制扶手顶部

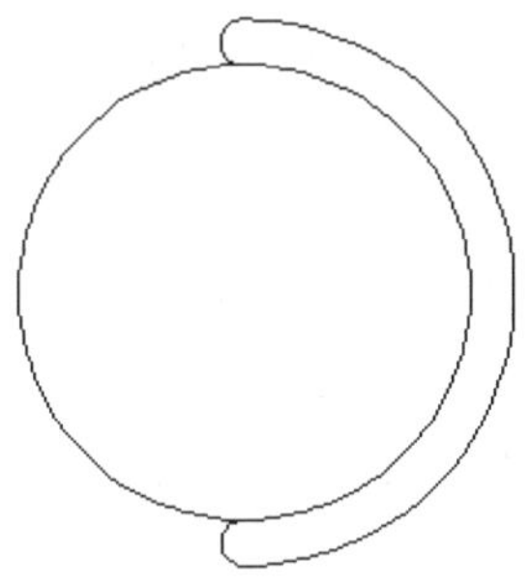

图 3-100 修剪后的效果

3) 组合餐桌、餐椅

将餐椅复制多个，分别放置在餐桌一侧合适的位置，使用镜像命令使两侧餐椅对称。完成餐桌、椅的绘制，可使用“复制”、“旋转”、“镜像”等命令。

## ➤ 任务四 绘制厨房图块

➡ 任务概述 本部分主要介绍厨房常用图块——水表、燃气灶、洗菜盆的绘制方法。

➡ 知识目标 掌握施工图中厨房类图块的尺寸和画法，掌握绘制过程中所需命令的各种子命令的使用方法和技巧，并熟练使用各种命令的快捷方式 。

➡ 能力目标 熟练掌握 AutoCAD 的基本操作和命令的使用方法与技巧，能够利用绘图命令(如“图案填充”、“定数等分”、“环形阵列”等)、修改命令(如“圆角”、“偏移”、“修剪”、“镜像”等)，以及各种辅助工具绘制和编辑水表、燃气灶、洗菜盆等图块。

➡ 素质目标 培养独立使用 AutoCAD 软件绘制各类图形的能力，掌握图形分析和修改的相关技巧，达到举一反三的目的。

### 1. 绘制水表

水表是一个标准的矩形图块，一般是连接矩形对角线，并将右下侧涂黑，如图 3-101 所示。

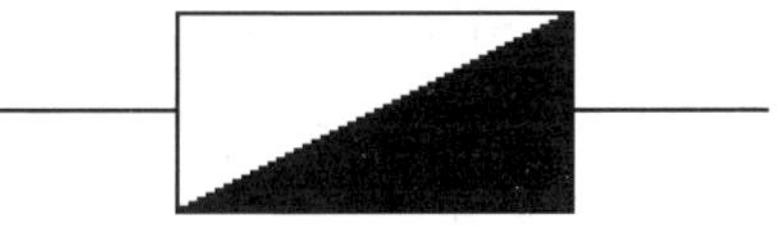

图 3-101 水表

1）图形分析

本例中的水表为一个 800 mm×400 mm 的矩形，绘制一条穿过矩形短边中点的直线，直线超出矩形两边距离为 400 mm，使用“图案填充”命令填充水表右下侧。

2）绘图步骤

(1) 使用“矩形”(REC)命令绘制一个 800 mm×400 mm 的矩形，并连接矩形的对角线，如图 3-102 所示。

(2) 使用“直线”(L)命令绘制两条长度为 400 mm 的线，如图 3-103 所示。

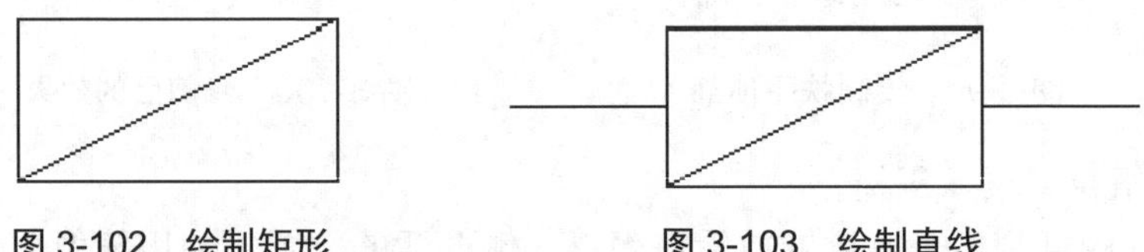

图 3-102 绘制矩形　　图 3-103 绘制直线

(3) 使用“图案填充”(H)命令填充矩形的右下侧三角形区域，选择图案为“SOLID”，如图 3-104、图 3-105 所示。

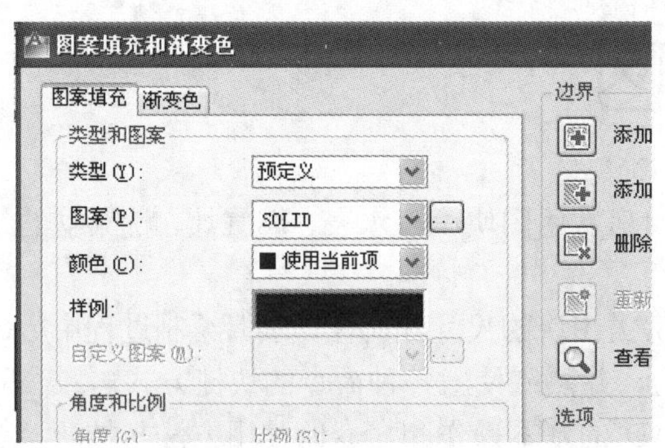


图 3-104 设置图案填充参数

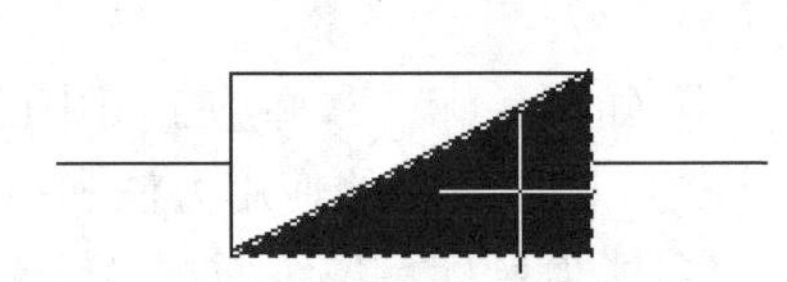

图 3-105 填充后的效果

## 2. 绘制燃气灶

燃气灶是厨房中使用非常广泛的一种厨具，常见尺寸为 720 mm×400 mm，如图 3-106 所示。

1）图形分析

燃气灶由底板、灶孔和旋钮组成，底板是一个 720 mm×400 mm 的矩形，灶孔的外周直径为 200 mm，旋钮直径为 50 mm。

2）绘图步骤

(1) 使用“矩形”(REC)命令绘制一个 720 mm×400 mm 的矩形，并向内偏移 10 mm。使用“分解”(X)命令将两个矩形分解成直线，如图 3-107 所示。

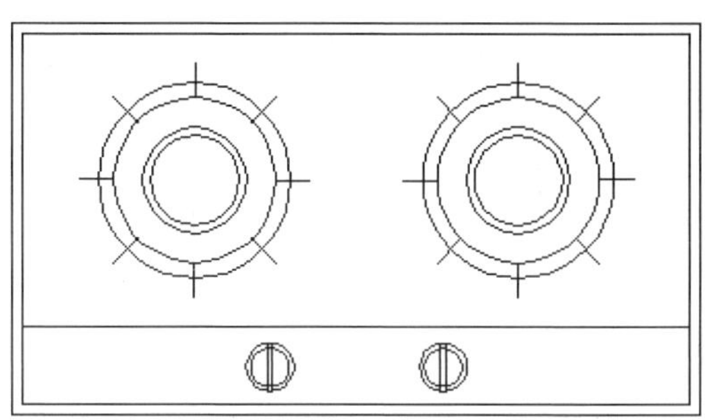

图 3-106　燃气灶图例

(2) 使用“偏移”(O)命令将底部的直线向上偏移 90 mm，如图 3-108 所示。

图 3-107　绘制矩形

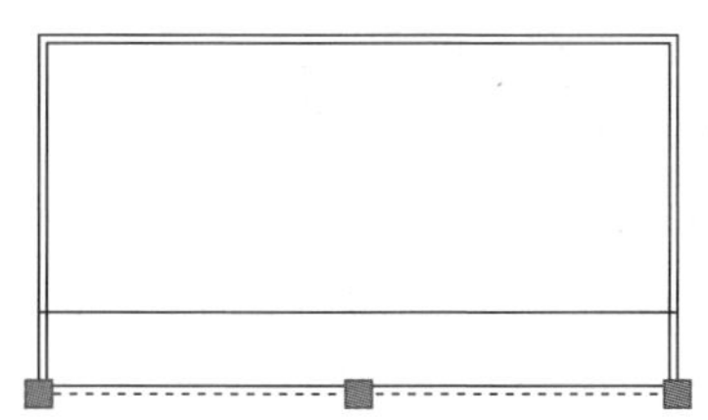

图 3-108　偏移直线

(3) 使用“打断于点”按钮将两侧的直线打断于交点，如图 3-109 所示。

(4) 单击“绘图”|“点”|“定数等分”菜单命令，将顶部的直线等分为四段，设置点样式，如图 3-110 所示，直线上将出现定数等分点，如图 3-111 所示。

图 3-109　打断直线

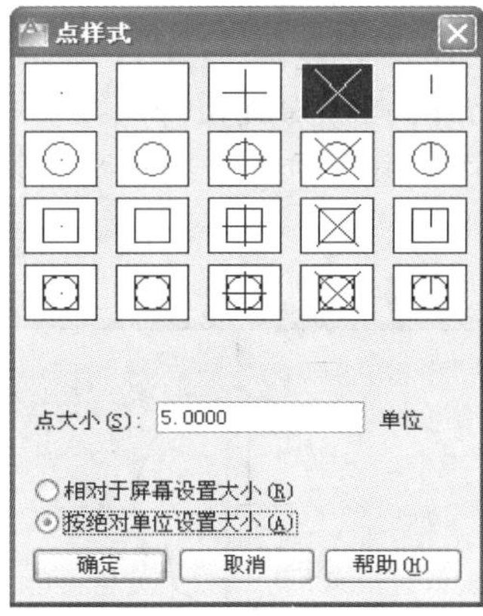


图 3-110　“点样式”对话框

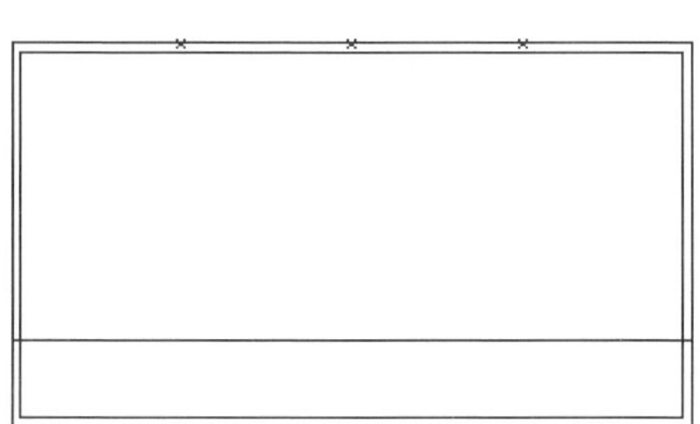

图 3-111　定数等分点

(5) 使用“直线”(L)命令绘制定数等分点与左右直线中点的垂线作为灶孔的定位线，如图 3-112 所示。

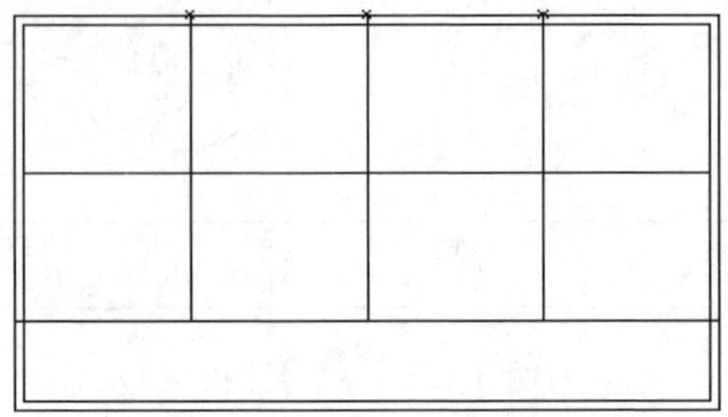

图 3-112　绘制燃气灶底板

(6) 以 A 点为圆心，使用“圆”(C)命令绘制一个直径为 200 mm 的圆，并以向内偏移出的圆为基准向内分别偏移 15 mm、30 mm、8 mm，画出灶孔的形状，效果如图 3-113 所示。

从 B 点向上画一条长度为 35 mm 的直线，如图 3-114 所示。

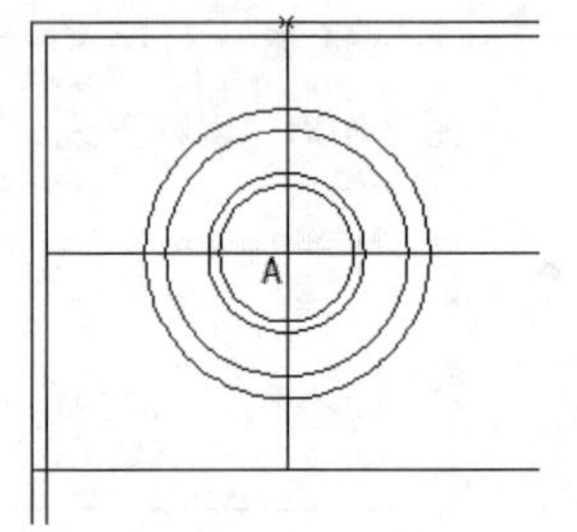


图 3-113　绘制灶孔

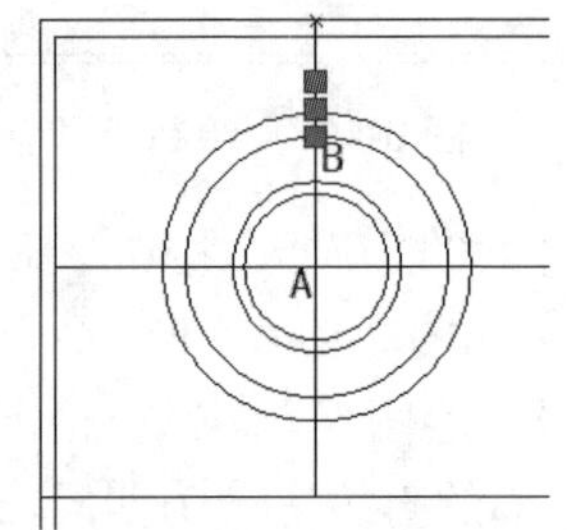


图 3-114　绘制直线

(7) 使用“阵列”(AR)命令将长度为 35 mm 的直线环形阵列 8 个，完成灶孔的绘制，如图 3-115 所示。

(8) 使用“圆”(C)命令绘制一个直径为 50 mm 的圆作为旋钮外圆，使用“矩形”(REC)命令绘制一个 5 mm×50 mm 的矩形，并从短边中点移动到圆的象限点上，完成旋钮的绘制，如图 3-116 所示。

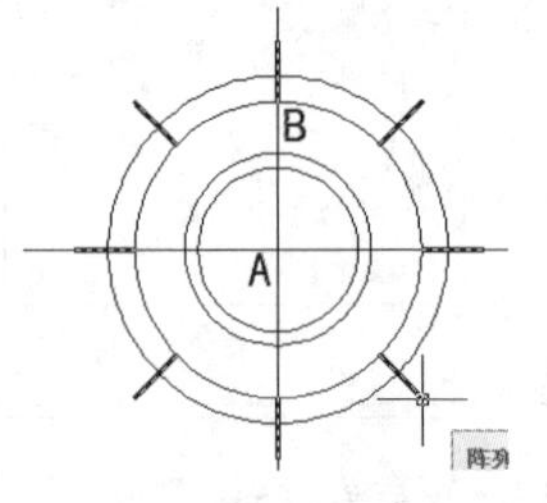


图 3-115　阵列后的效果

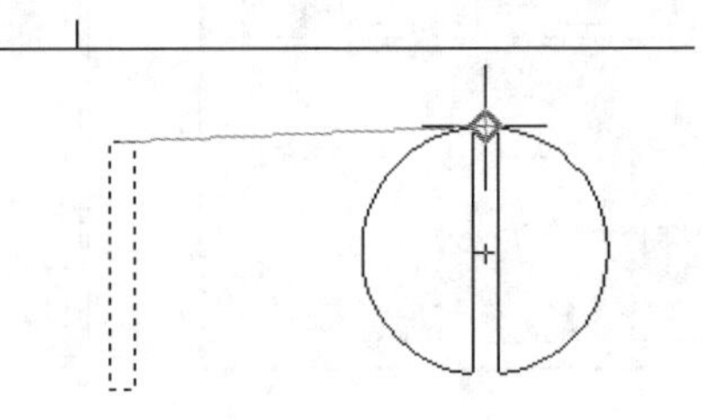

图 3-116　绘制旋钮

(9) 使用“镜像”(MI)命令将灶孔与旋钮一同镜像到右侧，选择中间一条定位线为镜像线，完成右侧灶孔的绘制，如图 3-117 所示。

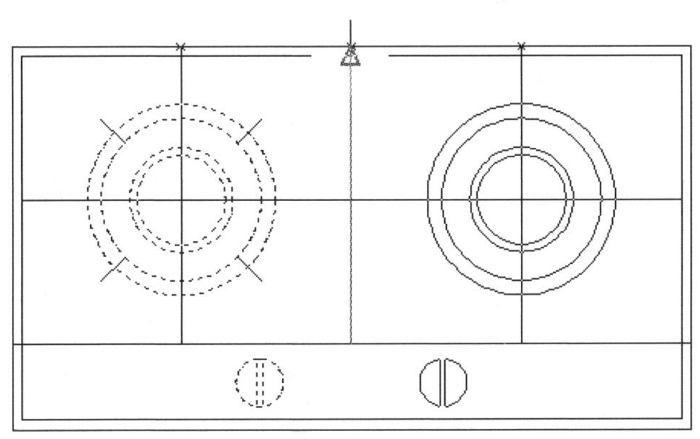

图 3-117　镜像灶孔

(10) 使用“修剪”(TR)命令和“删除”(E)命令，修剪掉多余的线条并删除定位线和定数等分点，完成燃气灶的绘制。

### 3. 绘制洗菜盆

洗菜盆是厨房的常用洗涤用具，有单盆式、双盆式、三盆式等几种，形状上有方形盆和圆形盆，尺寸根据种类不同有所不同，下面介绍常用的双盆式洗菜盆(见图 3-118)的画法。

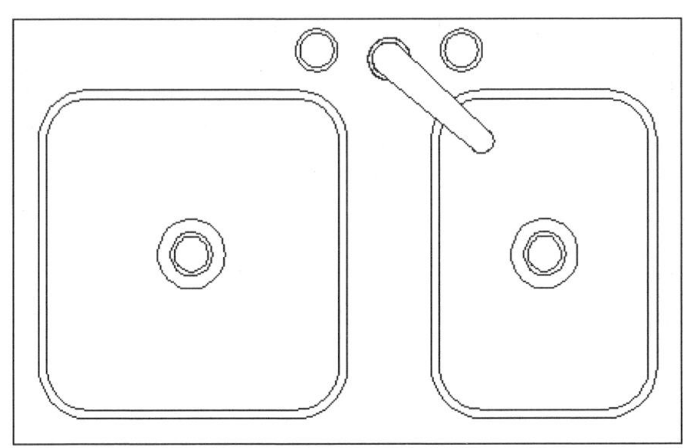

图 3-118　双盆式洗菜盆

1) 图形分析

本案例洗菜盆的面板尺寸为 800 mm×500 mm，左、右洗菜盆距离面板上沿 85 mm，距离左、右、下沿各 30 mm，主要使用“矩形”、“偏移”、“分解”、“圆角”、“修剪”等命令完成。

2) 绘图步骤

(1) 使用“矩形”(REC)命令绘制一个 800 mm×500 mm 的矩形，并使用“分解”(X)命令将矩形分解为直线。

(2) 使用“偏移”(O)命令将矩形上部直线向内偏移 85 mm，左、右、下部三条直线各向内偏移 30 mm，绘制出洗菜盆位置线，如图 3-119 所示。

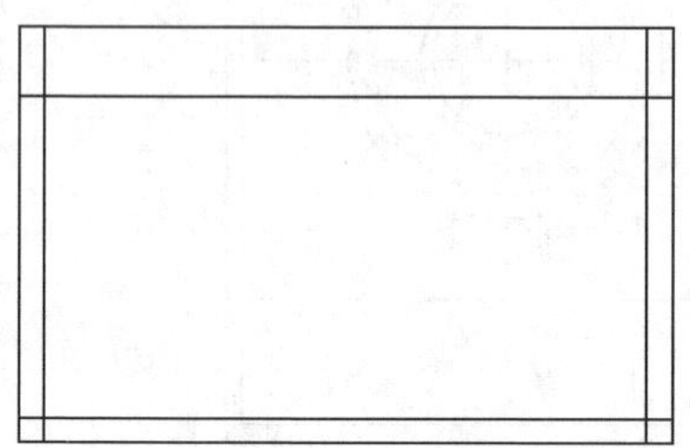

图 3-119 绘制洗菜盆底板

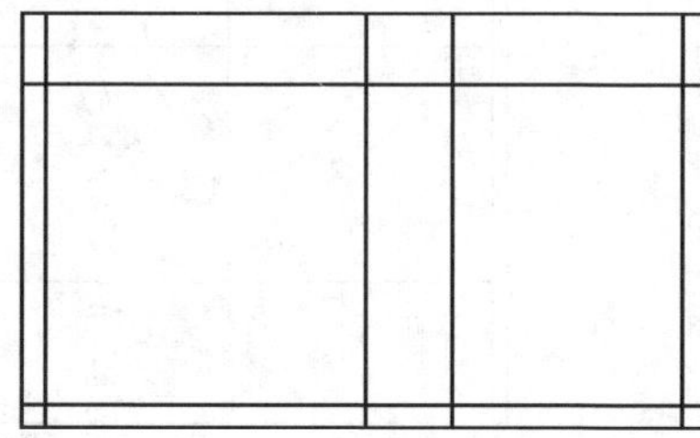

图 3-120 偏移出左、右洗菜盆

(3) 将偏移出的左、右两条直线分别向内偏移 370 mm、270 mm，绘制出左、右洗菜盆的位置线，如图 3-120 所示。

(4) 使用“圆角”(F)命令将当前设置改为“模式=不修剪，半径=60”，分别在左、右菜盆四个角倒出圆弧，如图 3-121 所示。使用“修剪”(TR)命令修剪掉圆弧周围多余的直线，绘制出左、右洗菜盆轮廓线，如图 3-122 所示。

**注意**

在使用“圆角”命令时，如果多个直角共用一条直线，则倒圆角时需要关闭“修剪”模式；否则共用直线多余的部分在倒圆角时将被修剪掉。可以使用“不修剪”模式先倒出圆弧，然后一起修剪。

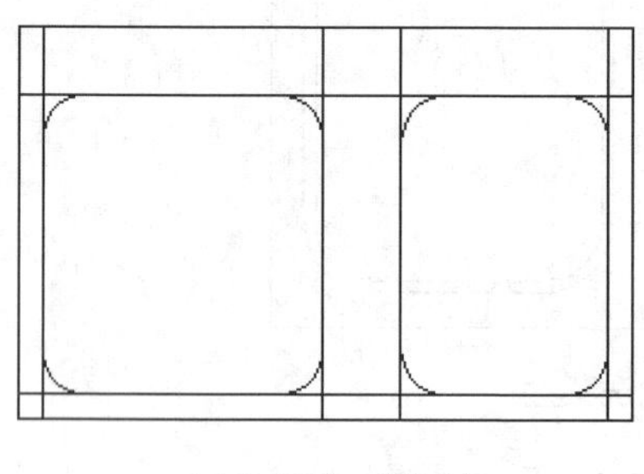

图 3-121 倒圆角

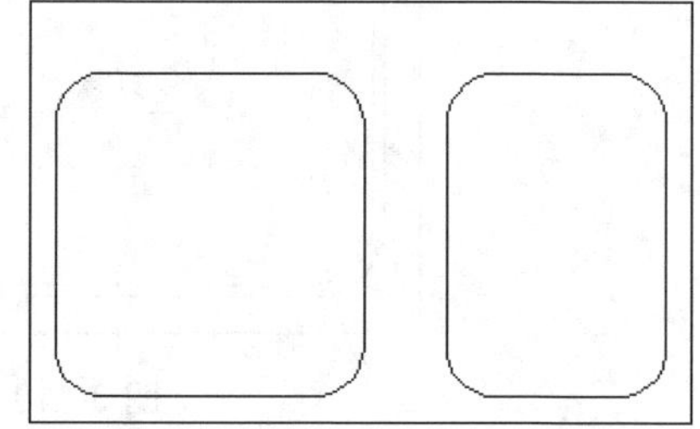

图 3-122 修剪完成左、右洗菜盆

(5) 使用“偏移”(TR)命令将洗菜盆轮廓线向内偏移 10 mm，如图 3-123 所示。

(6) 使用“直线”(L)命令连接左、右洗菜盆，从直线中点向上画垂线，画出水龙头的位置线，如图 3-124 所示。

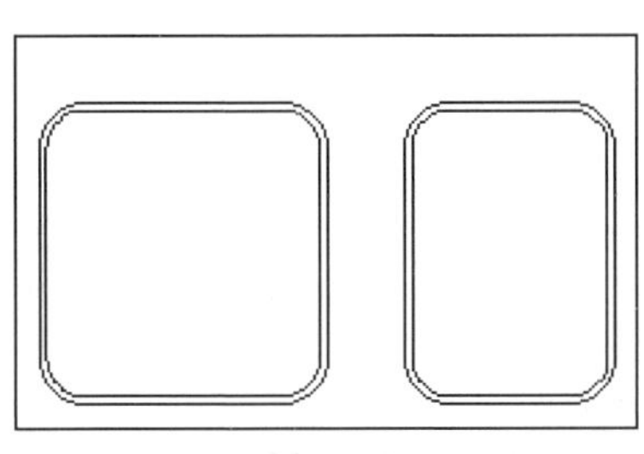

图 3-123　偏移轮廓线

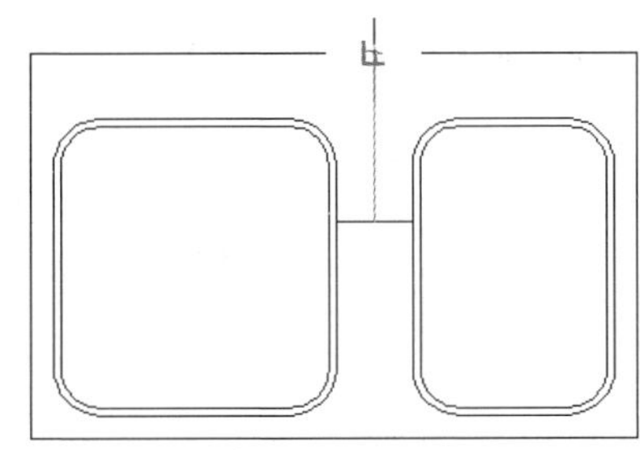
图 3-124　绘制水龙头位置线

(7) 在垂线上找到合适的位置，使用“圆”(C)命令画一个半径为 25 mm 的圆，如图 3-125 所示。

将圆向内偏移 5 mm，将偏移后的两个圆复制到左、右两边，如图 3-126 所示。

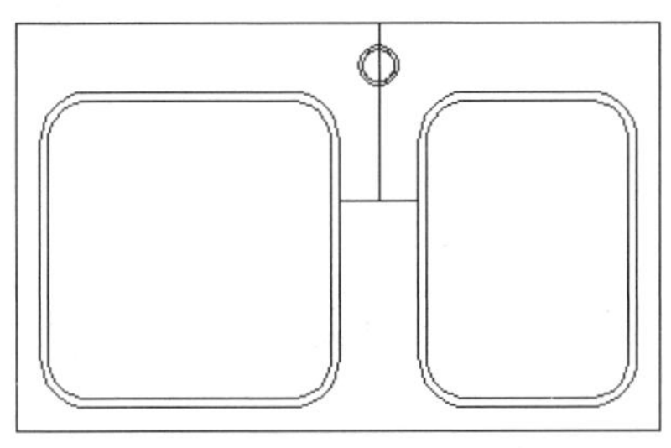
图 3-125　绘制水龙头孔

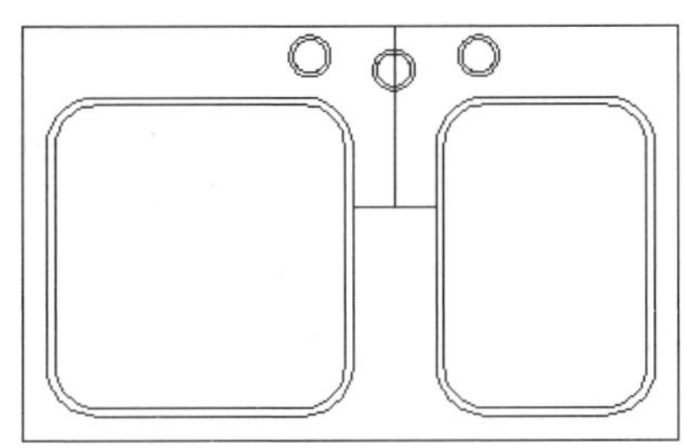
图 3-126　偏移水龙头孔

(8) 在左右任意一个菜盆内，使用“圆”(C)命令画一个半径为 15 mm 的圆，作为水龙头的前端，使用“直线”(L)命令连接水龙头的尾端和顶端，如图 3-127 所示。

修剪掉多余的线条，删除辅助线，如图 3-128 所示。

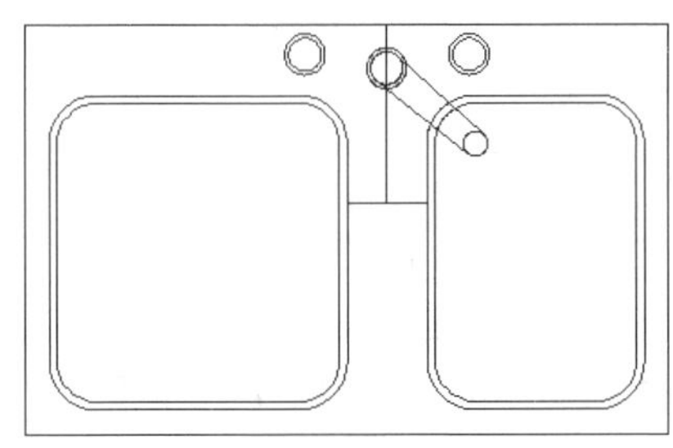
图 3-127　绘制水龙头

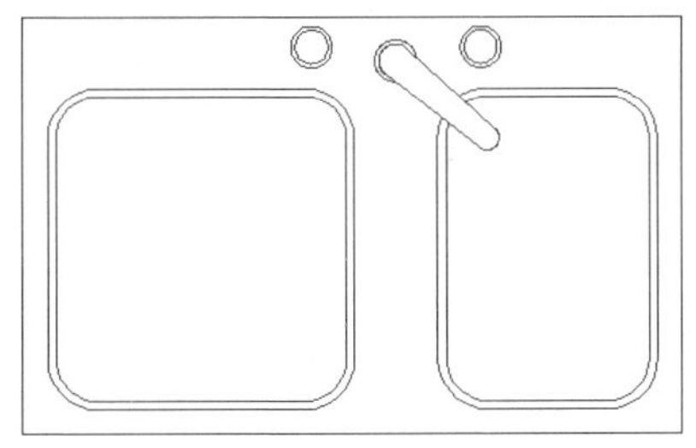
图 3-128　删除辅助线

(9) 使用“圆”(C)命令画一个半径为 40 mm 的圆，向内分别偏移 15 mm、20 mm，将偏移出的圆全部复制到左菜盆、右菜盆的中点，作为菜盆的下水孔，完成洗菜盆的绘制，如图 3-129 所示。

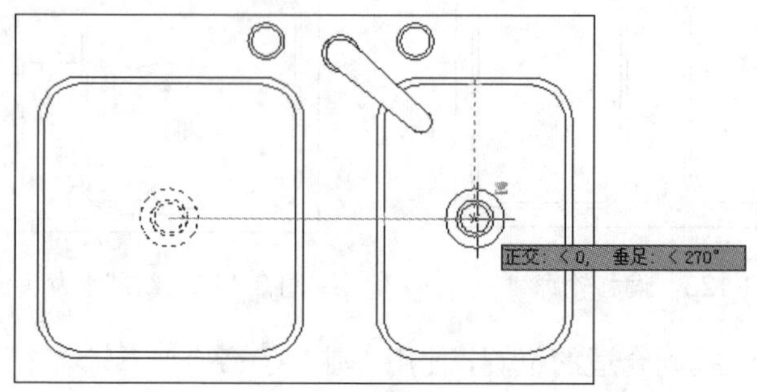


图 3-129 绘制下水孔

## ➢ 任务五 绘制卫生间图块

任务概述 本部分主要介绍卫生间常用图块——洗脸盆、浴缸、坐便器的绘制方法。

知识目标 掌握施工图中卫生间图块的尺寸和画法，掌握绘制过程中所需命令的各种子命令的使用方法和技巧，并熟练使用各种命令的快捷方式。

能力目标 熟练掌握 AutoCAD 的基本操作和命令的使用方法与技巧，能够利用绘图命令(如“椭圆”、“椭圆弧”、“插入块”等)、修改命令(如“阵列”、“偏移”、“复制”、“镜像”等)，以及各种辅助工具绘制和编辑洗脸盆、浴缸、坐便器等图块。

素质目标 培养独立使用 AutoCAD 软件绘制各类图形的能力，掌握图形分析和修改的相关技巧，达到举一反三的目的。

### 1. 绘制洗脸盆

洗脸盆是卫生间常用的洁具之一，从种类上可分为立柱式和柜盆式，根据洗脸盆的位置可分为台上盆和台下盆，根据洗脸盆的造型可分为圆形、方形、椭圆形、不规则形等，根据材质可分为不锈钢、陶瓷、亚克力等。下面介绍一款椭圆形洗脸盆的绘制方法，洗脸盆如图 3-130 所示。

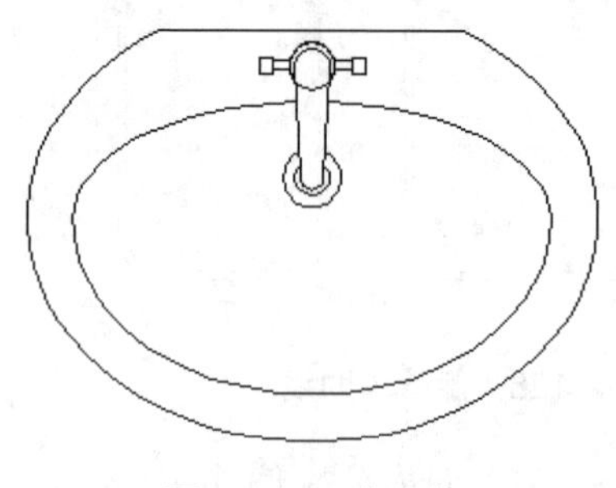

图 3-130 洗脸盆

1) 图形分析

洗脸盆的造型由椭圆和椭圆弧构成，主要尺寸如图 3-131 所示，本案例主要学习“椭圆”和“椭圆弧”命令的使用。

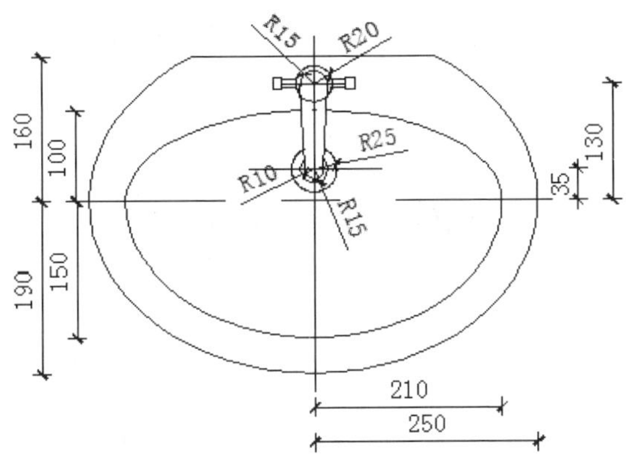


图 3-131 洗脸盆尺寸

2) 绘图步骤

(1) 按照图 3-131 的尺寸，使用“直线”(L)命令绘制洗脸盆的轴线和辅助线，如图 3-132 所示。

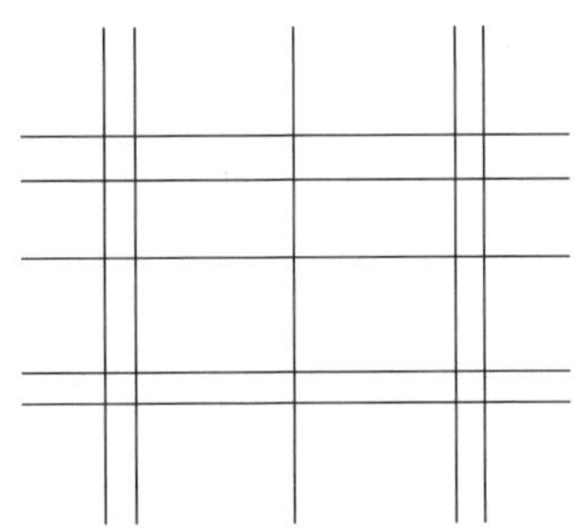

图 3-132 绘制洗脸盆的轴线和辅助线

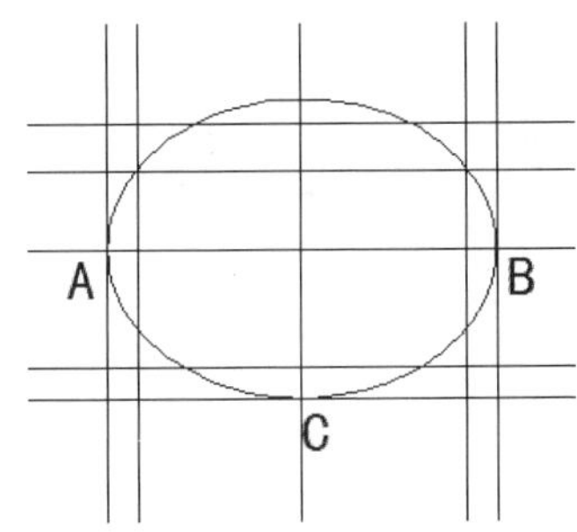


图 3-133 绘制洗脸盆外轮廓线

(2) 使用“椭圆”(EL)命令绘制洗脸盆外轮廓线，如图 3-133 所示。单击“绘图”工具栏中的“椭圆”按钮，或在命令行输入“ELLIPSE”，命令行提示如下。

```
命令：ELLIPSE
指定椭圆的轴端点或 [圆弧(A)/中心点(C)]：  //捕捉 A 点
指定轴的另一个端点：                      //捕捉 B 点
指定另一条半轴长度或 [旋转(R)]：          //捕捉 C 点
```

(3) 使用“椭圆弧”命令绘制洗脸盆内轮廓线，如图 3-134 所示。单击“绘图”工具栏中的“椭圆弧”按钮，命令行提示如下。

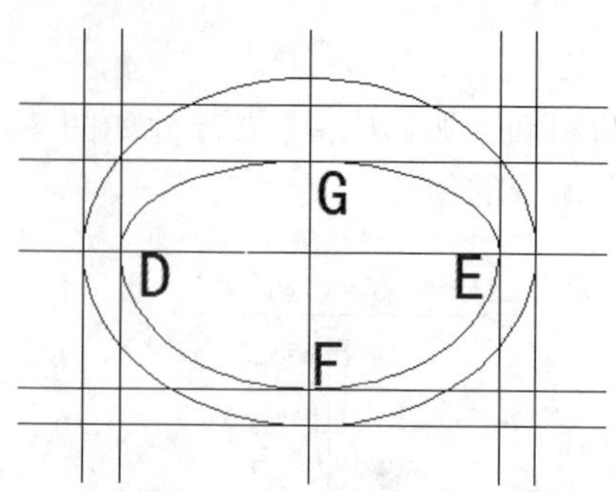


图 3-134 绘制洗脸盆内轮廓线

```
命令: _ellipse
指定椭圆的轴端点或 [圆弧(A)/中心点(C)]: _a
指定椭圆的轴端点或 [圆弧(A)/中心点(C)]:      //捕捉 D 点
指定轴的另一个端点:                         //捕捉 E 点
指定另一条半轴长度或 [旋转(R)]:             //捕捉 D 点
指定起点角度或 [参数(P)]: 180
指定端点角度或 [参数(P)/包含角度(I)]: 360
```

单击“绘图”工具栏中的“椭圆弧”按钮，命令行提示如下。

```
命令: _ellipse
指定椭圆的轴端点或 [圆弧(A)/中心点(C)]: _a
指定椭圆弧的轴端点或 [中心点(C)]:            //捕捉 E 点
指定轴的另一个端点:                         //捕捉 D 点
指定另一条半轴长度或 [旋转(R)]:             //捕捉 G 点
指定起点角度或 [参数(P)]: 0
指定端点角度或 [参数(P)/包含角度(I)]: 180
```

**注意**

由于“椭圆”和“椭圆弧”命令的英文完全相同，所以系统默认快捷键(EL)执行“椭圆”命令，如果要调用“椭圆弧”命令就需要单击命令按钮或者在进入“椭圆”命令后选择“圆弧”(A)模式。椭圆弧和圆弧一样，都是按照逆时针方向生成的，所以在指定圆弧角度时应按照逆时针来确定角度。

(4) 使用“修剪”(TR)命令修剪掉洗脸盆上部的椭圆弧，并删除辅助线，如图 3-135 所示。

(5) 使用“偏移”(O)命令将轴线向上偏移出下水孔和水龙头位置线，如图 3-136 所示。

(6) 使用“圆”(C)命令和“偏移”(O)命令绘制出洗脸盆下水孔，如图 3-137 所示。

(7) 使用“直线”(L)命令连接下水孔内圆和水龙头内圆，绘制出水龙头及其两侧开关，如图 3-138 所示。

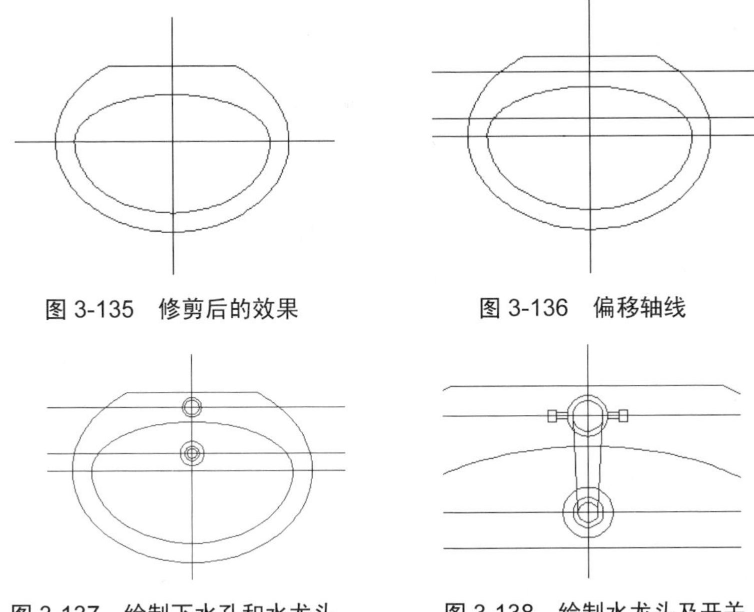

图 3-135 修剪后的效果

图 3-136 偏移轴线

图 3-137 绘制下水孔和水龙头

图 3-138 绘制水龙头及开关

(8) 使用“修剪”(TR)命令修剪掉水龙头中间的线条，并删除辅助线和轴线，完成洗脸盆的绘制。

### 2. 绘制浴缸

浴缸是供沐浴或淋浴之用的洁具，通常装设在家居浴室内。现代的浴缸大多以亚克力或玻璃纤维制造，亦有以包陶瓷的钢铁及木材制造的。一直以来，大部分浴缸皆属长方形，近年由于亚克力加热制浴缸逐渐普及，开始出现各种不同形状的浴缸，表 3-2 所示为各浴缸的具体尺寸。

**表 3-2 各浴缸的具体尺寸**　　单位：mm

| 类　别 | 长　度 | 宽度 | 高度 |
|---|---|---|---|
| 普通浴缸 | 1200、1300、1400、1500、1600、1700 | 700～900 | 355～518 |
| 坐泡式浴缸 | 1100 | 700 | 475(坐处 310) |
| 按摩浴缸 | 1500 | 800～900 | 470 |

下面介绍一款长方形浴缸的绘制方法，如图 3-139 所示。

1) 图形分析

图 3-139 中的浴缸长为 1500 mm，宽为 800 mm，上、下边沿各宽为 70 mm，左、右边沿宽分别为 70 mm 和 100 mm。排水孔直径为 50 mm，可使用“矩形”、“分解”、“圆角”等命令完成。

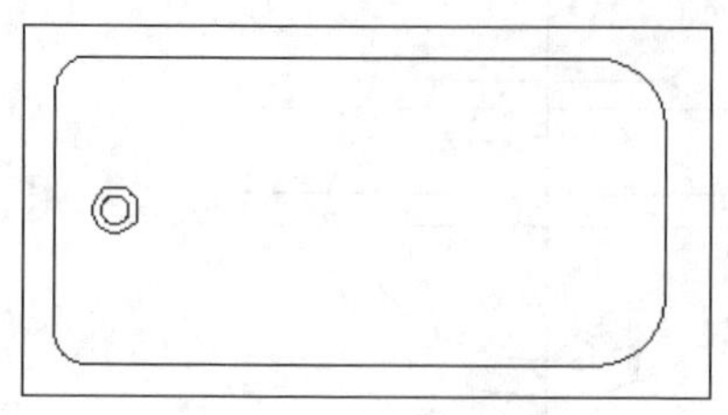

图 3-139　长方形浴缸

2）绘制步骤

(1) 使用“矩形”(REC)命令绘制一个 1500 mm×800 mm 的矩形，并用“分解”(X)命令将矩形分解为直线，如图 3-140 所示。

(2) 使用“偏移”(O)命令将矩形的上、下、左、右四条线分别向内偏移 70 mm、70 mm、70 mm、100 mm，绘制出浴缸的内轮廓线，如图 3-141 所示。

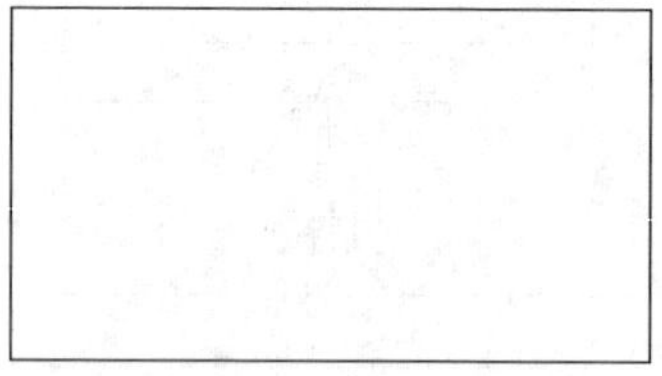

图 3-140　绘制外轮廓线

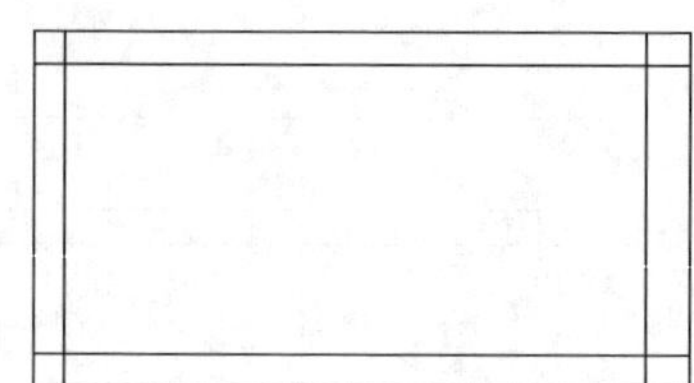

图 3-141　绘制内轮廓线

(3) 使用“圆角”(F)命令，默认设置当前模式为“修剪”，将浴缸的四个内角修剪为圆弧，左侧上下角的圆角半径为 70 mm，右侧上下角的圆角半径为 150 mm，如图 3-142 所示。

图 3-142　绘制浴缸内角

图 3-143　绘制下水孔

(4) 使用“画圆”(C)命令画一个半径为 50 mm 的圆，将圆向内偏移 20 mm，绘制出浴缸的下水孔，完成浴缸的绘制，如图 3-143 所示。

### 3. 绘制坐便器

坐便器的分类标准很多，可按类型、结构、安装方式、排污方向和使用人群来分类，不同类别的马桶有各自的优缺点，适合不同的家居情况。按类型可分为连体式和分体式，按排污方向可分为后排式和下排式，按下水方式可分为冲落式和虹吸式。下面介绍一款坐便器的绘制方法，如图 3-144 所示。

1）图形分析

图 3-145 所示的坐便器由 2 个矩形、2 个椭圆形和 2 个圆形组合而成，可以使

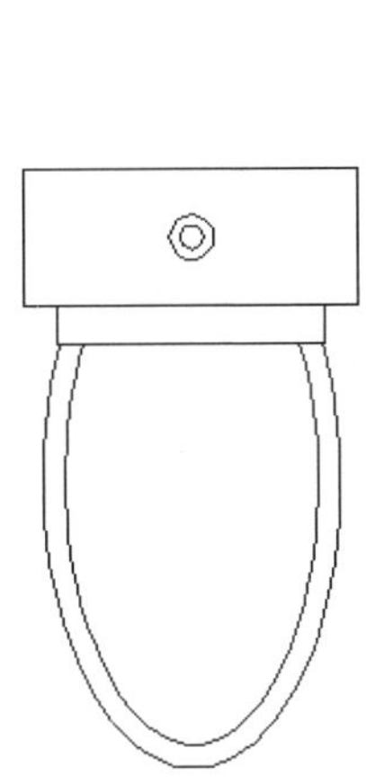

图 3-144 坐便器

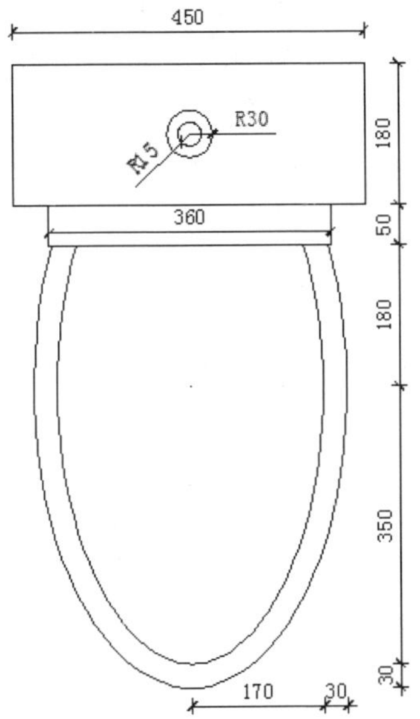

图 3-145 坐便器尺寸

用“矩形”、“椭圆”、“圆”、“偏移”、“修剪”命令完成。

2) 绘图步骤

(1) 使用“矩形”(REC)命令绘制一个 450 mm×180 mm 的大矩形和一个 360 mm×50 mm 的小矩形，并用“分解”(X)命令将大矩形分解为直线。

(2) 使用“移动”(M)命令将小矩形移动到大矩形的正下方，如图 3-146 所示。

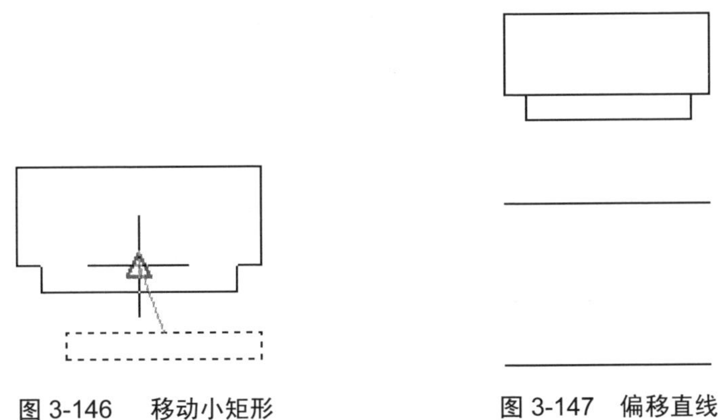

图 3-146 移动小矩形

图 3-147 偏移直线

(3) 使用“偏移”(O)命令将大矩形底部的直线向下分别偏移 230 mm 和 350 mm，如图 3-147 所示。

(4) 使用“椭圆”(EL)命令绘制一个短轴半径为 170 mm、长轴半径为 350 mm 的椭圆，捕捉 A 点为圆心，如图 3-148 所示。

单击“绘图”工具栏中的“椭圆”按钮，或在命令行输入“ELLIPSE”，命令行提示如下。

```
命令:ELLIPSE
指定椭圆的轴端点或 [圆弧(A)/中心点(C)]: C //选择中心点设置
指定椭圆的中心点:                          //捕捉 A 点为椭圆中心点
指定轴的端点: 170                          //鼠标指定水平方向，输入短轴长度
指定另一条半轴长度或 [旋转(R)]: 350         //鼠标指定垂直方向，输入长轴长度
                                           //回车结束命令
```

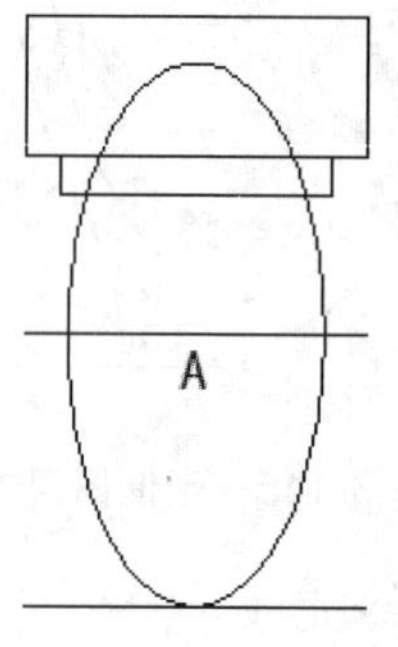


图 3-148　绘制椭圆

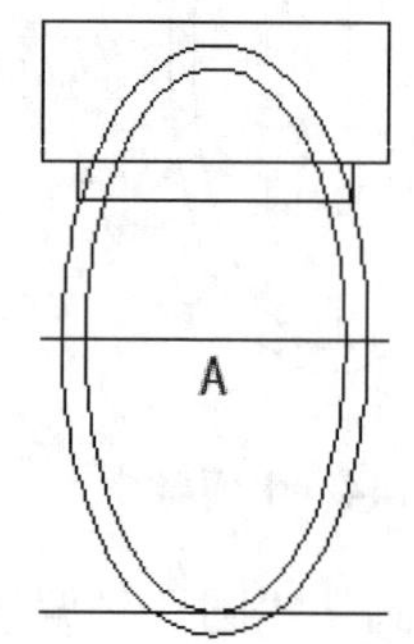


图 3-149　偏移椭圆

(5) 使用“偏移”(O)命令将椭圆向外偏移 30 mm，如图 3-149 所示。

(6) 使用“修剪”(TR)命令修剪掉椭圆与矩形重合的部分，如图 3-150 所示。

(7) 在大矩形的中心处，使用“圆”(C)命令画一个半径为 30 mm 的圆，将圆向内偏移 15 mm，绘制出坐便器的按钮，如图 3-151 所示。

(8) 使用“删除”(E)命令删除辅助线，完成坐便器的绘制。

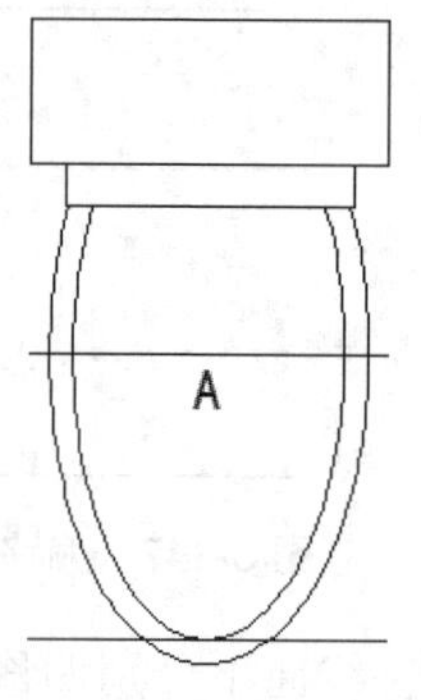


图 3-150　修剪后的效果

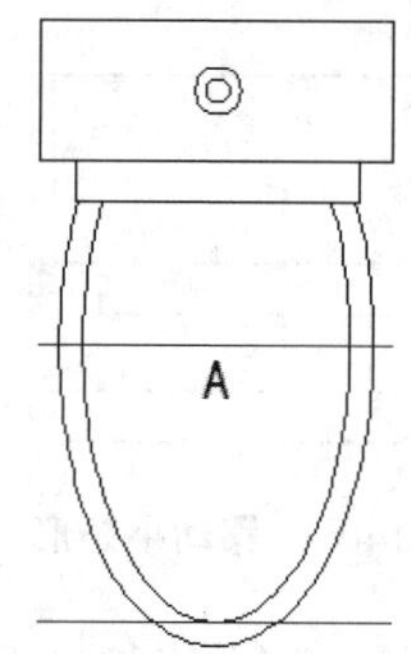


图 3-151　绘制坐便器按钮

# ➤ 任务六　绘制电器图块

■ 任务概述　本部分主要介绍家庭常用电器图块——电视机、洗衣机、电冰箱的绘制方法。

■ 知识目标　掌握施工图中电器类图块的尺寸和画法，掌握绘制过程中所需命令的各种子命令的使用方法和技巧，并熟练使用各种命令的快捷方式 。

■ 能力目标　熟练掌握 AutoCAD 的基本操作和命令的使用方法与技巧，能够利用绘图命令(如“椭圆”、“椭圆弧”、“插入块”等)、修改命令(如“阵列”、“偏移”、“复制”、“镜像”等)，以及各种辅助工具绘制和编辑电视机、洗衣机、电冰箱等图块。

■ 素质目标　培养独立使用 AutoCAD 软件绘制各类图形的能力，掌握图形分析和修改的相关技巧，达到举一反三的目的。

## 1. 绘制洗衣机

洗衣机是利用电能来洗涤衣物的清洁电器。按其额定洗涤容量可分为家用和集体用两类。中国规定洗涤容量在 6 kg 以下的属于家用洗衣机。洗衣机大致可分为波轮式、滚筒式和搅拌式三种类型。下面介绍一款波轮式洗衣机的平面图块绘制方法，如图 3-152 所示。

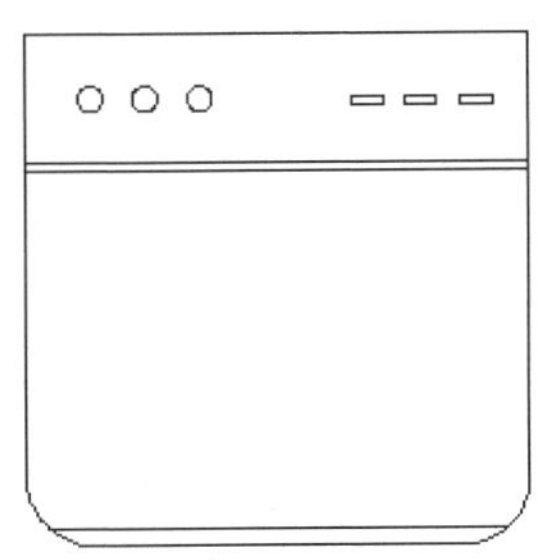

图 3-152　洗衣机图例

1) 图形分析

本例洗衣机长为 600 mm，宽为 600 mm，主要由控制面板和盖板两部分组成，可使用“矩形”、“偏移”、“圆角”、“圆”等命令完成。

2) 绘图步骤

(1) 使用“矩形”(REC)命令绘制一个 600 mm×600 mm 的矩形，并用“分解”(X)命令将矩形分解为直线。

(2) 使用“偏移”(O)命令，将矩形顶部直线向下依次偏移 150 mm、10 mm、420 mm，绘制如图 3-153 所示图形。

(3) 使用“圆角”(F)命令，将当前设置改为“模式=修剪，半径=80”，分别将洗衣机的左下角和右下角修剪为圆弧。使用“修剪”命令(TR)修剪掉与圆弧相交的部分直线，如图 3-154 所示。

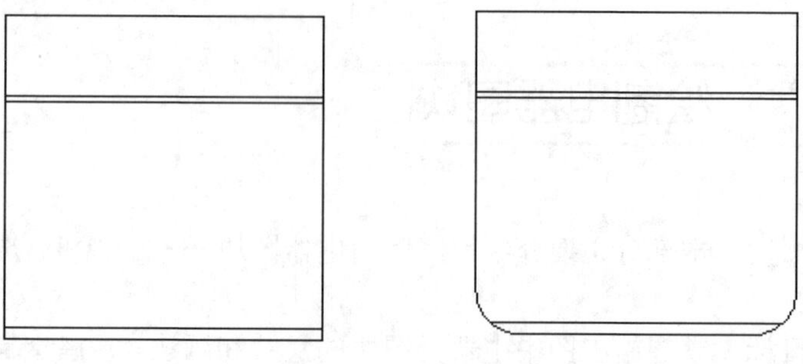

图 3-153　偏移后的效果　　　　图 3-154　修剪后的效果

(4) 使用“圆”(C)命令在控制面板左侧居中位置画一个半径为 15 mm 的圆作为洗衣机旋钮，使用“复制”(CO)命令将圆向右侧复制 2 个，如图 3-155 所示。

(5) 使用“矩形”(REC)命令在控制面板右侧居中位置画一个 40 mm×10 mm 的矩形作为洗衣机按钮，使用“复制”(CO)命令将矩形向右侧复制 2 个，完成洗衣机的绘制，如图 3-156 所示。

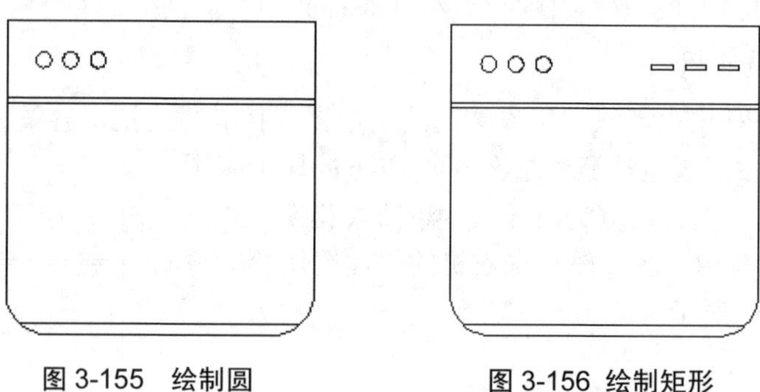

图 3-155　绘制圆　　　　图 3-156 绘制矩形

### 2. 绘制电冰箱

电冰箱是家庭常用电器之一，主要用于储藏冷冻食物。家用电冰箱的容积通常为 200～500 L，有单门、双门、三门、四门等不同的类型。下面介绍电冰箱平面图块的画法，如图 3-157 所示。

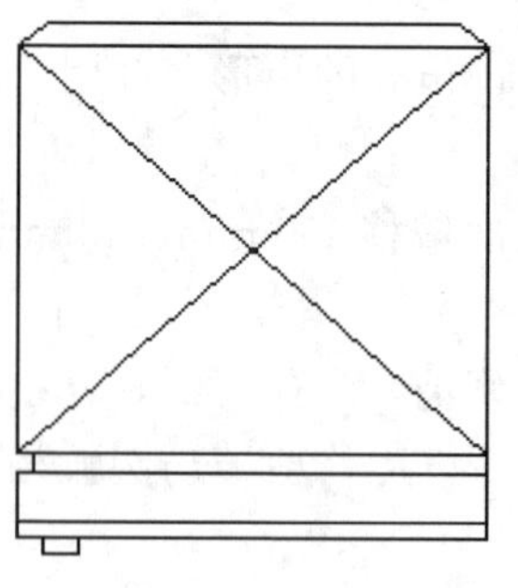

图 3-157　电冰箱图例

1) 图形分析

平面电冰箱图块主要由三个部分构成，即箱体、拉门和拉手。本例电冰箱长为 680 mm，宽为 730 mm，主要使用“矩形”、“偏移”、“分解”命令完成绘图。

2) 绘图步骤

(1) 使用"矩形"(REC)命令绘制一个 680 mm×730 mm 的矩形，并用"分解"命令(X)将矩形分解为直线。

(2) 使用"偏移"(O)命令，将矩形顶部直线向下依次偏移 30 mm、580 mm、30 mm、70 mm，绘制出电冰箱的箱体和拉门位置线，如图 3-158 所示。

(3) 使用"直线"(L)命令分别绘制电冰箱箱体和拉门处直线及箱体背部斜线，如图 3-159 所示。

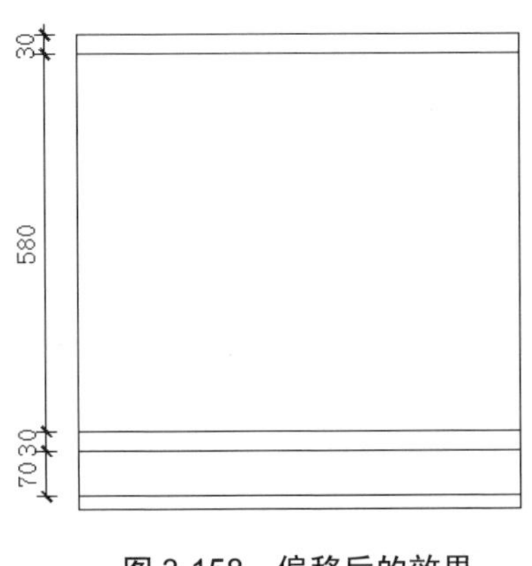


图 3-158　偏移后的效果

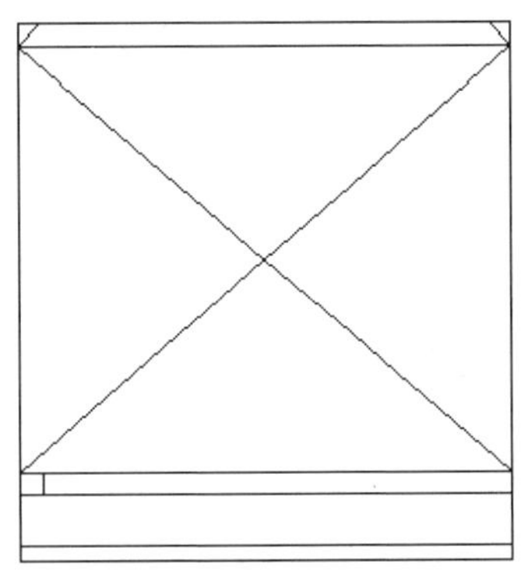

图 3-159　绘制直线

(4) 使用"矩形"(REC)命令绘制一个 60 mm×30 mm 的矩形，作为电冰箱拉门的拉手，如图 3-160 所示。

(5) 使用"修剪"命令(TR)修剪掉多余的线条，完成电冰箱的绘制。

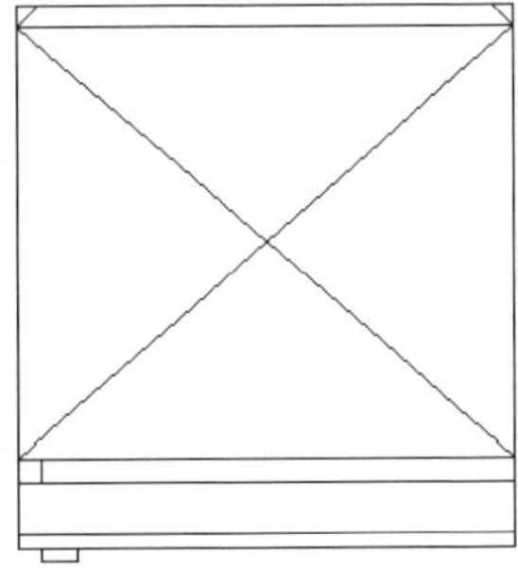

图 3-160　绘制矩形拉手

### 3. 绘制电视机

电视机是客厅和房间内常用的电器之一，规格从 21 吋到 60 吋不等，下面介绍液晶电视的绘制方法，如图 3-161 所示。

图 3-161　液晶电视图例

1) 图形分析

图 3-161 中的液晶电视平面图块主要由矩形构成，可使用"矩形"、"移动"命

令完成绘制。

2) 绘图步骤

(1) 使用“矩形”(REC)命令绘制四个矩形，尺寸分别为 690 mm×45 mm、630 mm×30 mm、1000 mm×35 mm、1300 mm×60 mm，如图 3-162 所示。

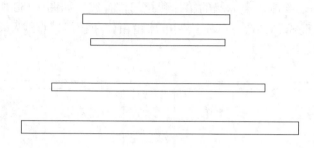

图 3-162　绘制 4 个矩形

(2) 使用“移动”(M)命令将中间两个矩形以长边中点为基点，移动到合适的位置，如图 3-163、图 3-164 所示。

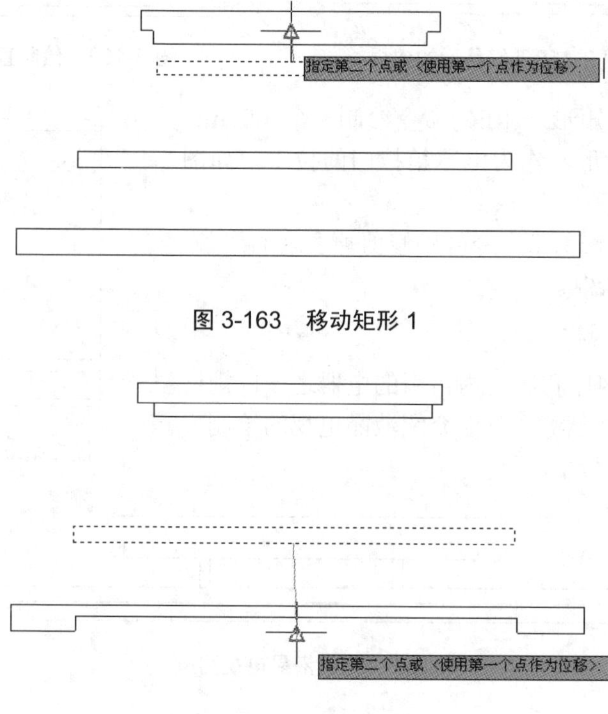


图 3-163　移动矩形 1

图 3-164　移动矩形 2

(3) 使用“直线”(L)命令在矩形左侧合适的位置画两条长度为 50 mm 的直线，如图 3-165 所示。

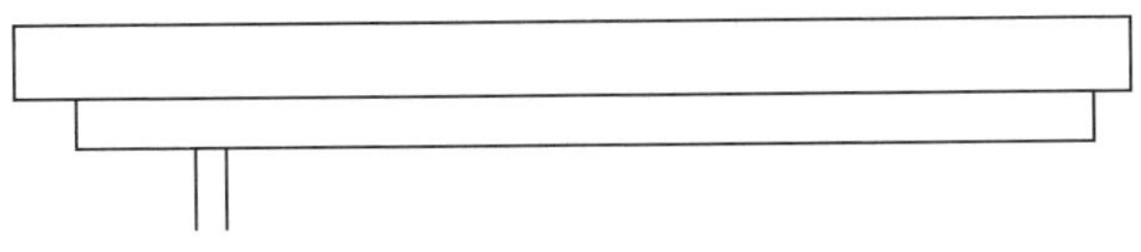

图 3-165 绘制直线

(4) 使用“镜像”(MI)命令，以矩形长边中点为镜像轴，将直线镜像到右侧，如图 3-166 所示。

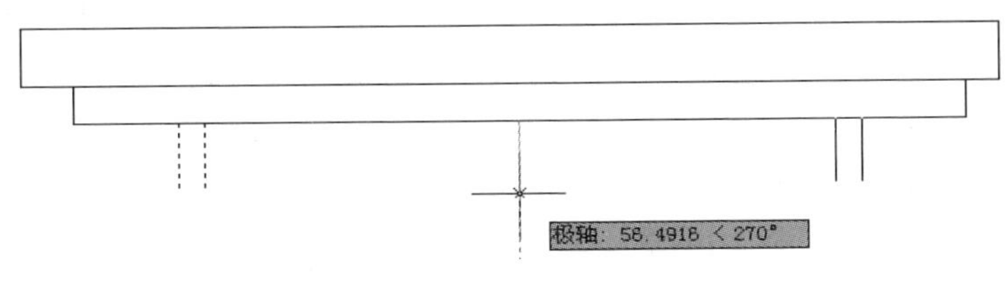


图 3-166 镜像效果

(5) 使用“移动”(M)命令，将下面两个矩形以长边中点为基点移动到上方矩形的中点延长线上，完成液晶电视的绘制，如图 3-167 所示。

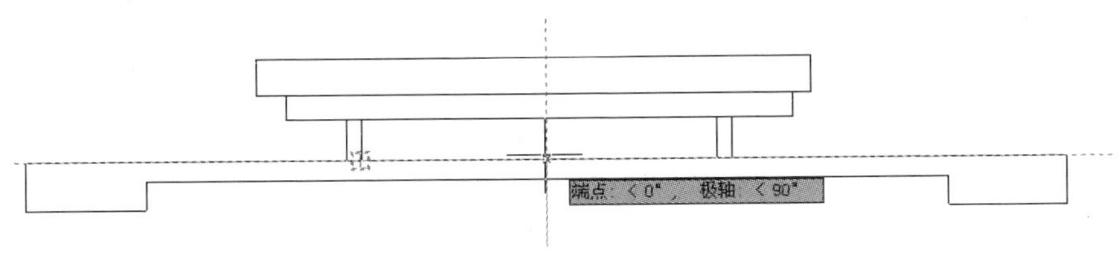


图 3-167 移动后的效果

## ➢ 任务七 绘制装饰图块

**任务概述** 本部分主要介绍家庭常用装饰图块——灯具和盆景的绘制方法。

**知识目标** 掌握施工图中装饰类图块的尺寸和画法，掌握绘制过程中所需命令的各种子命令的使用方法和技巧，并熟练使用各种命令的快捷方式。

**能力目标** 熟练掌握 AutoCAD 的基本操作和命令的使用方法与技巧，能够利用绘图命令(如“圆”、“矩形”、“构造线”等)、修改命令(如“阵列”、“偏移”、“复制”、“镜像”等)，以及各种辅助工具绘制和编辑灯具、盆景图块。

➡ 素质目标　培养独立使用 AutoCAD 软件绘制各类图形的能力，掌握图形分析和修改的相关技巧，达到举一反三的目的。

### 1. 绘制灯具

现代家庭的照明灯具种类繁多，常用的灯具主要有吊灯、吸顶灯、筒灯、射灯、灯带等，灯具的风格和外形也较为丰富，下面介绍一款大型吊灯的绘制方法，如图 3-168 所示。

1) 图形分析

从图 3-168 可以看出，该吊灯是对称图形，由八个灯杯环绕中央主灯构成，绘制时主要使用“圆”、“直线”、“阵列”、“夹点编辑”等命令完成。

2) 绘图步骤

(1) 使用“圆”(C)命令画出半径分别为 75 mm、85 mm 和 105 mm 的三个同心圆，绘制出灯杯，如图 3-169 所示。

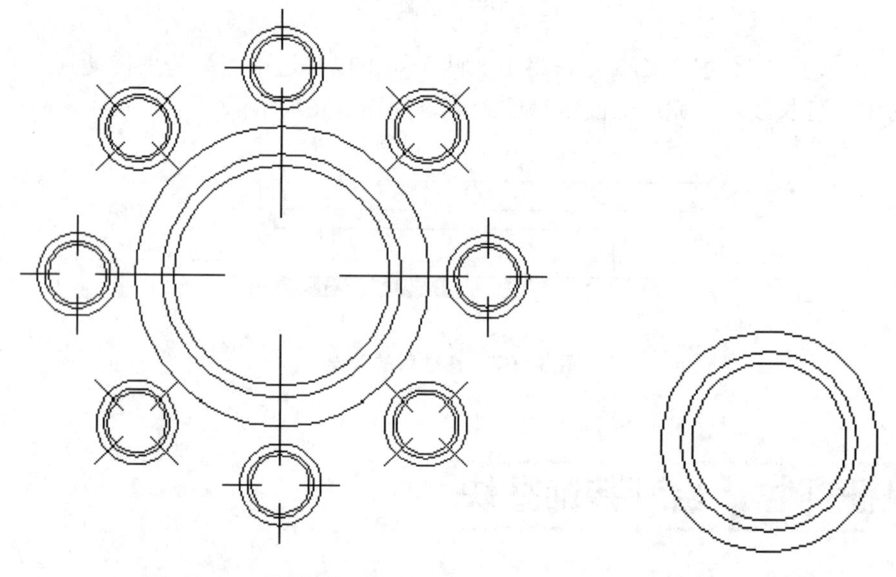

图 3-168　大型吊灯图例　　　　图 3-169　绘制灯杯

(2) 使用“直线”(L)命令从灯杯圆心向垂直和水平方向分别画出四条长为 150 mm 的直线，如图 3-170 所示。

(3) 单击其中一条直线，出现蓝色的夹点后，选中圆心处的夹点，使用“拉伸”命令将直线向外侧方向拉伸 50 mm，如图 3-171 所示。

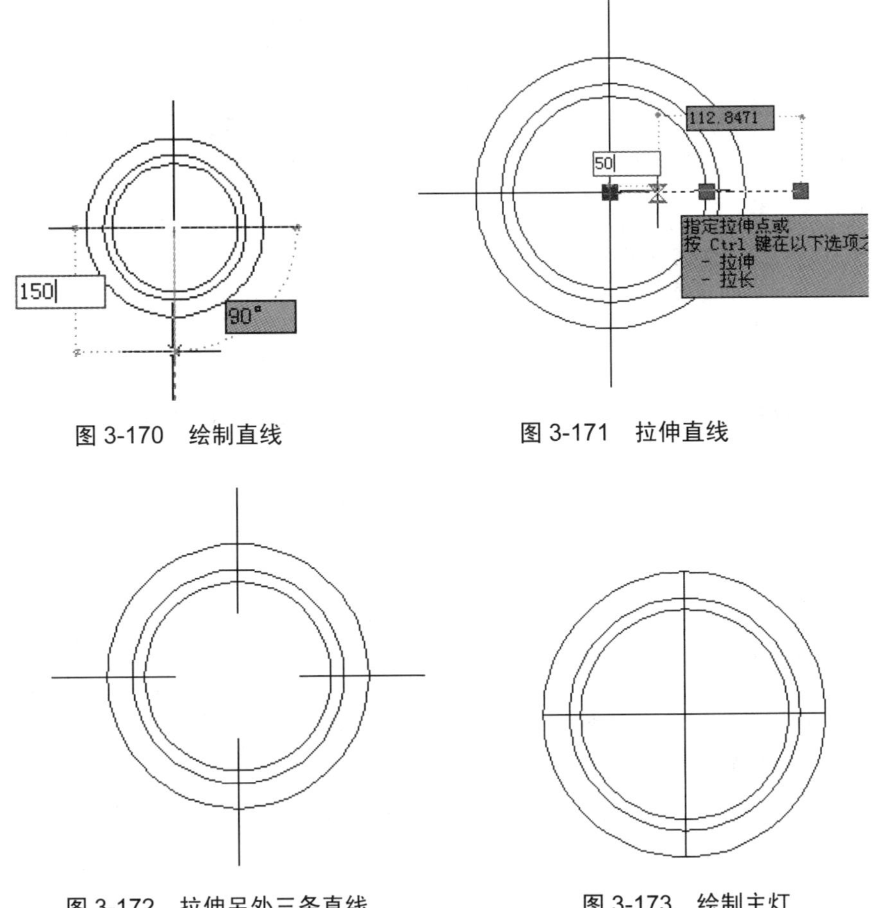


图 3-170　绘制直线

图 3-171　拉伸直线

图 3-172　拉伸另外三条直线

图 3-173　绘制主灯

(4) 使用相同的方法编辑剩下的三条直线，如图 3-172 所示。

(5) 使用“圆”(C)命令画出半径分别为 280 mm、310 mm 和 380 mm 的三个同心圆，绘制出中央主灯。使用“直线”(L)命令连接圆心和外圆的四个象限点，如图 3-173 所示。

(6) 单击其中一条直线，出现蓝色的夹点后，选中圆心处的夹点，使用“拉伸”命令将直线向外侧方向拉伸 150 mm，如图 3-174 所示。

(7) 使用相同的方法编辑剩下的三条直线。

(8) 使用“移动”(M)命令，将灯杯移动到中央主灯的顶部象限点位置，如图 3-175 所示。

(9) 使用“阵列”(AR)命令，将八个灯杯进行环形阵列，单击“修改”工具栏中的“环形阵列”按钮，命令行提示如下。

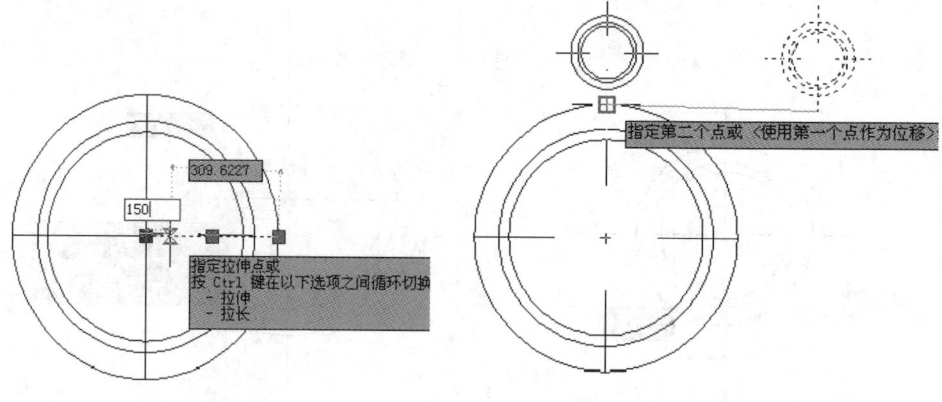


图 3-174　拉伸直线　　　　图 3-175　移动灯杯

```
命令: _arraypolar
选择对象: 指定对角点: 找到 7 个        //选择灯杯
选择对象:                              //回车结束选择
类型 = 极轴  关联 = 是
指定阵列的中心点或 [基点(B)/旋转轴(A)]:    //选择圆心为中心点
输入项目数或 [项目间角度(A)/表达式(E)] <4>: 8
指定填充角度(+=逆时针、-=顺时针)或 [表达式(EX)] <360>:  360
按 Enter 键接受或 [关联(AS)/基点(B)/项目(I)/项目间角度(A)/填充角度(F)/
行(ROW)/层(L)/旋转项目(ROT)/退出(X)] <退出>: //回车结束命令
```

### 2. 绘制盆景

盆景在室内施工图中主要起到点缀空间的作用，盆景的种类较多，下面介绍针叶状盆景的绘制方法，如图 3-176 所示。

图 3-176　针叶类盆景

1) 图形分析

针叶类盆景的绘制主要使用“直线”命令，在绘制时需要综合考虑针叶的角度与分布密度和方向。完成单株盆景后可以使用“复制”、“旋转”等命令组合完成盆景的造型。

2) 绘制步骤

(1) 使用“直线”(L)命令绘制出盆景的主要枝干，如图 3-177 所示。

(2) 使用“直线”(L)命令绘制出枝干上的针叶，如图 3-178 所示。

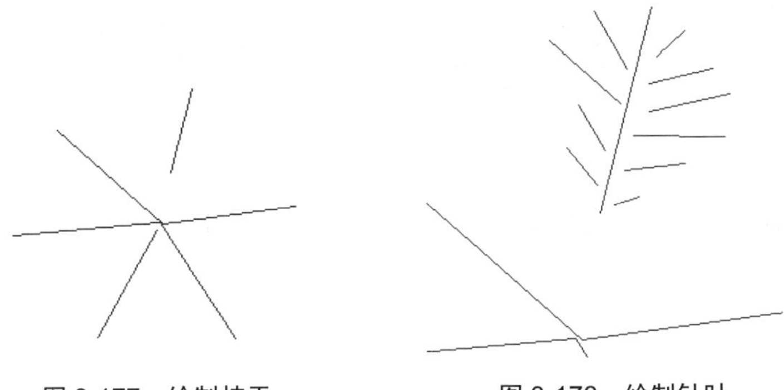

图 3-177　绘制枝干　　图 3-178　绘制针叶

(3) 使用相同的方法绘制出其他枝干上的针叶，完成单株盆景的绘制，如图 3-179 和图 3-180 所示。

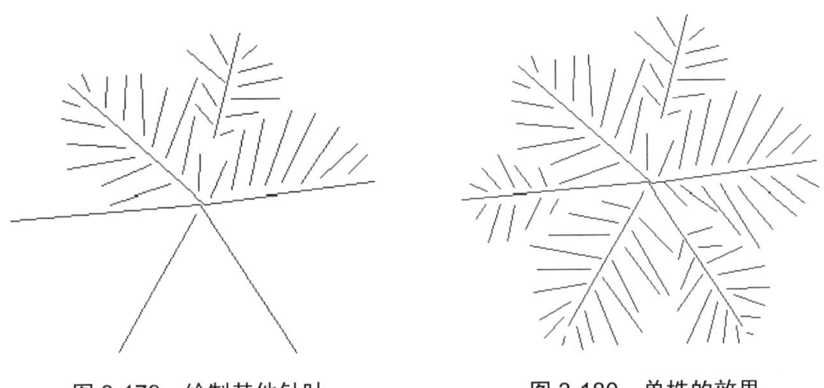

图 3-179　绘制其他针叶　　图 3-180　单株的效果

(4) 使用“复制”(CO)命令将单株盆景复制多个，组合完成盆景造型，如图 3-181 所示。

(5) 使用“圆”(C)命令画出盆栽上的果实，使用“图案填充”命令将果实进行填充。

⑹ 使用“复制”(CO)命令将果实复制到枝干合适的位置，完成盆景的绘制，如图 3-182 所示。

图 3-181　复制单株盆景

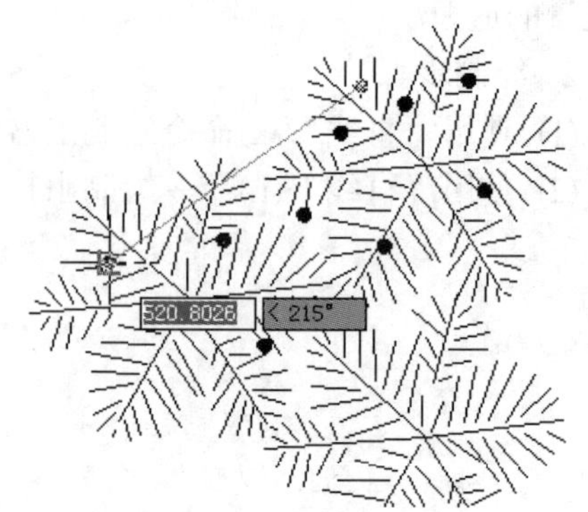


图 3-182　绘制果实

# 项目四

# 住宅空间室内设计

在室内设计中，最常见的设计项目就是住宅空间室内设计，它是初学者快速入门的切入点。本项目针对住宅空间，首先介绍室内设计知识；然后结合普通户型实例依次讲解如何利用 AutoCAD 2012 绘制建筑平面图、室内平面图、地面材料平面图、顶棚图、立面图；最后通过小户型房和异型房两个项目设计进一步强化住宅空间图纸的绘制技能和空间设计能力。

## ➢ 任务一 住宅空间室内设计知识

- 任务概述 本部分主要介绍住宅空间的室内设计知识。
- 知识目标 掌握住宅空间室内设计原则。
- 能力目标 培养空间想象能力，以及对住宅空间的合理布局能力。
- 素质目标 培养对室内设计作品的鉴赏能力。

### 1. 住宅空间室内设计概述

住宅是人类家庭生活的必需品，一个普通家庭的住宅空间会涉及睡眠、就餐、洗漱、储藏、晾晒和学习、娱乐、会客等功能。住宅室内设计就是根据不同的功能需求，采用众多的手法进行空间的再创造，使居室内部环境具有科学性、实用性、审美性，在视觉效果、比例尺度、层次美感、虚实关系、个性特征等方面达到完美的结合，体现出“家”的主题，使业主在生理及心理上获得团聚、舒适、温馨、和睦的感受。作为设计师，要处理好功能空间的关系和功能的分区，这是最基本的问题。

1) 住宅的分类

现今社会，随着社会结构、家庭结构，以及人们工作方式、生活方式的变化，住宅型式也日益呈现多样化发展。

(1) 按住宅楼体高度分类，住宅可以分为低层、多层、中高层、高层与超高层。

低层住宅是指1～3层高的住宅，主要指一户独立式住宅、两户连立式和多户联排式住宅；

多层住宅是指4～6层高的住宅，借助公共楼梯解决垂直交通，是一种最具代表性的城市集合住宅；

中高层住宅是指7～9层；高层住宅是指10层以上；超高层住宅是指30层以上。

高层住宅的主要优点是土地利用率高，有较大的室外公共空间和设施，眺望性好。此外，“小高层”的住宅一般是指9～12层高的集合住宅，从尺度上说具有多层住宅同样的氛围，但又是较低的高层住宅，故称为小高层。

(2) 按住宅房型分类，住宅可以分为单元式住宅、公寓式住宅、错层式住宅、复式住宅、跃层式住宅、花园洋房式住宅(别墅)、小户型住宅等。

单元式住宅也叫梯间式住宅，一般为多层住宅所采用，是一种比较常见的类型。单元式住宅是指每个单元以楼梯间为中心布置住户，由楼梯平台直接进入分户门；住宅平面布置紧凑，住宅内公共交通面积少；户间干扰不大，相对比较安静；有公摊面积，可保持一定的邻里交往，有助于改善人际关系。

公寓式住宅一般建筑在大城市里，多数为高层楼房，标准较高，每一层内有若干单户独用的套房，包括卧房、起居室、客厅、浴室、厕所、厨房、阳台等；有的附设于旅馆酒店之内，供一些常常往来的中外客商及其家属中短期租用。

错层式住宅是指一套住宅室内地面不处于同一标高，一般把房内的厅与其他空间以不等高形式错开，但房间的层高是相同的。

复式住宅一般是指每户住宅在较高的楼层中增建一个夹层，两层合计的层高要大大低于跃层式住宅，其下层供起居用，如炊事、进餐、洗浴等；上层供休息睡眠和储藏用。

跃层式住宅是指一套住宅占有两个楼层，由内部楼梯联系上下楼层。跃层户型大多位于住宅的顶层，结合顶层的北退台设计，因此，大平台是许多跃层户型的特色之一。室内布局一般是一层为起居室、餐厅、厨房、卫生间、客房等，二层为私密性较强的卧室、书房等。

花园洋房式住宅一般称为西式洋房或小洋楼，也称花园别墅。一般都是带有花园草坪和车库的独院式平房或二三层小楼，建筑密度很低，内部居住功能完备，装修豪华并富有变化。住宅内水、电、暖供给一应俱全，户外道路、通信、购物、绿化也都有较高的标准，一般是高收入者购买。

小户型住宅是最近住宅市场上推出的一种颇受年轻人欢迎的户型。小户型的面积一般不超过 60 $m^2$。小户型的受欢迎程度与时下年轻人的生活方式息息相关。许多年轻人在参加工作后，独立性越来越强，再加上福利分房逐渐取消，因此在经济能力不太强、家庭人口不多的情况下，购买小户型住宅不失为一种明智的过渡性选择。

(3) 按住宅套型分类，住宅可以分为一居室、两居室、三居室、多居室等。

“套”是指一个家庭独立使用的居住空间范围，即指每家所用的住宅单元的面积大小。住宅的“套型”也就是满足不同户型家庭生活的居住空间类型，习惯上也称为“户型”。

住宅户型面积指标是以“室”来划分的。通常来说，住宅中不少于 12 $m^2$ 的房间称为一个“室”，6～12 $m^2$ 的房间称为半“室”，小于 6 $m^2$ 的一般不算“室”数，因而，住宅户型又可分一室户、一室半户、两室户、两室半户、三室户、多室户等。这里需要指出的是，“室”概念实际上是“间”的意思。

另外，“户型”更通俗的称法是按“卧室”的间数来起名字，也就是所谓的一居室、两居室、三居室、多居室等。如常见的有两室一厅、三室两厅等。当然，这里指的“卧室”不一定是当卧室用；而“厅”是指起居室空间，一般包括客厅或餐厅，甚至是过厅(中小户型的“过厅”常兼做餐厅，大户型的“过厅”则一般具有单独功能)。

一居室在房型上系属典型的小户型，通常是指一个卧室，一个厅(指客厅，一般很小)和一个卫生间，一个厨房(也可能没有)。其特点是要在很小的空间里合理地安排多种功能活动，包括起居、会客、储存、学习等；房价一般单价偏高，但总价较低，其消费人群一般为单身一族。目前，一居室就房地产开发而言，尤其在大城市里是一种稀缺户型，需求比较旺盛。

两居室一般有两室一厅、两室两厅两种户型。但两室一厅最为常见，是指有两个卧室、一个厅(客厅可兼餐厅，比一居室稍大)、一个卫生间和一个厨房。其特点是户型适中，方便实用，其消费人群一般为新组家庭。两居室也是一种常见的小户型结构。

三居室可以归为较大户型，主要有三室一厅、三室两厅两种户型，是指有三个卧室，一个厅或两个厅(客厅和餐厅)，一个或两个卫生间和一个厨房。其特点是面积相对宽敞。三居室尤其三室两厅户型是一种相对成熟、定型的房型，一般居住时间较长，是最为常见的大众户型。所以，三居室对功能要求较全，其家庭中各人的审美要求也不一样。

多居室也常称为多室户，属于典型的大户型，是指卧室数量超过四间(含四间)以上的住宅居室套型。由于套内面积较大，一般都有两卫或三卫以上。功能布局上与小户型相比更为合理，考虑主、客分区，尤其动、静分区划分清晰。其特点是功能分区明确，居住面积宽敞，适合人口较多的家庭。

一般错层住宅是较为典型的多居室。主要户型有四室一厅、四室两厅、四室三厅、五室一厅、五室两厅、五室三厅，等等。其中四室两厅、四室三厅是较多见的户型，经济性价比也较好。通常五室户以上更多地出现在复式住宅和别墅住宅中。

2) 住宅空间布局

随着社会的发展，人们对住宅空间的功能要求也发生着巨大变化，不同的空间结构能设计出不同的布局来满足业主需求。作为室内设计师，了解住宅空间的布局方式是必不可少的。

(1) 卧室空间。

卧室是人们休息睡眠的场所。根据卧室中不同使用功能的需求，可对卧室空间进行如下分区：睡眠区、更衣区、化妆区、休闲区、读写区、卫生区。当然，功能分区的多寡，应视房型结构、空间大小及房主的意愿而定。

① 主卧室。主卧室是供夫妻居住、休寝的空间，要求有严密的私密性、安宁感和心理安全感。在功能上，主卧室是具有睡眠、休闲、梳妆、更衣、储藏、盥洗等综合实用功能的活动空间。

② 客卧及保姆房。客卧及保姆房提供给客人或保姆使用，具备常用的生活条件，如床、衣柜及办公陈列台即可。

③ 儿女卧室。儿女卧室相对主卧室可称为次卧室，是儿女成长发展的私密空间。孩子成长的不同阶段，对居室空间的使用要求也不同，要根据不同年龄段及空间使用要求设计。

④ 老人房。老人房提供给父母居住。老人房应最大限度地满足老人的睡眠及储物，满足其睡眠质量，故布局要实用温馨。

(2) 餐厅空间。

根据餐厅的位置不同，可分为独立式餐厅、厨房中的餐厅和起居室中的餐厅三种。

① 独立式餐厅。这种形式是最为理想的，常见于较为宽敞的住宅，有独立的房间作为餐厅，面积上较为宽余。

② 厨房中的餐厅。厨房与餐厅同在一个空间，在功能上是先后相连贯的，就餐时上菜快速简便，能充分利用空间，较为实用。

③ 起居室中的餐厅。在起居室内设置餐厅，用餐区的位置以邻接厨房并靠近起居室最为恬当，它可以同时缩短膳食供应和就座进餐的交通线路。

(3) 厨房空间。

以日常操作程序作为设计的基础，建立厨房的三个工作中心，即储藏与调配中心(电冰箱)、清洗与准备中心(水槽)、烹调中心(炉灶)。厨房布局的最基本概念是“三角形工作空间”，是指利用电冰箱、水槽、炉灶之间连线构成工作三角，即工作三角法。利用工作三角法，可形成 U 形、L 形、走廊式(双墙式)、一字形(单墙式)、半岛式和岛式等几种常见的厨房平面布局形式。

① U 形厨房。工作区共有两处转角，空间要求较大。水槽最好放在 U 形底部，并将配膳区和烹饪区分设两旁，使水槽、冰箱和炊具连成一个正三角形。U 形之间的距离以 1200 mm 至 1500 mm 为宜。

② L 形厨房。将清洗、配膳与烹调三大工作中心依次配置于相互连接的 L 形墙壁空间。最好不要将 L 形的一面设计过长，以免降低工作效率。这种空间运用比较普遍、经济。

③ 走廊式厨房。走廊式厨房是将工作区沿两面墙布置。在工作中心分配上，常将清洁区和配膳区安排在一起，而烹调独居一处。走廊式厨房适于狭长房间，要避免有过大的交通量穿越工作三角，否则会感到不便。

④ 一字形厨房。一字形厨房是指把所有的工作区都安排在一面墙上，通常在空间不大、走廊狭窄情况下采用。所有工作都在一条直线上完成，节省空间。但应注意避免把“战线”铺得太长，否则易降低效率。在不妨碍通道的情况下，可安排一块能伸缩调整或可折叠的面板，以备不时之需。

⑤ 半岛式厨房。半岛式厨房与 U 形厨房类似，但有一条腿不贴墙，烹调中心常常布置在半岛上，而且一般是用半岛把厨房与餐室或家庭活动室相连。

⑥ 岛式厨房。岛式厨房是将厨台设计为岛型，是一款新颖而别致的设计，灵活运用于早餐、熨衣服、插花、调酒等。这个“岛”充当了厨房里几个不同部分的分隔物，同时从各边都可就近使用它。

(4) 卫生间空间。

住宅卫浴间的平面布局与气候、经济条件，文化、生活习惯，家庭人员构成，设备大小、形式有很大关系，归结起来可分为独立型、兼用型和折中型等几种形式。

① 独立型。卫生空间中的浴室、厕所、洗脸间等各自独立的场合，称之为独立型。独立型的优点是各室可以同时使用，特别是在使用高峰期可减少互相干扰，各室功能明确，使用起来方便、舒适。其缺点是空间占用多，建造成本高，适合于多居室以上住宅。

② 兼用型。把浴盆、洗脸池、坐便器等洁具集中在一个空间，称之为兼用型。兼用型的优点是节省空间、经济、管线布置简单等。其缺点是一人占用卫浴间时，影响其他人使用。

③ 折中型。卫生间空间中的基本设备，部分独立、部分合并为一室的情况称为折中型。折中型的优点是相对节省空间，组合比较自由。其缺点是部分卫生设

备集于一室时，仍有互相干扰的现象。

④ 其他布局形式。除了上述几种基本布局形式以外，卫浴间还有许多更加灵活的布局形式，这主要是因为现代人给卫浴间注入了新的概念，增加了许多新要求。例如，把桑拿浴、体育设施设备引入卫浴间或在浴室内设置电视与音响设备，使人在沐浴的同时获得优雅的艺术享受。

(5) 书房空间。

在传统观念中，书房应该是个墨香飘飘的清静空间。坐在这里品茗看书，现代化的书房已开始从原来休息、思考、阅读、工作的场所，拓展成包括会谈及展示在内的综合场所。

① 个人工作室。SOHO 一族越来越多，和传统古板的办公室空间相比，个人工作室显得更加放松、简洁、随意，其最大的特点，就是能充分发挥办公自动化的灵活性。在有限的空间内，将计算机、打印机、复印机、传真机等办公设备进行合理布局，结合电脑桌的合理性与灵活性进行巧妙摆放，以方便自己维护藏书、办公、阅读等各种功能。

② 商务会客室。对于一个交友广泛、商务活动频繁的现代人来说，在家里接待商业客人的事情并不少见。一个敞亮的书房，便是高级的谈话空间，在这种颇有现代味道的宽敞书房中，真正办公的区域其实只占房间的一角。

③ 其他功能。对于不同的居住者来说，书房能具有更多的功能性，例如，临时的客卧、小型图书馆等，以满足人们的需求。

### 2. 住宅空间室内设计原则

1) 住宅室内设计整体空间的设计原则

从住宅室内设计整体空间来看，有以下设计原则。

(1) 强调人性化，以居住者需求为设计的根本出发点。

在设计前设计师应该通过沟通了解用户的家庭人口构成，民族和地区的传统、特点和宗教信仰，职业特点、工作性质和文化水平，业余爱好、生活方式和习惯、个人特征和品位，以及经济水平和装修投入资金情况等。

设计首先要考虑家庭成员对环境的生理需求和心理需求，以满足住户的喜好；再结合设计师的创新理念，与住户充分沟通，结合装修预算通盘考虑，融入室内的整体风格，进行居住空间的布局与使用功能的结合。

(2) 注重住宅空间设计的安全问题。

在设计和施工中，必须确保建筑物安全，不能随意改变建筑物的承重结构和建筑构造；不能破坏建筑物的外立面，不能占用公用部位；电气设备应安全可靠，符合安全疏散、防火、排水、卫生等设计规范；采用无污染、绿色环保的装饰材料。

## 注意

一些特殊人群，如老人、孩子和残疾人，在设计时要注重其生理和心理的特点；住宅中的楼梯、浴室等空间也要注意安全设计。

(3) 空间划分丰富，功能布局合理。

随着我国经济的发展，人民生活水平的提高，促使人们重新审视自己的居住空间环境，生态化、人性化、功能化的居住室内空间环境，是人们对住宅室内空间设计的新要求。室内设计不再是简单的刷墙、铺地、包门窗，现代室内设计中一个很重要的方面就是对空间的再次划分与利用，它往往体现着国民居住环境的高尚品质，也体现着室内设计师的创新意识与专业水准。

住宅室内空间作为建筑的内部空间，其结构划分已经确定。设计时应充分了解原建筑设计，在不破坏和改变起支撑作用的墙、柱的基础上，本着使用方便、合理这样一个前提，对功能位置的分布进行进一步的详细规划。规划要合理分割、巧妙布局、疏密有致、充分发挥居室的使用功能。例如，卧室、书房要求静，可设置在靠里边一些的位置，以不被其他室内活动干扰；起居室、客厅是对外接待、交流的场所，可设置在靠近入口的位置；卧室、书房与起居室、客厅相连处又可设置过渡空间或共享空间，起间隔调节作用。此外，厨房应紧靠餐厅，卧室与卫生间贴近。

(4) 通盘构思，注意整体风格协调统一。

设计构思、立意是室内设计的灵魂。在动手设计和装饰之前，要根据家庭的职业特点、爱好、人口组成、预算等内容作出通盘考虑。先有一个总体的设想，再考虑地面、墙面、天花怎样装饰，买什么样的家具、窗帘和陈设品，做到整体风格的协调统一。

(5) 从可持续发展的宏观要求出发。

考虑室内环境的节能，满足自然采光、通风等要求；利用合理的技术，满足人工采光、通风、采暖、空调等的基本要求，形成舒适的室内物理环境。

2) 住宅室内设计从功能分析的设计要点

从住宅空间功能分析来看，要注意以下设计要点。

(1) 客厅空间。

客厅是家居中活动最频繁的一个区域，在设计时要注意以下方面。

① 空间的宽敞化。客厅装修设计中，制造宽敞的感觉是一件非常重要的事，不管空间是大还是小，在室内装修设计中都需要注意这一点。宽敞的感觉可以带来轻松的心境和欢愉的心情。

② 空间的最高化。客厅是家居中最主要的公共活动空间，不管是否制作人工吊顶，都必须确保空间的高度，这个高度指客厅应是家居中空间净高最大者(楼梯

间除外)。这种最高化包括使用各种视错觉处理。

③ 景观的最佳化。在室内装修设计中，必须确保从哪个角度所看到的客厅都具有美感，这也包括主要视点(沙发处)向外看到的室外风景的最佳化。客厅应是整个居室装修最漂亮或最有个性的空间。

④ 照明的最亮化。客厅应是整个居室光线(不管是自然采光或人工采光)最充足的地方，当然这不是绝对的，而是相对的。

⑤ 风格的普及化。不管您或者任何一个家庭成员的个性如何，或者审美特点如何，除非您平时没有什么亲友来往，否则您必须确保其风格被大众所接受。这种普及并非指装修得平凡一般，而是需要设计成让人比较容易接受的风格。

⑥ 材质的通用化。在客厅装修中，您必须确保所采用的装修材质，尤其是地面材质能适用于绝大部分或者全部家庭成员。例如，在客厅铺设太光滑的砖材，可能会对老人或小孩造成伤害或妨碍业主的行动。

⑦ 交通的最优化。客厅的布局应是最为顺畅的，无论是侧边通过式的客厅还是中间横穿式的客厅，都应确保能进入客厅或顺畅地通过客厅。当然，这种确保是在条件允许的情况下形成的。

⑧ 家具的适用化。客厅使用的家具，应考虑家庭活动的适用性和成员的适用性。这里最主要的考虑是老人和小孩的使用问题，有时候我们不得不为他们的方便而作出一些让步。

(2) 餐厅空间。

餐厅的功能性较为单一，因而餐厅设计须从空间界面、材质、灯光、色彩及家具的配置等方面来营造一种适宜进餐的氛围。

① 空间界面设计。餐厅的顶棚设计往往比较丰富而且讲求对称，其几何中心对应的位置是餐桌，就餐者均围绕餐桌而坐，从而形成一个无形的中心环境。就餐所需层高不高，这样设计师可以凭借吊顶的变化丰富餐室环境，同时可用暗槽灯创造气氛。顶棚的造型也可以是不对称的，但其几何中心也应位于用餐中心位置，因为这样处理有利于空间的秩序化。

餐厅地面可选用的材料有石材、地砖、木地板、水磨石等。地面的图案样式可以有很多种选择，均衡的、对称的、不规则的等，应当根据设计的主体设想来把握材料的选择和图案的形式。还应当考虑便于清洁，地面材料应具有一定的防水和防油污特性，做法上也要考虑灰尘不易附着于构造缝之间，否则不易清除。

餐厅墙面的装饰除了要依据餐厅和居室整体环境相协调、对立统一的原则以外，还要考虑到它的实用功能和美化效果的特殊要求。一般来讲，餐厅较之卧室、书房等空间所蕴含的气质要轻松活泼一些，并且要注意营造出一种温馨的气氛，以满足家庭成员的聚合心理。可利用不同材料的质地、肌理的变化给人带来不同的感受，但不可盲目堆砌，应根据餐厅的具体情况灵活安排，加以点缀，不能喧宾夺主，杂乱无章。

② 家具配置。餐厅的家具配置应根据家庭日常进餐人数来确定，同时应考虑朋友做客的需要。根据餐室或用餐区位的空间大小与形状，以及家庭的用餐习惯，选择适合的家具。餐室中除设置餐桌椅外，还可设置餐具橱柜。餐室中的餐具橱柜造型与酒具的陈设，以及优雅整洁的摆设可以产生赏心悦目的效果。

③ 灯具配置。现代家庭在进行餐室装饰时，除家具的选择外，更注重灯光的调节及色彩的运用。餐厅的照明方式主要是对餐台的局部照明，亦是形成情调的视觉中心。照在台面区域的主光源宜选择下罩式的、多头型的或组合型的灯具，以达到餐厅氛围所需的明亮、柔和、自然的照度要求。应考虑灯具形态与餐厅的整体装饰风格一致，不可只强调灯具的形式。在灯光处理上，最好在主光源周围布设一些低照度的辅助灯具，以丰富光线的层次，营造轻松愉快的气氛，起到烘托就餐环境的作用。

④ 色彩设计。不同的色彩会引发人们就餐时不同的情绪，因此墙面的装饰绝不能忽视色彩的作用。家庭餐室宜营造亲切、淡雅的家庭用餐氛围，在色彩上，宜以明朗轻快的调子为主，以增加进餐的情趣。如橙色系列不仅能给人温馨的感觉，而且可以提高进餐者的兴致，促进人们之间的情感交流，活跃就餐气氛。当然，人们在不同的季节、不同的心理状态下，对同一种色彩都会产生不同的反应，这时可以利用其他手段来巧妙地调节，如灯光的变化，餐巾、餐具的变化，装饰花卉的变化，等等，如果处理得当，效果就会很明显。

(3) 卧室空间。

卧室的设计总体上应追求功能与形式的完美统一，以及优雅独特、简洁明快的设计风格。在卧室设计的审美上，设计师要追求时尚而不浮躁，崇尚个性而不矫揉造作，庄重典雅之中又不乏轻松、浪漫温馨的感觉。

① 设计以床为中心。当进行住宅的室内设计时，几乎每个空间都有一个“设计重心”。在卧室中的“设计重心”就是床，根据空间的装修风格、布局、色彩和装饰，定下了床的位置、风格和色彩之后，卧室设计的其余部分也就随之展开。床头背景是卧室设计的一个亮点，设计时最好提前考虑卧室的主要家具——床的造型及色调，有些需要设计床头的背景墙，而有些则不必，只要挂些饰物即可(如镜框、工艺品等)。床头背景墙是卧室设计中的重头戏，使造型和谐统一而富于变化。如皮料细滑、壁布柔软、榉木细腻、松木返璞归真、防火板时尚现代，使质感得以丰富展现。

② 空间界面设计。吊顶的形状、色彩是卧室设计的重点之一，宜用乳胶漆、墙纸(布)或局部吊顶。一般以直线条及简洁、淡雅、温馨的暖色系列或白色顶面为设计首选，现在已经很少做复杂的吊顶造型了。

卧室的墙面及顶面多宜采用乳胶漆、壁纸(布)等材质，色彩及图案则根据年龄及个人喜好来定，一般年轻人多以艳丽活泼的红黄蓝为主，年龄稍大的则以深色(如咖啡色、胡桃木色)基调为多。

卧室的地面应具备保暖性，常采用中性或暖色色调，一般常采用地板(实木、复合)、地毯或玻化砖等材料，并在适当位置辅以块毯等饰物。

卧室的灯光照明以温馨和暖色调为基调，床头上方可嵌筒灯或壁灯，也可在装饰柜中嵌筒灯，使室内更具浪漫舒适的温情。一般采用两种方式：一种是装设具有调光器或计算机开关的灯具；另一种是在室内安装多种灯具，分开关控制，根据需要确定开灯的范围。卧室整体照明多采用吸顶灯、嵌入式灯；局部照明一般是床头阅读照明和梳妆照明。

色彩应以统一、和谐、淡雅为宜，对局部的原色搭配应慎重，稳重的色调较受欢迎，如绿色系活泼而富有朝气，粉红系欢快而柔美，蓝色系清凉浪漫，灰调或茶色系灵透雅致，黄色系热情中充满温馨气氛。一般地，卧室墙面色彩淡雅要比浓重更容易把握一些。

(4) 厨房空间。

① 操作流程。厨房布局设计应按“储藏—洗涤—配菜—烹饪”的操作流程，否则势必增加操作距离，降低操作效率。

② 能源照明。厨房灯光需分成两个层次：一个是对整个厨房的照明，一个是对洗涤、准备、操作的照明。应设置无影和无眩光的照明，并能集中照射在各个工作中心处。如位于操作台上方的吊柜下、水池上方等，宜安装紧凑型节能灯，占用空间少，照明效果极佳。

③ 人体工程尺度。这主要是指操作台高度和吊柜高度的确定，要适合使用者。操作台面高度以 91 cm 为宜。厨房中操作平台的高度对防止疲劳和灵活转身起到决定性作用。当主人长久地屈体向前 20°时，腰部会承担极大负荷，长此以往腰疼也就伴随而来，所以，一定要依身高来决定平台的高度。如果空间允许，应考虑能坐着干活，这样能使主人脊椎得以放松，所以，可以为主人设置一个可以坐着干活的附加平台。

厨房里的矮柜最好做成推拉式抽屉，方便取放，视觉效果也较好，但不要设置在柜子角落里。底柜下要留出能伸入半只脚的深度和踢脚凹槽，使操作者有舒适感，同时能有效地防止底柜的木质受潮弄脏。而吊柜一般做成 30～40 cm 宽的多层格子，柜门做成对开或者折叠拉门形式。另外，厨房门开启与冰箱门开启不要冲突，厨房窗户的开启与洗涤池龙头不要冲撞。

④ 采光通风。阳光的射入使厨房舒爽又节约能源，更令人心情开朗。但要避免阳光的直射，防止室内储藏的粮食、干货、调味品因受光热而变质。另外，室内必须通风，但在灶台上方切不可有窗，否则燃气灶具的火焰受风影响而不能稳

定，甚至会被大风吹灭酿成大祸。

⑤ 高效排污。厨房是个容易藏污纳垢的地方，应尽量使其不要有夹缝。例如，吊柜与天花之间的夹缝就应尽力避免，因天花容易凝聚水蒸气或油烟渍，柜顶又易积尘垢，它们之间的夹缝日后就会成为日常保洁的难点。水池下边管道缝隙也不易保洁，应用门封上，里边还可利用起来摆放垃圾桶或其他杂物。厨房里垃圾量较大，气味也大，应放在方便倾倒又隐蔽的地方。

⑥ 电器设备。电器设备应考虑嵌在橱柜中，把烤箱、微波炉、洗碗机等布置在橱柜中的适当位置，方便开启、使用。如吊柜与操作平台之间的间隙一般可以利用起来，易于取放一些烹饪中所需的用具，有的还可以做成简易的卷帘门，避免小电器落灰尘，如食品加工机、烤面包机等。冰箱如果放置厨房里，其位置不宜靠近灶台，因为后者经常产生热量而且又是污染源，影响冰箱内的温度；也不宜太接近洗菜池，避免水槽内溅出来的水导致冰箱漏电。另外，每个工作中心都应设有电插座，还应考虑厨房电器应与电源在同一侧。

⑦ 安全防护。地面不宜选择抛光瓷砖，宜用防滑、易于清洗的陶瓷块材。要注意防水防漏，厨房地面要低于餐厅地面，做好防水防潮处理，避免渗漏而造成烦恼等。厨房的顶面、墙面宜选用防火、抗热、易于清洗的材料，如釉面瓷砖墙面、铝板吊顶等。同时，严禁移动煤气表，煤气管道不得做暗管，同时应考虑抄表方便。

另外，厨房里许多地方要考虑到防止孩子发生危险。例如，炉台上设置必要的护栏，防止锅碗落下；各种洗涤制品应放在矮柜下(洗涤池)专门的柜子里；尖刀等器具应摆在有安全开启的抽屉里。

⑧ 材料设计。橱柜的门面就是柜门和台面。目前柜门材料主要有实木、防火板、吸塑、烤漆板等。

实木型：一般在实木表面做凹凸造型，外喷漆，实木整体橱柜的价格较昂贵，风格多为怀旧古典、乡村风格，是橱柜中的高档品。

防火板型：它的基材为刨花板或密度板，表面饰以特殊材料，色彩鲜艳多样，防火、防潮，耐污、耐酸碱、耐高温，易清理，价格便宜，是最主流的用材。

吸塑型：基材为密度板、表面经真空吸塑而成或采用一次无缝 PVC 膜压成型工艺。

烤漆型：基材为密度板，烤漆面板表面非常华丽、反光性高，像汽车的金属漆，怕磕碰和划痕，价格较贵。

人造石台面：人造石台面分进口及国产两种，它的主要特点就是绚丽多彩，表面无毛细孔，具有极强的耐污、耐酸、耐腐蚀、耐磨损性能，易清洁，极具可塑性，可以无缝连接，线条浑圆，可设计制作成各类造型。

不锈钢台面：坚固耐用，也较易清理，但往往给人以冰冷的感觉。

金属储物篮：橱柜中金属储物篮是收纳厨房中零散杂物的功臣。不锈钢材质的储物篮，隐藏在橱柜中，把空间有序地分割开，使用时得心应手。例如，放调味品的篮子可以放在灶台两侧的操作台下。最富有创意、最科学的设计是转角篮，它能充分利用橱柜的死角，发掘空间。墙面挂件系统与后台面装置可以根据不同人的习惯，随意地设置。

⑨ 色彩设计。选择活泼明快的色彩，以创造轻松氛围。

(5) 卫生间空间。

① 装修设计。通过围合空间的界面处理来体现格调，如地面的拼花、墙面的划分、材质对比、洗手台面的处理、镜面和边框的做法，以及各类储存柜的设计。装修设计应考虑所选洁具的形状、风格对其的影响，应相互协调，同时在做法上要精细，尤其是装修与洁具相互衔接的部位时，如浴缸的收口及侧壁的处理，洗手化妆台面与面盆的衔接方式，精细巧妙的做法能反映卫浴间的品质。

② 照明方式。经过吊顶处理后，顶棚光源距离人的视平线相对近了一些。因此要采取一定的措施，使其光线照度适宜，没有眩光直刺入目。如灯窗的罩片，可以用喷砂玻璃，也可以用印花玻璃，还可以用有机玻璃灯光片等，以能产生良好的散射光线为佳。

卫浴间虽小，但光源的设置却很丰富，往往有两到三种色光及照明方式综合作用，形成不同的氛围。卫浴间的照明设计由两部分组成，一个是净身空间部分，一个是脸部整理部分。

第一部分包括淋浴空间和浴盆、坐厕等空间，是以柔和的光线为主。光亮度要求不高，只要光线均匀即可。光源本身还要有防水功能、散热功能和不易积水的结构。一般光源设计在天花和墙壁上。

第二部分是脸部整理部分。由于有化妆功能要求，对光源的显色指数有较高的要求，一般只能是白炽灯或显色性能较好的高档光源，如三基色荧光灯、松下暖色荧光灯等。对照度和光线角度要求也较高，最好是在化妆镜的两边，其次是顶部。

此外，还应该有部分背景光源，可放在镜柜(架)内和部分地坪下以增加气氛，其中地坪下的光源要注意防水要求。

③ 色彩设计。卫生间大多采用低彩度、高明度的色彩组合来衬托干净爽快的气氛，色彩运用上以卫浴设施为主色调，墙地色彩保持一致，这样整个卫生间有种和谐统一感。材质的变化要利于清洁及考虑防水，如石材、面砖、防火板等。在标准较高的场所也可以使用木质，如枫木、樱桃木、花樟等。还可以通过艺术品和绿化的配合来点缀，以丰富卫浴间色彩变化。

(6) 阳台空间。

阳台不仅是一个洗晾衣物、放置盆栽花草的地方，还可以成为人们休闲娱乐的场所。在设计时要注意以下几方面。

① 材质选择。阳台是居室中最接近自然的地方，所以应尽量考虑使用自然的材料，避免选用瓷片、条形砖这类人工的、反光的材料。天然石和鹅卵石都是非常好的选择，光着脚踏上阳台，让肌肤和地面最亲密接触，感觉舒服自在，鹅卵石对脚底有按摩作用，能舒缓疲劳。而且，纯天然的材料比较容易与室内装修融为一体，用于地面和墙身都很合适。

② 遮阳设计。为了防止夏季强烈阳光的照射，可以利用比较坚实的纺织品做成遮阳篷。遮阳篷本身不仅具有装饰作用，而且还可遮挡风雨。遮阳篷也可用竹帘、布帘来制作，应该做成可以上下卷动的或可伸缩的，以便按需要调节阳光照射的面积、部位和角度。

③ 照明设计。夜间，您可能在阳台收下白天晾晒的衣服。所以，即便是室外，也应安装灯具。灯具可以选择壁灯和草坪灯之类的专用室外照明灯。喜欢夏夜乘凉的感觉，您可以选择冷色调的灯；喜欢温暖的感觉，则可用紫色、黄色、粉红色的照明灯。

④ 家具配置。阳台充满着清新和舒适的味道，是家中一块不错的休闲之处，添上与情境相符的家具，会为阳台增色不少。阳台窄一点的，可以放上一张逍遥椅；宽一点的，可以放上漂亮的小桌椅。大型的露天阳台内，一把亮丽的遮阳伞是必不可少的，再摆几个别致的饰物，阳台顿时显得生动许多。

阳台最好选用防水性能较好、不易变形的家具。木质家具比较朴实，最贴近自然;金属家具较能承受户外的风吹雨打，而且风格现代、简洁，也是不错的选择。

⑤ 绿化设计。阳台空间有限，适合栽种攀藤或蔓生植物。在阳台外侧装一个小铁架，错落有致地放置各种各样的盆栽和鲜花，既增添了情趣又可以在夏日遮阳。

⑥ 排水设计。未封闭的阳台遇到暴雨会大量进水，所以地面装修时要考虑水平倾斜度，保证水能流向排水孔，不能让水对着房间流，安装的地漏要保证排水顺畅。

### 3. 住宅空间室内设计优秀案例欣赏

如图 4-1 至图 4-11 所示，此案例户型为三房两厅两卫，建筑面积约 120 $m^2$。采用现代简约的设计风格，主色调采用黑、白、咖啡三色，用直线条、灰镜、不锈钢金属，以及水晶灯营造低调奢华感。局部上处理的亮点在餐厅吧台，马赛克装饰的客卫，透明主卫，主卧的灰镜弧形墙。

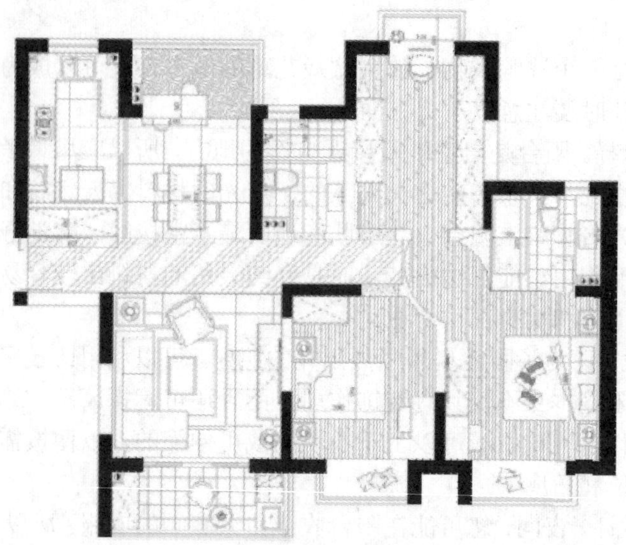

图 4-1　住宅平面图

图 4-2　客厅效果图

图 4-3　餐厅效果图 1

图 4-4　餐厅效果图 2

图 4-5 餐厅吧台效果图

图 4-6 厨房效果图

图 4-7 卧室效果图 1

图 4-8 卧室效果图 2

图 4-9 主卫效果图

图 4-10 客卫效果图

图 4-11 阳台效果图

# ➢ 任务二 住宅空间案例

## ——普通户型室内设计图绘制

任务概述　本部分主要介绍普通住宅室内设计思路及相关装饰图的绘制方法与技巧。

知识目标　掌握普通住宅建筑平面图、装修平面图、地面和顶棚平面图，以及立面图的绘制方法。

能力目标　培养三维空间思维能力，培养绘制住宅空间轴线和墙体的能力，培养布置住宅空间家具和灯具的能力，培养设计住宅空间地面和天花造型的能力，培养进行文字和尺寸标注的能力。

素质目标　培养室内设计工程的应用能力和探索研究精神及灵活多变的思维能力。

### 1. 普通户型设计思路

如图 4-12 所示，该住宅空间案例为一室一厅一卫一阳台。客户为一对年轻的新婚夫妇，希望设计经济实用、给人简洁舒适的感觉。

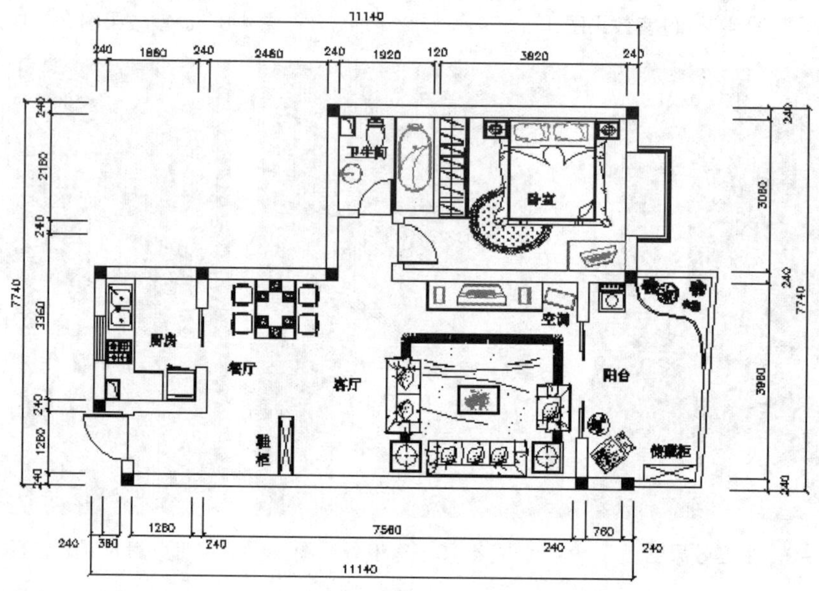


图 4-12　普通户型室内平面图

根据客户需求，设计师采用简单明了的线条，对空间进行了合理的划分。进门玄关处的鞋柜，既满足了储藏功能的需求，也利用了狭长的过道空间，开放式的客厅和餐厅使得房间通透宽敞，为了更大限度地利用空间，设计师将厨房门设计成推拉门，并将洗衣机放置在生活阳台。同时设计师还注重人性化设计，考虑到一居室存储空间只有卧室的衣柜，无法满足日常生活所需，便在阳台上放置了储藏柜，以增加存储空间。在阳台上修建了一个小花园，以增加生活情趣。

### 2. 普通户型建筑平面图绘制

住宅在进行装修前，开发商交付的是毛坯房，房间只有窗户没有门，墙面、地面仅做基础处理而未做表面处理，在进行装修设计前，必须先对毛坯房进行实地测量，掌握原始的房屋尺寸，来绘制装修前的建筑平面图。建筑平面图提供了房屋的平面形状、大小，墙、柱的位置、尺寸和材料，门窗的类型和位置等。

建筑平面图的绘制一般先建立房间的开间和进深轴线，然后根据轴线来绘制房间墙体，再绘制门窗、楼梯等造型，最后进行标注，具体程序包括系统设置、绘制轴线、绘制墙体、绘制柱子、绘制门窗，绘制阳台、管道、楼梯等部分，以及尺寸标注、文字说明标注和标高等内容。

下面介绍图 4-13 所示案例的建筑平面图的绘制方法和相关技巧。

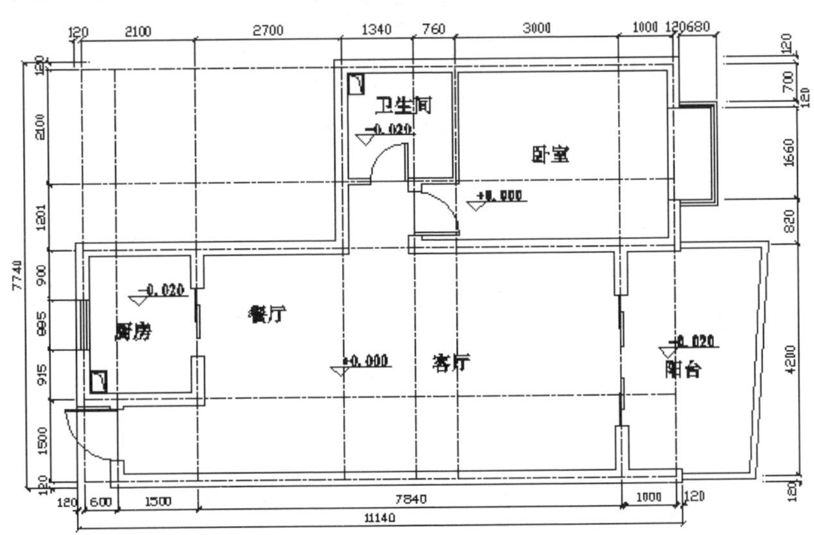


图 4-13　普通户型建筑平面图

1) 系统设置

(1) 单位设置。

首先设置系统单位为 mm(毫米)，以 1∶1 的比例绘制，这样输入尺寸时不需要换算，十分方便。出图时，再考虑以 1∶100 的比例输出。例如，实际尺寸为 1 m，绘制时输入的数值就为 1000 mm。命令行操作如下。

```
命令: UNITS(回车)
```

弹出“图形单位”对话框，如图 4-14 所示，设置后单击“确定”按钮完成操作。

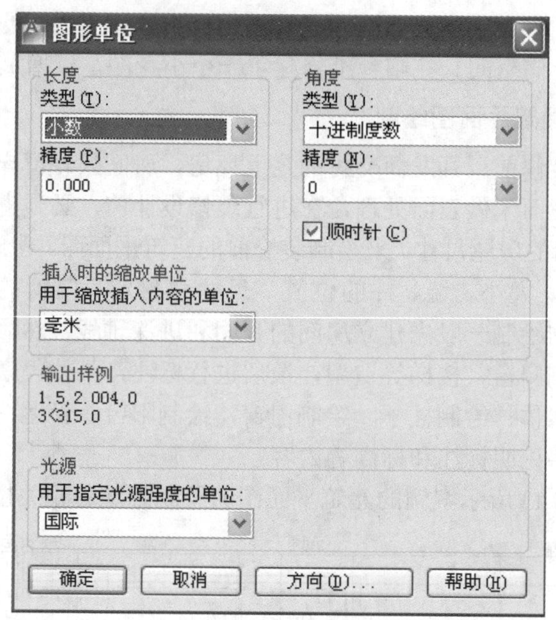


图 4-14 “图形单位”对话框

(2) 图形界限设置。

室内设计常用图幅有 A0、A1、A2、A3、A4，将文件设置为 A3 图幅，图形界限设置为 420 mm×297 mm。现在以 1∶1 的比例进行绘图，当以 1∶100 的比例出图时，图纸空间将被缩小到 1/100，所以现在要将图形界限扩大 100 倍，设置为 42000 mm×29700 mm。命令行操作如下。

```
命令:LIMITS
重新设置模型空间界限:
指定左下角点或 [开(ON)/关(OFF)] <0.000,0.000>:(回车)
指定右上角点 <420.000,297.000>: 42000,29700(回车)
```

2) 绘制轴线

(1) 建立轴线图层，单击“图层”工具栏中的“图层特性管理器”按钮，弹出如图 4-15 所示“图层特性管理器”对话框。

(2) 新建图层，将默认名“图层 1”修改为“轴线”，如图 4-16 所示。

(3) 设置“轴线”图层颜色，单击“图层颜色”，弹出如图 4-17 所示“选择颜色”对话框，选择红色，单击“确定”按钮，回到“图层特性管理器”对话框。

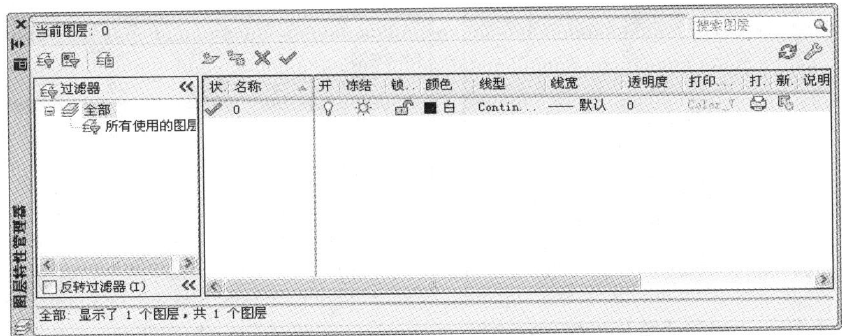


图 4-15 “图层特性管理器”对话框

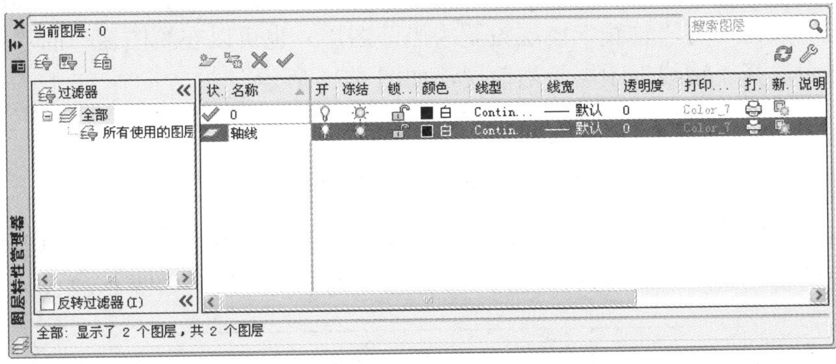


图 4-16 新建图层

(4) 设置“轴线”图层线型，单击“图层线型”，弹出如图 4-18 所示“选择线型”对话框，单击“加载”按钮，打开如图 4-19 所示“加载或重载线型”对话框，选择“CENTER”线型，单击“确定”按钮回到“选择线型”对话框，选择刚加载的线型，单击“确定”按钮，如图 4-20 所示。

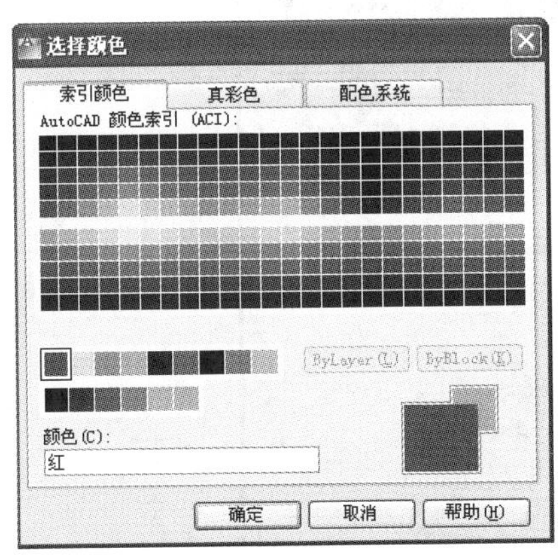


图 4-17 “选择颜色”对话框

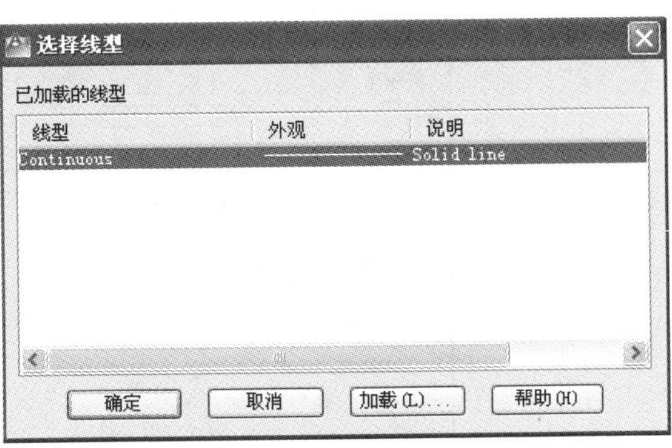


图 4-18 “选择线型”对话框

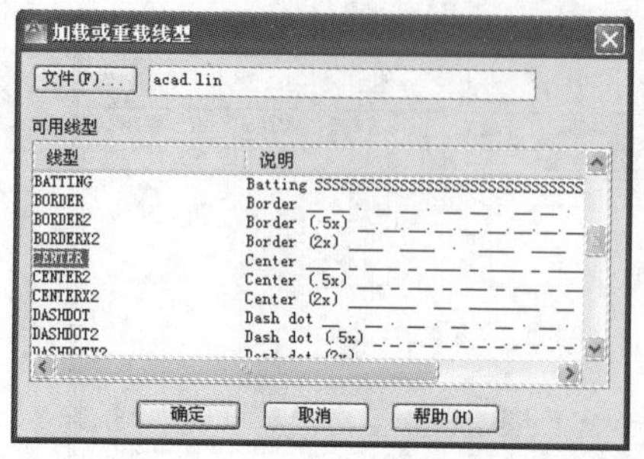


图 4-19 “加载或重载线型”对话框

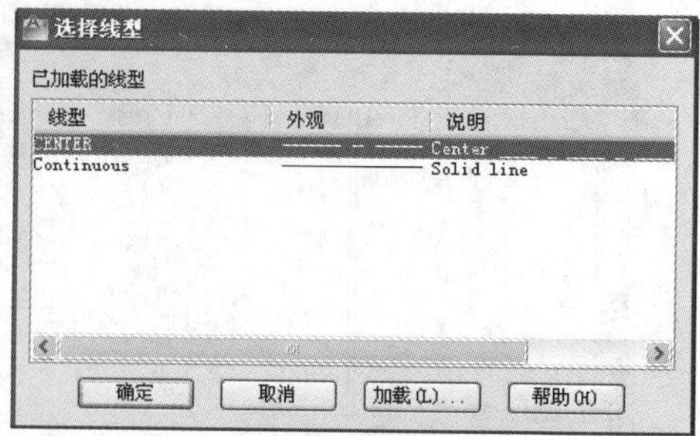


图 4-20 加载线型

(5) 设置完毕后，回到“图层特性管理器”对话框， 选择“轴线”图层双击或单击✔按钮，将“轴线”图层设置为当前图层。也可以在绘图窗口的“图层”工具栏中选择“轴线”图层为当前层，如图 4-21 所示。

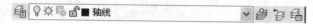

图 4-21 设置当前图层

(6) 单击“绘图”工具栏中的“直线”按钮，在绘图区域左下角适当位置选取直线的初始点，绘制一条长度为 10900 mm 的水平直线，如图 4-22 所示。

图 4-22 绘制水平轴线

如果绘制的轴线看不出点画效果，而是实线样式，那是因为线型的比例太小，可单击“格式”菜单，选择下拉菜单中的“线型...”菜单命令，将弹出“线型管理器”对话框，如图 4-23 所示。在弹出的“线型管理器”对话框中，线型详细信息可通过“显示细节”按钮或“隐藏细节”按钮来显示或隐藏。

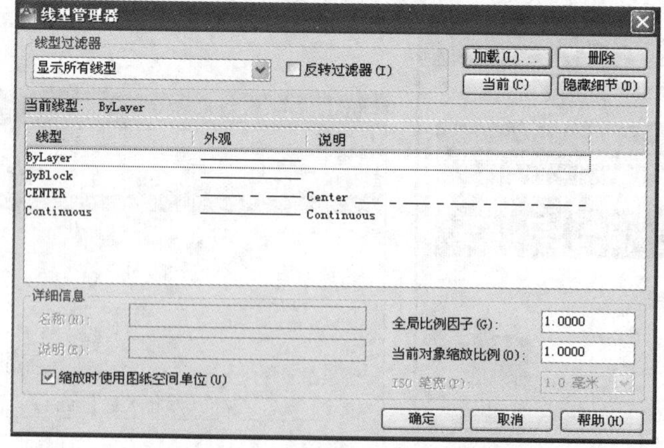


图 4-23 “线型管理器”对话框

如图 4-24 所示，选择线型为“CENTER”，设置“全局比例因子”为 30。如果点画线还是不能正常显示，可以重新调整这个值。

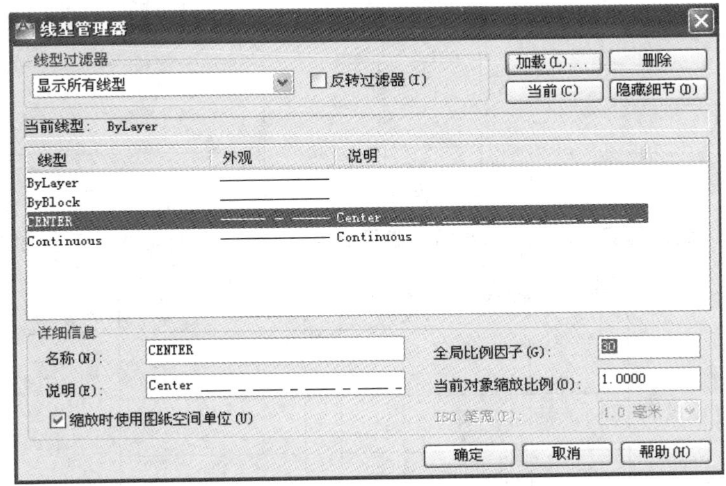


图 4-24 线型显示比例设置

(7) 选择“修改”工具栏中的“偏移”按钮，将水平轴线向上偏移另外 4 条轴线，偏移量依次为 1500 mm、2700 mm、1200 mm 和 2100 mm，结果如图 4-25 所示。

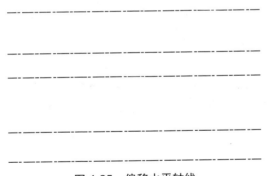

图 4-25 偏移水平轴线

(8) 单击“绘图”工具栏中的“直线”按钮，使用鼠标捕捉第一条水平轴线上的左边端点作为第一条垂直轴线的起点，移动鼠标单击最后一条水平轴线的端点作为终点，如图 4-26 至图 4-28 所示，按回车键完成。

(9) 选择“修改”工具栏中的“偏移”按钮，将垂直轴线向右偏移另外 7 条轴线，偏移量依次为 600 mm、1500 mm、2700 mm、1340 mm、760 mm、3000 mm、1000 mm，结果如图 4-29 所示，这样就暂时完成了整个轴线的绘制。

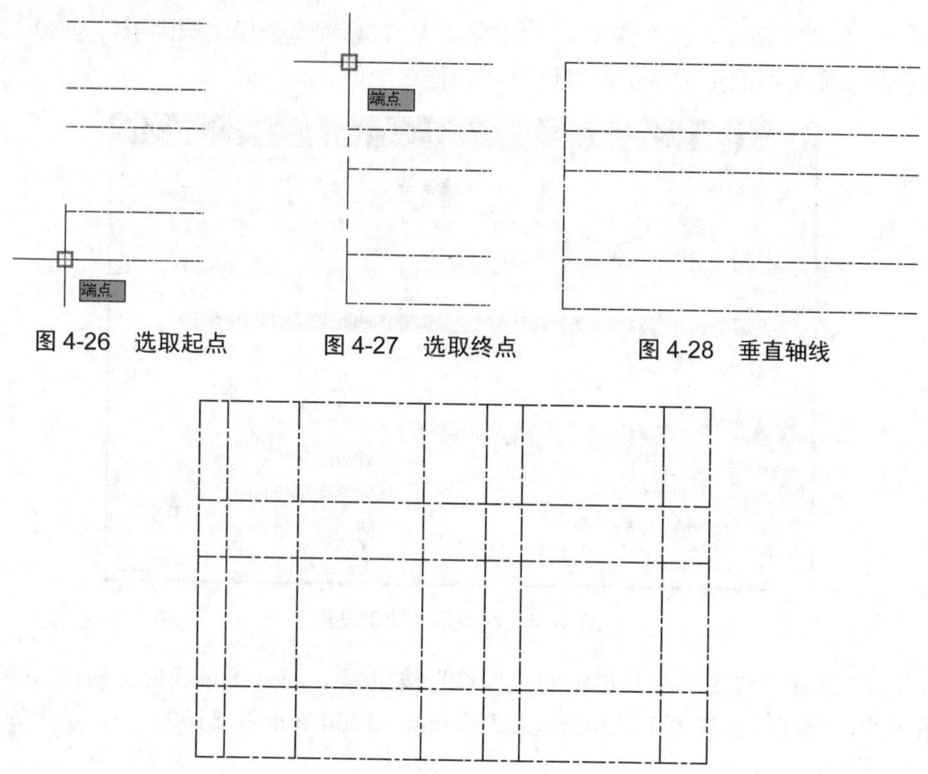


图 4-26　选取起点　　图 4-27　选取终点　　图 4-28　垂直轴线

图 4-29　偏移垂直轴线

### 注意

在绘图过程中，往往会有不同的绘制内容，例如轴线、墙体、家具、尺寸标注等，如果把这些内容都放在一个图层，那么修改的时候会造成选取的困难，所以在绘图时，应该建立多个图层，将不同类型的图形放置在不同图层中，以便于管理。

3) 绘制墙体

(1) 建立墙体图层，单击“图层”工具栏中的“图层特性管理器”按钮，弹出“图层特性管理器”对话框。新建图层，命名为“墙体”，颜色设置为“白”色，线型设置为“Continuous”，线宽设置为“默认”，并置为当前层，如图 4-30 所示。

墙体　白　Continuous　—— 默认　0　Color_7

图 4-30　墙体图层参数设置

(2) 设置“多线”参数，“绘图”工具栏里默认没有“多线”命令，可以通过命令行输入，命令行提示如下。

```
命令:MLINE(回车)
当前设置: 对正 = 上, 比例 = 20.00, 样式 = STANDARD(初始参数)
指定起点或 [对正(J)/比例(S)/样式(ST)]: J    //选择对正设置, 回车
输入对正类型 [上(T)/无(Z)/下(B)] <上>: z
                                      //选择两线之间的中点作为控制点, 回车
当前设置: 对正 = 无, 比例 = 20.00, 样式 = STANDARD
指定起点或 [对正(J)/比例(S)/样式(ST)]: S    //选择比例设置, 回车
输入多线比例 <20.00>: 240                   //输入外墙厚度值, 回车
当前设置: 对正 = 无, 比例 = 240.00, 样式 = STANDARD
指定起点或 [对正(J)/比例(S)/样式(ST)]:      //回车完成设置
```

### 说明

住宅空间的墙体厚度，一般外墙为 240 mm，隔墙为 120 mm，根据具体情况而定。

### 注意

AutoCAD 2012 的工具栏并没有显示所有的可用命令，但可以根据用户需要自行添加。例如，添加“多线”命令到“绘图”工具栏中，可以使用“自定义用户界面”对话框，如图 4-31 所示，在该对话框中输入“绘图”，列表窗口显示相应命令，找到“多线”，单击左键把它拖动到“绘图”工具栏上，这时，“绘图”工具栏将出现“多线”按钮。

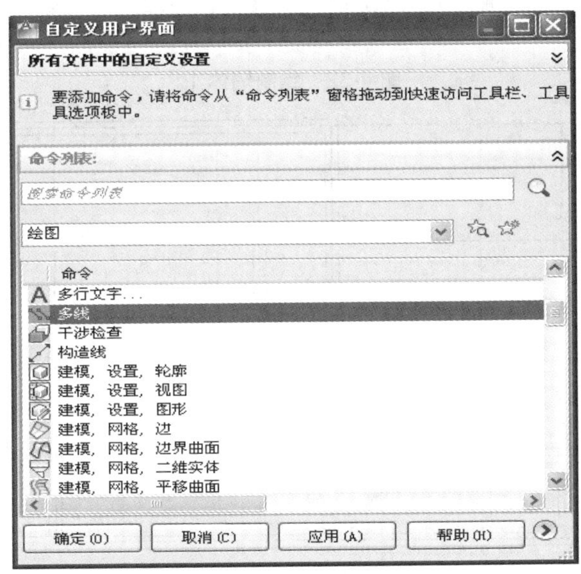


图 4-31　“自定义用户界面”对话框

(3) 如果已经添加“多线”命令到“绘图”工具栏，则可以直接单击“多线”按钮，或者使用“绘图”菜单中的“多线”菜单命令，命令行提示如下。

```
命令:_mline
当前设置:对正 = 无，比例 = 240.00，样式 = STANDARD
指定起点或 [对正(J)/比例(S)/样式(ST)]:   //选择底端水平轴线最右边端点
指定下一点:                              //选择底端水平轴线左边第二个端点
指定下一点或 [放弃(U)]:          //选择底端第二条水平轴线左边第二个端点
指定下一点或 [闭合(C)/放弃(U)]:           //回车完成
```

(4) 效果如图 4-32 所示，使用同样的方法绘制其他 240 mm 厚度的墙体，如图 4-33 所示。

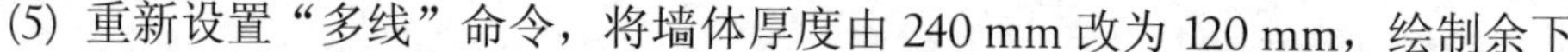

(5) 重新设置“多线”命令，将墙体厚度由 240 mm 改为 120 mm，绘制余下

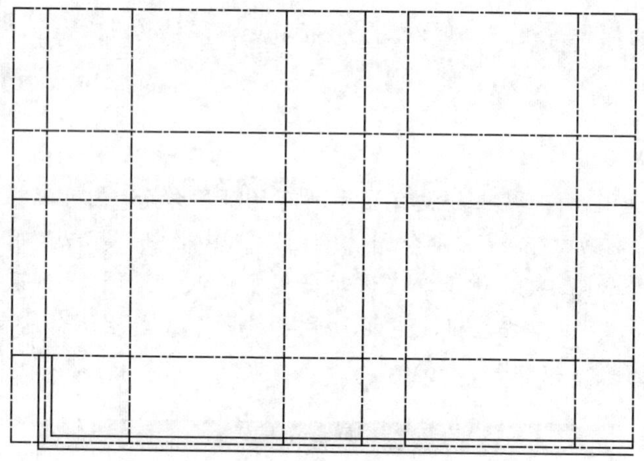

图 4-32　绘制墙体 1

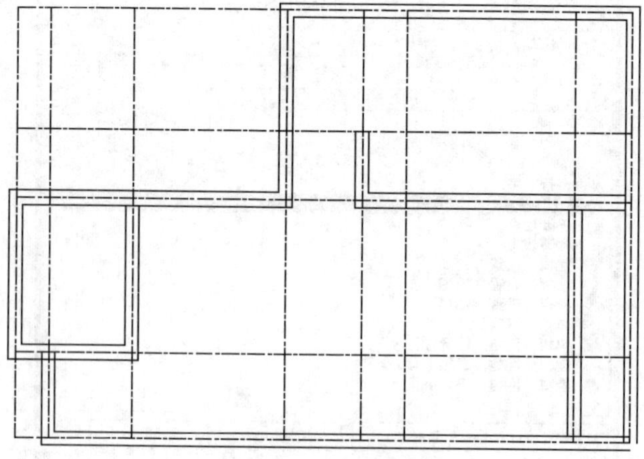

图 4-33　绘制墙体 2

的 120 mm 厚度的墙体，效果如图 4-34 所示。

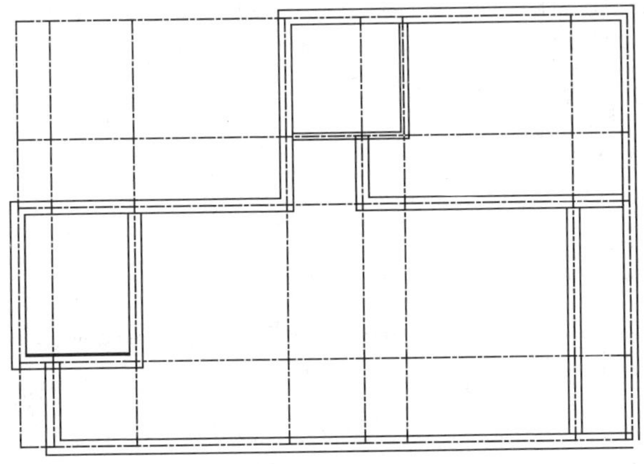

图 4-34　绘制墙体 3

(6) 很明显，此时墙体的交接处还没有完全衔接，要使用编辑命令进行修改。首先需要将多线变为单根直线，便于后面的操作。选择所有墙体线条(可先将轴线层锁定，再按“Ctrl+A”组合键选定所有对象)，单击“修改”工具栏中的“分解”按钮，分解墙体。

(7) 可以通过“修剪”按钮或“打断”按钮、移动夹点等方法修改节点，效果如图 4-35 所示。

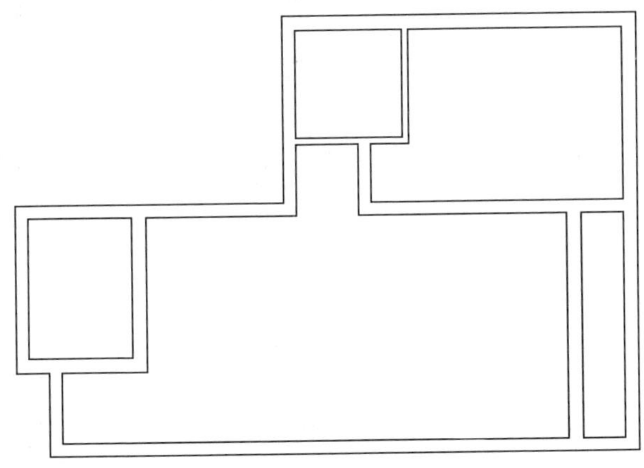

图 4-35　墙体轮廓(隐藏轴线效果)

**注意**

也可以不分解多线，使用“MLEDIT”命令来编辑多线。但最后绘制门窗时，仍需要分解成单根直线。

4) 绘制柱子

本例涉及的柱子是钢筋混凝土构造柱，截面大小为 240 mm×240 mm。

(1) 建立柱子图层，命名为“柱子”，颜色设置为“白”色，线型设置为“Continuous”，线宽设置为“默认”，并置为当前层，如图 4-36 所示。

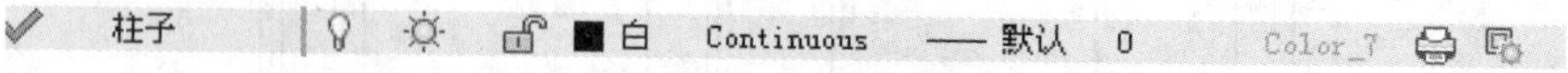

图 4-36　柱子图层参数设置

单击“绘图”工具栏中的“矩形”按钮，在左下角节点处，捕捉内外墙体的两个角点作为矩形对角线上的两个角点，绘制出柱子边框，如图 4-37 所示。

(2) 单击“绘图”工具栏中的“图案填充”按钮，弹出“图案填充和渐变色”对话框，如图 4-38 所示，选择填充图案为“SOLID”，再单击“添加拾取点”按钮，在柱子轮廓内部单击，回车后在弹出的“图案填充和渐变色”对话框中单击“确定”按钮完成填充，效果如图 4-39 所示。

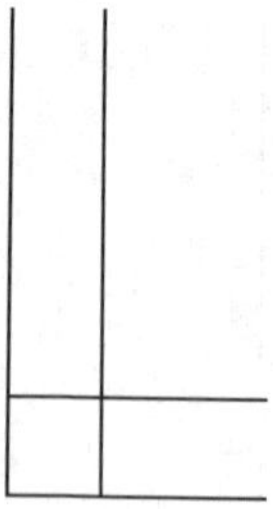

图 4-37　绘制柱子轮廓

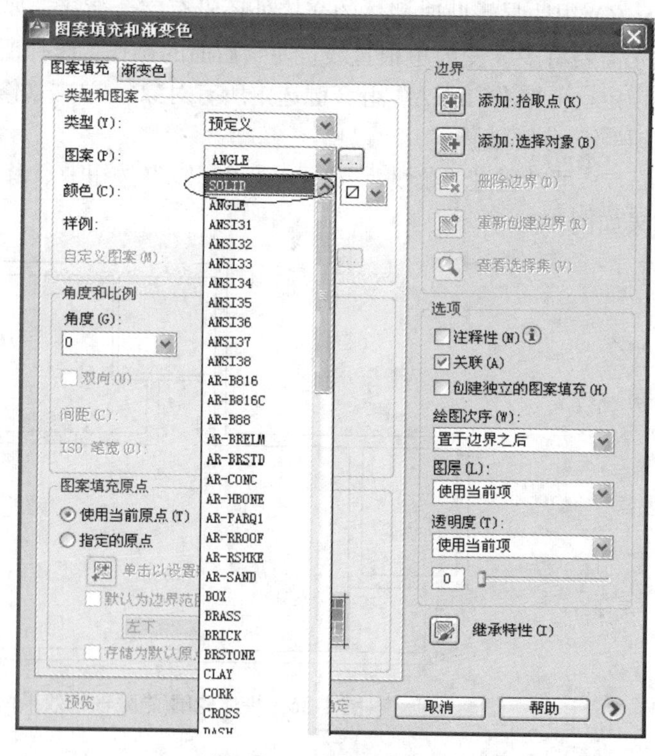


图 4-38　选择填充图案

(3) 单击“绘图”工具栏中的“复制”按钮，将柱子填充图案复制到对应的位置，效果如图 4-40 所示。

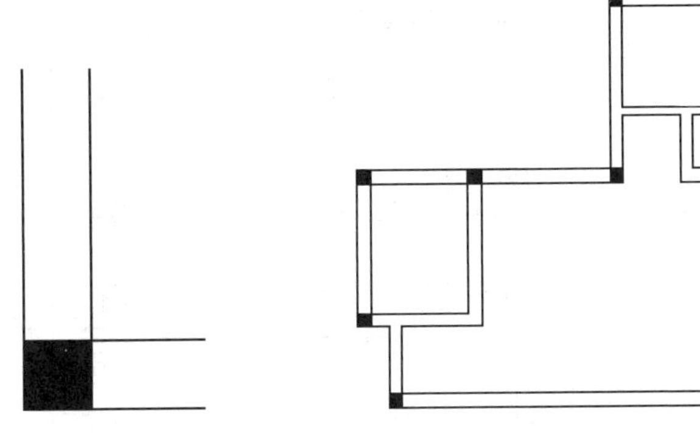

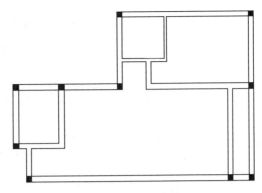

图 4-39　柱子填充效果　　　　图 4-40　柱子复制效果

 **注意**

复制的时候，应灵活指定基点，同时利用对象捕捉功能进行定位。

5) 绘制门窗

本例有三扇单扇平开门、一扇双扇推拉门、一扇四扇推拉门。首先需要确定门洞尺寸，再来绘制不同类型的门。而窗户一扇在厨房，卧室另有一个飘窗。

(1) 建立门窗图层，命名为“门窗”，颜色设置为绿色，线型设置为“Continuous”，线宽设置为默认，并置为当前层，如图 4-41 所示。

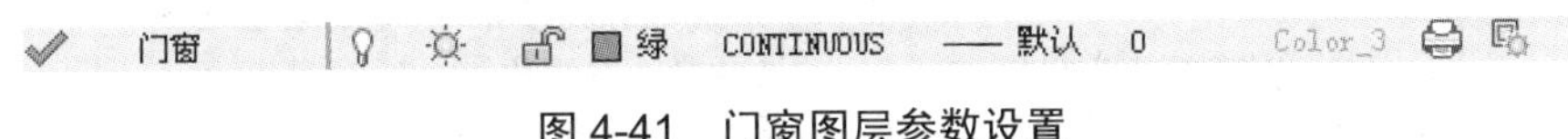


图 4-41　门窗图层参数设置

(2) 绘制门洞。可以利用轴线作为参照来确定门洞位置，如图 4-42 所示，为五扇门洞尺寸。以平面图左下角的大门为例，首先打开“轴线”图层，“门窗”图层为当前图层，选择底部第一根水平轴线，向上偏移 380 mm 得到第一根新轴线，再向上偏移 940 mm 得到第二根新轴线，如图 4-43 所示。

(3) 单击“修改”工具栏中的“修剪”按钮，将两根轴线中间两条垂直墙体线条剪掉，命令行提示如下。

```
命令: _trim
当前设置:投影=UCS, 边=无
选择剪切边...
选择对象或 <全部选择>: 找到一个          //选择偏移的第一根新水平轴线
选择对象: 找到一个, 总计两个             //选择偏移的第二根新水平轴线
选择对象:                                //回车
选择要修剪的对象, 或按住 Shift 键选择要延伸的对象, 或
[栏选(F)/窗交(C)/投影(P)/边(E)/删除(R)/放弃(U)]:
                                         //选择要修剪的第一根垂直墙体
```

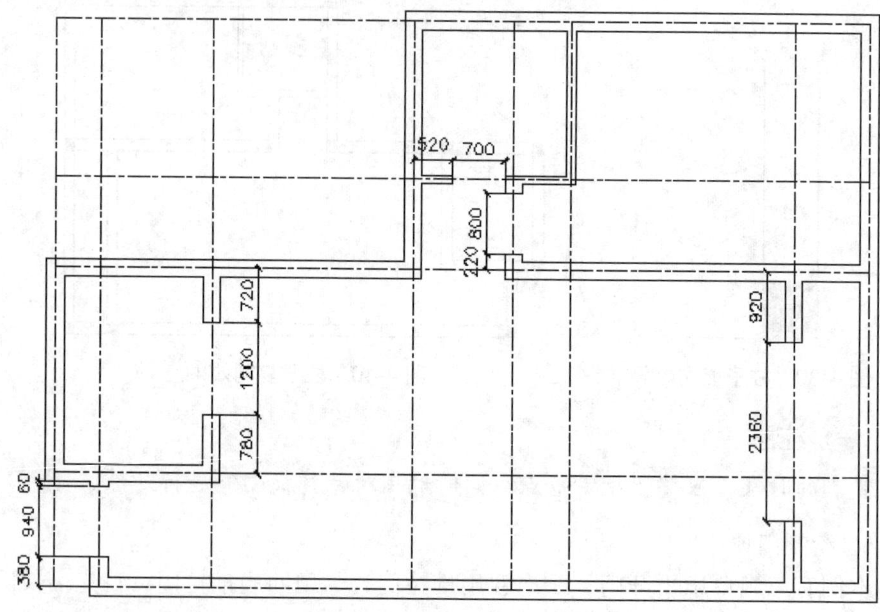


图 4-42　门洞尺寸

```
选择要修剪的对象，或按住 Shift 键选择要延伸的对象，或
[栏选(F)/窗交(C)/投影(P)/边(E)/删除(R)/放弃(U)]:
                                        //选择要修剪的第二根垂直墙体
选择要修剪的对象，或按住 Shift 键选择要延伸的对象，或
[栏选(F)/窗交(C)/投影(P)/边(E)/删除(R)/放弃(U)]: //回车完成
```

(4) 图 4-44 所示为修剪后的效果，删除轴线，用“直线”命令将墙体封口，这样，大门门洞就绘制完成，效果如图 4-45 所示。

(5) 采用相同的方法，绘制余下的门洞，效果如图 4-46 所示。

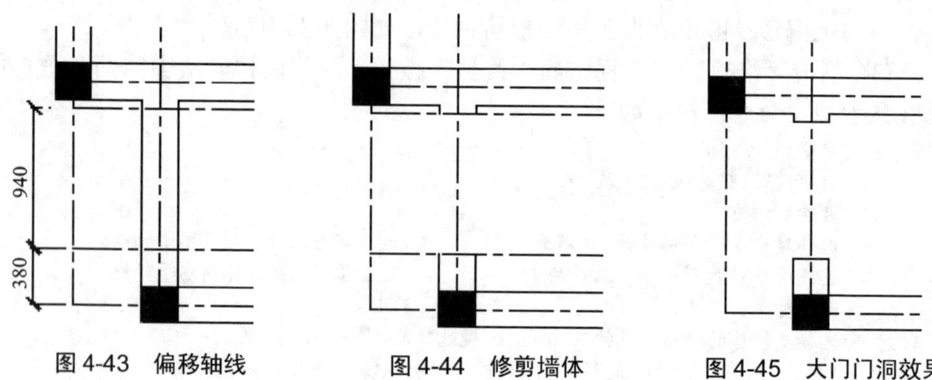


图 4-43　偏移轴线　　图 4-44　修剪墙体　　图 4-45　大门门洞效果

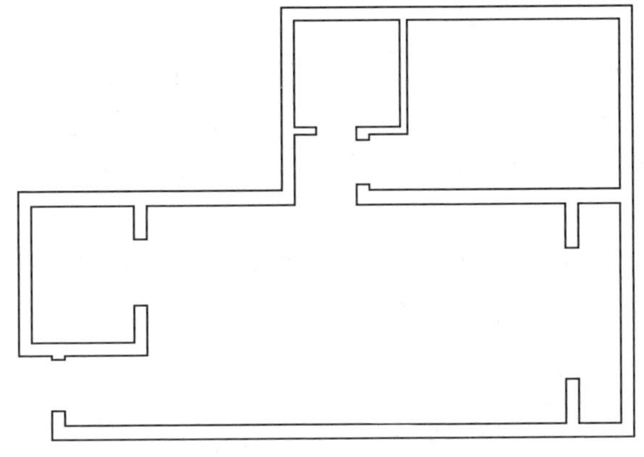

图 4-46　门洞效果

(6) 绘制门。以大门为例，首先在大门门洞墙体中部绘制一条如图 4-47 所示的直线，单击“绘图”工具栏中的“矩形”按钮，绘制一个如图 4-48 所示 940 mm×40 mm 的矩形，命令行提示如下。

```
命令: _rectang
指定第一个角点或 [倒角(C)/标高(E)/圆角(F)/厚度(T)/宽度(W)]: //单击上一步绘制的直线与水平墙线的交点
指定另一个角点或 [面积(A)/尺寸(D)/旋转(R)]: D //输入 D，以固定尺寸绘制矩形
指定矩形的长度 <10.000>: 940        //输入 940，回车
指定矩形的宽度 <10.000>: 40         //输入 40，回车
```

(7) 绘制如图 4-49 所示的门开启线，单击“绘图”工具栏中的“圆弧”按钮，命令行提示如下。

```
命令: _arc
指定圆弧的起点或 [圆心(C)]: C            //输入 C，回车
指定圆弧的圆心:                          //单击矩形右上角角点
指定圆弧的起点:                          //单击矩形左上角角点
指定圆弧的端点或 [角度(A)/弦长(L)]:      //单击门线直线下端端点
```

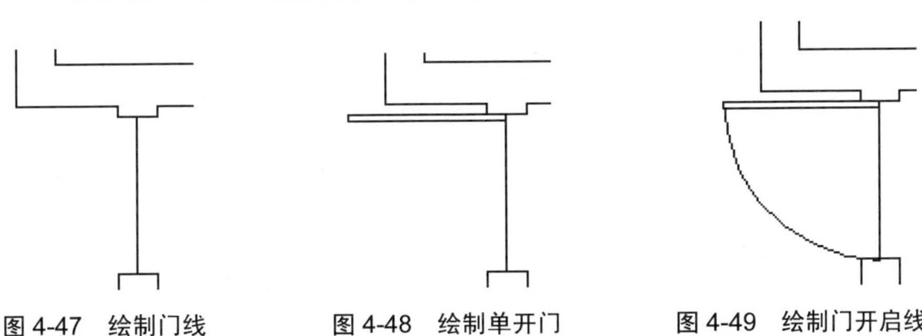

图 4-47　绘制门线　　图 4-48　绘制单开门　　图 4-49　绘制门开启线

(8) 另外两扇单开门也可以按照上述方法绘制，或者将大门造型保存为图块，直接插入对应门洞位置，并进行相应的比例缩放。门的方向利用“旋转”按钮进

行调整。

(9) 绘制厨房两扇推拉门。单击“矩形”按钮□，将厨房的墙体轴线与墙体交点(或者捕捉水平墙体线中点)作为矩形左上角点，绘制尺寸为 600 mm×45 mm 的矩形，再捕捉矩形右边线条中点为第二个矩形的左上角，绘制同样大小的矩形，效果如图 4-50 所示。

(10) 绘制客厅四扇推拉门。复制两扇推拉门到客厅和阳台交接处的两端，下端推拉门要旋转 90°，最终效果如图 4-51 所示。

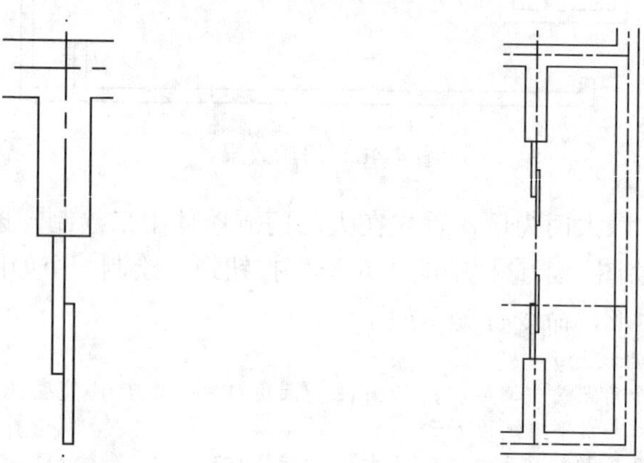

图 4-50 厨房两扇推拉门　　图 4-51 客厅四扇推拉门

(11) 厨房的窗户可以用“直线”命令绘制，窗洞尺寸如图 4-52 所示，可以采用绘制门洞一样的方法进行。

(12) 卧室的飘窗，参照图 4-53 所示尺寸，利用“偏移”命令、“直线”命令、“多线”命令等进行绘制。

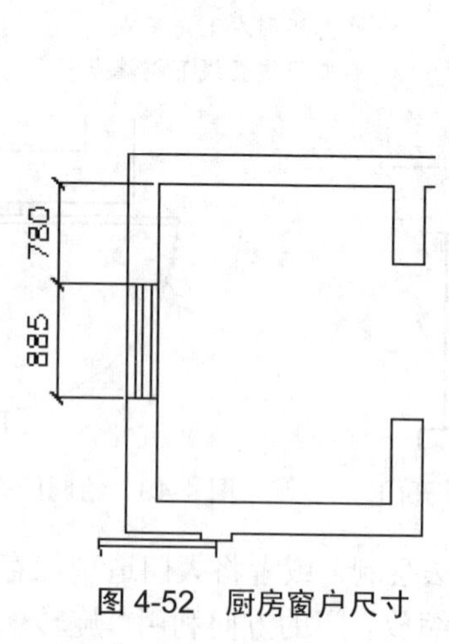


图 4-52 厨房窗户尺寸

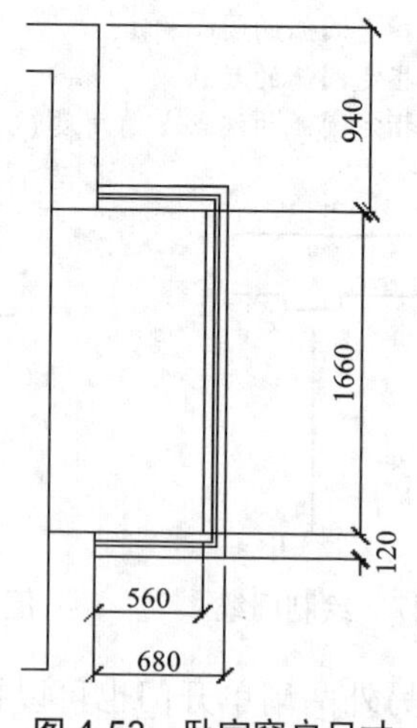


图 4-53 卧室窗户尺寸

6) 绘制阳台及管道

(1) 建立阳台图层，命名为“阳台”，颜色设置为“白”色，线型设置为“Continuous”，线宽设置为“默认”，并置为当前层，如图 4-54 所示。

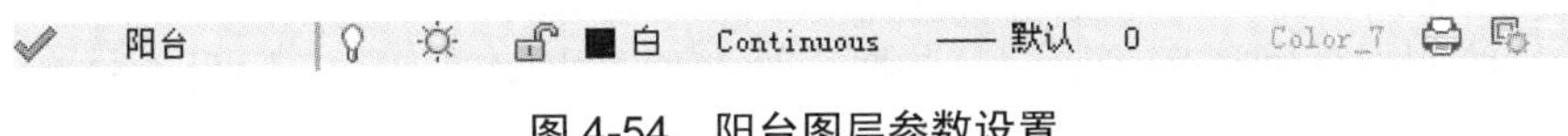


图 4-54　阳台图层参数设置

(2) 将靠近阳台的墙体线条进行修改，如图 4-55 所示。选择“多线”命令，比例为“120”，对正为“无”，以底部外墙墙体中部为起点绘制，长度为 1375 mm。采用同样方法绘制阳台上墙线，长度为 1640 mm，如图 4-56 所示。

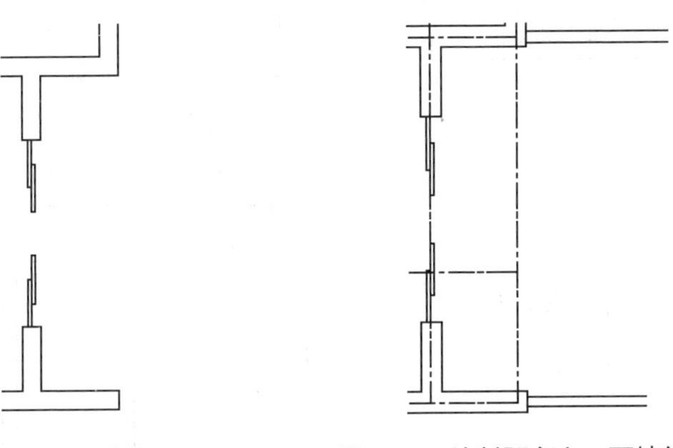

图 4-55　修改墙体　　　　图 4-56　绘制阳台上、下墙线

(3) 再次使用“多线”命令，修改对正为“上”，以阳台上墙线右端点为起点，下墙线右端点为终点，连接上、下墙线，如图 4-57 所示。

(4) 选择三条多线，分解后调整直线位置，最终效果如图 4-58 所示。

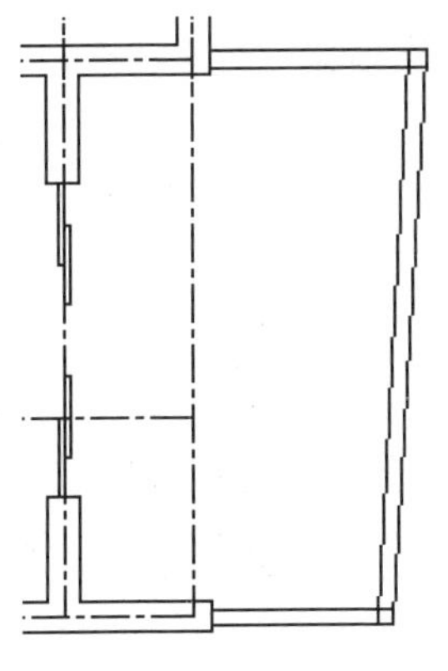

图 4-57　连接上、下墙线

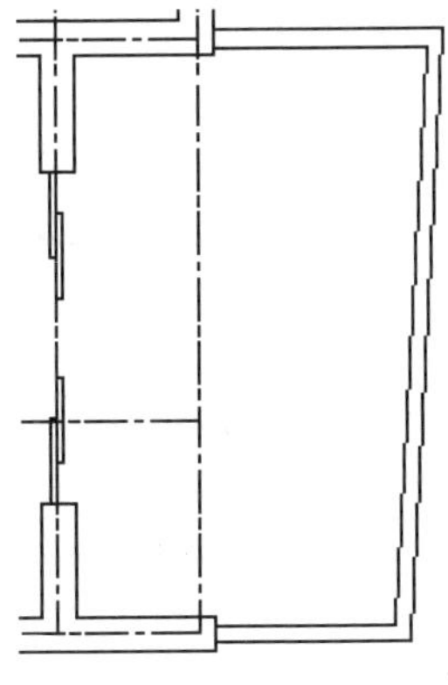

图 4-58　阳台效果

(5) 绘制厨房排烟管道。在厨房左下角绘制一个 300 mm×400 mm 大小的矩形作为管道外轮廓，如图 4-59 所示。使用“偏移”命令，偏移量为 20 mm，将矩形向内偏移，形成管道内轮廓，如图 4-60 所示。使用“直线”命令绘制管道折线，形成管道空洞，效果如图 4-61 所示。

(6) 绘制卫生间通风管道。复制厨房管道到卫生间左上角，如图 4-62 所示。

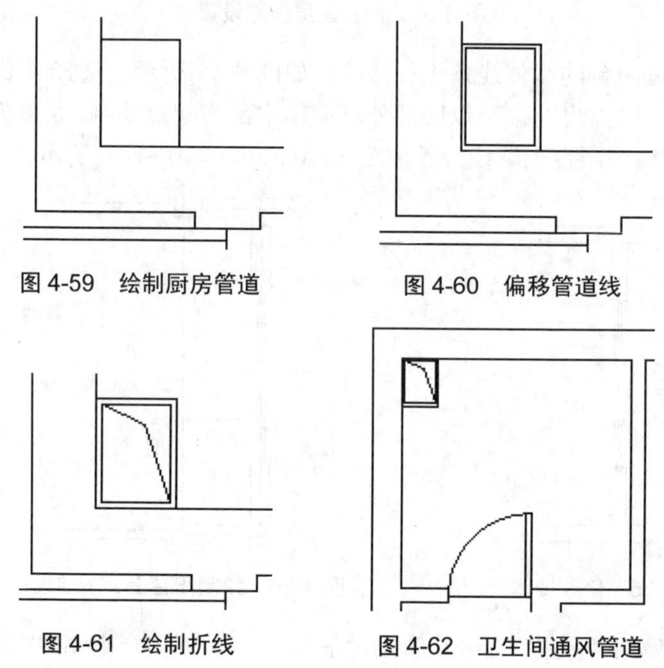

图 4-59　绘制厨房管道

图 4-60　偏移管道线

图 4-61　绘制折线

图 4-62　卫生间通风管道

7) 尺寸标注

(1) 建立尺寸图层，命名为“尺寸”，颜色设置为“黄”色，线型设置为“Continuous”，线宽设置为“默认”，并置为当前层，如图 4-63 所示。

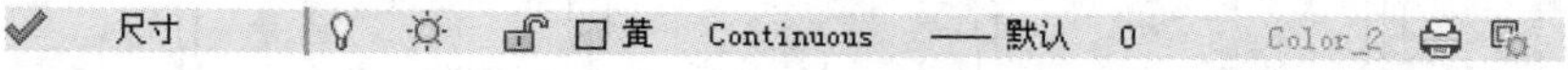

尺寸　黄　Continuous　—— 默认　0　Color_2

图 4-63　尺寸图层参数设置

(2) 设置尺寸标注样式。单击菜单栏“格式”|“标注样式”菜单命令，弹出“标注样式管理器”对话框，新建一个标注样式，命名为“建筑”，单击“继续”按钮，将“建筑”样式中的参数按图 4-64 至图 4-68 所示进行设置。最后单击“确定”按钮返回“标注样式管理器”对话框，将“建筑”样式置为当前样式，如图 4-69 所示。

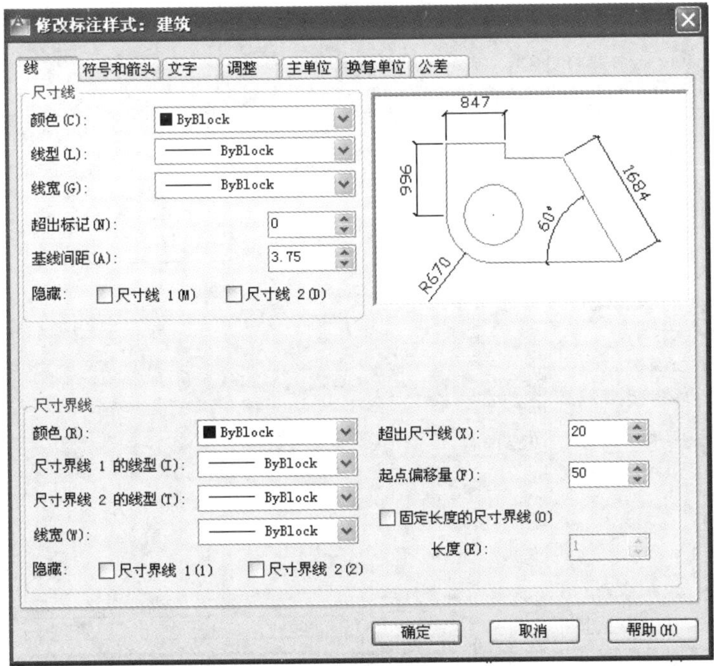


图 4-64　样式设置“线”选项卡

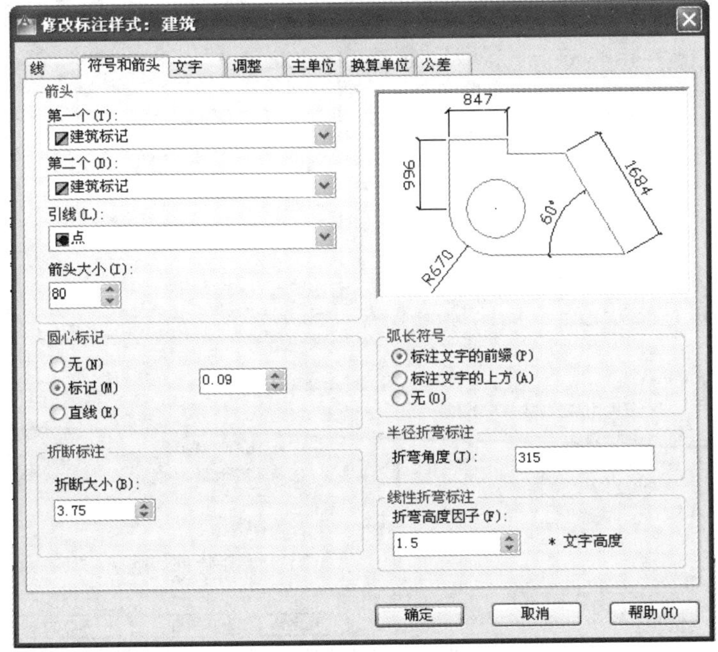


图 4-65　样式设置“符号和箭头”选项卡

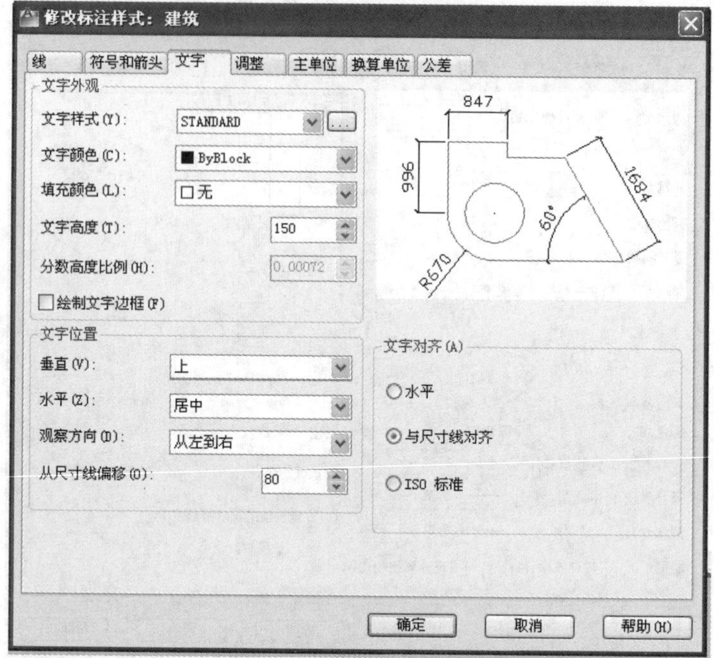


图 4-66　样式设置“文字”选项卡

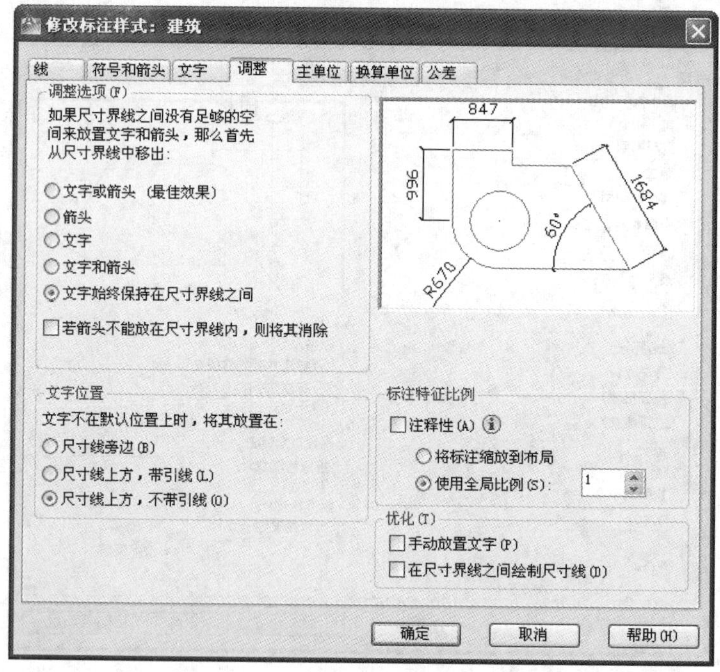


图 4-67　样式设置“调整”选项卡

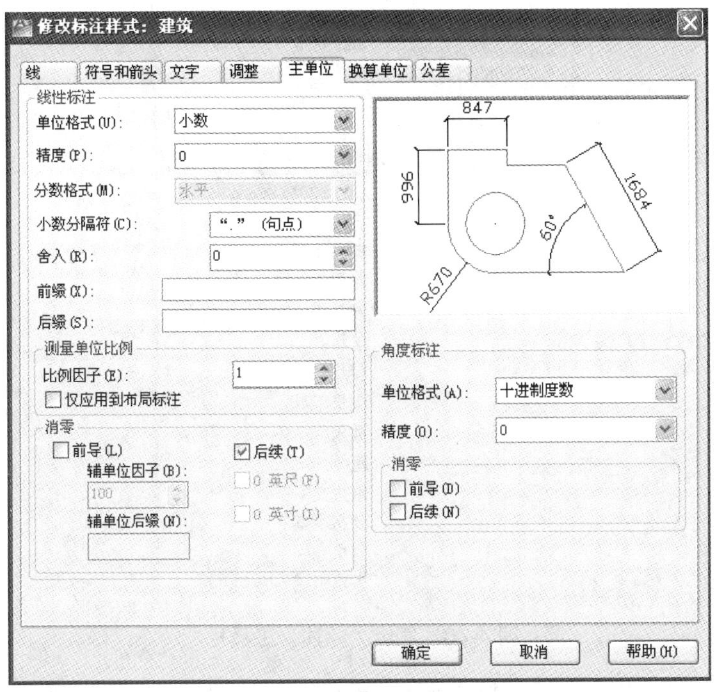


图 4-68　样式设置“主单位”选项卡

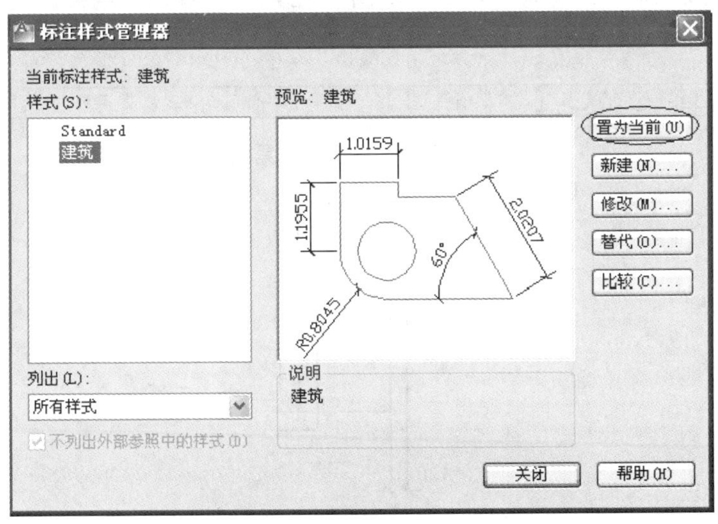


图 4-69　将“建筑”样式置为当前样式

(3) 在工具栏的空白处单击鼠标右键，在弹出的快捷菜单上选择“AutoCAD”|“标注”命令，将“标注”工具栏显示出来，方便后面进行尺寸标注，如图 4-70 所示。

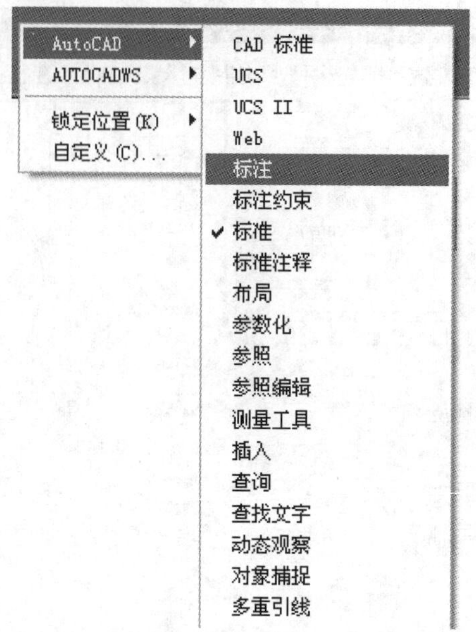


图 4-70　显示“标注”工具栏

⑷ 绘制第一道尺寸线。单击如图 4-71 所示的“标注”工具栏中“线性标注”按钮，对底部墙体进行标注，效果如图 4-72 所示。单击“连续标注”按钮，对墙体其他尺寸进行标注，效果如图 4-73 所示。

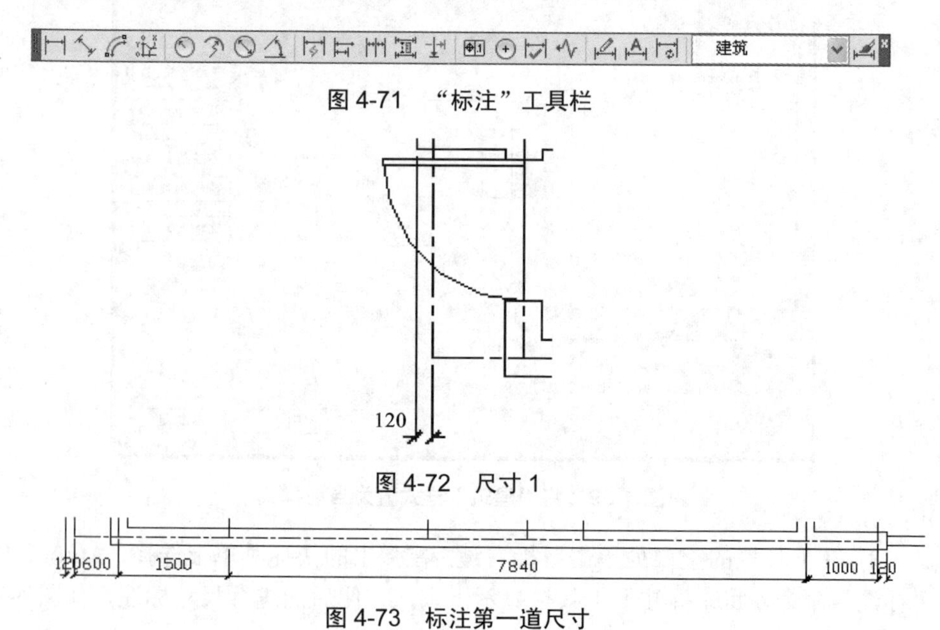


图 4-71　“标注”工具栏

图 4-72　尺寸 1

图 4-73　标注第一道尺寸

(5) 发现左右两端的尺寸文字“120”显示不清，如图 4-74 所示，可单击 120 字样，用以选中尺寸，用鼠标单击中间的方块标记，将文字“120”移动到尺寸界线外侧，效果如图 4-75 所示。

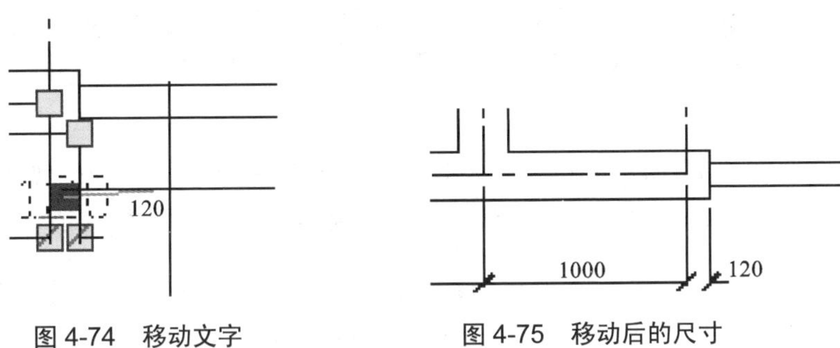


图 4-74　移动文字　　　图 4-75　移动后的尺寸

(6) 绘制第二道尺寸线。单击“线性标注”按钮，对底部外墙总尺寸进行标注，如图 4-76 所示。

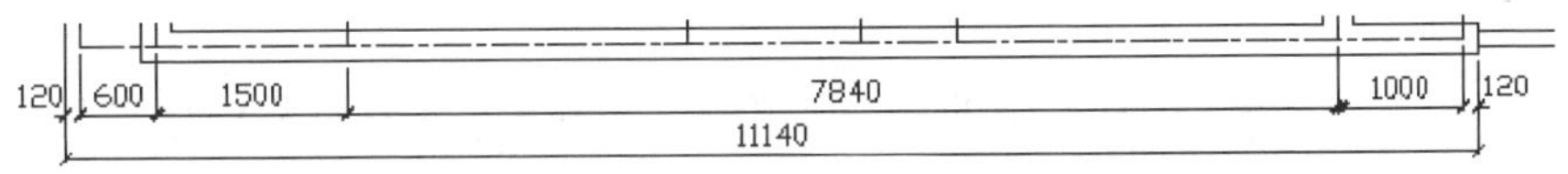


图 4-76　标注第二道尺寸

(7) 采用同样的方法对其他墙体轴线进行标注，最终效果如图 4-77 所示。

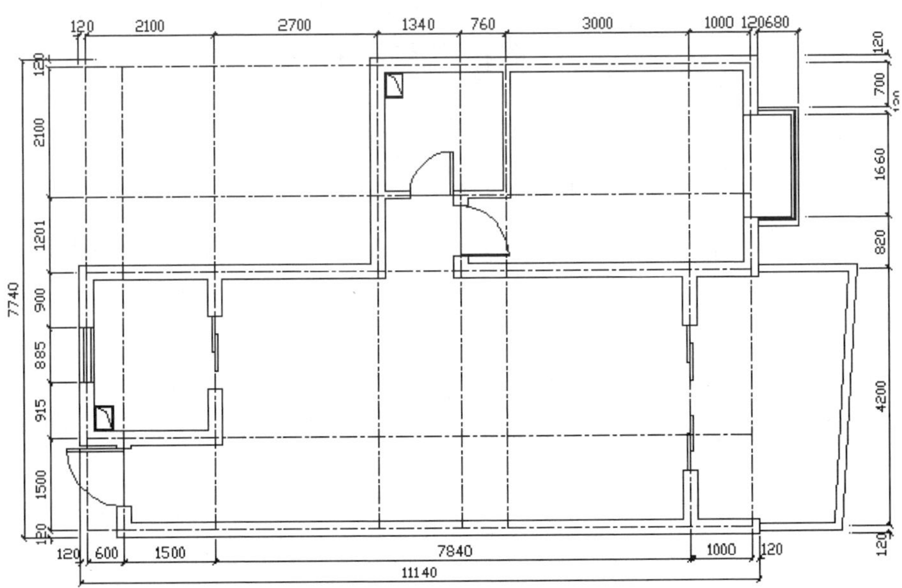


图 4-77　标注建筑平面图尺寸

**说明**

根据《房屋建筑图纸统一标准》的要求，对尺寸标注样式进行设置，应该注意各项涉及的尺寸值都是以实际图纸的尺寸乘以制图比例的倒数。例如制图比例为 1∶100，如果需要在图纸上看到 1.5 mm 单位的文字，则在 AutoCAD 上的文字高度应该乘以 100，设置为 150。

8) 文字说明标注

(1) 建立文字图层，命名为“文字”，颜色设置为“黄”色，线型设置为“Continuous”，线宽设置为“默认”，并置为当前层，如图 4-78 所示。

文字 黄 Continuous —— 默认 0 Color_2

图 4-78 文字图层参数设置

(2) 单击菜单栏“格式”|“文字样式”菜单命令，在弹出的“文字样式”对话框中，单击“新建”按钮，新建“样式 1”，选择字体为“宋体”，高度为“200”，置为当前层。

(3) 单击“绘图”工具栏中的“多行文字”按钮，在客厅标注区域推拉一个矩形，如图 4-79 所示，输入“客厅”字样，单击“确定”后完成操作。

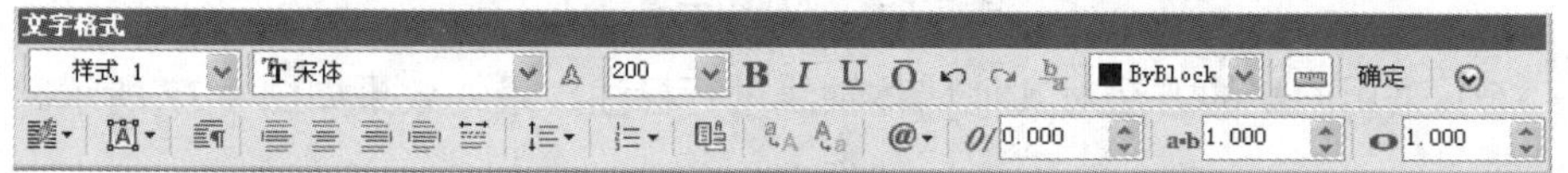


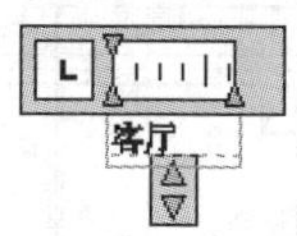


图 4-79 客厅文字标注

(4) 采用相同的方法，在对应位置输入相应文字标注，最终效果如图 4-80 所示。

9) 标高

这里的标高是以建筑物室内首层主要地面高度为零作为标高的起点，称为相对标高。建筑标高符号绘制详见“项目三”中的“任务一 绘制符号类图块”。

(1) 建立文字图层，命名为“标高”，颜色设置为“黄”色，线型设置为“Continuous”，线宽设置为“默认”，并置为当前层，使用“直线”命令在客厅绘制标高符号。

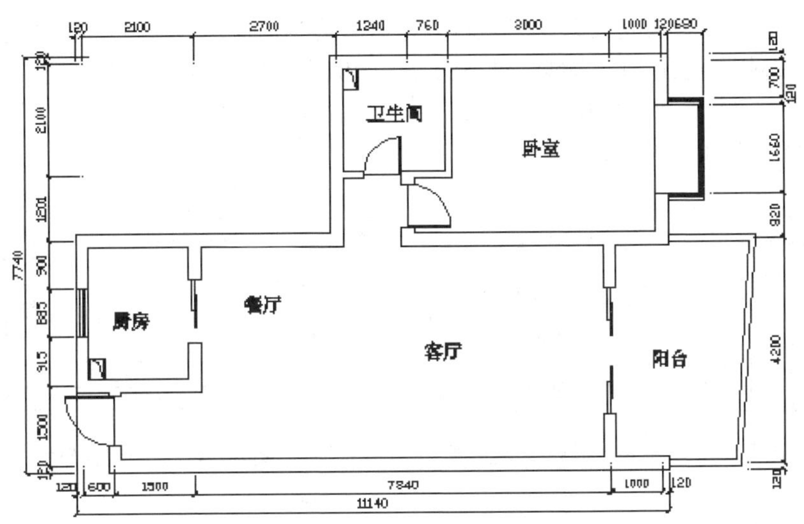


图 4-80 文字标注

(2) 单击“样式”工具栏中的“文字样式”按钮，在弹出的“文字样式”对话框中新建“样式 2”，将字体高度设置为“150”。使用“多行文字”按钮，输入标高尺寸“+0.000”，如图 4-81 所示。

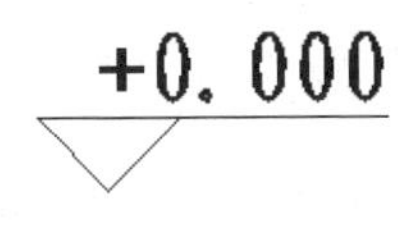


图 4-81　客厅标高

(3) 使用“修改”工具栏中的“复制”按钮，将客厅标高同时复制到厨房、卫生间、卧室和阳台四个地方。双击标高尺寸，修改卧室、厨房和阳台的尺寸文字为–0.020，将关闭的图层打开，最终得到住宅建筑平面图。

### 3. 普通户型室内装修平面图绘制

绘制住宅空间室内装修平面图，关键在如何合理地进行空间布局、家具摆放。家具是生活中不可缺少的设施，也是室内空间构成的重要因素。设计师在选择家具时应该和室内设计的风格相协调，在布置室内家具时，也要充分利用空间，真正发挥家具在室内的作用，将整体布局和细节设计两手抓。

本小节在建筑平面图的基础上，介绍装修平面图的绘制方法和相关技巧。按照入门空间顺序，依次为门厅、客厅、餐厅、卧室、厨房、卫生间和阳台各个空间的平面布局，以及尺寸标注和文字说明。

1) 门厅的平面布置

(1) 打开绘制好的建筑平面图(见图 4-80)，另存为“室内装修平面图.dwg”，将“轴线”、“尺寸”、“文字”、“标高”图层关闭。

(2) 建立家具图层，命名为“家具”，颜色设置为“白”色，线型设置为

“Continuous”，线宽设置为“默认”，并置为当前层。

(3) 选择“绘图”|“多线”菜单命令，比例为“20”，在门厅玄关处绘制鞋柜，尺寸如图 4-82 所示。再使用“直线”命令绘制交叉线段，如图 4-83 所示。鞋柜放置位置如图 4-84 所示。

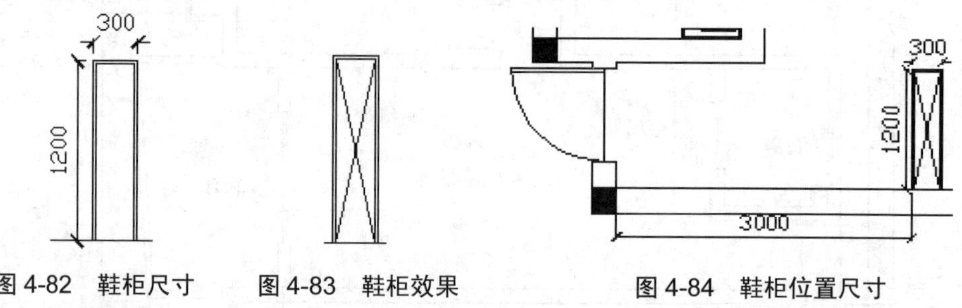


图 4-82　鞋柜尺寸　　图 4-83　鞋柜效果　　图 4-84　鞋柜位置尺寸

## 注意

有时要对图形进行局部放大和平移，以方便绘图而提高效率。可以利用“标准”工具栏中的“实时平移”按钮和“实时缩放”按钮，也可以单击鼠标右键，选择快捷菜单“平移(A)”和“缩放(Z)”，并注意两者的交替使用。

2) 客厅的平面布置

(1) 单击“标准”工具栏中的“实时缩放”按钮，将客厅局部放大。

(2) 插入沙发。选择“插入”|“块”菜单命令，弹出“插入”对话框，如图 4-85 所示。单击“浏览”按钮，打开“选择图形文件”对话框如图 4-86 所示。选择家具所在资料文件中的目录路径，单击要选择的家具“客厅沙发组合家具”，单击“打开”按钮，返回“插入”对话框，如图 4-87 所示。此时，可以预览家具，可以在对话框或屏幕上指定沙发插入点位置、输入比例因子和旋转角度等，单击“确定”按钮，插入图块，如图 4-88 所示。

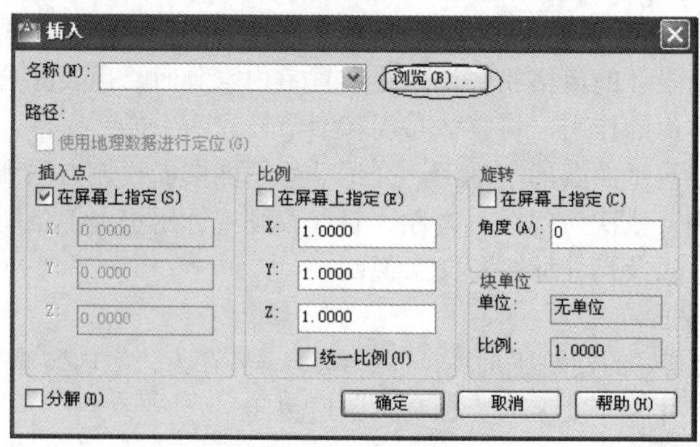


图 4-85　“插入”对话框

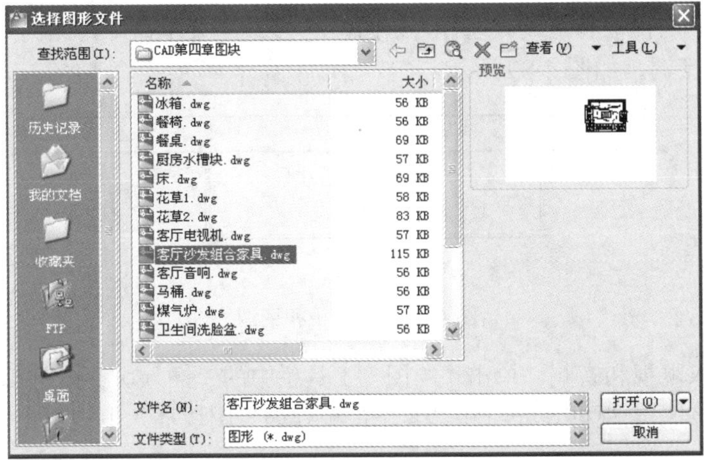


图 4-86　“选择图形文件”对话框

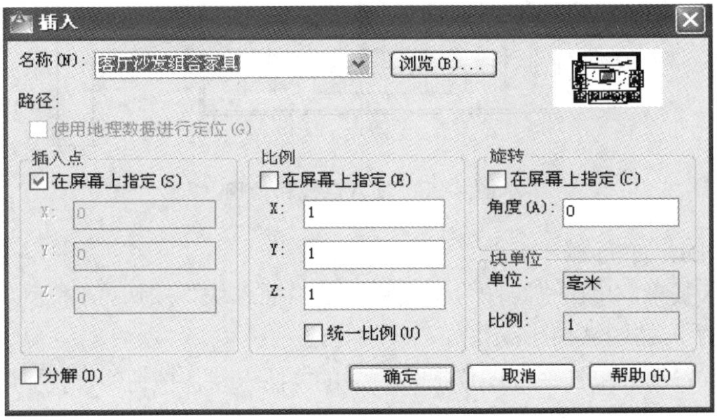

插入
名称(N): 客厅沙发组合家具　浏览(B)...
路径:
使用地理数据进行定位(G)

| 插入点 | 比例 | 旋转 |
| --- | --- | --- |
| ☑在屏幕上指定(S) | ☐在屏幕上指定(E) | ☐在屏幕上指定(C) |
| X: 0 | X: 1 | 角度(A): 0 |
| Y: 0 | Y: 1 | 块单位 |
| Z: 0 | Z: 1 | 单位: 毫米 |
| | ☐统一比例(U) | 比例: 1 |

☐分解(D)　确定　取消　帮助(H)

图 4-87　返回“插入”对话框

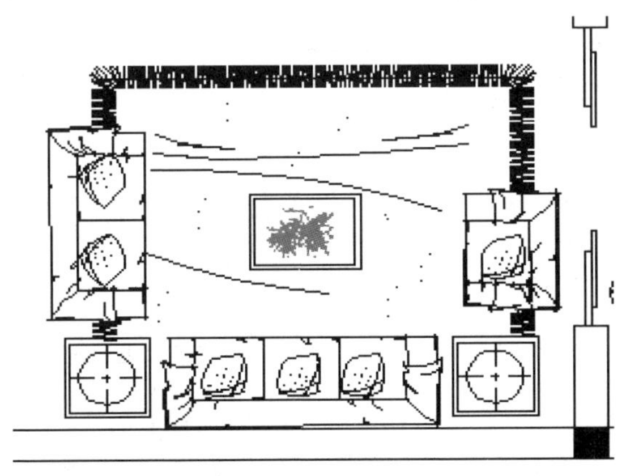

图 4-88　插入沙发

(3) 绘制电视柜和空调。选择“绘图”|“多线”菜单命令，比例为“20”，绘制电视柜和空调，如图4-89所示。

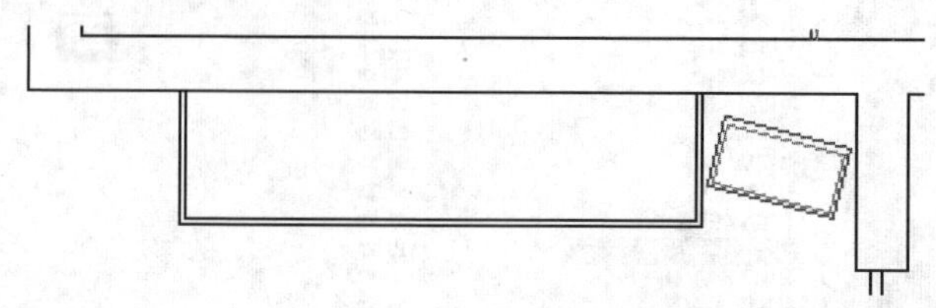

图4-89　电视柜和空调

(4) 插入电视和音响。单击“绘图”工具栏中的“插入块”按钮，找到资料文件中的“客厅电视机.dwg”和“客厅音响.dwg”图块插入电视柜上，如图4-90所示。

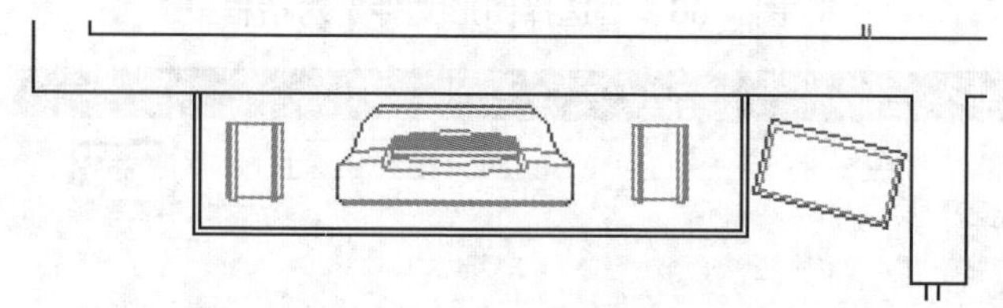

图4-90　插入电视和音响

3) 餐厅的平面布置

(1) 插入餐桌。单击“绘图”工具栏中的“插入块”按钮，找到“餐桌.dwg”图块插入餐厅，如图4-91所示。

(2) 插入餐椅。单击“绘图”工具栏中的“插入块”按钮，找到“餐椅.dwg”图块插入餐桌右下角，如图4-92所示。

(3) 复制餐椅。单击“修改”工具栏中的“复制”按钮，将餐椅复制到正上方，如图4-93所示。此时，可以同时复制另外三个餐椅，但为了使左右两边完全对称，可以采用镜像复制。单击“修改”工具栏中的“镜像”按钮，命令行提示如下。

```
命令: _mirror
选择对象: 找到 1 个                    //选择右上角餐椅
选择对象: 找到 1 个, 总计 2 个          //选择右下角餐椅
选择对象:                              //回车
指定镜像线的第一点: 指定镜像线的第二点:
                                       //单击餐椅上边线中点作为镜像线第一点, 单
                                         击餐椅下边线中点作为第二点
要删除源对象吗? [是(Y)/否(N)] <N>: //回车完成
```

镜像线选择如图4-94所示，餐厅最终效果如图4-95所示。

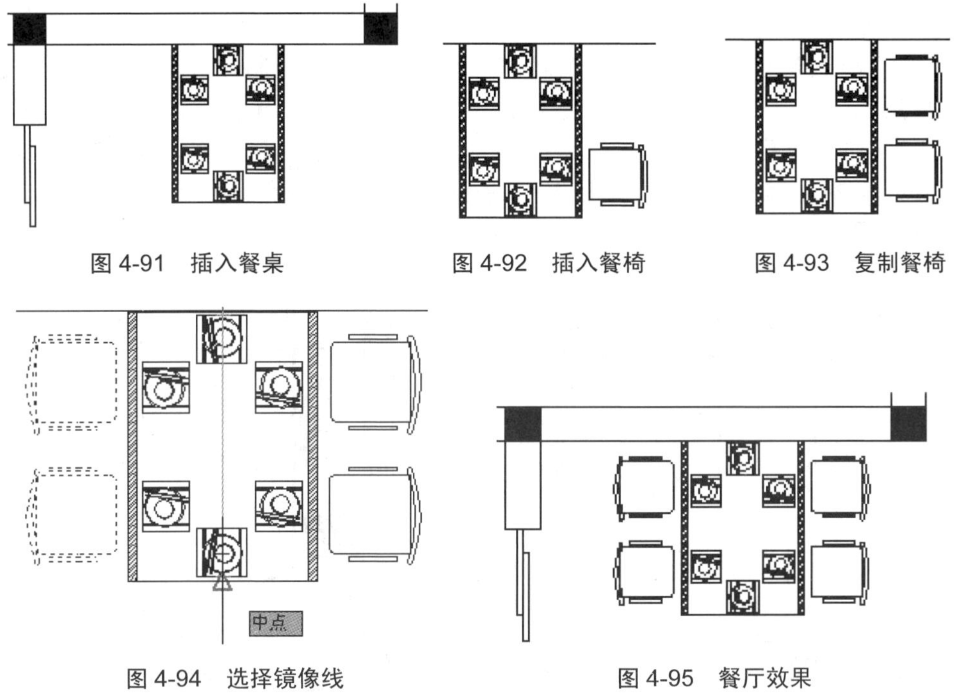


图 4-91　插入餐桌　　图 4-92　插入餐椅　　图 4-93　复制餐椅

图 4-94　选择镜像线　　图 4-95　餐厅效果

4) 卧室的平面布置

(1) 绘制电视柜。使用“多线”命令，比例为“20”，在卧室右下角绘制电视柜，尺寸如图 4-96 所示。

(2) 插入卧室家具。单击“绘图”工具栏中的“插入块”按钮，找到“卧室电视机.dwg”、“床.dwg”、“卧室衣柜.dwg”等图块，并将其插入卧室对应的位置上，如图 4-97 所示。

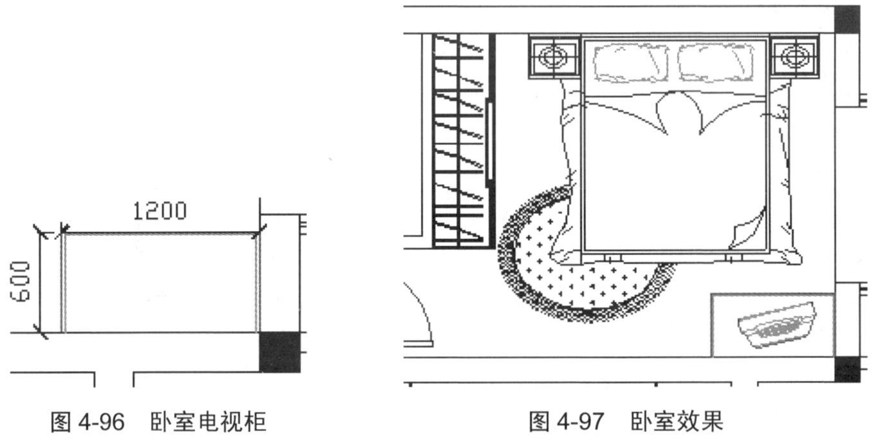


图 4-96　卧室电视柜　　图 4-97　卧室效果

5) 厨房的平面布置

(1) 绘制橱柜。使用“多线”命令，比例为“20”，绘制厨房橱柜，尺寸如图 4-98 所示。

(2) 插入厨房家电。单击“绘图”工具栏中的“插入块”按钮，找到“冰箱.dwg”、“煤气炉.dwg”、“ 厨房水槽块.dwg”图块插入厨房对应的位置上，如图 4-99 所示。

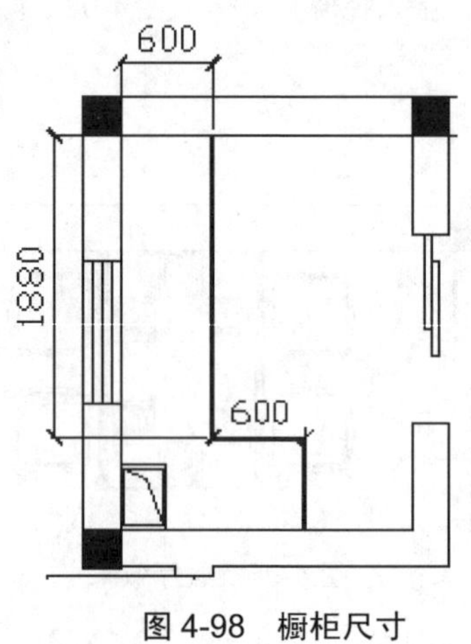

图 4-98　橱柜尺寸

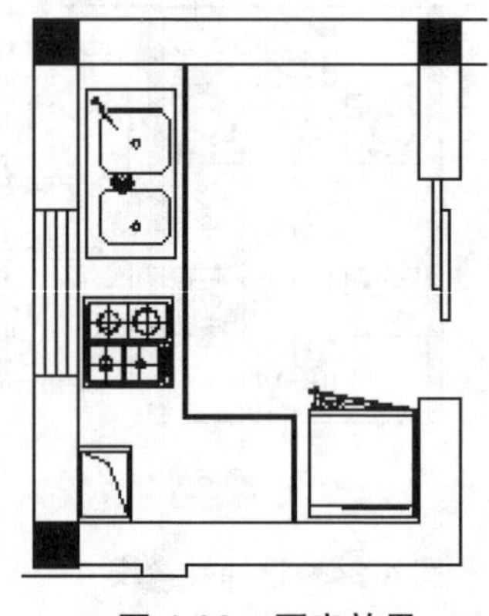
图 4-99　厨房效果

**说明**

橱柜定做都需要上门量尺寸，橱柜包括台面、柜体，以及米桶、拉篮、拉手、滑道等部件。

6) 卫生间的平面布置

(1) 绘制浴缸砌台。使用“多线”命令，比例为“20”，绘制浴缸砌台，尺寸如图 4-100 所示。

(2) 插入卫生间洁具。单击“绘图”工具栏中的“插入块”按钮，找到“卫生间洗脸盆.dwg”、“坐便器.dwg”、“浴缸.dwg”图块插入卫生间相应的位置上，如图 4-101 所示。

7) 阳台的平面布置

(1) 绘制储藏柜和小花园。单击“绘图”工具栏中的“样条曲线”按钮，绘制阳台小花园。再使用“直线”命令绘制储藏柜，如图 4-102 所示。

(2) 插入阳台家具和电器。单击“绘图”工具栏中的“插入块”按钮，找到“洗衣机.dwg”、“阳台茶几.dwg”、“阳台躺椅.dwg”、“花草 1.dwg”、“花草 2.dwg”图块插入阳台对应的位置上，如图 4-103 所示。

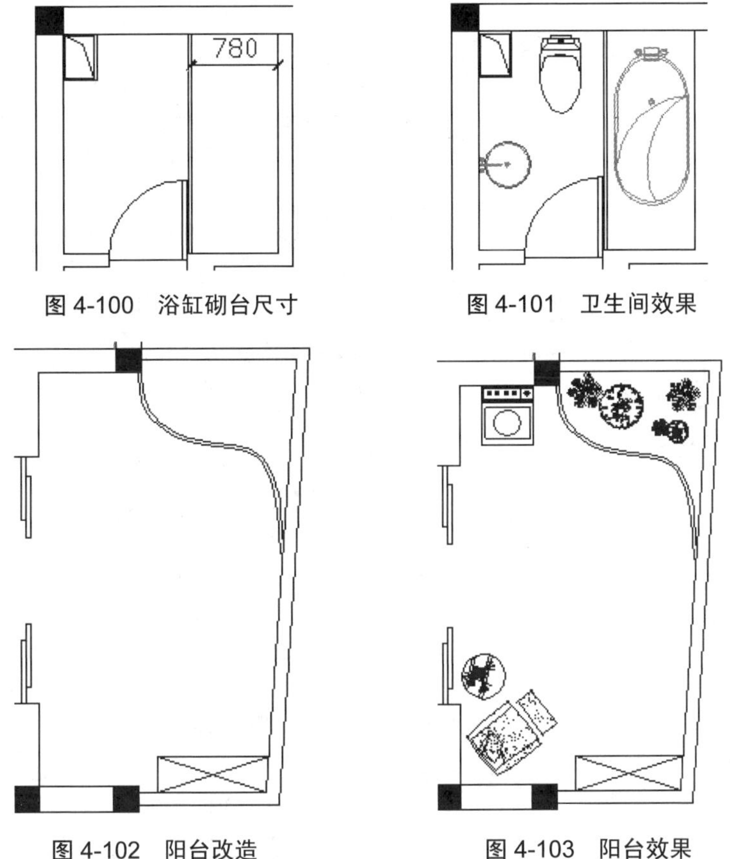


图 4-100 浴缸砌台尺寸

图 4-101 卫生间效果

图 4-102 阳台改造

图 4-103 阳台效果

8) 尺寸标注

装修平面图的尺寸标注不同于建筑平面图，关闭“轴线”图层，以墙体作为参考线进行尺寸标注。

(1) 打开“尺寸”图层，并置为当前层。删除原建筑平面图不需要的尺寸。

(2) 使用“连续标注”命令沿墙体进行房间尺寸标注，如图 4-104 所示。

9) 文字说明标注

打开“文字”图层，会发现文字标注和家具重叠，显示不清，单击“修改”工具栏中的“移动”按钮，对文字进行移动，并使用“多行文字”按钮A，对需要说明的地方进行标注。

### 4. 普通户型室内地面图绘制

地面平面图的绘制，主要是对地面材料和规格进行绘制和说明，通过在区域填充对应的图案来标识不同的地面材料。当地面做法比较简单时，可以直接使用文字说明，但很多时候还是要使用材料图例在平面图上直观表现，同时进行文字

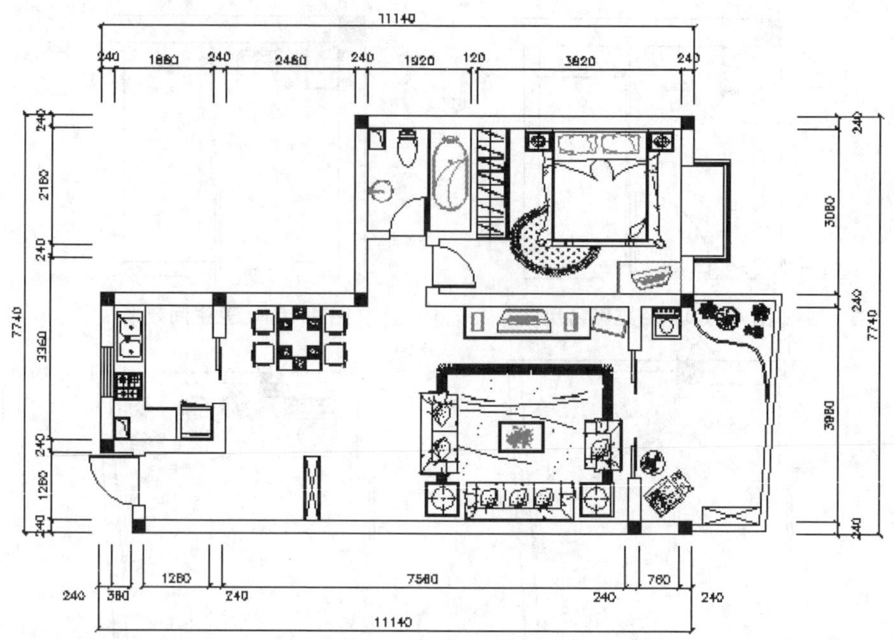


图 4-104　平面图尺寸标注

说明。地面材料可以绘制在室内平面图中，当室内平面图内容较多，显得比较拥挤时，也可以单独绘制一张地面平面图。

家装地面装修材料一般为地砖、实木地板和复合地板等，地面和顶棚是相对应的，地面最先被人的视觉所感知，所以它的色彩、质地和图案能直接影响室内的氛围，而且地面还要承载家具，起衬托作用。

本例中，客厅、餐厅和过道铺设的为 600 mm×600 mm 浅黄色防滑地砖，卫生间和厨房铺设的为 300 mm×300 mm 防滑砖，卧室铺设的为 150 mm 宽强化地板，阳台铺设的为仿古地砖。

下面介绍如图 4-105 所示地面平面图的绘制方法和相关技巧。

1) 准备工作

(1) 打开绘制的室内平面图，另存为“室内地面图.dwg”，关闭或删除不需要的图层。

(2) 建立“地面材料”图层，命名为“地面材料”，颜色设置为“白”色，线型设置为“Continuous”，线宽设置为“默认”，并置为当前层。

2) 绘制地面图案

(1) 单击“绘图”工具栏中的“直线”按钮，把平面图不同地面材料分隔处用直线进行划分，如图 4-106 所示。

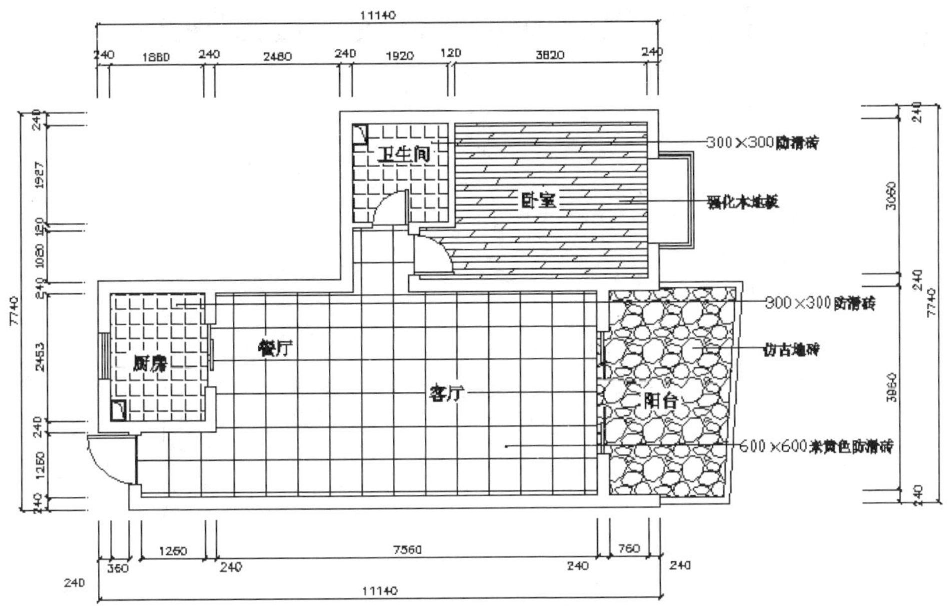


图 4-105 普通户型室内地面图

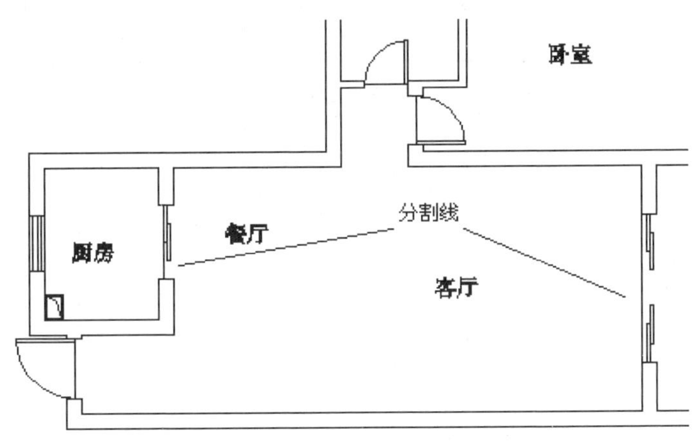


图 4-106 绘制分割线

(2) 对客厅、餐厅和过道填充地面图案。单击“绘图”工具栏中的“填充图案”按钮，弹出“图案填充和渐变色”对话框，单击对话框右上角的“添加：拾取点”按钮，将十字光标指针在客厅区域内单击，选中填充区域，单击鼠标右键确认或按回车返回对话框。客厅地面图案填充的参数如图 4-107 所示，图案选择“NET”，填充比例输入“200”，单击“确定”按钮后，如图 4-108 所示。

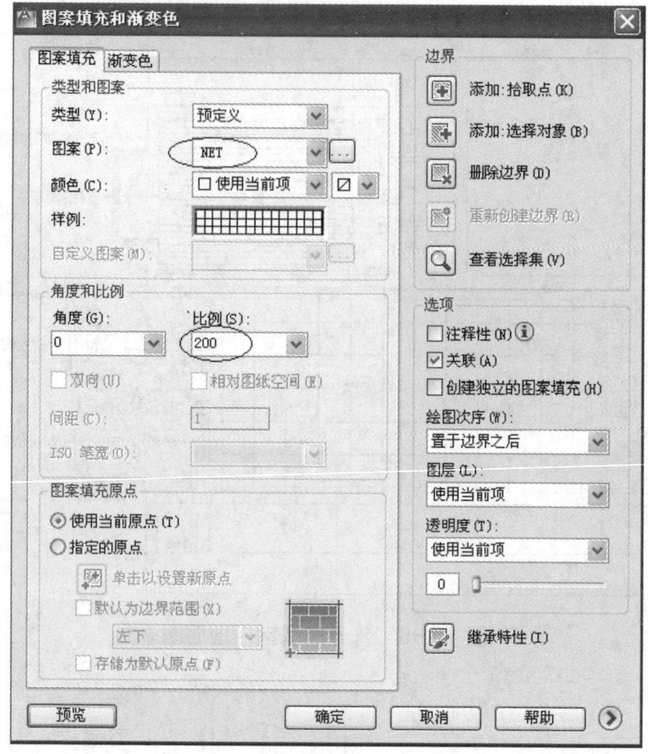


图 4-107　客厅地面图案填充的参数

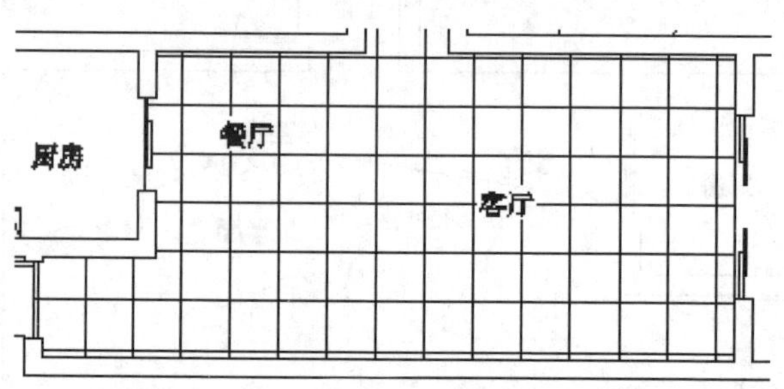


图 4-108　客厅、餐厅、过道地面填充效果

 **注意**

填充图案时，如果填充区域没有完全闭合，那么是无法选中的。

 **说明**

填充客厅的网格大小为 600 mm×600 mm，如何将网格以 1∶1 比例填充，可以使用检验网格大小的方法。单击“工具”|“查询”|“距离”菜单命令，查询网格大小。查出“NET”图案间距是“3”，所以填充比例输入“200”，这样就

得到近似于 600 mm×600 mm 的网格。如果还想更精确，则可以直接用直线阵列完成。

(3) 采用同样的方法填充其他区域的地面材料。

主卧室填充参数为：图案“DOLMIT”，比例“20”，效果如图 4-109 所示。

厨房、卫生间填充参数为：图案“ANGLE”，比例“40”，效果如图 4-110 所示。

阳台填充参数为：图案“GRAVEL”，比例“30”，效果如图 4-111 所示。

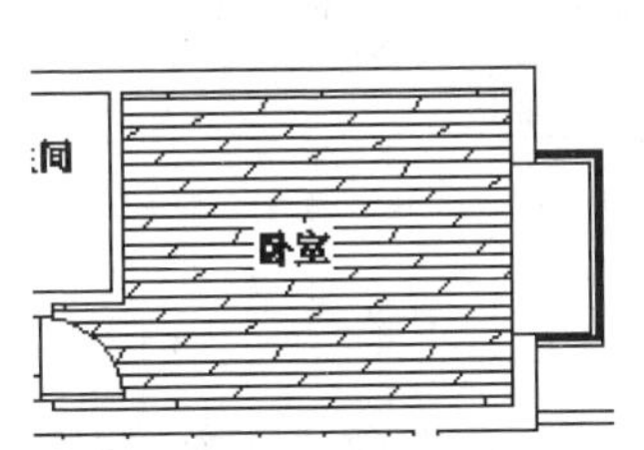


图 4-109 卧室地面效果

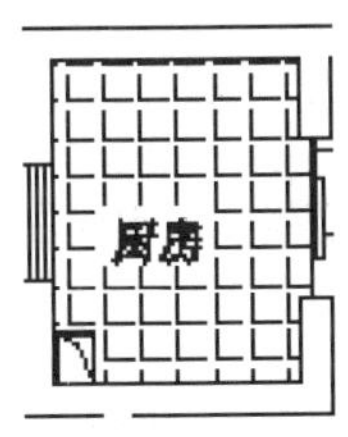

图 4-110 厨房、卫生间地面效果

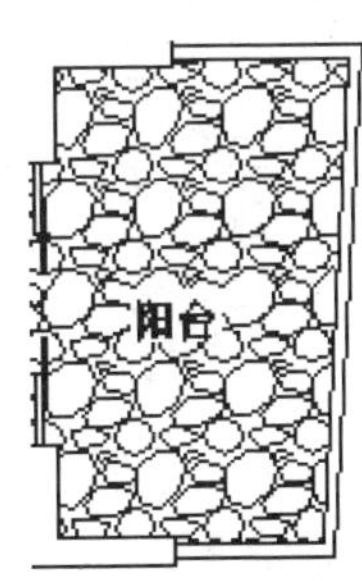


图 4-111 阳台地面效果

3) 文字标注

(1) 以客厅为例，在文字图层，使用“标注”|“多重引线”进行材料名称、规格及颜色说明，命令行提示如下。

```
命令: _mleader
指定引线箭头的位置或 [引线基线优先(L)/内容优先(C)/选项(O)] <选项>:
                                        //在客厅中间单击鼠标左键
指定引线基线的位置:                      //向右拖出引线，可水平或垂直，也可以有角
                                          度，并在适当位置单击鼠标左键
```

在弹出的文字编辑器中输入“600 mm×600 mm 米黄色防滑砖”，文字格式为“样式 1”，单击“确定”按钮，如图 4-112 所示。

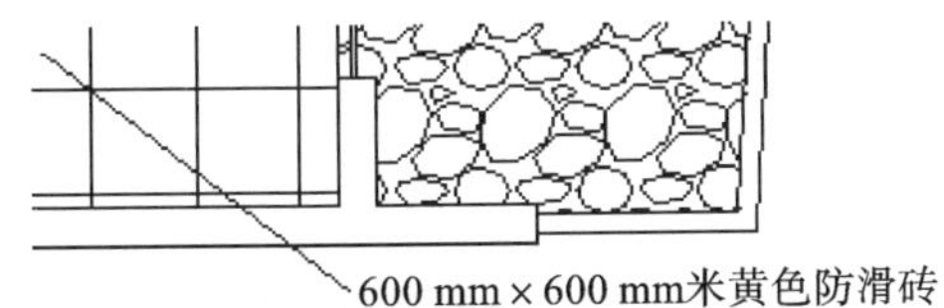


图 4-112 客厅地面材料说明

(2) 采用上述方法，对其他材料进行说明，如图 4-113 所示。

(3) 多重引线的引线箭头为“实心闭合”，箭头过小，可以单击引线，单击鼠标右键，选择“特性”，在弹出的“特性”工具栏中，设置箭头为“点”、箭头大小为“20”。

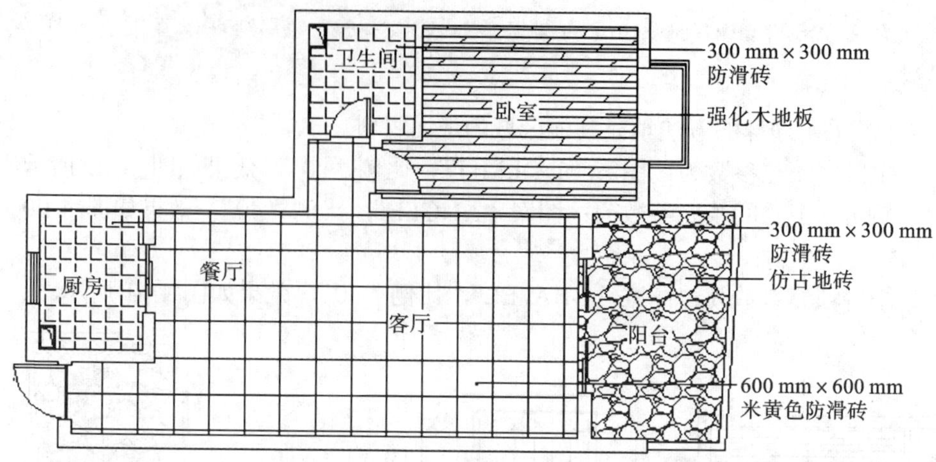


图 4-113　地面材料文字标注

## 说明

文字输入时，特殊字符“×”不能直接用键盘输入，可以输入特殊字符“×”的代码“\U+00D7”。在多行文字输入状态中，单击文字格式对话框中的@·按钮，如图 4-114 所示，单击“其他”，打开“字符映射表”，如图 4-115 所示，在表中找到“×”。

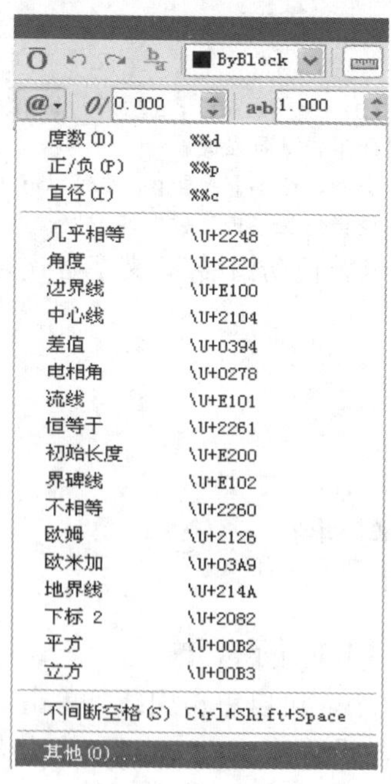


图 4-114　符号下拉菜单

图 4-115　字符映射表

4) 尺寸标注

标注位置。打开“尺寸”图层，会发现文字标注和尺寸标注重叠，使用“移动”工具将尺寸向外移动，如图 4-116 所示。

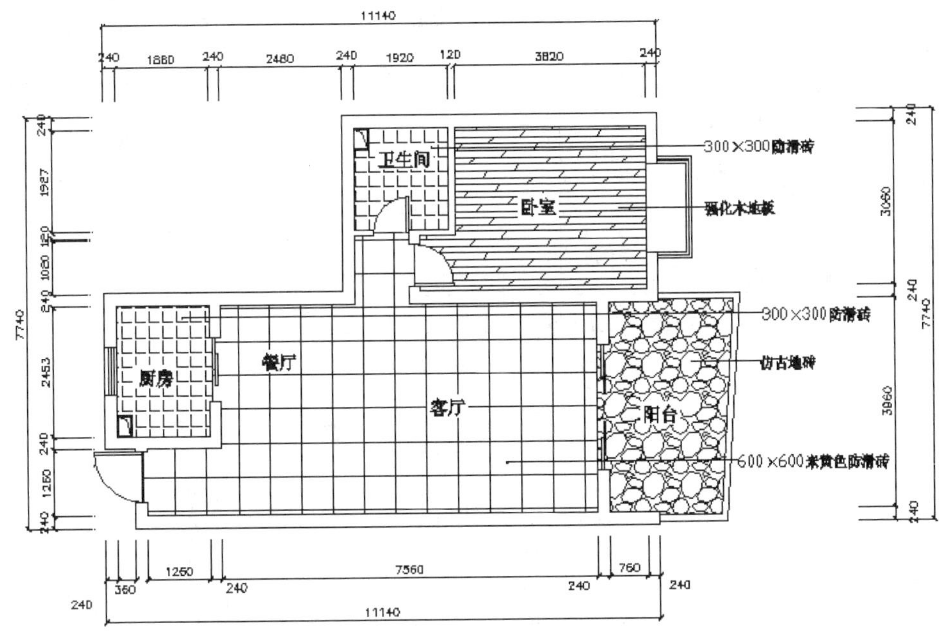


图 4-116　地面图尺寸标注

## 5. 普通户型室内顶棚图绘制

顶棚图又称天花图，用于说明室内顶棚造型设计、灯具和其他相关电器布置。在顶棚的造型设计中，有些空间需要吊顶来达到营造氛围或安装灯具的效果，吊顶的材料有很多种，例如石膏板、效果漆、木材、玻璃和扣板等。

顶棚的设计直接影响空间整体特点和氛围，要围绕整体风格，注重和墙面、基面的协调统一，同时要美观实用。顶棚的装饰要保证顶面结构的合理性和安全性，有的横梁和柱子起重要支撑作用，不能随意改变，破坏房屋结构。

下面介绍如图 4-117 所示的顶棚图绘制方法和相关技巧。

1) 准备工作

(1) 打开前面绘制好的室内平面图，另存为“室内顶棚图”。

(2) 修改墙体。将“墙体”图层置为当前层，删除其中的尺寸、门框、绿化、文字和符号等内容，关闭“轴线”图层。保留卧室的衣柜，删除其他家具，并修补好墙体的洞口，如图 4-118 所示。

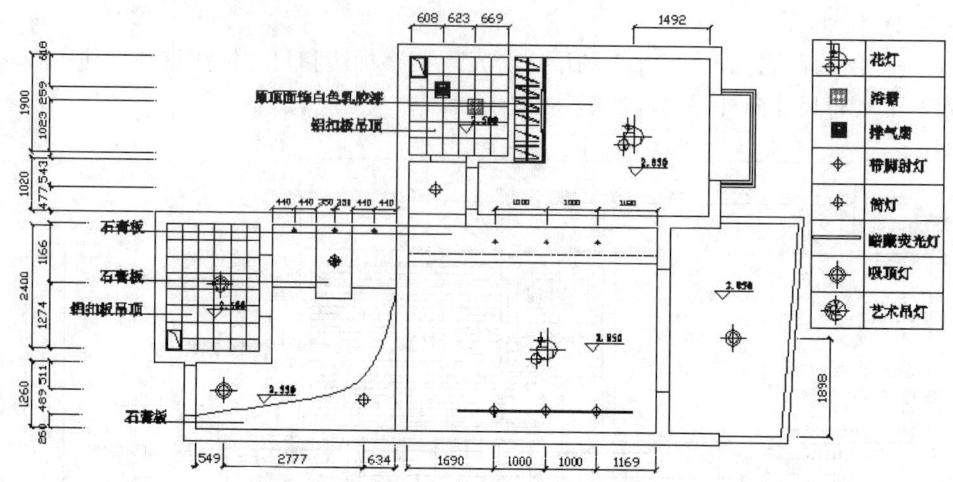


图 4-117　室内顶棚图

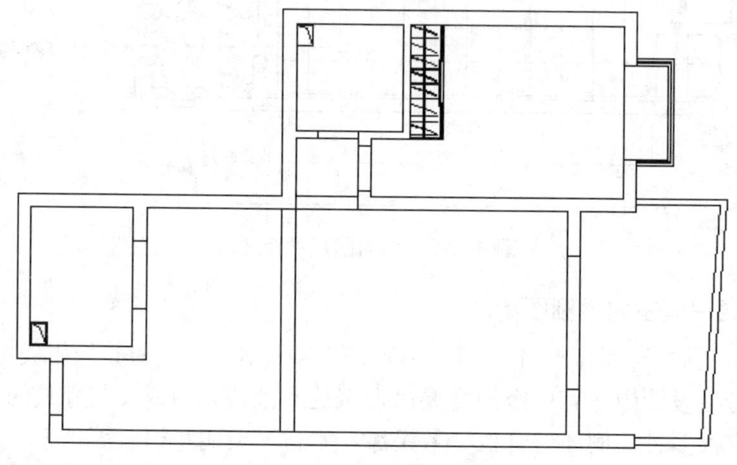

图 4-118　修改后的室内顶棚图

(3) 新建“顶棚”、“灯具”图层，图层颜色均设置为“白”色，线宽设置为“默认”。

2) 绘制顶棚造型

(1) 过道和餐厅部分。将当前图层置为“顶棚”，过道部分为弧线形吊顶，在餐厅餐桌上方设计了垂直交错的方形吊顶。

单击“绘图”工具栏中的“样条曲线”按钮～，绘制过道吊顶。

单击“绘图”工具栏中的“直线”按钮／，绘制餐厅吊顶。具体吊顶尺寸如图 4-119 所示。

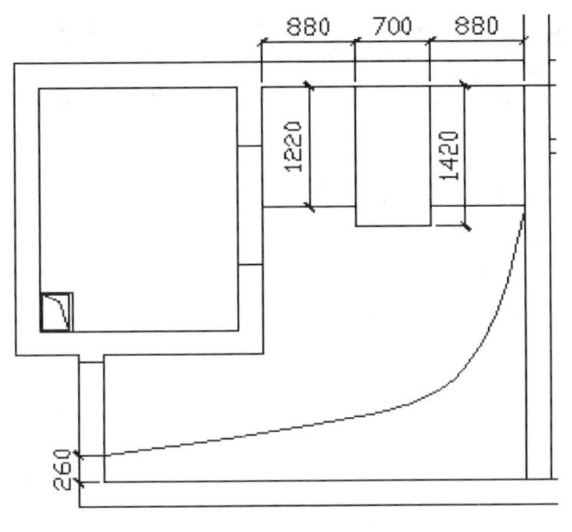


图 4-119 过道和餐厅吊顶尺寸

(2) 客厅部分。

在客厅电视柜上方做局部吊顶，吊顶高度为 200 mm，原顶面刷白色乳胶漆。单击“绘图”工具栏中的“直线”按钮，在客厅和餐厅的横梁处向下 550 mm 绘制一条水平直线，再使用“偏移”工具将第一条直线向下偏移 150 mm，得到第二条直线，具体尺寸如图 4-120 所示。

选择第一条直线，改变线型为“DASHED”，结果如图 4-121 所示。

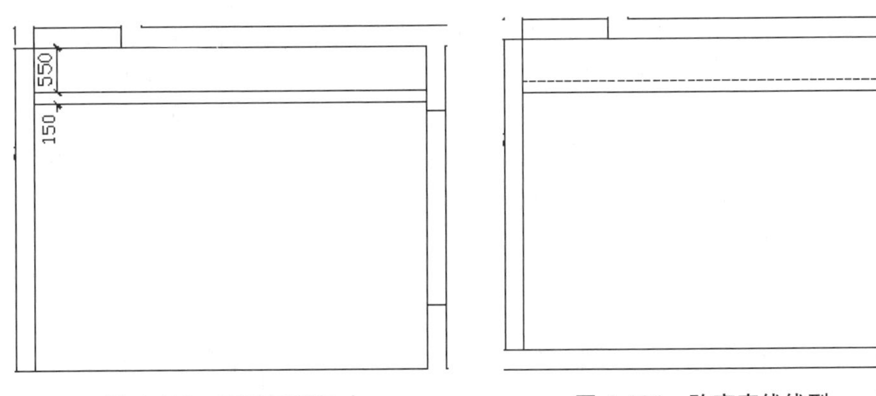


图 4-120 客厅吊顶尺寸　　图 4-121 改变直线线型

(3) 厨房和卫生间部分。

厨房和卫生间都采用 300 mm×300 mm 规格的铝扣板。以卫生间为例，单击“绘图”工具栏中的“图案填充”按钮，弹出“图案填充和渐变色”对话框，单击对话框右上角的“添加：拾取点”按钮，将十字光标指针在卫生间区域内单击，选中填充区域，按鼠标右键确认或按回车返回对话框。设置参数，图案选择“NET”，填充比例输入“100”。此时直接单击“确定”按钮，效果如图 4-122

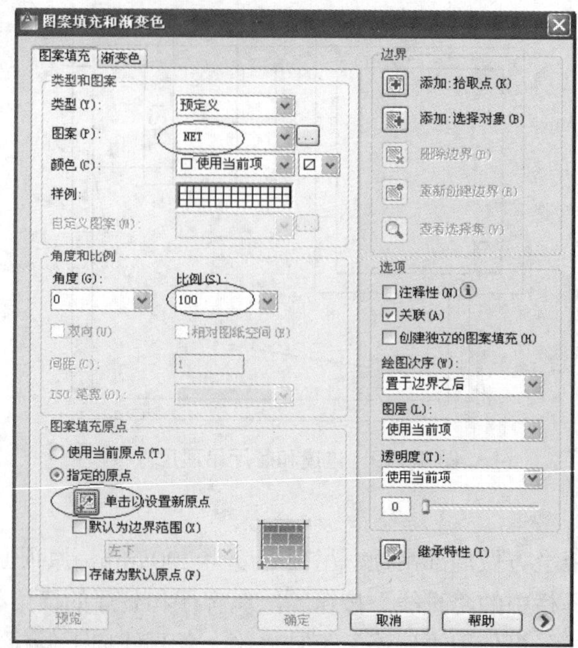


图 4-122　厨房和卫生间顶棚图案填充参数和渐变色的设置

所示。

由于卫生间顶棚尺寸不是 300 的倍数，所以存在不完整的扣板方形，而我们一般希望进门靠外墙顶棚为完整的图案，这样视觉上更美观。现在重新进行填充，如图 4-123 所示，在“图案填充”选项卡中，重新设置“图案填充原点”，单击“指定的原点”单选项，单击按钮选择卫生间内墙左上角，如图 4-124 所示，其他设置不变，填充后的效果如图 4-125 所示。

采用同样的方法对厨房进行填充。

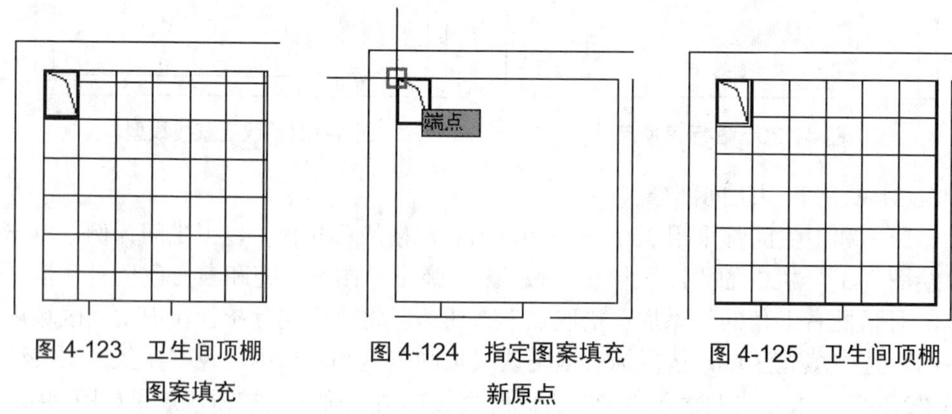


图 4-123　卫生间顶棚图案填充

图 4-124　指定图案填充新原点

图 4-125　卫生间顶棚

### 说明

之前填充地面图图案时，查询过“NET”距离为3，为了表示300 mm×300 mm，所以填充图案时，设置比例为100。

住宅空间的厨房和卫生间，考虑到防水、防潮，顶棚一般采用铝扣板吊顶。铝合金扣板分为吸音板和装饰板两种，吸音板孔型有圆孔、方孔、长圆孔、长方孔、三角孔、大小组合孔等，其特点具有良好的防腐、防震、防水、防火、吸音性能，表面光滑，底板大多为白色或铝灰色。装饰板特别注重装饰性，线条简洁流畅，按颜色分有古铜、黄金、红、蓝、奶白等颜色。按形状分有条形、方形、格栅形等，但格栅形不能用于厨房、卫生间吊顶。

本例中厨房和卫生间都采用方形铝扣板，方形板的规格有600 mm×600 mm、300 mm×300 mm，由于本例空间较小，宜采用300 mm×300 mm规格的铝扣板。

(4) 卧室和阳台部分。

卧室和阳台一般不做吊顶，以保持空间高度，避免压抑感。本例卧室和阳台顶棚不吊顶，刷乳胶漆。

3) 布置灯具

(1) 布置过道灯具。

① 绘制吸顶灯。将当前图层置为“灯具”，单击“绘图”工具栏中的“圆”按钮，在图中绘制一个半径为150 mm的圆，如图4-126所示。单击“修改”工具栏中的“偏移”按钮，偏移距离为50 mm，将圆向内偏移，形成如图4-127所示圆环。

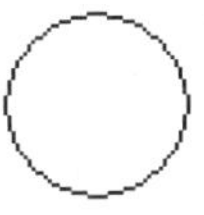

图4-126 绘制圆

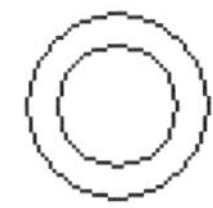

图4-127 偏移圆

② 绘制长度为500 mm的水平和垂直直线各一条，垂直相交于中点，将直线移动到圆环圆心，交点与圆心重合，如图4-128所示。将“吸顶灯”移动过道中间，如图4-129所示。

③ 插入入门过道“筒灯”。单击“绘图”工具栏中的“插入块”按钮，弹出“插入”对话框，如图4-130所示。单击“浏览”按钮，打开“选择图形文件”对话框，如图4-131所示，选择灯具所在目录路径，单击要选择的灯具“筒灯”，单击“打开”按钮，返回“插入”对话框，单击“确定”按钮，在过道吊顶上指定灯具插入点位置、输入比例因子和旋转角度等，如图4-132所示。

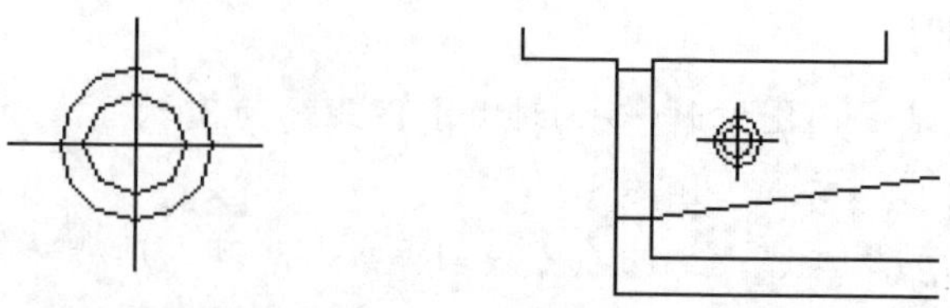

图 4-128　绘制十字图形　　图 4-129　布置过道吸顶灯

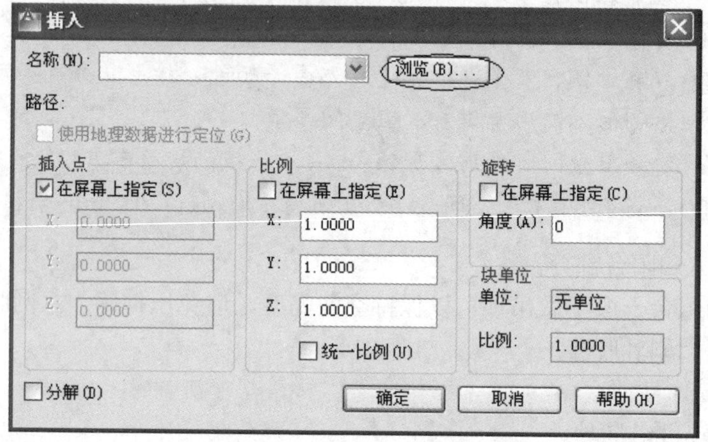


图 4-130　“插入”对话框

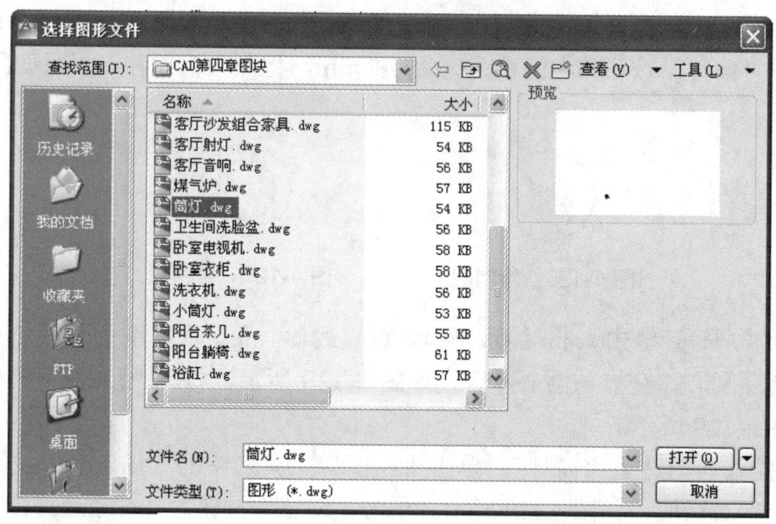


图 4-131　“选择图形文件”对话框

④ 插入卧室门前“筒灯”。采用同样插入块的方法(或复制“筒灯”图块)插入卧室门前的过道处，如图 4-133 所示。

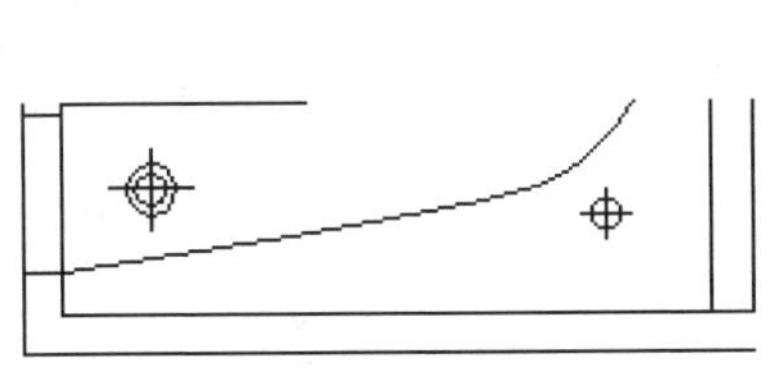

图 4-132　布置入门过道筒灯

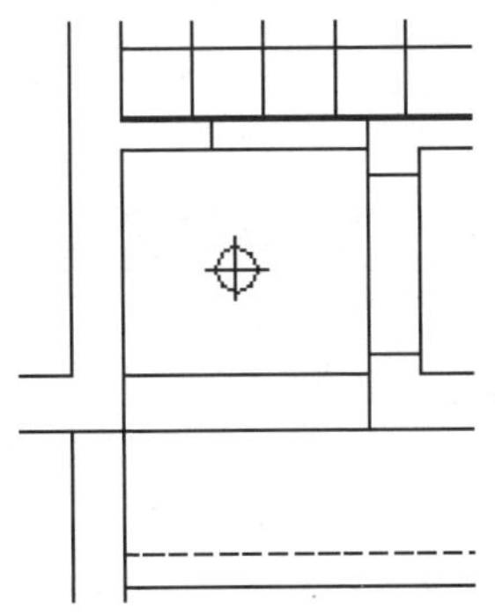

图 4-133　布置卧室门前过道筒灯

(2) 布置餐厅灯具。

① 插入餐厅小筒灯。单击“绘图”工具栏中的“插入块”按钮，找到“小筒灯.dwg”图块插入餐厅对应的位置上，如图 4-134 所示。

② 采用同样插入块的方法(或复制“小筒灯”图块)插入餐厅其他两个位置，如图 4-135 所示。

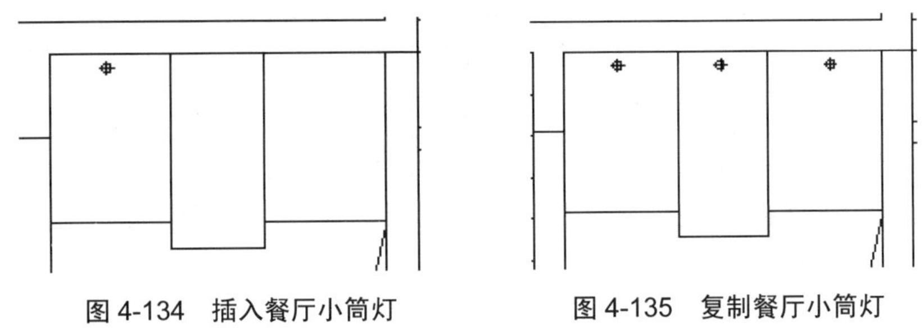

图 4-134　插入餐厅小筒灯　　图 4-135　复制餐厅小筒灯

③ 插入餐厅吊灯。单击“绘图”工具栏中的“插入块”按钮，找到“餐厅吊灯.dwg”图块插入餐厅对应的位置上，如图 4-136 所示。

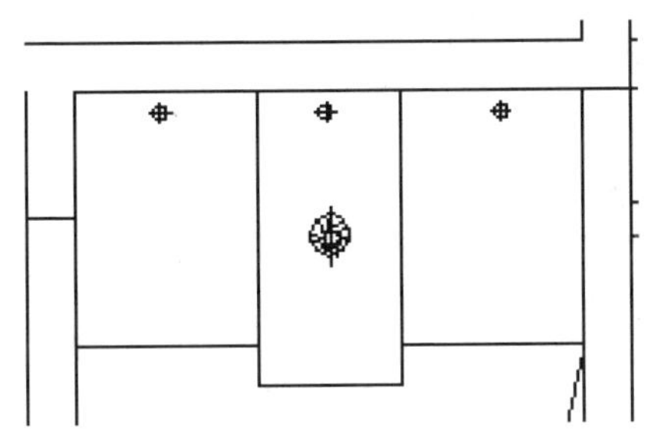

图 4-136　插入餐厅吊灯

(3) 布置厨房和阳台灯具。

① 创建“吸顶灯”图块。单击“绘图”工具栏中的“创建块”按钮，弹出

“块定义”对话框，如图 4-137 所示，在“名称”文本框中输入“吸顶灯”，选择对象为过道“吸顶灯”，将拾取插入基点选为圆心，单击“确定”按钮。

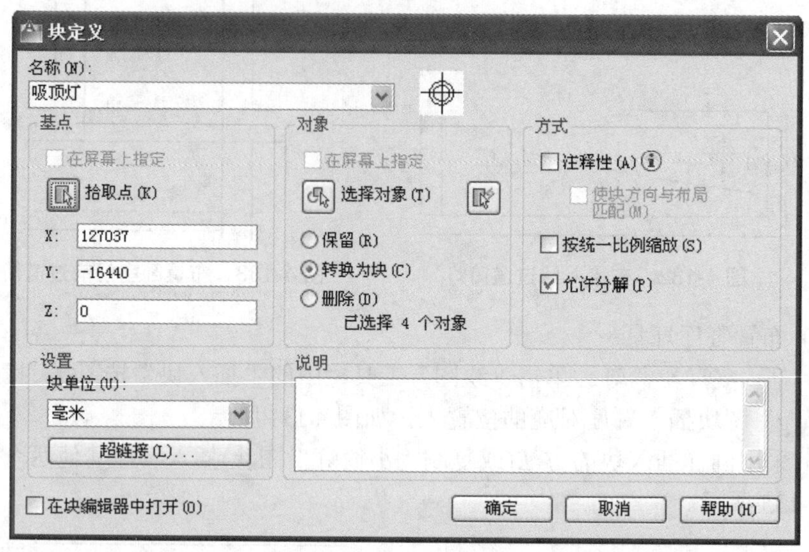


图 4-137　创建图块

② 插入“吸顶灯”图块。单击“绘图”工具栏中的“插入块”按钮，在“插入”对话框中选择“吸顶灯”，将图块插入厨房顶棚，如图 4-138 所示。

③ 采用同样插入块的方法(或复制“吸顶灯”图块)插入阳台，如图 4-139 所示。

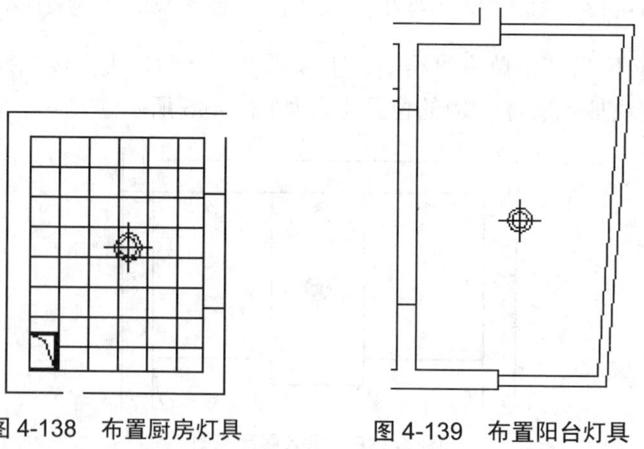

图 4-138　布置厨房灯具　　图 4-139　布置阳台灯具

(4) 布置客厅灯具。

① 插入小筒灯。复制餐厅小筒灯插入客厅吊灯上，如图 4-140 所示。

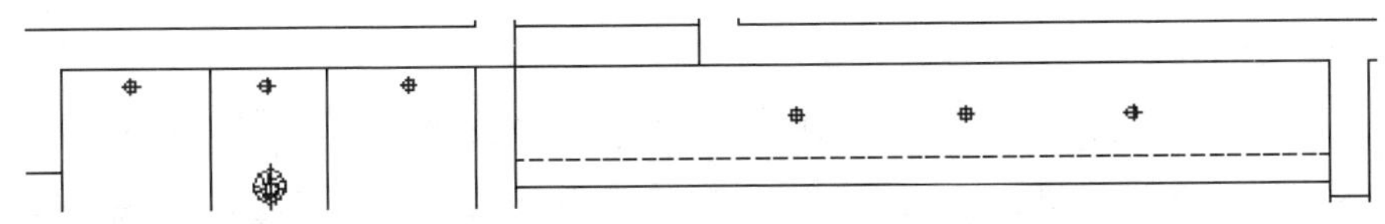

图 4-140　布置客厅小筒灯

② 插入花灯和客厅射灯。单击“绘图”工具栏中的“插入块”按钮，找出“花灯.dwg”和“客厅射灯.dwg”图块插入客厅顶棚，如图 4-141 所示。

(5) 布置卫生间灯具。

单击“绘图”工具栏中的“插入块”按钮，找出“排风扇.dwg”和“浴霸.dwg”图块插入卫生间顶棚，如图 4-142 所示。

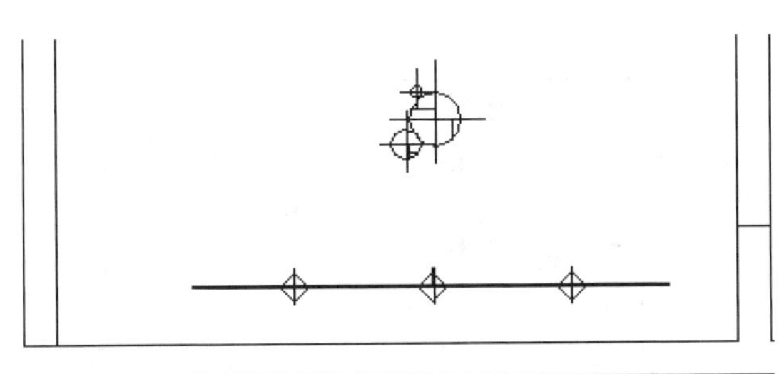

图 4-141　布置客厅花灯与射灯

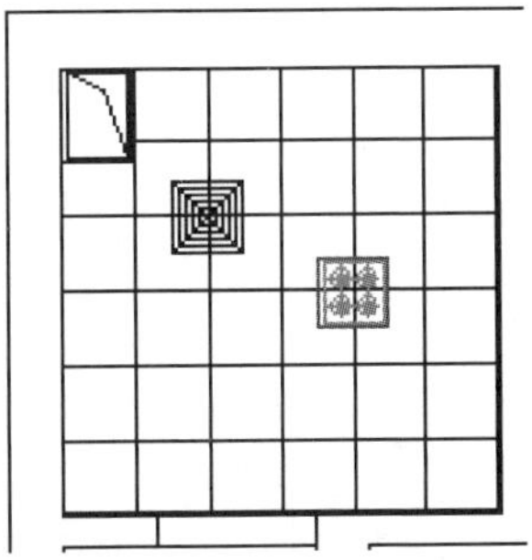

图 4-142　布置卫生间灯具

(6) 布置卧室灯具。

单击“绘图”工具栏中的“插入块”按钮，找出“花灯.dwg”图块插入卧室顶棚中间，如图 4-143 所示。

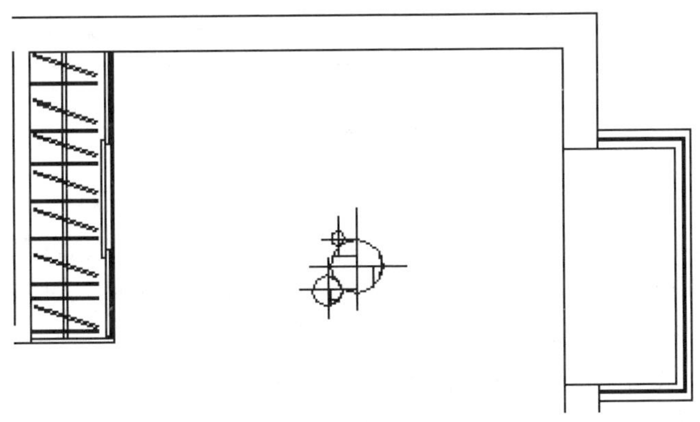

图 4-143　布置卧室灯具

## 说明

在室内空间环境设计中，灯具除了发挥基本的照明功能外，还起到了创造光环境和造型的装饰作用。在选择灯具时，应在满足空间照明质量的前提下注重它的装饰作用，应该和室内设计的风格相匹配。

4) 文字说明和符号标注

在顶棚图中，需要对各个顶棚的材料名称、顶棚做法、灯具名称进行说明。灯具可以直接标注在图纸灯具旁，也可以用表格单独表示，更清晰明了。

(1) 将“文字”图层置为当前层，使用“标注”|“多重引线”菜单命令，对顶棚材料进行说明，如图 4-144 所示。

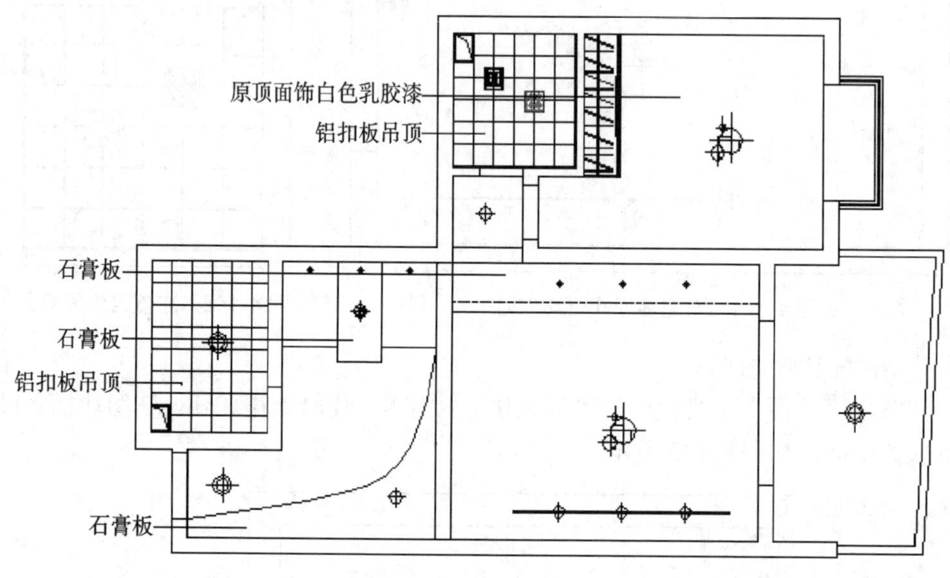


图 4-144　顶棚文字说明

(2) 灯具说明。由于灯具较多，又有重复性，在图纸上标注显得烦琐，可以用表格单独表示，更清晰明了。单击“绘图”工具栏中的“直线”按钮或“表格”按钮绘制 8 行 2 列的表，将灯具复制插入表格中，输入对应的文字说明，最终效果如图 4-145 所示。

(3) 标高。采用之前介绍过的方法绘制标高，标高文字标注：过道为“2.550”，客厅和卧室各为“2.850”，厨房为“2.500”，卫生间为“2.500”，阳台为“2.850”，分别如图 4-146 至图 4-151 所示。

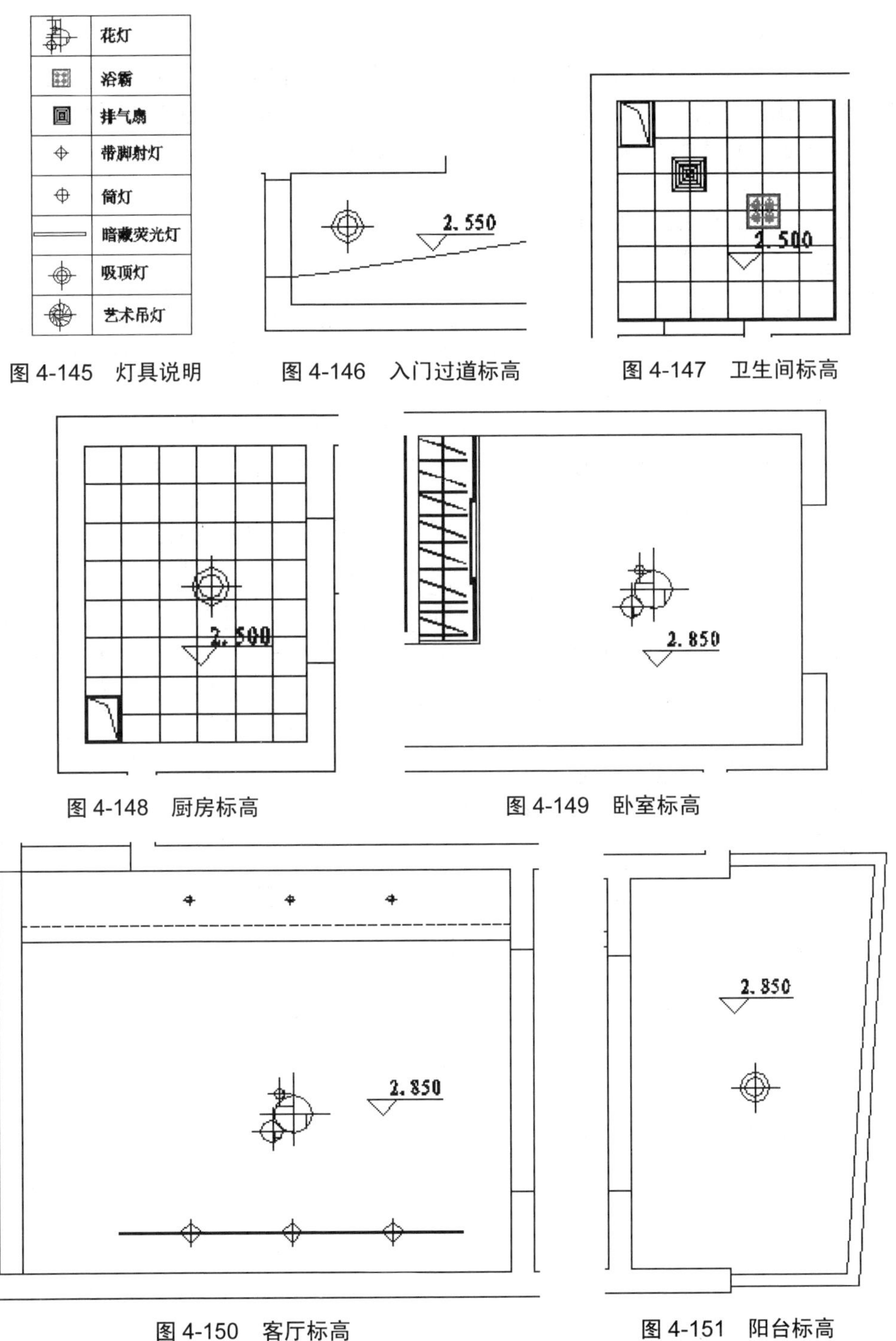


图 4-145　灯具说明

图 4-146　入门过道标高

图 4-147　卫生间标高

图 4-148　厨房标高

图 4-149　卧室标高

图 4-150　客厅标高

图 4-151　阳台标高

5) 尺寸标注

顶棚图的尺寸标注主要是对吊顶、灯具的位置进行标注。打开“尺寸”图层，置为当前图层，对餐厅和客厅的吊顶灯具位置进行尺寸标注。由于字体太大，都重叠在一起，所以将字体高度改为“100”，效果如图 4-152 至图 4-153 所示。

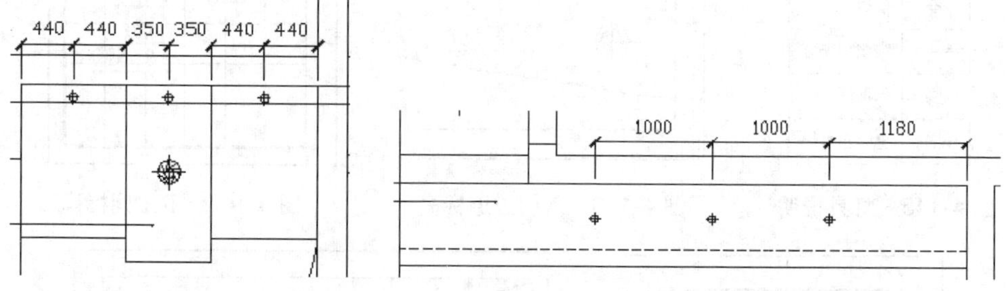


图 4-152　餐厅筒灯位置尺寸标注　　　　图 4-153　客厅筒灯位置尺寸标注

最终尺寸标注结果如图 4-154 所示，此时便完成了室内顶棚图的绘制。

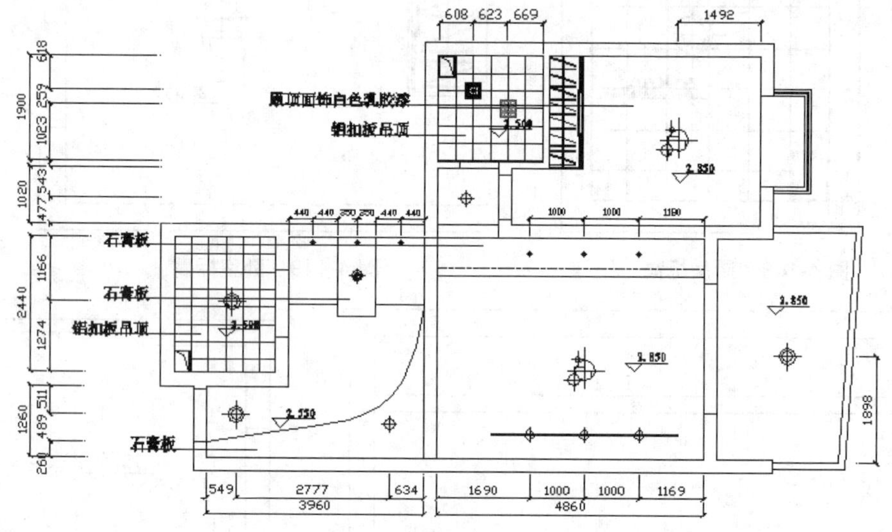


图 4-154　顶棚图尺寸标注

## 6. 普通户型室内立面图绘制

建筑立面图是用正投影法对建筑的各个外墙面进行投影从而得到的正投影图，主要用来反映建筑立面的造型和装修。

住宅空间立面图按照房屋朝向来分，可以分为东立面图、南立面图、西立面图和北立面图。按照轴线编号来分，可以分为①～⑥立面图、Ⓐ～Ⓓ立面图等。

一个住宅空间的室内设计涉及的立面很多，有的很简单，不需要逐一绘制立面图，对于那些装饰比较多、结构相对复杂的室内设计，则需要配合平面图进行立面图的绘制，以便于施工。

本例挑选几个有代表性的立面图，大致按立面轮廓、家具陈设立面、立面装饰元素及细部处理、尺寸标注、文字说明和其他符号标注的顺序来介绍。

## 注意

在进行平面图设计时，应该同时考虑立面效果及合理性。

1) 客厅和餐厅立面图

客厅和餐厅都是居家生活的主要场所，起到会客、就餐、家人聚会的作用，是使用率很高的地方，在装修中自然也是很重要的空间。在客厅空间设计中，电视背景墙是整个客厅的精彩所在，是整个客厅的点睛之笔。电视背景墙应根据整体装修风格、户型的不同类型以及客户的喜好要求来设计，设计的手法也可以千变万化、丰富多样。但不管如何设计与变化，电视背景墙的设计手法很大一部分取决于材料的运用。目前比较流行的有石材、瓷砖、玻璃、板材及地板、软包、墙纸和墙绘等。

图 4-155 所示的客厅立面图需要表现的内容有：客厅、过道、餐厅和厨房墙面的做法，配套家具、灯具、电器立面、与墙面交接处吊顶情况、空间高度尺寸等。

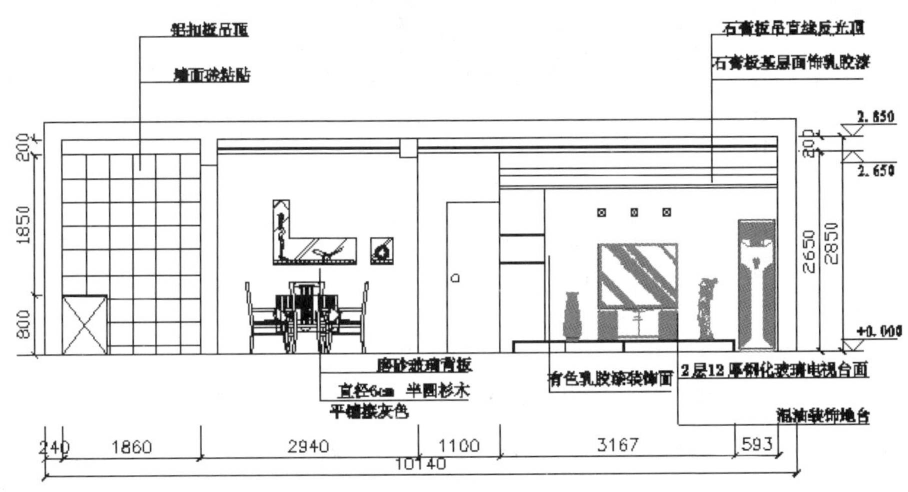


图 4-155 客厅和餐厅立面图

(1) 轮廓绘制。

① 打开平面图，关闭文字、尺寸图层。新建“立面”图层，颜色设置为“白”色，并置为当前层。

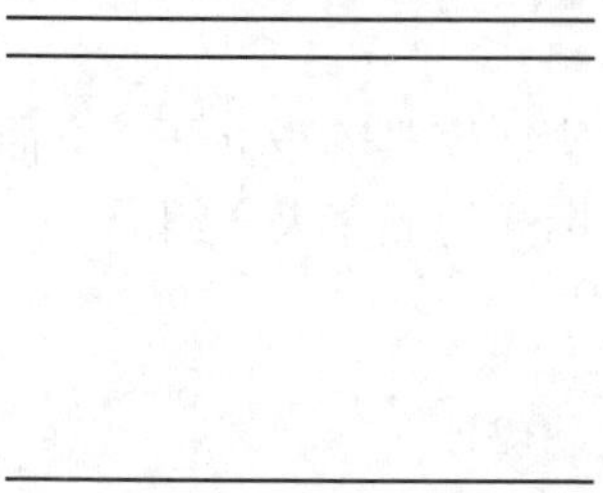

② 绘制上、下轮廓线。单击“绘图”工具栏中的“直线”按钮，在平面图下方绘制一条长于住宅进深的水平直线，使用“偏移”命令，分别向上偏移 2850 mm、240 mm 并复制另外两条直线，如图 4-156 所示。

图 4-156　绘制立面上、下轮廓线

③ 使用“直线”命令，从平面图中引出外墙体轮廓线及内墙体线，如图 4-157 所示。

④ 单击“修改”工具栏中的“倒角”按钮，将倒角距离都设置为“0”，然后分别单击靠近一个交点处两条线段需要保留的部分，这样可以消除不需要延伸的部分，如图 4-158 所示。

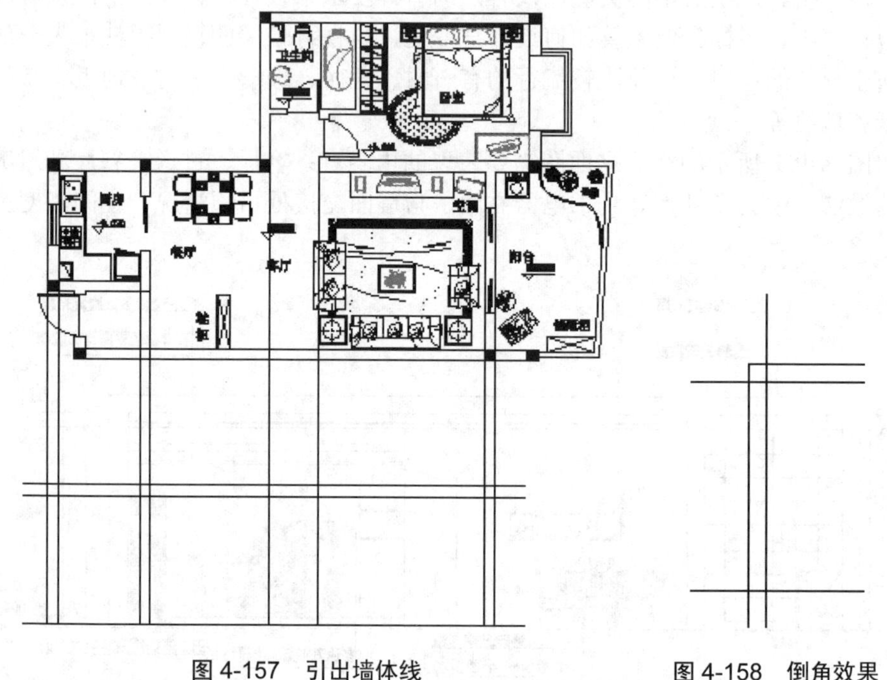

图 4-157　引出墙体线　　图 4-158　倒角效果

⑤ 反复使用“倒角”命令，再对线段进行调整，最终立面图轮廓如图 4-159 所示。

(2) 布置吊顶。

① 绘制厨房吊顶。使用“多线”命令，对正为“上”，比例为“12”，在卫生间顶棚向下 200 mm 处绘制水平线，如图 4-160 所示。

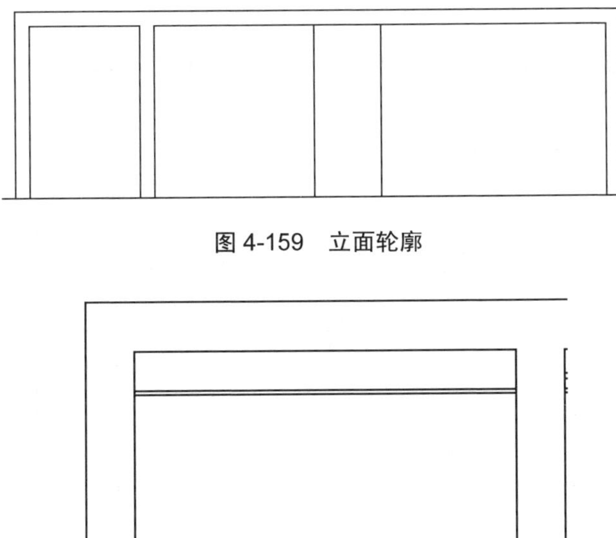

图 4-159 立面轮廓

图 4-160 绘制厨房吊顶

② 绘制餐厅吊顶。使用“直线”命令在餐厅顶部右上角绘制一个 250 mm×240 mm 的矩形，如图 4-161 所示。使用“多线”命令，在餐厅顶部向下 132 mm 和 200 mm 处分别绘制两条水平线，如图 4-162 所示。

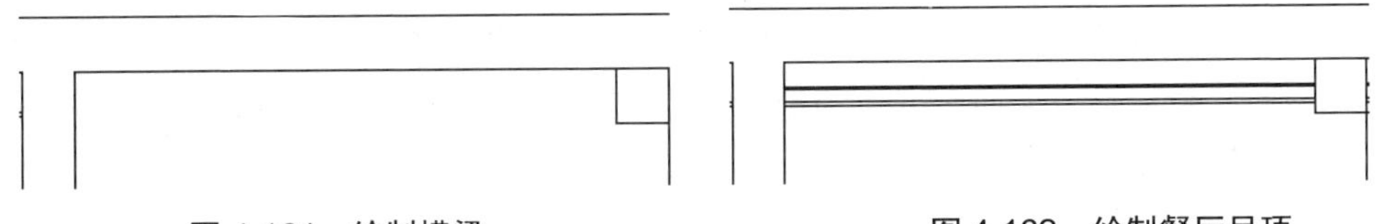

图 4-161 绘制横梁

图 4-162 绘制餐厅吊顶

③ 绘制客厅吊顶。采用上述方法，在客厅顶部向下 132 mm 和 200 mm 处也分别绘制两条水平线，如图 4-163 所示。选择电视背景墙左侧墙体线，向下移动与吊顶水平线相交，如图 4-164 所示。

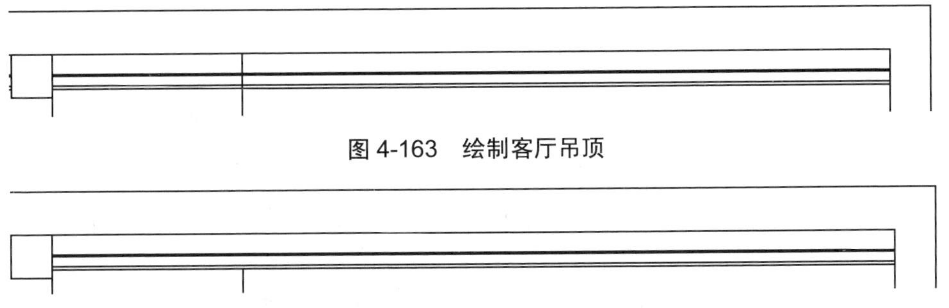

图 4-163 绘制客厅吊顶

图 4-164 移动墙体线

(3) 布置墙面。

① 绘制电视背景墙。使用"直线"命令绘制电视背景墙，具体尺寸如图 4-165 所示。

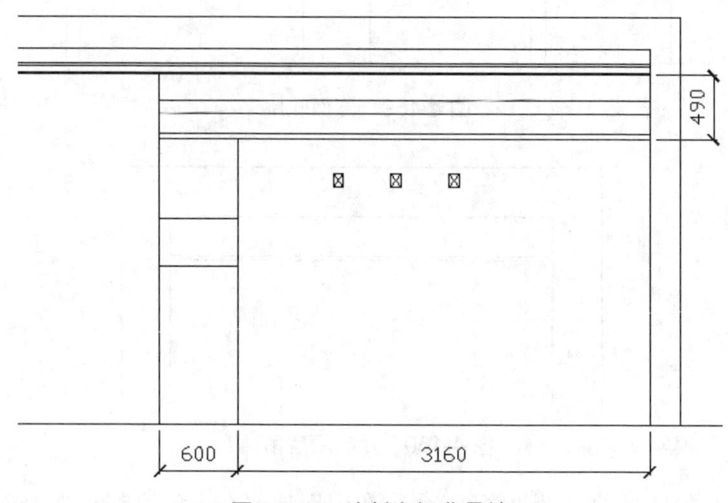


图 4-165 绘制电视背景墙

② 绘制卫生间门立面。使用"直线"命令绘制卫生间门，高度为 2000 mm，宽度为 700 mm，如图 4-166 所示。

③ 绘制厨房墙面。使用"填充图案"按钮，设置图案为"NET"，比例为"100"，指定厨房墙面左上角为新原点，对厨房墙面填充 300 mm×300 mm 的墙砖，效果如图 4-167 所示。

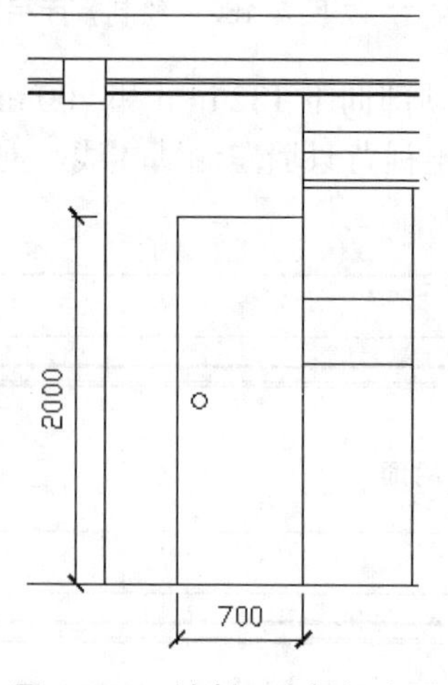


图 4-166 绘制卫生间门立面

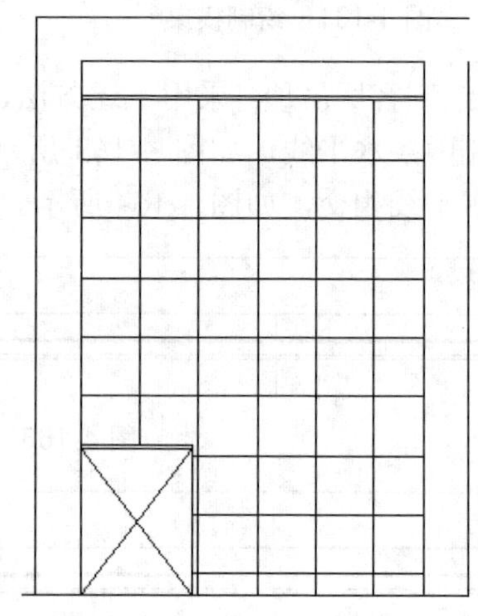

图 4-167 填充厨房墙面

(4) 布置家具。

① 绘制客厅电视柜立面图。使用“直线”命令绘制电视柜立面，具体尺寸如图 4-168 所示。

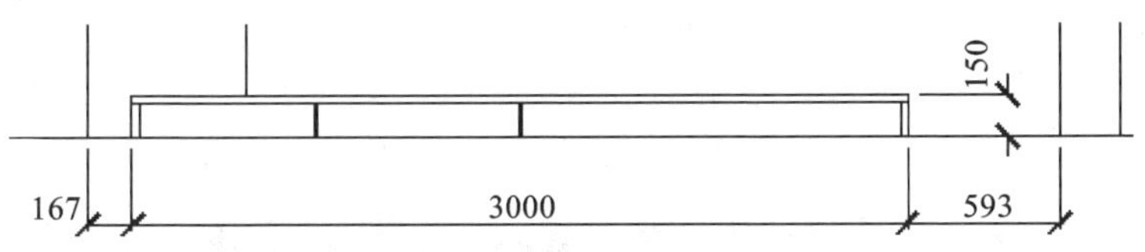


图 4-168 绘制电视柜立面

② 绘制橱柜。使用“直线”命令绘制橱柜立面，橱柜高度为 800 mm，进深为 600 mm，如图 4-169 所示放置在立面图厨房左下角。

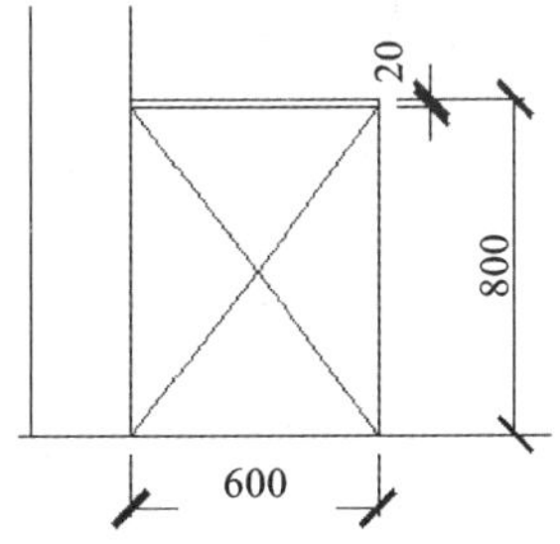


图 4-169 绘制橱柜立面

③ 单击“绘图”工具栏中的“插入块”按钮 ，找到“客厅空调立面.dwg”、“客厅雕像立面.dwg”、“客厅电视机立面.dwg”、“花瓶立面.dwg”、“餐桌立面.dwg”、“餐厅墙面装饰 1.dwg”、“餐厅墙面装饰 2.dwg”图块，插入立面图中对应的位置，效果如图 4-170、图 4-171 所示。

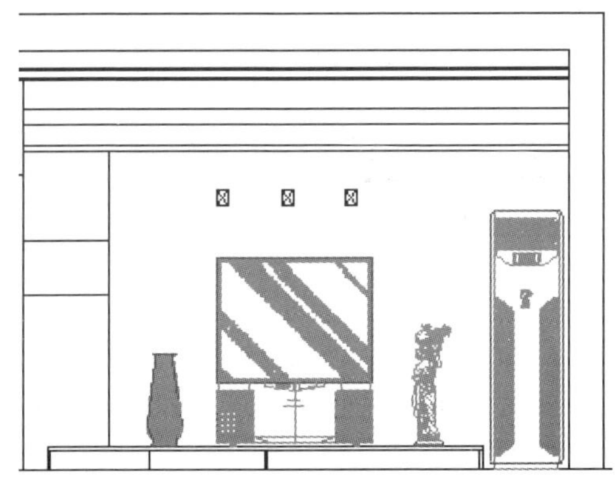

图 4-170 插入客厅图块立面效果

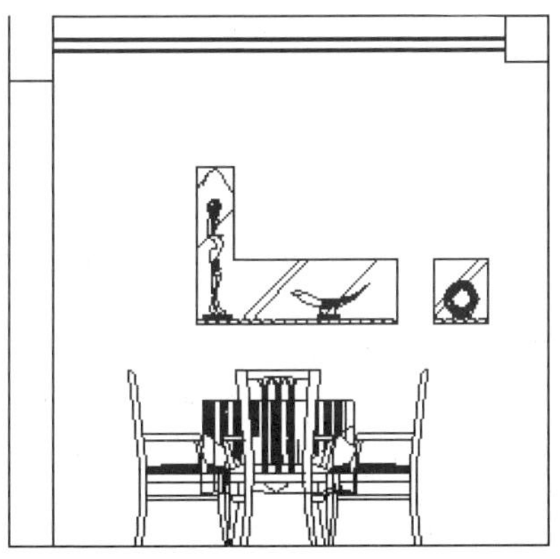

图 4-171 插入餐厅图块立面效果

(5) 图形比例调整。

室内平面图采用的比例是 1∶100，而立面图采用的比例是 1∶50，为了使立面图和平面图匹配，要将立面图比例放大 2 倍，而将尺寸标注样式中的“单位测量比例因子”缩小 1/2。

① 单击“缩放”按钮◻，将完成的立面图全部圈住，选取以左下角为基点，在命令行输入比例因子为“2”，回车完成。此时，立面图图例的集合尺寸增大为原来的 2 倍。

② 以“建筑”尺寸标注样式为基础样式，新建一个“立面”尺寸样式，将“标注样式”窗口中的“主单位”项中的“测量单位比例因子”设置为“0.5”，如图 4-172 所示，其他部分保持不变。将“立面”样式置为当前样式。

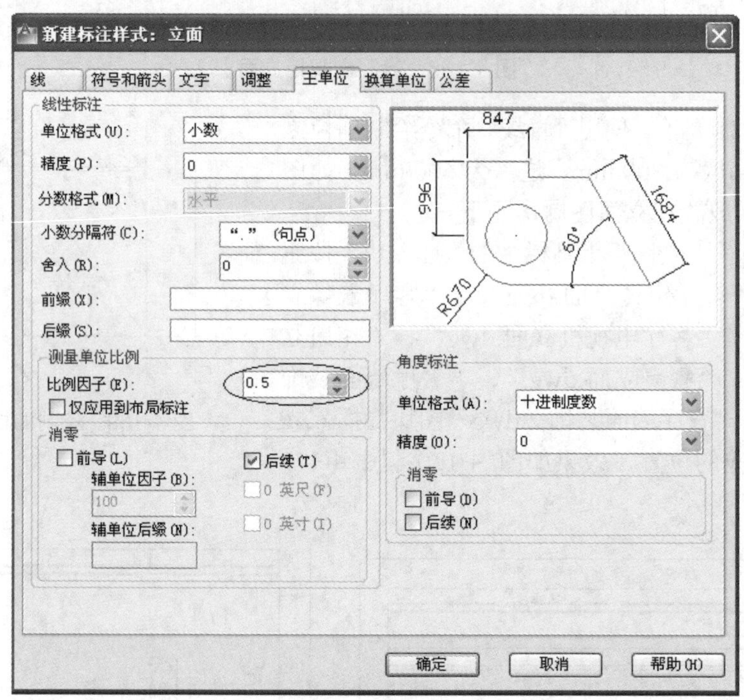


图 4-172 标注样式设置

(6) 文字说明。

在该立面图中，需要说明墙面、吊顶、电视柜材料、颜色及规格。将“文字”图层置为当前层，使用“直线”命令绘制引线，再按照如图 4-173 所示完成文字标注。材料文字说明如下。

① 客厅材料：吊顶为“石膏板吊直线反光顶”、“石膏板基层面饰乳胶漆”，电视墙为“有色乳胶漆装饰面”，电视柜为“2 层 12 厚钢化玻璃电视台面”、“混油装饰地台”。

② 餐厅材料：墙面为“磨砂玻璃背板”、“直径 6cm 半圆杉木 平铺擦灰色”。

③ 厨房材料：吊顶为“铝扣板吊顶”，墙面为“墙面砖粘贴”。

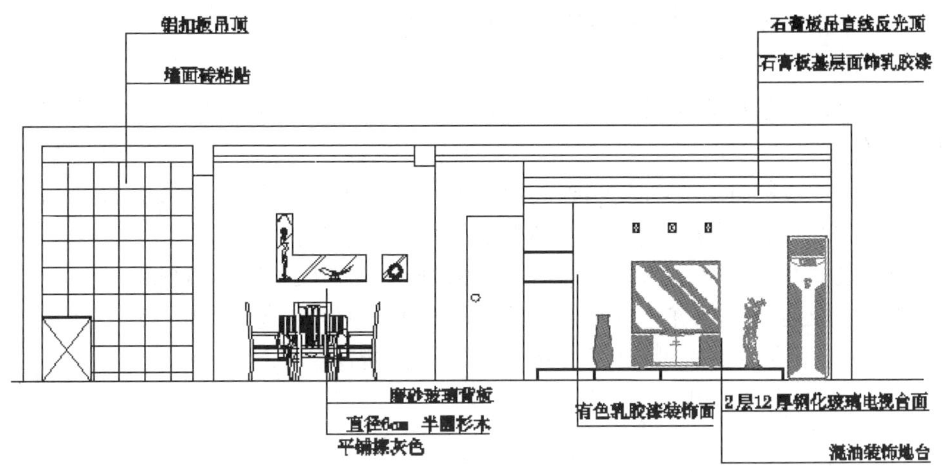


图 4-173　立面文字说明

(7) 尺寸标注。

在该立面图中，应该标注出空间净高、吊顶高度、电视柜尺寸及各陈设相对位置尺寸等。将“尺寸”图层置为当前层。采用“线型标注” 命令和“连续标注” 命令进行标注，如图 4-174 所示。

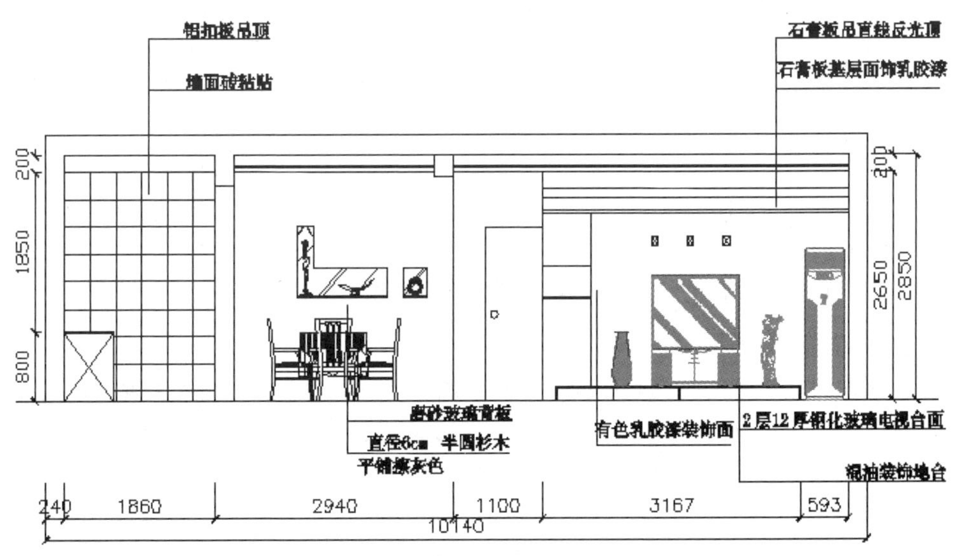


图 4-174　立面尺寸标注

(8) 标高标注。

可以将之前图纸绘制的标高符号和以上标高值一起存为图块，以便随时使用。

① 单击“绘图”工具栏中的“直线”按钮，单击尺寸界线端点绘制三条水平延伸线段。

② 单击“绘图”工具栏中的“插入块”按钮，将标高符号插入如图 4-175 所示的位置。

③ 将插入的标高符号复制到其他两个尺寸界线端点延伸水平线上。单击“修改”工具栏中的“分解”按钮，将这两个标高符号分解开。

④ 鼠标双击数字，修改标高值，分别为 2.650 和 2.850，如图 4-176 所示。

⑤ 上面两个标高有些重叠，显示不太清晰，可以将第二个标高向下翻转。单击“修改”工具栏中的“镜像”按钮，命令行提示如下。

```
命令: _mirror
选择对象: 找到 1 个
选择对象: 找到 1 个, 总计 2 个
选择对象: 找到 1 个, 总计 3 个          //选择标高符号三条线段
选择对象:
指定镜像线的第一点:                     //在该条尺寸界线上点选第一个点
指定镜像线的第二点:                     //在该条尺寸界线上点选第二个点
要删除源对象吗? [是(Y)/否(N)] <N>: Y   //输入Y, 回车完成
```

⑥ 将标高值 2.650 移动到标高符号下方，最终结果如图 4-177 所示。

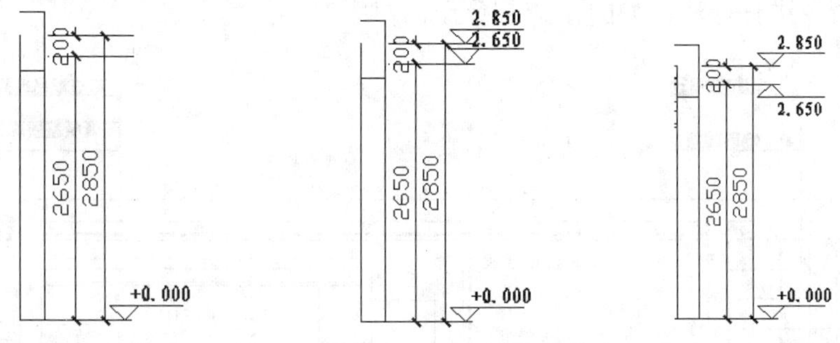


图 4-175　插入标高图块　　图 4-176　复制和修改标高　　图 4-177　标高效果

2) 鞋柜立面图

对居家来说，鞋柜是必不可少的储藏空间。在住宅空间，鞋柜一般都放置在客厅玄关处。不管鞋柜是定做还是购买，其造型风格一定要和整个空间风格相匹配，一个精心设计的鞋柜不仅能满足储藏的功能需求，更能使空间增色不少。

对鞋柜内部的空间设计，可以巧妙利用滑竿控制，来增加鞋柜容量。还可以将隔板设计为活动的，能随意调节鞋柜的每层高度，以方便放置女士的长靴。鞋柜内部还可以设计放置雨伞的空间，或是设计放置钥匙等物品的抽屉。鞋柜要保持通风，可以在鞋柜外部设计中采用百叶窗造型门板，或在鞋柜底部预留通风洞口。如果有老人居住，还可以配以当鞋凳的小箱子，既可以方便坐着换鞋，又可

以打开存放杂物。

图例中的鞋柜放置在入门到客厅的过道中，与客厅、餐厅横梁相接，如图 4-178 所示，柜体上半部分为玻璃，下半部分为鞋柜，起到玄关隔断的作用。

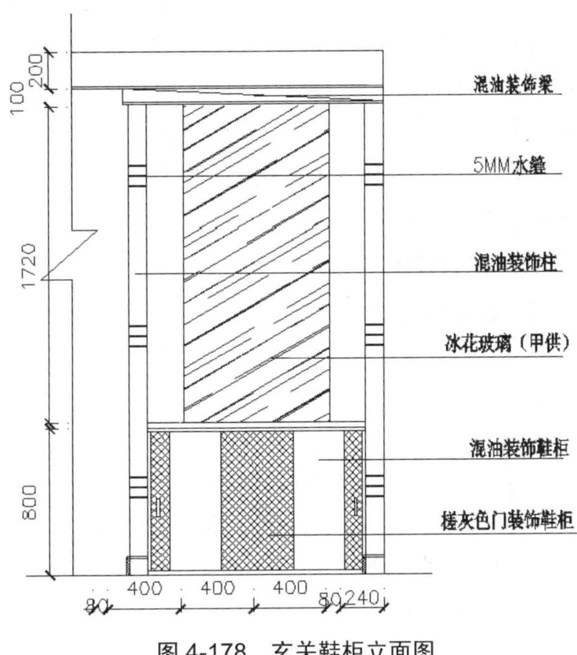


图 4-178 玄关鞋柜立面图

鞋柜立面图的绘制参照客厅、餐厅立面图绘制方法，在此不再赘述。

## ➢ 任务三 综合项目实训

### ——小户型住宅室内设计

➡ 任务概述 本部分主要通过住宅建筑室内设计实训练习小户型住宅室内设计。

➡ 知识目标 了解小户型住宅的特征和设计要点。

➡ 能力目标 培养空间想象能力，培养小户型住宅空间的布局和使用功能的结合能力，培养执行制图标准的习惯，掌握住宅建筑空间图纸的绘制能力。

➡ 素质目标 培养探索精神和竞争意识。

### 1. 小户型住宅概念与特点

目前，对于小户型住宅还没有一个严格规范的界定，其概念由于不同国家和城市的历史、文化和经济水平等因素影响而有所不同。业内人士认定的小户型主要是从面积上来界定的，一般而言，一居室面积在 60 平方米以内，两居室面积在 80 平方米以内，三居室面积在 100 平方米以内的都称为小户型；套内使用面积在 15～30 平方米的称为超小户型。

小户型面积小，空间相对紧凑，相对于同地段的房子，购买成本低，适合年轻人过渡，也有部分业主购买小户型进行投资。所以，小户型住宅除了居住性，还具有暂居性、投资性的特点和功能。

### 2. 小户型住宅室内设计要点

小户型的居住面积相对狭小，每个房间面积都不大，如何满足业主的生活需要，还要使设计有美感，就需要对居住空间进行合理利用，“轻装修、重装饰”是小户型设计的主要原则。

1) 空间的利用

合理利用居室内每一个空间，做到全面有序。

⑴ 充分发挥房间上部的作用，吊顶要简单或者不做，在墙面、角落或门的上方制作吊柜、壁橱，如果房屋的高度够高，可利用其多余的高度作出“阁楼”夹层，这样可以多出一部分空间。

⑵ 发挥坐卧类等家具底部的储藏功能，例如将床的高度提高，做成榻榻米，床下的空间就可设计出抽屉、矮柜，另外，沙发椅座底下亦是可加利用的地方。

⑶ 巧妙利用家里的死角，例如将楼梯踏板制作成活动的，利用台阶做成抽屉来储藏。此外，楼梯间也可以充分发挥功效，靠墙的一侧可作为展示柜，楼梯下方则可设计成架子及抽屉来进行收纳。

⑷ 在设计家具时，应考虑空间的穿插与兼顾，让特定空间在不同时段担当不同的用途，使家具具备多种用途。例如设计多种用途的餐桌，可以让餐厅成为餐厅兼书房的多功能性空间，甚至可以做成小吧台，形成开放式厨房。

⑸ 尽量避免使用墙面进行隔断，这样会使原本不大的空间变得更加狭小，可以通过一些软性装饰来区分空间。例如用珠帘划分客厅和餐厅，利用书柜来划分卧室和客厅。如果房间小，又希望有独立空间，则可以在卧室采用隔屏、滑轨、拉门或可移动家具来代替密闭隔断墙。

⑹ 可以多使用玻璃材质家具或装饰来增加采光、扩大视野，从而使空间变得通亮宽敞。

2) 色彩的运用

注重房间墙面、地面、家具和软包装的色彩的和谐统一，可以达到开阔空间的视觉效果，避免造成压抑狭小的感觉。

(1) 要在结合客户喜好的同时，尽量选择浅色调、中间色作为基调。这些色彩具有扩散性和后退性，能使居室呈现清新开朗、明亮宽敞的感受。偏重或过于跳跃的色彩会使得空间更小。通常，乳白、浅米、浅绿、浅紫等色系比较适宜小户型。

(2) 同一空间里，可以通过相对不同的色调提升视觉效果，但不要采用过多不同的色调，易造成视觉上的压迫感。

(3) 想打破同一色调带来的单调感，可考虑搭配一些深色的饰品和家具等，可起到跳跃色彩和收缩视觉的作用。但是，房间内各装饰部位的颜色种类不能太过复杂，否则会造成视觉上的压迫感。

3) 家具的摆放

家具的摆设要遵循“少而精”的原则。

(1) 造型简单、质感轻、体量小巧的家具，尤其是那些可随意组合、拆装、收纳的家具比较适合小户型。或者选择占地面积小、高度高的家具，既不浪费空间，又可以大量收纳。

(2) 最占空间的家具是衣橱，在设计时，应采用新型的收纳技术，例如可以使用旋转衣架、裤架、下拉式挂杆等五金件，能最大限度地节约空间。

4) 软装饰的选择

软包装不能过于复杂，材质不宜厚重，给人烦琐累赘的感受。

(1) 窗帘应避免采用长而多褶皱的落地式，这样会让房间显得更拥挤。

(2) 选择体积不大、造型简洁、光亮度好的灯具，利用灯饰来营造氛围，如射灯、壁灯、落地灯等。

### 3. 实训任务要求

如图 4-179 所示，此房型为一字型小户型房，房主为单身男士，喜欢简约大方的风格。希望房间设计除能满足基本生活居住要求外，还能提供舒适的上网环境，并体现出年轻人的个性。

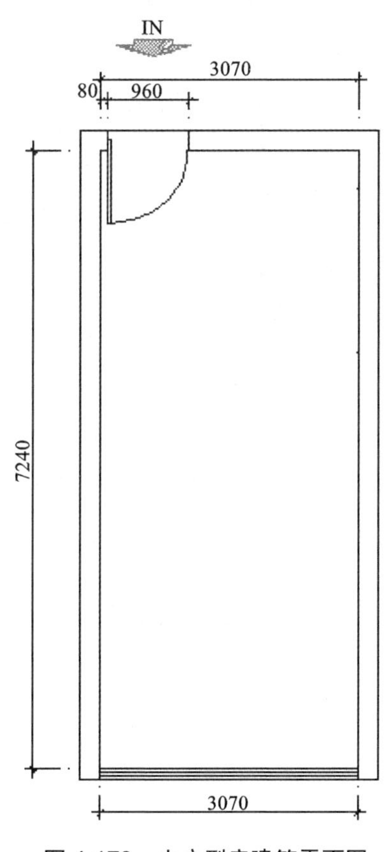


图 4-179　小户型房建筑平面图

按照居住建筑室内设计的基本原理，在满足居住功能和客户需求的基础上，力求设计得富有个性，注意细节处的创意，并注重利用室内空间，不限造价。空间可根据条件和需求安排玄关、客厅、餐厅、厨房、卧室、卫生间等。

(1) 如图 4-179 绘制建筑平面图。

① 按照图 4-179 进行墙体的绘制，外墙厚度为 240 mm。

② 按照图 4-179 进行尺寸标注。

(2) 在绘制的建筑平面图基础上，进行装修平面图、地面和顶棚图的设计。

① 熟练使用 AutoCAD 进行空间隔断，内墙厚度为 120 mm，布局合理。

② 熟练使用 AutoCAD 绘制、插入图块，图块放置合理，尺寸正确。

③ 对房间及部分位置进行文字说明，文字字体大小合适。

(3) 按照装饰平面图的布局，进行室内立面图的设计。

① 熟练使用 AutoCAD 进行立面图的绘制，房间空高为 2800 mm。

② 结构、材质合理，尺寸正确。

③ 对部分位置进行文字说明，文字字体大小合适。

### 4. 实训任务评价

(1) 能熟练运用 AutoCAD 绘制建筑平面图。(25 分)

① 绘制如图 4-179 所示建筑平面图墙体。(15 分)

② 建筑平面图尺寸标注数据正确、尺寸样式合理。(10 分)

(2) 能熟练运用 AutoCAD 绘制平面布置图、地面、顶棚图和立面图，并且要求布局合理，家具等设施摆放科学，能有效利用空间，符合设计原理。(75 分)

① 能正确绘制或插入图块，图块尺寸正确。(20 分)

② 文字说明详细正确、文字样式合理。(10 分)

③ 空间隔断合理。(15 分)

④ 图块使用正确，放置合理。(15 分)

⑤ 空间利用率高，能满足客户需求，富有设计感。(15 分)

## ➢ 任务四　综合项目实训

## ——异型住宅室内设计

**任务概述**　本部分主要通过住宅建筑室内设计实训练习异型住宅室内设计。

➡ 知识目标 了解异型住宅的特征和设计要点。

➡ 能力目标 培养空间想象能力，培养小户型住宅空间的布局和使用功能的结合能力，培养执行制图标准的习惯，掌握住宅建筑空间图纸的绘制能力。

➡ 素质目标 培养探索精神和竞争意识。

### 1. 异型住宅的概念与特点

异型住宅是相对于一般的标准房型而言，通常的住宅房型是方型或长方型，由一个或多个四方形组成的套房，而异型住宅的房间形状并非方型，而是呈不规则的异型。当然异型住宅并不是所有房间都是异型，而是住宅内的部分房间在结构上异型，例如有的是半圆的。对于这样的住宅空间，要巧妙设计，否则不仅不美观，还会浪费空间，耗费装修预算。

### 2. 异型住宅的室内设计要点

1) 异型卧室

可利用立体吊顶的四周框线，结合不规则的空间以几何造型来映衬，要力求统一，墙面造型要与顶棚呼应成为顶棚的延续。同时，可利用原有建筑凹进凸出等不规则的墙体，依墙由天顶到地面制作储藏用的柜橱，以掩饰或抵消不规则造型，使墙面趋于平整。

2) 异型客厅

异型客厅通常存在墙角不是直角的现象，可以在弧型或凹凸墙体边放置沙发、茶几，或者在角落及凹凸空间里放上几盆落地植物，还可以制作一些贴合凹凸面的陈列柜。对于面积较大的客厅，可以进行间隔，以弥补造型上的不足。如果在不恰当的位置出现立柱，而立柱不太明显，可把柱子做成一个简约的陈列架，摆放一些小的装饰品，或者在柱子两侧摆放花草，这样不但可以弱化柱体，还可以起到美化的作用。

3) 异型卫生间

由于管道设置或设计的原因，卫生间天花板位置或墙角均会出现下水管道，所以可选用塑料扣板、轻钢龙骨石膏板或矿棉板等材料制作异型吊顶，不但掩饰了各种管道，还可在平顶上吊灯。墙面一般采用瓷砖，并可利用原有不规则墙面设置壁橱与吊橱。如果卫生间需要安放浴缸，而成品浴缸又不能很好地与异型房对应，那么可根据实际的不规则空间以瓷砖或其他贴面材料砌筑造型别致的浴缸，再在其上加铝合金框架，采用推拉门作为隔断，将整个卫生间划分为干湿两个不同的功能区间，将异型空间转变为设计较为合理的空间。

4) 异型厨房

典型的异型厨房一般是横宽、竖窄的L形，狭窄处只能容纳一人正常通过。对于这样的狭小空间，设计时要将灶台和水槽放置在横线处相邻的两个墙壁处，并在灶台和水槽的上方放置大小适宜的吊柜，作为橱柜的上柜。而对于竖线较狭窄的位置，根本不能摆放大物件，对此，可以通过厨房墙面的瓷砖色彩，弱化狭窄通道对厨房整体效果带来的不利影响。

异型住宅的装修，就是对原有结构的不足进行掩饰，因地制宜，充分利用巧妙的设计、借助装饰物与摆设，用富有创意的思维设计来把这些缺陷转化为亮点。若设计得当，反而会比方正的居室更加富有特色，不落俗套，给人以耳目一新的感觉。

### 3. 实训任务要求

图 4-180 所示房型为不规则房型，居住者为一家三口，幼子上幼儿园，这是第二次购房，希望房间设计除能满足生活居住的基本要求，能营造温馨的家庭氛围外，还能满足老人日后同住的情况。

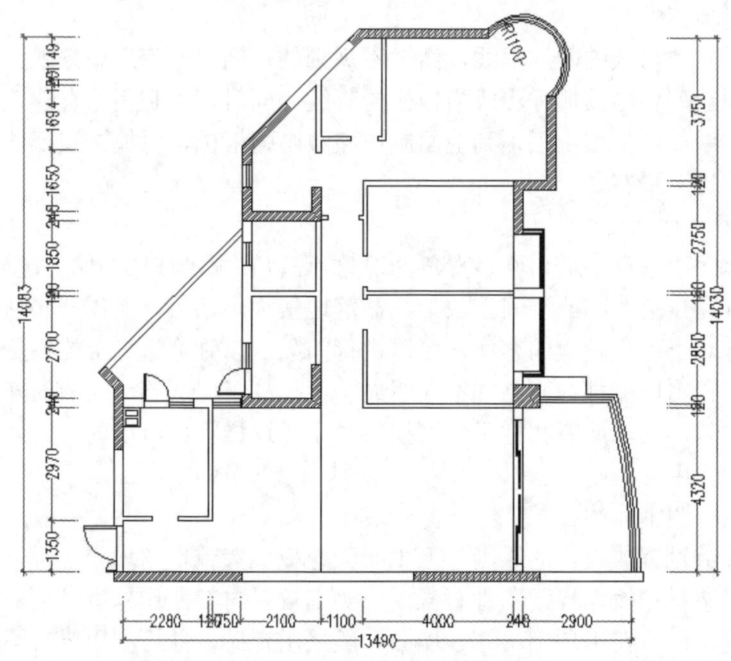


图 4-180 异型房建筑平面图

(1) 如图 4-180 绘制建筑平面图。

① 按照图 4-180 进行墙体的绘制，外墙厚度为 240 mm。

② 按照图 4-180 进行尺寸标注。

(2) 在绘制的建筑平面图基础上，进行装修平面图、地面和顶棚图的设计。

① 熟练使用 AutoCAD 进行空间隔断，内墙厚度为 120 mm，布局合理。

② 熟练使用 AutoCAD 绘制、插入图块，图块放置合理，尺寸正确。

③ 对房间及部分位置进行文字说明，文字字体大小合适。

(3) 按照装饰平面图的布局，进行室内立面图的设计。

① 熟练使用 AutoCAD 进行立面图的绘制，房间净高为 2800 mm。

② 结构、材质合理，尺寸正确。

③ 对部分位置进行文字说明，文字字体大小合适。

### 4. 实训任务评价

(1) 能熟练运用 AutoCAD 绘制建筑平面图。(25 分)

① 绘制如图 4-180 所示建筑平面图墙体。(15 分)

② 建筑平面图尺寸标注数据正确、尺寸样式合理。(10 分)

(2) 能熟练运用 AutoCAD 绘制平面布置图、地面和顶棚图，以及立面图，并且要求布局合理，家具等设施摆放科学，能有效利用空间，符合设计原理。(75 分)

① 能正确绘制或插入图块，图块尺寸正确。(20 分)

② 文字说明详细正确、文字样式合理。(10 分)

③ 空间隔断合理。(15 分)

④ 图块使用正确，放置合理。(15 分)

⑤ 空间利用率高，能满足客户需求，富有设计感。(15 分)

# 项目五 商业空间室内设计

商业空间室内设计是室内设计中不可缺少的一部分。本项目首先介绍商业空间室内设计知识；然后以酒店客房室内设计图为例，介绍商业空间室内设计制图的绘制；最后通过酒店客房单人间和 KTV 包房两个项目设计进一步强化商业空间的图纸绘制技能和空间设计能力。

## ➢ 任务一　商业空间室内设计知识

- 任务概述　本部分主要介绍商业空间的室内设计知识。
- 知识目标　掌握商业空间室内设计原则。
- 能力目标　培养空间想象能力和对商业空间的合理布局能力。
- 素质目标　培养对室内设计作品的鉴赏能力。

### 1. 商业空间室内设计概述

商业建筑空间设计属于公共建筑室内设计范畴，具体是指用于商业用途的建筑内部空间的设计，如商场、餐饮、专卖店、酒店等商业建筑的内部空间，它包括的范围具体为食品销售空间、服装销售空间、饰品和化妆品销售空间、百货销售(家具、电器、汽车、生活用品等)空间、服务业(生活服务、娱乐服务、商品售后服务等)空间。

商业空间的功能有展示性、服务性、休闲性、文化性，具体如下。

- 展示性：对商品进行合理的、富有重点性的陈列和展示。
- 服务性：提供以购物、娱乐为主的有形服务。

● 休闲性：在服务的同时，或多或少伴随休闲性质。

● 文化性：任何商业活动，无不反映一定的群体意识，商业活动场所是大众传播信息的媒介，具有不可忽视的文化性。

商业空间室内设计，首先要了解经营者的总体思路；然后研究经营者的总体规划、投资规模、经营方式、管理方式、经营范围、商品种类。在上述条件的基础上进行全面的可行性分析，提出设计初步构想。在此基础上再深入研究以下 3 个要素。

● 商品：进入商场的大多数顾客的目的是购买商品，而商场经营者开设商店的基本目的也是销售商品，以求获取最大的商业利益。

● 消费者：具备一定消费能力和消费欲望的人群。一旦失去消费者，商品消费就失掉了主体，商品的买卖就无从谈起。

● 消费：研究消费、购买活动的规律。商场是提供消费、购买活动的场所，是促进购买行为的实现地。

对作为商品与消费者之间桥梁的商场空间进行室内设计，必须全面掌握消费者的心理并对商品有深层次的了解，这样才能发现设计要点和关键，有针对性地采取各种应对措施，创造良好的购物环境，促进购买环节的良性发展。

### 2. 商业空间室内设计原则

舒适的购物环境，能够使消费者产生愉悦的购物心理，刺激消费欲望，而现代社会全新的消费文化、变革的经营理念、设计风格及新技术、新材料的进步又推动着商业环境的更新发展。现代的商业空间，需要更加人性化、人文化、艺术化，其室内设计所涉及的不仅是商业空间环境，更是心理环境、文化环境。因此，在设计时，应注意以下设计要点。

1) 动线的设计

商业空间动线的设计是指顾客动线、服务动线及商品动线的设计。商业空间是一个流动的空间，空间与空间之间的序列连续以及对人流的控制，是现代购物中心室内设计的重要环节，也是商场设计能否成功的关键要素。

2) 中庭的设计

商业空间的中庭设计是整个室内空间设计的重要部分，是整个购物中心氛围营造的中心。中庭空间的构成要素多样，包括自动扶梯、观光电梯、绿化小品等营造气氛的特定要素。设计时要体现其文化性、娱乐性及主题活动性。

3) 店面与橱窗的设计

店面与橱窗是商业环境中最具表现力的视觉空间。在购物中心的专卖店里，使用透明或半透明的玻璃幕墙作为隔断，开敞的空间与个性化的橱窗设计，吸引着购物者的眼球，能激起人们的购买欲望。

4）导向识别系统的设计

在商业空间中，建筑物的导向、道路及附属设施的导向、交通导向系统、环境导向等构成的导向识别系统，作为环境的界面语言，成为人与环境之间不可或缺的公共媒介。在购物中心的室内设计中，导购系统尤为重要，它能指引消费者购物。导购系统的设计要简洁、明确、美观，其材质、字体、色彩、图案要与整体环境和谐统一，并与照明设计相结合。

5）配套设施的设计

商业空间的配套设施包括公用电话、洗手间、停车场、餐饮设施、室外广场、库房、办公室等。在室内空间里，配套设施的设计要具备人性化、细致化，并在满足使用功能的前提下，注重美观。

6）商业灯光的设计

商业灯光的设计分为基本照明、特殊照明和装饰照明的设计。基本照明是以解决照度为主要目的；特殊照明也叫商品照明，是以突出商品特质、吸引顾客注意而设置的；装饰照明以装饰室内设计空间为主，以此烘托商业氛围。这三种照明必须合理配置，从视觉上增强商场的空间层次，从而激发消费者的购买欲望。

**3. 商业空间室内设计优秀案例欣赏**

金茂三亚丽思卡尔顿酒店位于海南三亚，建筑师 WAT & G 将其设计成字母 U 形，而其双翼上 417 间超过 60 平方米的客房则为当地酒店面积之首。度假村内所有 33 座别墅均带有私人泳池，客人们可在此独享奢华的尊贵礼遇。酒店设施齐全，设有中餐厅、西餐厅、烧烤、咖啡厅、酒吧、茶室、全天送餐服务；儿童乐园、健身室、网球场、沙滩排球、按摩室、桑拿浴室、室外游泳池、足浴、SPA、潜水、水上运动。图 5-1 至图 5-10 所示为酒店装修效果图。

图 5-1　酒店建筑外观

图 5-2　酒店景观

图 5-3 酒店户外游泳池

图 5-4 酒店户外餐厅

图 5-5 酒店餐厅

图 5-6 酒店单人间

图 5-7 酒店双人间

图 5-8 酒店客房卫生间

图 5-9 酒店套房 1

图 5-10 酒店套房 2

# ➢ 任务二 商业空间案例

## ——酒店套房室内设计图绘制

■ 任务概述　本部分主要介绍酒店客房室内设计思路及相关装饰图的绘制方法与技巧。

■ 知识目标　掌握酒店客房建筑平面图、装修平面图、地面和顶棚平面图，以及立面图，的绘制方法。

■ 能力目标　培养三维空间思维能力，培养绘制商业空间轴线和墙体的能力，培养布置商业空间家具和灯具的能力，培养设计商业空间地面和天花造型的能力，培养进行文字和尺寸标注的能力。

■ 素质目标　培养室内设计工程应用能力、探索精神和灵活多变的思维能力。

### 1. 酒店套房设计思路

图 5-11 所示图例为 3 套酒店客房，其中套房 2 套，双人间 1 套。酒店的套房比一般客房多一个客厅，以实现商务会客功能。3 套客房都统一采用中式风格，用雕花木质家具烘托中式情怀，内置陈设齐备。

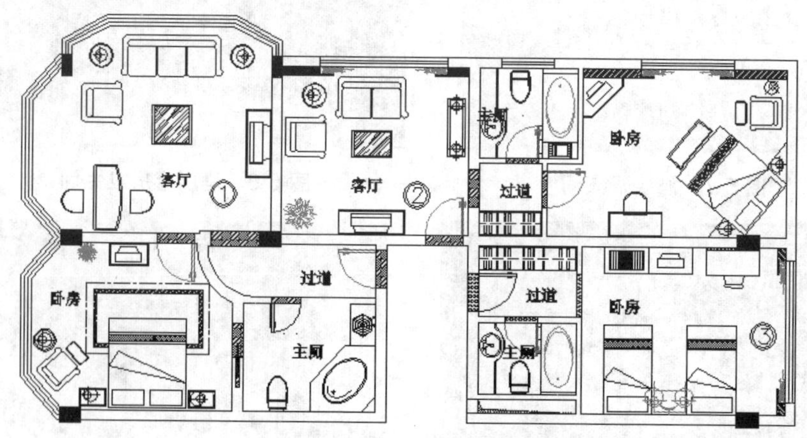


图 5-11　酒店套房平面图

### 2. 酒店套房建筑平面图绘制

下面介绍图 5-12 所示酒店套房建筑平面图的绘制方法和相关技巧。

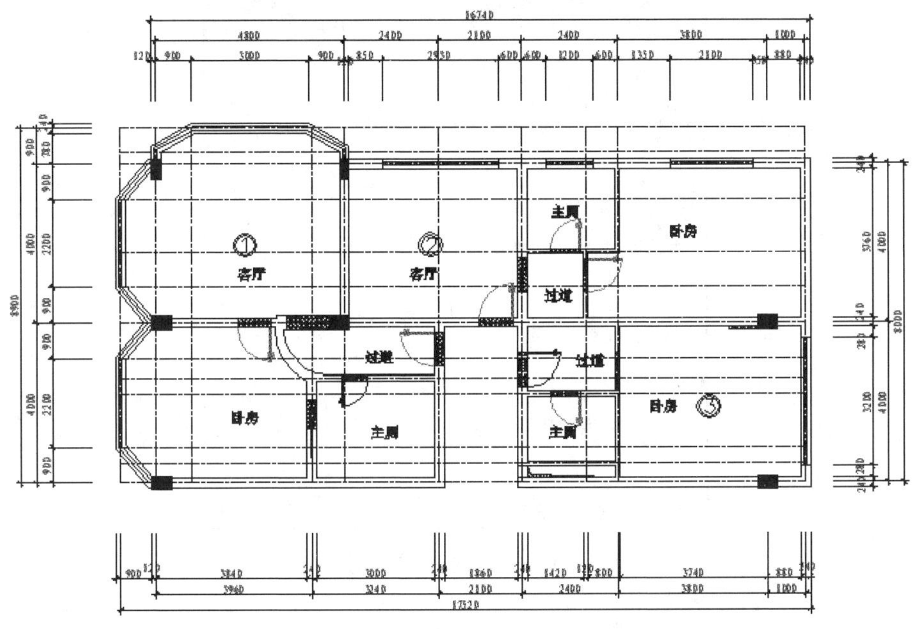


图 5-12　酒店套房建筑平面图

1）系统设置

(1) 单位设置。

首先设置系统单位为毫米(mm)，以 1∶1 的比例绘制，这样输入尺寸时不需要换算，十分方便。出图时，再考虑以 1∶100 的比例输出。例如，建筑实际尺寸为 1 m，绘制时输入的数值为 1000 mm。

命令行操作如下。

```
命令: UNITS(回车)
弹出“图形单位”对话框，如图 5-13 所示，设置相关参数后单击“确定”按钮完成操作。
```

(2) 图形界限设置。

将文件设置为 A3 图幅，图形界限设置为 420 mm×297 mm。现在以 1∶1 的比例进行绘图，当以 1∶100 的比例出图时，图纸空间将被缩小到 1/100，所以现在要将图形界限扩大 100 倍，设置为 42000 mm×29700 mm。命令行操作如下。

```
命令:LIMITS                                          //回车
重新设置模型空间界限:
指定左下角点或 [开(ON)/关(OFF)] <0.000,0.000>:     //回车
指定右上角点 <420.000,297.000>: 42000,29700         //回车
```

2）绘制轴线

(1) 建立轴线图层，单击“图层”工具栏中的“图层特性管理器”按钮，弹出如图 5-14 所示“图层特性管理器”对话框。

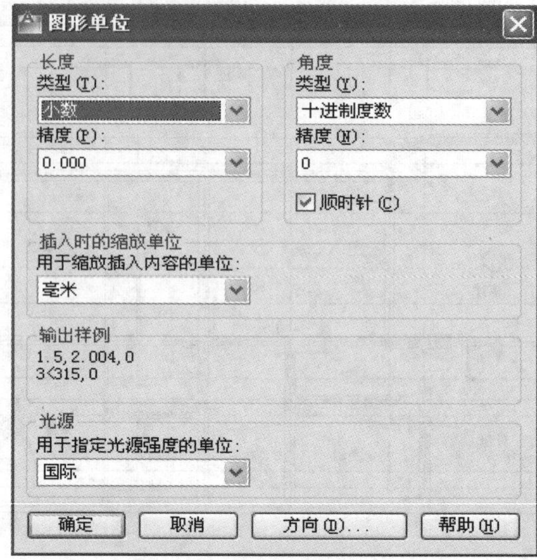


图 5-13 “图形单位”对话框

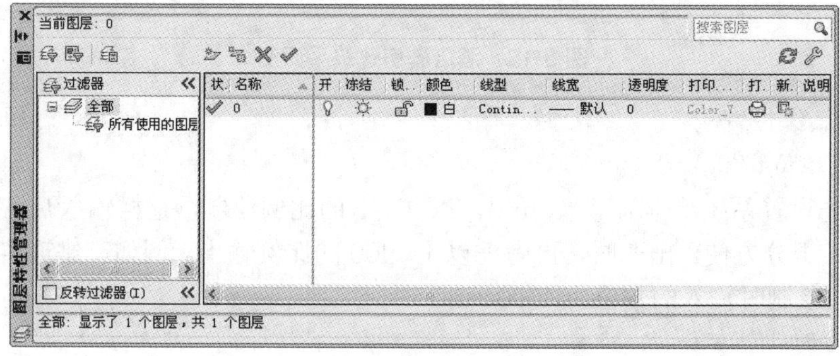


图 5-14 “图层特性管理器”对话框

(2) 新建图层，将默认名“图层 1”修改为“轴线”，如图 5-15 所示。

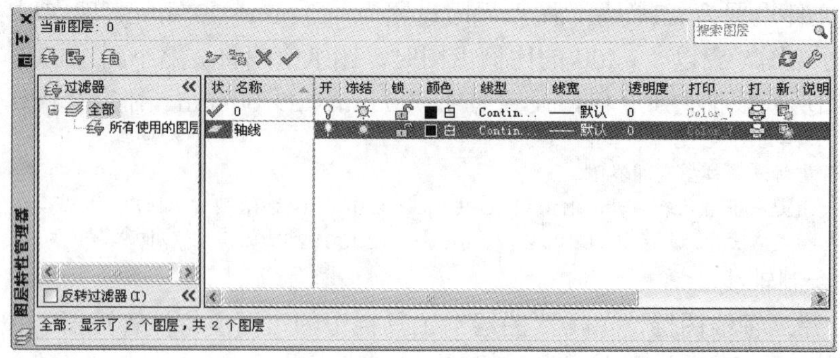


图 5-15 新建图层

(3) 设置“轴线”图层颜色，单击图层“颜色”，弹出如图 5-16 所示“选择颜色”对话框，选择红色，单击“确定”按钮，返回 “图层特性管理器”对话框。

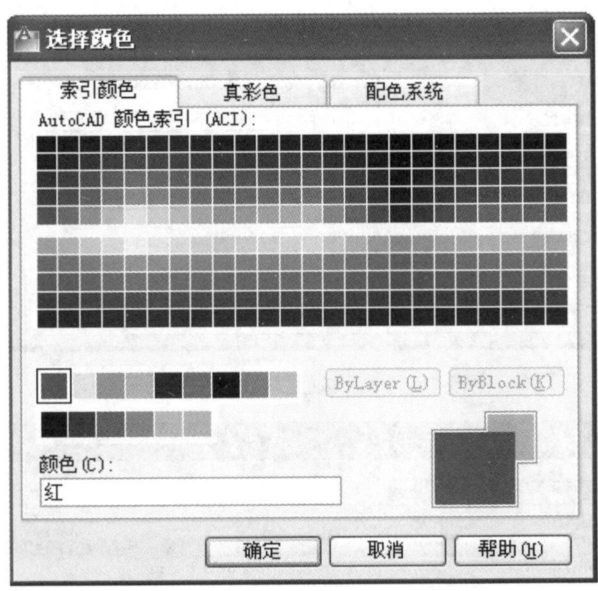


图 5-16 “选择颜色”对话框

(4) 设置“轴线”图层线型，单击图层“线型”，弹出如图 5-17 所示“选择线型”对话框，单击“加载”按钮，打开如图 5-18 所示“加载或重载线型”对话框，选择“CENTER”线型，单击“确定”按钮返回“选择线型”对话框，选择刚加载的线型，单击“确定”按钮，如图 5-19 所示。

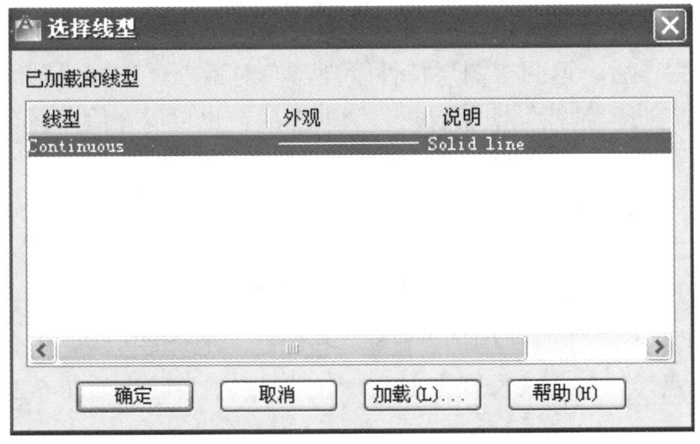


图 5-17 “选择线型”对话框

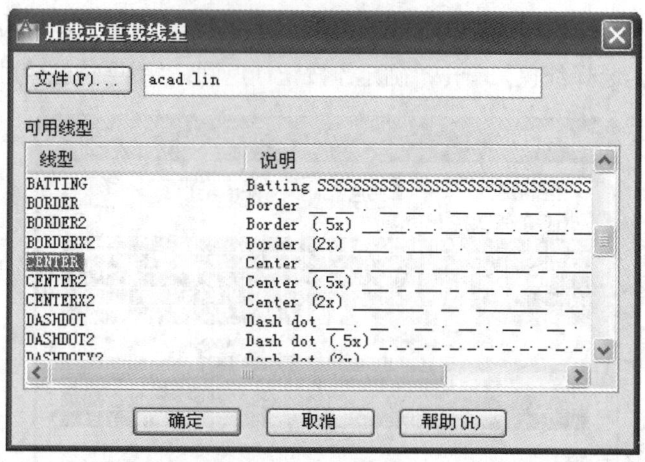


图 5-18 “加载或重载线型”对话框

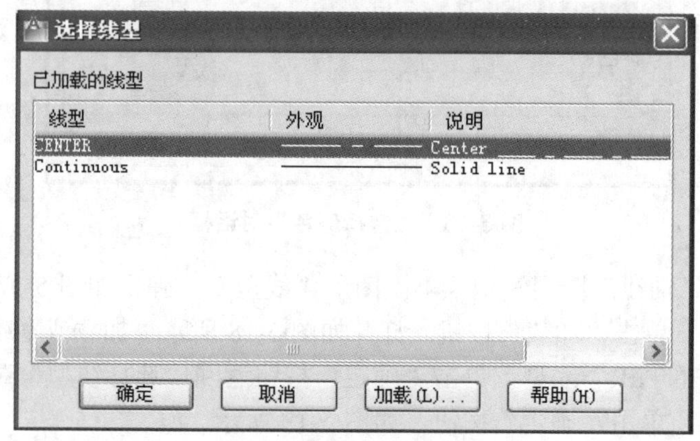


图 5-19 已加载的线型

(5) 设置完毕后，返回“图层特性管理器”对话框，选择“轴线”图层双击或单击✔按钮，将“轴线”图层设置为当前图层，也可以在绘图窗口的“图层”工具栏下菜单选择“轴线”图层为当前层，如图 5-20 所示。

图 5-20 设置当前图层

(6) 单击“绘图”工具栏中的“直线”按钮，在绘图区域左下角适当位置选取直线的初始点，绘制一条长度为 17400 mm 的水平直线，如图 5-21 所示。

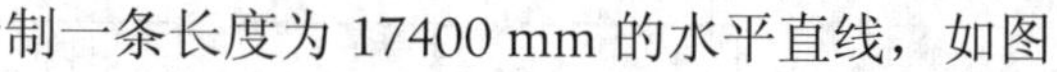

图 5-21 水平轴线

如果绘制的轴线看不出点画线效果，而是实线样式，那是因为线型的比例太小，可单击“格式”菜单，选择下拉菜单中的“线型”命令，将弹出如图 5-22 所示“线型管理器”对话框。在“线型管理器”对话框中，线型详细信息可通过“显示细节”按钮或“隐藏细节”按钮来显示或隐藏，选择线型为“CENTER”，设置“全局比例因子”为“30”。如果点画线还是不能正常显示，则可以重新调整这个值，如图 5-23 所示。

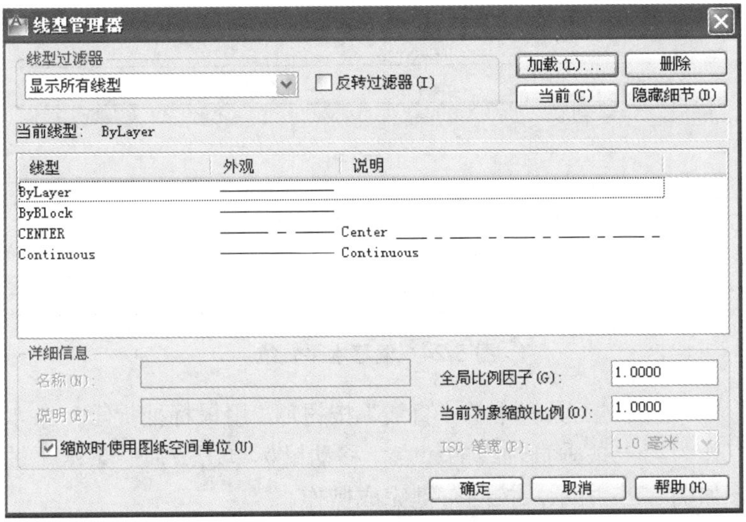

图 5-22　“线型管理器”对话框

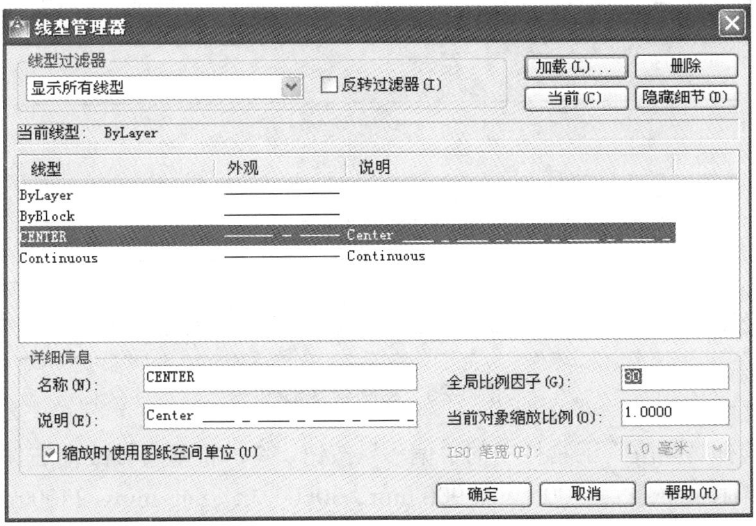

图 5-23　设置线型显示比例

(7) 选择“修改”工具栏中的“偏移”按钮 ，将水平轴线向上偏移另外 12 条轴线，偏移量依次为 480 mm、420 mm、1320 mm、400 mm、480 mm、900 mm、900 mm、880 mm、1320 mm、900 mm、309 mm、591 mm，结果如图 5-24 所示。

图 5-24　偏移水平轴线

(8) 单击“绘图”工具栏中的“直线”按钮，用鼠标捕捉第一条水平轴线上的左边端点作为第一条垂直轴线的起点，移动鼠标单击最后一条水平轴线的端点作为终点，如图 5-25 所示，按回车键完成操作。

图 5-25　绘制垂直轴线

(9) 选择“修改”工具栏中的“偏移”按钮 ，将垂直轴线向右偏移另外 9 条轴线，偏移量依次为 900 mm、900 mm、3060 mm、840 mm、2400 mm、2100 mm、1600 mm、800 mm、4800 mm，结果如图 5-26 所示，这样就暂时完成了整个轴线的绘制。

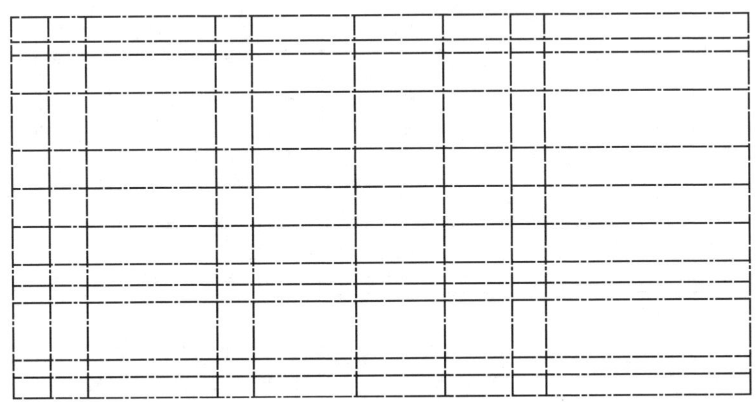

图 5-26　偏移垂直轴线

3) 绘制墙体

(1) 建立墙体图层，单击常用“图层”工具栏中的“图层特性管理器”按钮，弹出“图层特性管理器”对话框。新建图层，命名为“墙体”，颜色设置为“白”色，线型设置为“Continuous”，线宽设置为“默认”，并置为当前层，如图 5-27 所示。

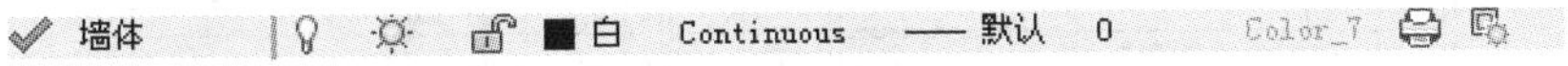

墙体　白　Continuous　—— 默认　0　Color_7

图 5-27　墙体图层参数设置

(2) 设置“多线”参数，“绘图”工具栏里默认没有“多线”命令，可以通过命令行输入，命令行提示如下。

```
命令: MLINE                                        //回车
当前设置: 对正 = 上, 比例 = 20.00, 样式 = STANDARD    //初始参数
指定起点或 [对正(J)/比例(S)/样式(ST)]: J             //选择对正设置, 回车
输入对正类型 [上(T)/无(Z)/下(B)] <上>: Z
                                  //选择两线之间的中点作为控制点, 回车
当前设置: 对正 = 无, 比例 = 20.00, 样式 = STANDARD
指定起点或 [对正(J)/比例(S)/样式(ST)]: S             //选择比例设置, 回车
输入多线比例 <20.00>: 240                           //输入外墙厚度值, 回车
当前设置: 对正 = 无, 比例 = 240.00, 样式 = STANDARD
指定起点或 [对正(J)/比例(S)/样式(ST)]:               //回车完成设置
```

(3) 使用“多线”命令，绘制 240 mm 厚度墙体，效果如图 5-28 所示。

(4) 重新设置“多线”命令，将墙体厚度由 240 mm 改为 120 mm，绘制余下的 120 mm 厚度墙体，效果如图 5-29 所示。

(5) 绘制 1 号套房过道弧线墙体。单击“绘图”工具栏中的“圆弧”按钮，绘制一条半径大小为 1380 mm 的圆弧，起点、端点位置如图 5-30 所示。采用同

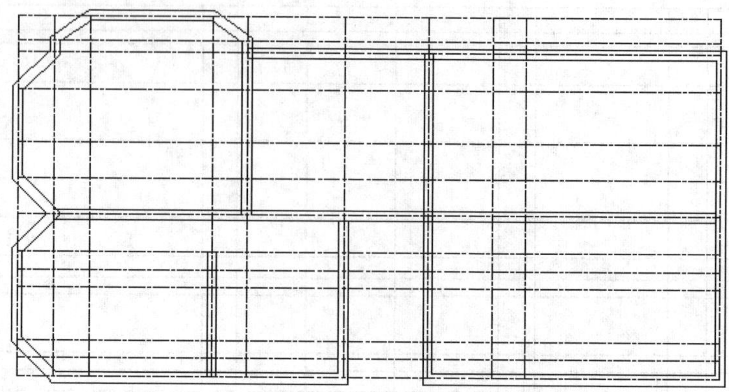

图 5-28　绘制 240 mm 厚度墙体

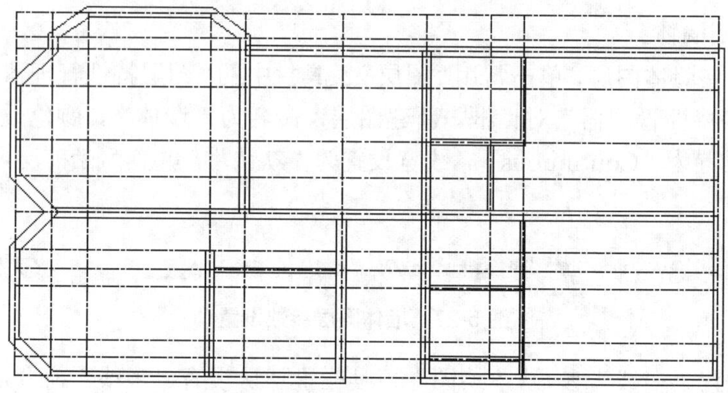

图 5-29　绘制 120 mm 厚度墙体

样的方法绘制一条半径为 1140 mm 的圆弧，起点、端点位置如图 5-31 所示。最终效果如图 5-32 所示。

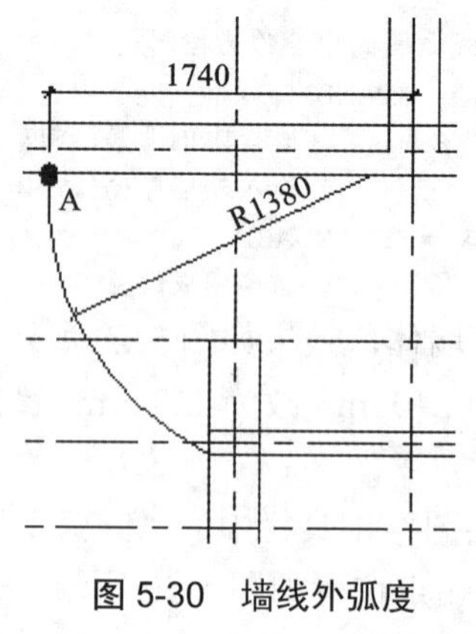


图 5-30　墙线外弧度

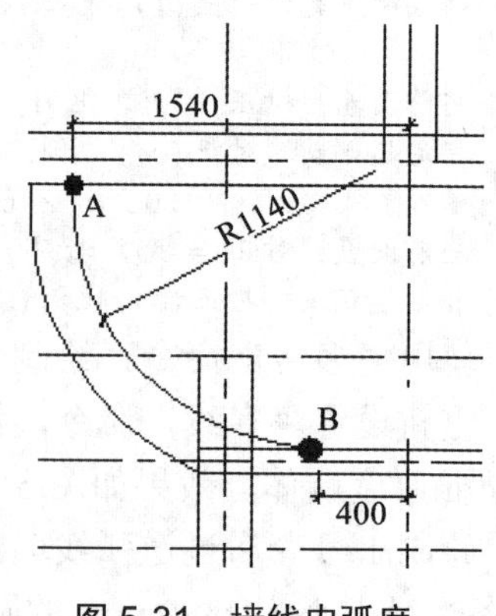


图 5-31　墙线内弧度

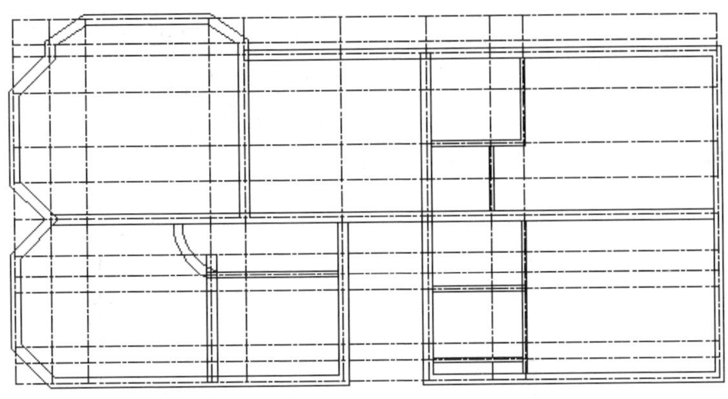

图 5-32 过道弧线墙

(6) 很明显，此时墙体的交接处还没有完全衔接，要使用编辑命令进行修改。首先需要将多线变为单根直线，便于后面的操作。选择所有墙体线条(可先将轴线层锁定，再按“Ctrl+A”组合键选择所有对象)，单击“修改”工具栏中的“分解”按钮，分解墙体。

(7) 可以通过“修剪”、“打断”、移动夹点等方法修改节点，效果如图 5-33 所示。

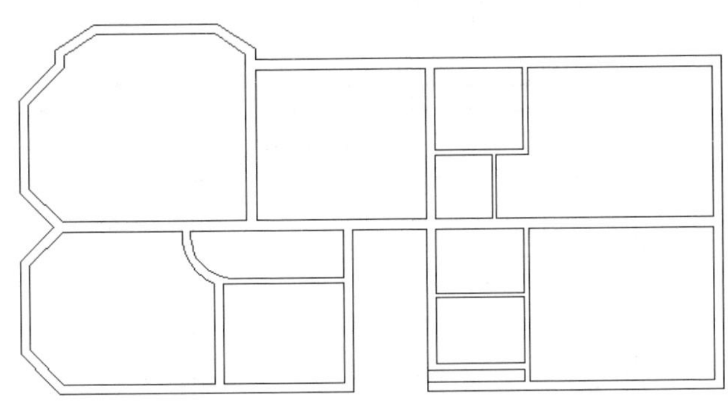

图 5-33 墙体轮廓(隐藏轴线效果)

4) 绘制柱子

本例涉及的柱子有两种，截面大小分别为 500 mm×350 mm 和 500 mm×240 mm。

(1) 建立柱子图层，命名为“柱子”，颜色设置为“白”色，线型设置为“Continuous”，线宽设置为“默认”，并置为当前层，如图 5-34 所示。

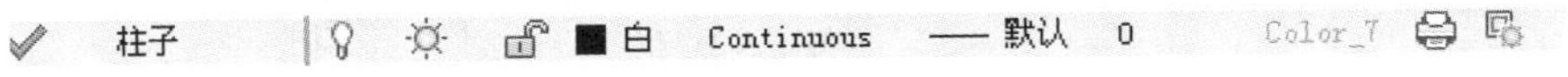

柱子 白 Continuous —— 默认 0 Color_7

图 5-34 柱子图层参数设置

⑵ 单击“绘图”工具栏中的“矩形”按钮，绘制 500 mm×350 mm 大柱子轮廓线，放置在如图 5-35 所示建筑平面图右下角位置，矩形中心点到墙线距离为 880 mm。

⑶ 复制矩形到上方墙线，如图 5-36 所示。

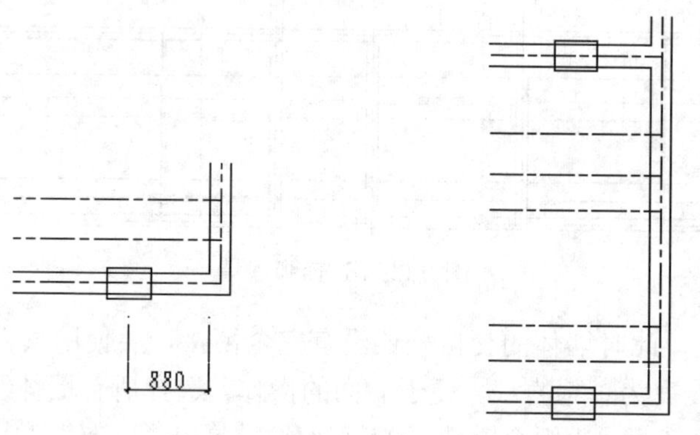


图 5-35　绘制大柱子轮廓线　　图 5-36　复制大柱子

⑷ 采用同样的方法复制矩形到其他三个位置，如图 5-37 所示。

⑸ 选择“矩形”按钮，绘制 500 mm×240 mm 的小柱子轮廓线，放置在如图 5-38 所示位置。复制矩形到左侧墙线上，如图 5-39 所示。

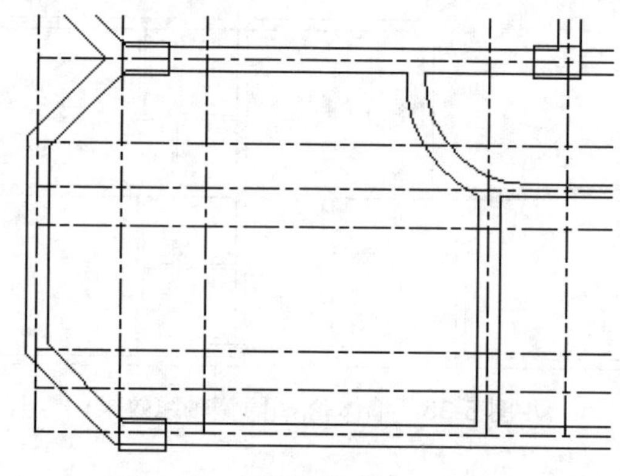

图 5-37　复制其他三个大柱子

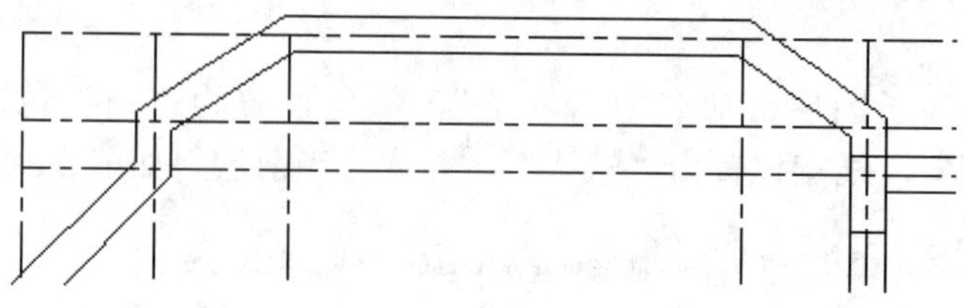

图 5-38　绘制小柱子轮廓线

图 5-39　复制小柱子

(6) 单击“绘图”工具栏中的“图案填充”按钮，弹出“图案填充和渐变色”对话框，如图 5-40 所示，选择填充图案为“SOLID”，再单击“添加：选择对象”按钮，选择多个柱子轮廓线，回车后在弹出的“图案填充和渐变色”对话框中单击“确定”按钮完成填充，效果如图 5-41 所示。

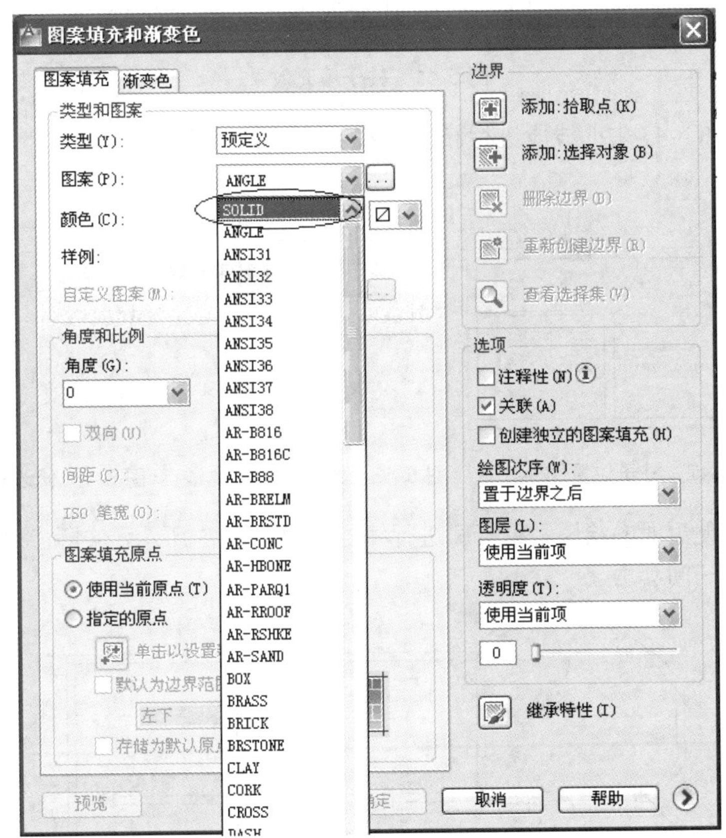


图 5-40　选择填充图案

(7) 单击“绘图”工具栏中的“直线”按钮，以如图 5-42 所示大柱子的左上端点为起点，向左侧绘制一条长度为 1360 mm 的水平直线，再垂直向下绘制直线与墙体线相交。以大柱子轮廓线左下端点为起点向左侧绘制水平线，与圆弧相交，最终效果如图 5-43 所示。

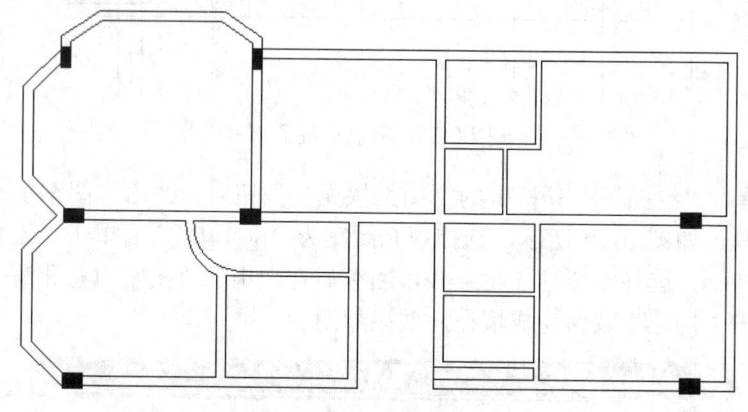

图 5-41 柱子填充效果

(8) 对图 5-43 中的线段进行修改，效果如图 5-44 所示。

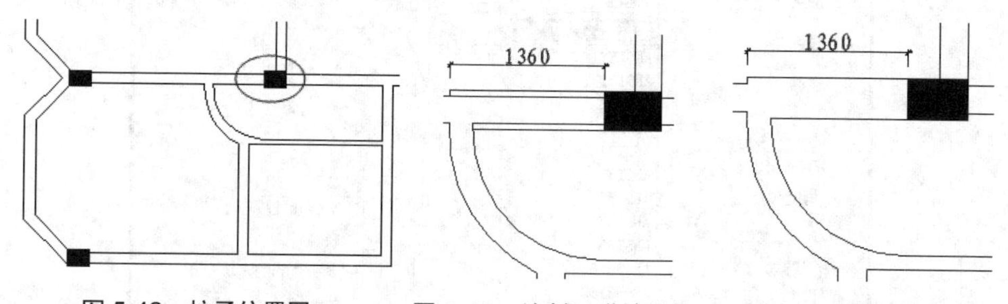


图 5-42 柱子位置图　　图 5-43 绘制过道墙体线　　图 5-44 修改过道墙体线

为了方便后面的绘图，将套房进行编号，如图 5-45 所示，实际上这个建筑平面图包含了三间套房。

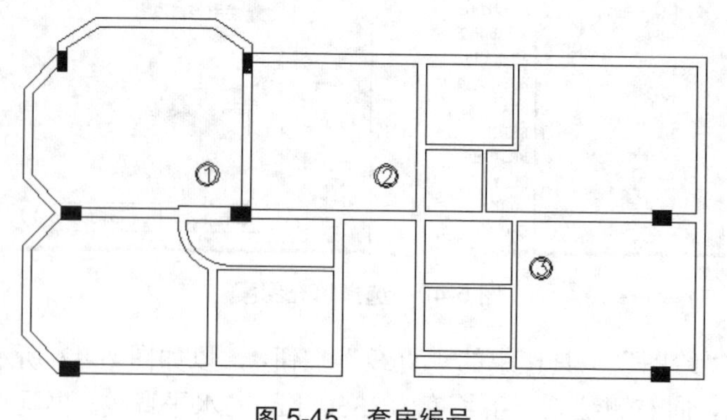


图 5-45 套房编号

5) 绘制门窗

本例有八扇单扇平开门，1 扇单扇推拉门，其中 850 mm 宽度的门 5 扇，750 mm 宽度的门 2 扇，650 mm 宽度的门 1 扇。首先需要确定门洞尺寸，然后插入不同宽度门的图块。窗户有 2 扇，1 扇在厨房，另 1 扇在卧室的飘窗。

(1) 建立门窗图层，命名为“门窗”，颜色设置为绿色，线型设置为“Continuous”，线宽设置为“默认”，并置为当前层，如图 5-46 所示。

门窗 绿 CONTINUOUS —— 默认 0 Color_3

图 5-46 门窗图层参数设置

(2) 绘制 1 号套房门洞。使用“直线”命令绘制套房的 5 个门洞，尺寸位置如图 5-47 所示。再使用“矩形”命令绘制 750 mm×40 mm 的矩形，放置在如图 5-48 所示位置，此为 1 号套房卫生间的单扇推拉门。

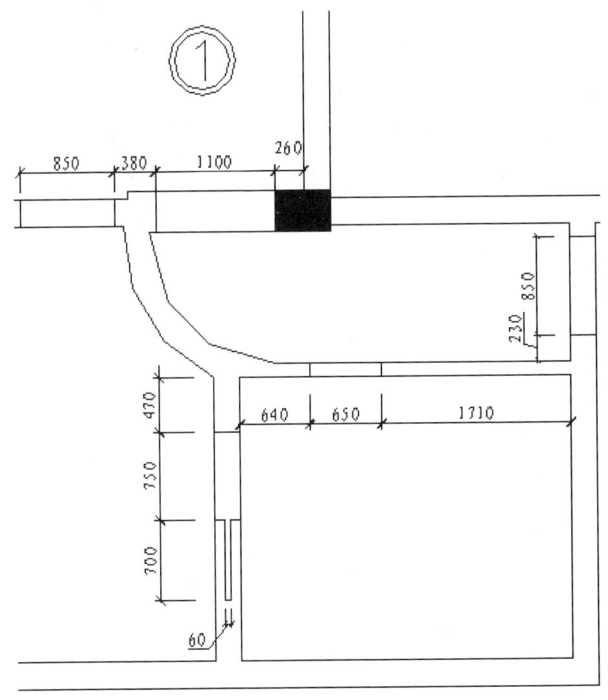

图 5-47 1 号套房门洞尺寸

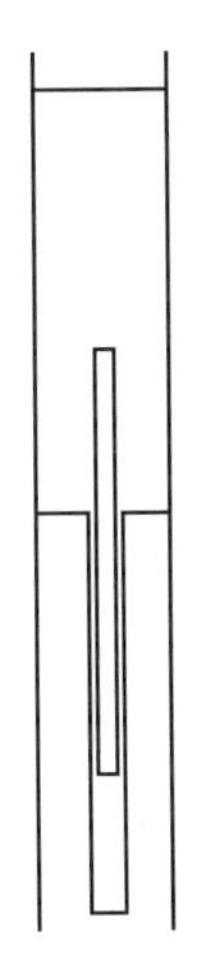
图 5-48 1 号套房卫生间推拉门

(3) 绘制 2 号套房门洞。使用“直线”命令绘制套房 4 个门洞，尺寸位置如图 5-49 所示。

(4) 绘制 3 号客房门洞。使用“直线”命令绘制客房 3 个门洞，尺寸位置如图 5-50 所示。

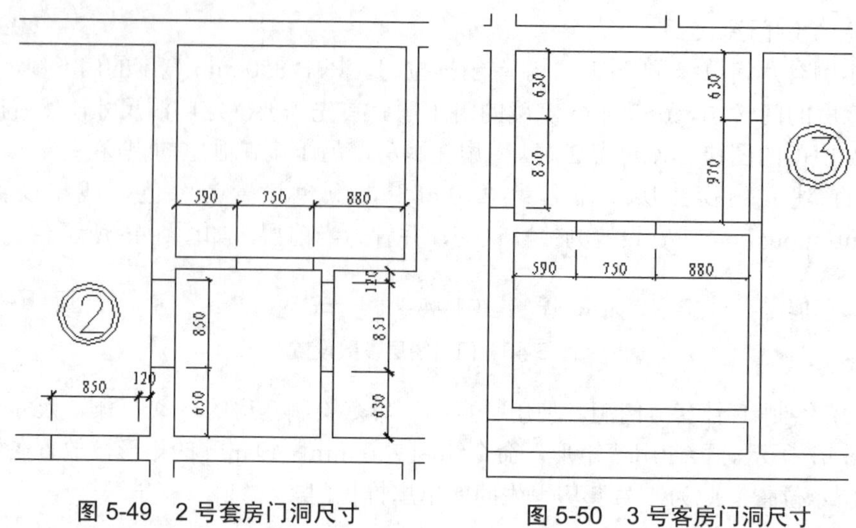


图 5-49 2 号套房门洞尺寸　　图 5-50 3 号客房门洞尺寸

⑸ 门洞填充图案。单击“绘图”工具栏中的“图案填充”按钮，弹出“图案填充和渐变色”对话框，选择填充图案为“DOTS”，角度为“315”，比例为“20”，再单击“添加：拾取点”按钮，在多个门洞轮廓线内部单击，回车后在弹出的“图案填充和渐变色”对话框中单击“确定”按钮完成填充，效果如图 5-51 所示。

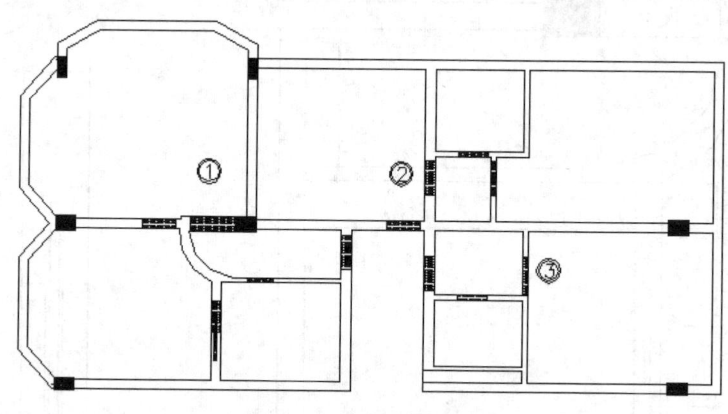


图 5-51 门洞填充效果

⑹ 使用“直线”命令绘制 3 号客房卫生间内墙体，并填充图案，图案为“ANSI31”，角度为“270”，比例为“15”，效果如图 5-52 所示。

⑺ 绘制 1 号套房窗户。使用“多线”命令，比例为“80”，对正为“无”，绘制如图 5-53 所示窗线。

⑻ 绘制 2 号套房窗户。使用“直线”命令，从左到右绘制如图 5-54、图 5-55 所示窗线。

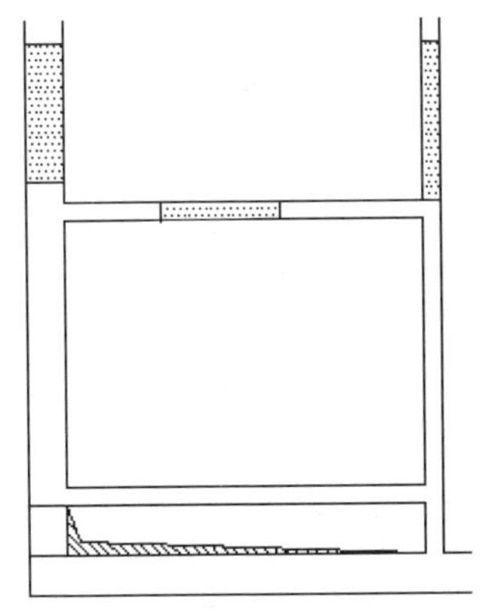

图 5-52　3 号客房卫生间墙体

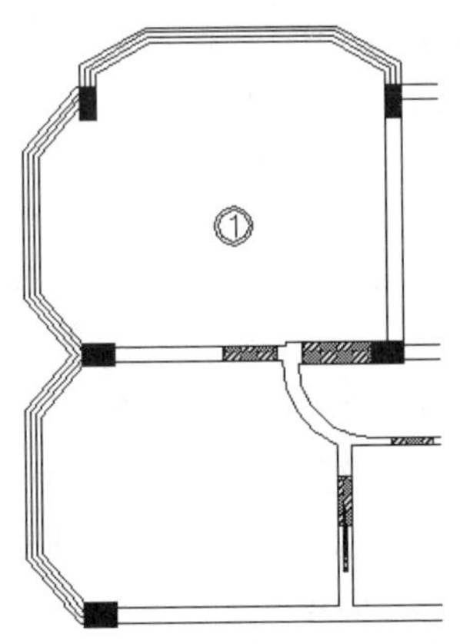


图 5-53　绘制 1 号套房窗线

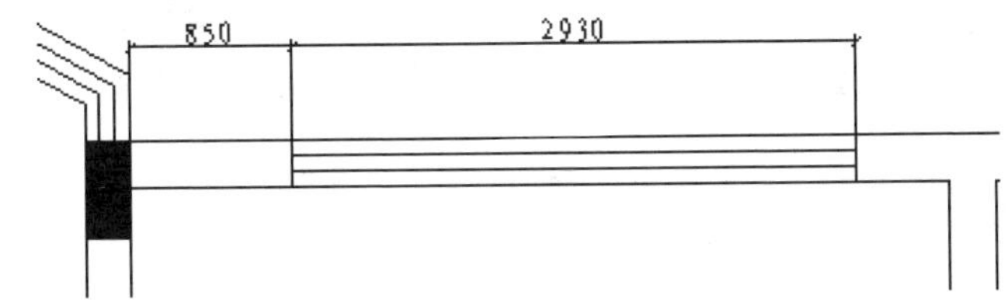


图 5-54　绘制 2 号套房窗线 1

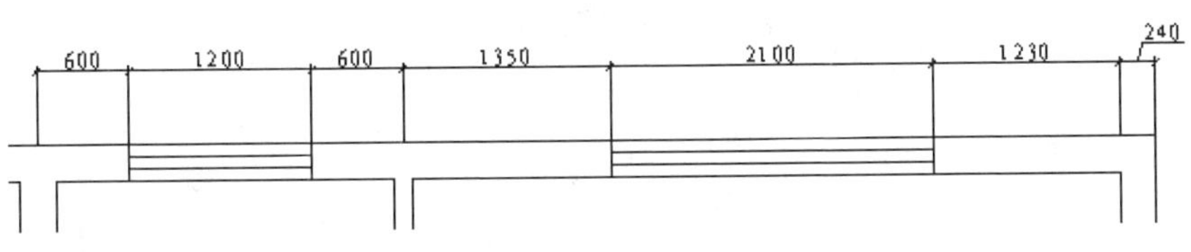


图 5-55　绘制 2 号套房窗线 2

(9) 绘制 3 号客房窗户。使用“直线”命令，绘制如图 5-56 所示窗线。

(10) 插入门图块。单击“绘图”工具栏中的“插入块”按钮，找到本章 CAD 资料文件中“850 宽门.dwg”、“750 宽门.dwg”和“650 宽门.dwg”图块插入对应宽度的门洞位置上，最终效果如图 5-58 所示。

6) 尺寸标注

(1) 建立“尺寸”图层，命名为“尺寸”，颜色设置为“黄”色，线型设置为“Continuous”，线宽设置为“默认”，并置为当前层，如图 5-58 所示。

(2) 设置尺寸标注样式。单击菜单栏“格式”下拉菜单中的“标注样式”命令，弹出“标注样式管理器”对话框，新建一个标注样式，命名为“建筑”，单击“继续”按钮，将“建筑”样式中的参数按图 5-59 至图 5-63 所示进行设置。最后单击“确定”按钮返回“标注样式管理器”，将“建筑”样式置为当前样式，如图 5-64 所示。

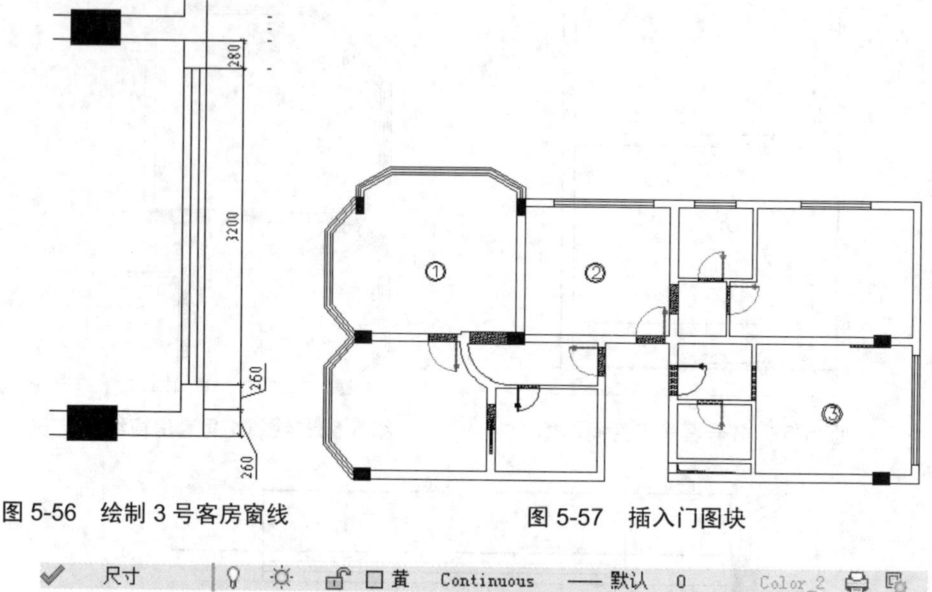


图 5-56　绘制 3 号客房窗线

图 5-57　插入门图块

图 5-58　尺寸图层参数设置

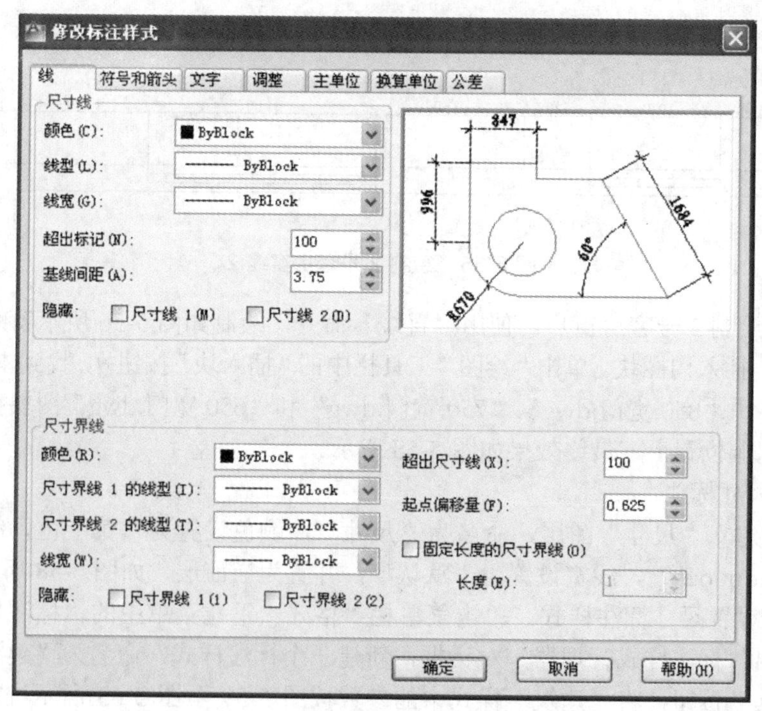


图 5-59　样式设置“线”选项卡参数

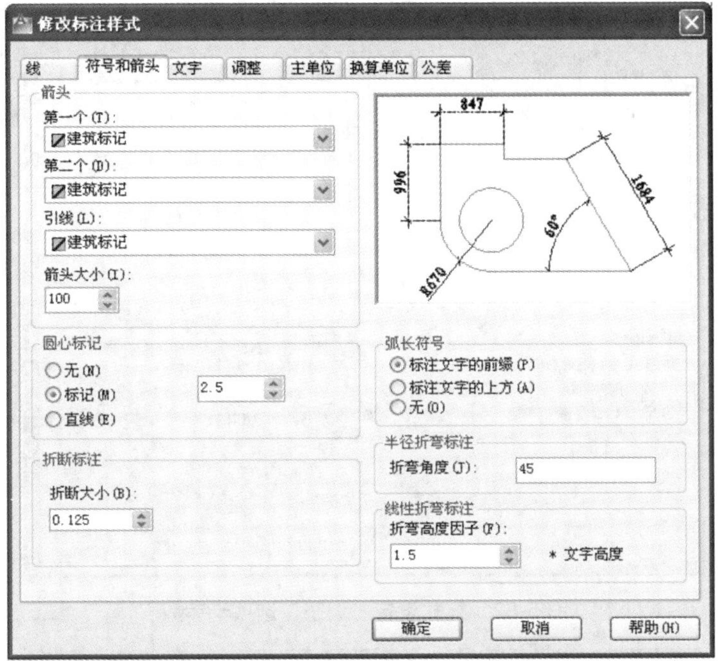


图 5-60　样式设置“符号和箭头”选项卡参数

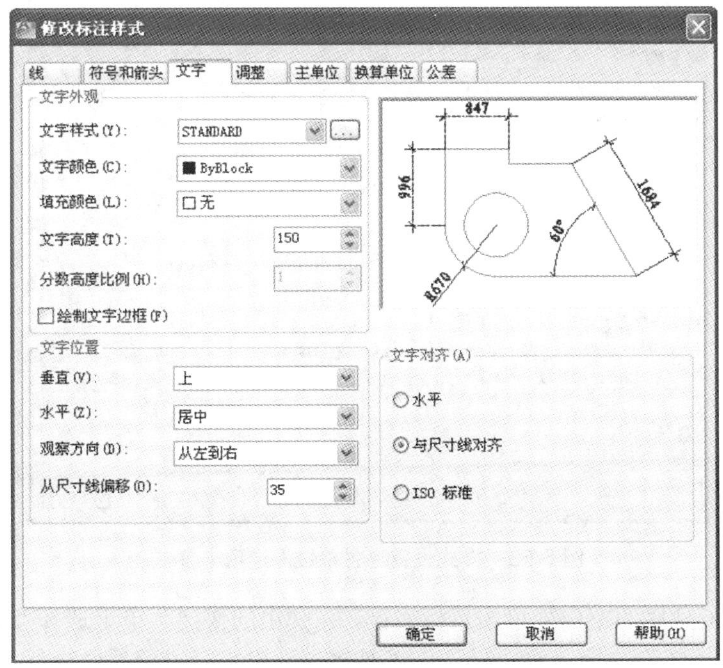


图 5-61　样式设置“文字”选项卡参数

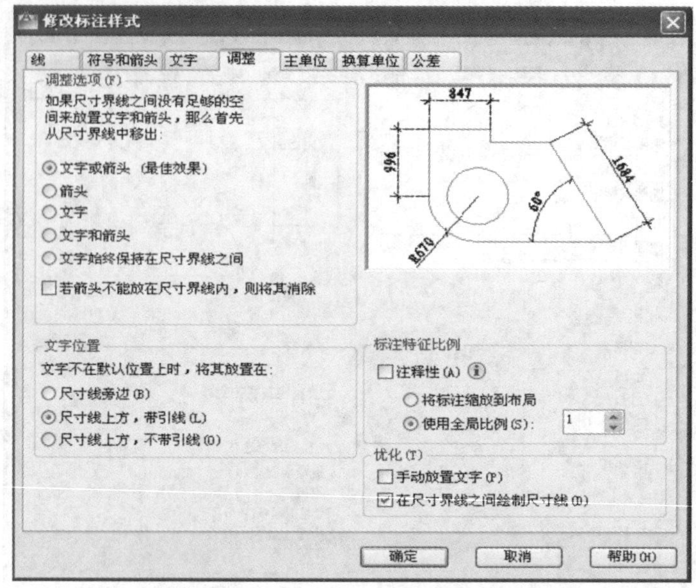


图 5-62　样式设置“调整”选项卡参数

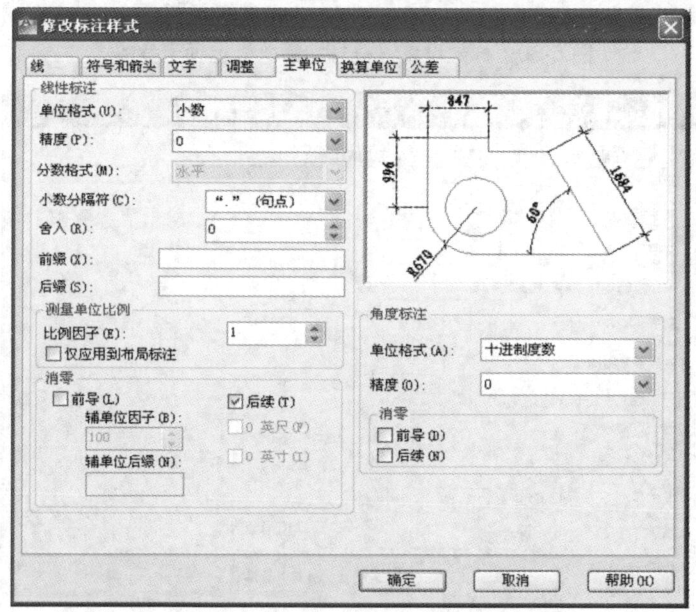


图 5-63　样式设置“主单位”选项卡参数

(3) 在工具栏的空白处单击鼠标右键，在弹出的快捷菜单上选择“AutoCAD”菜单下的“标注”命令，将“标注”工具栏显示出来，方便后面进行尺寸标注，如 5-65 所示。

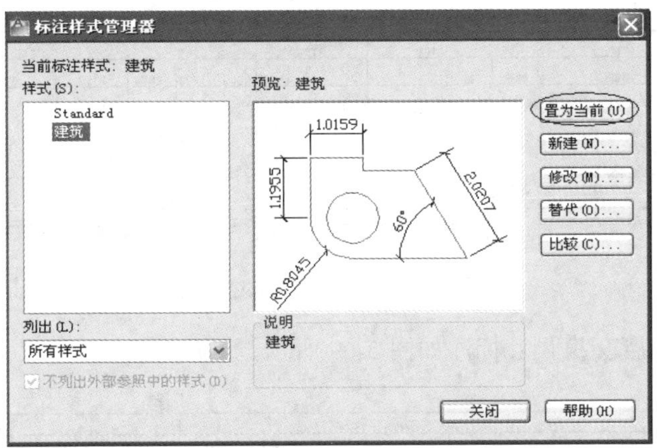


图 5-64　将“建筑”样式置为当前样式

图 5-65　“标注”工具栏

(4) 将关闭的“轴线”图层打开，单击“标注”工具栏中的“线性标注”按钮和“连续标注”按钮，分别对两侧垂直墙体和水平墙体进行标注，效果如图 5-66 至图 5-68 所示。

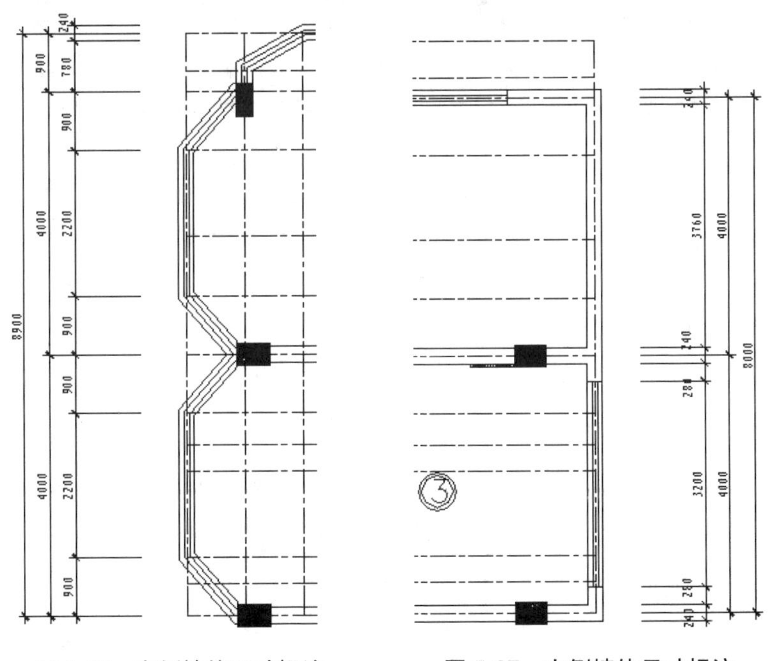


图 5-66　左侧墙体尺寸标注　　　图 5-67　右侧墙体尺寸标注

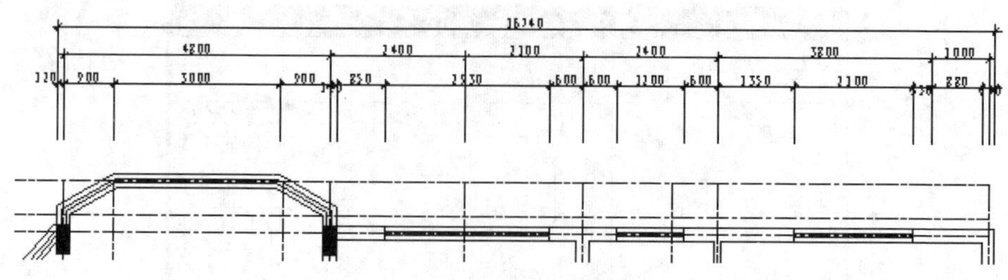

图 5-68　水平墙体尺寸标注

最终酒店套房尺寸标注如图 5-69 所示。

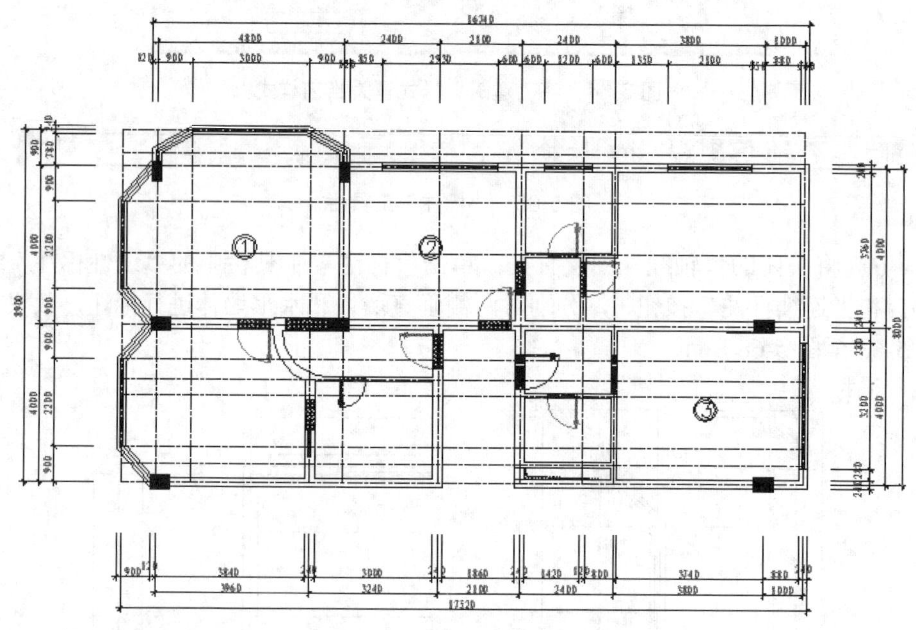

图 5-69　酒店套房尺寸标注

7) 文字说明标注

⑴ 建立文字图层，命名为“文字”，颜色设置为“黄”色，线型设置为“Continuous”，线宽设置为“默认”，并置为当前层，如图 5-70 所示。

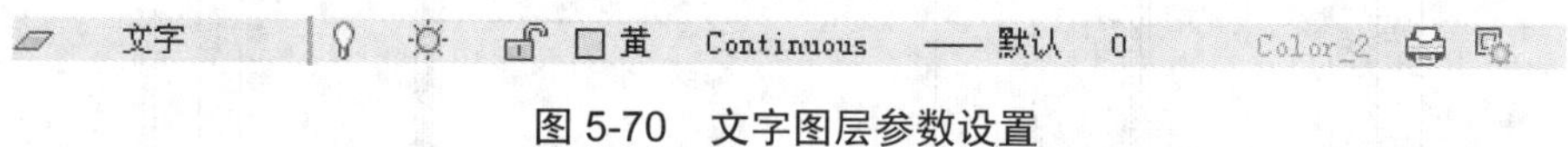


图 5-70　文字图层参数设置

⑵ 单击菜单栏“格式”下拉菜单“文字格式”，在弹出的“文字样式”对话框中，单击“新建”按钮，新建“样式 1”，选择字体为“宋体”，高度为“250”，置为当前样式。

(3) 单击“绘图”工具栏的“多行文字”按钮，在 1 号套房客厅标注区域推拉出一个矩形，如图 5-71 所示，输入“客厅”字样，单击“确定”按钮完成操作。

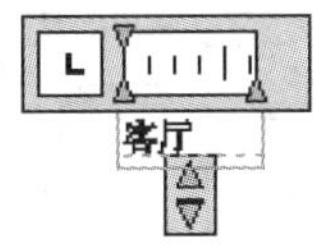


图 5-71　客厅文字标注

采用相同的方法，在对应位置输入文字标注的问题，最终效果如图 5-72 所示。

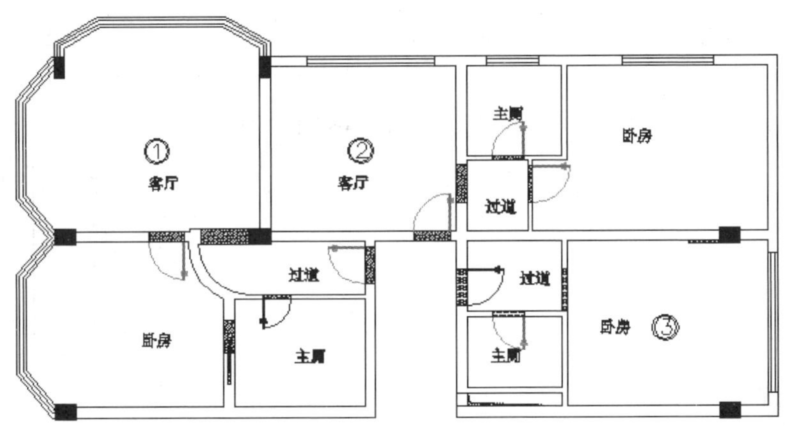


图 5-72　文字标注

### 3. 酒店套房室内平面图绘制

本小节在建筑平面图的基础上，介绍如图 5-73 所示的装修平面图的绘制方法和相关技巧。

1) 1 号套房的平面布置

(1) 打开绘制好的建筑平面图，另存为“室内装修平面图.dwg”，将 “轴线”、“尺寸”图层关闭。

(2) 建立家具图层，命名为“家具”，颜色设置为“白”色，线型设置为“Continuous”，线宽设置为“默认”，并置为当前层。

(3) 绘制家具。使用“矩形”命令绘制 1 号套房卧室的电视柜，如图 5-74 所示。采用同样的方法绘制客厅电视柜，如图 5-75 所示。

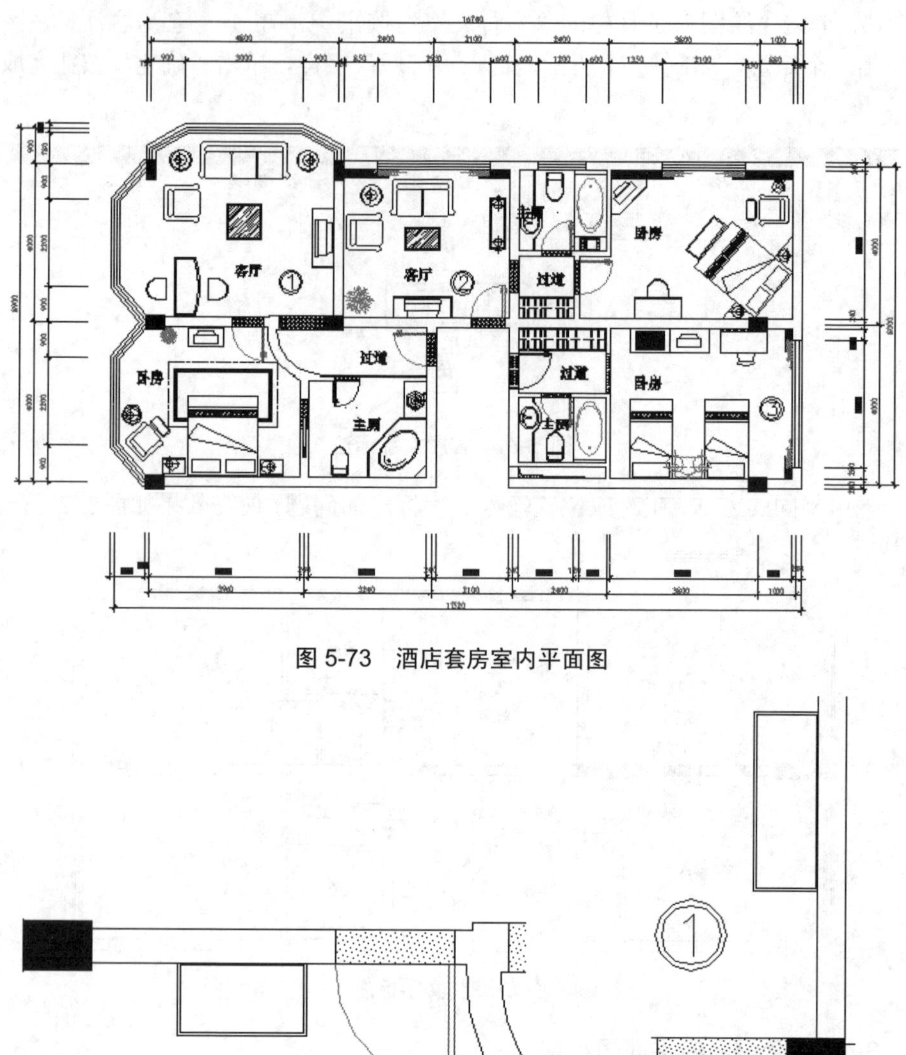


图 5-73 酒店套房室内平面图

图 5-74 1 号套房卧室电视柜

图 5-75 1 号套房客厅电视柜

(4) 插入家具图块。在 CAD 资料文件中找到对应的家具图块，插入如图 5-76 所示位置。

2) 2 号套房的平面布置

(1) 绘制客厅家具。使用“直线”命令绘制客厅窗户旁的左侧装饰墙，填充图案为“ANSI31”，适当设置比例，效果如图 5-77 所示。采用同样的方法绘制右侧装饰墙，并进行图案填充，效果如图 5-78 所示。

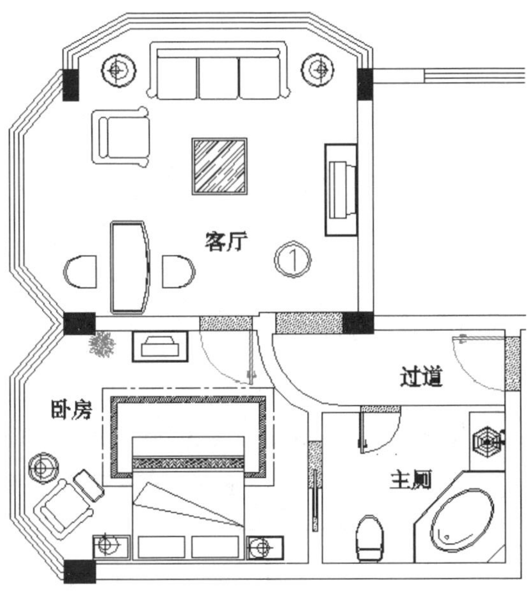


图 5-76 插入图块

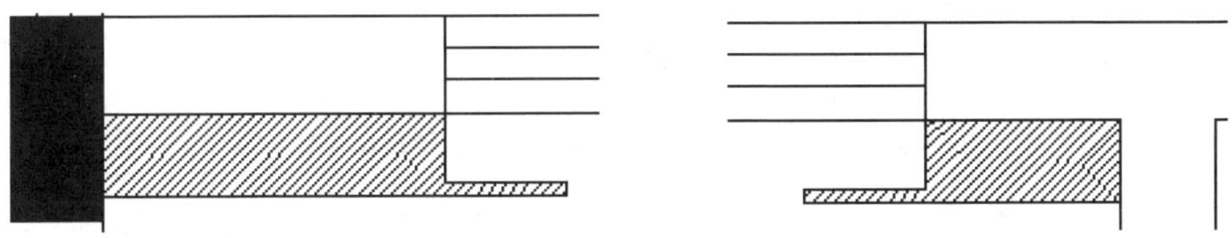

图 5-77 2 号套房客厅左侧装饰墙

图 5-78 2 号套房客厅右侧装饰墙

找到资料文件中的“窗帘.dwg”图块，插入如图 5-79 所示位置。

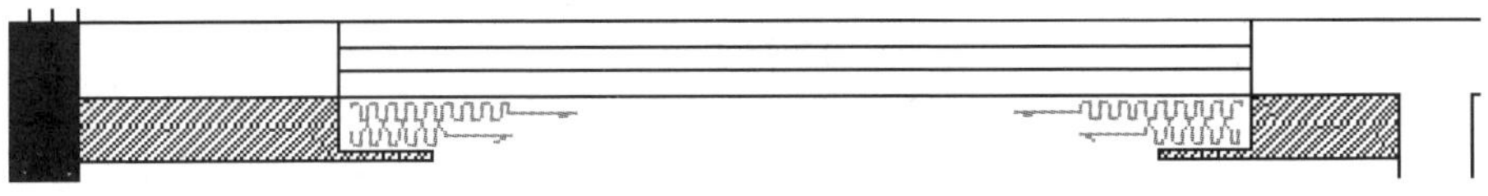

图 5-79 插入窗帘图块

使用“矩形”命令，绘制客厅的桌子，如图 5-80 所示。

(2) 绘制卫生间家具。使用“矩形”命令和“直线”命令绘制卫生间的浴巾架，填充图案为“ANSI37”，适当设置角度和比例，效果如图 5-81 所示。

使用“直线”命令和“圆弧”命令绘制卫生间洗手台，效果如图 5-82 所示。

(3) 绘制过道家具。使用“矩形”命令和“直线”命令绘制过道的柜子，效果如图 5-83 所示。

(4) 绘制卧室家具。采用上述同样的方法绘制卧室家具，效果如图 5-84 所示。

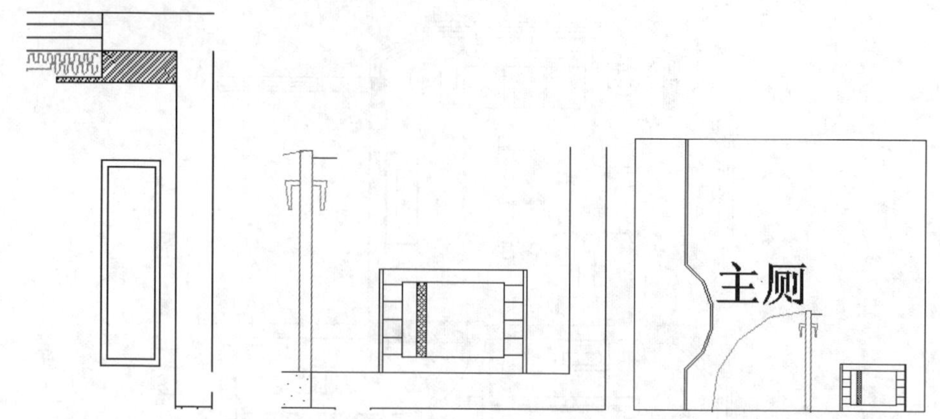


图 5-80　2 号套房客厅桌子　图 5-81　2 号套房卫生间浴巾架　图 5-82　2 号套房卫生间洗手台

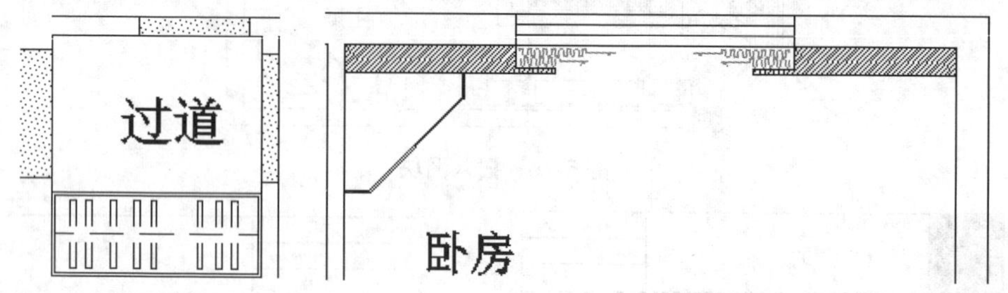


图 5-83　2 号套房过道家具　　图 5-84　2 号套房卧室家具

(5) 插入图块。在 CAD 资料文件中找到对应的家具图块，插入如图 5-85 所示位置。

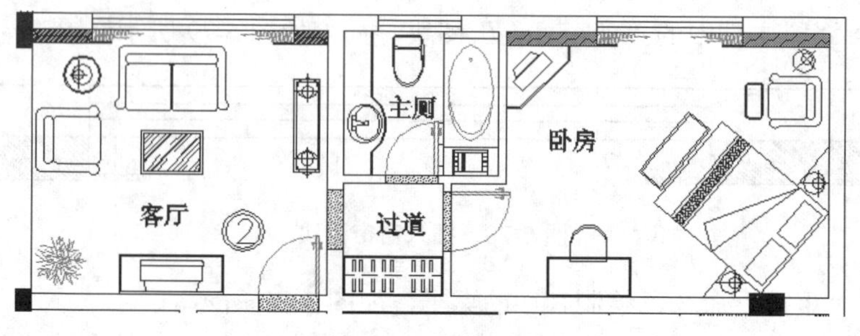


图 5-85　插入图块

3) 3 号客房的平面布置

(1) 绘制卧室家具。使用“直线”命令绘制卧室装饰墙，填充图案为“ANSI31”，适当设置角度和比例，效果如图 5-86 所示。

使用“矩形”命令和“直线”命令绘制卧室电视柜和行李架，如图 5-87 所示。

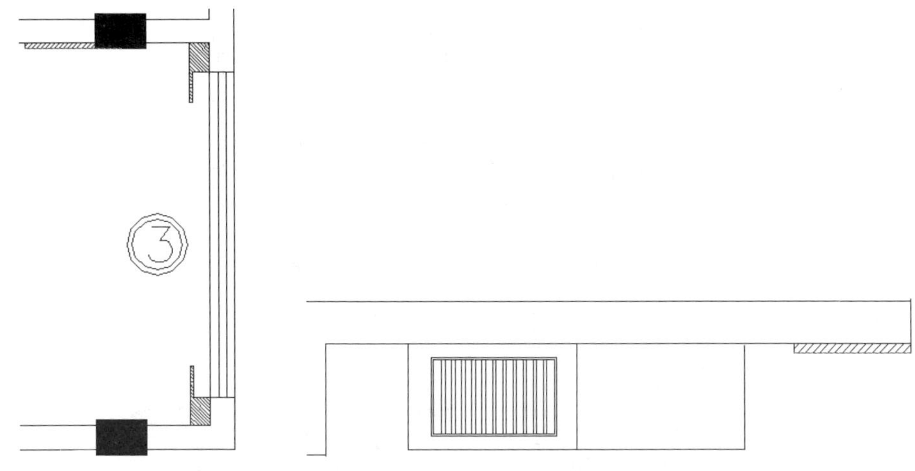


图 5-86　3 号客房卧室装饰墙　　　　图 5-87　3 号客房卧室电视柜

(2) 绘制过道家具。使用“矩形”命令和“直线”命令绘制过道的柜子，效果如图 5-88 所示。

(3) 绘制卫生间家具。使用“直线”命令和“圆弧”命令绘制卫生间洗手台，效果如图 5-89 所示。

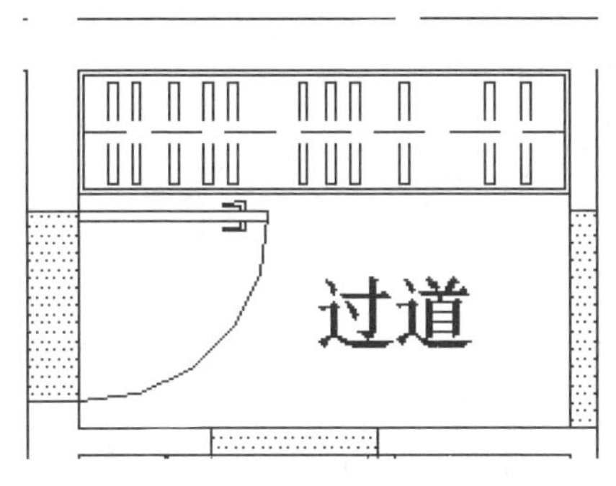


图 5-88　3 号客房过道家具

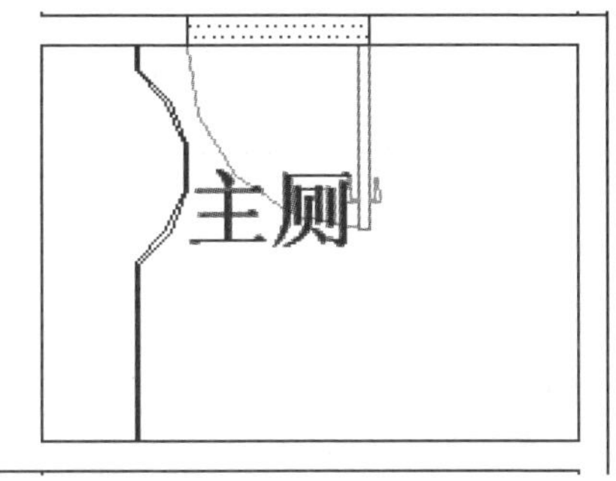


图 5-89　3 号客房过道家具

(4) 插入图块。在 CAD 资料文件中找到对应的家具图块，插入到如图 5-90 所示位置。

整体效果如图 5-91 所示。

打开“尺寸”图层，最终得到平面图效果，如图 5-73 所示。

### 4. 酒店套房室内地面图绘制

图 5-92 所示室内地面图中，客厅和卧室铺设地毯，过道铺设实木地板，卫生间铺设 300 mm×300 mm 的防滑地砖，下面介绍地面平面图的绘制方法和相关技巧。

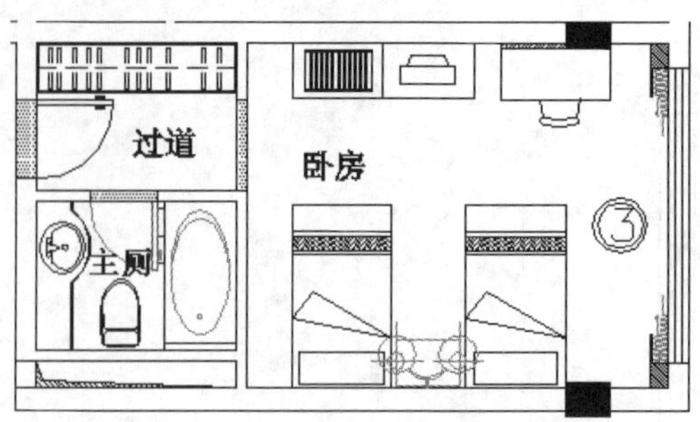


图 5-90　插入图块

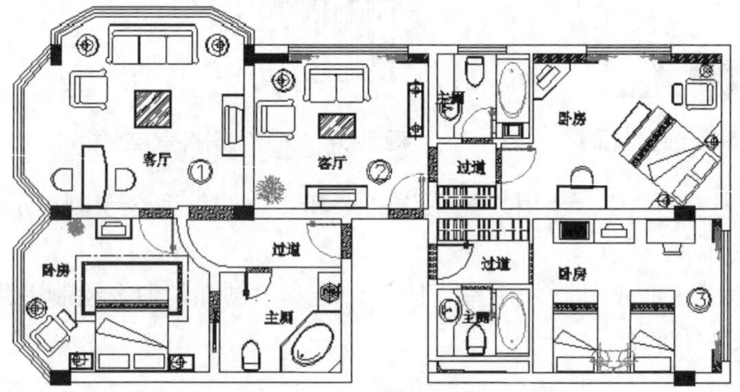


图 5-91　酒店套房家具布置

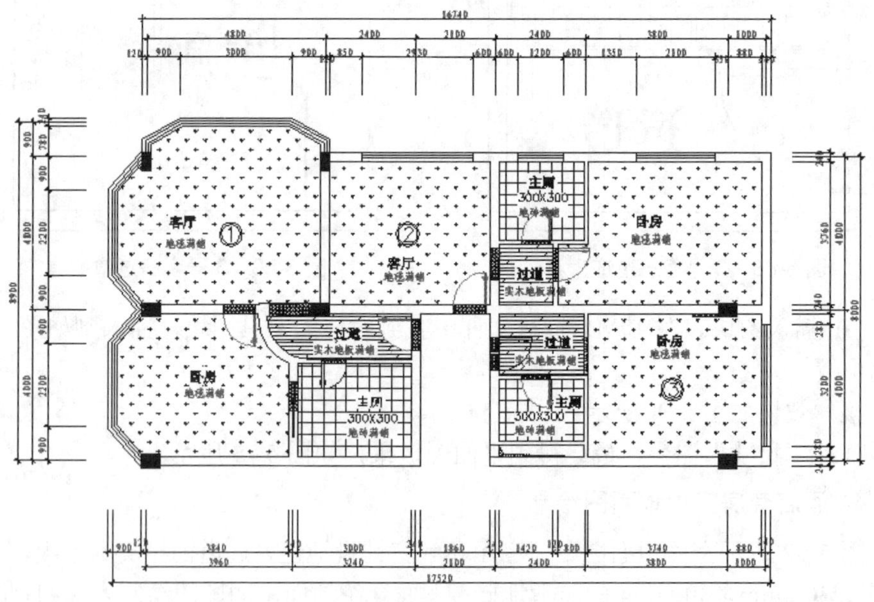


图 5-92　酒店套房室内地面图

1) 准备工作

(1) 打开上一节绘制的室内平面图，另存为“室内地面图.dwg”，将不需要的图层关闭或删除。

(2) 建立“地面材料”图层，命名为“地面材料”，颜色设置为“白”色，线型设置为“Continuous”，线宽设置为“默认”，并置为当前层。

2) 文字说明

在图 5-93 所示对应位置输入地面材料文字说明，具体内容为客厅“地毯满铺”、卧室“地毯满铺”、主厕“300 mm×300 mm 地砖满铺”、过道“实木地板满铺”。

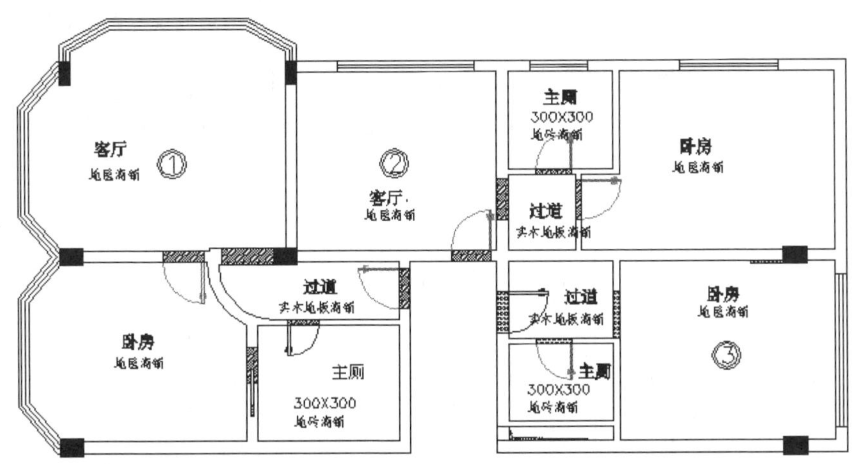


图 5-93 地面材料文字说明

## 说明

如果先进行地面材料图案填充，再在房间里进行文字说明，那么文字会放置在图案上方，影响识别效果。提前进行文字说明，图案填充时会在文字周围留白。

3) 绘制地面图案

(1) 对客厅和卧室填充地面图案。单击“绘图”工具栏中的“填充图案”按钮，弹出“图案填充”对话框，单击该对话框右上角的“添加：拾取点”按钮，将十字光标在客厅和卧室区域单击，选中填充区域，按鼠标右键确认或回车以返回对话框。设置填充参数，图案选择“GRASS”，适当设置角度和比例，单击“确定”按钮后，如图 5-94 所示。

(2) 对过道填充地面图案。单击“绘图”工具栏中的“填充图案”按钮，选择过道区域，图案选择“DOLMIT”，适当设置角度和比例，单击“确定”按钮后，如图 5-95 所示。

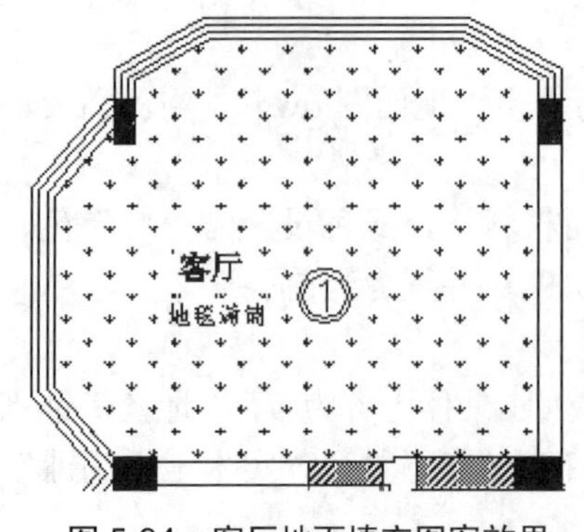


图 5-94　客厅地面填充图案效果

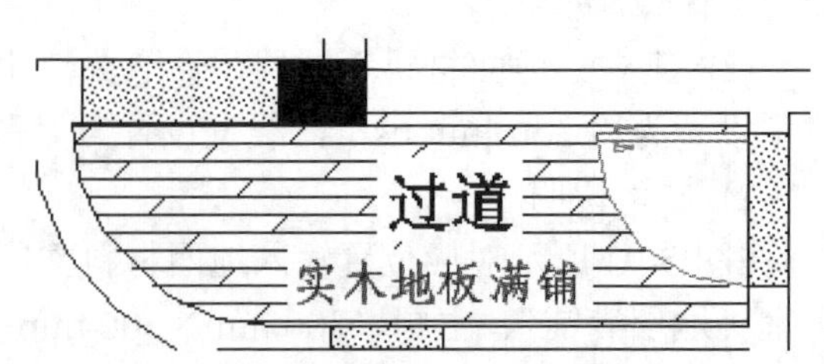


图 5-95　过道地面填充图案效果

(3) 卫生间填充地面图案。单击“绘图”工具栏中的“填充图案”按钮，选择卫生间区域，图案选择“NET”，适当设置角度和比例，单击“确定”按钮，如图 5-96 所示。

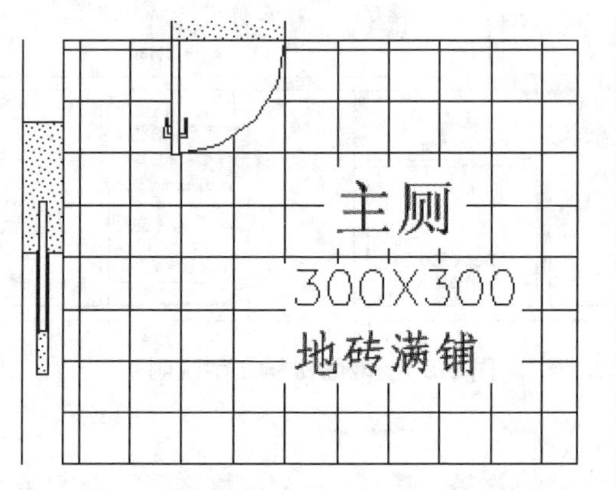


图 5-96　卫生间地面填充图案效果

最终得到图案填充的效果。

5. 酒店套房室内顶棚图绘制

下面介绍如图 5-97 所示图例顶棚图的绘制方法和相关技巧。

1) 准备工作

(1) 打开前面绘制好的室内平面图，另存为“室内顶棚图.dwg”。

(2) 修改墙体。将“墙体”图层置为当前层，删除其中的门框、文字等内容。保留过道家具，删除其他家具，同时修补好墙体的洞口，如图 5-98 所示。

(3) 新建“顶棚”、“灯具”图层，图层颜色均设置为“白”色，线宽设置为“默认”。

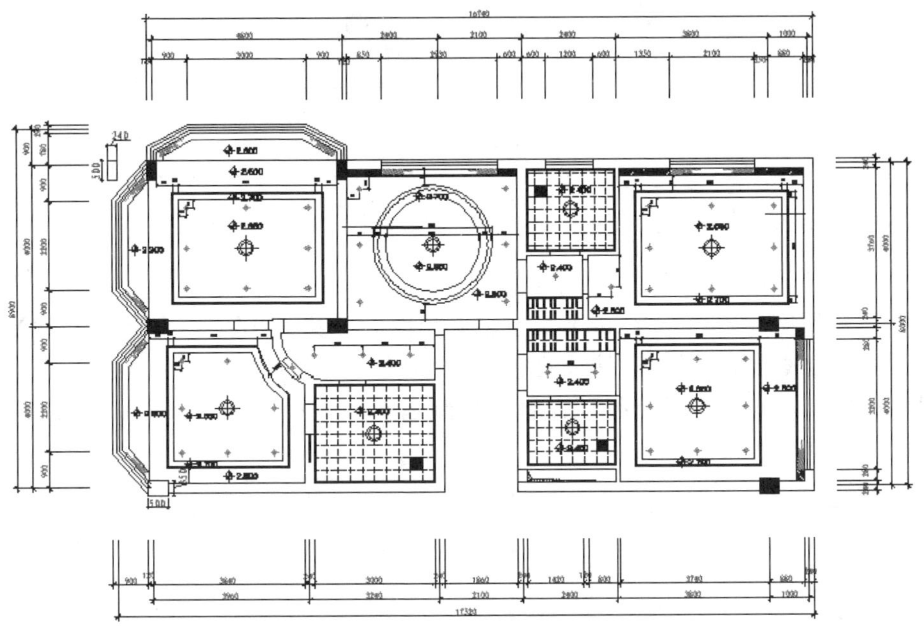

图 5-97 酒店套房顶棚图

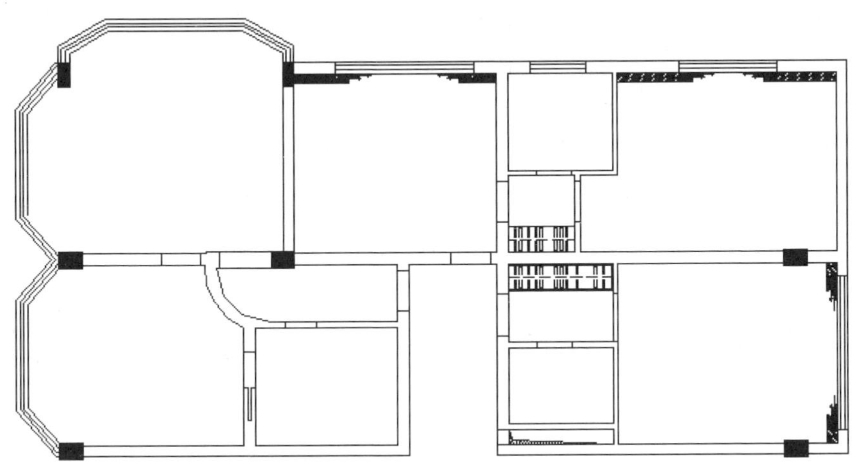

图 5-98 修改后的室内顶棚图

2) 布置 1 号套房顶棚

(1) 过道部分。

将“顶棚”图层置为当前层，单击“绘图”工具栏中的“直线”按钮，绘制过道吊顶，如图 5-99 所示。找到 CAD 资料文件中的“小筒灯.dwg”图块，将“灯具”图层置为当前层，插入图块到如图 5-100 所示位置。

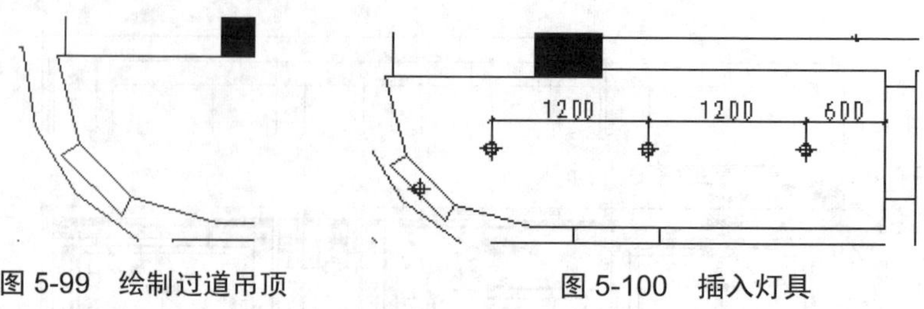


图 5-99　绘制过道吊顶　　　　图 5-100　插入灯具

(2) 卫生间部分。

卫生间采用 300 mm×300 mm 规格铝扣板。可以采用图案填充或直线绘制。本例采用直线绘制的方法。选择四条卫生间墙线，分别向内偏移 35 mm 距离，如图 5-101 所示。选择偏移后得到底部水平墙线，向上偏移 300 mm 距离，如图 5-102 所示。

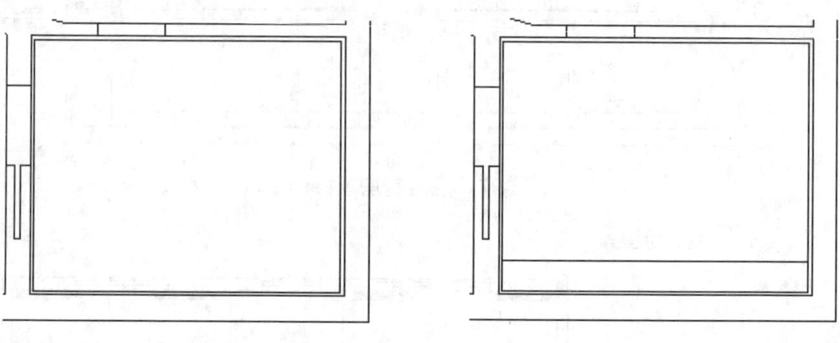

图 5-101　偏移墙线 35 mm 距离　　　　图 5-102　偏移墙线 300 mm 距离

再将偏移后的线型改为“DASHED”，如图 5-103 所示。再将虚线向上多次偏移 300 mm 的距离。采用同样的方法绘制垂直虚线，完成卫生间吊顶，如图 5-104 所示。

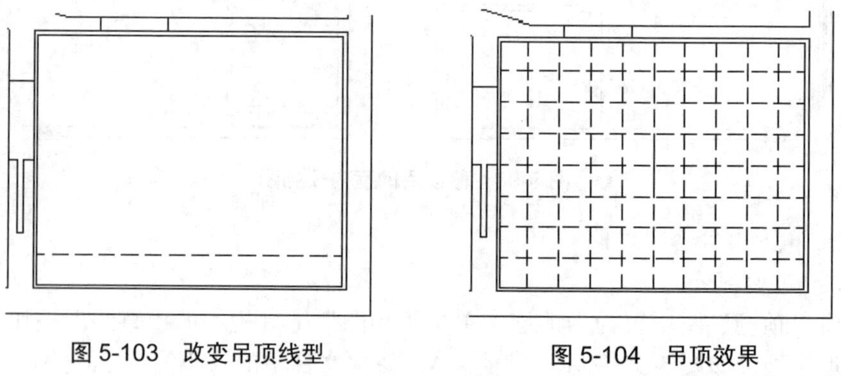

图 5-103　改变吊顶线型　　　　图 5-104　吊顶效果

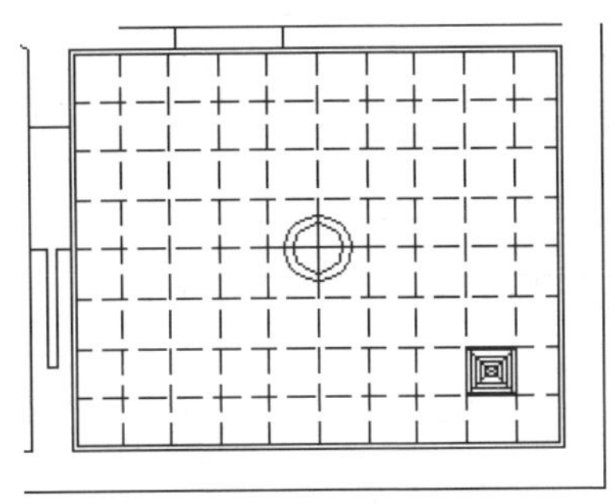

图 5-105　插入灯具和排风扇

找到 CAD 资料文件中的“吸顶灯.dwg”和“排风扇.dwg”图块，插入如图 5-105 所示位置。

(3) 卧室部分。

使用“直线”命令和“圆弧”命令绘制卧室吊顶，如图 5-106 所示。

找到 CAD 资料文件中的“窗帘.dwg”、“吊灯.dwg”和“小筒灯.dwg”图块，插入如图 5-107 所示位置。

(4) 客厅部分。

使用“直线”命令和“圆弧”命令绘制客厅吊顶，如图 5-108 所示。

找到 CAD 资料文件中的“窗帘.dwg”、“吊灯.dwg”和“小筒灯.dwg”图块，插入如图 5-109 所示位置。

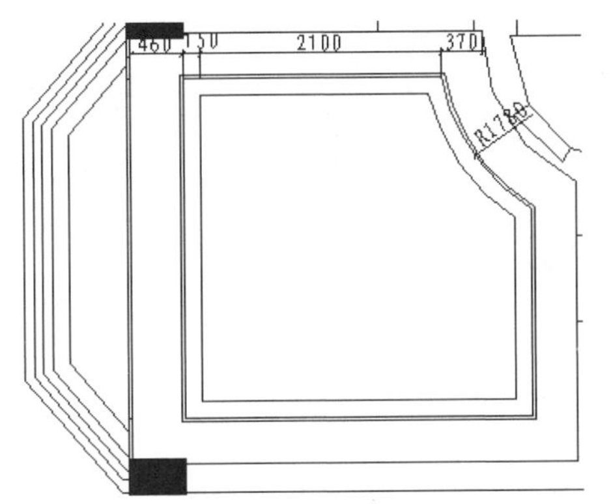


图 5-106　绘制卧室吊顶

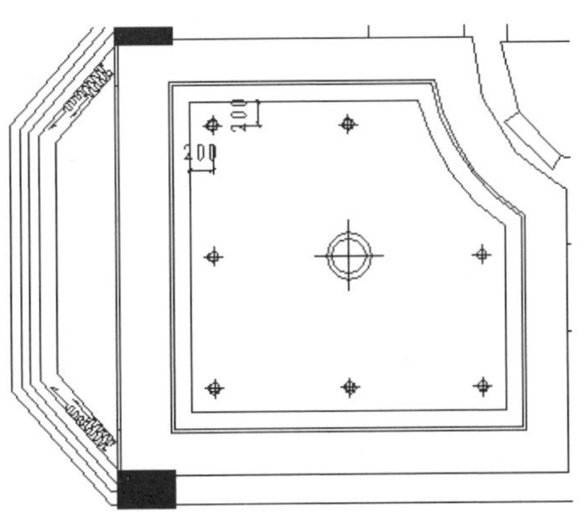


图 5-107　插入灯具和窗帘图块

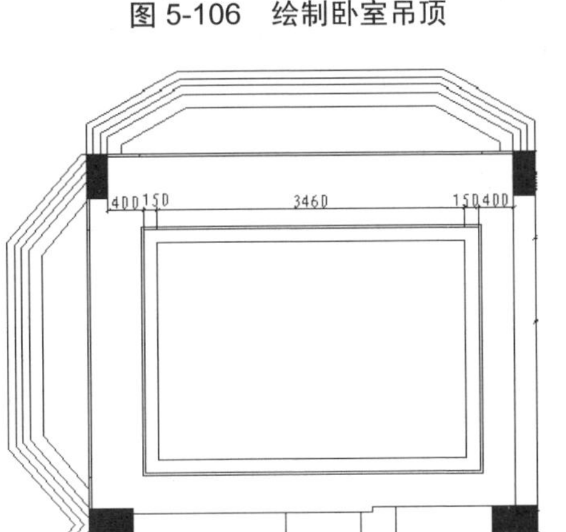


图 5-108　绘制客厅吊顶

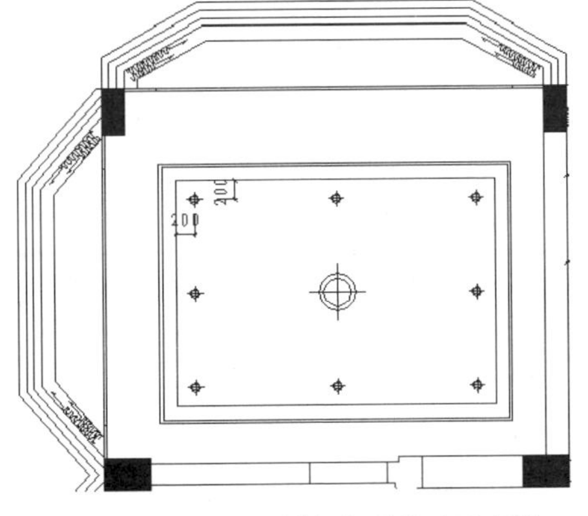


图 5-109　插入灯具和窗帘图块

3) 布置 2 号套房顶棚

采用上述同样的方法，绘制 2 号套房吊顶并插入对应图块，尺寸、位置分别如图 5-110 至图 5-113 所示。

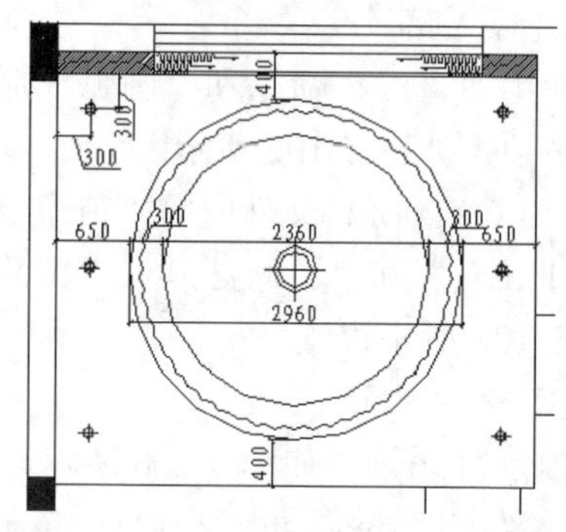


图 5-110　2 号套房客厅顶棚

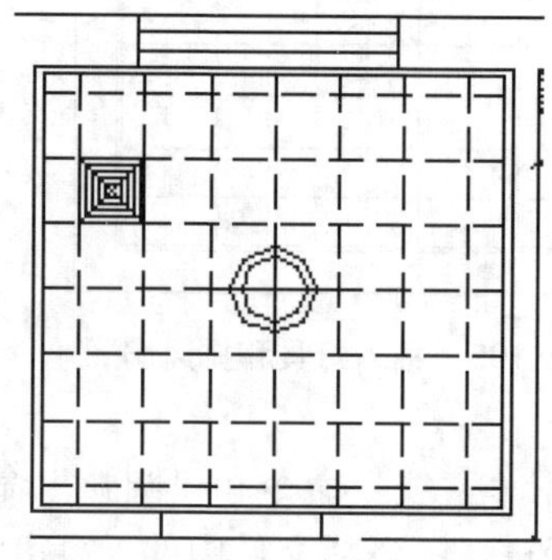

图 5-111　2 号套房卫生间顶棚

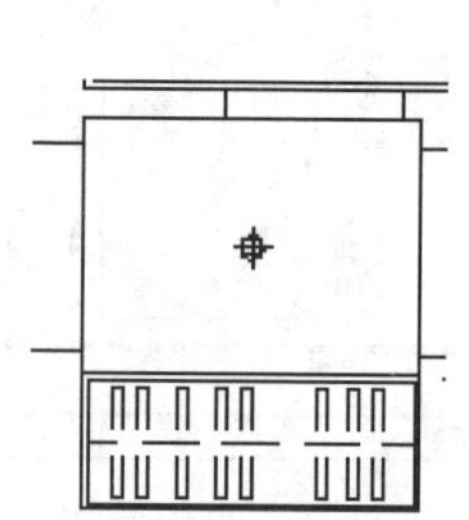

图 5-112　2 号套房过道顶棚

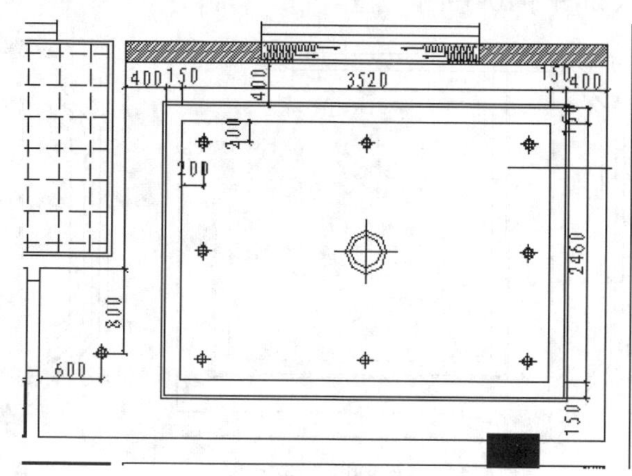


图 5-113　2 号套房卧室顶棚

4) 布置 3 号客房顶棚

采用上述同样的方法，绘制 3 号客房吊顶并插入对应图块，尺寸、位置分别如图 5-114 至图 5-116 所示。

5) 尺寸标注

将“尺寸”图层置为当前层，参照图 5-97 和图 5-106 对套房顶棚内部进行尺寸标注。

6) 符号标注

(1) 建立图层，命名为“标高”，颜色设置为“黄”色，线型设置为“Continuous”，线宽设置为“默认”，并置为当前层。

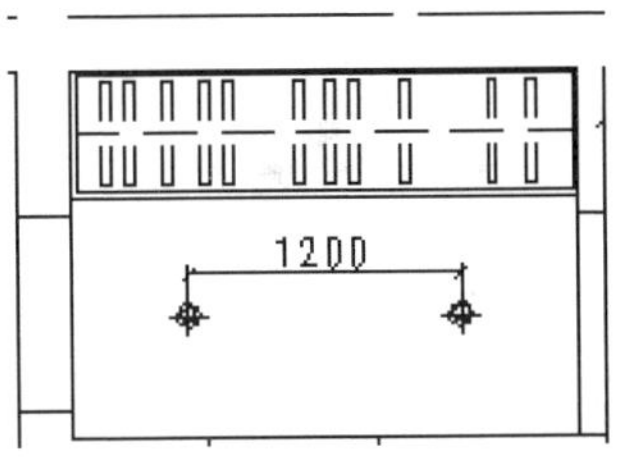


图 5-114　3 号客房过道顶棚

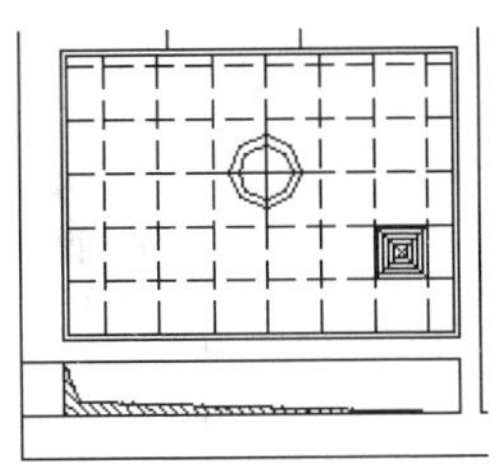

图 5-115　3 号客房卫生间顶棚

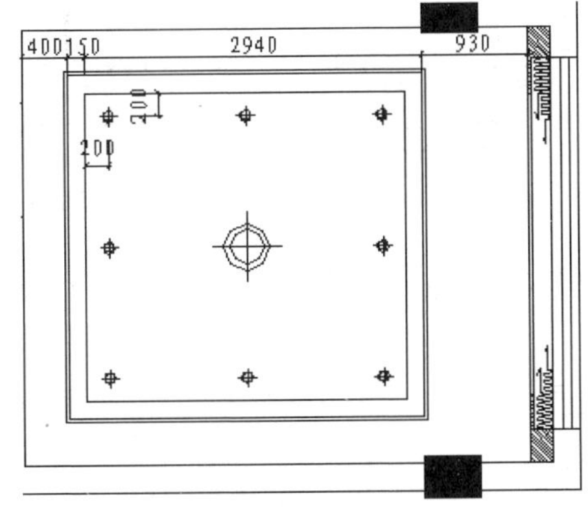


图 5-116　3 号客房卧室顶棚

(2) 单击菜单栏“格式”下拉菜单“文字格式”，在弹出的“文字样式”对话框中，单击“新建”按钮，新建“样式 2”，设置字体高度为“150”，置为当前样式。

(3) 对 1 号套房顶棚进行标高。找到 CAD 资料文件中的“标高.dwg”图块，插入对应位置。单击“绘图”工具栏中的“多行文字”按钮，在标高符号上输入标高值。效果如图 5-117、图 5-118 所示。

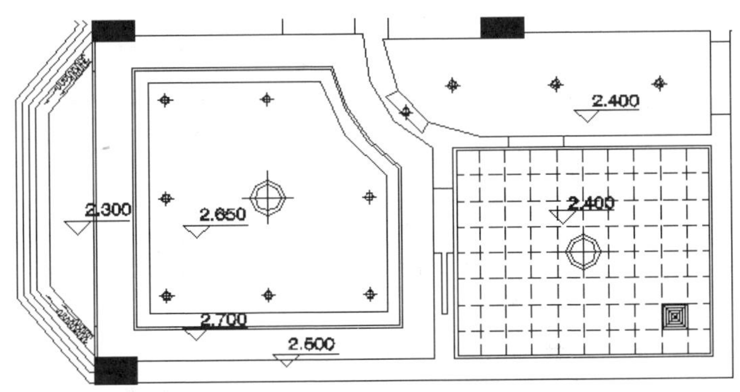


图 5-117　1 号套房过道、卫生间和卧室顶棚标高

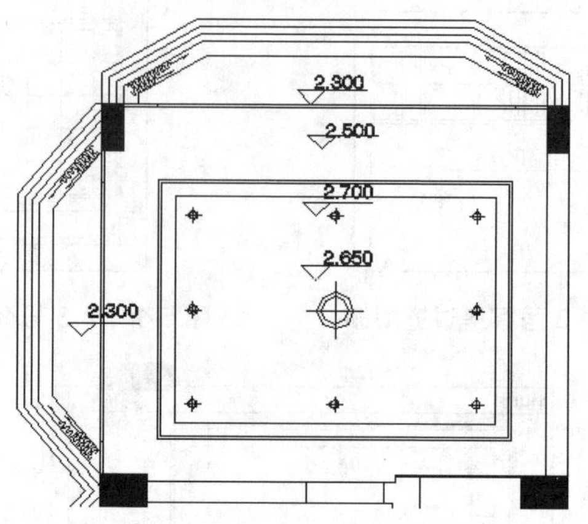


图 5-118　1 号套房客厅顶棚标高

(4) 对 2 号套房顶棚进行标高。插入“标高.dwg”图块，输入标高值，如图 5-119 所示。

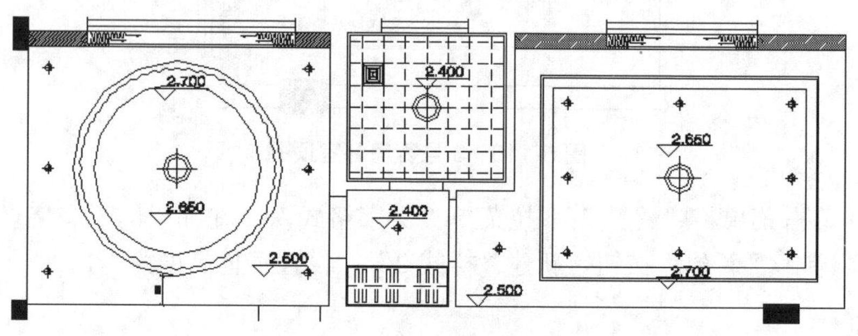


图 5-119　2 号套房顶棚标高

(5) 对 3 号客房顶棚进行标高。采用上述相同方法，对 3 号客房进行标高，如图 5-120 所示。

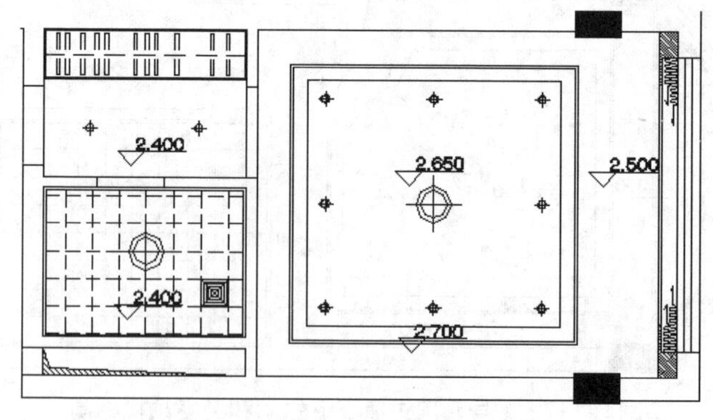


图 5-120　3 号客房顶棚标高

### 6. 酒店套房室内立面图绘制

1) 1 号套房立面图

(1) 客厅立面。

① 新建“轮廓线”图层，颜色设置为“白”色，并置为当前层。

② 单击“绘图”工具栏中的“直线”按钮，绘制一条长为 5460 mm 的水平直线，并向上偏移 4 条直线，距离分别为 2250 mm、50 mm、200 mm、200 mm，如图 5-121 所示。使用鼠标捕捉底部水平轴线上的左边端点作为第一条垂直轴线的起点，移动鼠标单击最后一条水平轴线的端点作为终点，如图 5-122 所示。

图 5-121　绘制水平轮廓线

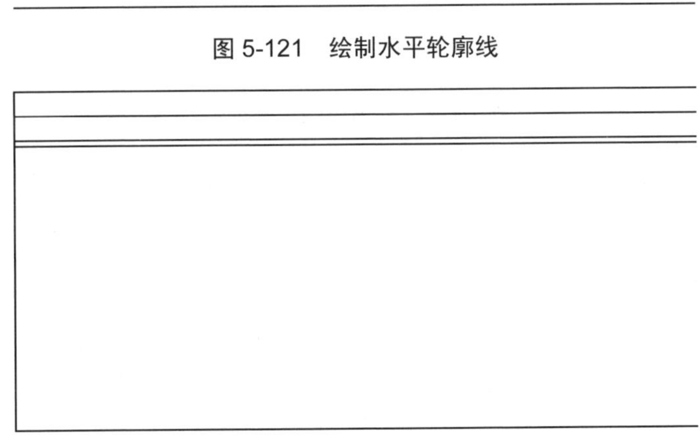

图 5-122　绘制垂直轮廓线

③ 选择左侧垂直线，向右偏移 10 条垂直线，偏移距离分别为 660 mm、30 mm、210 mm、50 mm、250 mm、30 mm、3860 mm、50 mm、250 mm、50 mm，如图 5-123 所示。

④ 使用“倒角”命令和“直线”命令，对线段进行调整，最终立面图轮廓的具体尺寸如图 5-124 所示。

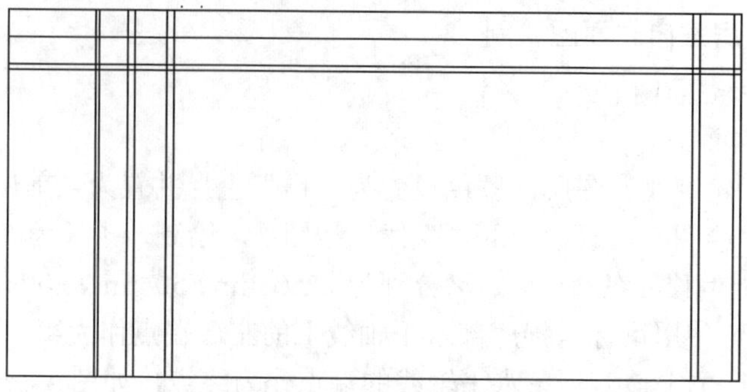

图 5-123　偏移垂直轮廓线

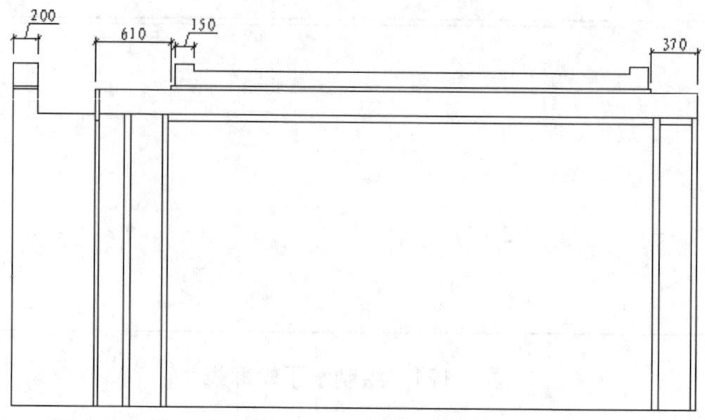


图 5-124　立面轮廓具体尺寸

⑤ 绘制白色乳胶漆顶角线。使用“直线”命令绘制顶角线外框，再使用“偏移”命令对垂直线进行偏移，偏移距离为 50 mm，如图 5-125 至图 5-127 所示。

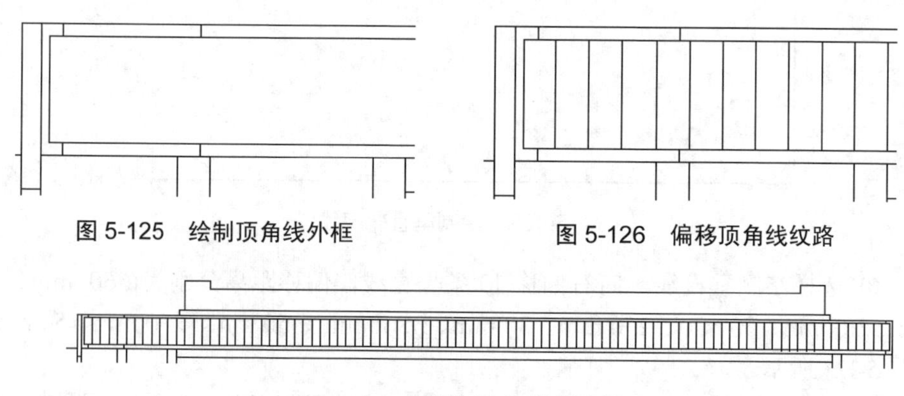

图 5-125　绘制顶角线外框

图 5-126　偏移顶角线纹路

图 5-127　顶角线整体效果

⑥ 绘制啡网纹窗台板。在距离底部水平轮廓线 900 mm 的地方，使用“直线”命令绘制窗台板，效果如图 5-128、图 5-129 所示。

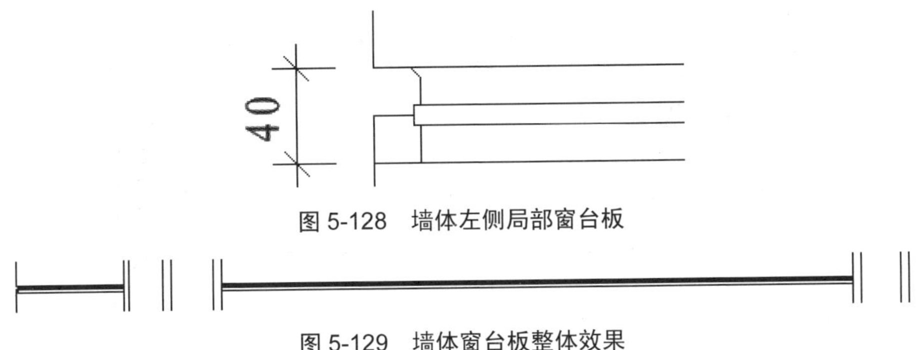


图 5-128 墙体左侧局部窗台板

图 5-129 墙体窗台板整体效果

⑦ 绘制实木踢脚线。使用“直线”命令绘制踢脚线，并改变底部水平线线宽，整体效果如图 5-130 至图 5-132 所示。

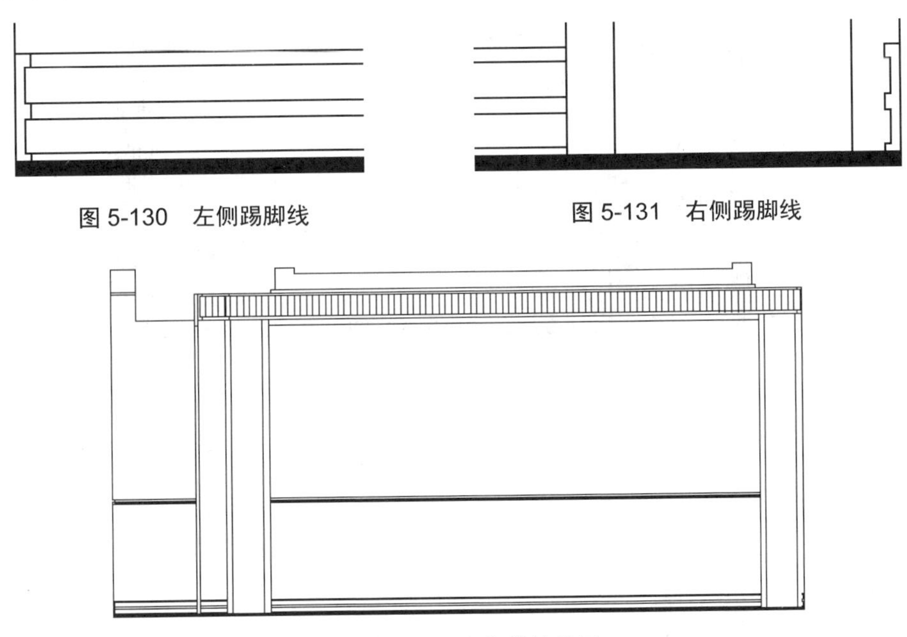

图 5-130 左侧踢脚线

图 5-131 右侧踢脚线

图 5-132 踢脚线整体效果

⑧ 插入图块。找到 CAD 资料文件中“窗帘立面.dwg”、“窗帘立面 2.dwg”、“柱子雕花.dwg”、“吊灯立面.dwg”图块，插入对应位置，并进行适当调整，效果如图 5-133 所示。

⑨ 尺寸标注和文字说明。对立面图进行尺寸标注和材料的文字说明，最终效果如图 5-134 所示。

参照客厅 A 立面图的绘制方法，对客厅其他几个立面进行绘制，效果如图 5-135 至图 5-137 所示。

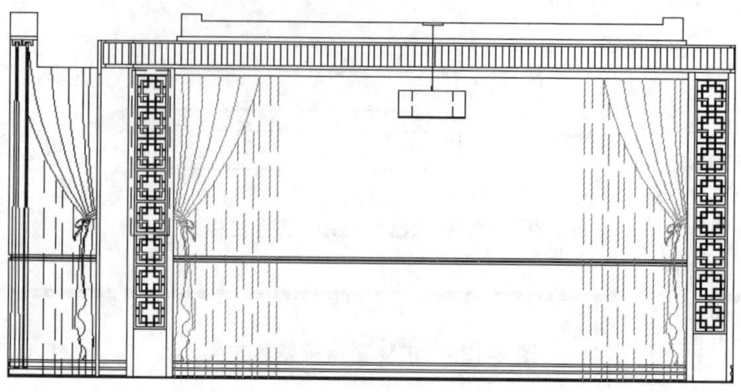

图 5-133　插入图块

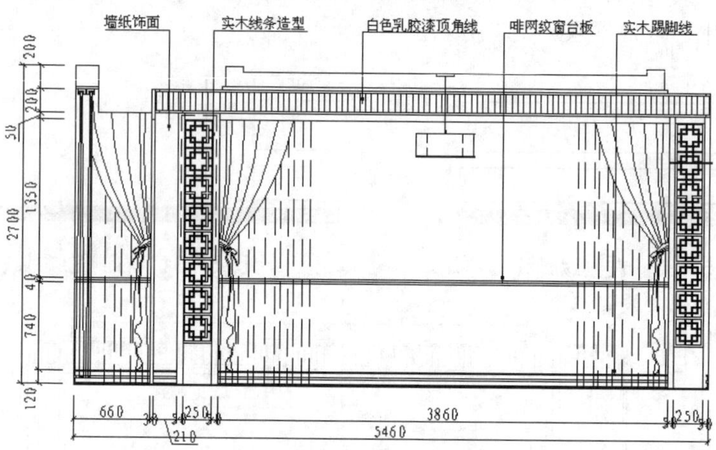


图 5-134　客厅 A 立面图

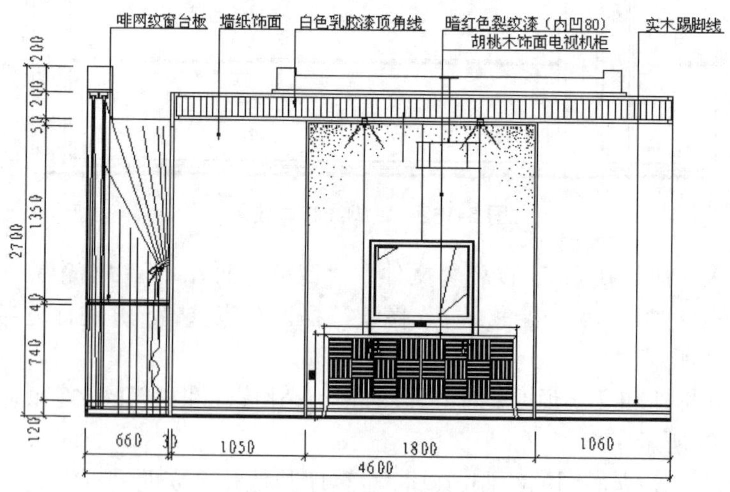


图 5-135　客厅 B 立面图

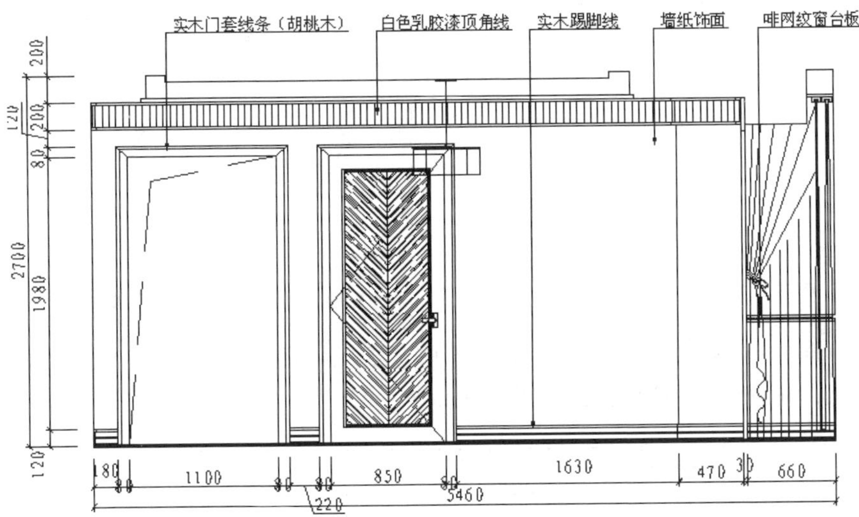


图 5-136 客厅 C 立面图

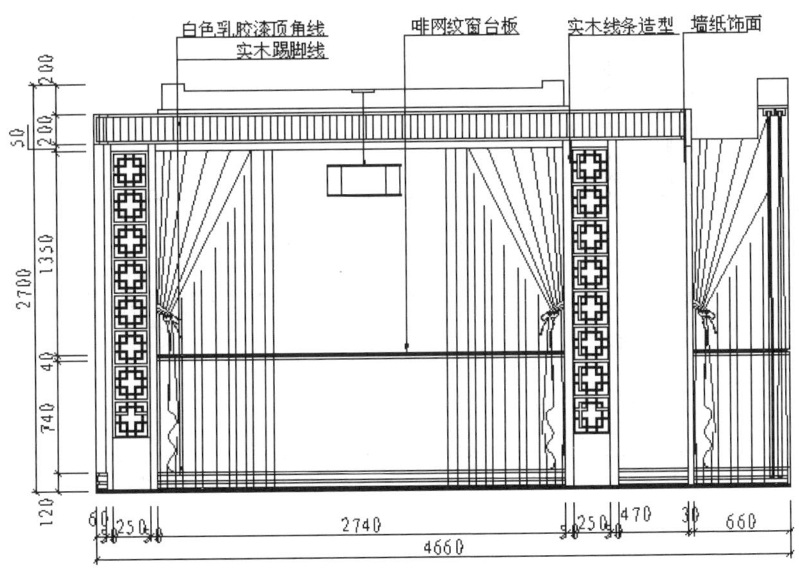


图 5-137 客厅 D 立面图

(2) 卧室立面。

① 单击“绘图”工具栏中的“直线”按钮，绘制 1 条长为 4620 mm 的水平直线，并向上偏移 5 条直线，距离分别为 2250 mm、50 mm、200 mm、150 mm、50 mm，如图 5-138 所示。使用鼠标捕捉底部水平轴线上的左边端点作为第一条垂直轴线的起点，移动鼠标单击最后一条水平轴线的端点作为终点，如图 5-139 所示。

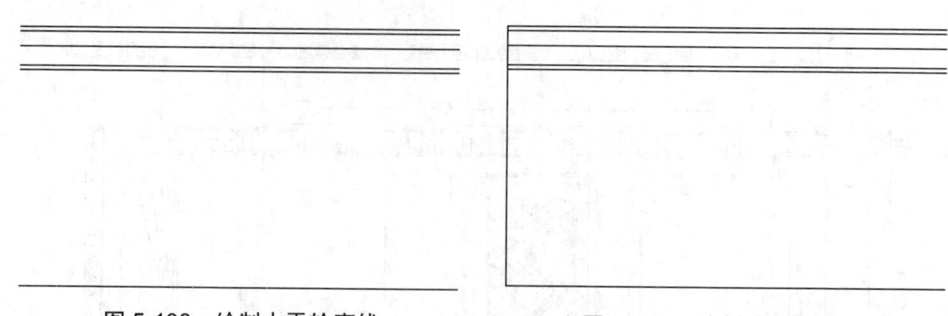

图 5-138　绘制水平轮廓线　　　　图 5-139　绘制垂直轮廓线

② 选择左侧垂直线，向右偏移 10 条垂直线，偏移距离分别为 170 mm、30 mm、460 mm、30 mm、3930 mm，如图 5-140 所示。

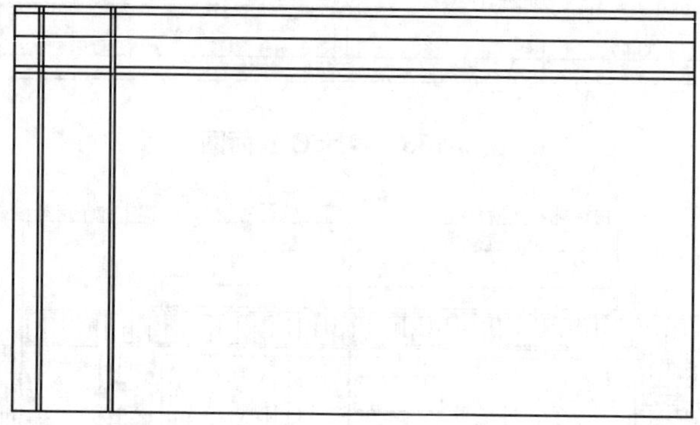

图 5-140　偏移垂直轮廓线

③ 使用“倒角”命令和“直线”命令，对线段进行调整，最终立面图轮廓的具体尺寸如图 5-141 所示。

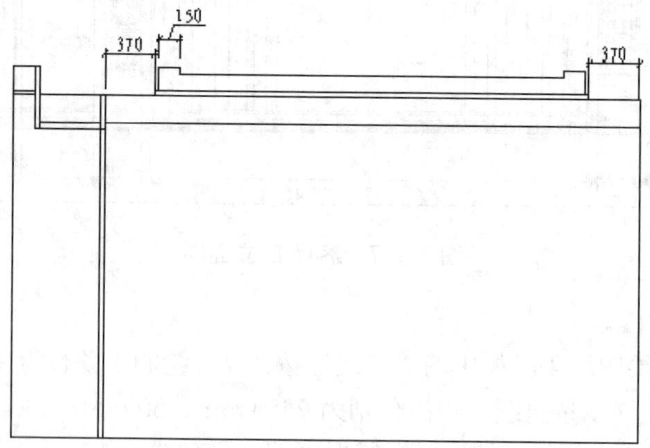


图 5-141　立面图轮廓的具体尺寸

④ 绘制白色乳胶漆顶角线。使用“直线”命令绘制顶角线外框，再使用“偏移”命令对垂直线进行偏移，偏移距离 50 mm，如图 5-142 至图 5-144 所示。

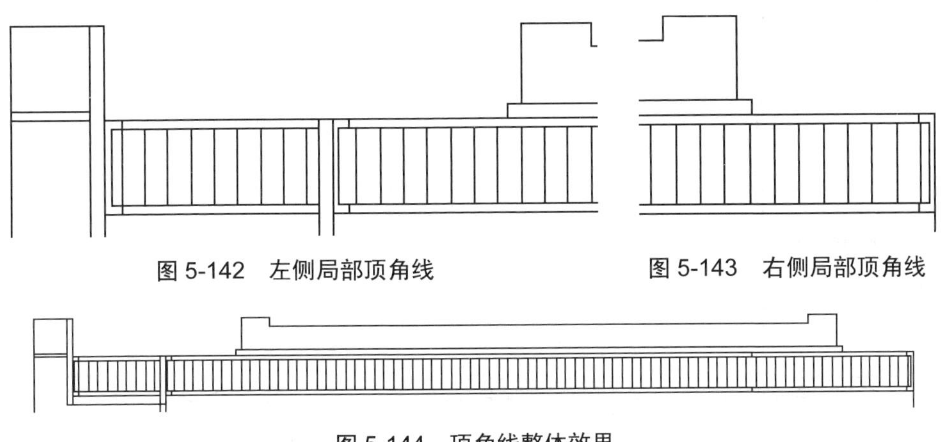

图 5-142　左侧局部顶角线

图 5-143　右侧局部顶角线

图 5-144　顶角线整体效果

⑤ 绘制啡网纹窗台板。与客厅一样，在距离底部水平轮廓线 900 mm 的地方，使用“直线”命令绘制窗台板，效果如图 5-145 所示。

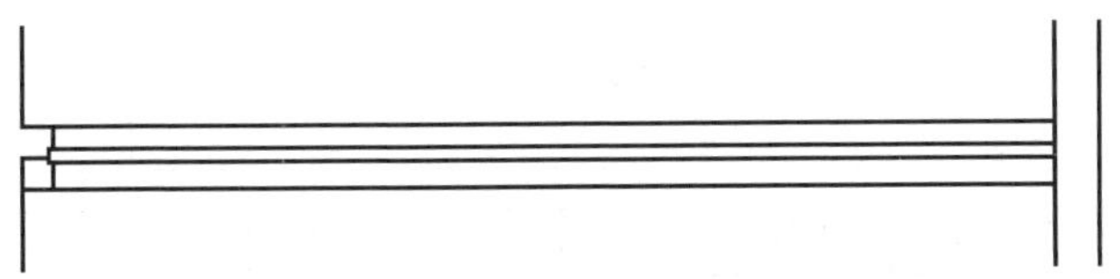

图 5-145　墙体窗台板效果

⑥ 绘制实木踢脚线。使用“直线”命令绘制踢脚线，并改变底部水平线线宽，效果如图 5-146 至图 5-148 所示。

图 5-146　左侧踢脚线

图 5-147　右侧踢脚线

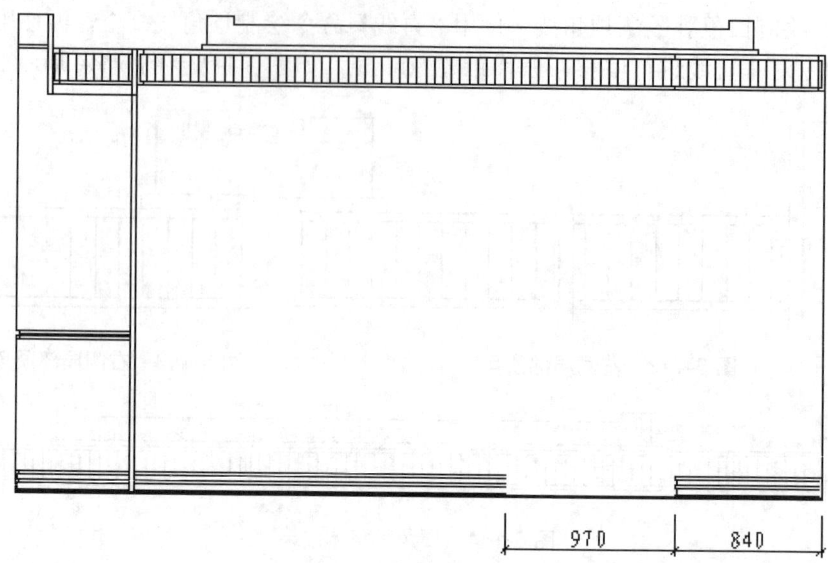


图 5-148　踢脚线整体效果

⑦ 插入图块。找到 CAD 资料文件中对应图块，插入如图 5-149 所示位置，并进行适当调整。

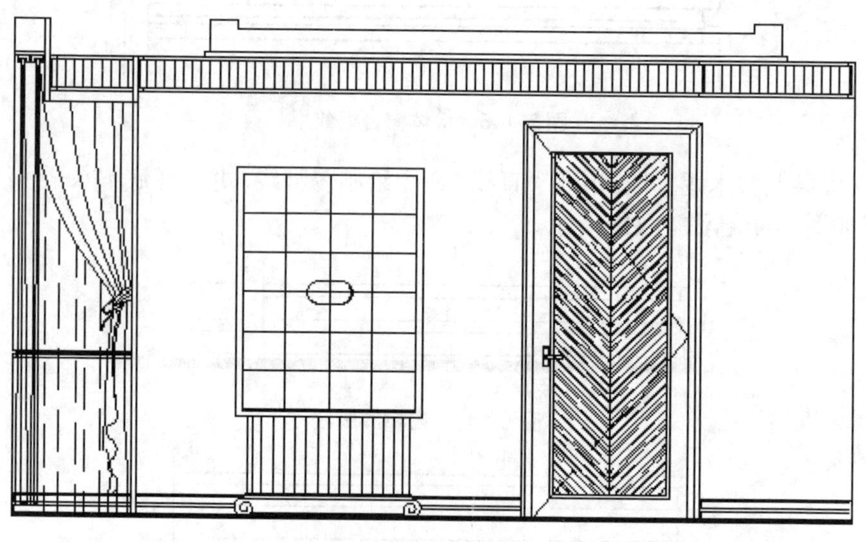

图 5-149　插入图块

⑧ 绘制弧形墙面墙纸饰面。使用“直线”命令绘制墙纸，如图 5-150 所示。

图 5-150 绘制墙纸饰面

⑨ 尺寸标注和文字说明。对立面图进行尺寸标注和材料的文字说明，最终效果如图 5-151 所示。

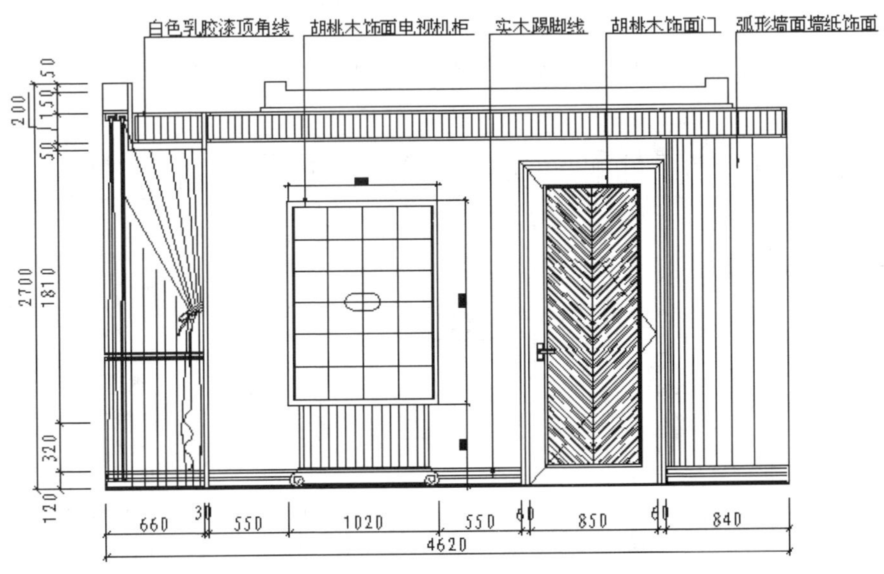


图 5-151 卧室 A 立面图

参照卧室 A 立面图的绘制方法，对卧室其他几个立面进行绘制，效果如图 5-152 至图 5-154 所示。

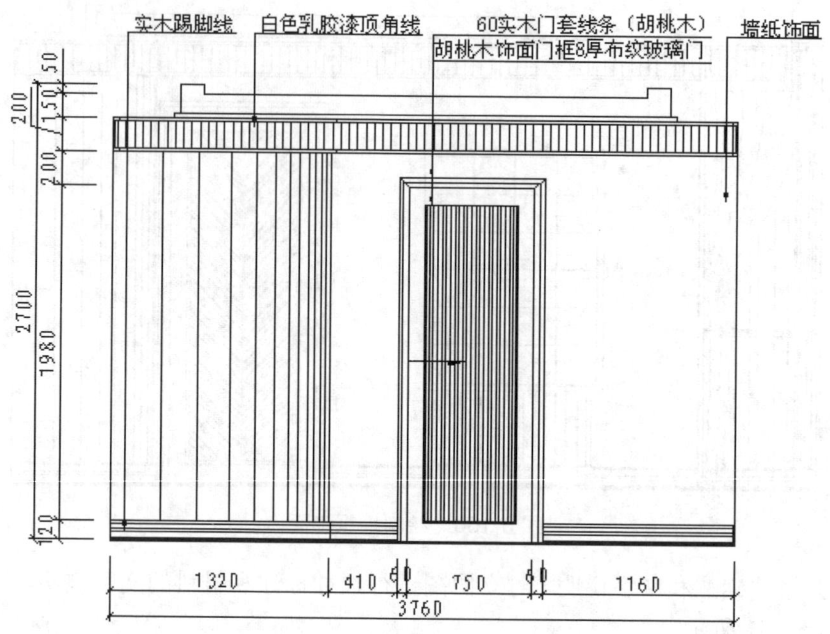


图 5-152　卧室 B 立面图

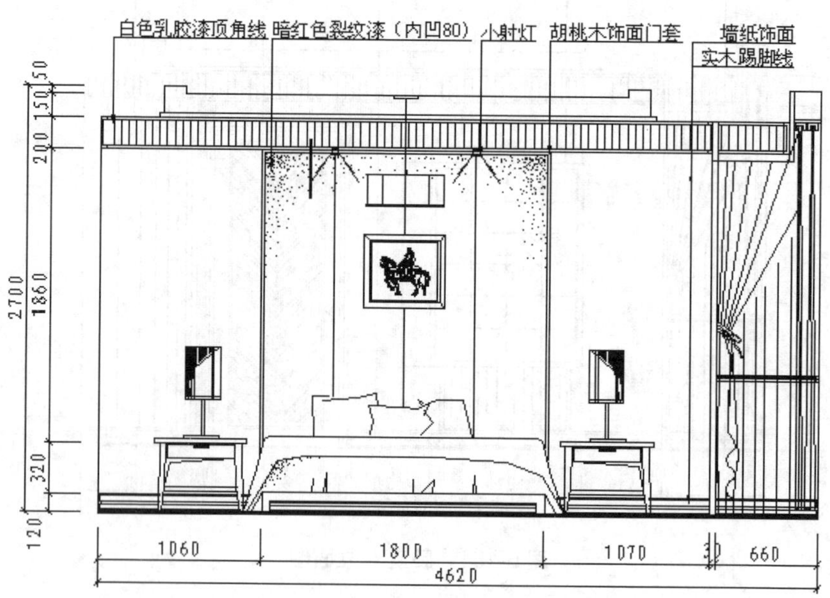


图 5-153　卧室 C 立面图

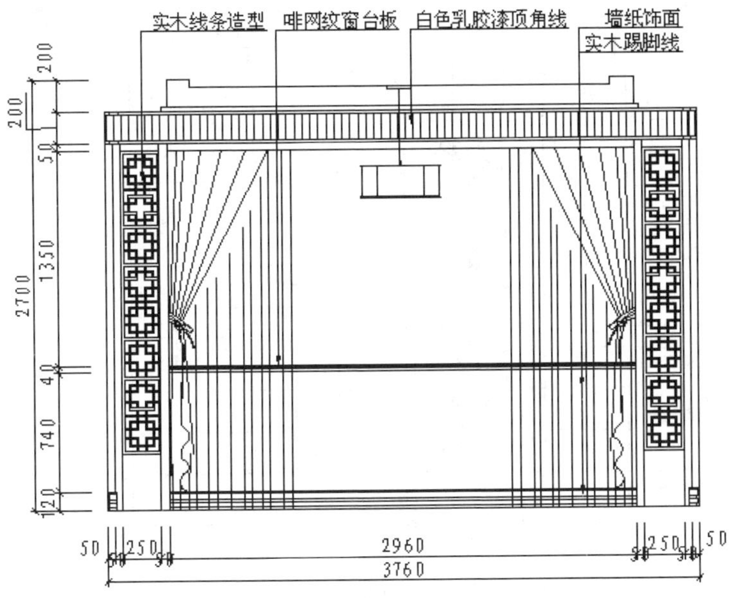


图 5-154 卧室 D 立面图

(3) 其他立面。

参照之前的方法绘制过道立面和卫生间立面，最终效果如图 5-155 至图 5-159 所示。

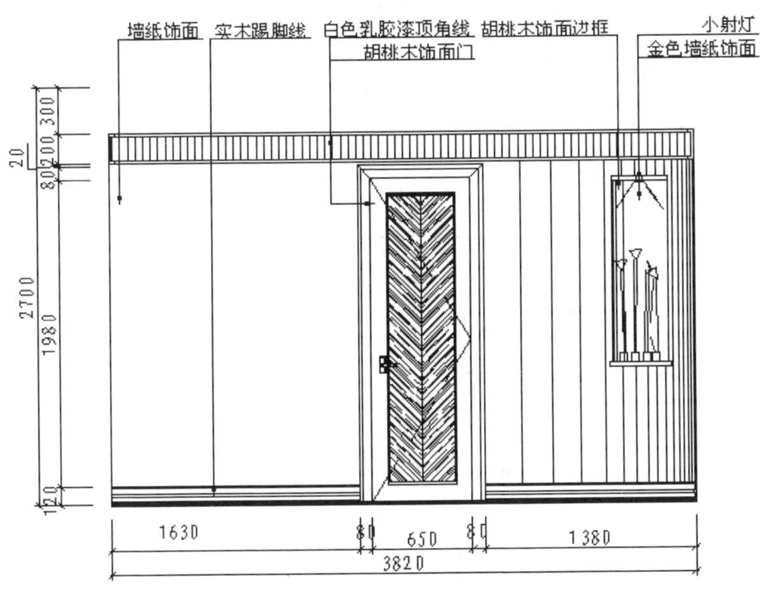


图 5-155 过道立面图

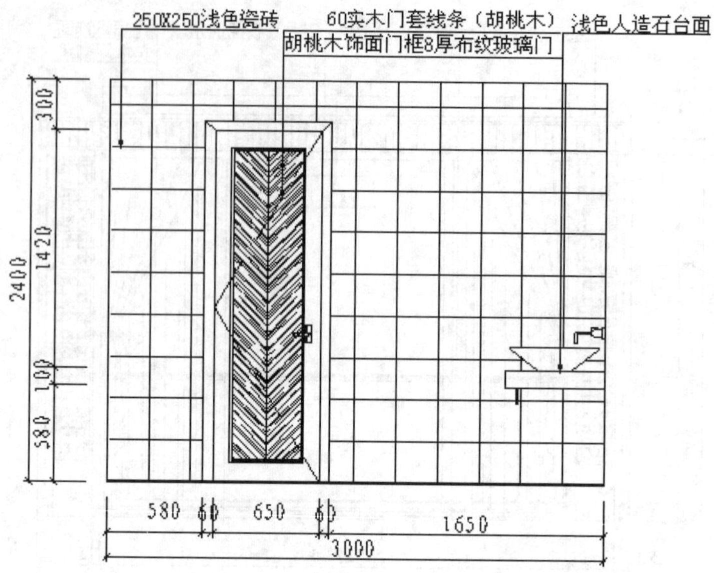


图 5-156　卫生间 A 立面图

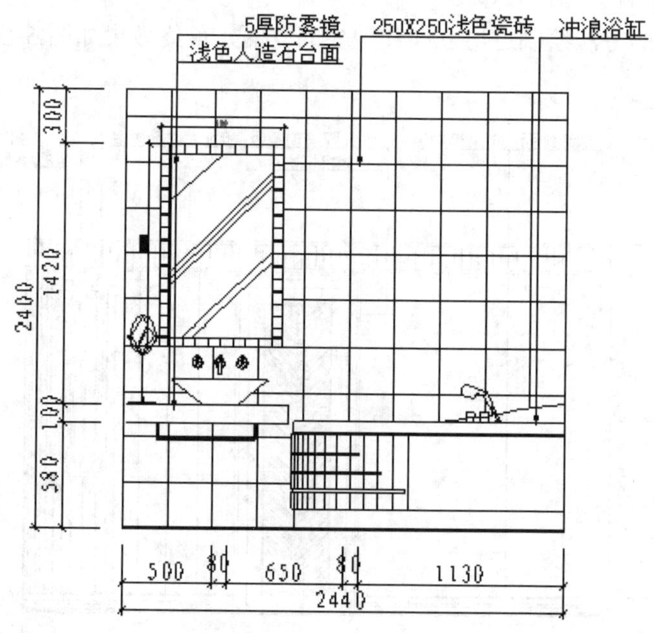


图 5-157　卫生间 B 立面图

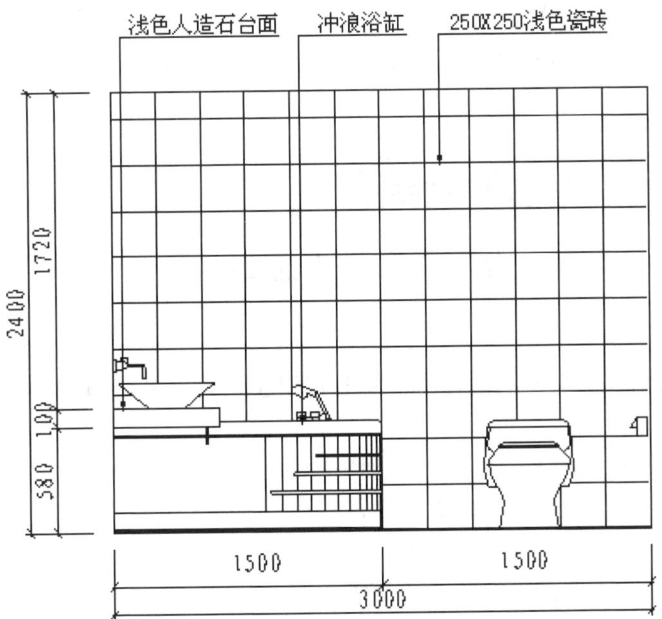


图 5-158　卫生间 C 立面图

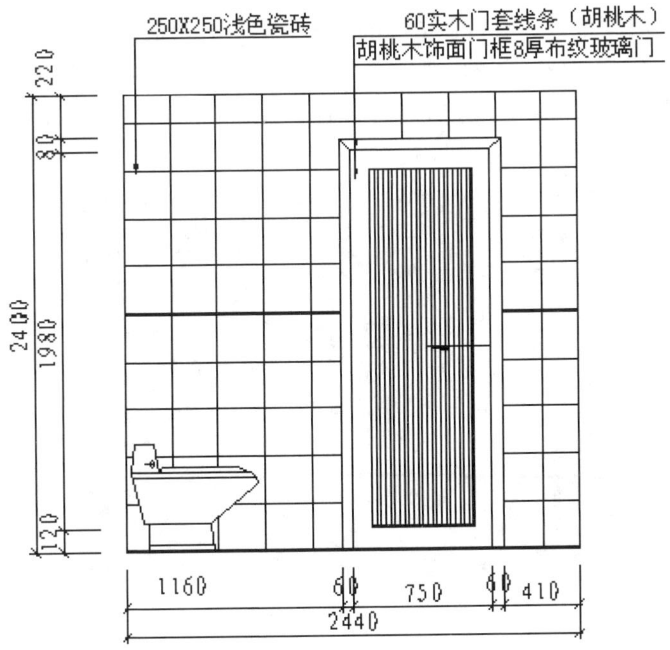


图 5-159　卫生间 D 立面图

2) 其他套房立面图

参照绘制 1 号套房立面图的方法绘制 2 号套房和 3 号客房立面，在此不再赘述。

## ➤ 任务三 综合项目实训

## ——酒店客房单人间室内设计

任务概述　本部分主要通过商业建筑室内设计实训练习酒店客房图纸绘制。

知识目标　了解酒店客房功能特征和设计要点。

能力目标　培养空间想象能力，培养酒店客房空间的布局和使用功能的结合能力，培养执行制图标准的习惯，掌握商业建筑空间图纸的绘制能力。

素质目标　培养研究精神和竞争意识。

### 1. 酒店客房功能特点

客房运营成本低，收益回报丰厚，是酒店获取经营收入的主要来源，也是客人入住后使用时间最长、最具私密性的场所。酒店客房的基本功能有就寝、洗浴、就餐、通信、行李存放、休闲、娱乐、办公、会客等。由于酒店的性质不同，客房的基本功能会有相应增减。在酒店客房的建筑设计中有多种性质的平面选择经验，举例如下。

图 5-160　酒店客房效果图

(1) 5 星级的城市商务酒店。

这种客房的空间要求是宽阔而整体，布置要求生动、丰富而紧凑。平面设计尺寸一般长为 9.8 m，宽为 4.2 m(轴线)，净高为 2.9 m，长方形，面积约为 41.16 $m^2$。现代大型城市的高档商务酒店客房一般不小于 36 $m^2$，而卫生间干、湿两区的全部面积不能小于 8 $m^2$。

(2) 城市经济型酒店。

这种客房用于满足客人的基本生活需要。平面设计尺寸一般长为 6.2 m，宽为 3.2 m(轴线)，建筑面积约为 19.84 $m^2$。尽管面积较小，仍然可以做出很好的设计，满足基本的功能要求。这种客房的卫生间设计应有所创意，力争做到“小而不俗，小中有大”，比如利用虚实分割的手法，利用镜面反射空间，利用色彩变化，或者采用一些趣味设计，都可以起到不同凡响的作用，使小客房产生大效果。

(3) 位于风景胜地的度假酒店。

这种客房的首要功能是满足家庭或团体旅游、休假的入住需求和使用习惯，保证宽适的起居面积和预留活动空间是最起码的平面设计要求。

### 2. 酒店客房室内设计要点

1) 酒店客房的功能分析

根据酒店客房的功能分析布局空间，要注意以下几点。

(1) 公共走廊及客房门。客人使用客房是从客房大门处开始的，一定要牢记这一点，公共走廊宜在照明上重点关照客房门(目的性照明)。门框及门边墙的阳角是容易损坏的部位，设计上需考虑保护，钢制门框不易变形，耐撞击；另外，应着重表现房门的设计，与房内的木制家具或色彩等设计语言互通有关，门扇的宽度以 880~900 mm 为宜，如果无法达到，那么在设计家具时一定要把握好尺度。

(2) 户内门廊区。常规的客房建筑设计会形成入口处的一个 1.0~1.2 m 宽的小走廊，房门后一侧是入墙式衣柜。如果有条件，应尽可能将衣柜安排在就寝区的一侧，客人会感到极方便，也解决了门内狭长的空间容纳过多的功能，造成使用不便。一些投资小的经济型客房甚至可以连衣柜门都省去不装，只留出一个使用“空腔”即可，行李可直接放入，经济方便。高档的商务型客房，还可以在此区域增加理容、整装台，台面进深 30 cm 即可。客人还可以放置一些零碎用品，是项周到、体贴的功能设计。

(3) 工作区。在商务酒店，以书写台为中心的家具设计成为这个区域的灵魂。强大而完善的商务功能于此处体现出来：宽带、传真、电话及各种插口要一一安排整齐，杂乱的电线也要收纳干净。书写台位置的安排也应依空间仔细考虑，良好的采光与视线是很重要的。

(4) 娱乐休闲区、会客区。以往商务标准客房设计中会客功能正在逐渐弱化。从住房客人的角度讲，他希望客房是私人的、完全随意的空间。将来访客人带进房间存在种种不便。从酒店经营者角度考虑，在客房中会客当然不如到酒店里的经营场所会客。这一转变为客房向着更舒适的功能完善和前进创造了空间条件。设计中可将诸如阅读、欣赏音乐等很多功能增加进去，改变人在房间就只能躺在床上看电视的单一局面。

(5) 就寝区。这是整个客房中面积最大的功能区域。床头屏板与床头柜成为设计的核心。为了适应不同客人的使用需要，也方便酒店销售，建议两床之间不设床头柜或设简易的台面装置，需要时可折叠收起。传统客房中的集中控制面板是最该淘汰的设备。床头柜可设立在床两侧，因为它功能很单纯，方便使用最重要，一定不要太复杂。床头背屏与墙是房间中相对完整的面积，可以着重刻画，但要注意床水平面以上 70 cm 的区域，客人的头部位置易脏，需考虑防污性的材料。可调光的座灯或台灯(壁灯为好)对就寝区的光环境塑造至关重要，其使用频率及损坏率高，不容忽视。

(6) 卫生间。卫生间空间独立，风、水、电系统交错复杂。设备多，面积小，处处应遵循人体工学原理，进行人性化设计。在这方面，干湿区分离、坐厕区分离是国际趋势，避免了功能交叉互扰。

① 面盆区：台面与妆镜是卫生间造型设计的重点，要注意面盆上方配的石英灯照明和镜面两侧或单侧的壁灯照明，两者应设计、保留。

② 座便区：首先要求通风、照明良好，一个常被忽略的问题是电话和厕纸架的位置，它们经常被安装在坐便器背墙上，使用不便。另外，烟灰缸与小书架的设计也会显示出酒店的细心周到。

③ 洗浴区：浴缸是否保留常常成为业主的“鸡肋”问题，大多数客人不愿意使用浴缸，浴缸本身也带来荷载增大、投入增大等诸多不利因素，除非是酒店的级别与客房的档次要求配备浴缸，否则完全可以用精致的淋浴间代替，既节省空间，又减少投入。另外，无论是否使用浴缸，在选择带花洒的淋浴区的墙面材料时，要避免不易清洁的材料，如磨砂或亚光质地都要慎用。

④ 其他设备：卫生间高湿、高温，良好的排风设备非常重要。可选用排风面罩与机身分离安装的方式(面板在吊顶上，机身在墙体上)，可大大减少运行噪音，也可延长使用寿命。安装干发器的墙面易在使用时发生共振，也需注意，老式的集中控制面板使用很不方便，不宜再继续使用。在相应的照明灯具附近应有相应的开关面板控制，简明、清楚，符合客人的使用习惯。一些新技术的出现也为客房灯光控制模式提供了新的思路，例如全遥控式的客房灯光控制系统，用电视遥控器大小的一个红外遥控器就可以随意开关灯光，连开关面板都省了，当然也省去了墙内的一些布线。

2) 酒店客房设计的风格及趋势

日新月异的科技发展带动了社会前进，客人对酒店客房的科技品质也不断提出了新的要求。酒店客房设计在经历了十几年长期的相互模仿、式样单一的标准化设计阶段后，现在已经开始追求特色化、文化性、人性化，打破思维定势，与时俱进，尝试进行非标准化的设计与运营。

事实上，客房设计具有完整、丰富、系统和细致的内容，包含了功能设计、风格设计和人性化设计。在设计的流程顺序上，功能第一，风格第二，人性化第三；但在设计的整体构思上，三项内容则要统一思考、统一安排，不分先后，不可或缺。功能服务于物质，风格服务于精神，而人性化研究是对物质与精神融合以后实际效果的检验与深加工。这三项工作的共同目的就是要为酒店赢得品牌和经营上的真正成功。

结合功能设计、风格设计和人性化设计这三方面，酒店客房应注意以下设计要点。

(1) 房型多元化。在现代酒店客房设计中，房型多元化由过去的双人标准型客房为主趋向含有单床间、双床间、灵活的三床间、商务套房等多元型客房，单床型占总房间数的较高比例；面积大小和室内色彩也更趋多样化，客房平面形状异型化，如变长方形为圆形、弧形等。改变客房门对门的传统，客房门有后退或有斜开门。

(2) 布局人性化。客房布局上可以把卫生间移到窗边，扩大视野，采用玻璃隔断等，将“黑洞”式的卫生间透亮化，将枯燥单一寂寞的洗浴、坐厕多元化。客房卫生间地漏严密，防止异味串入房间。客房窗户的设计将窗台下落，采用落地窗，既能观赏室外美景，又能多采室外自然光、多吸室外自然风。但落地窗要配可伸缩的遮阳棚或可调节的百叶窗帘，既美观又节能。窗户要能适度打开，便于开窗进行自然通风，去除房间异味和利用阳光进行消毒，减少机械通风。插座的位置、高低、电压等应恰当，空调风口要工艺化，且不直接对床吹风。

(3) 功能商务化。随着宽带接入客房，可以考虑将商务中心取消，将职能融入客房运营中，使酒店客房增加远程通信、收发传真、远程办公等功能，实现“写字楼化”。如采用网络传真技术，将传真收入互联网服务器上，客人可以随时通过网络浏览、接收、单发或群发传真。客房服务中心职能扩大化，可 24 小时提供传真、打印、复印、食品用品售卖等服务。放大保险箱尺寸，要以能放进手提电脑为宜，满足重要商务客人保管的需要。

(4) 服务简便化。房间的小冰箱、电水壶等电器不仅耗电，易产生噪音，而且还是房间的热源。除了豪华商务间、行政套间等之外，其他房间应取消小冰箱，学习国外饭店的做法，在客房楼面配置制冰机、饮水机、自动售卖机，需者自便。还简化了客人退房、服务员查房的手续，缩短办理离店手续时间。可取消电视，将电视与计算机合二为一。房间用品尽量简化，部分用品摆放位置尽量能让客人一眼看到，如把洗衣袋等从抽屉里改挂在墙上挂袋里，控制面板按钮化、上墙化，开关面板增加中英文说明，等等。

(5) 设计绿色化。绿色环保节能客房，是酒店客房设计的新追求。去除节电牌，改为红外线与空调控制一体化的控制器，房间无人、卫生间无人时，灯自动熄灭，有人时就保持原来的照明状况。家具多元化，风格统一协调，布置摆放分散化，可挂墙、玻璃透亮化。客房地面改变满铺地毯的传统，在小过道和窗前用硬地面，墙面变壁纸为涂料，屋顶采用性能好的轻质隔热材料，涂浅色反射涂料或景观化，有效减少能耗。

3. 实训任务要求

按照 KTV 包房室内设计的基本原理，在满足功能和客户需求的基础上，注意空间的利用、细节处的创意，并注重装饰材料的合理运用和色彩的大胆搭配，来营造氛围。

(1) 绘制如图 5-161 所示的建筑平面图。

① 按照图 5-161 进行墙体的绘制，外墙厚度为 240 mm，内墙厚度为 120 mm。

② 按照图 5-161 进行尺寸标注。

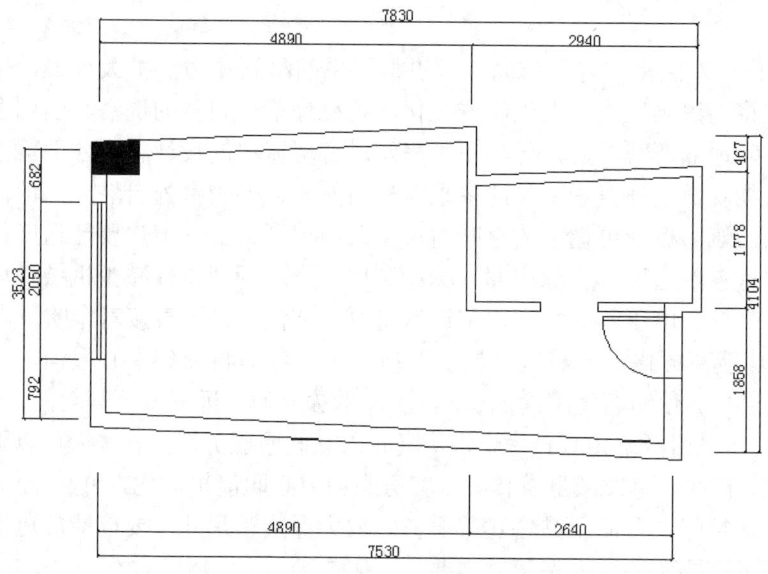


图 5-161　酒店客房单人间建筑平面图

(2) 在绘制的建筑平面图基础上，进行装修平面图、地面和顶棚图的设计绘制。

① 熟练使用 AutoCAD 绘制、插入图块，图块放置合理，尺寸正确。

② 对房间及部分位置进行文字说明，文字字体、大小合适。

(3) 按照装饰平面图的布局，进行室内立面图的设计绘制。

① 熟练使用 AutoCAD 进行立面图的绘制，房间空高为 2800 mm。
② 结构、材质合理，尺寸正确。
③ 对部分位置进行材质文字说明，文字字体、大小合适。

### 4. 实训任务评价

(1) 能熟练运用 AutoCAD 进行建筑平面图绘制。(25 分)
① 建筑平面图墙体能如图 5-161 所示绘制。(15 分)
② 建筑平面图尺寸标注数据正确、尺寸样式合理。(10 分)

(2) 能熟练运用 AutoCAD 进行平面布置图、地面和顶棚图及立面图的绘制，并且要求布局合理，家具等设施摆放科学，能有效利用空间，符合设计原理。(75 分)
① 能正确绘制或插入图块，图块尺寸正确。(20 分)
② 文字说明详细正确、文字样式合理。(10 分)
③ 空间隔断合理。(15 分)
④ 图块使用正确，放置合理。(15 分)
⑤ 空间利用率高，能满足客户需求，富有设计感。(15 分)

## ➢ 任务四 综合项目实训

## ——KTV 包房室内设计

任务概述 本部分主要通过商业建筑室内设计实训练习 KTV 包房图纸的绘制。

知识目标 了解 KTV 包房的功能特征和设计要点。

能力目标 培养空间想象能力，培养 KTV 包房空间的布局和使用功能的结合能力，培养执行制图标准的习惯，掌握商业建筑空间图纸的绘制能力。

素质目标 培养探索精神和竞争意识。

### 1. KTV 包房功能的特点

KTV 是社会常见的一种公共娱乐场所，属于公共建筑室内设计中的商业建筑室内设计范畴。对 KTV 而言，KTV 包房(见图 5-162)是整个 KTV 的灵魂，一般包房里必备的设备有点歌系统、音响系统、视频输出设备、茶几、沙发等。KTV 包房除可供唱歌功能之外，还有酒吧、就餐等功能，根据其功能，可以将包房分为以下几类。

图 5-162　KTV 包房效果图

(1) 单一卡拉 OK 功能的 KTV 包房：只提供单一的卡拉 OK 服务和酒水供应。

(2) 卡拉 OK 带舞池的 KTV 包房：在卡拉 OK 功能的基础上提供舞池。根据接待顾客的人数多少，面积有大有小。最小的舞池约为 1 平方米，只能容纳两个人。

(3) 豪华的 KTV 包房：这种豪华的 VIP 包房在设施上更加齐全，以满足顾客消费娱乐的所有要求。空间上也比较宽裕，讲究艺术氛围和个性风格。

(4) 餐厅式 KTV 包房：这类 KTV 包房将就餐功能设置在其中，包房面积一般不会太小，以满足客人宽松舒适的空间需求。一般在电视荧幕与沙发中间布置餐桌，而且餐桌要偏离电视荧幕与沙发的位置。

### 2. KTV 包房室内设计要点

KTV 已经成为朋友聚会、家庭和单位组织活动的重要场所。一个包房的舒适感、时尚感、音响效果都直接影响顾客对 KTV 的评价。在 KTV 包房设计中要注意以下几点。

(1) 在 KTV 包房设计中，首先要考虑的是包房空间大小。根据能接纳顾客人数的多少，可以把包房空间设计成大包房、中包房、小包房，有的 KTV 还设有豪华特大包房和迷你小包房。大包房设计面积一般在 24～30 平方米，中包房在 15～18 平方米，小包房在 8～11 平方米，豪华特大包房在 55 平方米以上为宜。根据建筑学和声学原理、人体工程学来考虑，包房长宽黄金比例为 0.618，即如果设计长度为 1 米，宽度至少应该在 0.6 米以上。

(2) 在 KTV 包房设计中，其次要考虑包房设备的选择和布置。KTV 包房里的家具通常是由沙发、茶几、电视柜、酒吧桌椅等组成。这些家具在一定程度上对声场起到了改善的作用，在选择上应该采用硬质材料，不宜使用三合板贴皮包围而成的家具，这种结构的家具很容易产生共振。不同大小的包房，对应的沙发、茶几的选择和放置也会不同。例如，大型包房要接待的顾客人数多，沙发就可以选择拐角长沙发。沙发的放置还应注意客人的私密性，不宜正对门口。

(3) 在 KTV 包房设计中，要考虑装修材料的选择。设计 KTV 包房装修时应该采用环保型材料，除此以外，装修材料能直接关系声场参数，所以还得采用适合声学装修的材料，如矿棉吸声板等。装修材料的优劣直接关系到人的健康和声音质量，装修时应在保证声音质量的前提下选择环保型的装修材料。

(4) 根据包房给顾客提供的娱乐项目来确定包房空间大小。对于餐厅式和带舞池的 KTV 包房，在设计时要考虑这些功能的空间设计。

(5) KTV 包房空间的处理除了讲究实用及美感之外，还须注意整个空间的色彩和明暗。保持 KTV 包房整体空间上的特性，然后在这些基础上把整个空间组群进行划分，既各自独立、互相差别，又互相联系，巧妙地对其中各种单体及局部细节进行艺术处理，这样空间组群便能显现出鲜明的性格。

(6) 包房卡拉 OK 效果直接影响顾客的回头率，在装修时要进行严格科学的“声学装修”设计，才能达到好的音响效果，设计时要保持每个包房独立，隔墙应该砌到顶且密封；提高门窗质量来进行隔音，门下方可以使用弹性密封以减少门下缝隙的漏声；通风孔道采用梯形的吸声结构，可以让空气自由流动，但噪声不能传入。

CAD 资料文件中有一套 KTV 包房的 CAD 设计图纸，作为实训练习的参考，在此不再单独列出。

### 3. 实训任务要求

按照 KTV 包房室内设计的基本原理，在满足功能和客户需求的基础上，注意空间的利用、细节处的创意，并注重装饰材料的合理运用和色彩的大胆搭配，来营造氛围。

(1) 绘制如图 5-163 所示的建筑平面图。

① 按照图 5-163 进行墙体的绘制，外墙厚度为 240 mm。

② 按照图 5-163 进行尺寸标注。

(2) 在绘制的建筑平面图基础上，进行装修平面图、地面和顶棚图的设计绘制。

① 熟练使用 AutoCAD 绘制、插入图块，图块放置合理，尺寸正确。

② 对房间及部分位置进行文字说明，文字字体、大小合适。

(3) 按照装饰平面图的布局，进行室内 A、B、C、D 立面图的设计绘制。

① 熟练使用 AutoCAD 进行立面图的绘制，包房净高为 2600 mm。

② 结构、材质合理，尺寸正确。

③ 对部分位置进行材质文字说明，文字字体、大小合适。

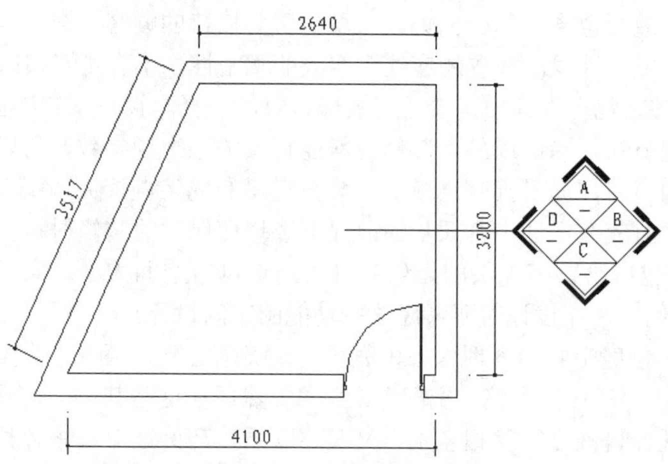


图 5-163　KTV 包房建筑平面图

### 4. 实训任务评价

(1) 能熟练运用 AutoCAD 进行建筑平面图绘制。(25 分)

① 建筑平面图墙体能如图 5-163 所示绘制。(15 分)

② 建筑平面图尺寸标注数据正确、尺寸样式合理。(10 分)

(2) 能熟练运用 AutoCAD 进行平面布置图、地面和顶棚图，以及立面图的绘制，并且要求布局合理，家具等设施摆放科学，能有效利用空间，符合设计原理。(75 分)

① 能正确绘制或插入图块，图块尺寸正确。(20 分)

② 文字说明详细正确、文字样式合理。(10 分)

③ 空间隔断合理。(15 分)

④ 图块使用正确，放置合理。(15 分)

⑤ 空间利用率高，能满足客户需求，富有设计感。(15 分)

# 项目六

# 办公空间室内设计

除了住宅空间、商业空间，办公空间也是室内设计的主要分支。本项目针对办公空间，首先介绍其室内设计知识；然后以办公空间室内设计图为例，介绍办公空间室内设计图纸的绘制；最后通过公司前台接待处和会议室两个项目设计进一步强化办公空间的图纸绘制技能和空间设计能力。

## ➢ 任务一　办公空间室内设计知识

- 任务概述　本部分主要介绍室内办公空间设计的知识。
- 知识目标　掌握办公空间布局中的功能需求和形式需求的知识。
- 能力目标　掌握办公空间平面布局能力。
- 素质目标　培养“形式追随功能”的思维能力。

### 1. 办公空间室内设计概述

办公空间室内设计是环境艺术设计的一个重要组成部分，是对空间布局、格局、空间的物理和心理分割，涉及科学、技术、人文与艺术等诸多因素。一般来讲，现代办公空间由前台接待区、会议室、经理办公室、财务室、办公区、机房、储藏室、茶水间、机要室等部分组成。

办公空间室内设计的目标就是要为员工创造一个既舒适、高效，又卫生、安全的工作环境，以便更加显著地提高员工的工作效率。因此，重视个人空间兼顾集体空间来活跃人们的思维，努力提高办公效率，就成为企业提高生产率的重要手段。从另一个方面来说，办公空间也是企业整体形象的体现，一个完整、统一而美观的办公空间，既能增加客户的信任感，也能给员工以心理上的满足。

根据公司的性质、文化和规模，按照现代办公空间的空间格局与规划、现代办公空间的设计原则、现代办公空间的设计程序与方法对开放办公空间或者独立办公空间进行设计装饰是现代办公空间发展的趋势。通过研究企业性质、文化，设计装修特点，让办公环境更适合公司的特点，也让人有舒服、安心的心情。这一目标在当前商业竞争日益激烈的情况下显得更加重要，它是办公空间设计的基础，是办公空间设计的首要目标。

大致来说，办公空间的设计包括设计概念、功能分区及配置、照明设计、色彩设计、界面设计这几方面。办公空间设计是复杂的工程，每一项都有具体的划分如下。

⑴ 办公空间的设计概念内容有办公空间的功能，办公空间的业务性质分类，办公空间的布局形式分类，办公空间的总体设计要求，办公空间的设计要点。

⑵ 办公空间的功能分区及配置包括功能分区及其特点，办公家具的选择要点，各类办公家具的设计，办公空间的绿化设计和绿化的配置要求。

⑶ 照明设计又包括合理的照度水平，适宜的亮度分布，避免产生眩光，照明的布局形式，室内照明方式，不同功能区域的照明设计，还有照明设计要进行照明的计算。

⑷ 办公空间的色彩设计包括色彩对空间感的调节作用，色彩对室内光线的调节作用，色彩体现室内空间的性格。

⑸ 办公空间的界面设计要注意各界面的要求，各界面的功能特点，办公界面装饰材料的选用，界面装饰设计的原则和要点以及顶棚装饰设计、墙面装饰设计、地面装饰设计。

**2. 办公空间室内设计原则**

在现代办公空间的空间格局与规划设计中，注重“形式追随功能”是办公空间室内设计的重要原则。

满足功能要求是判断一个室内空间设计成败的基本准则，要能反映使用者对室内空间在舒适、方便、安全、卫生等方面上的要求，功能的实现需要用一定的形式来表现，但“形式追随功能”的理解不能用简单的方法生搬硬套，应当研究空间内部各方面需要的关联性，这样才能达到形式与功能的完美结合。

结合各种功能需求采用办公共享空间与兼顾个人空间与小集体组合的设计方法，是现代办公室内设计的趋势，因此在平面布局中应注意导向的合理性和根据功能特点与要求来划分空间。

所谓导向是指人在空间中流动的方向。这种导向应追求“顺而不乱”，所谓“顺”是指导向明确，人流动向空间充足。当然也要考虑到布局的合理性。为此在设计中应模拟每个空间中人的动向，让其在变化之中寻求规整。在办公室设计中，各机构或各功能区都有其自身的特点。例如，财务室应具有防盗的特点，会议室应具有不受干扰的特点，经理室应具有保密等特点，接待室应具有便于交谈休息的特点。我们应根据其特点来划分空间。因此，在设计中可以考虑经理、财务室规划为独立空间，让财务室、会议室与经理室的空间靠墙来划分；让洽谈室靠近于大厅与会客区；将普通职工办公区规划于整体空间中央。这些都是在平面布置图中应引起注意的。

从办公空间室内设计的特征与功能要求来看，有如下几个设计要素。

1）秩序感

在设计中的秩序，是指形的反复、形的节奏、形的完整和形的简洁。图 6-1 所示的办公室设计也正是运用这一基本理论来创造一种安静、平和与整洁环境。秩序感是办公室设计的一个基本要素。要达到办公室设计中秩序的目的，所涉及的面也很广，如家具样式与色彩的统一、平面布置的规整性、隔断高低尺寸与色彩材料的统一、合理的室内色调及人流的导向等。这些都与秩序密切相关，可以说秩序在办公室设计中起着最为关键性的作用。

2）明快感

让办公室给人一种明快感也是设计的基本要求，办公环境明快是指办公环境的色调干净、明亮，灯光布置合理，有充足的光线等，这也是办公室的功能要求所决定的。

办公空间色彩在一定程度上会影响人们的工作状况、工作满足感、交往舒适感和质量。办公空间大块表面使用高亮度、暗色色彩时，员工们会工作得更好，并能体会到广阔的空间环境。但由于个体对环境色彩变化的敏感性不同，在装饰中明快的色调可给人一种愉快的心情，如图 6-2 所示，给人一种洁净之感，同时明快的色调也可在白天增加室内的采光度。所以对办公环境的色彩设计不可能非常精确地加以度量和控制。天然材料色彩柔和清晰、饱和而丰富，能够满足不同个体在生理、心理及感情等多方面的个性化需要，选用天然材料色彩系列不失为一种设计捷径。智能化隔断的色彩搭配多尊重业主和员工的客观需要，常选用仿

图 6-1 办公空间效果图 1

图 6-2 办公空间效果图 2

棉麻织物、仿天然木材等，色彩大多选用一种饱和的，更为清晰、柔和、浓深的混合色彩，不仅能够在有限的空间内为员工创造一种广阔的视觉空间环境，而且还能够在工作范围内为员工创造一个舒适、满意的个人工作小环境。目前，有许多设计师将明度较高的绿色引入办公室，这类设计往往给人一种良好的视觉效果，从而创造出一种春意，这也是明快感在室内设计中的一种创意手段。

3）现代感

目前，在我国无论是企业、学校、机关等办公场所都采用全隔断方法，即按机构的设置来安排房间。这种方法对集中注意力，不受干扰，有它一定的优点，而且设计方法也比较简便，但其缺点是缺乏现代办公室工作的灵活性。

许多现代企业的办公室，为了便于思想交流、加强民主管理，往往采用共享空间——开敞式设计。这种设计已成为现代新型办公室的特征，形成了现代办公室新空间的概念。

在现代企业员工的办公空间中，有一定层次的主管，通常也希望拥有独立的办公室。因此，在办公室设计上，必须要顾及个人的隐私需求，又要维持一定开放的程度，以免阻碍员工之间的沟通。现在流行一种办公室隔板，使得员工在坐下时，享有独立性；站起来时，又可以看到同事的工作状态，似乎是一种比较理想的安排。智能化隔断的尺度设计办公室不仅注重效率，对空间的利用也倍加重视，既需要有封闭、半封闭的私人工作间、会议室，又要有开放式的区域，以方便信息交流。工作间或会议室隔断高度在 1800 mm 左右，工作间或会议室隔断高度在 1800 mm 或以上，这种高度隐闭的空间，储物方式非常灵活，常用做公司职位较高的员工办公室，会议室则常用于机密性级别比较高的会议。在办公室空间设计中，这种隔断使用较少。半封闭私人工作间或会议室隔断高度在 1200 mm，半封闭私人工作间或会议室隔断高度在 1200～1600 mm，这种比较隐闭的空间，除了可以添置储物柜外，还可以安放计算机等办工自动化设备，常用于普通员工的办公室或一般会议室；其中高 1200 mm 左右的隔断是最基本的工作间，隔断的顶部可以加储物柜；在办公室设计中，这种类型的隔断使用最多。开放区域的隔断高度在 750～1100 mm，常用于无阻碍沟通的员工之间，也可用于接待，在办公空间设计中，这种隔断在普通员工办公区域使用较多。

现代办公室设计还注重于办公环境的研究，将自然环境引入室内，绿化室内外的环境，给办公环境带来一派生机，这也是现代办公空间的另一特征。现代人机学的出现，使办公设备在适合人机学的要求下日益增多与完善，办公的科学化、自动化给人类工作带来了极大方便。在设计中充分利用人机学的知识，按特定的功能与尺寸要求来进行设计，这些是设计的基本要素。

### 3. 办公空间室内设计优秀案例欣赏

该案例为某楼盘的办公空间样板间的设计，目标客户定位于创意产业企业。由于该房型面积较小，在确保办公空间的基础设施的前提下，在设计上体现布局的合理性和灵活性。

图 6-3 所示平面布置图在该房型内布置有经理室、主管办公室、财务室、员工办公区、接待区等空间，并根据其相应的特征安排其位置和空间大小及设施，如经理室中就布置有用于接待用的沙发茶几。特别在开放办公区中的家具采用可灵活搭配的可拆分式办公桌，有利于空间的充分使用。

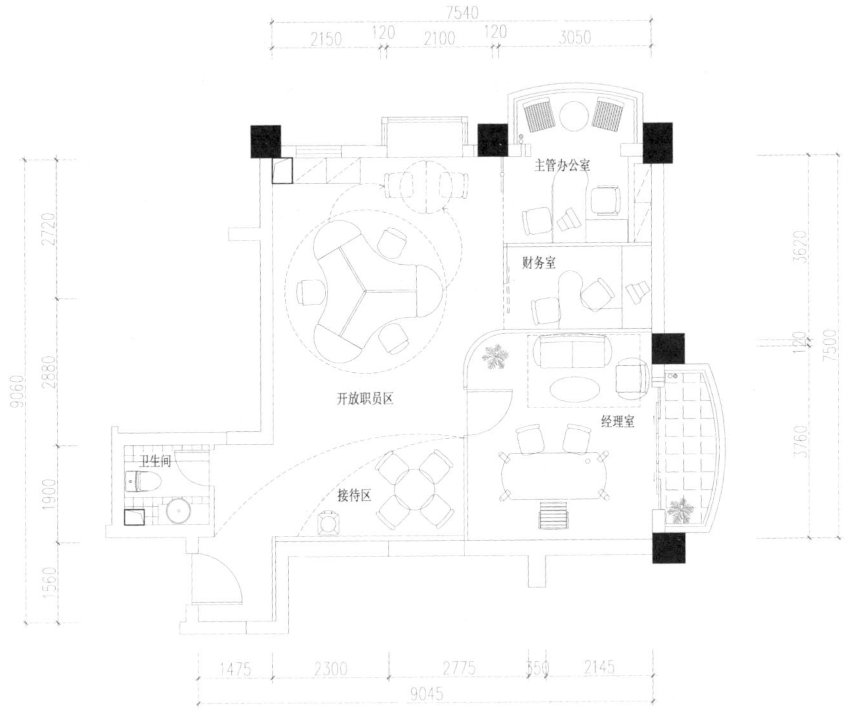


图 6-3　楼盘办公空间案例平面布置图

图 6-4 所示的效果图在接待区设计有陈列功能的展示空间，可用于公司荣誉、公司介绍、产品推广等杂志书籍的展示，供宾客阅读。隔墙采用成品型材配以大面积玻璃的形式，既节约空间又具有较好的通透性，以便于公司内的交流。转角采用弧形设计，避免突出的阳角，有利于人员的活动。在墙面装饰上多采用型材软包、镜子、彩色玻璃等现代化装饰材料，地面采用地毯拼花，以降低室内的噪音并增强空间的现代感，体现其创意产业的行业特征。

随着信息技术的发展，人们的生活、工作方式都发生了变化。办公节奏越来越

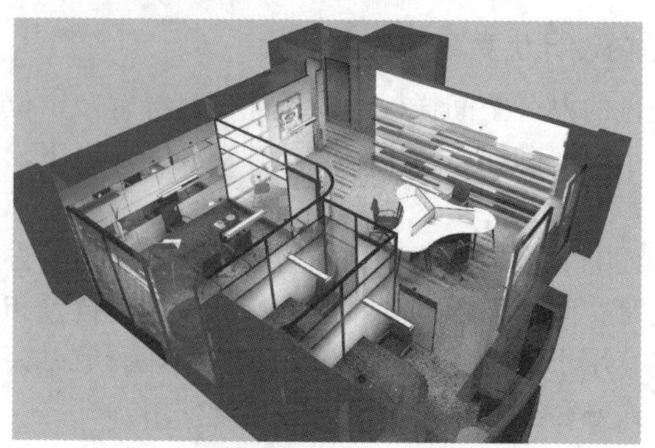

图 6-4　楼盘办公空间案例效果图

快、效率越来越高，办公空间的封闭性已经被完全打破，SOHO 这个新型的办公空间应运而生，原来单独的书房，一般是与卧室、 客厅各不相干，是一个相对孤立的空间，而现代的 SOHO 办公空间将房间的功能界限逐渐模糊，如在面积较大的卧室或客厅内划出一块开合自由的区域作为工作空间，如图 6-5 至图 6-9 所示。

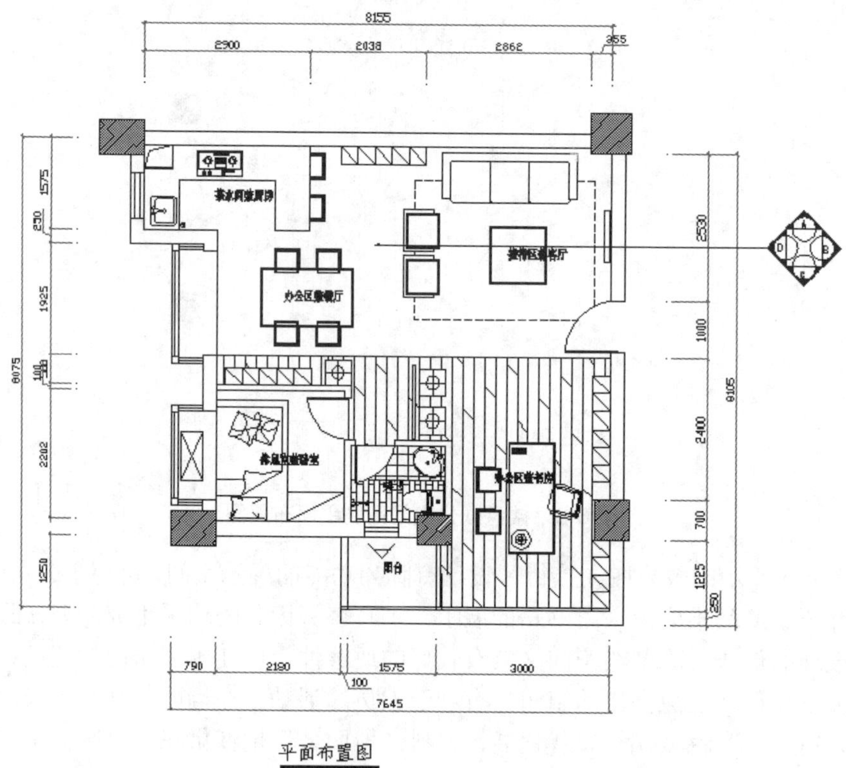


图 6-5　SOHO 办公空间案例平面布置图

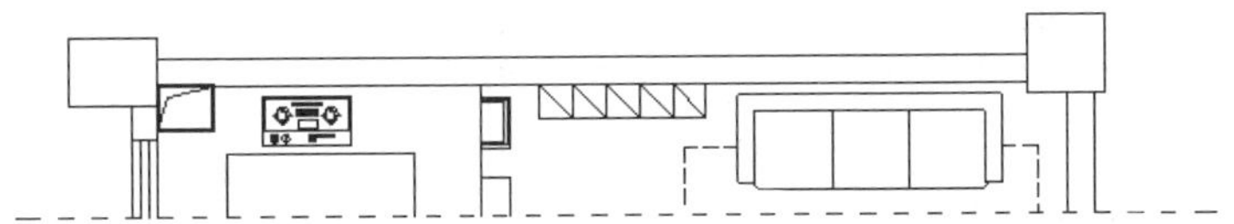

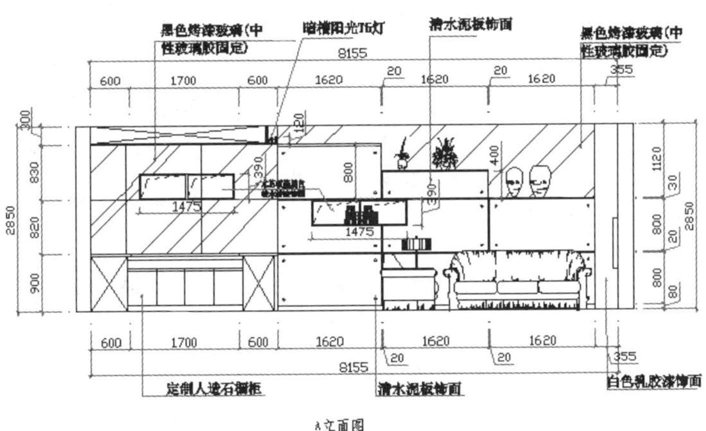


图 6-6　SOHO 办公空间案例 A 立面图

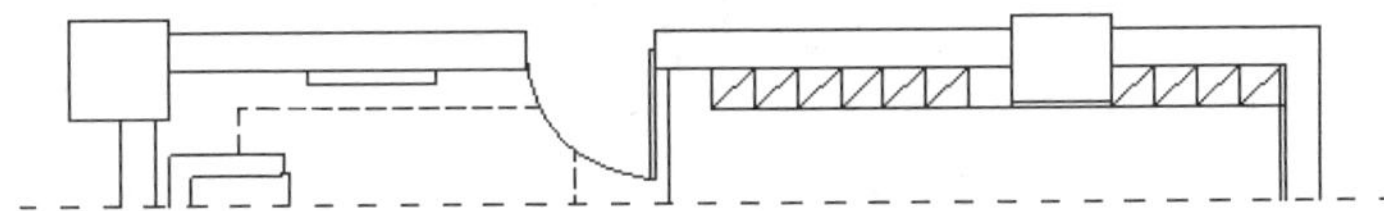

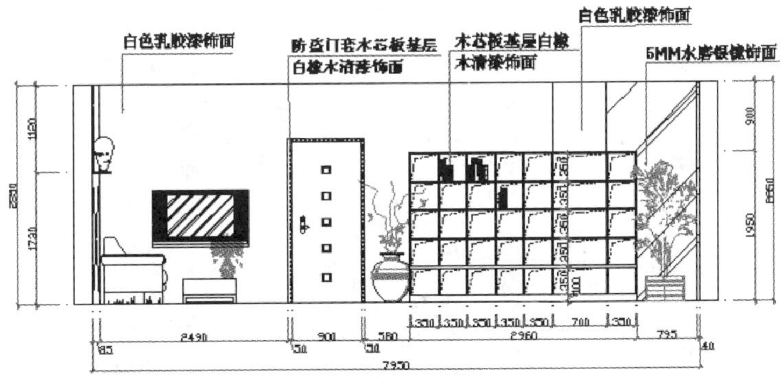


图 6-7　SOHO 办公空间案例 B 立面图

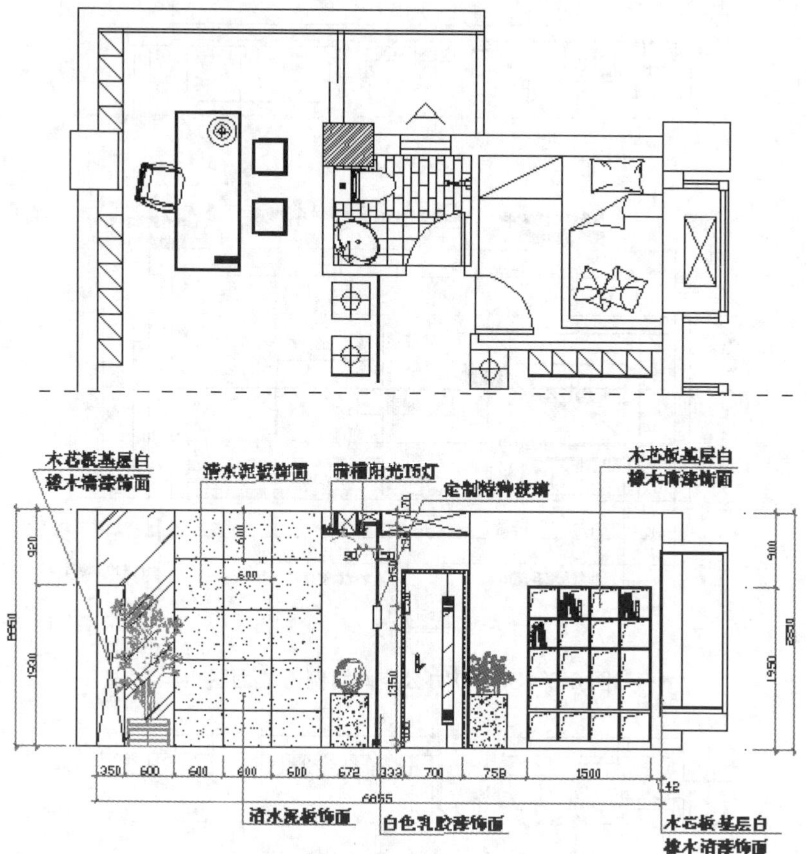


图 6-8 SOHO 办公空间案例 C 立面图

图 6-9 SOHO 办公空间案例效果图

# ➤ 任务二 办公空间案例

## ——公司办公室室内设计图绘制

◘ 任务概述 本部分主要介绍运用 AutoCAD 进行室内办公空间施工图绘制的知识。

◘ 知识目标 掌握施工图绘制的步骤和技巧。

◘ 能力目标 掌握办公空间施工图绘制的能力。

◘ 素质目标 培养综合运用软件的实际操作能力。

### 1. 公司办公室设计思路

通过与业主的沟通，收集其企业与行业的信息和对原建筑史结构与朝向的分析，确定本次设计的设计内容：接待区要体现公司文化氛围；总经理室一间；可容纳两人财务室一间；可容纳 8 到 10 个人会议室一间；办公区采用开放式并可容纳三十多人，可考虑部分为吸烟区；要有独立的办公设备及休闲区；多采用玻璃隔断和书架等。

该空间为长条形且大门位于中部，首先确定接待区的位置，这就将办公区分成两个部分，需要有明确的导向性符号，并根据空间深度规划出接待区的面积和通道的位置。再根据各部分相应的功能要求分配其位置，如经理室应有保密的功能，于是将其安排在最里面的位置，并根据其结构与使用功能规划其面积尺寸。财务室出于防盗的需求，利用接待区的企业形象墙作为隔墙，配合大面积书柜共同营造出一个独立的空间。可将总经理室和财务室之间的空间用于可吸烟开放办公区，而会议室作为一个独立的空间，但并不是完全封闭的环境，在保证其采光的条件下可将其放到接待区的右侧，这样还可以作为接待大量宾客的空间。利用会议室的转角和设备间的隔墙做出弧形的结构，可增强空间的动感。地面及天花造型作为导向性符号，可使其运动感和现代感十足。

### 2. 公司办公室建筑平面图绘制

按照图 6-10 进行原始建筑平面图的绘制，外墙厚度为 380 mm，并进行尺寸标注。详细步骤如下。

(1) 直接单击“多段线”按钮按钮或使用“绘图”|“多段线”菜单命令，命令行提示如下。

```
命令: _pline
指定起点:                          //指定任意点
```

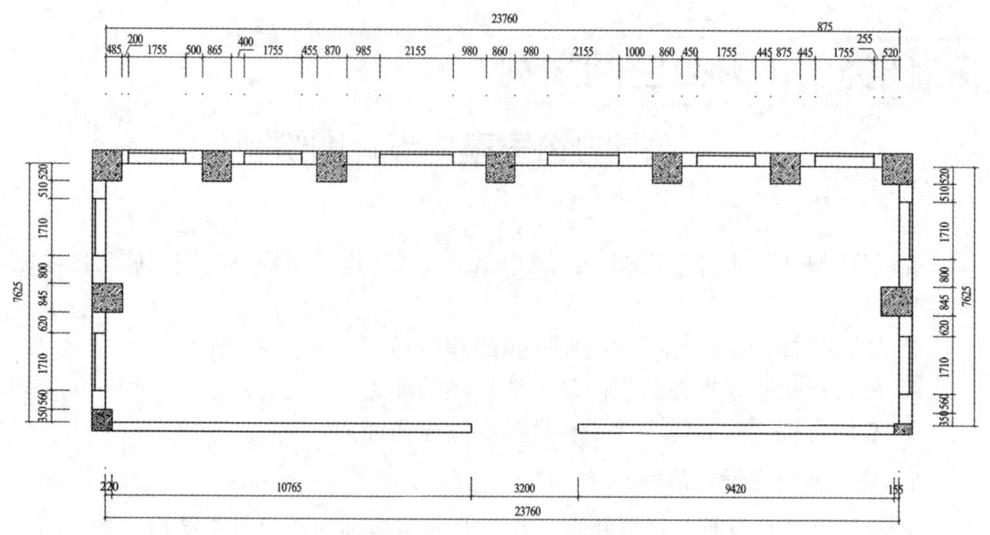


图 6-10　公司办公室建筑平面图

当前线宽为 0.0000

指定下一个点或 [圆弧(A)/半宽(H)/长度(L)/放弃(U)/宽度(W)]: 10765

　//从大门左侧逆时针方向向左进行绘制，鼠标控制方向，输入墙体长度为 10765 mm

指定下一点或 [圆弧(A)/闭合(C)/半宽(H)/长度(L)/放弃(U)/宽度(W)]: 220

　//按照图纸的要求向左进行绘制，鼠标控制方向，输入柱边到墙体长度为 220 mm

指定下一点或 [圆弧(A)/闭合(C)/半宽(H)/长度(L)/放弃(U)/宽度(W)]: 350

　//按照图纸的要求向上方进行绘制，鼠标控制方向，输入墙体长度为 350 mm

指定下一点或 [圆弧(A)/闭合(C)/半宽(H)/长度(L)/放弃(U)/宽度(W)]: 560

　//按照图纸的要求向上方进行绘制，鼠标控制方向，输入墙体长度为 560 mm

指定下一点或 [圆弧(A)/闭合(C)/半宽(H)/长度(L)/放弃(U)/宽度(W)]:9420

　//按照图纸的要求进行绘制，鼠标控制方向，到大门右侧结束绘制，如图 6-11 所示

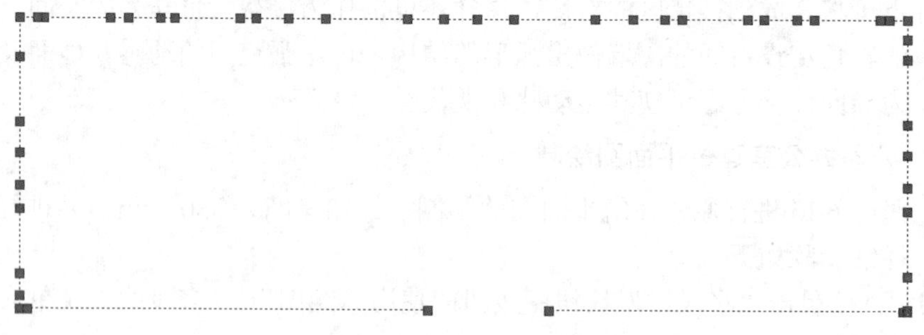

图 6-11　绘制多段线

(2) 直接单击“偏移”按钮或使用“修改”|“偏移”菜单命令，命令行提示如下。

```
命令: _offset
当前设置: 删除源=否  图层=源  OFFSETGAPTYPE=0
指定偏移距离或 [通过(T)/删除(E)/图层(L)] <0.0000>:380
                                        //输入墙体厚度为 380 mm
选择要偏移的对象，或 [退出(E)/放弃(U)] <退出>:    //选择多段线
指定要偏移的那一侧上的点，或 [退出(E)/多个(M)/放弃(U)] <退出>:
                                //在多段线外侧点击，生成外墙多段线，回车
```

(3) 直接单击“直线”按钮或使用“绘图”|“直线”菜单命令，命令行提示如下。

```
命令: _line 指定第一点:              //单击内侧多段线上的端点
指定下一点或 [放弃(U)]:              //单击外侧多段线相应的端点，回车
```

依此类推，完成图 6-12 所示内容的绘制。

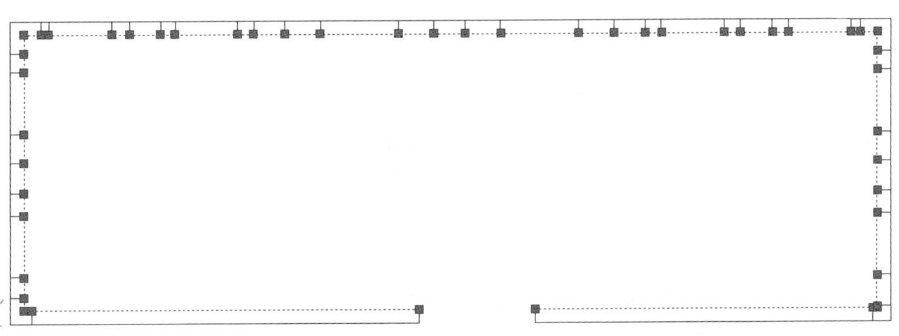

图 6-12　绘制直线

(4) 直接单击“偏移”按钮或使用“修改”|“偏移”菜单命令来偏移外墙，效果如图 6-13 所示。命令行提示如下。

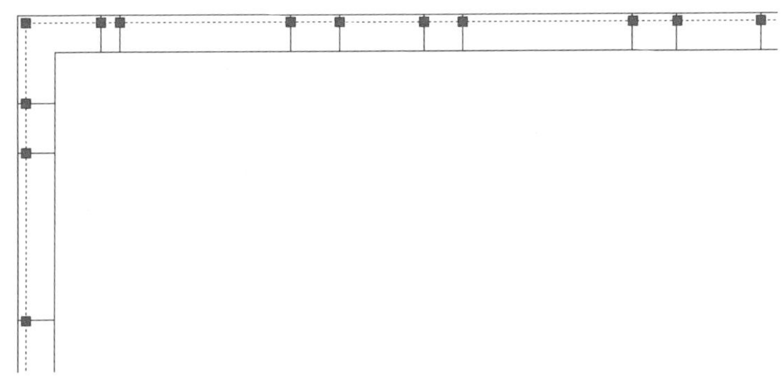

图 6-13　偏移外墙

```
命令: _offset
当前设置: 删除源=否  图层=源  OFFSETGAPTYPE=0
指定偏移距离或 [通过(T)/删除(E)/图层(L)] <380.0000>:80
            //输入玻璃幕墙的厚度
选择要偏移的对象, 或 [退出(E)/放弃(U)] <退出>: //选择外墙的多段线
指定要偏移的那一侧上的点, 或 [退出(E)/多个(M)/放弃(U)] <退出>:
            //单击多段线内侧任意点, 生成新的多段线为玻璃幕墙的位置, 回车
```

(5) 直接单击“修剪”按钮或使用“修改”|“修剪”菜单命令来修剪外墙，效果如图 6-14 所示。命令行提示如下。

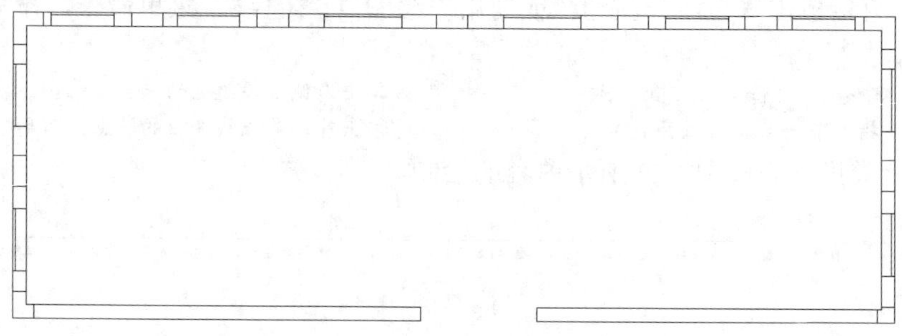

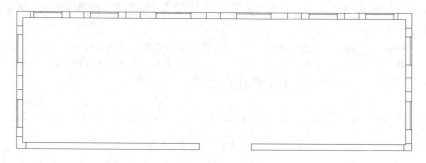

图 6-14 修剪墙线

```
命令: _trim
当前设置:投影=UCS, 边=无
选择剪切边...
选择对象或 <全部选择>: 指定对角点: 找到 45 个    //回车
选择要修剪的对象, 或按住 Shift 键选择要延伸的对象, 或[栏选(F)/窗交(C)/投影
(P)/边(E)/删除(R)/放弃(U)]:  //多次选择除玻璃外的墙体内的幕墙多段线, 回车
```

(6) 直接单击“偏移”按钮或使用“修改”|“偏移”菜单命令，命令行提示如下。

```
命令: _offset
当前设置: 删除源=否  图层=源  OFFSETGAPTYPE=0
指定偏移距离或 [通过(T)/删除(E)/图层(L)] <380.0000>: 520
                                   //输入柱体距离墙体的尺寸 520 mm
选择要偏移的对象, 或 [退出(E)/放弃(U)] <退出>: //选择内墙多段线
指定要偏移的那一侧上的点, 或 [退出(E)/多个(M)/放弃(U)] <退出>:
                                   //单击多段线内侧任意点, 回车
```

(7) 直接单击“矩形”按钮或使用“绘图”|“矩形”菜单命令，命令行提示如下。

```
命令: _rectang
指定第一个角点或 [倒角(C)/标高(E)/圆角(F)/厚度(T)/宽度(W)]:
                     //单击外墙多段线上的柱体角点
指定另一个角点或 [面积(A)/尺寸(D)/旋转(R)]:
                     //利用范围捕捉找到在最内侧多段线上的角点, 如图 6-15 所示
```

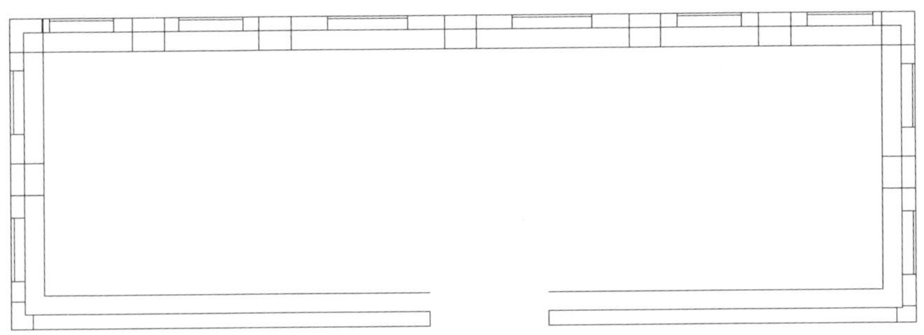

图 6-15　绘制矩形

(8) 直接单击“删除”按钮或使用“修改”|“删除”菜单命令，命令行提示如下。

```
命令: _erase
选择对象: 找到 1 个                    //选择最内侧多段线，回车
```

(9) 直接单击“矩形”按钮或使用“绘图”|“矩形”菜单命令，命令行提示如下。

```
命令: _rectang
指定第一个角点或 [倒角(C)/标高(E)/圆角(F)/厚度(T)/宽度(W)]:
                              //单击外墙多段线下端的柱体角点
指定另一个角点或 [面积(A)/尺寸(D)/旋转(R)]:
                              //利用端点追踪捕捉另一个角点，如图 6-16 所示
```

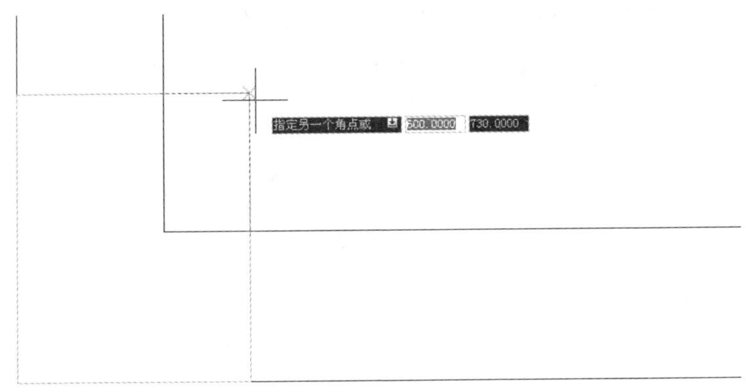


图 6-16　捕捉角点

(10) 直接单击“修剪”按钮或使用“修改”|“修剪”菜单命令来修剪内墙，效果如图 6-17 所示。命令行提示如下。

```
命令: _trim
当前设置:投影=UCS, 边=无
选择剪切边...
选择对象或 <全部选择>:                //回车
```

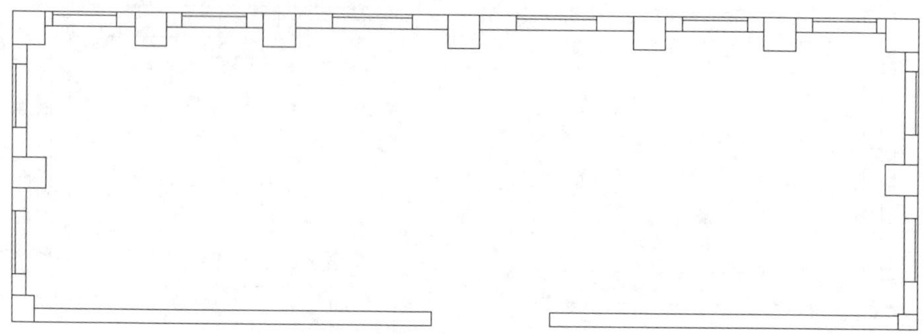

图 6-17　修剪内墙多段线

选择要修剪的对象，或按住 Shift 键选择要延伸的对象，或[栏选(F)/窗交(C)/投影(P)/边(E)/删除(R)/放弃(U)]：　　//多次选择柱体所在的内墙多段线，回车

(11) 直接单击“图案填充”按钮或使用“绘图”|“图案填充”菜单命令，命令行提示如下。

命令：_bhatch

拾取内部点或 [选择对象(S)/删除边界(B)]：正在选择所有对象...

//参数详见图 6-18，单击“添加：拾取点”按钮，拾取所有柱体内部)

正在选择所有可见对象...

正在分析所选数据...

正在分析内部孤岛...　//单击空格键或鼠标右键回到“图案填充和渐变色”对话框

单击“预览”按钮观察填充效果，如图 6-19 所示。

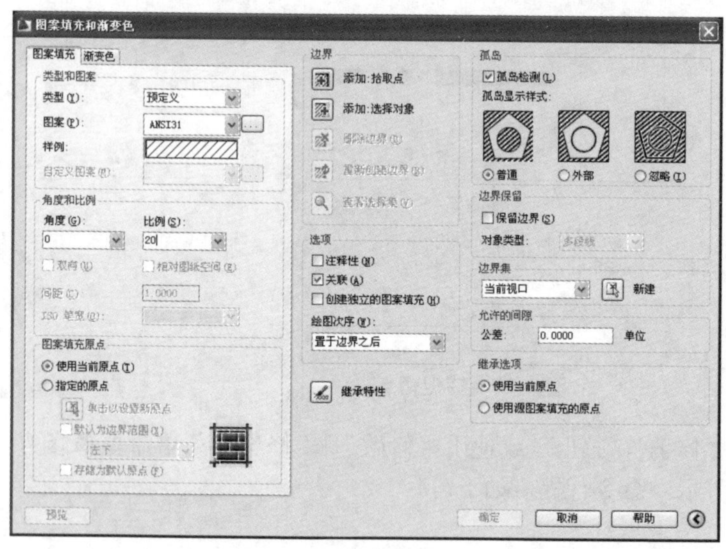


图 6-18　设置填充图案参数 1

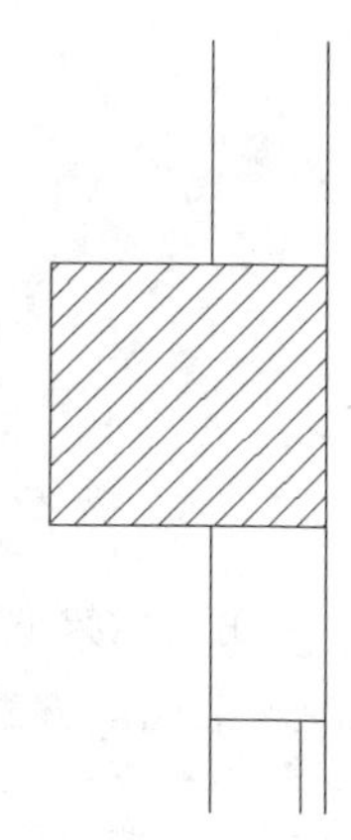

图 6-19　填充效果

单击空格键或鼠标右键回到“图案填充和渐变色”对话框，单击“确定”按钮完成填充，如图 6-20 所示。

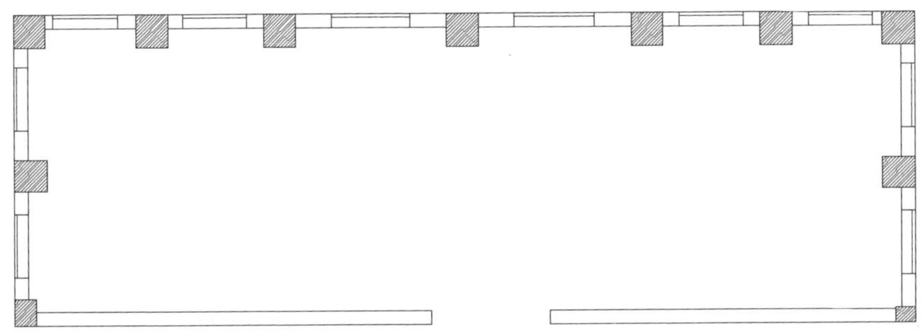

图 6-20　完成填充

(12) 再次单击“图案填充”按钮或使用“绘图”|“图案填充”菜单命令，命令行提示如下。

```
命令: _bhatch
拾取内部点或 [选择对象(S)/删除边界(B)]: 正在选择所有对象..
.                        //参数详见图 6-21 所示，单击“添加：拾取点”按钮，再
                           次拾取所有柱体内部
正在选择所有可见对象...
正在分析所选数据...
正在分析内部孤岛...      //单击空格键或鼠标右键回到“图案填充和渐变色”对话框
```

图 6-21　设置图案填充参数 2

单击“预览”按钮观察填充效果，如图 6-22 所示。

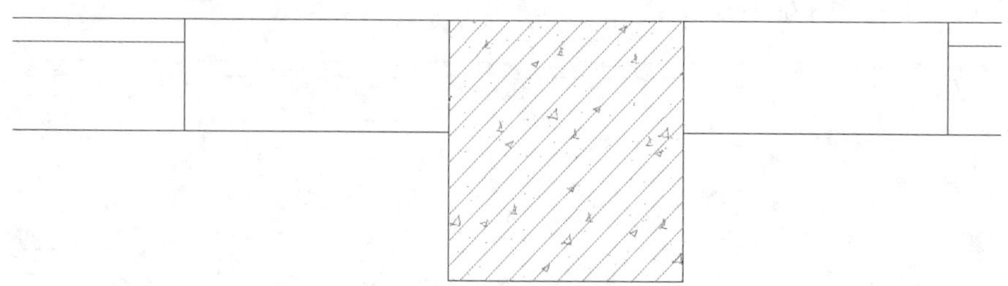

图 6-22　填充效果 2

单击空格键或鼠标右键回到“图案填充和渐变色”对话框，单击“确定”按钮。

(13) 可使用“格式”|“标注样式”菜单命令进行尺寸标注，详细参数如图 6-23 至图 6-27 所示。

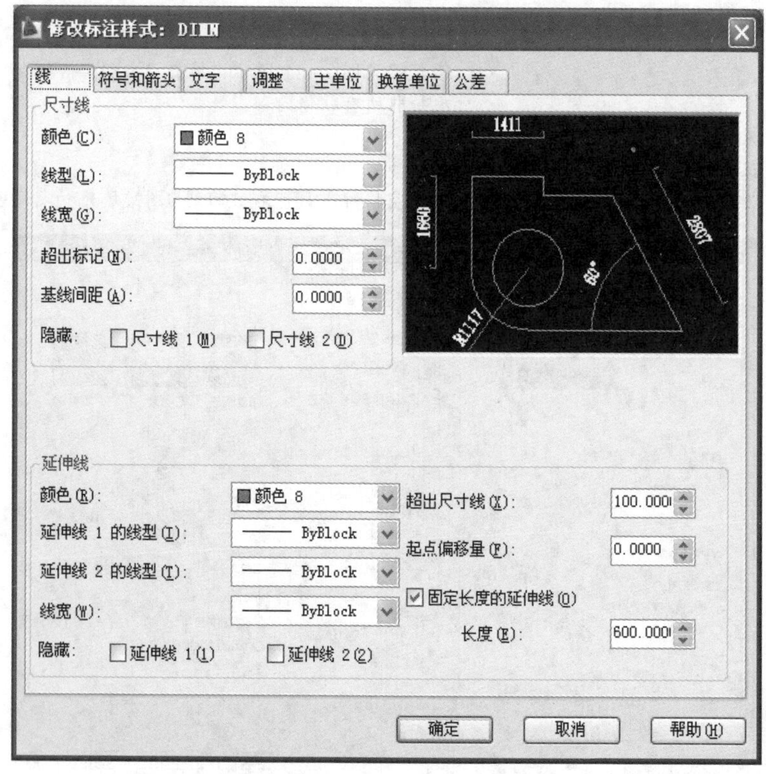


图 6-23　样式设置“线”选项卡

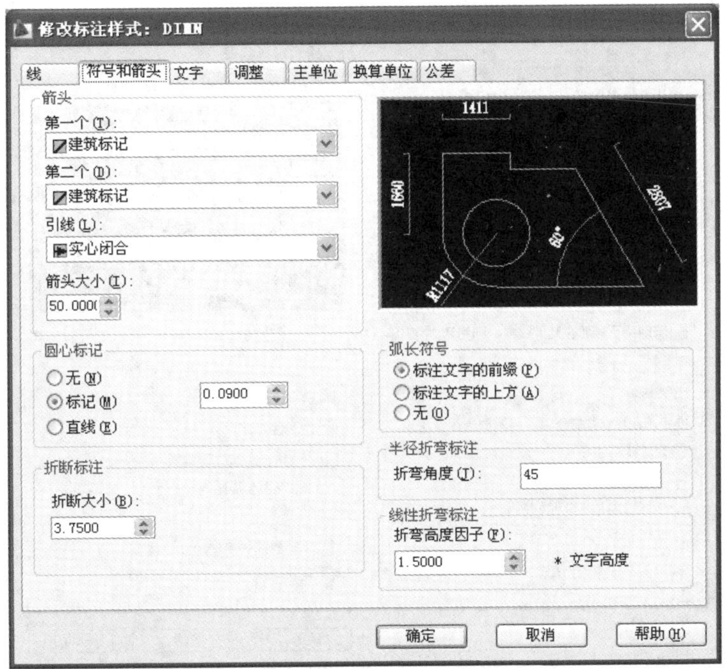


图 6-24　样式设置“符号和箭头”选项卡

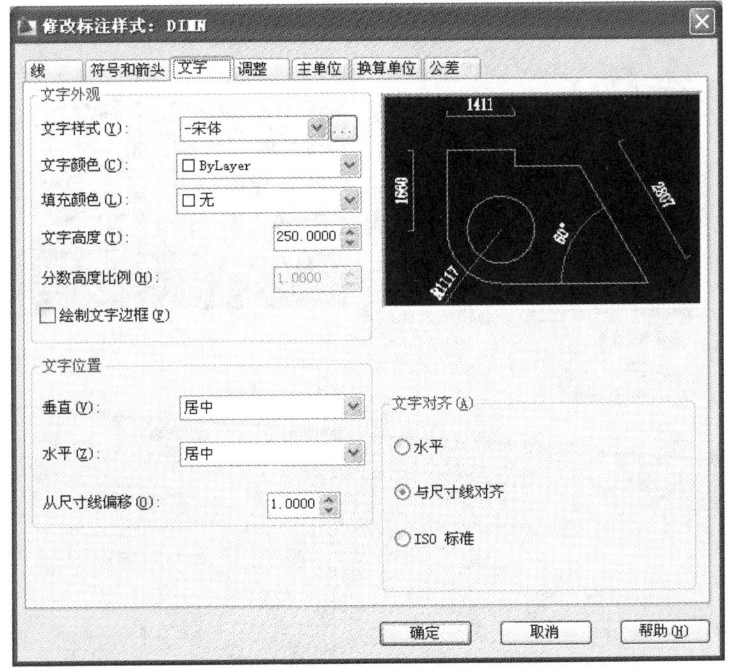


图 6-25　样式设置“文字”选项卡

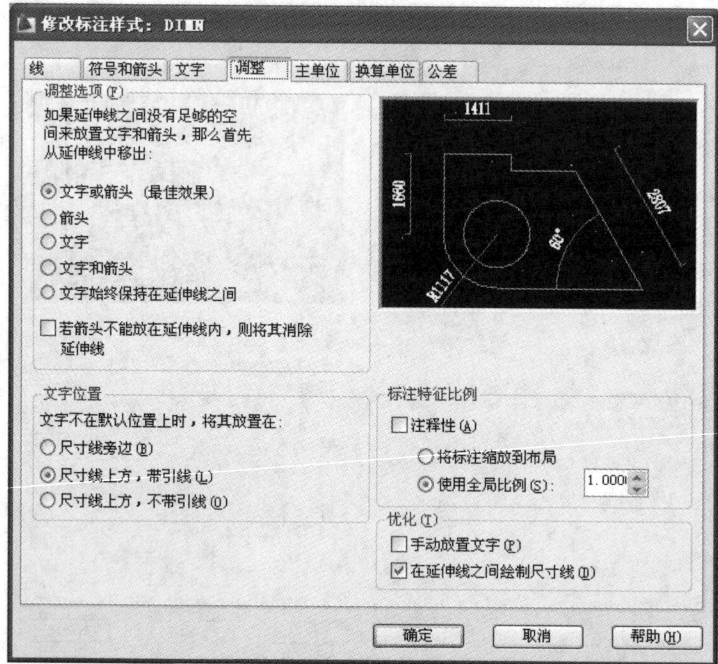


图 6-26　样式设置“调整”选项卡

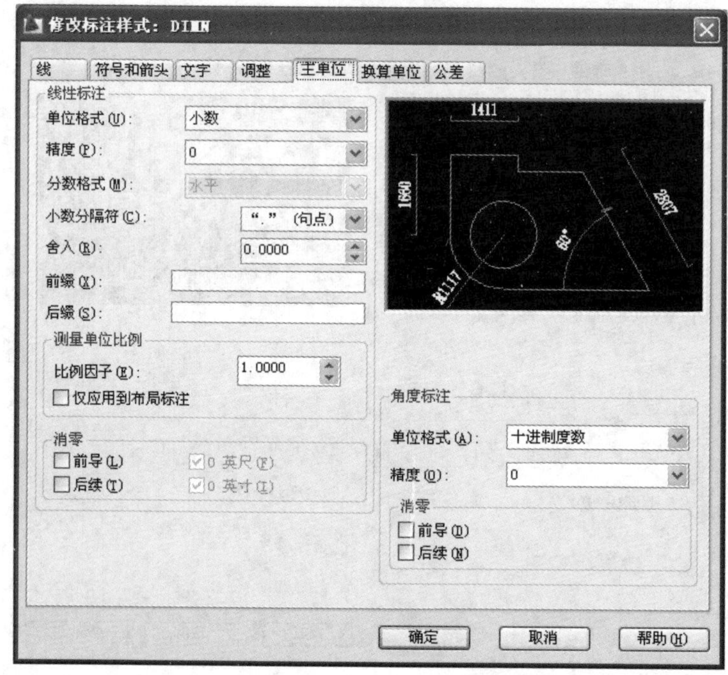


图 6-27　样式设置“主单位”选项卡

(14) 使用“标注”|“线性标注”菜单命令，命令行提示如下。

```
命令: _dimlinear
指定第一条延伸线原点或 <选择对象>:    //选择左侧内墙与柱体的交点
指定第二条延伸线原点:                 //选择上方内墙与左上角柱体的交点
指定尺寸线位置或[多行文字(M)/文字(T)/角度(A)/水平(H)/垂直(V)/旋转(R)]:
                                      //指定图形上方空白区域适当位置，如图
                                        6-28 所示
标注文字=485
```

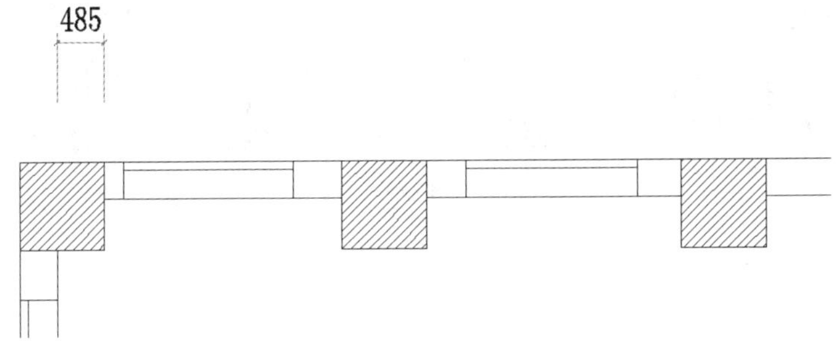

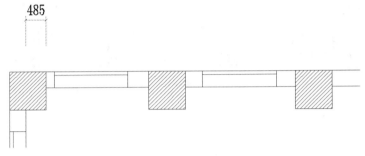

图 6-28　线性标注

(15) 使用“标注”|“连续标注”菜单命令，从左至右依次单击多段线上的每一个端点，效果如图 6-29 所示。

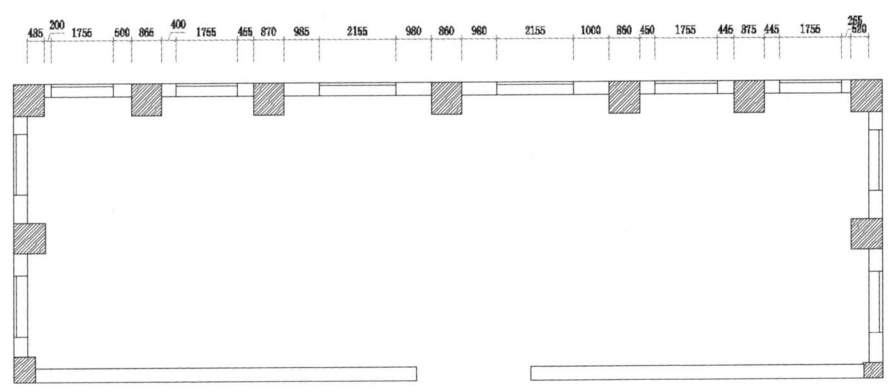


图 6-29　连续标注

(16) 依此类推，完成原始平面图的绘制。

### 3. 公司办公室室内平面图绘制

在原始平面图的基础上，绘制隔墙，在平面图中插入办公空间家具图块，完成文字说明及尺寸标注。

绘制平面布置图首先应根据图 6-30 所标注的尺寸绘制隔墙及柜体的平面，具体操作如下。

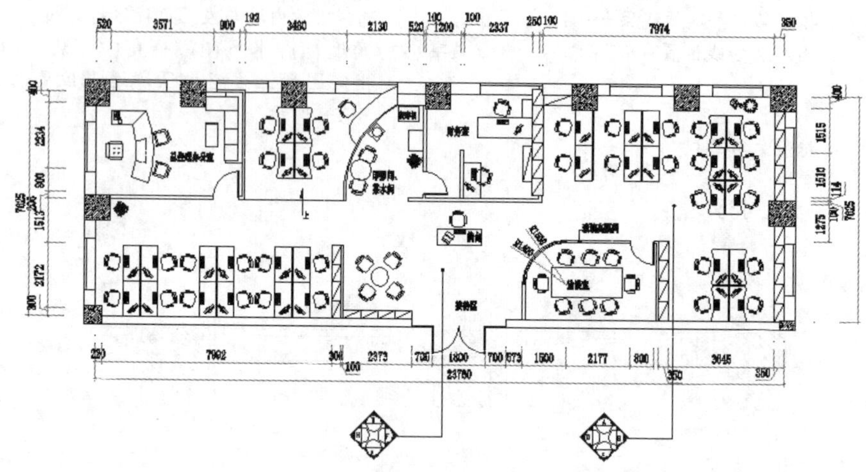

图 6-30　公司办公室室内平面图

(1) 直接单击“偏移”按钮或使用“修改”|“偏移”菜单命令，命令行提示如下。

```
命令: _offset
当前设置: 删除源=否  图层=源  OFFSETGAPTYPE=0
指定偏移距离或 [通过(T)/删除(E)/图层(L)] <380.0000>: 350
                                   //输入 X 轴最右侧书柜到墙体的深度 350 mm
选择要偏移的对象，或 [退出(E)/放弃(U)] <退出>:
                                   //选择右侧内墙线段
指定要偏移的那一侧上的点，或 [退出(E)/多个(M)/放弃(U)] <退出>:
                                   //单击书柜偏移的方向即线段左侧任意点，回车
```

(2) 再次单击“偏移”按钮或使用“修改”|“偏移”菜单命令，命令行提示如下。

```
命令: _offset
当前设置: 删除源=否  图层=源  OFFSETGAPTYPE=0
指定偏移距离或 [通过(T)/删除(E)/图层(L)] <350.0000>: 7974
                                      //输入书柜到财务室书柜的距离 7974 mm
选择要偏移的对象，或 [退出(E)/放弃(U)] <退出>:
                                      //选择刚才生成的线段
指定要偏移的那一侧上的点，或 [退出(E)/多个(M)/放弃(U)] <退出>:
                                      //单击财务室书柜偏移的方向即线段左侧任
                                        意点，回车
```

依此类推，根据尺寸从右至左将隔墙和柜体的 X 轴方向的位置确定下来，如图 6-31 所示。

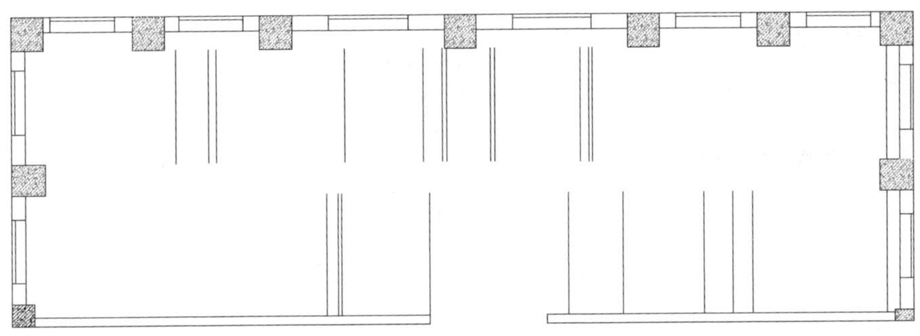

图 6-31　垂直偏移效果

(3) 直接单击“偏移”按钮或使用“修改”|“偏移”菜单命令，命令行提示如下。

```
命令: _offset
当前设置: 删除源=否  图层=源  OFFSETGAPTYPE=0
指定偏移距离或 [通过(T)/删除(E)/图层(L)] <0.0000>: 300
                              //输入Y轴最下方书柜到墙体的深度为 300 mm
选择要偏移的对象, 或 [退出(E)/放弃(U)] <退出>:
                              //选择最下方左侧内墙线段
指定要偏移的那一侧上的点, 或 [退出(E)/多个(M)/放弃(U)] <退出>:
                              //单击书柜偏移的方向即线段上方任意点, 回车
```

以此类推，根据尺寸从下至上将隔墙和柜体的 Y 轴方向的位置确定下来，如图 6-32 所示。

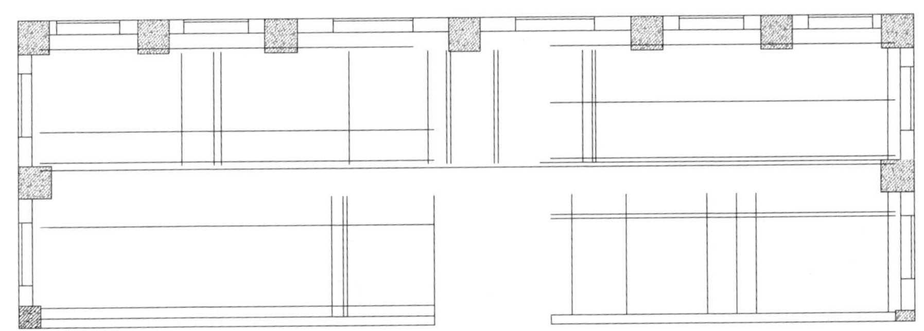

图 6-32　水平偏移效果

这时发现有些表示隔墙厚度的尺寸没有标明，可以依据图中已出现的隔墙厚度为 100 mm 来补充绘制。

(4) 直接单击“偏移”按钮或使用“修改”|“偏移”菜单命令，命令行提示如下。

```
命令: _offset
当前设置: 删除源=否  图层=源  OFFSETGAPTYPE=0
```

```
指定偏移距离或 [通过(T)/删除(E)/图层(L)] <0.0000>: 100
                                    //输入隔墙厚度为 100 mm
选择要偏移的对象，或 [退出(E)/放弃(U)] <退出>:
                                    //选择隔墙线段如图 6-33 中虚线所示
指定要偏移的那一侧上的点，或 [退出(E)/多个(M)/放弃(U)] <退出>:
                                    //点击墙线偏移的方向即线段左侧任意点，回车
```

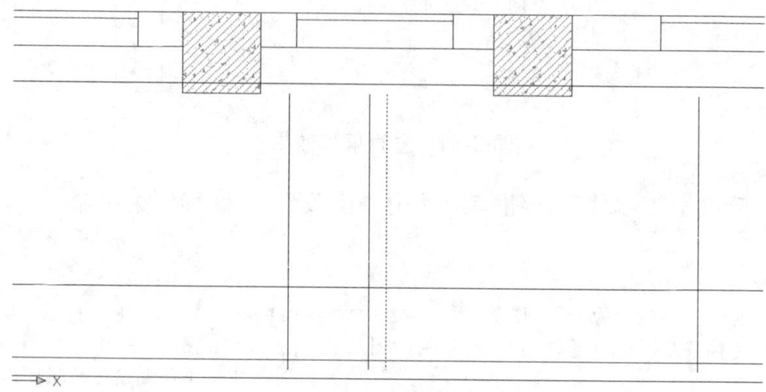

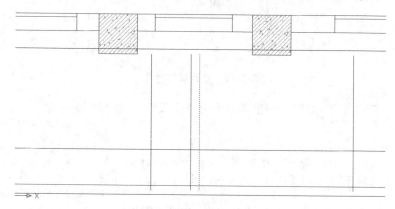

图 6-33　选择隔墙线段

依此类推，根据尺寸将没有标明尺寸的隔墙位置确定下来，如图 6-34 中线段所示。

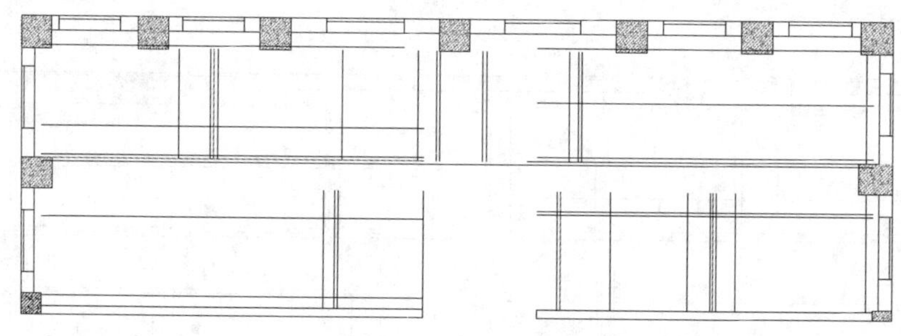

图 6-34　确定隔墙位置

接下来将利用“延伸”和“修剪”工具完成大部分的隔墙和柜体的绘制。

(5) 直接单击“延伸”按钮 或使用“修改”|“延伸”菜单命令，命令行提示如下。

```
命令: _extend
当前设置:投影=UCS, 边=无
选择边界的边...
选择对象或 <全部选择>:                  //回车
选择要延伸的对象，或按住 Shift 键选择要修剪的对象，或[栏选(F)/窗交(C)/投影
(P)/边(E)/放弃(U)]:                     //多次选择需要连接而没有连接段线的一侧
```

```
选择要延伸的对象，或按住 Shift 键选择要修剪的对象，或[栏选(F)/窗交(C)/投影
(P)/边(E)/放弃(U)]:                    //完成延伸后，回车
```

(6) 直接单击“修剪”按钮或使用“修改”|“修剪”菜单命令，命令行提示如下。

```
命令: _trim
当前设置:投影=UCS, 边=无
选择剪切边...
选择对象或 <全部选择>:                  //回车
选择要修剪的对象，或按住 Shift 键选择要延伸的对象，或[栏选(F)/窗交(C)/投影
(P)/边(E)/删除(R)/放弃(U)]:             //多次选择多余的段线，回车
```

经过工具的多次反复使用，完成如图 6-35 所示的线段。

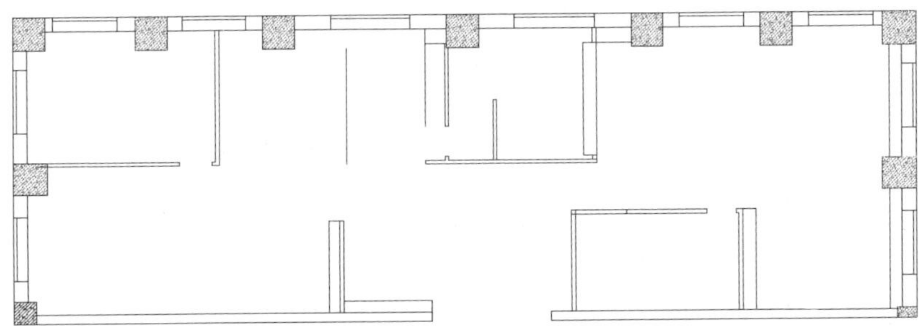

图 6-35 修剪效果

现在将利用“弧形”工具完成会议室和茶水间的弧形隔墙的绘制，具体步骤如下。

(7) 直接单击“圆弧”按钮或使用“绘图”|“圆弧”菜单命令，命令行提示如下。

```
命令: _arc 指定圆弧的起点或 [圆心(C)]: C  //将以圆心的方式绘制，输入 C
指定圆弧的圆心: 1500 //如图 6-36 所示，利用范围捕捉功能垂直向下输入 1500 mm
```

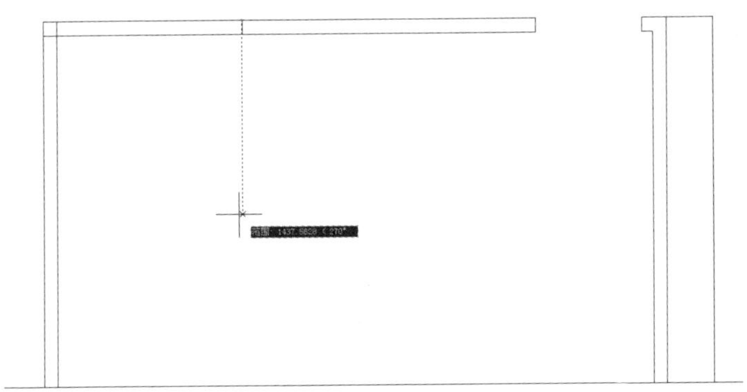

图 6-36 垂直向下输入数值 1500 mm

```
指定圆弧的起点：        //单击会议室外侧上方的参考点
指定圆弧的端点或 [角度(A)/弦长(L)]：
                        //单击会议室左侧的外侧墙线圆心的垂足，如图 6-37 所示
```

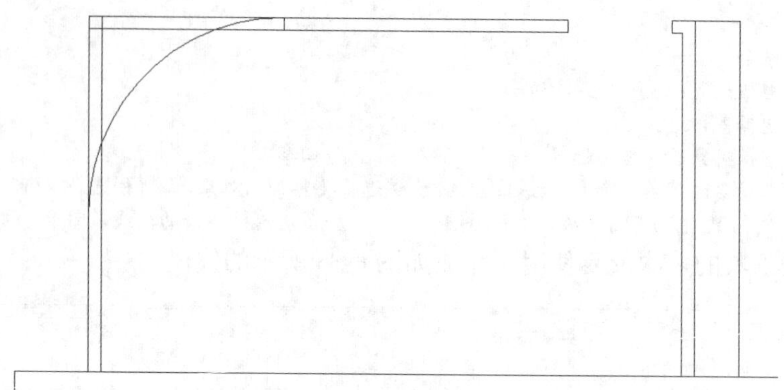

图 6-37　单击左侧的外侧墙线圆心的垂足

(8) 直接单击“偏移”按钮或使用“修改”|“偏移”菜单命令，命令行提示如下。

```
命令：_offset
当前设置：删除源=否  图层=源  OFFSETGAPTYPE=0
指定偏移距离或 [通过(T)/删除(E)/图层(L)] <0.0000>: 100
                                    //输入会议室隔墙的厚度为 100 mm
选择要偏移的对象，或 [退出(E)/放弃(U)] <退出>: //选择弧形线段
指定要偏移的那一侧上的点，或 [退出(E)/多个(M)/放弃(U)] <退出>:
                                    //单击隔墙偏移的方向即圆心方向，回车
```

(9) 直接单击“修剪”按钮或使用“修改”|“修剪”菜单命令，完成效果如图 6-38 所示。命令行提示如下。

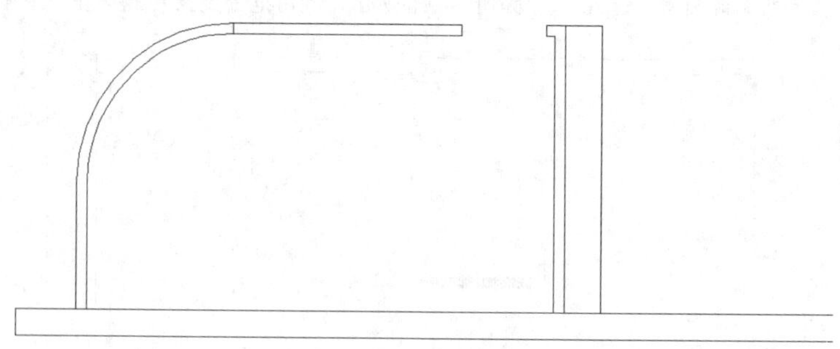

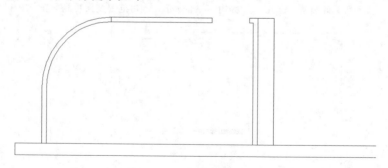

图 6-38　修剪效果

```
命令：_trim
当前设置:投影=UCS，边=无
选择剪切边...
```

```
选择对象或 <全部选择>:
  //选择会议室的隔墙，回车
选择要修剪的对象，或按住 Shift 键选择要延伸
的对象，或[栏选(F)/窗交(C)/投影(P)/边(E)/
删除(R)/放弃(U)]:
  //多次选择多余的段线，回车
```

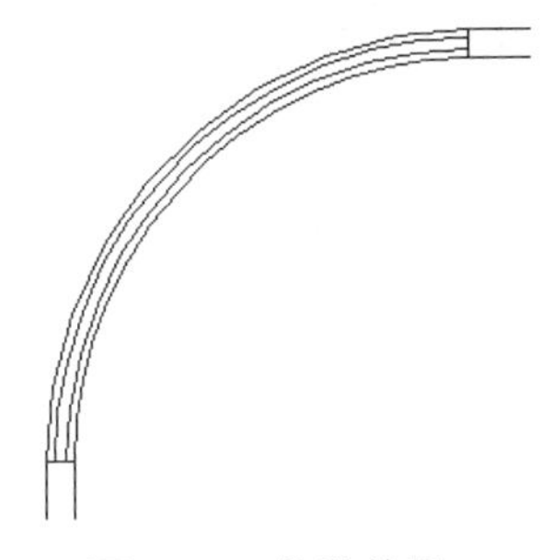

图 6-39　偏移效果

(10) 直接单击“偏移”按钮或使用“修改”|“偏移”菜单命令进行偏移，效果如图 6-39 所示。命令行提示如下。

```
命令: _offset
当前设置: 删除源=否　图层=源　OFFSETGAPTYPE=0
指定偏移距离或 [通过(T)/删除(E)/图层(L)] <0.0000>: 30
                                     //完成玻璃隔墙的绘制，输入 30 mm
选择要偏移的对象，或 [退出(E)/放弃(U)] <退出>:       //选择外侧弧形线段
指定要偏移的那一侧上的点，或 [退出(E)/多个(M)/放弃(U)] <退出>:
                                     //点击玻璃隔墙偏移的方向，即圆心方向
选择要偏移的对象，或 [退出(E)/放弃(U)] <退出>:       //选择内侧弧形线段
指定要偏移的那一侧上的点，或 [退出(E)/多个(M)/放弃(U)] <退出>:
                                     //点击玻璃隔墙偏移的方向，即圆弧外侧，回车
```

接下来绘制茶水间的弧形隔墙，该隔墙厚度为 60 mm。

(11) 直接单击“圆弧”按钮或使用“绘图”|“圆弧”菜单命令，命令行提示如下。

```
命令: _arc
指定圆弧的起点或 [圆心(C)]:              //单击圆弧上方的端点
指定圆弧的第二个点或 [圆心(C)/端点(E)]: <正交 关>
                                         //单击圆弧中间的点
指定圆弧的端点:                          //圆弧下方的端点，如图 6-40 线段所示
```

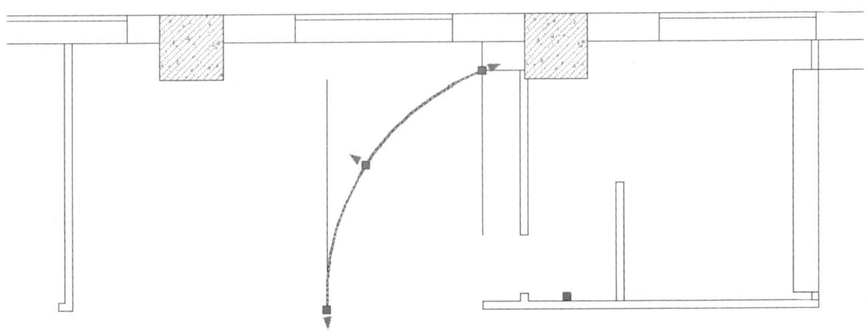

图 6-40　指定圆弧端点

(12) 利用“偏移”和“修剪”工具完成弧形隔墙的绘制，如图 6-41 所示。

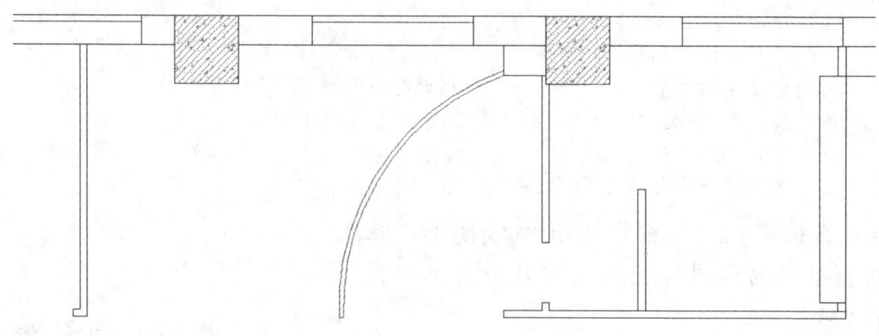

图 6-41 弧形隔墙效果

(13) 参见“项目三”中“任务二 绘制门窗和楼梯图块”的内容，完成图 6-42 所示房门的绘制。

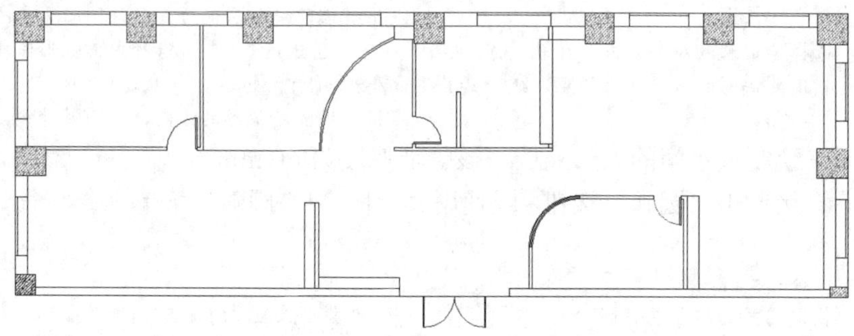

图 6-42 绘制房门

(14) 绘制柜体的分段，利用“定数等分”和“点样式”工具。使用“格式”|“点样式”菜单命令，如图 6-43 所示。

(15) 使用“绘图”|“点”|“定数等分”菜单命令或者直接输入“DIV”命令，命令行提示如下。

```
命令: _divide
选择要定数等分的对象:          //选择表示柜体宽度的线段
输入线段数目或 [块(B)]:5      //输入需要等分的份数后单击空格键，如图 6-44 所示
```

接下来运用“直线”工具完成柜体的平面绘制。

(16) 直接单击“直线”按钮或使用“绘图”|“直线”菜单命令，命令行提示如下。

```
命令: _line 指定第一点:              //利用节点捕捉单击等分的节点
指定下一点或 [放弃(U)]:              //单击外侧多段线相应的垂足，回车
```

依此类推，完成如图 6-45 所示内容的绘制。

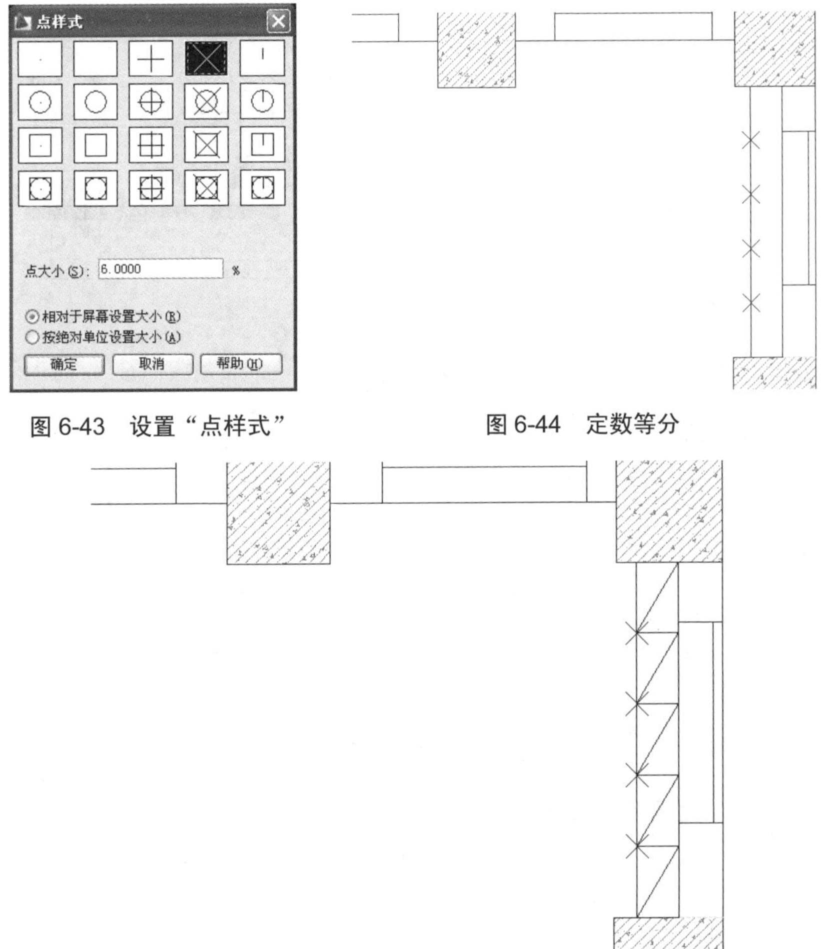


图 6-43　设置“点样式”

图 6-44　定数等分

图 6-45　绘制直线

(17) 删除等分节点，并完成所有柜体绘制。

(18) 找到 CAD 资料文件中的“办公空间图块”文件。选择办公桌椅图块，使用“编辑”|“复制”菜单命令。

(19) 在已绘制的办公空间文件中，使用“编辑”|“粘贴为块”菜单命令，将图块插入点：到室内任意点，如图 6-46 所示。

(20) 使用“修改”|“移动”菜单命令将图块放置到相应的位置。采用相同方法插入其他图块并放置到对应的位置，最终效果如图 6-47 所示。

(21) 调整尺寸标注并添加文字、符号。采用前面介绍的方法进行尺寸标注，并添加文字、符号，最终效果如图 6-30 所示。

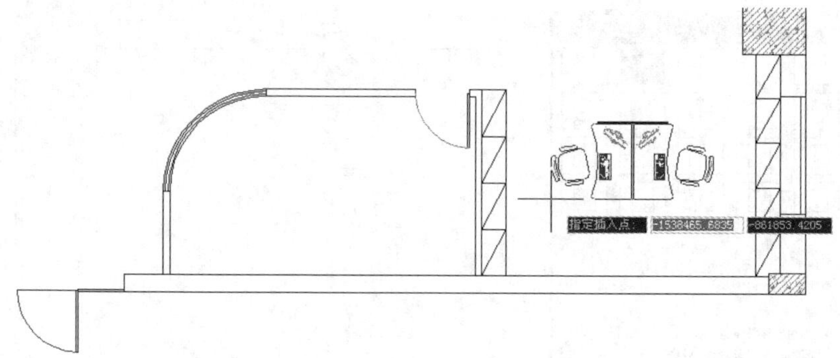


图 6-46　插入块

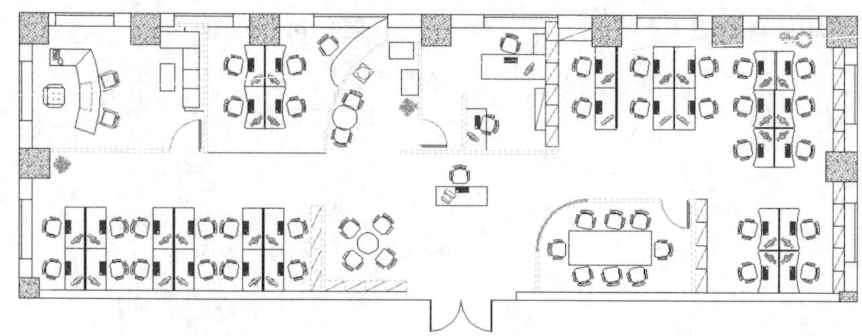

图 6-47　放置其他图块

## 4. 公司办公室室内地面图绘制

如图 6-48 所示，在室内平面图的基础上删除或隐藏家具图块，绘制地面铺装图，完成文字说明及尺寸标注，详细步骤如下。

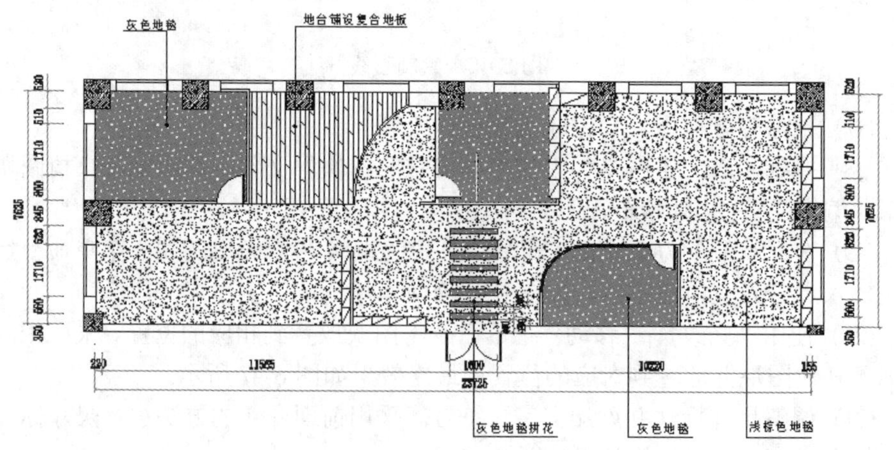


图 6-48　公司办公室室内地面图

(1) 直接单击“矩形”按钮□或使用“绘图”|“矩形”菜单命令，命令行提示如下。

```
命令: _rectang
指定第一个角点或 [倒角(C)/标高(E)/圆角(F)/厚度(T)/宽度(W)]:
                    //指定室内任意点
指定另一个角点或 [面积(A)/尺寸(D)/旋转(R)]: @1600,200
                    //利用相对坐标绘制宽度为 1600 mm、高度为 200 mm 的矩形
```

(2) 运用“移动”工具完成对矩形的移动，如图 6-49 所示。

(3) 直接单击“矩形阵列”按钮或使用“修改”|“矩形阵列”菜单命令，对矩形进行阵列，效果如图 6-50 所示，命令行提示如下。

```
命令: _arrayrect
选择对象: 找到 1 个                              //选择之前绘制的矩形
选择对象:
类型 = 矩形  关联 = 是
为项目数指定对角点或 [基点(B)/角度(A)/计数(C)] <计数>: C      //输入 C
输入行数或 [表达式(E)] <4>: 8                    //输入行数 8
输入列数或 [表达式(E)] <4>: 1                    //输入列数 1
指定对角点以间隔项目或 [间距(S)] <间距>: S        //输入 S
指定行之间的距离或 [表达式(E)] <300>: 400        //输入行距 400 mm
按 Enter 键接受或 [关联(AS)/基点(B)/行(R)/列(C)/层(L)/退出(X)] <退出>:
                                                //回车完成
```

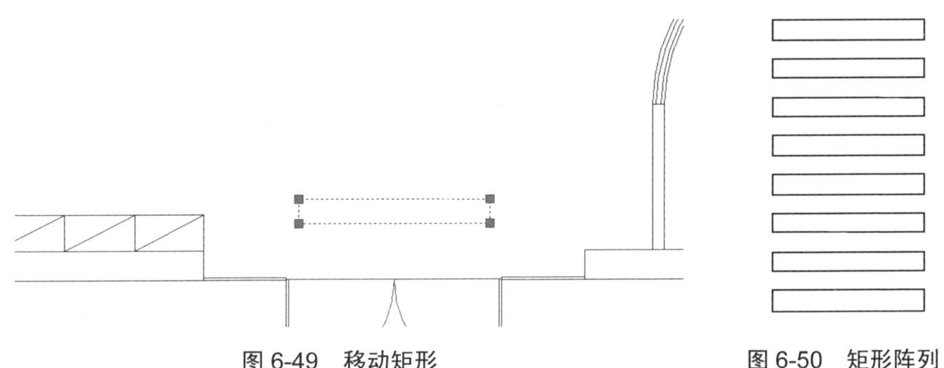

图 6-49　移动矩形　　　　图 6-50　矩形阵列

(4) 直接单击“图案填充”按钮或使用“绘图”|“图案填充”菜单命令，命令行提示如下。

```
命令: _bhatch
拾取内部点或 [选择对象(S)/删除边界(B)]:正在选择所有对象...
                    //参数详见图 6-51，单击“添加: 拾取点”按钮，依次拾
                      取所有矩形和经理室、财务室、会议室内部
正在选择所有可见对象...
正在分析所选数据...
正在分析内部孤岛...        //回车
```

图 6-51 设置图案填充参数 1

单击“预览”按钮观察填充效果，敲击空格键或单击鼠标右键回到填充对话框，单击“确定”按钮，如图 6-52 所示。

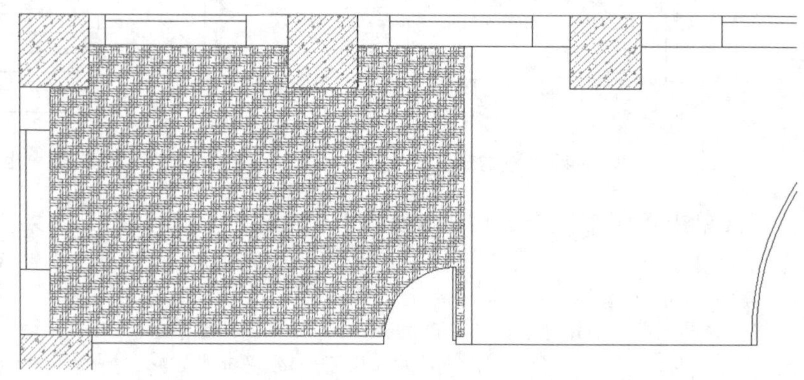

图 6-52 填充效果

(5) 再次使用“图案填充”命令完成办公区的地面填充，详细参数如图 6-53、图 6-54 所示。

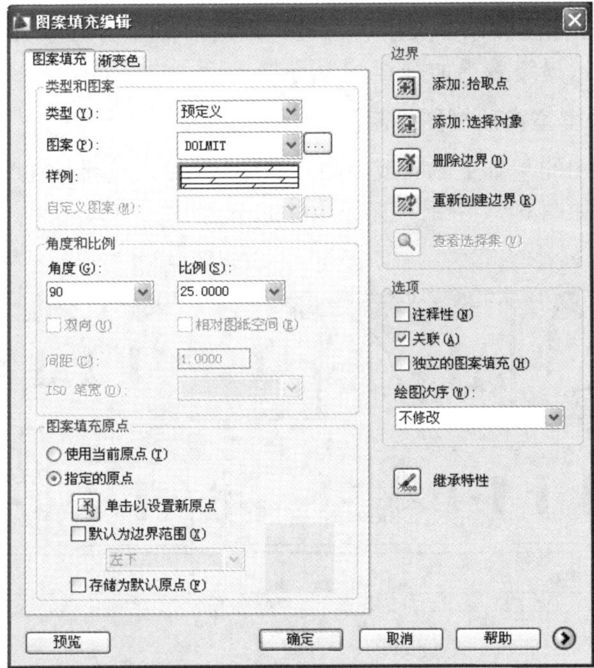


图 6-53　设置图案填充参数 2

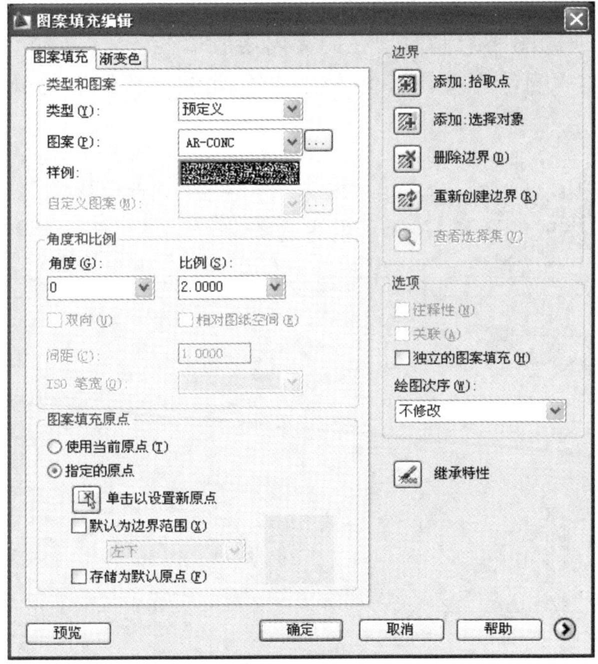


图 6-54　设置图案填充参数 3

(6) 调整尺寸标注并添加文字、符号。采用前面介绍的方法进行尺寸标注和添加文字、符号，最终效果如图 6-48 所示。

### 5. 公司办公室室内顶棚图绘制

在室内平面图的基础上删除或隐藏家具图块和门，绘制顶棚图，完成文字说明及尺寸标注，如图 6-55 所示，详细步骤如下。

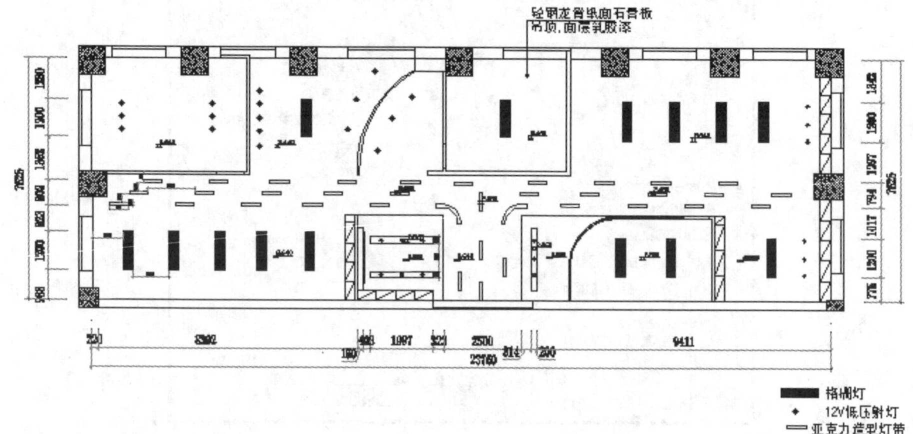


图 6-55　公司办公室室内顶棚图

首先，根据顶棚图的绘制原理在门洞内绘制墙线。

(1) 直接单击“直线”按钮 或使用“绘图”|“直线”菜单命令，命令行提示如下。

```
命令: _line 指定第一点:            //单击门洞内的一个端点
指定下一点或 [放弃(U)]:            //单击门洞内相应的端点，回车
```

依此类推，完成如图 6-56 所示内容的绘制。

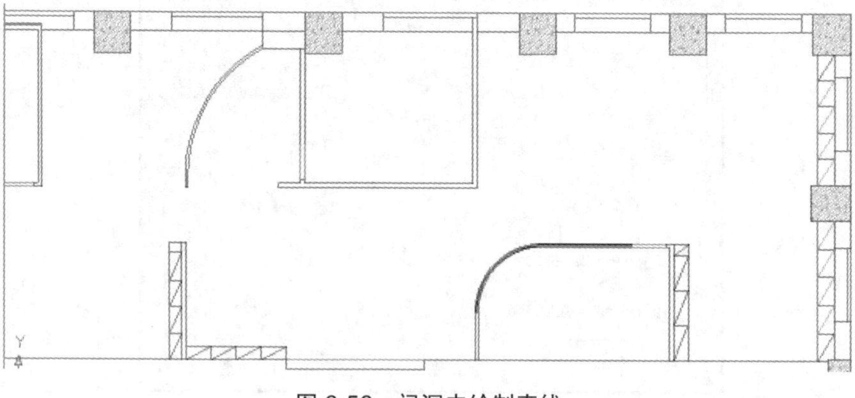

图 6-56　门洞内绘制直线

(2) 根据尺寸，运用“直线”工具和“矩形”工具绘制室内吊顶，如图 6-57 所示。

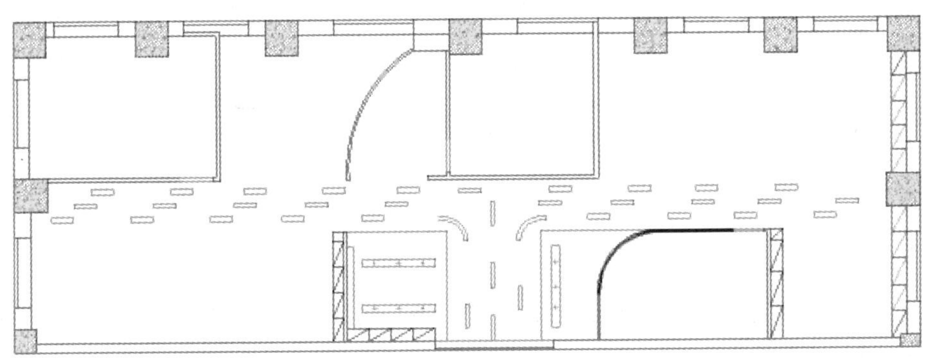

图 6-57　绘制吊顶

(3) 找到 CAD 资料文件中的“办公空间图块”文件。选择灯具图块时使用“编辑”|“复制”菜单命令。

(4) 在已绘制的办公空间文件中，使用“编辑”|“粘贴为块”菜单命令，命令行提示如下。

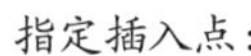

指定插入点：　　　　　　　　　　　//单击室内任意点，如图 6-58 所示

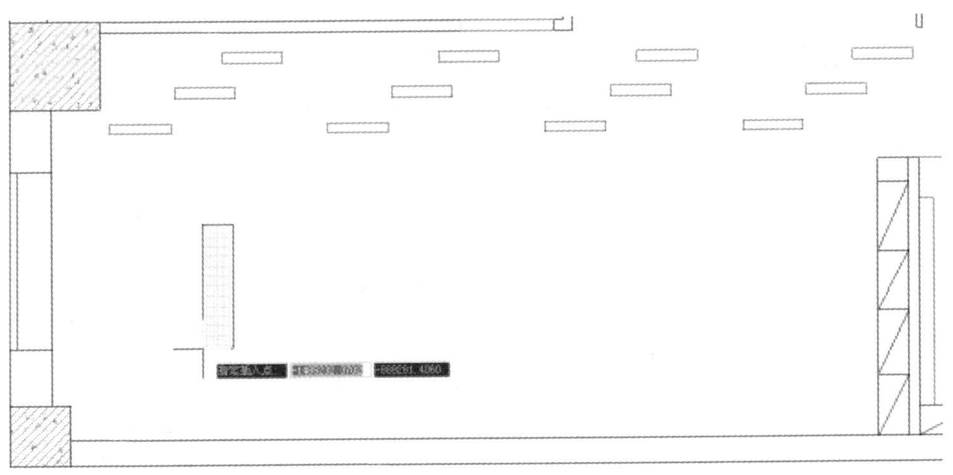

图 6-58　插入图块

(5) 利用相同的方法插入相应的图块，并使用“修改”菜单中的命令布置到相应的位置，如图 6-59 所示。

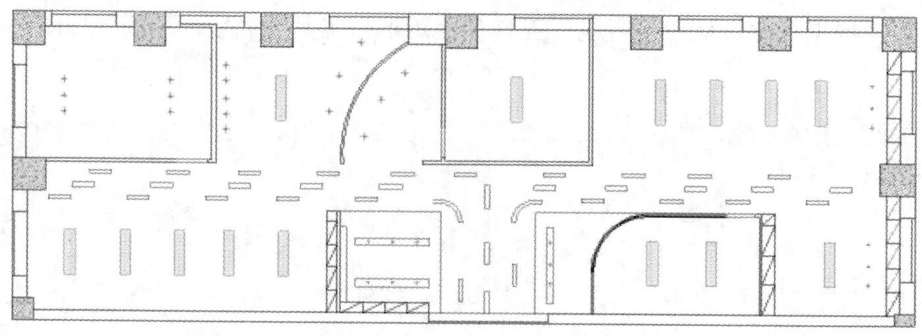

图 6-59 插入其他图块

⑹ 绘制室内“标高”布置到相应的位置，方法详见“项目三”中的“任务一 绘制符号类图块”。

⑺ 调整尺寸标注并添加文字、图例、符号。采用前面介绍的方法进行尺寸标注和添加文字、图例、符号，最终效果如图 6-55 所示。

### 6. 公司办公室室内立面图绘制

依照图 6-60 绘制室内立面图，完成文字说明及尺寸标注，详细步骤如下。

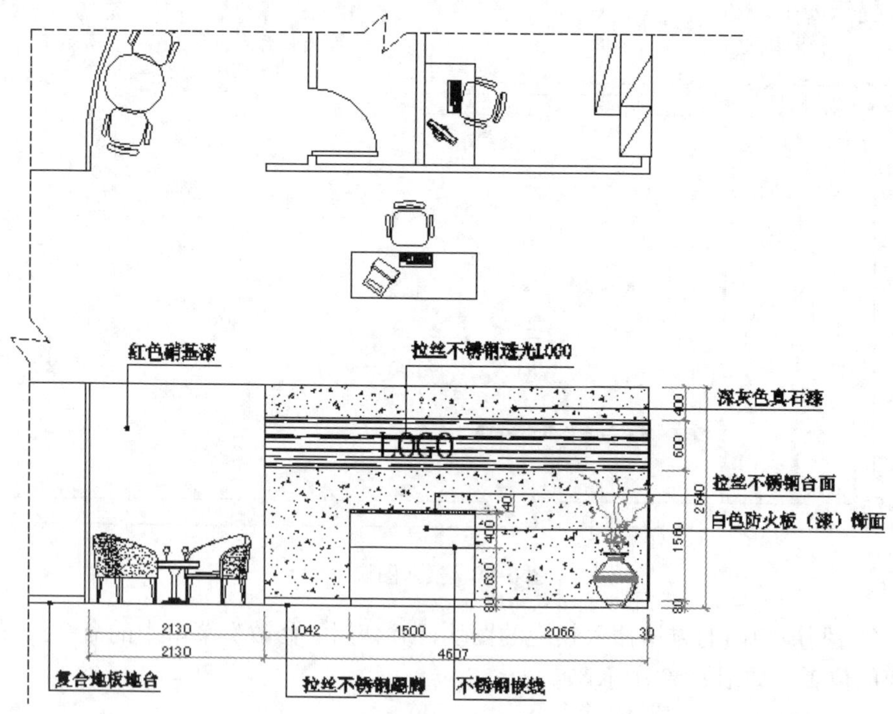


图 6-60 公司办公室室内立面图

(1) 根据立面图的绘制原理，首先复制平面图局部作为立面图 X 轴向绘制的参考，并绘制剖切符号和虚线，如图 6-61 所示。

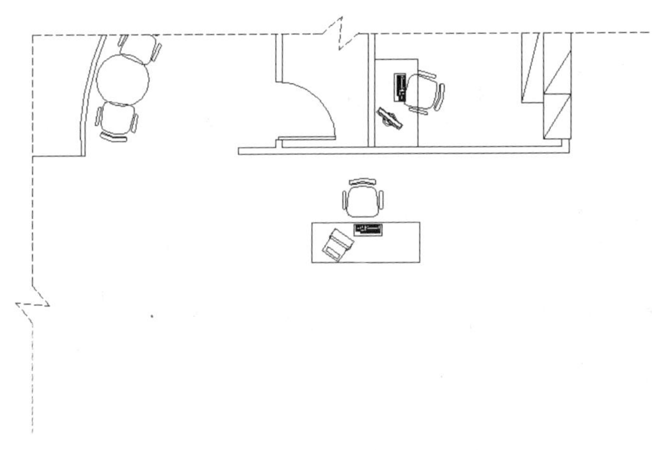

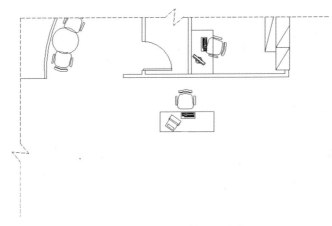

图 6-61　绘制剖切符号和虚线

(2) 直接单击“直线”按钮或使用“绘图”|“直线”菜单命令，命令行提示如下。

```
命令: _line 指定第一点:              //单击形象面右侧的第一个端点
指定下一点或 [放弃(U)]:              //向下作垂线到相应的位置，回车
```

依此类推，这样就完成了所要绘制的立面的 X 轴向的线段，如图 6-62 所示。

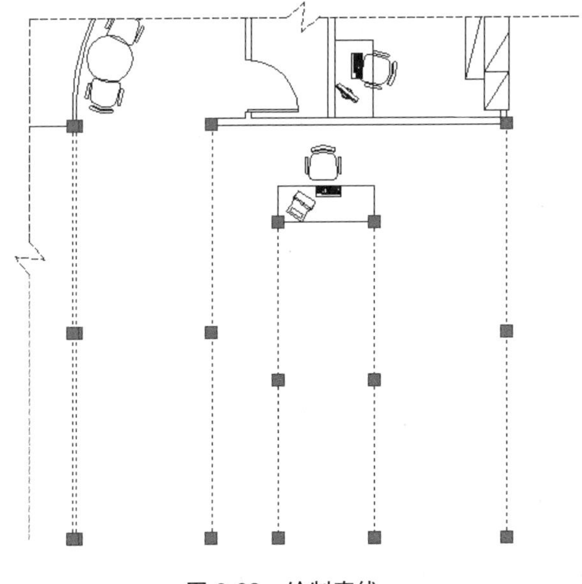

图 6-62　绘制直线

接下来，根据尺寸绘制 Y 轴向的线段。

(3) 直接单击“直线”按钮或使用“绘图”|“直线”菜单命令，命令行提示如下。

```
命令: _line 指定第一点:                //单击剖切虚线上一个端点
指定下一点或 [放弃(U)]:                //向右作水平线到相应的位置，回车
```

(4) 直接单击“偏移”按钮或使用“修改”|“偏移”菜单命令，命令行提示如下。

```
命令: _offset
当前设置: 删除源=否  图层=源  OFFSETGAPTYPE=0
指定偏移距离或 [通过(T)/删除(E)/图层(L)] <0.0000>: 2640
                                       //输入顶棚的高度为 2640 mm
选择要偏移的对象，或 [退出(E)/放弃(U)] <退出>:
                                       //选择下方的水平线段
指定要偏移的那一侧上的点，或 [退出(E)/多个(M)/放弃(U)] <退出>:
                                       //单击线段上方任意点，回车
```

依此类推，绘制出所有物体的立面高度，如图 6-63 所示。

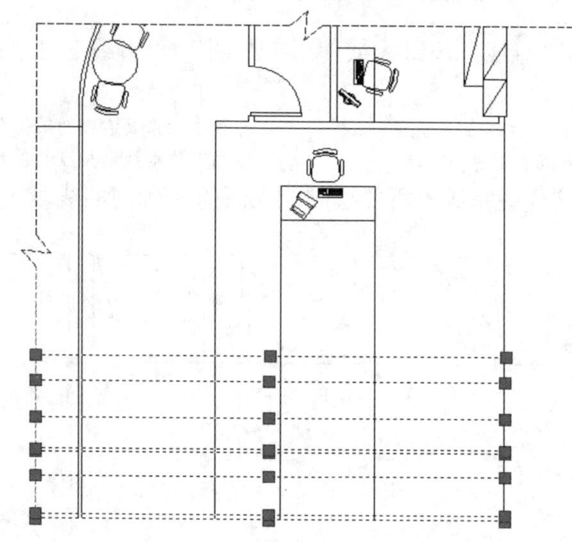

图 6-63　绘制物体立面高度

(5) 直接单击“修剪”按钮或使用“修改”|“修剪”菜单命令，命令行提示如下。

```
命令: _trim
当前设置:投影=UCS，边=无
选择剪切边...
选择对象或 <全部选择>:                 //回车
选择要修剪的对象，或按住 Shift 键选择要延伸的对象，或[栏选(F)/窗交(C)/投影
```

```
(P)/边(E)/删除(R)/放弃(U)]:          //多次选择多余的段线，回车
```

完成该命令的效果如图 6-64 所示。

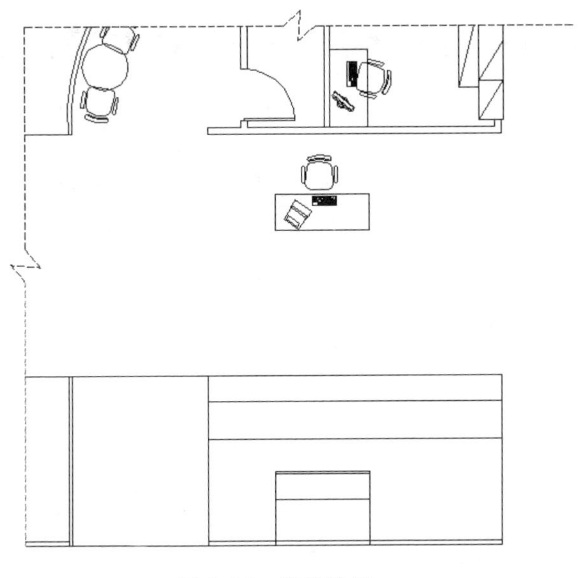

图 6-64 修剪效果

(6) 找到 CAD 资料文件中的“办公空间图块”文件。选择灯具图块使用“编辑”|“复制”菜单命令。

(7) 在已绘制的办公空间文件中，使用“编辑”|“粘贴为块”菜单命令，将图块插入室内任意点，如图 6-65 所示。

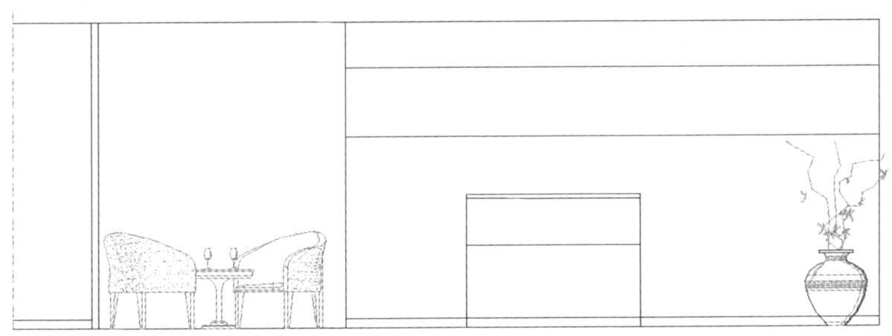

图 6-65 插入图块

(8) 直接单击“图案填充”按钮或使用“绘图”|“图案填充”菜单命令，命令行提示如下。

```
命令: _bhatch
拾取内部点或 [选择对象(S)/删除边界(B)]:正在选择所有对象...
                //参数详见图 6-66，单击“添加：拾取点”按钮，拾取不锈钢构件内部
```

```
正在选择所有可见对象...
正在分析所选数据...
正在分析内部孤岛...                //回车
```

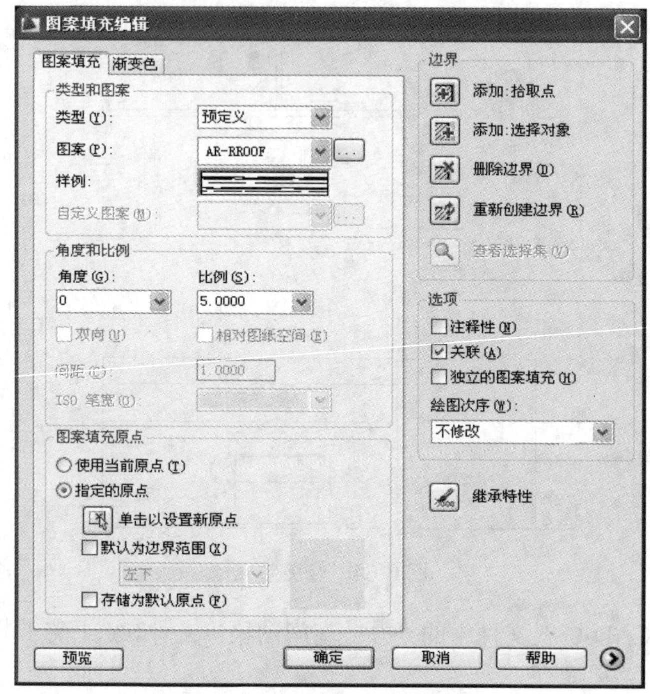

图 6-66 设置“图案填充参数”对话框

单击“预览”按钮观察填充效果，敲击空格键或单击鼠标右键回到“图案填充和渐变色”对话框，单击“确定”按钮，得到如图 6-67 所示的填充效果。

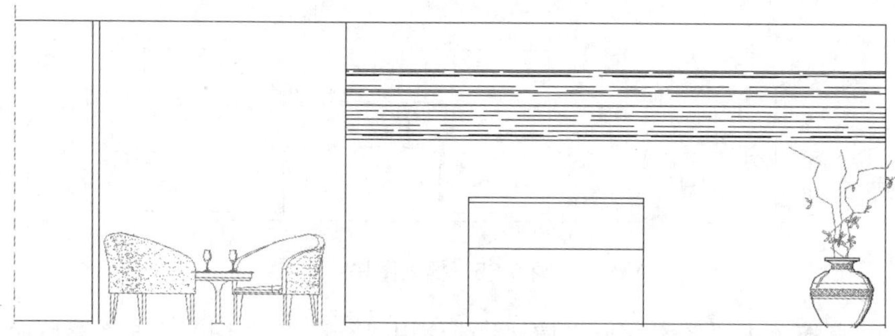

图 6-67 图案填充效果

(9) 再次使用“图案填充”命令完成形象背景墙和接待前台的填充，详细参数如图 6-68、图 6-69 所示。

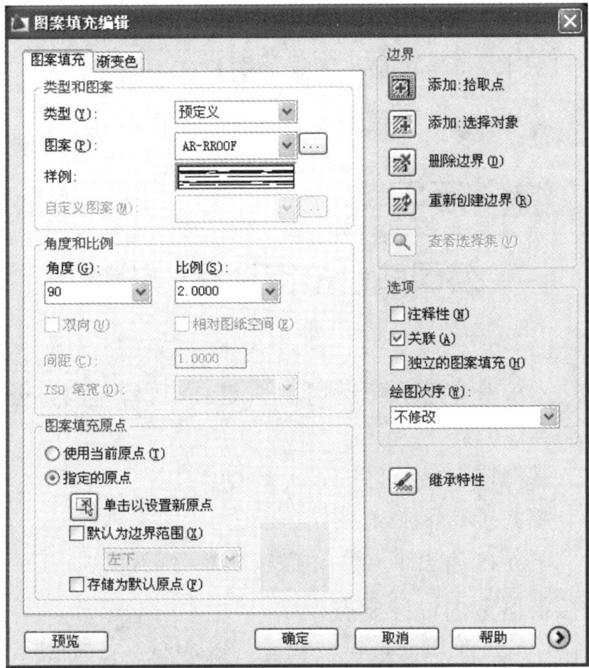


图 6-68 设置背景墙图案参数

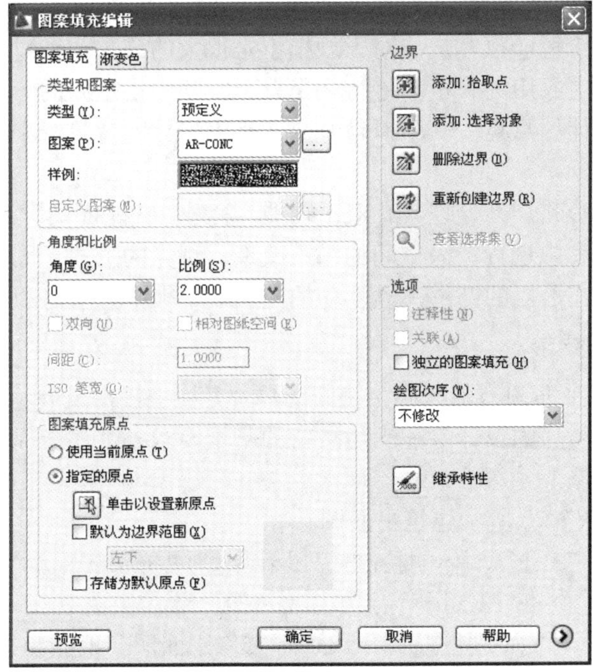


图 6-69 设置接待前台图案参数

(10) 绘制尺寸标注并添加文字、图例、符号。采用前面介绍的方法进行尺寸标注和添加文字、图例、符号，最终效果如图 6-60 所示。

## ➤ 任务三 综合项目实训

### ——公司前台接待处室内设计

➡ 任务概述 本部分主要介绍运用 AutoCAD 进行室内办公空间前台接待区施工图绘制的内容。

➡ 知识目标 掌握前台接待区的设计要点。

➡ 能力目标 掌握接待区施工图绘制能力。

➡ 素质目标 培养设计思维同实际操作相结合的能力。

#### 1. 公司前台接待区室内设计要点

接待区主要由接待台、企业标志、招牌、宾客等待区等部分组成。接待区是一个企业的门脸，设计中要反映出一个企业的行业特征和企业文化。在宾客休息区内一般会放置沙发、桌椅和供宾客阅读用的报刊，有的企业会将本企业的刊物、广告等一并展示给每一位客户。对于规模不是很大的公司，有时也会在接待区内设置一个供员工更衣用的衣柜。接待区是办公空间中最重要的一个空间，是现代办公空间装修设计的重点。其中以带有企业标志形象的背景墙和接待前台为设计主线。

接待区的色彩和灯光处理具有双重功能：第一，它能提供所需的照明；第二，它还可利用其光和影进行室内空间的二次改造。灯光的形式无固定形式，应该用各种照明装置，在恰当的部位，以生动的光影效果来丰富室内的空间。

#### 2. 实训任务要求

图 6-70 所示平面图为某一办公空间的局部，提供接待及展示功能，定位为后现代的风格。希望房间设计除能满足接待的基本要求外，还能提供展示功能，并体现出公司的形象。

(1) 绘制如图 6-70 所示建筑平面图。

① 按照图 6-70 进行墙体的绘制，外墙厚度为 240 mm。

② 按照图 6-70 进行尺寸标注。

(2) 在绘制的建筑平面图基础上，进行装修平面图、地面和顶棚图的设计。

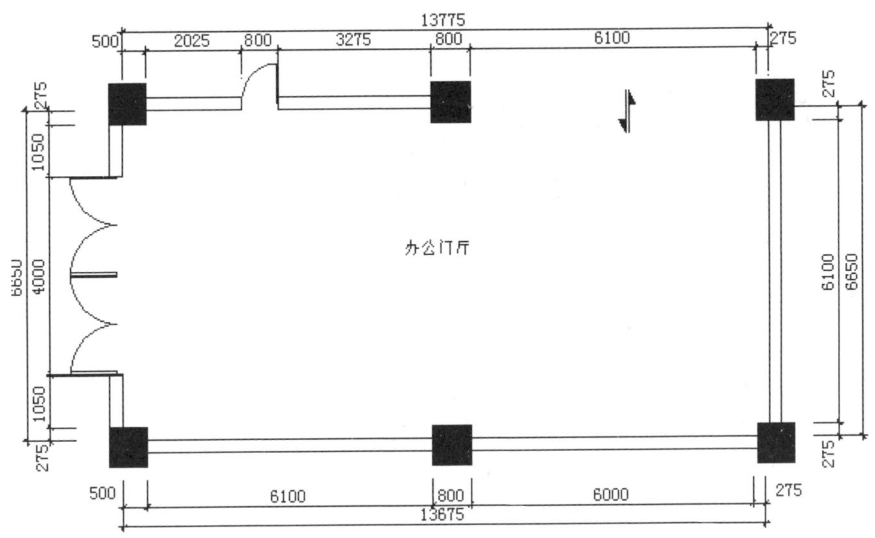


图 6-70　公司前台接待区建筑平面图

① 熟练使用 AutoCAD 进行空间隔断，内墙厚度为 120 mm，布局合理。

② 熟练使用 AutoCAD 绘制、插入图块，图块放置合理、尺寸正确。

③ 对部分位置进行文字说明及索引符号绘制，文字字体、大小合适。

(3) 按照装饰平面图的布局，进行室内立面图的设计。

① 熟练使用 AutoCAD 进行立面的绘制，前台接待处净高为 3000 mm。

② 结构、材质合理，尺寸正确。

③ 对部分位置进行材质文字说明，文字字体、大小合适。

### 3. 实训任务评价

(1) 能熟练运用 AutoCAD 进行建筑平面图绘制。(25 分)

① 建筑平面图墙体结构能如图 6-70 所示绘制。(15 分)

② 建筑平面图尺寸标注数据正确、尺寸样式合理。(10 分)

(2) 能熟练运用 AutoCAD 进行平面布置图、地面和顶棚图，以及室内立面图的绘制，并且要求布局合理，家具等设施摆放科学，能有效利用空间，符合设计原理。(75 分)

① 能正确绘制或插入图块，图块尺寸正确。(20 分)

② 文字说明详细正确、文字样式合理。(10 分)

③ 结构、材质运用合理。(15 分)

④ 图块使用正确，放置合理。(15 分)

⑤ 空间利用率高，能满足客户需求，富有设计感。(15 分)

# ➢ 任务四 综合项目实训

## ——公司会议室室内设计

任务概述　本部分主要介绍运用 AutoCAD 进行室内办公空间会议室施工图绘制的内容。

知识目标　掌握会议室的设计要点。

能力目标　掌握会议室施工图绘制能力。

素质目标　培养设计思维同实际操作相结合的能力。

### 1. 公司会议室室内设计要点

会议室在现代办公空间中具有举足轻重的地位。在日常及重要活动中，召开各种会议是必不可少的。从某种意义上说，会议室是公司形象的体现。对公司内部来讲，则是管理层之间、管理层同普通员工交流的场所之一。会议室在室内设计上首先要从功能出发，满足人们视觉、听觉及舒适度的要求。

1) 会议室的类型

决策性会议室：用于定期召开的决定性会议，使用 U 形家具布置，设信息交流及语言传播的声向布置。

通信会议室：用于电视会议，使用半圆形家具，具备先进通信设备、现代化办公设备。

标准会议室：多用处的一般会议空间，使用长方形、圆形组合家具，强调室内空间的随意变化。

2) 会议室的室内设计

一般情况下，会议室由六个围合界面组成基本的会议空间。在这个空间中，占中心地位的是会议空间，即由会议桌和会议椅组成的空间。会议家具的款式和造型往往决定空间的基本风格，空间界面应围绕这个中心来展开。顶棚的主要作用是提供照明并通过造型来形成虚拟空间，增加向心力。地面一般作为一个完整界面来处理，如果有需要也可通过不同材质或利用不同标志来划分各区域。在首长座的背面和正面，一般处理成形象背景，并可安排视听设备。

### 2. 实训任务要求

图 6-71 所示为某一办公空间会议室，定位于标准会议室，能容纳 25 人左右，装修风格为后现代的风格。希望房间设计除能满足接待的基本要求外，还能提供

展示功能，并体现出公司的形象。

(1) 绘制如图 6-71 所示建筑平面图。

① 按照图 6-71 进行墙体的绘制，外墙厚度为 240 mm。

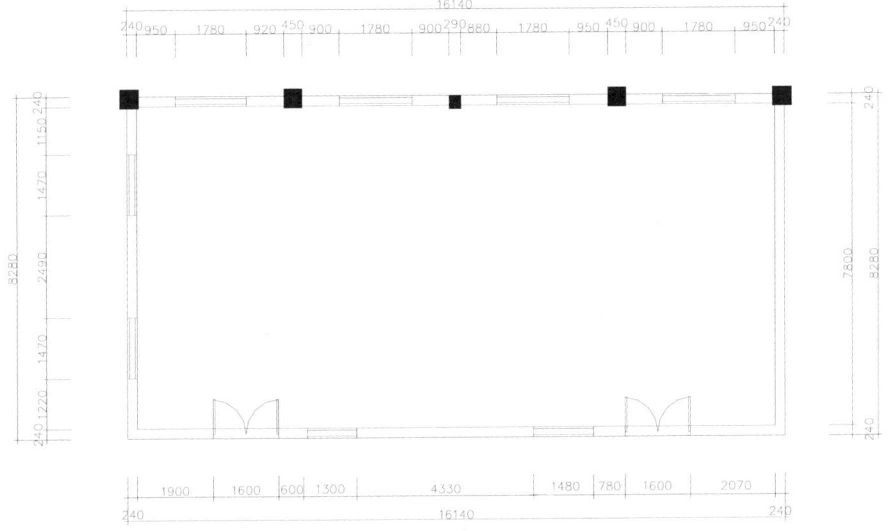


图 6-71　公司会议室建筑平面图

② 按照图 6-71 进行尺寸标注。

(2) 在绘制的建筑平面图基础上，进行装修平面图、地面和顶棚图的设计。

① 熟练使用 AutoCAD 绘制、插入图块，图块放置合理，布局合理，尺寸正确。

② 对部分位置进行文字说明及索引符号绘制，文字字体、大小合适。

(3) 按照装饰平面图的布局，进行室内立面图的设计。

① 熟练使用 AutoCAD 进行立面图的绘制，公司会议室净高为 3000 mm。

② 结构、材质合理，尺寸正确。

③ 对部分位置进行材质文字说明，文字字体大小合适。

### 3. 实训任务评价

(1) 能熟练运用 AutoCAD 进行建筑平面图绘制。(25 分)

① 建筑平面图墙体结构能如图 6-71 所示绘制。(15 分)

② 建筑平面图尺寸标注数据正确、尺寸样式合理。(10 分)

(2) 能熟练运用 AutoCAD 进行平面布置图、地面和顶棚图，以及室内立面图的绘制，并且要求布局合理，家具等设施摆放科学，能有效利用空间，符合设计原理。(75 分)

① 能正确绘制或插入图块，图块尺寸正确。(20 分)
② 文字说明详细正确、文字样式合理。(10 分)
③ 结构、材质运用合理。(15 分)
④ 图块使用正确，放置合理。(15 分)
⑤ 空间利用率高，能满足客户需求，富有设计感。(15 分)

# 项目七 室内设计后期图纸打印与文件输出

本项目主要介绍图纸后期打印和文件输出方法与技巧，为室内设计的打印出图奠定基础。

## 任务一 图纸打印

任务概述　主要介绍图形打印相关的知识，包括如何配置模型空间与布局空间打印的具体过程。

知识目标　掌握模型空间与布局空间打印的相关设置，绘图仪的添加。

能力目标　掌握配置打印设备、设置打印页面、在模型空间快速打印、在布局空间精确打印。

素质目标　在实际工作中，无论从哪个空间打印图形，都应当保持图形中的文字、符号和线型等元素在打印图样中大小适当。

### 1. 图纸打印

在 AutoCAD 中执行绘图和编辑操作时，可以采用不同的工作空间，即模型空间和图纸(又称为布局)空间。在不同的工作空间可以完成不同的操作，如绘图操作和编辑操作、安排、注释和显示控制等。

1) 模型空间和图纸空间的概念

在使用 AutoCAD 绘图时，大多数设计和绘图的工作都是在模型空间完成二维或三维图形。模型空间和图纸空间的区别主要在于：模型空间是针对图形实体的空间，是放置几何模型的三维坐标空间；而图纸空间是针对图纸布局而言的，是模拟图纸的平面空间，它的所有坐标都是二维的。需要指出的是，两者采用的坐标系是一样的。

在绘图工作中，无论是二维还是三维图形的绘制与编辑工作，都是在模型空间这个三维坐标空间下进行的。

模型空间就是创建工程模型的空间，它为用户提供一个广阔的绘图区域。用户在模型空间中所需考虑的只是单个的图形是否绘出或正确与否，而不用担心绘图空间是否足够大。包含模型特定视图和注释的最终布局则位于图纸空间。也就是说，图纸空间用于创建最终的打印布局，而不用于绘图或设计工作。图纸空间侧重于图纸的布局工作，将模型空间的图形按照不同的比例搭配，再加以文字注释，最终构成一个完整的图形。在这个空间里，用户几乎不需要再对任何图形进行修改，只要考虑图形在整张图纸中如何布局就可。因此在绘图时，建议用户先在模型空间内进行绘制和编辑，在上述工作完成之后再进入图纸空间内进行布局调整，直到最终出图。

在模型空间和图纸空间中，AutoCAD 都允许使用多个视图。但在两种绘图空间中，多视图的性质与作用是不同的。在模型空间中，多视图只是为了便于观察和绘图，因此其中的各个视图与原绘图窗口类似。在图纸空间中，多视图的主要目的是便于进行图纸的合理布局，用户可以对其中的任何一个视图本身进行基本的编辑操作(如复制和移动等)。

**注意**

模型空间与图纸空间的概念较为抽象，初学者只需简单了解即可。它们的细微之处可以在以后的使用过程中逐步体会。需要注意的是，在模型空间与图纸空间中 UCS 图标是不同的，但均是三维图标。

2) 模型空间和图纸空间的切换

在 AutoCAD 2012 中，模型空间与图纸空间的切换可以通过单击绘图区下部的 模型 / 布局1 / 布局2 来实现。单击“模型”标签即可进入模型空间，单击“布局”标签则可进入图纸空间。布局空间的界面如图 7-1 所示。

#### 2. 布局空间打印

在 AutoCAD 2012 中，可以创建多种布局，每个布局都代表一张单独的打印输出图纸。创建新布局后就可以在布局中创建浮动视口，视口中的各个视图可以使用不同的打印比例，并能够控制视口中图层的可见性。

1) 创建布局

**执行方式**

菜单：“插入”|“布局”|“新建布局”

工具栏：“布局”|“新建布局”，如图 7-2 所示。

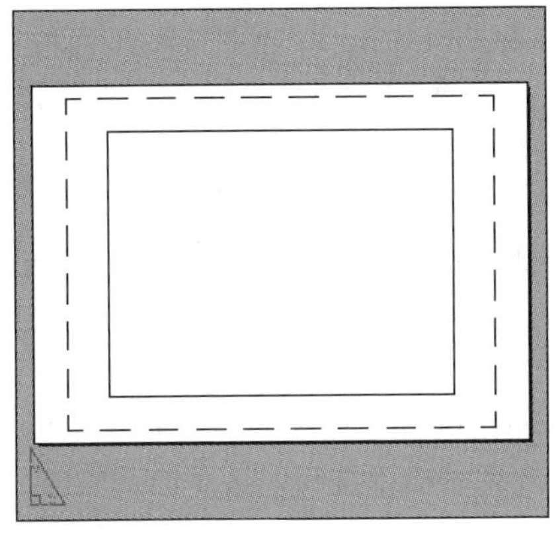

图 7-1　图纸布局空间界面

图 7-2　“布局”工具栏

### 操作步骤

执行上述命令，命令行提示如下。

输入布局选项[复制(C)/删除(D)/新建(N)/样板(T)/重命名(R)/另存为(SA)/设置(S)/?]<设置>: _new

输入新布局名<布局 3>:　　　　　　　　//输入新布局名，回车完成

2) 使用“创建布局向导”创建布局

使用“创建布局向导”创建名称为“布局 3”、打印机为 DWF6 ePlot.pc3、打印图纸大小为 ISO A4(297 mm×210 mm)、打印方向为纵向的布局。具体操作步骤如下。

(1) 在菜单栏中，选择“插入”|“布局”|“创建布局向导”命令，弹出“创建布局-开始”对话框，如图 7-3 所示，在该对话框中输入新的布局名称后，单击“下一步”按钮。

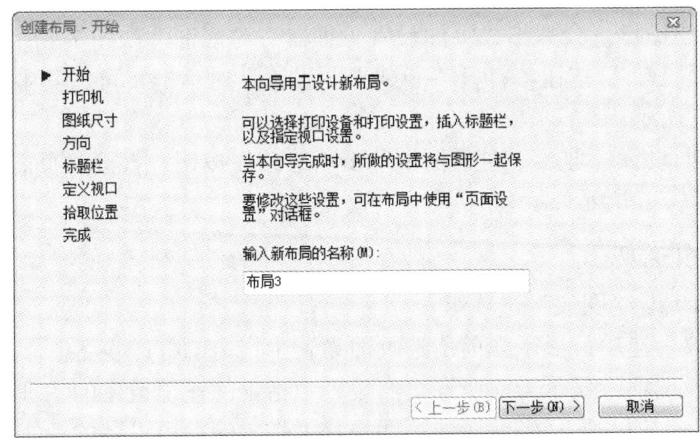


图 7-3　“创建布局-开始”对话框

⑵ 选择当前配置的打印机为 DWF6 ePlot.pc3，单击“下一步”按钮。

⑶ 设置打印图纸的大小为“ISO A4”(297 mm×210 mm)，所用的单位为毫米，单击“下一步”按钮。

⑷ 设置打印的方向为“纵向”，单击“下一步”按钮。

⑸ 选择图纸的边框和标题栏的样式，在“类型”选项组中可以指定所选择的标题栏图形文件是作为块还是作为外部参照插入当前图形中。设置完成后单击“下一步”按钮。

⑹ 指定新布局的默认视口的设置和比例等，在“视口设置”选项组中选中“单个”单选按钮，在“视口比例”下拉列表框中选择“按图纸空间缩放”选项。设置完成后单击“下一步”按钮。

⑺ 单击“选择位置”按钮，切换绘图窗口，用鼠标在绘图区指定视口的大小和位置。

⑻ 单击“下一步”按钮，然后单击“完成”按钮，即可完成新布局及默认的视口创建。

3) 布局的页面设置

页面设置是打印设备和其他影响最终输出的外观和格式设置的集合。用户可以修改这些设置，并将其应用到其他布局中。

**执行方式**

命令行：PAGESETUP

菜单：“文件”|“页面设置管理器”

工具栏：布局|页面设置管理器

**操作步骤**

执行上述操作，会弹出“页面设置管理器”对话框，如图 7-4 所示。

单击“新建...”按钮，打开“新建页面设置”对话框，可在其中创建新的布局，如图 7-5 所示。

在“页面设置管理器”对话框中单击“修改”按钮，打开“页面设置-模型”对话框，如图 7-6 所示。

**选项说明**

- “打印机/绘图仪”选项组

“绘图仪”选项：显示当前所选页面设置中指定的打印设备。

“位置”选项：显示当前所选页面设置中指定的输出设备的物理位置。

“说明”选项：显示当前所选页面设置中指定的输出设备的说明文字。

“局部预览”选项：精确显示相对于图纸尺寸和可打印区域的有效打印区域。

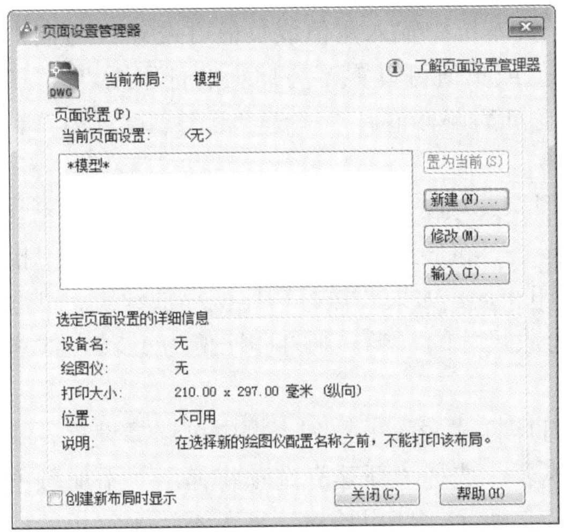


图 7-4 “页面设置管理器”对话框

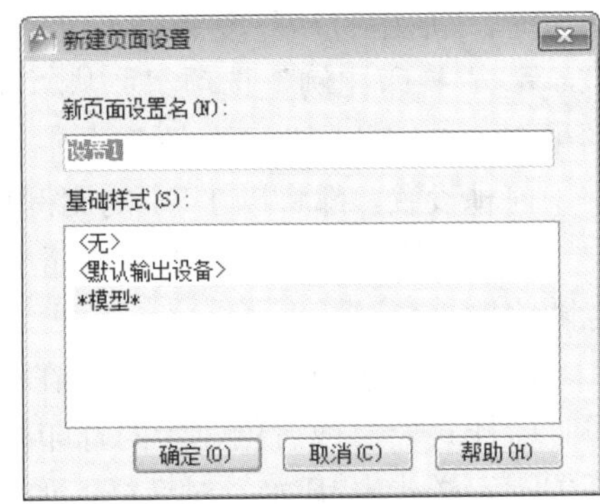


图 7-5 “新建页面设置”对话框

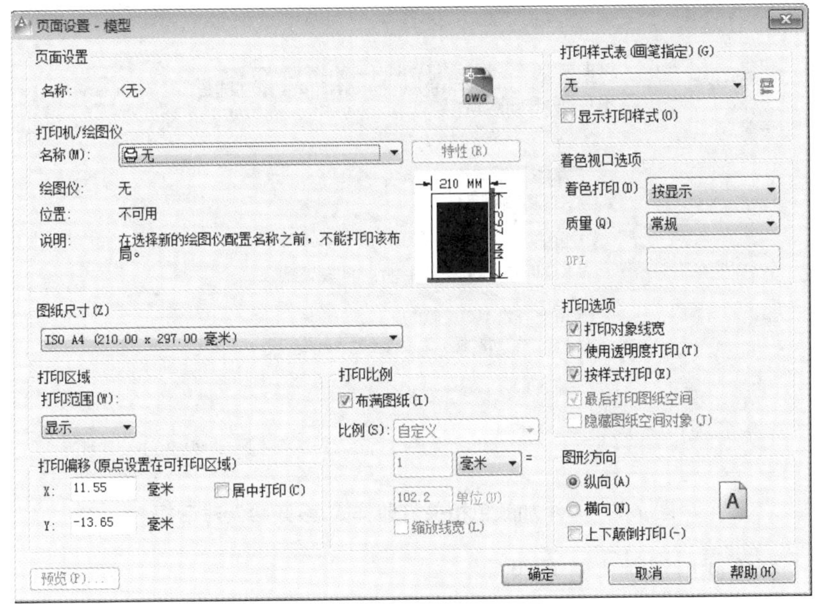


图 7-6 “页面设置-模型”对话框

● “图纸尺寸”下拉列表框：显示所选打印设备可用的标准图纸尺寸，如果未选择绘图仪，则该下拉列表框中将显示全部标准图纸尺寸列表，可从列表中选择合适的图纸尺寸。

● “打印区域”选项组：“打印范围”下拉列表框中可选择要打印的图形区域，包括布局、窗口、范围和显示。

- “打印偏移”选项组：在“X”文本框中输入正值或负值可设置 X 方向上的打印原点，在“Y”文本框中输入正值或负值可设置 Y 方向上的打印原点。“居中打印”复选框可以自动计算 X 偏移值和 Y 偏移值。当“打印范围”设置为“布局”时，“居中打印”复选框不可用。
- “打印比例”选项组：从“模型”选项卡打印时，默认设置为布满图纸，如果在“打印范围”下拉列表框中选择了“布局”选项，则无论在“比例”中指定了何种设置，都将以 1∶1 的比例打印布局。如果要按打印比例缩放线宽，可选中“缩放线宽”复选框。如果要缩小为原尺寸的一半，则打印比例为 1∶2，线宽也随比例缩放。
- “打印样式表”选项组：在“打印样式表”下拉列表框中可选择设置、编辑打印样式表，或者创建新的打印样式表。选择“新建”选项将弹出“添加颜色相关打印样式表-开始”对话框，如图 7-7 所示，使用该对话框可添加颜色相关打印样式表。

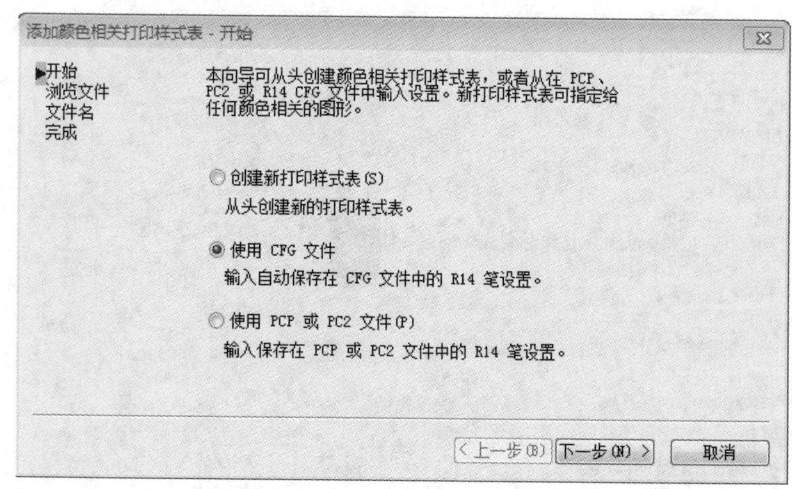


图 7-7 “添加颜色相关打印样式表-开始”对话框

- “着色视口选项”选项组

“着色打印”下拉列表框：指定视图的打印方式，要为“布局”选项卡上的视口指定此设置，可以选择该视口，然后在“工具”菜单栏中选择“特性”，在“质量”下拉列表框中可指定着色和渲染视口的打印分辨率。

“质量”下拉列表框：选择了“自定义”选项，可以在 DPI 文本框中设置渲染和着色视图的每英寸点数，最大可为当前打印设备分辨率的最大值。

- “打印选项”选项组

“按样式打印”复选框：设置是否打印应用于对象和图层的打印样式，如果选择此复选框，则将自动选中“打印对象线宽”复选框。如果没有选中该复选框，则可通过“打印对象线宽”复选框来设置是否打印指定给对象和图层的线宽。

“最后打印图纸空间”复选框：可以先打印模型空间几何图形。通常先打印图纸空间几何图形，然后再打印模型空间几何图形。

“隐藏图纸空间对象”复选框：设置“消隐”操作应用于图纸空间视口中的对象。

● “图形方向”选项组

“纵向”或“横向”单选按钮：可指定图形在图纸上的打印方向为纵向或横向。

“上下颠倒复印”复选框：可颠倒图形进行打印。

### 3. 模型空间打印

使用默认方式启动 AutoCAD 2012 后，程序界面中只有一个视口显示，它就是模型空间。AutoCAD 的模型空间提供了一个无限大的电子虚拟绘图空间，可以按照物体的实际尺寸进行图形绘制，并且在绘制完成后按照合适的比例一次性快捷、准确地将图形打印输出。本例将在模型空间内按照 1.6∶1 的出图比例，将工程平面图精确输出到 1 号图纸上，通过该过程来学习“页面设置管理器”和“打印预览”命令的操作方法和技巧。本例打印效果如图 7-8 所示。

(1) 执行“文件”|“打开”菜单命令，打开 CAD 资料文件“打印图.dwg”，如图 7-9 所示。

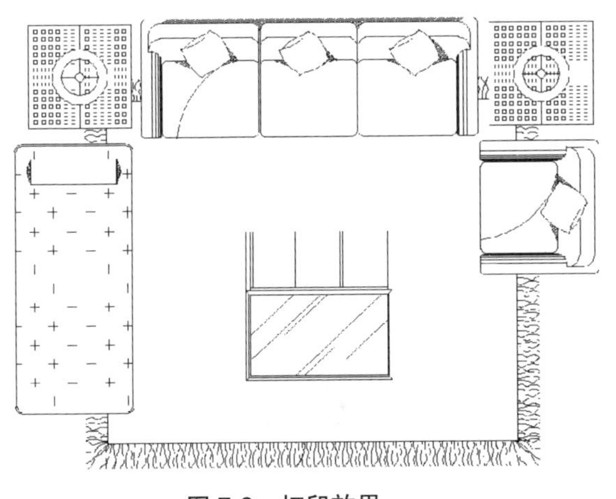

图 7-8　打印效果

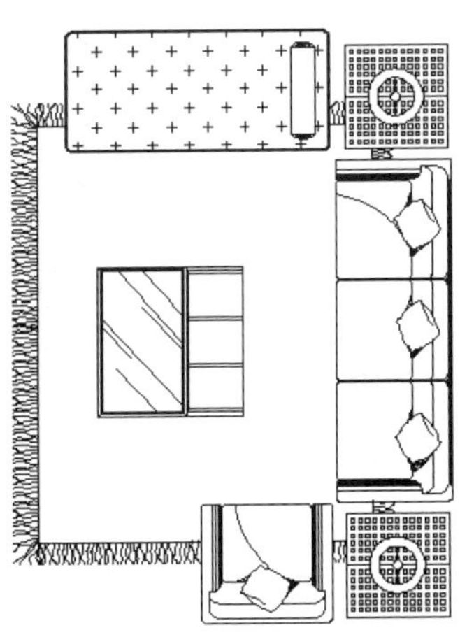

图 7-9　图形源文件

(2) 执行“文件”|“页面设置管理器”菜单命令，打开“页面设置管理器”对话框，如图 7-10 所示。

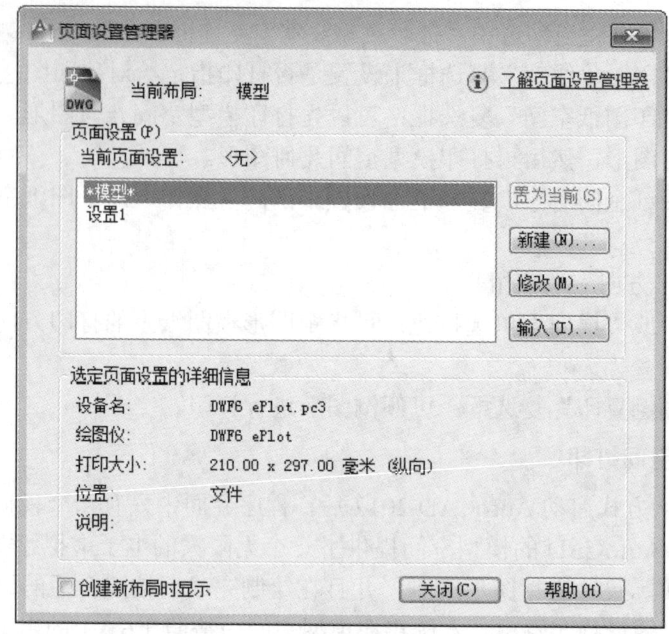


图 7-10　“页面设置管理器”对话框

(3) 在“页面设置管理器”对话框中单击“新建...”按钮，弹出“新建页面设置”对话框，如图 7-11 所示。保持对话框的默认设置，单击“确定”按钮关闭对话框。

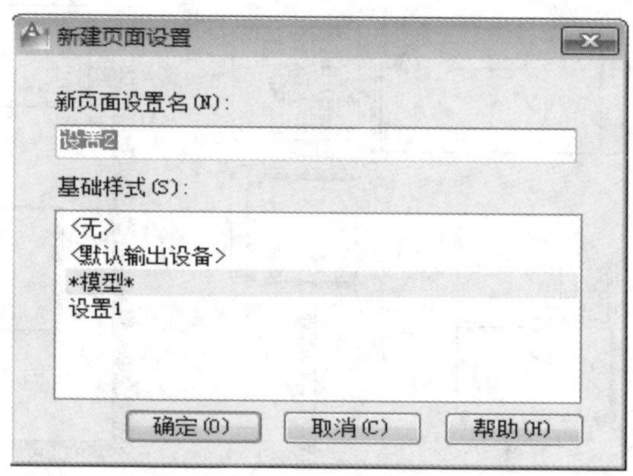


图 7-11　“新建页面设置”对话框

(4) 退出“新建页面设置”对话框后，将打开“页面设置-模型”对话框。在该对话框中设置打印机的名称、图纸尺寸、打印偏移、打印比例等页面参数，如图 7-12 所示。

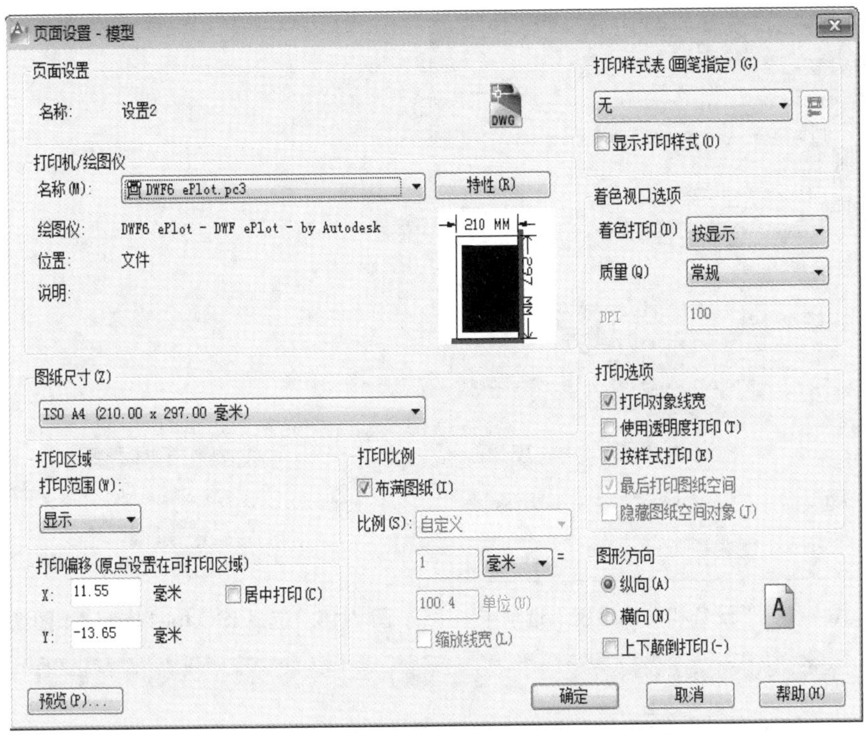


图 7-12　设置页面参数

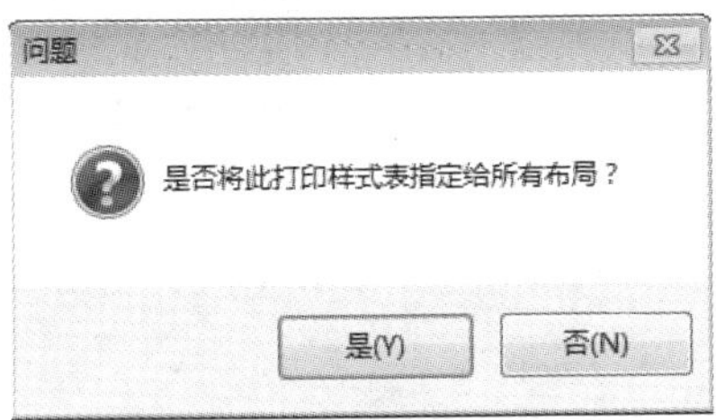


图 7-13　“问题”对话框

(5) 在“打印样式表”选项组的下拉列表中选择“acad.ctb”选项，将会弹出“问题”对话框，如图 7-13 所示。

(6) 单击“是”按钮，将设置的“acad.ctb”打印样式指定给所有布局。接下来在“打印机/绘图仪”选项组中，单击“名称”列表栏右侧的“特性”按钮，打开“绘图仪配置编辑器-DWF6 ePlot.pc3”对话框，参照图 7-14 在“设备和文档设置”选项卡中，选择“用户定义图纸尺寸与校准”目录下的“修改标准图纸尺寸(可打印区域)”选项。

(7) 在“修改标准图纸尺寸”选项组的列表框内，选择“ISO full bleed A1”图纸尺寸，如图 7-15 所示。

(8) 单击“修改”按钮，打开“自定义图纸尺寸-可打印区域”对话框，参照图 7-16 将该对话框中的各项参数均设置为 0。

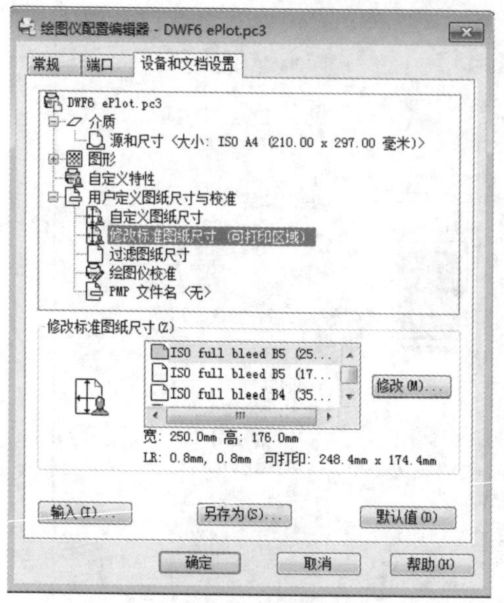


图 7-14 “设备和文档设置”选项卡

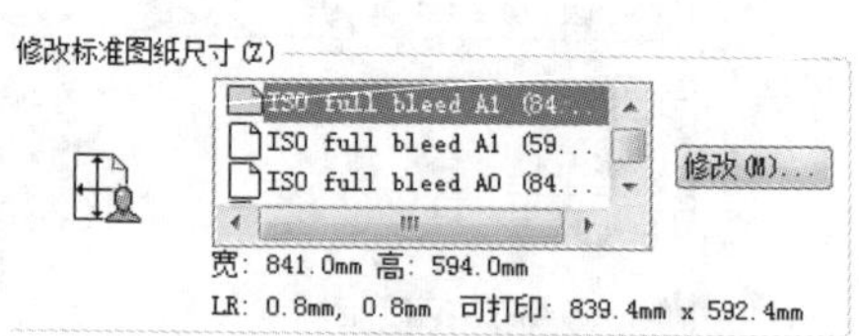


图 7-15 选择 ISO full bleed A1 图纸尺寸

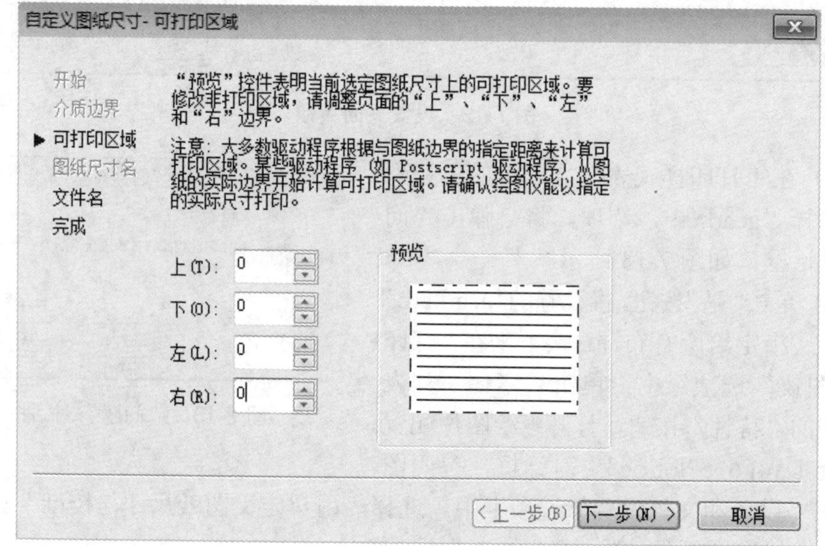


图 7-16 修改图纸打印区域

(9) 单击“下一步”按钮，打开“自定义图纸尺寸-文件名”对话框，在该对话框中设置修改标准图纸尺寸后的 PMP 文件名，如图 7-17 所示。

(10) 再次单击“下一步”按钮，打开“自定义图纸尺寸-完成”对话框，在该对话框中列出了修改后的标准图纸的尺寸，如图 7-18 所示。

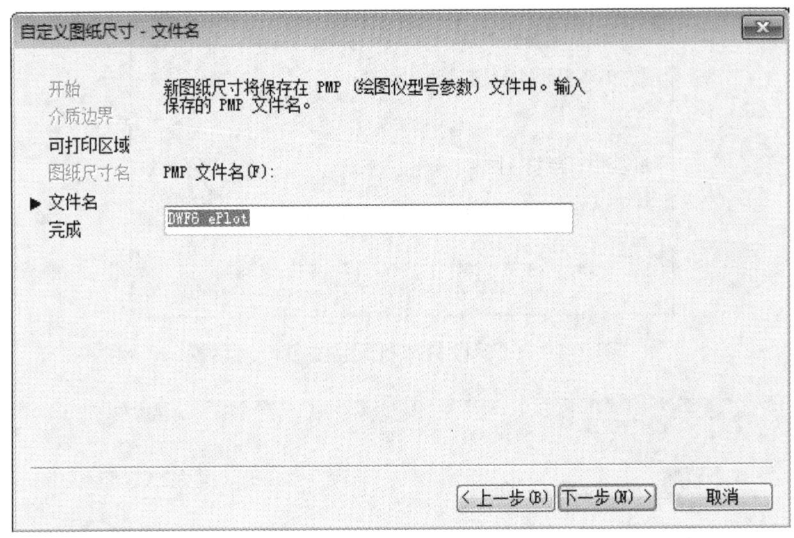


图 7-17 设置 PMP 文件名

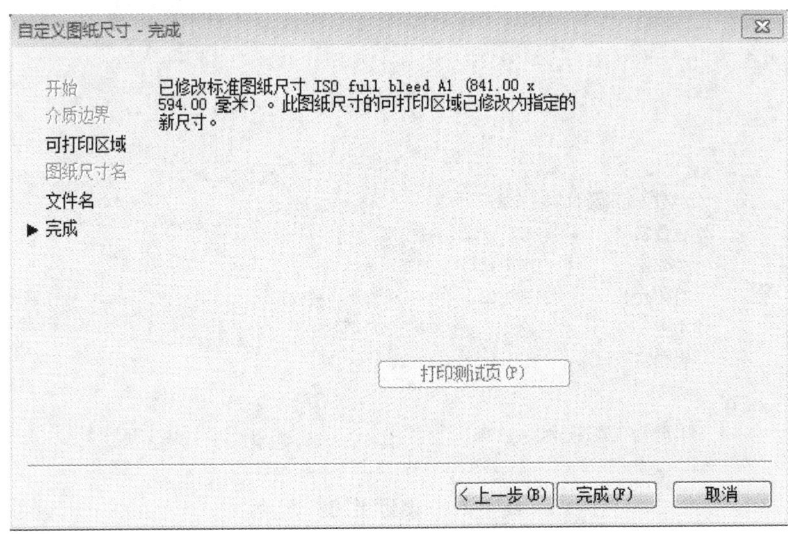


图 7-18 “自定义图纸尺寸-完成”对话框

(11) 单击“完成”按钮，返回“绘图仪配置编辑器-DWF6 ePlot.pc3”对话框，单击“确定”按钮，这时将弹出“修改打印机配置文件”对话框，如图 7-19 所示。单击“确定”按钮，将修改后的图纸尺寸应用到当前设置。

(12) 在“页面设置-模型”对话框中，单击“确定”按钮，返回“页面设置管理器”对话框，在该对话框中将刚创建的新页面“设置 2”置为当前页面，如图 7-20 所示，同时单击“关闭”按钮关闭对话框。

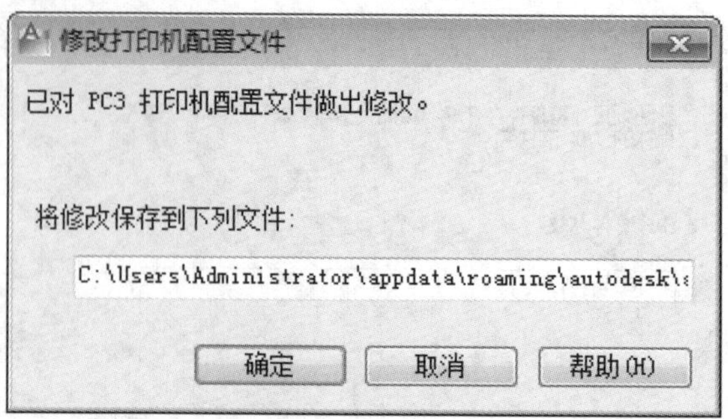


图 7-19 “修改打印机配置文件”对话框

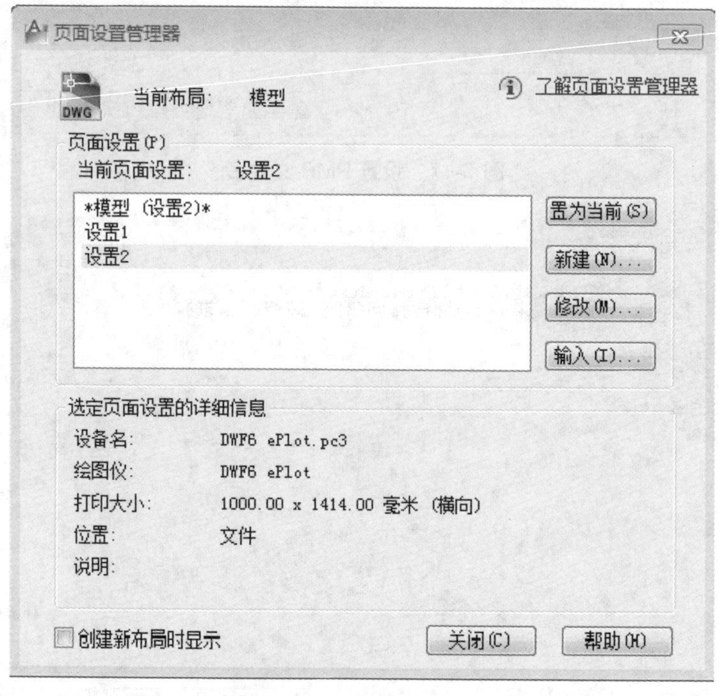


图 7-20 设置当前页面

(13) 执行“文件”|“打印预览”命令，将对当前图形进行打印预览，结果如图 7-21 所示。

(14) 单击工具栏中的“打印”按钮，将打开“浏览打印文件”对话框，如图 7-22 所示。在该对话框中设置打印文件的保存路径及文件名称。

(15) 单击“保存”按钮，系统将弹出“打印作业进度”对话框，对话框关闭后，打印过程即可结束，如果此时打印机处于开机状态，则可将该平面图输出到 1 号图纸上。

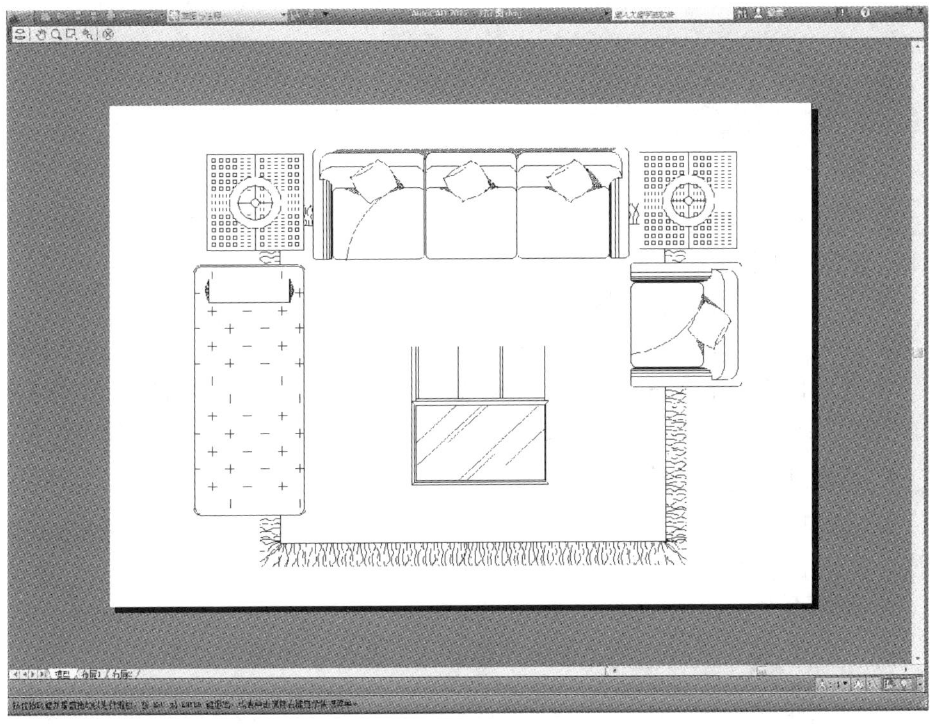

图 7-21　打印预览

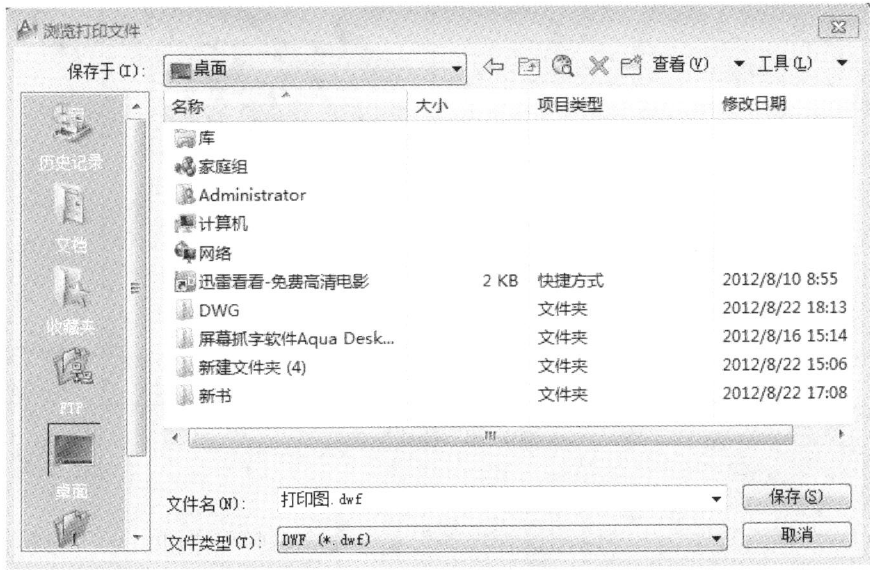


图 7-22　保存打印文件

# 任务二 文件输出

任务概述　主要介绍打印输出相关的知识，只有将设计成果打印输出到图纸上，才算完成整个绘图的流程。

知识目标　掌握打印输出相关知识。

能力目标　掌握打印输出功能及其他软件间的数据转换功能。

素质目标　掌握后期打印输出功能及其他软件间的数据转换功能，使打印出的图纸能够完整、准确地表达设计意图和效果，让设计与生产紧密结合起来。

**1. 将图纸输出为图片格式**

本例利用 AutoCAD 2012 的绘图仪管理器把“.dwg”格式的文件输出为光栅图像，具体步骤如下。

1) 打开打印文件

找到 CAD 资料文件中的“栅格图像.dwg”文件，如图 7-23 所示。

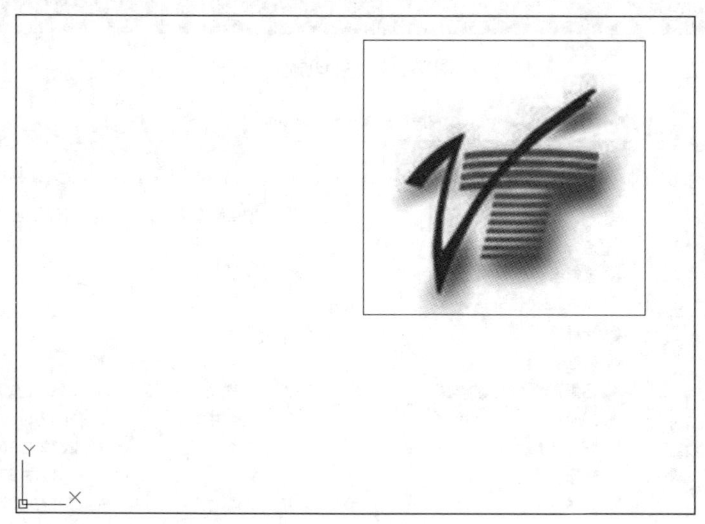


图 7-23　栅格图像

2) 添加绘图仪

(1) 选择“文件” | “绘图仪管理器”菜单命令后弹出“plotters”对话框，如图 7-24 所示。

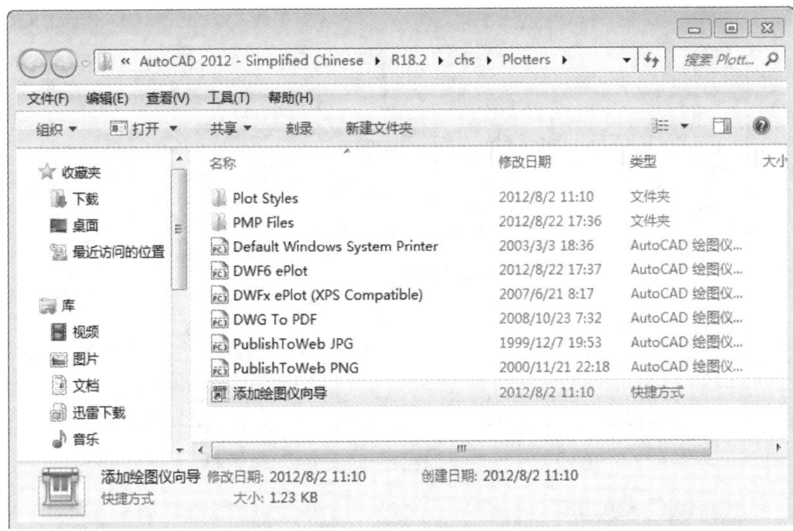


图 7-24 “plotters”对话框

(2) 双击“添加绘图仪向导”图标后弹出“添加绘图仪-简介”对话框，如图 7-25 所示。

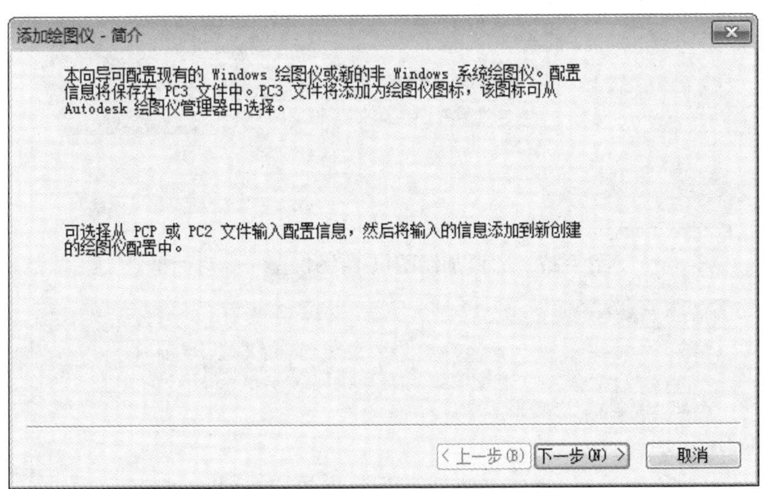


图 7-25 “添加绘图仪-简介”对话框

(3) 单击“下一步”按钮，弹出“添加绘图仪-开始”对话框，如图 7-26 所示。

(4) 单击“下一步”按钮，弹出“添加绘图仪-绘图仪型号”对话框，如图 7-27 所示。

(5) 单击“下一步”按钮，弹出“添加绘图仪-输入 PCP 或 PC2”对话框，如图 7-28 所示。

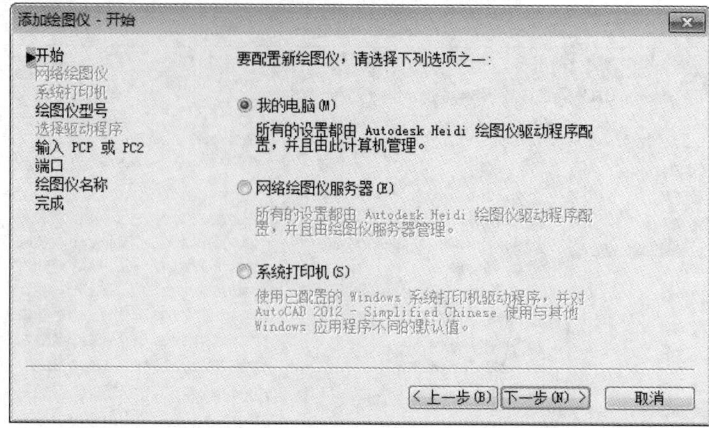


图 7-26 “添加绘图仪-开始”对话框

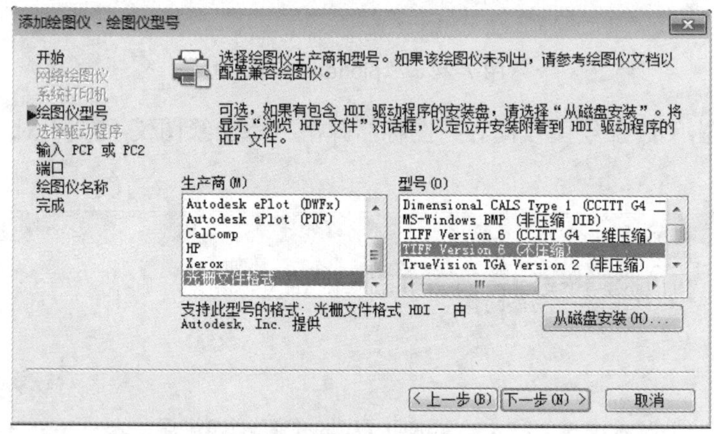


图 7-27 “添加绘图仪-绘图仪型号”对话框

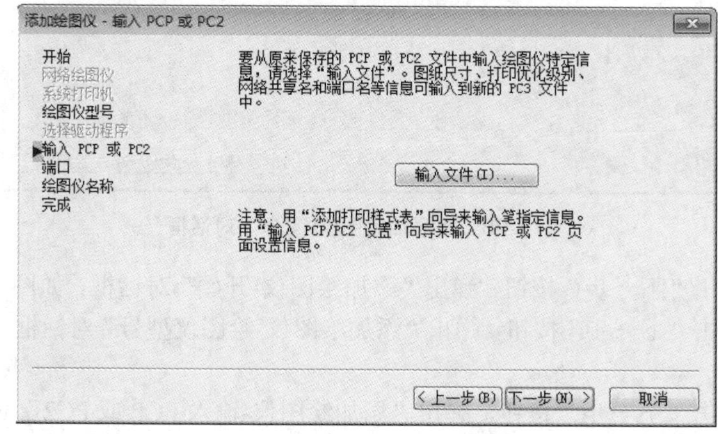


图 7-28 “添加绘图仪-输入 PCP 或 PC2”对话框

(6) 单击“下一步”按钮，弹出“添加绘图仪-端口”对话框，如图 7-29 所示。

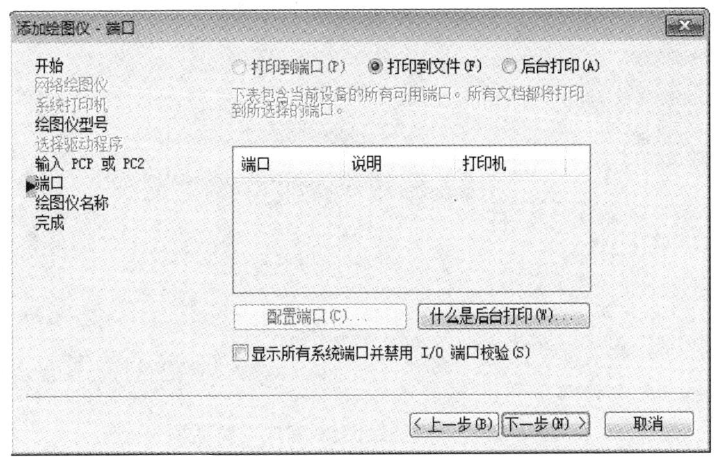


图 7-29　“添加绘图仪-端口”对话框

(7) 单击“下一步”按钮，弹出“添加绘图仪-绘图仪名称”对话框，如图 7-30 所示。

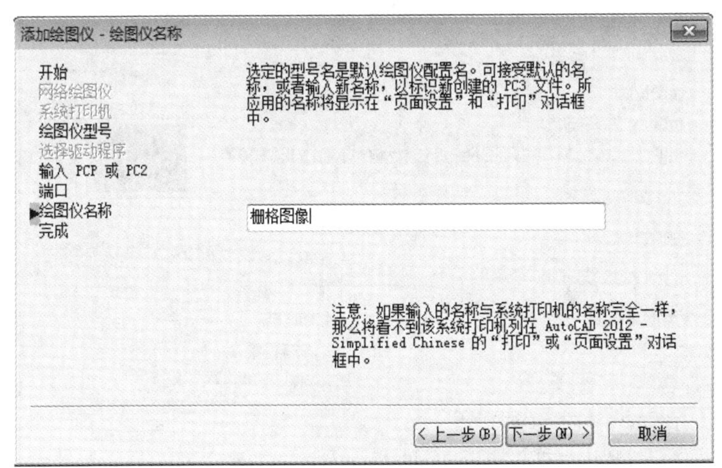


图 7-30　“添加绘图仪-绘图仪名称”对话框

(8) 单击“下一步”按钮，弹出“添加绘图仪-完成”对话框，如图 7-31 所示。

(9) 单击“完成”按钮完成操作。

3) 打印图纸

(1) 选择“文件”|“打印”菜单命令，弹出“打印-模型”对话框，如图 7-32 所示。

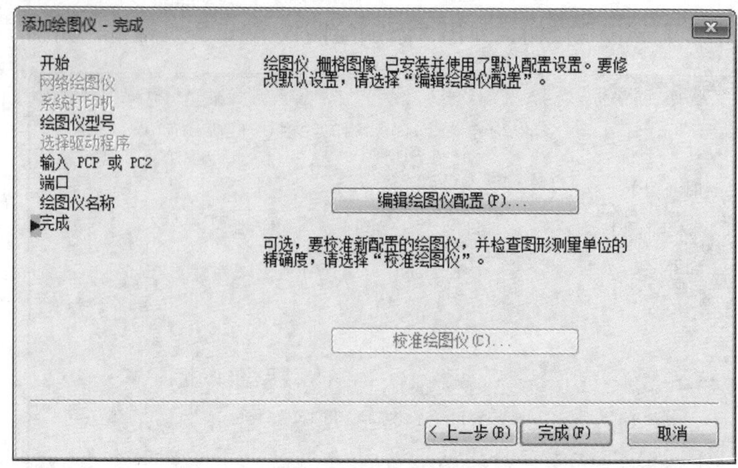


图 7-31 “添加绘图仪-完成”对话框

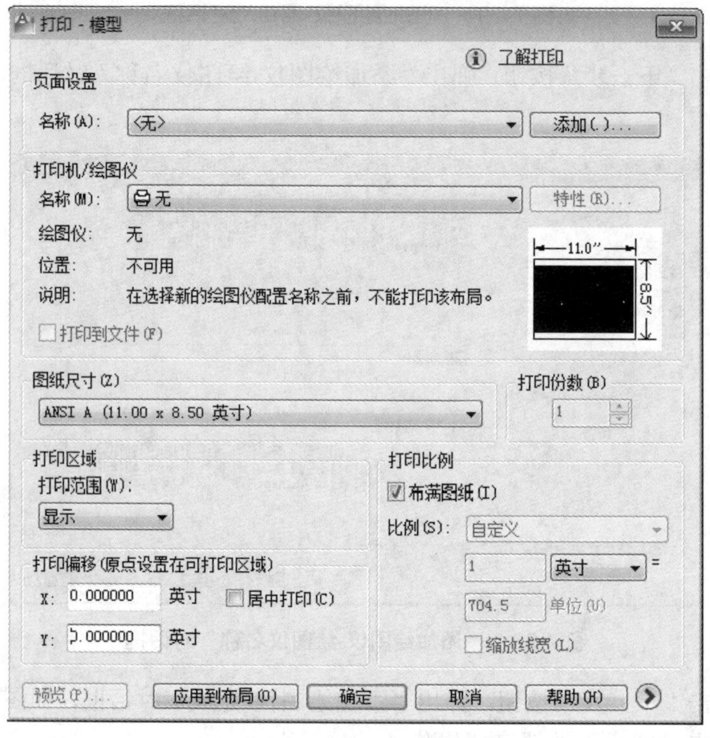


图 7-32 “打印-模型”对话框

(2) 单击“打印机/绘图仪”下拉图标，从中选择新建的虚拟打印机“栅格图像.pc3”，如图 7-33 所示。

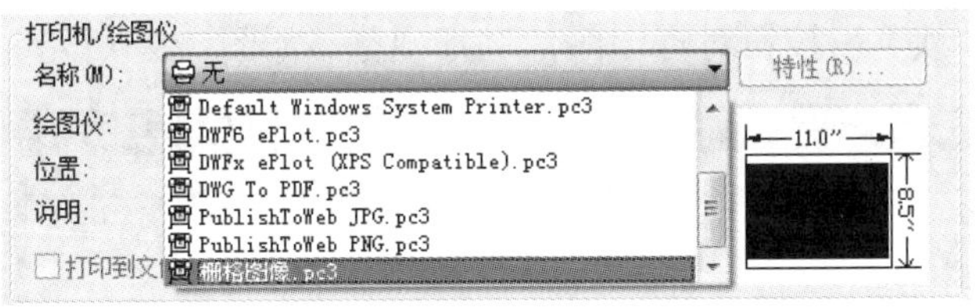


图 7-33　选择打印机

(3) 单击后弹出“打印-未找到图纸尺寸”对话框，单击“确定”按钮，使用默认尺寸，如图 7-34 所示。

(4) 选择打印范围为“窗口”方式，如图 7-35 所示。

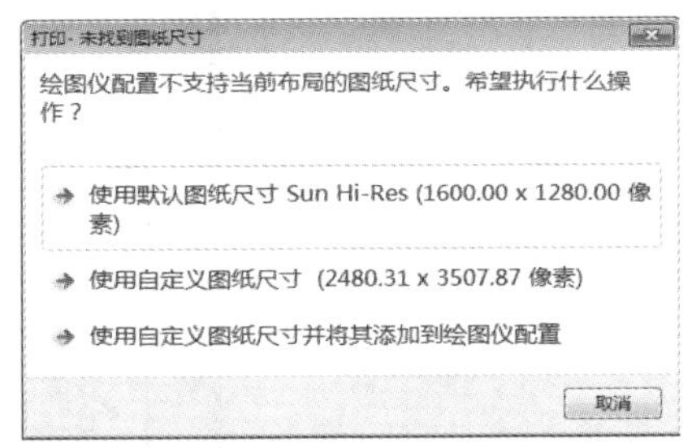


图 7-34　“打印-未找到图纸尺寸”对话框

图 7-35　选择打印区域

(5) 在绘图区单击打印区域的第一点，如图 7-36 所示。

(6) 在绘图区单击打印区域的第二点，如图 7-37 所示。

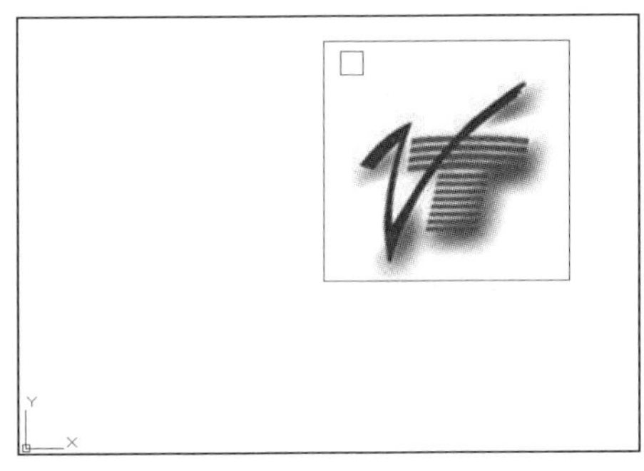

图 7-36　选择打印区域的第一点

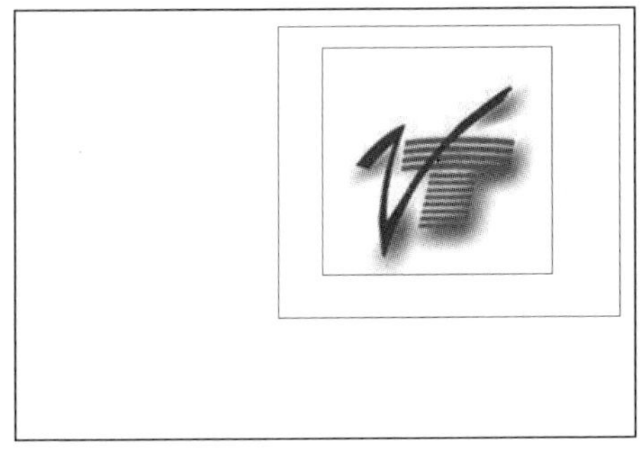

图 7-37　选择打印区域的第二点

(7) 返回“打印-模型”对话框后，复选“居中打印”，如图 7-38 所示。

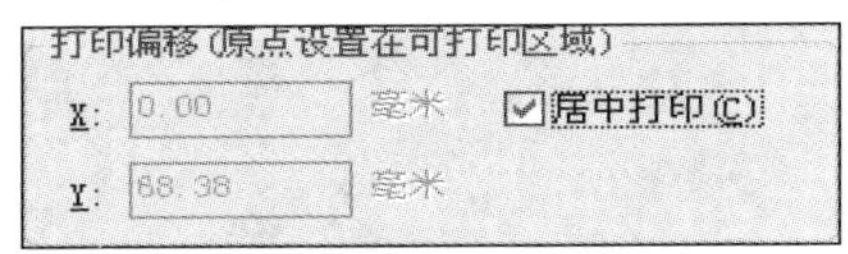


图 7-38　设置打印偏移

(8) 单击“预览”按钮对打印图像进行预览，如图 7-39 所示。

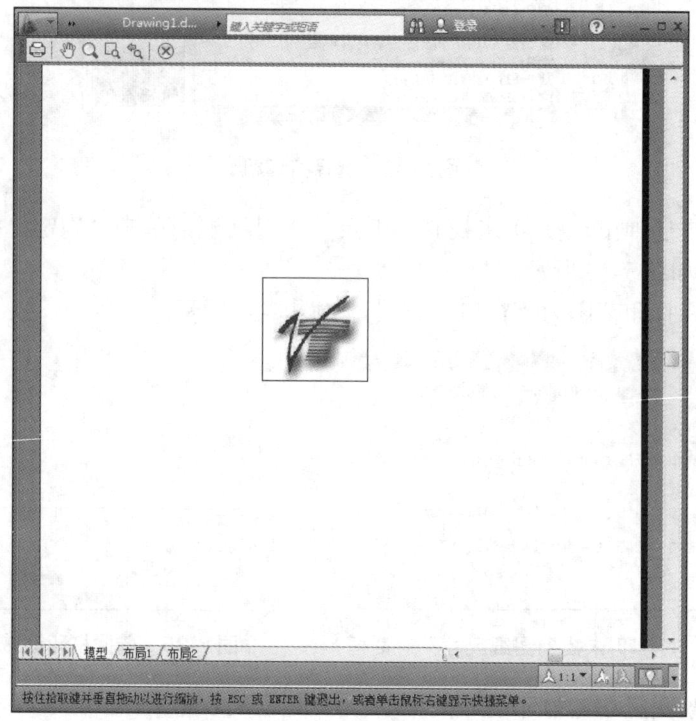


图 7-39　打印预览

(9) 在预览图像上右击，弹出快捷菜单，选择“打印”，如图 7-40 所示。

(10) 选择文件保存的路径和名字，单击“保存”按钮完成操作，如图 7-41 所示。

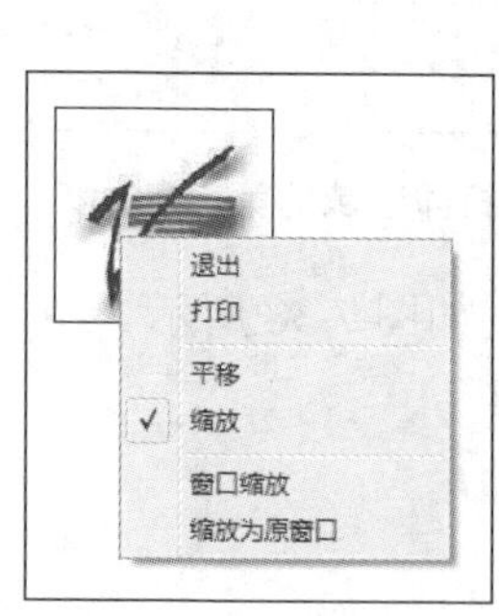


图 7-40　打印图像

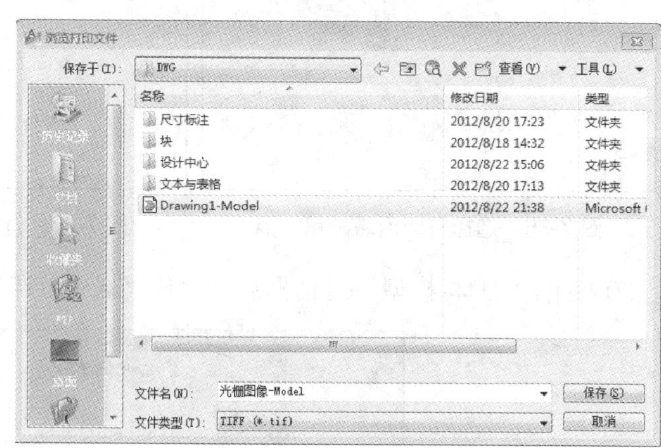


图 7-41　保存打印文件

## 2. 将图形对象引用到其他程序中

在实际应用中，AutoCAD 能提供各种类型的导出文件，供其他应用程序使用，但是，使用其他应用程序所创建的文件来创建图形文件并不常见。

在 AutoCAD 中，选择“插入”菜单中的某个命令，系统会弹出如图 7-42 所示的“插入”对话框，在该对话框中选择图形文件，单击“确定”按钮将其导入。

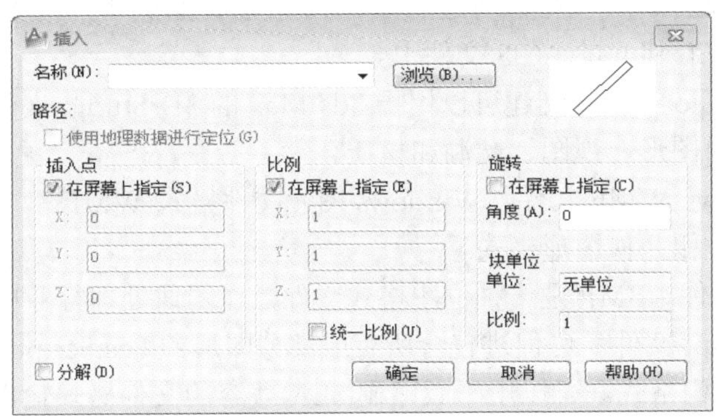


图 7-42　“插入”对话框

在 AutoCAD 中，在菜单栏中执行“文件”|“输出”菜单命令，弹出如图 7-43 所示的“输出数据”对话框，在其中的“文件类型”下拉列表中，可以选择需要导出文件的类型。

图 7-43　“输出数据”对话框

AutoCAD 可以导出下列类型的文件。

(1) DWF 文件。DWF 文件是一种 Web 格式的图形文件，属于二维矢量文件，可以通过这种文件格式在因特网或局域网上发布自己的图形。

(2) DXF 文件。DXF 文件是一种包含图形信息的文本文件，能被其他 CAD 系统或应用程序读取。

(3) ASIC 文件。可以将修剪过的 NURB 表面、面域和三维实体的 AutoCAD 对象输出到 ASCII 格式的 ACIS 文件中。

(4) 3D Studio 文件。创建可以用于 3ds Max 的 3D Studio 文件，输出的文件保留了三维几何图形、视图、光源和材质。

(5) Windows WMF 文件。Windows 图元文件格式(WMF)，文件包括屏幕矢量几何图形和光栅几何图形格式。

(6) BMP 文件。BMP 是一种位图格式文件，在图像处理行业应用相当广泛。

(7) PostScript 文件。可促进包含所有或部分图形的 PostScript 文件。

(8) 平版印刷格式。可以用平版印刷(SLA)兼容的文件格式输出 AutoCAD 实体对象。实体数据以三角形网格面的形式转换为 SLA。SLA 工作站使用这个数据定义代表部件的一系列层面。

# 参 考 文 献

[1] 胡仁喜，刘昌丽，等. AutoCAD 2008 中文版室内装潢设计[M]. 2 版. 北京：机械工业出版社，2007.

[2] 胡仁喜，张日晶，等. 详解 AutoCAD 2012 室内设计[M]. 北京：电子工业出版社，2012.

[3] 赵智勇，张辉. AutoCAD 2012 中文版室内装潢设计入门与提高[M]. 北京：人民邮电出版社，2012.